中国电力科学研究院科技专著出版基金资助

国际电气工程先进技术译丛

继电保护原理与应用

（原书第4版）

Protective Relaying Principles and Applications (Fourth Edition)

［美］J. 路易斯·布莱科本（J. Lewis Blackburn）
托马斯J. 多明（Thomas J. Domin） 著

中国电力科学研究院有限公司继电保护研究所 译

机 械 工 业 出 版 社

本书的内容十分丰富，涵盖了从故障分析的基本方法，到电力系统发电机、变压器、母线、输电线路、电抗器等多种元件的保护技术，以及微机保护、变电站自动化、继电保护性能提升等继电保护专业的多个方面。全书没有繁琐冗长的数学推导和理论计算，而是采用平实的叙述、丰富的实例与图表，为读者构建了一个完整而清晰的继电保护专业技术体系。

本书非常适合继电保护专业的工程师和技术人员在工作中参考使用，也可作为大学水平课程的实践教材使用。

中国电力科学研究院有限公司
继电保护研究所
《继电保护原理与应用》翻译组

组　长　周泽昕

副组长　杨国生　杜丁香　余　越

成　员（按章节排序）

夏　烨　王志洁　薛志英　曹　虹　王文焕

戴飞扬　药　韬　王丽敏　刘亚东　秦泽宁

王晓阳　李　伟　李　肖　李仲青　陈争光

詹智华　张逸帆　张晓莉　刘龙浩　詹荣荣

审　校　毕天姝　尹项根　和敬涵　王德林　吕鹏飞

刘　宇　晁　晖

译　者　序

继电保护对电力系统的正常运行起着非常重要的作用。随着电力系统的不断发展，继电保护也发生了很大的变化。

本书的作者结合国外最新的技术发展和管理规定，在第1版之后，又更新出版了第2~4版。考虑到专业技术的普及和推广，中国电力科学研究院有限公司继电保护研究所翻译组选择将这本专著的最新译本奉献给国内广大读者。

本书的内容十分丰富，涵盖了从故障分析的基本方法，到电力系统发电机、变压器、母线、输电线路、电抗器等各种元件的保护技术，以及微机保护、自动化、保护性能提升等继电保护专业的多个方面。全书采用平实的叙述、丰富的实例与图表，为读者构建了一个完整、清晰的继电保护专业技术体系。

随着分布式发电在电力系统的不断渗透，太阳能、风力发电在系统中所占比重日益增大。分布式发电的原理以及与电力系统的接口与同步发电机不同，第4版新增了分布式电源及其联络线保护的相关内容。

数字化设备计算能力的进步、电网通信技术的发展等，为建设更加灵活、智能的保护系统提供了可能。对一些诸如此类的技术发展的讨论也在本书中有所体现。

本书是为继电保护的应用者和实践者编写的。作者拥有几十年电力系统的工作经验，尤其擅长继电保护专业技术。除了详实的理论分析之外，作者还结合自己的工作经验，给出了大量实践算例。本书非常适合继电保护专业的工程师和技术人员在工作中参考使用，也可作为大学水平课程的实践教材。

参与本书翻译的人员全部来自中国电力科学研究院有限公司继电保护研究所。大家利用业余时间，历时两年完成。周泽昕总体负责，杨国生负责前言及第1~7章，杜丁香负责第8~13章，余越负责第14~16章。前言和第1章夏烨译，第2、3章王志洁译，第4章薛志英、曹虹译，第5章王文焕、戴飞扬译，第6章杨国生、药韬译，第7章王丽敏译，第8章刘亚东、秦泽宁译，第9章杜丁香、曹虹译，第10、11章王晓阳、戴飞扬译，第12章李伟、李肖、李仲青译，第13章陈争光译，第14章詹智华译，第15章张逸帆、张晓莉译，第16章余越、刘龙浩、詹荣荣译。为了忠实原著，在翻译过程中，我们对内容基本没有做改动，并尽可能按照中文的习惯进行表述。虽然我们在自己的专业领域有一些研究基础，但是翻译过程中存在的疏漏和差错在所难免，恳请读者批评指正。

本书第1~6章由华北电力大学毕天姝教授审校，第7~9章由华中科技大学尹项根教授审校，第10~16章由北京交通大学和敬涵教授审校。三位教授在百忙之中抽出时间进行了章节的审校，并对译稿提出了大量修改意见，对此表示诚挚的感谢。感谢国家电力调度控制中心王德林、吕鹏飞、刘宇以及中国电力科学研究院有限公司晁晖对全书的审校，对翻译的成稿提出了许多有益的意见。大家的本职工作不尽相同，但是对继电保护专业的热爱却是一样的。

中国电力科学研究院有限公司继电保护研究所

《继电保护原理与应用》翻译组

2017年7月，北京

第4版前言

本书第4版加入了一些最近在电力系统保护中日渐重要的新主题。在保护系统的设计、应用、整定和监控中，规程正发挥着越来越重要的作用。本书第4版增加了电力系统保护相关规程及其对保护人员执行工作影响的讨论。继电保护在系统扰动工况下的性能受到了越来越多的关注。而对扰动的分析被认为是辅助保护系统设计、校正误差、识别故障设备和位置以及推广应用实践的有效手段。在本书的第4版中，加入了关于这个主题以及相应分析工具的讨论。

近年来，以光伏及风力发电为代表的可再生能源分布式发电正不断地渗透到电力系统中。而面向可再生能源分布式发电与面向传统同步发电机的并网设备在原理上显著不同，需要为其设计新的保护系统。对上述新式并网设备的保护系统要求的讨论分析同样加入了本书第4版中。

此外，数字化设备计算能力的提高以及电网通信系统功能的完善，为发展更智能、更灵活的继电保护系统创造了大量机会。相关讨论已纳入本书。

本书的核心价值在于为读者提供从入门到精通的电力系统保护领域的基础知识。近年来，尽管电力系统在技术上取得了巨大的进步，但是其分析的基本原理仍未改变。这些基础知识在本书第4版中得以保留，并在此基础上，增加了更多实例。应当指出，现阶段电力系统中同时包含老旧的和现代化的设备。因此，我们需要跨越设备年份的专业知识才能支持目前运行的典型电力系统的保护要求。本书第4版在保留老旧的设备类型信息的同时，还添加了一些最近开发的新类型装置及其应用的信息。

对于在电力系统继电保护领域工作的工程师以及有兴趣进入电力系统行业的学生，希望本书能够成为一个有用的工具。近年来，科技进步无疑极大地推动了这一领域的活跃性。总会有新东西要学习，有新事物要调查研究，有新挑战要面对。我相信这种趋势会持续到未来。

Thomas J. Domin

第3版前言

本书第3版继电保护包含了自第2版出版后新出现的有关继电保护新发展和新主题的信息。这个时间跨度代表了电力行业内重大技术进步和革命性结构变化的活跃期。这本书的格式类似于以前的版本，它以一种最简洁和最容易理解的方式，保留了Lewis Blackburn提出的保护基础的全部范围。我怀着谦卑和敬意承担了更新和拓展Blackburn成果的任务。

从技术角度来看，在电力系统的保护和控制中，数字处理设备的开发和应用进步显著。伴随基于微处理器的设备在保护方案中的应用，这个较为传统的研究方向重新焕发出生机。近年来，电力工业的内部结构发生了显著变化，彻底改变了电力系统发展方式。本书第3版讨论了相关技术进步给保护功能带来的影响。此外，电网结构和监管的变化也促进了各类发电机在输配电系统中的配置。本书第3版增加了对分布式发电接入点保护要求的相关讨论，也添加了发电机励磁系统中保护系统和限制器的应用。其他增加或显著扩展的内容有：电容器保护、低频减载方案的设计和性能、电压崩溃和缓解、特殊的保护方案、故障和事件记录、故障定位技术以及变压器保护的最新进展。本书中所有资料已进行了相应的审核和更新。

此外，我希望自己在电力系统保护和运行方面的实践经验及个人见解，对读者来说是有益的。这些个人观点是我作为一名中等规模电力公司的保护工程师、一名在全世界许多电力公司担任过顾问的40多年的经验总结。基于上述经验，相信我能够洞察和鉴别许多希望在电力系统保护领域建立背景知识和培养直觉的工程师所面临的重大问题与挑战。本书的见解不止是理论上的，更多的是个人的、实际的，这是为了让本书的内容有一个从现实出发的角度。希望本书有助于把各种保护方法纳入一个更清晰的视角，并提供有用的信息，提高工程师从事高挑战性和高回报性的继电保护领域工作时的有效性。

Thomas J. Domin

第2版前言

本书第2版是对1987年出版的第1版继电保护中的许多重要主题的更新与扩展。本书第2版的架构类似于第1版，但每一章都经过了仔细检查和修改，使阐述材料更加清晰，更新了电力系统继电保护相关研究进展，并增添了应用实例。对发电机保护的章节进行了重新编写，力求反映行业当前的规章制度。许多图片以更紧凑的形式呈现，使其更容易参考。如同第1版那样，本书第2版的结尾处同样提出了额外的问题，以供进一步研究。我再次尝试以一种简单易懂的方式呈现材料，将重点放在对读者最有用的东西上。我希望本书第2版会像第1版一样获得好评。

J. Lewis Blackburn

第1版前言

继电保护是电力系统中一个重要的组成部分：其作用在系统正常运行过程中难以察觉，但在系统事故、故障、异常扰动的过程中却非常重要。正确使用继电保护可以隔离系统故障区域，从而使其余系统能够继续运行并提供电能。

本书介绍了在电力系统中广泛应用的继电保护装置的基本原理和技术及相应的保护规程。本书的目标是为执业工程师和技术人员提供有用的参考，以及作为电力领域大学水平课程的实践教材。本书包含了正常运行电压在480V以上的公用事业和工、商业系统的应用实例。

保护继电器的设计因制造商而异，同时伴随技术进步，其设计也在不断变化。相对独立于其设计及发展趋势，继电保护的应用仍然保持不变。因此，这本书并没有着重强调设计方面。在这一领域，不同制造商的信息会更加详细。

继电保护的专业性强，涉及并要求从业人员具备电力的生产、传输、分配、消耗等所有设备的相关知识。此外，还要能理解系统在正常、故障和异常条件下是如何运行的。因此，继电保护为各个领域的专业研究提供了一个极好的背景，对于系统规划、运行和管理尤为重要。

来自西屋（Westinghouse）公司、美国电气电子工程师学会（IEEE）、国际大电网会议（CIGRE）以及世界各地的许多公共事业和工业公司的50年的朋友、同事和学生都直接或间接地促成了这本书。对于他们的贡献和支持表示衷心的感谢。

特别感谢在这个手稿准备期间 Rich Duncan 的热情鼓励和支持。感谢 W. A. Elmore、T. D. Estes、C. H. Griffin、R. E. Hart、C. J. Heffernan 和 H. J. Li 提供的图片和额外的技术帮助。另外，感谢马塞尔·德克尔（Marcel Dekker）公司的 Eileen Gardiner 博士，他对我的工作给予了最耐心的鼓励和支持。

J. Lewis Blackburn

作者简介

Thomas J. Domin 是宾夕法尼亚州的注册专业工程师，拥有着丰富的电力系统工作经验。他的工作背景包括在宾夕法尼亚州电力公司超过40年的工作经验，该公司是一家总部设在宾夕法尼亚州阿伦敦的中型电力公司。

他的经验主要是在继电保护领域，重点是对电力系统继电保护设备的应用和调试。他的工作范围包括从高压输电系统到低压配电系统的电力设施，也包括电路保护需求的编制以及电力系统线路、变压器、发电机、电容器、电厂辅助设备和联锁电力网的非公共设施的保护性能分析。他的经验包括继电保护基本原理，标准和规范的编制，继电器和控制逻辑要求的规范，继电保护整定规范的编制以及电力系统的干扰分析。他还研究和分析了发电机励磁控制系统、电压控制、负荷潮流、系统稳定性和系统运行，并一直致力于电力事业扩展规划研究的发展。除了在美国国内电力系统的工作，Thomas J. Domin 还参与了许多涉及电气保护和电力系统运行的国际项目。

目　　录

第12章 线路保护 …… 355

第1章　绪　　论

1.1　引言

什么是继电器？或更具体地说，什么是保护继电器？美国电气电子工程师学会（IEEE）将继电器定义为“可按照规定方式对不同输入情况做出响应，并且在满足特定条件时，在相关电气控制电路中引发接触动作或类似突变的电动装置。”注解还补充到：“输入量通常是电气量，但也可能是机械量、热量、其他量或是这些量的组合。限位开关或类似的简单设备都不是继电器。”㊀

继电器的使用体现在家庭、通信、交通、商业、工业等诸多方面。只要用电，就有很高的概率使用继电器。采暖、空调、炉灶、洗碗机、洗衣机、烘干机、电梯、电话网络、交通控制、交通工具、自动化加工系统、机器人、太空活动以及许多其他应用都会用到继电器。

在本书中，我们主要探讨继电器的一种更有趣、更复杂的应用，即电力系统保护。IEEE 将保护继电器定义为“一种继电器，其功能是检测线路、设备缺陷或其他异常或危险的电力系统条件，并采取适当的控制电路动作。”㊁

熔断器也常用于保护系统中。IEEE 将熔断器定义为“一种过电流保护装置，当过电流通过时，其断路熔体部分受热熔化并断开。”㊁

因此，保护继电器及其相关设备均是装配精密的元件，具体由模拟器、独立固态元件、运算放大器和连接到电力系统以感测故障的数字微处理器等组成。它们常被简称为继电器和继电器系统，与熔断器一起，用于电力系统的各个部分，以检测极端情况以及最常见故障等。

继电保护简称继保，它不直接产生利润和收益，甚至在电力系统正常运行时不起作用，直到发生故障（异常或极端情况），它才会起作用。

所有电力系统的首要目标都是持续性地提供高水平的电力服务，并在极端情况发生时尽可能缩短停电时间。应当指出，生产实际中不可能完全避免自然事件、物理事故、设备故障或人为误操作所带来的后果，因此电能损耗、电压降落和过电压时有发生，从而导致意外连接、相间或相对地闪络等故障。

㊀　IEEE C37.90，1989。

㊁　IEEE 100，2000。

可能导致短路（故障）的自然事件包括：闪电（感应电压或直击）、风、冰、地震、火灾、爆炸、树木倒塌、飞行物体、动物的身体接触和污染。事故包括车辆撞杆或接触带电设备；人员意外接触带电设备；地下电缆挖断和人为原因故障等。为尽量减少事故发生，人们做出了大量努力，但要消除上述所有事故的诱因是不可能的。

图1.1是体现电力系统保护的必要性和重要性的典型事例。这次闪电发生在1984年7月31日的西雅图，当时该市正受到风暴袭击，而在往常，闪电在这里是非常罕见的。太平洋西北部等雷雨图表明，该地区每年雷暴日数只有5天或更少（西屋电气公司，1964）。在这场风暴中，虽然有12000户家庭停电，但当地公共设施既没有受到严重损害，也没有长时间断电。而这背后，正是防雷保护和大量继电器发挥了作用，最大程度地减少了故障的发生。

图1.1　西雅图闪电——电力系统保护重要性的生动例证

（由格雷格·吉尔伯特/西雅图时报提供）

对电气设备进行良好的维修保养是预防故障及相关中断的重要措施。在农村和沿海地区，由诸如灰尘、农药、化肥喷雾以及盐等材料所造成的绝缘子污染可能导致闪络发生。一旦整个绝缘子发生闪络，电路必须断开以熄灭电弧。而闪络绝缘子一旦损坏，则会导致相关电路的永久性故障。在绝缘污染较严重的地区，可定期清洁绝缘子，去除污染，以避免达到绝缘子闪络的临界点。近年来，美国西北部分州的猛禽粪便造成了一些重要高压输电线路的绝缘子故障。鸟类所造成的绝缘污染也一直是佛罗里达州的一个严重问题。阻止或防止鸟类在绝缘子附近栖息的装置可以缓解这一问题。有效的树木修剪也是防止树木引起的相关故障的重要方法。在大风、冰暴和雪暴天气中，折断的树枝和倒塌的树木会导致许多线路停电。当输电线路穿过浓密树林时，由树木引起的线路故障问题特别明显。例如，2011年10月30日一场提前的湿降雪中，由于树木接触线路造成美国东北部的大量电力中断。树叶重力和沉重的积雪树枝上堆积导致树枝折断并砸到配电线路上。在宾夕法尼亚州东部的29个县，这场风暴共造成3000多起故障，每起故障平均存在5个树木压线问题。在上述区域中，超过170台12.47kV断路器闭锁。同时，输电线两旁空地的整棵树木倒塌砸向输电线路也是导致线路发生中断的原因之一。由于通往故障区域的道路常被厚重的积雪和倒下的树木所阻塞，即使维修人员尽全力赶到并实施维修，许多用户甚至城镇的断电时间都持续长达一周。树木也会给高压输电线路造成多种问题。生长在公用高压线路下的树木最有可能在电力传输高峰期间导致线路故障。此时，电力系统高度依赖其传输设施以保持正常运作。在高峰负荷期间，传输线往往过负荷，导致导线发热、膨胀、下垂，进而与线路下方生长的树木接触，而此时电力系统中任何一条线路退出运行都将造成严重的停电事故。这种与树相关的接触导致了20世纪90年代末美国西部大部分区域两次大规模的停电，也是2003年8月美国东北部大停电的罪魁祸首。本书第16章将更详细地描述这些停电事故。

在含架空线路的电力系统中，大多数故障是由于闪电引起的瞬态过电压或者倒下的树木及树枝引起的单相接地故障。在架空配电系统中，由风引起的瞬时树木接触是造成故障的另一主要原因。在严重的风暴中，冰、冻雪和风会导致多种故障和损害。这些故障分类及近似发生率如下所示：

1）单相短路接地：70%～80%；

2）两相短路接地：10%～17%；

3）两相短路：8%～10%；

4）三相短路：2%～3%。

在低电压电力系统中，以熔断器作为三相电路的保护装置更为普遍。保护电气设备不受开路条件下的不平衡电压或低电压破坏性影响是很重要的。

对于不同类型的故障，其发生几率可能差异较大，这主要取决于电力系统的类型（例如，架空线路或电缆线）和当地环境、天气条件。

在许多情况下，如果电路在故障后迅速中断，则这些故障引起的闪络不会导致永久性损坏。一种常见的做法是断开故障电路，允许电弧自然熄灭，然后再闭合电路。这增强了服务的连续性，因为只有短暂的中断和压降，通常中断时间大约只有几分之一秒至一两分钟，而无需几十分钟甚至几小时。

故障往往导致系统电气量发生显著变化，然而情况也并非总是如此。这些变化量包括过电流、过电压或欠电压、功率、功率因数或相位角、功率或电流方向、阻抗、频率、温度、物理运动、压力和污染。最常见的故障指征是电流突然显著增加，因此，人们广泛采用了过电流保护。

保护是有关继电器或熔断器设置的一门科学、技术和艺术，最大化电力系统对故障和不理想工况敏感度，避免其在任何允许或容忍条件下动作。本书的基本方法是定义可能存在的容忍和非容忍条件，并整定继电器或熔丝的动作条件。

当故障发生时，电力系统保护的决策时间窗很窄，因此复查验证或涉及额外时间的决策程序是不可取的。做到以下几点至关重要：①保护装置正确辨识系统不可忍受的故障；②保护装置动作迅速隔离故障区域，最大程度降低对系统的干扰。这个故障时间通常与能导致设备出现判断失误或者不正确操作的外来高强度噪声有关。

零操作和不当操作都可能会扰乱系统的正常运行，进而导致设备损坏、人员危害以及长期服务中断的发生，这些潜在的后果往往使保护工程师在制定保护规程时有些保守。现代数字继电器的优点之一是其可实现自我检查和监控，同时提供触发其动作的事件的完整信息。

应当指出，保护设备也可能发生故障。为了最大限度地减少可能因保护故障所导致的电力系统灾难性事故，实际中将使用若干继电器或继电器系统并联运行。这些继电器可设在同一位置（主备用），同一站点（近后备）或不同的远程站点（远后备）。在许多应用中，上述三种方式均有使用。在较高电压系统中，这一概念可以通过提供独立的电流和电压测量装置、断路器独立的跳闸线圈以及独立跳闸电源来进行扩展。

此外，各种保护装置必须有效协调，以使指定继电器系统在其指定保护区域首次出现故障信号时即可发挥作用。一旦保护装置失效，各种后备系统必须即刻动作，以消除故障。充分且高冗余的保护能力非常重要，但附加冗余保护装置对安全也可能带来不利影响。随着电力系统的广泛互联，不当操作的概率增加，应用继电保护时，应采用良好的判断以优化可靠性和安全性之间的平衡。最佳的平衡点会有所不同，这取决于每个应用场景的特点和目标。

1.2　典型继电器和继电保护系统

电力继电器的典型逻辑表示如图 1.2 所示。该组件可以是机电型、固态型或数字型。逻辑函数在本质上是通用的，因此其可以在任何保护单元中组合或独立使用。

由于应用需求、制造商以及时间周期设计差异，保护继电器的设计和特征相差较大。最初，所有的保护继电器都是机电式的。这种继电器目前仍广泛使

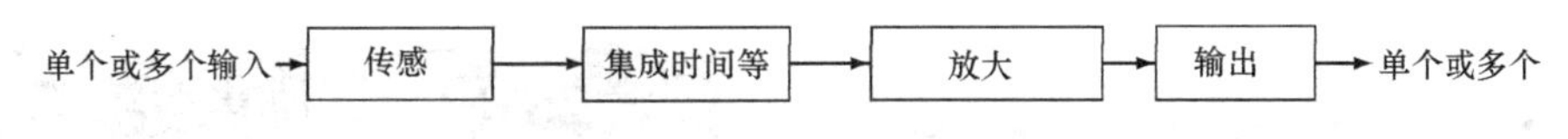

图 1.2　电力继电器的逻辑表示

用，同时还在不断生产。20 世纪 70 年代，使用独立电子元件的模拟式电子继电器开始出现。近年来，人们开发出了基于微处理器型的电子继电器，并正以越来越快的速度投入应用。由于微处理器继电器将模拟输入量转换为数字量，然后在继电器中处理，因此其有时也被称为数字型继电器。应当指出，即使微处理器型继电器的使用不断普及，但要完全取代机电式继电器还需很长一段时间。

对于电子继电器而言，保护的基本原则和基本原理在本质上没有变化。微处理器型继电器确实具有多种优势，如精度更高、占空间更少、设备和安装成本更低、应用和设置范围更广，以及多种理想补充功能。这些功能包括控制逻辑、远程、点对点的通信、数据采集、事件记录、故障定位、远程设置，以及自我监控和检查。这些特性随继电器类型和生产商的不同而有所差异。第 15 章对微处理器型继电器进行了更详细的讨论。

各种类型的保护继电器和继电器组件如图 1.3~图 1.6 所示。许多现代的微处

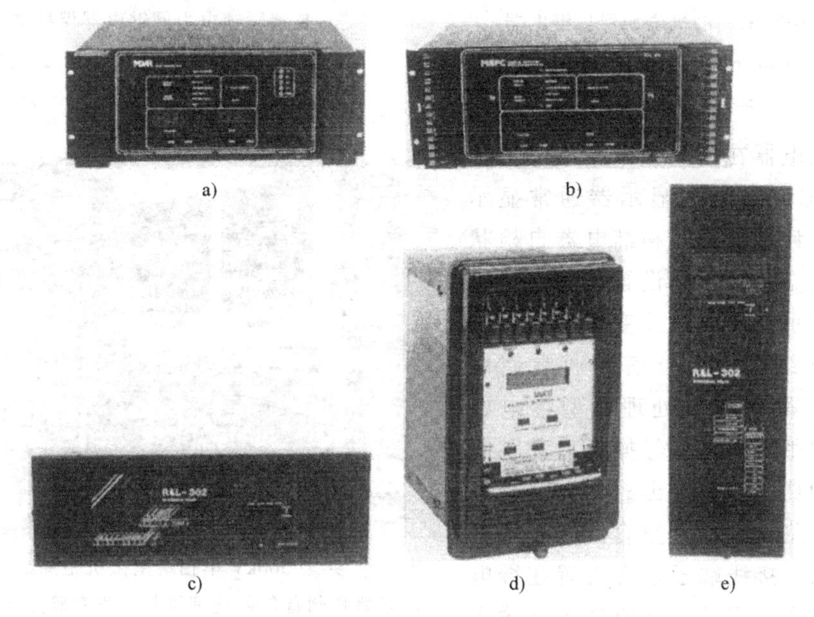

图 1.3　典型的固态电力系统保护微处理器型继电器

机架式安装：a）三相和接地距离　b）分相比较系统　c）高频相间和接地距离

“Flexitest” 型面板安装：d）三相和接地过流　e）同 c）（由佛罗里达州科勒尔斯普林斯 ABB Power T&D Company 提供）

图 1.4　双回 500kV 输电线路典型后备保护采用的机电型保护继电器（由佐治亚州亚特兰大佐治亚州电力公司提供）

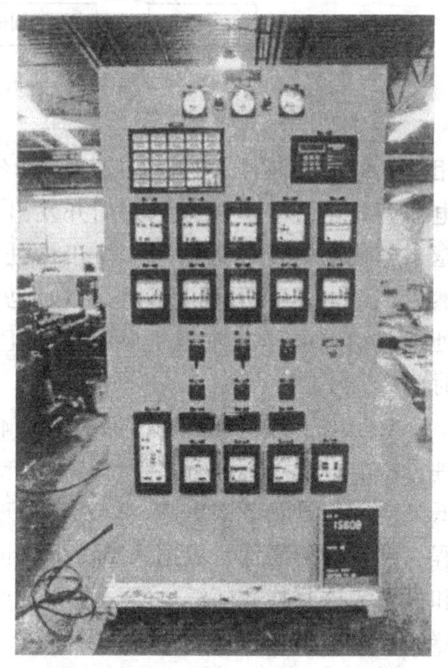

图 1.5　使用固态继电器的典型热电联供装置联锁电力网继电器保护屏（由密歇根州格朗维尔 Harlo 公司控制面板事业部和巴斯勒电气公司提供）

理器继电器在前面板采用液晶显示器（LCD）。这种显示器通常显示设置、计量、事件和继电器自检状态信息。继电器的设置也可以通过液晶显示器界面来改变而不需要一个数据终端。定位信息通常使用 LED 灯呈现在微处理器型继电器上，它用来识别已经操作启动跳闸的保护功能以及检出故障类型（如单相短路接地）和重合闸状态等其他信息。接线端子通常设置在继电器的后面，用于连接所需各种输入和继电器所提供的各种输出。通信端口提供传输数字型数据的通道。

图 1.6　典型 500kV 单相跳闸微机距离继电器（由华盛顿州普尔曼施魏策尔工程实验室提供）

需掌握的必要的继电器设计基本特征将在第 6 章中进行讲述，并在随后章节中根据需要进行探讨。

1.3　典型的电力断路器

保护继电器是故障检测的“大脑”，但作为低电压等级二次设备，它们不能够直接断开并隔离电力系统的故障区域。断路器和各类电路断流器，包括电机接触器和电机控制器，是用于隔离故障的主要部件。因此，保护继电器和断路器中断装置是不可分割的，两者对于及时隔离故障区域或损坏设备都是非常必要的。没有断路器，继电保护装置除报警以外便没有任何其他价值。同样，没有继电器，断路器的价值也将大打折扣，即只能用于手动接通或关断电路或设备。

用于隔离故障区域的典型断路器如图 1.7 和图 1.8 所示。图 1.7 展示了位于室外变电站的一台长排三相 115kV 气动控制断路器。这种断路器被称为罐式断路器；罐体或断路器外壳为接地电位。环形缠绕套管式电流互感器（CT）安装在罐顶瓷绝缘子凹槽的箱体上。这种常规类型断路器存在许多不同设计和变形。其所采用的电路中断介质除油以外，还包括空气、空气冲击、压缩空气、气体和真空。

图 1.7　典型三相 115kV 油断路器。机柜打开后，可看见气动操作机构（由华盛顿州贝尔维尤普吉特海湾电力与照明公司提供）

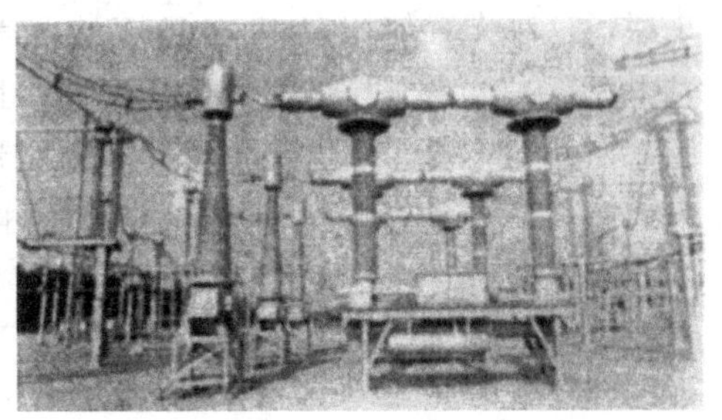

图 1.8　典型的 500kV 瓷柱式断路器（两个串联操作的中断机构安装在绝缘柱上，与之相关电流互感器在其左边的绝缘柱上。这是单相元件；三组示出的是三相系统）（由佐治亚州亚特兰大的佐治亚电力公司提供）

图 1.8 展示了一台 500kV 瓷柱式断路器。其中，断路装置和外壳处在高电压水平，并通过瓷绝缘柱与地面绝缘。电流互感器安装在单独的瓷绝缘柱上，如图中相断路器左侧所示。

如图 1.7 所示，罐式断路器通常有个单一的跳闸线圈，该线圈启动时所有三相断路器同时断开。瓷柱式断路器通常都会有一个跳闸线圈以及能独立操作每个极或相的机构。这在图 1.8 中是明显可见的。对于这些类型，继电器必须导通所有三个跳闸线圈来断开三相电源电路。三个跳闸线圈可按照并联或串联布置。其中，串联布置是更优的选择。原因在于可更容易地监测电路的连续性，并且降低对跳闸电流大小的要求。

多年来，美国采用的做法是所有类型故障跳开三相，即使只是一相或两相故障。为此，需将分相跳闸的三个独立的跳闸线圈串联起来。

单相跳闸线圈断路器的任何开断失败都需要后备保护来断开所有相关的断路器来隔离故障区域。在独立相跳闸中，存在一个很低的，但所有三相均无法被继电器断开的概率，此时人们希望至少有一相或两相能够正确断开。如果电力系统中发生最严重故障，即三相故障，从系统稳定的角度来看，断开至少一相或两相可降低此类故障带来的影响，两相或单相故障也是如此。

由于大多数输电线路的故障都是瞬时单相接地故障，只要断开故障相就可以消除故障。诸如雷电感应过电压产生的瞬时性故障，立即重新合上断开的故障相即可恢复三相正常运行。这被称为单相跳闸，可降低故障对电力系统的冲击，将在第 13 章和第 14 章中展开进一步讨论。

如前所述，在较低的电压等级，断路器（断续器）和继电保护经常合并成一个操作单元。在现代住宅和商业建筑中，断路器通常安装在进线开关柜。一般来说，这种布置使用在 480~600V 电压等级。一般采用过电流保护，也可能附加过电压保护。由于校准和测试精度低，且实施困难，在这些设计中更多的采用了固态断路器技术。继电保护单元和断路器组合在同一柜体内，电压暴露水平低，最大程度减少了影响固态断路器的外部电压和噪声问题。

1.4 术语和设备编号

在美国按照一般惯例使用的术语和缩写。各种继电器和设备的功能由 ANSI/IEEE 标准化设备功能编号㊀标识。简要回顾如下。

三相系统被命名为 A、B、C 相或 a、b、c 相，而不是 1、2、3（也在美国使用）或 r、s、t（用于欧洲）。此外，由于 1 同时指正序，2 同时指负序，因此应避免使用 1、2、3。使用字母避免了可能的混淆。大写字母用于星-三角变压器绕组的一侧，小写字母用在另一侧。虽然实践中通常未遵循本规则，但其强调了变压器绕组中存在的相移和电压差。

带有后缀字母的设备编号为电气设备的基本功能提供了方便的识别方式，如断路器、继电器和开关。当电路或系统中使用同一类型装置的多个单元时，使用

㊀ IEEE C37.2，2008。

该装置号之前的编号来区分它们。设备编号之后的字母在应用、使用或驱动数量上提供附加信息。虽然同一个字母可以代表完全不同的意义，但一般情况下，从使用中就可以清楚其代表的含义。

常用的字母和缩写如下所示：

A	Alarm 报警
AC	Alternating current 交流电流
B	Bus，battery，blower 母线，电池，风机
BP	Bypass 旁路
BT	Bus tie 母联
C	Current，close，control，capacitor，compensator，case（电流，闭合，控制，电容，补偿器，机箱）
CC	Closing coil，coupling capacitor，carrier current（合闸线圈，耦合电容，载波电流）
CS	Control switch，contactor switch（控制开关，接触器开关）
CT	Current transformer 电流互感器
CCVT	Coupling capacitor voltage device（耦合电容器电压装置）
D	Down，direct，discharge 下，直接，放电
DC	Direct current 直流电流
E	Exciter，excitation 励磁机，激励
F	Field，feeder，fan 场，馈线，风扇
G①	Ground，generator 接地，发电机
GND，Gnd	Ground 接地
H	Heater，housing 加热器，外壳
L	Line，lower，level，liquid 线，下，水平，液体
M	Motor，metering 电动机、计量
MOC	Mechanism-operated contact 操作机构的接触
MoD	Metal oxide protective device 金属氧化物保护装置
MOS	Motor-operated switch 电动开关
N①	Neutral，network 中性的，网络
NC	Normally closed 常闭
NO	Normally open 常开
O	Open 打开
P	Power，pressure 功率，压力
PB	Push button 按钮
PF	Power factor 功率因数
R	Raise，reactor 提高，电抗器
S	Speed，secondary，synchronizing 速度，二次，同步
T	Transformer，trip 变压器，跳闸
TC	Trip coil 跳闸线圈
U	Up，unit 向上，单元
V	Voltage，vacuum 电压，真空
VAR	Reactive power 无功功率
VT	Voltage transformer 电压互感器
W	Watts，water 瓦，水
X，Y，Z	Auxiliary relays 辅助继电器

① N 和 G（或 n 和 g）用于涉及接地的电路。当继电器连接在中性点接地系统中的电流互感器时，一般习惯但非标准缩写为 G，而连接在三相Y联结的电流互感器中性点时使用 N。电压的用法类似。

常用设备编号列出如下。IEEE C37.2 标准给出了完整的列表和定义：

1. 主元件：通常用于手动操作的设备。一个常见用途是断路器的弹簧回正控制开关，其中开关触点包括 101T（跳闸），101C（闭合）和 101SC（当开关触点闭合时，断路器闭合，当其释放时则断路器保持闭合；当开关触点跳闸时，断路器断开，当其释放时则断路器保持断开）。包括多个断路器时，以 101、201、301 等区分。

2. 时间延迟启动或关闭继电器：除设备功能 48、62 和 79 之外。

3. 检查或联锁继电器。

4. 主接触器。

5. 停止装置。

6. 启动断路器。

7. 上升速率继电器。

8. 控制电源切断装置。

9. 换向装置。

10. 单元序列开关。

11. 多功能设备。

12. 超速装置。

13. 同步转速装置。

14. 低速装置。

15. 速度或频率匹配装置。

16. 数据通信设备。

17. 分流或放电开关。

18. 加速或减速装置。

19. 启动-运行转换接触器。

20. 电动阀。

21. 距离继电器。

22. 均衡器电路断路器。

23. 温度控制装置。

24. 电压/频率继电器。

25. 同步或同步检查装置。

26. 仪器过热保护装置。

27. 欠电压继电器。

28. 火焰检测器。

29. 隔离接触器。

30. 信号继电器。

31. 独立励磁装置。
32. 功率方向继电器。
33. 位置开关。
34. 主序列装置。
35. 电刷或集电环短路。
36. 极性或偏振电压装置。
37. 低电流或低功率继电器。
38. 轴承保护装置。
39. 机械状态监测。
40. 磁场继电器。
41. 磁场断路器。
42. 断路器动作。
43. 手动转换或选择装置。
44. 单元序列启动继电器。
45. 大气状况监测。
46. 反相或相位平衡继电器。
47. 相序或相位平衡电压继电器。
48. 非全序继电器。
49. 机器或变压器热继电器。
50. 瞬时过电流。
51. 交流限时过电流继电器。
52. 交流断路器。

机构操作的触点如下：

52a，52aa：当断路器触点断开时断开，当断路器触点闭合时闭合；

52b，52bb：当断路器触点断开时闭合，当断路器触点闭合时断开；

52aa 和 52bb 操作正如机械运动的开始；称为高速触点。

53. 励磁机或直流发电机继电器。
54. 盘车装置啮合元件。
55. 功率因数继电器。
56. 励磁继电器。
57. 短路或接地装置。
58. 整流故障继电器。
59. 过电压继电器。
60. 电压或电流平衡继电器。
61. 密度开关或传感器。

62. 延时停止或开启继电器。
63. 压力开关。
64. 地面探测器继电器。
65. 调速器
66. 多级式启动元件。
67. 交流方向过电流继电器。
68. 闭锁继电器。
69. 许可控制装置。
70. 变阻器。
71. 液位开关。
72. 直流断路器。
73. 负载阻抗接触器。
74. 报警继电器。
75. 位置变化机构。
76. 直流过电流继电器。
77. 遥测装置。
78. 相角测量或失步保护继电器。
79. 交流重合闸继电器。
80. 流量开关。
81. 频率继电器。
82. 直流负载测量重合闸继电器。
83. 自动选择性控制或传递继电器。
84. 操作机构。
85. 载波或导引线接收继电器。
86. 闭锁继电器。
87. 差动保护继电器。
88. 辅助电机或电动发电机。
89. 线路开关。
90. 调节装置。
91. 电压方向继电器。
92. 电压和功率方向继电器。
93. 磁场变化接触器。
94. 跳闸或自动跳闸继电器。
95-99. 用于其他编号不适用的特殊场景。
AFD—电弧闪光检测器；

CLK—时钟或定时源；
DDR—动态扰动记录仪；
DFR—数字故障录波器；
ENV—环境数据；
HIZ—高阻抗故障检测器；
HMI—人机接口；
HST—历史数据库；
LGC—计划逻辑；
MET—变电站计量；
PDC—相量数据集中器；
PMU—相量测量单元；
PQM—电能质量监测仪；
RIO—远程输入/输出设备；
RTU—远程终端单元/数据集中器；
SER—事件顺序记录器；
TCM—跳闸回路监视；
SOTF—切换到故障。

后缀字母或数字可用于设备号。例如，如果该装置连接到中性线则使用后缀N——59N 是指中性点位移保护继电器。后缀 X、Y 和 Z 用于辅助装置。后缀“G”表示接地——50G 表示速断过电流接地继电器。后缀号是用来表示一个共同保护系统中使用的多个相同设备。51-1 和 51-2 指定用于相同方案的两个时间过电流继电器。

对于上述第 16 项设备，后缀字母是用来进一步定义设备——第一后缀字母“S”是指“Serial”即串联，“E”是指“Ethernet”即以太网。随后的字母“C”指安全处理功能；“F”指防火墙或信息过滤器；“M”指网络管理功能；“R”指路由器；“S”指开关；“T”指电话组件。因此，管理以太网交换机可表示为 16ESM。

1.5　典型的继电器和断路器接线

电气量保护继电器通过电流互感器（CT）或电压互感器（VT）连接到电力系统中。这些输入设备或仪用变压器，可隔离并降低一次侧系统电压，并供二次侧低压继电器使用。作为保护系统的重要组成部分，这些单元将在第 5 章中展开论述。其电路原理图如图 1.9 所示。此图展示了典型的单线交流原理和直流跳闸电路原理。

保护继电器系统通过连接电流互感器和断路器（可能还有电压互感器），接入到交流电力系统中。图1.9中交流母线的电压等级一般较高。按照ANSI/IEEE编号体系，断路器编号为装置52[⊖]。

在直流示意图中，触点始终处于断位置。因此，当电路断路器闭合并运行，其52a触点闭合。当系统故障触发保护继电器动作，其输出触点闭合以激励断路器跳闸线圈52T，它的功能是断开断路器主触点并断开连接的电源电路。

如图1.9所示，因为机电式继电器触点基本上不用于中断断路器跳闸线圈电流，所以使用了一个辅助直流驱动单元指定接触器开关（CS）封入或绕过保护继电器触点。当断路器断开时，52a开关将断开从而使跳闸线圈52T断电。断路器切断故障时将先于52a触点断开保护继电器触点。这个接触器开关单元不需要固态继电器。

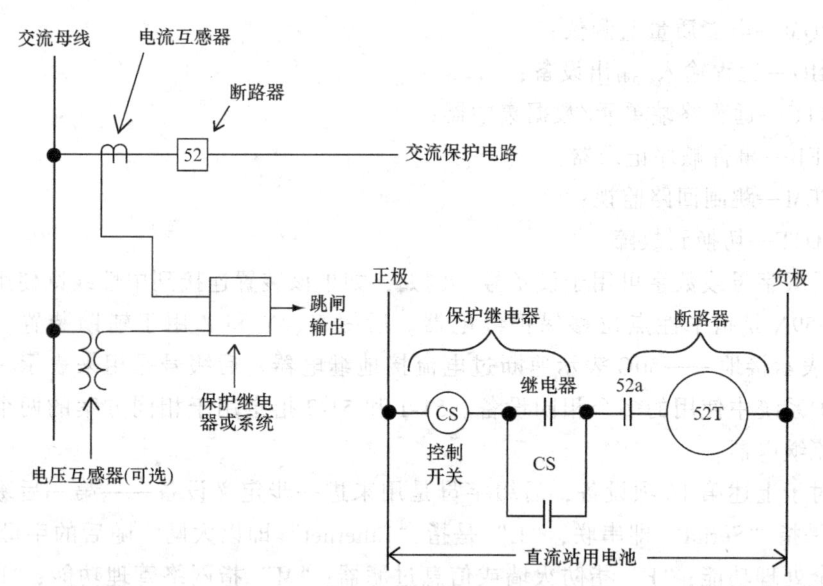

图1.9 保护继电器与其直流跳闸回路的典型单线交流连接。密封在组件中的控制开关不需要新式断路器中的固态部件和低跳闸回路电流

如图1.9所示，各种电源中断装置由故障期间过电流或者由直流动作跳闸线圈触发动作。前者指串联跳闸、直接动作、直接释放、间接释放和过电流释放。通常，它们有内置过电流继电器单元，其决定了能够使触点断开的交流电流等级。所有这些类型都在低电压等级的电力系统中有所应用。

在高电压等级电力系统中，安装断路器的电站具有一组站用电池为断路器跳闸线圈、控制和所需保护继电器回路、紧急告警和照明等提供直流电。在美国，

⊖ IEEE C37.2，2008。

通常使用125V直流电；部分大型的发电站使用250V直流，而电子和固态装置通常使用48V直流。该直流电源是保护系统的另一个极为重要的部分，需要特别注意和维护，以保证系统和保护的高可靠性。

部分保护继电器被封装为独立的相和接地单元，所以，对于完整的相和接地故障保护，常使用4个单位组件。一组继电器与其相关电流互感器和电压互感器的典型的三相交流连接如图1.10所示。现代数字继电器一般设计为多功能继电器，其将各种保护元件组装到一个装置中。控制电路的设计将在第15章中详细论述。

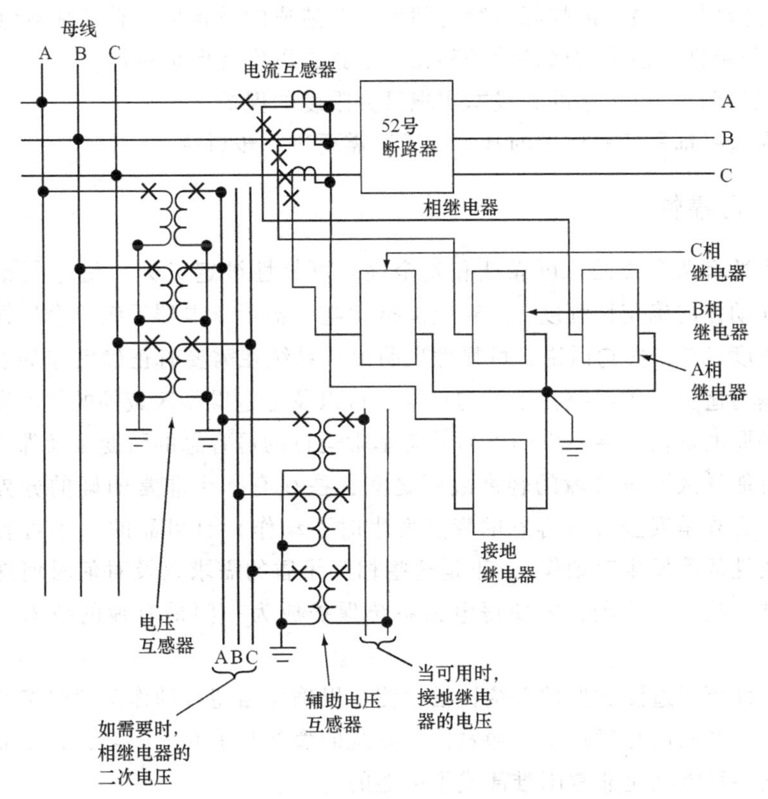

图1.10 相和接地保护继电器保护交流电源系统的典型三相交流连接。如图所示，继电器可以是单独的或组合在一个单元中

1.6 保护系统的基本目标

保护系统的基本目标是在电力系统中迅速隔离故障区域，从而保障电力系统尽可能多的非故障区域的正常运行。在此背景下，保护继电器的应用包括5个基本方面。

在讨论这些问题之前，应该注意的是，使用“保护”一词并不表明或暗示保护设备可以防止故障，如由于意外人为接触造成的故障、设备故障或电击。保护并不能预见故障，保护继电器只在异常或系统不容忍故障发生，且有足够的指示允许其操作时动作。因此，保护并不意味着预防，其功效在于减少故障持续时间、限制损坏、停电时间以及降低导致其他故障发生的可能性。

5个基本方面如下所示：

1）可靠性：确保正确执行保护动作；

2）选择性：断开最少的系统以提供运行的最大连续性；

3）速动性：最小的故障持续时间和由此造成的设备损坏和系统不稳定性；

4）简单性：最少的保护设备和相关电路，以实现保护目标；

5）经济性：以最小的总成本实现最大限度的保护。

因为这些都是所有保护的基础，所以需要进一步讨论。

1.6.1 可靠性

可靠性有两个方面，可靠性和安全性。可靠性被定义为“继电器或继电器系统正确动作的确定性程度。”[⊖]安全性指“继电器或继电器系统不会错误动作的确定性程度。”[⊖]。换句话说，可靠性表明保护系统在需要时正确动作的能力，而安全性是指避免保护系统在正常的日常运行以及指定操作区域外的故障和事故时误动不必要的操作。在不影响电力系统正常运行的可容忍的瞬变量及那些不及时隔离就可能导致严重故障的轻微故障之间，往往有一个非常明确的分界线。因此，保护必须是安全（可容忍的瞬变发生时不动作）且可靠的（不可容忍的瞬态和永久性故障发生时动作）。正是这些相互矛盾的需求以及对何时何地可能发生何种类型故障的推测，才使得电力系统保护成为一门最有趣的技术、科学和艺术。

可靠性可通过测试保护系统轻松检测，以确保当超过动作阈值时按照预期动作。而安全性测试相对较难。触发保护系统的瞬态几乎有无限多种，因而预先确定所有这些可能性是非常困难甚或不可能的。

制造商经常使用详细的电力系统仿真模型，甚至在必要时进行带电的电力系统故障测试，以检查保护的可靠性和安全性。最好、最实用的安全性和可靠性方案来自于设计人员的实践经验和工作背景。因此，实际使用中保护系统是最好的和最终的实验结果。这只用于确认可靠性，而基本不用于其他方面。

一般来说，增强安全性往往会降低可靠性，反之亦然。例如，图1.9所示的单继电器跳闸触点具有高可靠性，但其可能由于意外瞬变或人为误操作而意外关

⊖ IEEE C37.2，2008。

闭。为了最大限度地减少这个潜在的问题，一个二次继电器，如故障检测器，可用于串联直流跳闸回路的操作节点。现在，这两个触点必须闭合，使得出现非容忍条件和故障的断路器断开。这增加了安全性，因为外来的瞬变或故障会导致两个继电器同时动作几乎不可能。然而，可靠性已经降低，因为现在需要两个继电器正确动作。使用这样的配置，是因为在提高安全性同时，可靠性仍然相当高。

安全性是对于保护系统十分重要（可靠性亦如此），因为继电器像安静的哨兵一样，其一生与电力系统紧紧相连，等待非容忍条件以及不在其动作区内的瞬变和外部故障的发生。我们希望永远没有任何故障或非容忍的情况，故继电器没有机会动作。幸运的是，电力系统中的故障率相对较低。据估计，在一般情况下，一个继电器在其寿命内的累积工作时间（继电器感测到内部故障并操作的时间）平均在数秒到几分钟之间，这取决于特定的继电器类型的速度。这与机电式继电器的 30 多年的寿命形成显著的对比。因此，继电器从操作方面基本上不磨损，实际上，更多的磨损来自维护测试和类似的用途。

电子继电器也类似，若非技术仍然千变万化，许多继电器的寿命都可能大大缩短。

在一般情况下，大型和小型、公共事业和工业电力系统的经验都表明，其继电保护系统可靠性高达 99%以上，这一点值得称道。

1.6.2 选择性

继电器有一个被称为主保护区的指定工作区域，但其存在可以正确动作以响应本区域故障外的工作条件。在这些条件下，它们为主保护区以外的区域提供后备保护。这被称为后备或跨保护区域。

选择性（也被称为继电器的配合）体现在继电器动作条件的整定过程，使继电器可在主保护区内迅速动作而在其后备保护区内延迟动作。主保护继电器在后备或跨区域延时动作是很有必要的。否则，分配到该区域的主保护和后备保护继电器这两套保护继电器可能同时在这个跨区域的故障中动作。除非该区域的主保护不能消除故障，否则后备保护不应动作。因此，选择性或继电器的协调对于确保断开最少的系统以提供最大的运行连续性是很重要的。这个过程在后面的章节中将进行更详细的讨论。

1.6.3 速动性

显然，我们希望保护可以尽可能快地隔离故障区。在某些应用中，这并不困难，但在其他情况，特别是考虑选择性在内的时候，更快的操作可以通过更复杂和更高成本保护完成。零时间或极高速度的保护，虽然本质上是可取的，但这可能会导致非预期的操作数量的增加。通常，动作速度越快，误动率就越高。时间

（通常是一个非常短的量）仍然是区分容忍和非容忍瞬态的最好方式。

高速继电器动作时间小于50ms（三个60 Hz周期）[⊖]。术语“瞬时”被定义为保护装置动作未刻意带来（时间）延迟[⊖]。在实践中，术语“瞬时”和“高速”交替使用，来描述保护继电器的动作时间不超过50ms。

现代高速断路器的动作时间在17~50ms的范围（1~3个60Hz周期）；其他动作时间小于83ms（5个60Hz周期）。因此，总切断时间（继电器加断路器）通常在约35~130ms之间（2~8个60Hz周期）。

在低电压系统中，保护继电器动作时间需要相互协调，故其动作时间通常相对较慢，主保护区动作时间通常为0.2~1.5s。对于此区域故障，主保护区继电器动作时间大于1.5~2.0s并不常见，但它们可能发生并真实存在。因此，速动性是很重要的，但它并不总是绝对必需的，而且获得高速度但不增加额外成本和复杂度也不总是实际可行的。

当电力系统对的稳定敏感性较高时，保护系统继电器的速动性尤为重要。更快的故障切除减少了发电机的故障，因此，提高了稳定裕度。早期设计的微处理器型继电器或多或少比机电型或固态模拟设计类型要慢。然而，现代的微处理器型继电器的设计，结合了能够提供和其他类型的继电器大致在相同的范围内的动作速度的处理器和算法。

1.6.4 简单性

继电保护系统应尽可能保持简单明了，同时还能够实现其预期目标。每当增加一个可能增强保护但对基本保护非必需的单元或组件时都应慎重考虑。因为每个增加的单元都提供了潜在的故障和附加的维护来源。正如一直强调的那样，保护的错误动作或不可用性可能会导致电力系统的灾难性故障。保护系统的故障可能极大地影响到电力系统——通常可能比其他电力系统元件的影响更大。

固态和数字技术在继电保护中得到越来越多地使用，这为提高保护的先进程度提供了更多可能。有些会增强保护，另外会增加一些很有必要的组件。所有附件应仔细评估，以确保它们可以真正显著地提高系统的保护。

1.6.5 经济性

以最小的成本获取最大的保护是基本原则，而成本一直是一个重要因素。价格最低、初始成本低廉的保护系统可能不是最可靠的一个；而且，它可能在安装和操作方面涉及更大的困难，以及更高的维护成本。保护成本在单独考虑的时候是很高的，但它们应该根据被保护设备的更高的成本以及由于不适当的保护导致

⊖ IEEE 100，2000。

的被保护设备中断或损失的成本来评估。节省并减少初始若干次的费用，可能导致未来花费更多的时间去维修和更换由于不充分或不适当的保护造成的设备损坏或设备丢失。

1.6.6 小结

期望所有5个基本目标都能达到它们的最高水平是不切实际的。现实生活中的实际问题需要常识和妥协。因此，继电保护工程师若想解决眼前的保护问题和系统需求问题，就必须将这些目标作为整体进行最优化。这是一个令人激动的挑战，而其方法和答案有很多种。

1.7 保护系统的影响因素

影响继电保护的主要因素有4个：

1）经济性；

2）继电保护工程师的主观性以及电力系统的特性；

3）隔离设备［断路器、开关、输入设备（电流互感器和电压互感器）］的位置和可用性；

4）可用的故障指示器（故障研究等）。

上述几点在下面的章节中将进行更详细的介绍。

1.7.1 经济性

经济性已经在1.6.5节中介绍过，它总是很重要。幸运的是，故障和事故相对来说并不多见，所以人们很容易忽视对保护的投入，因为还没有出现过任何问题。当然，保护工程师希望永远不会用到保护系统，但当故障发生时，保护系统对于电力系统的正常运行是至关重要的。出现单个故障时，保护系统及时地、正确地隔离故障区，从而最大限度地减少停机时间和减少设备损坏，而无保护导致的损失往往高于保护系统所需要的成本。

1.7.2 主观性因素

何时、何地发生何种的非容忍条件，在电力系统是不可预测的，存在着无数种可能性。因此，工程师必须针对最有可能的事故来设计保护系统，这有赖于过去的经验、预期最有可能发生的可能性、设备制造商的建议，以及良好实际判断的丰富经验。这往往使保护成为一门艺术和技术。由于继电保护工程师的主观性，电力系统管理、操作注意事项的历史沿革是不同的，所以保护设计的结果也是不同的。虽然有很多共性技术，但是保护系统和实践还没有实现标准化。因此，继电保护反映了工程师的主观性和被保护系统的特点，从而使系统保护的艺术与实践变得非常有趣。

1.7.3 切断和输入装置的位置

只有在具备可隔离故障区域的断路器或类似装置，以及配备需要时可提供电力系统有关故障和事故信息的电压和电流互感器的情况下，方能实施保护。系统规划师和保护工程师之间的密切合作对于促进电力系统的最佳性能和运行是很重要的。

1.7.4 故障指示器

问题、故障和非容忍条件必须提供一个区别于正常运行或容忍条件的差异。一些信号或电气量（测量量）的变化对于导致继电器动作或故障检测是必要的。重申一下，普通可用测量量包括电流、电压、阻抗、电抗、功率、功率因数、功率或电流的方向、频率、温度和压力。这些量的任何重大变化都可能提供一种异常情况检测手段，从而在继电器操作中采用。

选择和实施保护的关键在于首先确定存在哪些区分容忍和非容忍条件的测量量。基于这些信息，可找到或设计（如需要）继电器或继电器系统，以根据可检测的差异量进行动作。

如果正常和异常条件之间不存在显著的差异，那么保护是有限的或者是根本不可能的。一个配电系统中的例子，事故或暴风雨可能会导致带电线路靠近或接触在地面上。这完全是不能容忍的，但故障电流可以非常小或为零，并且所有其他系统参数，如电压、功率和频率，可以保持在正常范围内。因此，在这些情况下，不存在可以被任何类型的继电器检测出来的量变以隔离非容忍条件。

1.8 继电器的分类

继电器可以按照几种不同的方式，例如功能、输入、性能特性和操作原理进行分类。按功能分类是最常见的。它有5种基本功能：①保护；②调节；③重合闸、同期检查和同步；④监测；⑤辅助。

1.8.1 保护继电器

保护继电器及相关系统（和熔丝）在非容忍电力系统条件下动作是本书介绍的重点。它们应用于电力系统的各个部分：发电机、母线、变压器、输电线路、配电线路和馈线、电动机和应用负荷、电容器和电抗器。在大多数情况下，本书讲述的继电器是单独的装置，它通过能把最高系统电压（目前 765kV）[㊀] 转换成 480V 的工作电压等级的电流互感器和电压互感器连接到电力系统中。通常，低于 480V 的配电设备使用熔断器或者与设备集成的保护装置进行保护。此类装置在这里不进行深入介绍。

1.8.2 调节继电器

变压器分接头、发电设备调速器能够根据变化的负载来控制电压水平。调节继电器就与上述设备有关，它用于正常运行的系统中，不响应系统故障，除非系统故障长期未消除。这种情况很少见。本书不对此类继电器进行讨论。

1.8.3 重合闸、同期检查和同步继电器

重合闸、同期检查和同步继电器以前被归类为编程，但由于这一术语现在广泛应用于计算机等不同领域，因此我们用了不同的名称。这种类型的继电器用于通电线路或中断后的恢复线路，以及电力系统互联带电前的部分。

1.8.4 监测继电器

在电力系统或保护系统中使用监测继电器来验证条件。其在电力系统中的实例有故障检测器，电压检查或定向传感单元，它们确认电力系统的运行条件，但不直接检测故障或事故。在保护系统中，它们被用来监测电路的连续性，例如控制线和跳闸回路。通常，报警单元具有监测功能。

1.8.5 辅助继电器

辅助单元用于各种用途的保护系统中。一般而言有两类，即触点增放型和电路隔离型。在继电保护和控制系统中，经常要求①用于多次跳闸、报警和其他设备操作的更多输出，如记录、数据采集和闭锁；②将处理二次系统中更高电流或电压的触点；③多个二次电路的电气和电磁隔离。

图 1.9 所示的密封式（接触器开关）继电器是一种辅助型继电器应用。与断路器一起使用的跳闸和闭合继电器是辅助继电器。

1.8.6 其他继电器的分类

按输入分类的保护继电器包括电流、电压、功率、频率和温度继电器。按工作原理分类的保护继电器包括机电、固态、数字、百分率差动、多持线圈和生产单元型继电器。按性能特点分类的保护继电器包括距离、电抗、方向过电流、反

㊀ 目前，我国最高系统电压为 1000kV。——译者注。

时限、相位、接地、定时限、高速、低速、相位比较、过电流、欠电压、过电压继电器等。

1.9 保护继电器的性能

单个保护继电器的性能很难完全评估，因为对于给定故障，故障区附近的多个继电器可能同时开始动作。仅当主继电器动作并隔离故障区域时才表明性能良好。所有其他警报继电器将恢复到正常的静态模式。

性能（继电器动作）分类如下所示：

1）正确，一般为95%~99%；

a. 按计划；

b. 不按计划或预期。

2）不正确，不跳闸或误跳闸；

a. 不按计划或预期；

b. 可接受的特殊情况。

3）没有结论。

1.9.1 正确动作

正确动作包括：①至少有一个主保护继电器正确动作；②没有后备保护继电器对故障动作跳闸；③故障区域在预期的时间里被正确隔离。从过去的多年经验和目前来看，所有继电器动作中近99%是正确且符合期望的（即按计划和编程操作）。对于这一点，继电保护部门、保护工程师、技术人员和所有相关人员的共同努力是值得称道的。

1965年的美国东北部大停电是保护不按计划或预期正确动作的实例。在这一事件中，许多继电器全部（据我记忆）正确动作。也就是说，系统的电气量进入了运行区或运行水平，从而使继电器正确动作，但这通常是不需要的。那时，没有人能预料到这个最不寻常的系统干扰。

1.9.2 误动作

误动作来自故障、失灵或保护系统未预料的或计划外的操作。这可能会导致错误的隔离非故障区或没有隔离故障区。误动作的原因可能是一个或几个的组合：①误用继电器；②设置不正确；③人为错误；④设备问题或故障（继电器、断路器、电流互感器、电压互感器、站用电池、导线、导频信道、辅助装置等）。

对于无穷多可能的电力系统问题，不可能为每种可能性提供保护。即使有了最好的规划和设计，总会有一个潜在的没有被保护或者没检测到错误的情况发生。有时候，这些会被一个在特定情况下可被归类为可接受的误动作所覆盖。尽管这些都是极少发生的，但它们拯救了电力系统并使由故障引发的后果最小化。

1.9.3 无结论

无结论是指在一个或多个继电器已经或似乎已经动作，例如断路器跳闸，但找不到引起跳闸原因的情形。没有征兆的电力系统故障或事故，也没有明显的设备故障，是一个令人沮丧的情形。这可能会导致许多小时的后期调查。幸运的是，带有数据记录和示波器功能的现代微处理器继电器可以为这些问题提供直接的证据或线索，同时可预示出还未造成实际故障的潜在问题。有人怀疑，许多不确定的事件是没有报道的人员介入或是测试和调查过程中还未变成明显故障的间歇性故障所造成的。

1.9.4 跟踪继电器性能

跟踪继电器性能和误动作原因可以对在保护应用或设计细节中的故障趋势或薄弱点发展提供有用信息。通过对于公共事业之间表现的比较，可以为最佳实践提供指示。这种比较必须仔细，因为不同的公共事业可能会有不同的跟踪性能。此外，在特定的公共事业中的电力系统的性质可能会有所不同，从而每个都面临着独特的、不同的挑战。最近的努力都集中在针对追踪继电器的性能来开发一个统一的方法，从而使上述比较更有意义。衡量继电器性能的方法和继电器误动作的报告要求在本书第16章进行介绍。

1.10 继电保护原理

电力系统按照设备和可用的断路器可分为不同的保护区。几乎每个电力系统都可分为6个保护区：①发电机和发电机变压器组；②变压器；③母线；④输电线路（高压输电、中压输电和配电）；⑤用电设备（电机、静态负载或其他）；⑥电容器或电抗器组（单独保护时）。

这些保护区域大多如图1.11所示。虽然保护的基本原理非常相似，但这6类都各自具有基于被保护设备特点为主保护而特殊设计的保护继电器。各个区域的保护通常包括继电器，其可为相邻设备提供后备保护。

每个区域的保护应与相邻区域重合，否则，保护区之间将存在主保护无效动作区域。这些重叠区布置着电流互感器，它为保护继电器提供重要的电力系统信息。这些如图1.11中所示，更具体的内容体现在图1.12中。两个电流互感器之间的故障导致X区和Y区继电器动作并使它们相关的断路器断开（见图1.12）。

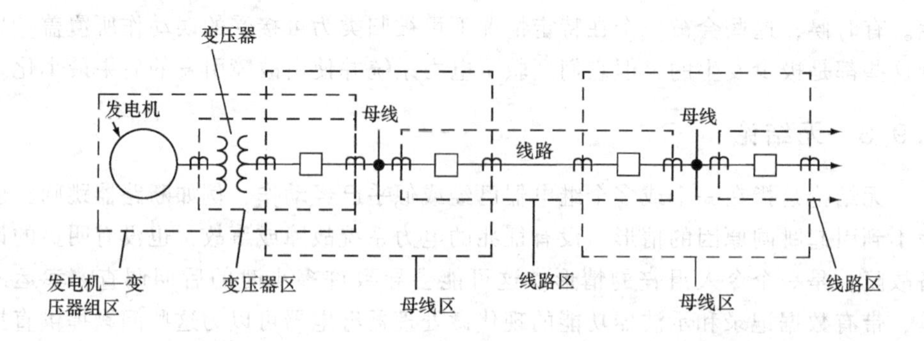

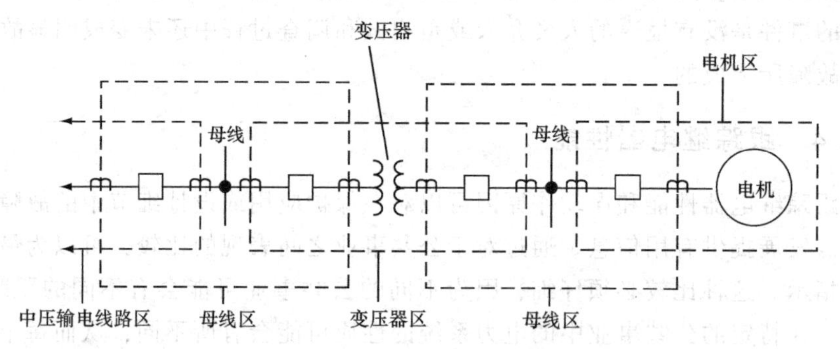

图 1.11 电力系统中的典型继电器主保护区

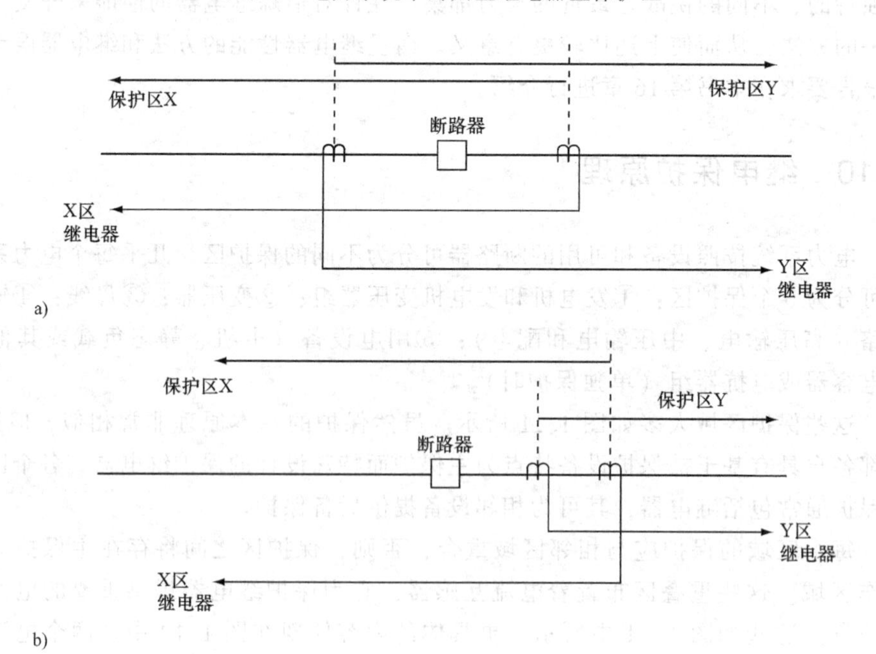

图 1.12 重叠保护区及其相关的电流互感器

a）罐式断路器 b）瓷柱式断路器

对于图 1.12a 来说，该故障很可能因涉及断路器本身而不被消除，直至任何一端的远程断路器断开。对于图 1.12b 来说，Y 区继电器单独断开断路器将消除来自左侧故障源的两电流互感器之间的故障。在远程的右侧电源的继电器也必须断开这些故障。不需要 X 区继电器的动作，但它不能被阻止。

幸运的是，接触区域相当小，而且故障的可能性很小。如果没有这种重叠，电流互感器之间区域的主保护将不存在，所以这种重叠是所有应用实例的标准实施规程。

1.11　有关应用的信息

实施保护最困难的问题之一往往是准确陈述保护需求。其有助于形成实际有效的解决方案，同时，在顾问、制造商和其他工程师等可能参与或有助于形成解决方案的人员需要协助时尤为重要。下面列出所需信息从多年协助继电保护工程师们的保护难题中发展而来。它概述了保护需求所需要的信息，其中一些信息在问题的第一个定义中总被忽视。

所需信息应包括以下几点：

1）所涉及系统或区域的单线图；

2）电力设备的阻抗和接线，系统频率、电压和相序；

3）现有的保护和问题（除非有新的）；

4）影响保护的操作规程和做法；

5）保护的重要性；纵联、非纵联等；

6）系统故障分析；

7）最大负载和系统振荡极限；

8）电流和电压互感器的位置、接线和变比；

9）未来预期的扩展。

更详细的内容如下所述。

1.11.1　系统配置

系统配置可通过应用实例的单线图或记录研究区域及周围系统的完整接线和面板布线的三相图获得，应展示出断路器、电流互感器、电压互感器、发电机、母线、线路抽头的位置。考虑接地故障保护时，变压器组的连接以及系统接地是必要的。在站用图样上经常缺少接地信息。

1.11.2　电力设备的阻抗和接线、系统频率、系统电压和系统相序

上述大部分信息通常都包含在单线图中，但电力变压器组和电路阻抗的接线

和地线通常被忽略。当需要三相连接图时，必须包含相序。

1.11.3 现有的保护和问题

如果是新设备，则现有设备的信息不适用，此时应标记为新设备。如不是新设备，现有保护和问题的相关信息则有助于系统更新或整合所需变化。

1.11.4 操作程序和实践

增加或变更应遵照现行的规范、程序和期望。当这些影响到保护的时候，应予以说明。通常，这可以通过说明某些类型的设备或做法不可行来实现。

1.11.5 保护系统设备的重要性

系统电压水平和规模往往是显而易见的。例如，高压输电线路通常采用高速纵联保护，低压系统采用定时限过电流保护。然而，这应根据保护工程师的期望或系统要求加以阐明。通常，需要保护的设备对于电力系统以及其维持运行的能力越重要，对它提供全面充分的高速保护就越重要。

1.11.6 系统故障分析

故障分析对于大多数保护应用来说是非常重要的。对于相间故障保护来说，三相故障的研究是必需的；而对于接地故障保护来说，单相接地故障的研究是必需的。后者应包括零序电压以及负序电流和电压，如果涉及接地故障的定向感测，这些可能是有用的。

在线路上，有关开断断路器线路侧故障（称为线端故障）的信息通常很重要。应记录流过继电器或熔断器的电流，而非总故障电流。

故障研究应在指定的电压基准或有明确规定的基准单位时注明单位（V和A）。经验表明，测量量的单位有时并无显式表示。

1.11.7 最大负载和系统振荡极限

在保护装置禁止动作的短时间或紧急制动下，允许通过设备的最大负荷应详细说明。如果已知，在短暂干扰后，能够恢复正常运行状态的电力系统最大振荡对于某些应用实例来说非常重要，而且应该详细说明。

1.11.8 电流和电压互感器的位置、接线和比例

这些信息通常显示在单线图上，但数据往往不完整或不清楚。当多比率装置存在时，使用特定的抽头或比率应详细说明。电压互感器或电压设备的接地应明确表示出来。

1.11.9 未来的扩展

在合理时间内可能产生、已知或计划的系统扩张或变化均应指明。上述各项并非全部适用于特定问题或系统要求，但此清单有助于更好地理解保护问题和要求。通常，故障研究及其相关的信息，将为保护装置提供测量量信息。当清单中的信息不完整时，任何应用的首要任务是寻找可用于区分容忍和非容忍条件的电气测量量。

1.12 电力行业内的结构变化

电力行业在历史上一直由垂直整合垄断实体组成，由政府机构实施监管。这些产业实体主要包括投资者所有公共事业部门、市政或电力合作社所有公共事业部门。在这种结构中，每个公共事业部门拥有指定服务领域的所有发电、输电和配电设施，以及在其管辖内的保护系统，包括发电厂、输电和配电系统，以及客户设备的接入点。各公共事业部门完全负责所有相关保护设施的应用、设计、施工、设置、测试和维护工作。

在 20 世纪 90 年代，美国发起了重组电力行业的运动，使其本质上更具竞争力。联邦和州都通过了各种立法，以强制执行这些变更。在行业内，竞争会带来更高的效率，并最终提供较低价格的电能，使消费者受益。该运动仍处于一个逐步发展的状态，但它已经开始对电力行业产生了重大的改变。已经通过的法律许多都是州法律，所以国家不同区域仍然存在差异。然而，基本结果是一个发电和供电不受管制的电力系统。任何人都可以拥有自己的、开放给所有合格用户的传输系统的发电设施。同样，任何人都可以给客户提供能源。输电和配电设施通常受到监管，并由公共事业部门所有。然而，有提案建议整合给定区域内的输电设施，并由区域输电所有人持有。传统的公共事业部门仍然可以拥有发电设备，也可作为供应商提供。然而，这些功能必须有足够的保障措施来防止竞争优势的独立子公司来操作。在许多情况下，维护一个具有竞争力的大规模能源市场和保证电力系统可靠性的责任已授权给独立的系统运营商。

电力行业的最终结构尚在演变中。然而，在新环境下，演变方向已基本设定，参与者需作出有效调整。有人担心，由于竞争给过去合作氛围带来的不良影响，将导致电力系统的可靠性下降。这种担心的可信度由一些已经实施竞争的区域中的严重停电、电力短缺和对故障中断的缓慢响应来支持说明。政治家需要警惕这种威胁，并考虑任何必要的立法，以确保能够将可靠性和客户服务维持在这个国家所期望并已经流行的水准上。

电力行业结构的变化并没有改变电力系统继电保护应用的技术和实践。然而，这种变化对保护过程的实施方式有影响。这些变化呈现出需要考虑各类保护问题的新的挑战：

1）在竞争的氛围中发展的经济约束的影响，可能会导致支持保护功能可用性的资源减少的压力。保护应用的经济利益有时难以量化。保护工程师需要发展所需的能够从经济方面为提出的保护装置辩护的技能。熟悉在电力系统规划过程中使用的概念应该是一个优先事项。

2）电力行业结构中的各实体的分离，需要良好的文档和信息交换系统，以便指导保护研究和校验保护信息。

3）发电机可能位于整个输电系统的各个位置，这可能对供应系统产生额外的危害。这种危害必须被识别，并实施适当的保护。该课题将在第8章中进一步讨论。

4）安装在不同位置的发电机需要不同的保护方案。这种方案并非适用于典型故障保护的保护方案，而适用于降低不合理系统运行状态对发电机正常运行的影响。特殊的保护方案将在第14章中进行详细的讲述。

5）统一的保护设计标准、应用规范、维护和测试要求需要记录并提供给所有有关单位。以确保这种标准的审核和执行。

1.13 可靠性和保护标准

随着电力行业的重大结构变革，保护的标准和程序也需更新，以促进市场的有效运作，并确保电力系统的可靠运行。关于电力系统规划和运行的可靠性标准已经存在很多年。遵守这些已经可以被开放解释的标准本质上是自愿的。随着行业内所有权的分离，依靠这种自愿性规则来确保电力系统可靠性处于一个较高的优先级是不切实际的。涉及安装设备的类型以及所记录的连接、操作和保护方式的技术需求一般是强制性的，从而可以以公平和类似的方式对待市场上所有的参与者。大部分工作由行业内的监督或监管机构组织所执行。该组织包括可靠性委员会、国家机构、联邦机构和区域输电组织。

在保护领域，各种各样的ANSI/IEEE标准已发展多年，并将继续随着条件的变化而发展。这些标准涵盖了保护设备设计要求的各个方面，以及这些设备需要应用于保护特定电气设施的方式。在指定管辖区域内，适用于电力系统可靠性和安全性相关问题的保护需求正在监督和监管机构内，发展成为上文所述过程的一部分。这些保护标准的重点是大容量电力系统相关设备，因为对于维持国家电网的连续与安全运行和防止大规模干扰和中断方面，大容量电力系统的健康是决定性的。由于部分电力网由许多独立的实体建设和拥有，所以对于防止这个庞大网络中的薄弱点来说，标准和相关执法程序是至关重要的。较低电压等级的设计标准通常是由公共事业部门自己开发的，以满足监管机构规定的性能要求。低电压等级设备的标准监督确实存在于多种所有制存在的地区。因此，对于连接到实体电力系统的大容量电力设备和联锁电力网位置而言，相关保护标准已成为目前正在发展的促进可靠性和市场公平性的重点。

发电机联锁保护要求将在本书第 8 章进一步介绍。对于大型电力设备，可靠性标准通常建立在前文所述的保护系统的重要目标上，如下：

1）防止或减少设备损坏。设备损坏对于所有者来说损失巨大，由此造成的中断对于电力系统的运行可靠性提出了挑战。

2）最小化系统故障中断的范围和区域。

3）确保及时检测并清除故障，从而使电力系统保持稳定。

4）允许电力系统设备加载到其满负荷和紧急状态。

近年来，保护标准已得到长足发展，从而确保所有高电压设备的保护系统操作进行了正确性分析，而所有不正确的动作必须报告详细的原因并采取纠正措施。

大容量电力系统的运行设计的最低要求是：系统因突发状况损失任何单个设备后，系统仍能保持运行。系统运维人员将改变发电调度或系统配置以保持满足这些操作标准的要求。为了配合这种 N-1 故障概念，大型电力设备的保护标准通常需要在保护设计中预留冗余。冗余是必需的，以确保任何单一保护元件，如一个仪表互感器、继电器、断路器、控制电路或通信通道的发生故障时，不会导致无法检测和隔离故障。保护系统的主要目标是对于与保护系统相关的任何设备的故障，必须保持完整。对于大容量电力系统中的每个受保护设备，这种约束通常需要使用两套独立的保护方案。此要求作为涵盖各种类型设备的保护方案将在随后的章节中讲述。

1.13.1　监管机构

北美电力可靠性公司（NERC）是一个非政府组织，它具有法定责任并通过采取和实施公平的标准、道德和有效的实践来规范大容量电力系统用户、业主和经营者。2007 年 6 月 18 日，美国联邦能源监管委员会（FERC）赋予北美电力可靠性公司（NERC）合法权力在美国大容量电力系统实施可靠性标准并遵从这些标准的强制性和可执行性。NERC 是一个自律组织，它受 FERC 和加拿大政府部门的监督。

NERC 标准主要集中在大容量电力系统，因为该系统对于电网的可靠性来说是最重要的。现行的大容量电力系统的定义包括“在 100kV 或更高电压下工作的所有输电元件，以及与 100kV 或更高电压连接的有功功率和无功功率电源，这不包括本地分布式电源的设施”。该定义中的元素由 NERC 通过特定的包含和排除来修改。

由 NERC 制定的监督过程促进了对标准的遵从，并确保减少了违反强制性的可靠性标准的行为。电力实体一旦被发现违反了任何标准，必须提交一份缓解违反的方案并得到 NERC 的支持，一旦获得批准，必须执行提交的方案。

依赖于区域实体的 NERC 通过批准的授权协议来执行标准。各区域实体负责监督所有注册实体在其区域范围内遵从标准。一个听证会的过程可用于解决该地区有争议的违规行为。所有的大容量电力系统拥有者、运营商和用户都需要遵守所有批准的标准。目前，涵盖所有美国领域的有 8 个区域实体：

1）佛罗里达可靠性协调委员会（FRCC）；

2）中西部可靠性组织（MRO）；

3）东北电力协调委员会（NPCC）；

4）可靠性第一公司（RFC）；

5）电监会可靠性委员会（SERC）；

6）西南电力联营（SPP）RE；

7）得克萨斯可靠性实体（TRE）；

8）西部电力协调委员会（WECC）。

一些 NERC 标准涉及到电力系统保护与控制。这些规定以及其对继电保护的影响，将在本书第 16 章中进行更详细的介绍。

参考文献

以下内容为本章提供参考，并且一般参考适用于所有章节。从 1927 年起，电力工程学会的 IEEE 电力系统继电保护委员会开始记录继电器的文献目录。近年来，这作为一个委员会报告，每两年发布一次。如下所示，这些都是在 AIEE 和 IEEE 学报中：

Period Covered	Transaction Reference
1927–1939	Vol. 60, 1941; pp. 1435–1447
1940–1943	Vol. 63, 1944; pp. 705–709
1944–1946	Vol. 67, pt. I, 1948; pp. 24–27
1947–1949	Vol. 70, pt. I, 1951; pp. 247–250
1950–1952	Vol. 74, pt. III, 1955; pp. 45–48
1953–1954	Vol. 76, pt. III, 1957; pp. 126–129
1955–1956	Vol. 78, pt. III, 1959; pp. 78–81
1957–1958	Vol. 79, pt. III, 1960; pp. 39–42
1959–1960	Vol. 81, pt. III, 1962; pp. 109–112
1961–1964	Vol. PAS-85, No. 10, 1966; pp. 1044–1053
1965–1966	Vol. PAS-88, No. 3, 1969; pp. 244–250

Period Covered	Transaction Reference
1967–1969	Vol. PAS-90, No. 5, 1971; pp. 1982–1988
1970–1971	Vol. PAS-92, No. 3, 1973; pp. 1132–1140
1972–1973	Vol. PAS-94, No. 6, 1975; pp. 2033–3041
1974–1975	Vol. PAS-97, No. 3, 1978; pp. 789–801
1976–1977	Vol. PAS-99, No. 1, 1980; pp. 99–107
1978–1979	Vol. PAS100, No. 5, 1981; pp. 2407–2415
1980–1981	Vol. PAS102, No. 4, 1983; pp. 1014–1024
1982–1983	Vol. PAS104, No. 5. 1985; pp. 1189–1197
1984–1985	Vol. PWRD-2, 2, 1987; pp. 349–358
1986–1987	Vol. PWRD-4, 3, 1989; pp. 1649–1658
1988–1989	Vol. PWRD-6, 4, 1991; pp. 1409–1422
1990	Vol. PWRD-7, 1, 1992; pp. 173–181
1991	Vol. PWRD-8, 3, 1993; pp. 955–961
1992	Vol. PWRD-10, 1, 1995; pp. 142–152
1993	Vol. PWRD-10, 2, 1995; pp. 684–696
1994–Paper # 95 SM 436-6	

ANSI/IEEE Standard C37.010, *Application Guide for AC High-Voltage Circuit Breakers Rated on a Symmetrical Current Basis*, IEEE Service Center, Piscataway, NJ, 1979.

ANSI/IEEE Standard C37.2, *Standard Electrical Power System Device Function Numbers*, IEEE Service Center, Piscataway, NJ, 2008.

ANSI/IEEE Standard C37.90, *Relays and Relay Systems Associated with Electric Power Apparatus*, IEEE Service Center, Piscataway, NJ, 1989.

ANSI/IEEE Standard C37.100, *Definitions for Power Switchgear*, IEEE Service Center, Piscataway, NJ, 1992.

ANSI/IEEE Standard 100, *IEEE Standard Dictionary of Electrical and Electronics Terms*, IEEE Service Center, Piscataway, NJ, 2000.

ANSI/IEEE Standard 260, *IEEE Standard Letter Symbols for Units of Measurement*, IEEE Service Center, Piscataway, NJ, 1978.

ANSI/IEEE Standard 280, *IEEE Standard Letter Symbols for Quantities Used in Electrical Science and Electrical Engineering*, IEEE Service Center, Piscataway, NJ, 1985.

ANSI/IEEE Standard 945, *IEEE Recommended Practice for Preferred Metric Units for Use in Electrical and Electronics Science and Technology*, IEEE Service Center, Piscataway, NJ, 1984.

Beeman, D., *Industrial Power Systems Handbook*, McGraw-Hill, New York, 1955.

Elmore, W.A. (ed.), *Protective Relaying: Theory and Applications*, ABB Power T&D Company, Marcel Dekker, New York, 1994.

Fink, D.G. and Beaty, H.W., *Standard Handbook for Electrical Engineers*, McGraw-Hill, New York, 1968.

Horowitz, S.H., *Protective Relaying for Power Systems*, IEEE Press, IEEE Service Center, Piscataway, NJ, 1980.

Horowitz, S.H. and Phadice, A.G., *Power System Relaying*, Research Studies Press, Chichester, England, Distributed by John Wiley & Sons, 1996.

IEEE Power System Relaying Committee Report, Review of recent practices and trends in protective relaying, *IEEE Trans. Power Appar. Syst.*, 1981, PAS 100(8), 4054–4064.

IEEE Brown Book, Standard 399, *Recommended Practice and Industrial and Commercial Power System Analysis*, IEEE Service Center, Piscataway, NJ, 1979.

IEEE Buff Book, Standard 242, *IEEE Recommended Practice for Protection and Coordination of Industrial and Commercial Power Systems*, IEEE Service Center, Piscataway, NJ 1986.

IEEE Red Book, Standard 141, *Recommended Practice for Electrical Power Distribution for Industrial Plants*, IEEE Service Center, Piscataway, NJ, 1986.

Mason, C.R., *The Art and Science of Protective Relaying*, John Wiley & Sons, New York, 1956.

Van C. Washington, A.R., *Protective Relays, Their Theory and Practice*, Vol. I, John Wiley & Sons, New York, 1962, Vol. II, Chapman & Hall, London, U.K., 1974.

Washington Electric Corp., *Applied Protective Relaying*, Coral Springs, FL, 1982.

Westinghouse Electric Corp., *Electrical Transmission and Distribution Reference Book*, 4th ed., East Pittsburgh, PA, 1964.

Westinghouse Electric Corp., *Electric Utility Engineering Reference Book, Vol. 3: Distribution Systems*, East Pittsburgh, PA, 1965.

第 2 章　基本单位：标幺值和百分值

2.1　引言

电力系统在不同的电压下运行，千伏（kV）是用以表示电压最适当的单位。电力系统传输的功率往往较大，因此采用千伏安（kVA）和兆伏安（MVA）表示三相总功率（实际功率或视在功率）。一般根据某一参考值或基准值的标幺值或者百分值来表示千瓦、千乏、安培、欧姆、磁通等参量。由于标幺值和百分值能够简化参数和计算（尤其是在涉及不同电压等级和不同设备容量的条件下），所以标幺值和百分值得到广泛应用。

上述讨论针对的是假定在某个不平衡点或不平衡区域呈平衡或对称状态的三相电力系统。换言之，电源电压幅值相等，但相位上相差 120°，而三相回路的阻抗幅值和相位均相等。以此为基础，可采用对称分量法分析横向和纵向的各种不平衡情况。对称分量法说明见本书第 4 章。

2.2　标幺值和百分值的定义

百分值是标幺值的 100 倍。使用百分值和标幺值完全是为了方便或出于个人习惯。一旦使用，明确的标示百分值（%）、标幺值（pu）非常重要。

任一参数的标幺值都是该参数与其基准值的比值，采用无量纲的十进制数表示。电压（V）、电流（I）、有功（P）、无功（Q）、伏安（VA）、电阻（R）、电抗（X）、阻抗（Z）等有名值对应的标幺值或百分值表示如下：

$$\text{标幺值} = \text{有名值}/\text{基准值} \tag{2.1}$$

$$\text{百分值} = \text{标幺值} \times 100 \tag{2.2}$$

其中，有名值指由带适当量纲的参数表示的标量值或复数值，如伏、安培、欧姆或瓦特。基准值指选取与有名值相对应的、任意值或方便计算的值作为基准。因此，标幺值和百分值都是无量纲的比值，可以是标量，也可以是复数。

例如，选取为 115kV 作为电压基准值时，92kV、115kV 和 161kV 分别对应 0.80pu、1.00pu 和 1.40pu 或者 80%、100%和 140%。

2.3 标幺值和百分值的优势

采用标幺值或百分值有以下几点优势：

1）若所有类似电路参数的相对大小能够直接比较，那么采用标幺值或百分值能使数据更有意义。

2）无论折算到一次侧还是二次侧，变压器等效阻抗的标幺值都是相同的。

3）三相系统中变压器阻抗的标幺值是确定的，与绕组的接线方式（星形-三角形（Y-△）、三角形-星形（△-Y）、星形-星形（Y-Y）或三角形-三角形（△-△））无关。

4）标幺值法与变压器的电压变换和相移无关，绕组的电压基准值与绕组的匝数成正比。

5）设备制造商一般将铭牌的额定功率（kVA 或 MVA）和额定电压（V 或者 kV）作为设备阻抗标幺值或百分值的基准值。

6）设备在不同额定值下的阻抗标幺值波动范围较小，而实际欧姆值的波动范围较大。因此，有名值未知时，可以采用适用的近似值。可通过多种渠道及参考书获得各种不同类型装置的典型值。此外，典型值已知的时候，可以校验指定单位的正确性。

7）单相功率和三相功率之间或线电压和相电压之间不易产生混淆。

8）标幺值法对电力系统稳态和暂态仿真非常有用。

9）故障计算或电压计算一般假定电源电压为 1.0pu。

10）两个参量的乘积用标幺值表示，但乘积必须除以 100 才能得到百分值。因此，实际计算应尽量采用标幺值而非百分值。

2.4 电路参数之间的基本关系

在继续讨论标幺值法之前，宜对适用于所有三相电力系统的电路参数之间的基本关系进行回顾。此处重点关注两种典型的接线方式，即星形接线和三角形接线，如图 2.1 所示。对于其中任意一种接线方式以下基本等式均适用：

$$S_{3\phi}=\sqrt{3}\,V_{\mathrm{LL}}I_{\mathrm{L}}(\mathrm{VA}) \tag{2.3}$$

$$V_{\mathrm{LL}}=\sqrt{3}\,V_{\mathrm{LN}}\angle+30^{\circ}(\mathrm{V}) \tag{2.4}$$

$$I_{\mathrm{L}}=\frac{S_{3\phi}}{\sqrt{3}\,V_{\mathrm{LL}}}(\mathrm{A}) \tag{2.5}$$

式中 S——视在功率或复功率（单位为 VA，kVA，MVA）；

P——有功功率（单位为 W，kW，MW）；

Q——无功功率；（单位为 var，kvar，Mvar）。

因此，$S=P+jQ$。

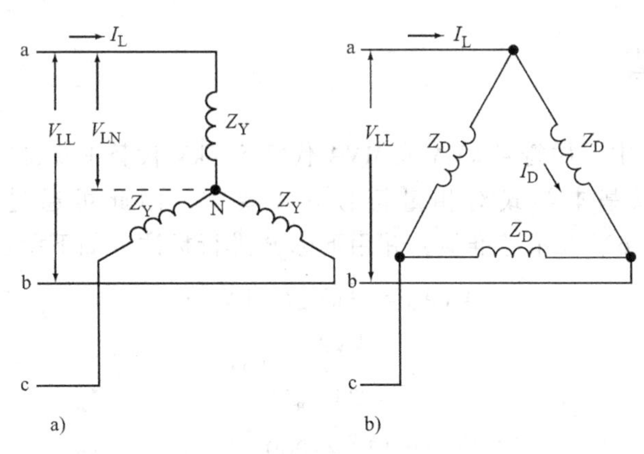

图 2.1　三相星形联结和三角形联结电路阻抗

a）星形联结　b）三角形联结

根据以下三个等式可以确定阻抗值和三角形电路电流：

1. 星形联结的阻抗（见图 2.1a）

$$Z_Y=\frac{V_{LN}}{I_L}=\frac{V_{LL}\angle-30^\circ}{\sqrt{3}}\times\frac{\sqrt{3}V_{LL}}{S_{3\phi}}=\frac{V_{LL}^2\angle-30^\circ}{S_{3\phi}}(\Omega) \tag{2.6}$$

2. 三角形联结的阻抗（见图 2.1b）

$$I_D=\frac{I_L\angle+30^\circ}{\sqrt{3}}(A) \tag{2.7}$$

$$\begin{aligned}Z_D&=\frac{V_{LL}}{I_D}=\frac{\sqrt{3}V_{LL}\angle-30^\circ}{I_L}=\sqrt{3}V_{LL}\angle-30^\circ\times\frac{\sqrt{3}V_{LL}}{S_{3\phi}}\\&=\frac{3V_{LL}^2\angle-30^\circ}{S_{3\phi}}(\Omega)\end{aligned} \tag{2.8}$$

$$I_D=\frac{V_{LL}}{Z_D}=\frac{S_{3\phi}\angle+30^\circ}{3V_{LL}}(A) \tag{2.9}$$

上述方程式表明，电路参数 S、V、I 和 Z 相互关联，只要选定其中任意两个就可确定其余两个。通常假定接线方式为星形联结，因此，式（2.3）~式（2.6）是电力系统计算中最常用的等式。如果能清楚地记住假定的接线方式为星形联结而非三角形联结，将会避免混淆；反之亦然。如果假定的接线方式为三角形联结，那么为了方便计算，可将其转换为等效的星形联结。

式（2.6）和式（2.8）假定星形和三角形电路阻抗相等。由此可得出：$Z_D=3Z_Y$或$Z_Y=Z_D/3$。该等式有助于将三角形阻抗值转换为等效的星形阻抗值。

反之，如需表示三角形电路阻抗和电流，可直接采用式（2.8）和式（2.9）。

2.5 基准值

在后续章节中，用符号kVA或MVA代替S、kV代替V更加方便。由于基准值为标量，所以基本等式对相量符号并无要求。因此可通过式（2.3）、式（2.5）和式（2.6）表示基准值，并用下标B进行标注，如下所示：

基准功率：
$$\mathrm{kVA_B}=\sqrt{3}\,\mathrm{kV_B}I_\mathrm{B}(\mathrm{kVA}) \tag{2.10}$$

基准电流：
$$I_\mathrm{B}=\frac{\mathrm{kVA_B}}{\sqrt{3}\,\mathrm{kV_B}}(\mathrm{A}) \tag{2.11}$$

基准阻抗：
$$Z_\mathrm{B}=\frac{\mathrm{kV_B^2}\times 1000}{\mathrm{kVA_B}}(\Omega) \tag{2.12}$$

由于

$$1000\times\mathrm{MVA}=\mathrm{kVA} \tag{2.13}$$

所以基准阻抗又可以表示为

$$Z_\mathrm{B}=\frac{\mathrm{kV_B^2}}{\mathrm{MVA_B}}(\Omega) \tag{2.14}$$

在三相电力系统中，常见的做法是采用标准系统电压或标称电压作为电压的基准值，采用方便计算的功率值（MVA或kVA）作为功率的基准值。一般取100MVA。通常所说的系统电压指三相之间的电压（例如，线-线电压），这也是式（2.10）~式（2.14）所采用的基准电压。方便起见，往往省去线-线电压的下标符号（LL）。鉴于此，一般电压值均指线-线电压值，除非另有说明。其中，采用线对中性点的相电压的对称分量法是主要的例外。应谨慎选取基准值，但有时候常忽略了这一步。同样，电流的基准值通常是指相电流或线对中性点的电流，除非另有说明。

功率一般指三相功率，除非另有说明。如前文所述，总功率（又称为复功率或视在功率）用符号MVA或kVA来表示。三相有功功率用符号MW或kW表示，三相无功功率用符号RMVA或RkVA表示。

2.6 阻抗标幺值和百分值之间的关系

将式（2.14）带入式（2.1）中的欧姆（Z_Ω）值可以得到阻抗标幺值，即

$$Z_{pu}=\frac{Z_{\Omega}}{Z_{B}}=\frac{MVA_{B}Z_{\Omega}}{kV_{B}^{2}}或\frac{kVA_{B}Z_{\Omega}}{1000kV_{B}^{2}} \tag{2.15}$$

用百分值符号表示为

$$\%Z=\frac{100MVA_{B}Z_{\Omega}}{kV_{B}^{2}}或\frac{kVA_{B}Z_{\Omega}}{10kV_{B}^{2}} \tag{2.16}$$

若要根据标幺值或百分值计算欧姆值，公式为

$$Z_{\Omega}=\frac{kV_{B}^{2}Z_{pu}}{MVA_{B}}或\frac{1000kV_{B}^{2}Z_{pu}}{kVA_{B}} \tag{2.17}$$

$$Z_{\Omega}=\frac{kV_{B}^{2}(\%Z)}{100MVA_{B}}或\frac{10kV_{B}^{2}(\%Z)}{kVA_{B}} \tag{2.18}$$

阻抗值既可能为标量值也可能为相量值。上述等式也适用于电阻和电抗的计算。

在涉及除法的计算中，推荐使用标幺值，减少产生小数点误差的可能性。但标幺值或百分值的选择由个人决定。通常两者都便于使用，但需谨慎选择。

极力建议对所有的计算结果进行谨慎、详细的标记。这在确定某个数值或结果时，尤其是后期他人或本人重新接手该工作时，是非常有意义的。举个例子而言，很多计算结果并无标注，如 106.8。对于他人来说，或一段时间后，自己记忆模糊，可能会出现诸如“这是什么？安培？伏？或是什么参量的标幺值？”等问题。起初这些计算结果的单位显而易见，但对于他人而言，一段时间后，这些计算结果的单位就可能不再那么明显了。只要稍加注意就能养成添加标注的好习惯，避免后期产生令人沮丧的问题、疑惑或招致繁琐的重新推导。

电流（单位为 A）和阻抗（单位为 Ω）应参考指定基准电压或变压器的一次绕组或二次绕组。应明确说明电压（单位为 V）是一次电压还是二次电压，高压还是低压等，其他参量亦是如此。

用标幺值或百分值表示阻抗、电阻或电抗时，必须提供两个基准值，即式(2.15)~式（2.18）中采用的基准值 MVA（或 kVA）和 kV。如果没有基准值，标幺值和百分值将无意义。就电气设备而言，这两个基准值为设备铭牌上引用的额定值或制造商图样上的额定值或者提供的其他数据。若指定了多个额定值，通常可假定使用标准额定值确定指定参量的标幺值或百分值。从根本上讲，若存在多个额定值，制造商应指明基准值。

当所有的阻抗分量均减少至某个通用基准值时，系统图应根据图中所示各电压等级的基准电压指明基准值 MVA（或 kVA），否则必须指明图中设备或电路的任一部分的阻抗标幺值或百分值及其两个基准值。

就电压标幺值或百分值而言，仅需提供基准电压。因此，在 138kV 系统中，

90%的电压即为124.2kV。就电流标幺值或百分值而言，仅需提供一到两个基准值。如果已知电流基准值，就可计算电流。基准电流为1000A时，0.90pu电流即为900A电流。如果还提供了其他更常规的MVA（或kVA）和kV基准值，则式（2.11）和式（2.13）可提供所需的基准电流。因此，当基准值为100MVA、138kV时，基准电流为：

138kV时，
$$I_B=\frac{1000\times100}{\sqrt{3}\times138}=418.37(\mathrm{A}) \tag{2.19}$$

如此，在138kV系统中，418.37A电流的标幺值或百分值便为1pu或100%。

2.7 变压器单元的阻抗标幺值和百分值

如2.3节所述，标幺值（百分值）系统最大优势在于不受经过变压器组的电压和相移的影响，变压器不同侧的基准电压与对应的绕组匝数成正比。

可通过以下分析证明上文所述。从基本原理来说，通过变压器匝数比二次方反映变压器一侧的阻抗，如果对应的电压与变压器变比成正比，则通过电压变比二次方反映变压器一侧的阻抗。因此，如图2.2所示，对于变压器一相而言，变比为N_y的绕阻侧的阻抗Z_y在变比为N_x的绕阻侧表现为Z_x：

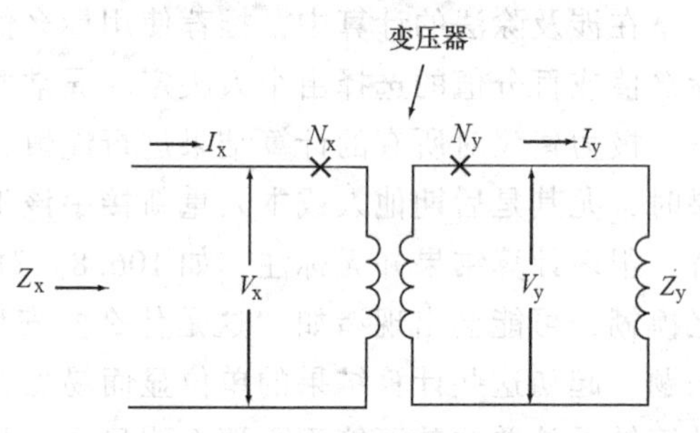

图2.2 三相变压器的一相阻抗

$$Z_x=\left(\frac{N_x}{N_y}\right)^2Z_y=\left(\frac{V_x}{V_y}\right)^2Z_y(\Omega) \tag{2.20}$$

根据式（2.14），变压器两侧的阻抗基准值为

$$Z_{xB}=\frac{\mathrm{kV}_x^2}{\mathrm{MVA_B}}(\Omega) \tag{2.21}$$

kV_x是x侧的电压基准值，

$$Z_{yB}=\frac{\mathrm{kV}_y^2}{\mathrm{MVA_B}}(\Omega) \tag{2.22}$$

kV_y是y侧的电压基准值。

取Z_{xB}和Z_{yB}之比

$$\frac{Z_{xB}}{Z_{yB}}=\frac{\mathrm{kV}_x^2}{\mathrm{kV}_y^2}=\left(\frac{N_x}{N_y}\right)^2 \tag{2.23}$$

其中，变比与电压比成正比。

根据式（2.1）、式（2.20）和式（2.24），阻抗标幺值为

$$Z_x\text{pu}=\frac{Z_x(\Omega)}{Z_{xB}}=\left(\frac{N_x}{N_y}\right)^2\left(\frac{N_y}{N_x}\right)^2\frac{Z_y(\Omega)}{Z_{yB}}$$
$$=\frac{Z_y\Omega}{Z_{yB}}=Z_y\text{pu} \tag{2.24}$$

因此，变压器组任何一侧的阻抗标幺值都是相同的。

变压器组示例

变压器组的额定容量为 50MVA，绕组电压分别为 34.5kV 和 161kV，接入电压等级为 34.5kV 和 161kV 的电力系统。变压器组的电抗为 10%。此时，就 34.5kV 系统变压器组而言，电抗为

$$10\%\text{，对应基准值为 50MVA，34.5kV} \tag{2.25}$$

就 161kV 系统变压器组而言，电抗为

$$10\%\text{，对应基准值为 50MVA，161kV} \tag{2.26}$$

变压器组各侧的电抗百分值或标幺值是相等的，这与变压器的接线方式（如星形-三角形 Y-△、三角形-星形 △-Y、星形-星形 Y-Y 或三角形-三角形 △-△）无关。

这表明，只要所有电抗都采用同一个基准值 MVA（kVA），并且变压器绕组额定值与系统电压相配，那么便可将整个网络的阻抗标幺值（百分值）组合在一起（电压等级忽略不计）。这非常方便。

当变压器两侧的电压等级不同时，变压器两侧的实际阻抗（单位为 Ω）有很大差异。可利用实例进行说明。应用式（2.18），可以得出

34.5kV 时，
$$\text{j}X=\frac{34.5^2\times10}{100\times50}=2.38\Omega \tag{2.27}$$

161kV 时，
$$=\frac{161^2\times10}{100\times50}=51.84\Omega \tag{2.28}$$

可利用式（2.20）进行检验，举例而言，如果式中的 x 为 34.5kV 绕组侧，而 y 为 161kV 绕组侧，那么

$$2.38=\frac{34.5^2}{161^2}\times51.84=2.38 \tag{2.29}$$

2.8 发电机的阻抗标幺值和百分值

通常由发电机制造商基于与发电机标称额定值（MVA）相等的基准值 MVA 提供发电机阻抗标幺值。如果制造商提供的数值不可用，那么一般性研究可采用

经合理估算的区间范围内的发电机阻抗标幺值。

事实上，发电机阻抗为高感性无功阻抗，而发电机电阻相对较小，因此故障分析往往会忽略发电机的电阻。发电机的数据表提供了几个代表性的、不同类型的发电机电抗值。为确定相关研究最适用的数值，了解这些电抗值的意义至关重要。

电抗值通常用设备的直轴量和交轴量表示。符号 X_d 表示直轴电抗值，符号 X_q 表示交轴电抗值。由于直轴磁通路线是发电机在故障情况下磁流通的最主要路径，而故障电流的滞后相位角往往较大，所以故障分析采用直轴电抗值。由于发生短路时发电机内磁链不能即时改变，出现故障后，发电机电抗将随时间而变化。为与因故障而降低的发电机端电压相协调，减少气隙磁通所需的磁通必须在一段时间内流经高磁阻、低电感的非金属路径。

给出三个电抗值用于表示变化条件。次暂态电抗（X''_d）为最小的电抗值，代表最初发生故障发生时产生并持续存在几个周期，直至磁通变化的阻尼绕组影响减小的发电机电抗值。作为表示时间帧的参量，X''_d大概存在于故障发生后约前6个周期内。暂态电抗（X'_d）略大于次暂态电抗，持续存在直至磁通变化的励磁绕组影响减小。估计暂态电抗可存在于故障发生后的6个周期到约30~60个周期内。同步电抗（X_d）是发电机中的最高电抗值，代表稳态条件下存在的电抗值。同步电抗一般大于1pu。也会给出发电机内部饱和与不饱和状态下的电抗值。饱和值用下标v表示，不饱和值用下标i表示。对于保护研究而言，往往故障电流值越高，影响越大。同步发电机一般在饱和状态下运行。饱和次暂态电抗考虑了饱和影响，幅值低于比不饱和值，如此，饱和次暂态电抗将在发电机故障状态下提供最大的初始电流。因此，短路研究应采用饱和同步电抗（$X''_{d(v)}$）。对于保护工程师而言，为保证研究的具体应用采用合理的数值，了解给定的不同类型的、随时间变化的发电机电抗值的意义至关重要。如果特定数据不可用，将在第四章进一步讨论发电机电抗值和电抗值的合理估计值。确定适用的发电机电抗值后，需将该电抗值转换相关研究的基准值（MVA）。可通过式（2.34）实现转换。

2.9 架空线的阻抗标幺值和百分值

架空线阻抗由电阻、感抗和容抗组成。所有的数值都有重要的意义。然而，由于线路容抗对产生的故障电流的影响并不显著，故障研究往往忽略线路容抗。

线路电阻是导线材料和导线横截面积的函数。可从导线制造商提供的表格获取不同导线的电阻值。故障分析采用考虑了趋肤效应的有效电阻值。

架空线的感抗很大程度上依赖于导线的特性以及导线间的物理间距。组成三相回路的导线之间的物理间距越大，回路的感抗就越大。因此，与低压线路相比，导线间距大的高压线路的感抗（及 X/R 比）更高。架空线路的阻抗估计值见本书第 4 章。架空线路阻抗的计算方法参见附录 4.4。

算出某线路的阻抗（以欧姆测定）后，可利用式（2.15）确定对应的标幺值。选择的基准电压要与相关线路的正常工作电压相对应。值得注意的是，线路的阻抗标幺值将与线路的正常工作电压的二次方成反比。

短路分析往往忽略线路的并联容抗，电力潮流研究却并非如此。线路的充电电流对系统无功潮流和电压等级有显著影响，尤其是在系统的高压输电部分。

2.10　标幺值（百分值）向不同基准值的转换

设备阻抗标幺值或百分值一般为基于设备基准值（一般不同于电力系统基准值）的指定数值。由于标幺值或百分值计算必须基于相同的基准值来表示系统中的所有阻抗，所以需将所有的数值转换为选定的通用基准值。可用两个不同的标幺值基准值来表示同一阻抗（以欧姆测定），导出上述转换。对于基准值 MVA_1、kV_1和 MVA_2、kV2，由式（2.15）可得

$$Z_{1pu}=\frac{MVA_1 Z(\Omega)}{kV_1^2} \tag{2.30}$$

$$Z_{2pu}=\frac{MVA_2 Z(\Omega)}{kV_2^2} \tag{2.31}$$

通过求解两个方程之比解出其中一个标幺值，得到基准值变换的通用方程：

$$\frac{Z_{2pu}}{Z_{1pu}}=\frac{MVA_2}{kV_2^2}\times\frac{kV_1^2}{MVA_1} \tag{2.32}$$

$$Z_{2pu}=Z_{1pu}\frac{MVA_2}{MVA_1}\times\frac{kV_1^2}{kV_2^2} \tag{2.33}$$

式（2.33）是将一个基准值转换为另一个基准值所用的通用等式。大多数情况下，变压器匝数比相当于系统的不同电压，而设备额定电压与系统电压相等，所以电压二次方比具有单一性。因此，式（2.33）可简化为

$$Z_{2pu}=Z_{1pu}\frac{MVA_2}{MVA_1} \tag{2.34}$$

需要重点强调的是，仅在电压基准值略有不同时可将式（2.33）中的电压二次方系数用于且只能用于同一电压等级。当电压基准值与变压器组匝数成正比时，如从高压侧穿过变压器组到低压侧时，不得使用该系数。换言之，式（2.33）与阻抗值（以欧姆测定）从变压器一侧到另一侧的转换毫无关系。

将用几个例子来说明应用式（2.33）和式（2.34）来实现阻抗标幺值和百分值在不同基准值间的转换。

2.10.1　示例：采用式（2.34）进行基准值转换

将容量为50MVA、变比为34.5：161kV、电抗为10%的变压器连接至电力系统，系统中所有其他阻抗值均以100MVA、34.5kV或161kV为依据。由于变压器和系统的基准电压相同，可采用式（2.34）改变变压器的基准值。原因在于，如果采用基本式（2.33），那么

$$\frac{kV_1^2}{kV_2^2}=\left(\frac{34.5}{34.5}\right)^2 \text{或者} \left(\frac{161}{161}\right)^2=1.0 \tag{2.35}$$

便会得到式（2.34）的结果，由此，变压器电抗为

$$jX=100\%\times\frac{100}{50}=20\% \text{或者 } 0.20\text{pu} \tag{2.36}$$

基于100MVA、34.5kV基准值（34.5kV侧），或基于100MVA、161kV基准值（161kV侧）。

2.10.2　示例：采用式（2.33）进行基准值转换

如图2.3所示，发电机和变压器被合并为基于100MVA、110kV基准值的等效电抗。因变压器组作用于3.9kV抽头，与高压侧110kV基准值对应的低压侧基准电压为

$$\frac{kV_{LV}}{110}=\frac{3.9}{115} \text{或 } kV_{LV}=3.73\text{kV} \tag{2.37}$$

由于3.73kV的基准值与指定的发电机次暂态电抗基准值不同，所以必须采用式（2.33）：

基于100MVA 3.73kV基准值

或100MVA 110kV基准值

$$jX''_d=25\%\times\frac{100\times4^2}{25\times3.73^2}=115\% \text{或 } 1.15\text{pu} \tag{2.38}$$

同样，基于新的基准值的变压器电抗为

基于100MVA 3.73kV基准值

或100MVA 110kV基准值

$$jX_T=10\%\times\frac{100\times3.9^2}{30\times3.73^2}=10\%\times\frac{100\times115^2}{30\times110^2}$$

$$=36.43\% \text{或 } 0.364\text{pu} \tag{2.39}$$

现在，可通过以下加法运算将发电机和变压器的电抗值合并为一个等效电

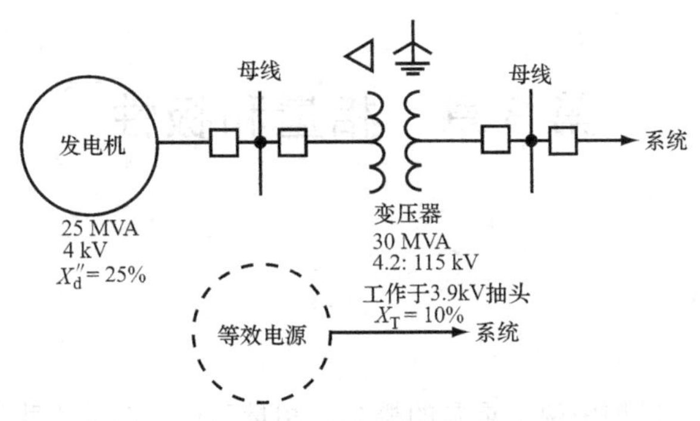

图 2.3　发电机和变压器合并为等效电源之典型示例

源值

$$115\% + 36.43\% = 151.43\%$$

或者

$$1.15\text{pu} + 0.3643\text{pu} = 1.514\text{pu}(\text{基准值均为 }100\text{MVA}110\text{kV}) \qquad (2.40)$$

前文已经反复强调注意事项，任何情况下都不得将变压器另一侧的电压带入式（2.33）中，否则式（2.33）所用 $(115/3.9)^2$ 和 $(110/3.73)^2$ 就不正确。

参 考 文 献

更多信息，请参见第 1 章末尾的参考文献。

Fitzgerald, A.E., Kingsley, C., and Umans, S.D., *Electric Machinery*, McGraw-Hill, New York, 1983.

Grainger, J.J. and Stevenson, W.D., *Power System Analysis*, McGraw-Hill, New York, 1994.

Seidman, A.H., Mahrous, H., and Hicks, T.G., *Handbook of Electric Power Calculations*, McGraw-Hill, New York, 1983.

Weedy, B.M., *Electric Power Systems*, 3rd ed., John Wiley & Sons, New York, 1979.

第3章　相量和极性

3.1　引言

作为电力系统保护中两个重要的概念，相量和极性有助于我们了解、分析继电器及保护系统的接线方式、运行和测试情况，也是了解电力系统正常和非正常运行期间的特性所必不可少的手段。因此，关于相量、极性的完整的理论、实用的知识是非常重要且宝贵的资源。

3.2　相量

IEEE 词典（IEEE 100）将相量定义为“一种复数”。除非另有规定，否则相量一词仅用于稳态交流线性系统的环境中。词典还定义：“该复数的绝对值（模值）相当于复量的峰值或方均根，相位（辐角）相当于零点相位角。通过扩展，‘相量’一词还可用于阻抗等其他与时间无关的复量。”

本书将使用相量记录各种交流电压、电流、磁通量、阻抗以及功率。多年来，人们把“相量”看成“向量”，其与空间矢量/向量混淆了。由于这种做法一直存在，因此对“向量”一词的理解偶尔会产生偏差。

3.2.1　相量表示

笛卡尔坐标系是一种表示电气相量和磁性相量的常见表示方式。如图 3.1 所示，x 轴（横坐标）表示实数，y 轴（纵坐标）表示虚数。因此，可按下图所示表示并以下列替代数学形式记录复平面 x-y 上的点 c：

相量形式　直角形式　　复数形式　　指数形式　极坐标形式

$$c = x+\mathrm{j}y = |c|(\cos\varphi-\mathrm{j}\sin\varphi) = |c|\mathrm{e}^{\mathrm{j}\varphi} = |c|\angle+\varphi \tag{3.1}$$

有时共轭形式非常有用：

$$c^* = x-\mathrm{j}y = |c|(\cos\varphi-\mathrm{j}\sin\varphi) = |c|\mathrm{e}^{-\mathrm{j}\varphi} = |c|\angle-\varphi \tag{3.2}$$

式中　c——相量；

c^*——共轭值；

x——实值（亦可表示为 Re c 或者 c'）；

y——虚值（亦可表示为 Im c 或者 c''）；

$|c|$——模值（幅值或绝对值）；

φ——相位角（辐角）（亦可表示为 $\arg c$）。

相量模值（幅值或绝对值）为

$$|c|=\sqrt{x^2+y^2} \tag{3.3}$$

由式（3.1）和式（3.3）可得

$$x=\frac{1}{2}(c+c^*) \tag{3.4}$$

$$y=\frac{1}{2j}(c-c^*) \tag{3.5}$$

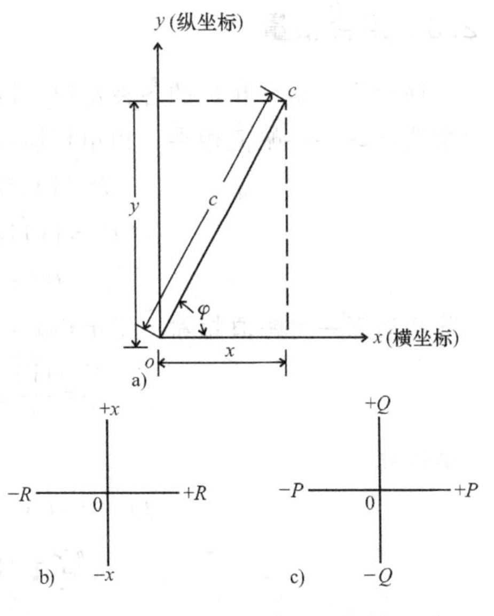

图 3.1　相量的参考坐标轴
a）笛卡尔 x-y 坐标　b）阻抗相量轴　c）功率相量轴

3.2.2　正弦量相量图

将前文所述符号应用于正弦（交流）电压、电流和磁通量时，假定坐标轴固定，相量以恒定角速度旋转。根据国际标准，相量总是沿逆时针方向旋转。但是，为方便起见，图示相量总为给定条件下的固定值。相量 c 的幅值既可以是最大值也可以是对应正弦量的方均根值。在实际应用中，相量 c 表示正弦曲线正半周的最大方均根值，另有特别说明除外。

因此，相量图能表示电路中对应的电压、电流、磁通量等。相量图应记录幅值及各参数之间的相对相角关系。因此，所有的相量图都要求有所示参数的物理量数值范围或者完整示值。相位角参考值一般介于所示参数之间，因此，为方便，零角（或者基准角）可能有所不同。

举例而言，在仅使用电抗 X 的故障计算中，采用+90°时的基准电压（V）非常方便。另外，$I=jV/jX$，而 j 可以消去，因此故障电流不包含 j。但是，负载计算则宜采用 0°时的电压（V）或者 x 轴方向的电压（V），如此，电流（I）角便可表示实际的滞后值或超前值。

其他常用的参考坐标轴如图 3.1b 和图 3.1c 所示。绘制阻抗图、电阻图和电抗图时采用图 3.1b 的 R-X 坐标轴。感抗为$+X$，容抗为$-X$。

绘制功率相量时采用图 3.1c。P 为有功功率（单位为 W、kW、MW），Q 为无功功率（var、kvar、Mvar）。将在后面的章节讨论这些阻抗图和功率图。虽然阻抗和功率可表示为相量，但它们并不按系统频率旋转。

3.2.3 组合相量

下面给出了组合相量的各种定律，以供读者参考。

乘法运算——幅值相乘，相角相加：

$$VI=|V||I|\angle\varphi_V+\varphi_I \tag{3.6}$$

$$VI^*=|V||I|\angle\varphi_V-\varphi_I \tag{3.7}$$

$$II^*=|I|^2 \tag{3.8}$$

除法运算——幅值相除，相角相减：

$$\frac{V}{I}=\frac{|V|}{I}\angle\varphi_V-\varphi_I \tag{3.9}$$

幂运算

$$(I)^n=(|I|e^{j\varphi})^n=|I|^n e^{j\varphi n} \tag{3.10}$$

$$\sqrt[n]{I}=\sqrt[n]{|I|e^{\frac{j\varphi}{n}}} \tag{3.11}$$

3.2.4 相量图需附电路图

如果无对应的电路图，那么先前定义的相量图就无明确的意义。电路图能够确定所涉及的具体电路和应记录在相量图中的电流的位置和假定方向以及电压的位置和假定极性。由于相量图将确认假设是否正确并提供正确的幅值和相位关系，因此假定的方向和极性并不重要。为避免混淆和错误，宜分别解释说明这两种互补的示意图（电路图和相量图）。更多讨论见3.3节。

3.2.5 电流、电压命名法

很遗憾，并无标准的电流、电压命名法，因此不同的作者和出版物可能对电流和电压产生混淆的理解。经多年实践证明，本书采用的命名法灵活、实用，并与电力系统设备的极性相协调。

3.2.5.1 电流

采用以下形式表示电路图中的电流：带箭头的字母，如I或θ，箭头指示假设的方向；或带双下标的字母，下标顺序表示假设方向。因此，假设方向为正弦曲线正半周的流动方向。详情见图3.2a。因此，如图中标记为I_s的箭头所示，或如图中I_{ab}、I_{bc}和I_{cd}等下标所示，假设正半周电路电流的流动方向为从左至右。I_s等单下标给电路各部分电流的标示带来方便，但由于单下标无方向指示，因此必须与箭头相结合才能指示方向。I_{ab}、I_{bc}或I_{cd}无需箭头，但为使指示更加清晰、方便，通常会使用箭头。有必要注意的是，在这些电路标示中，箭头仅指示方向和位置，不指示相量。

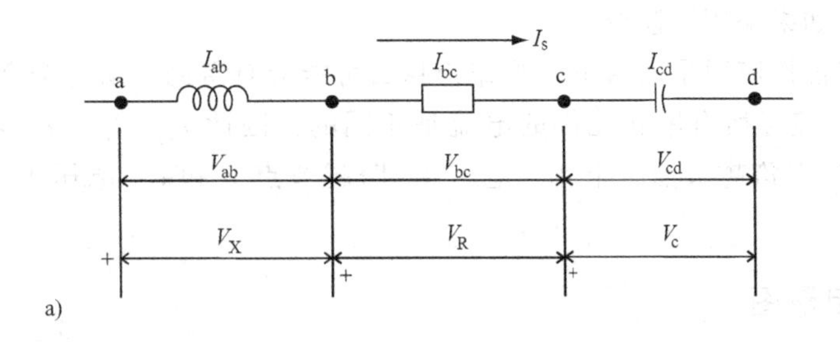

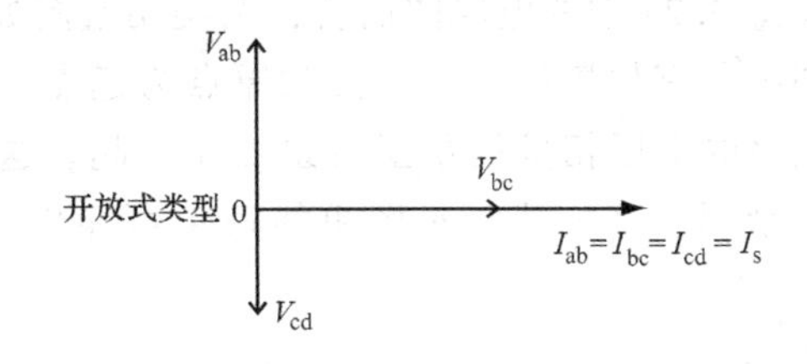

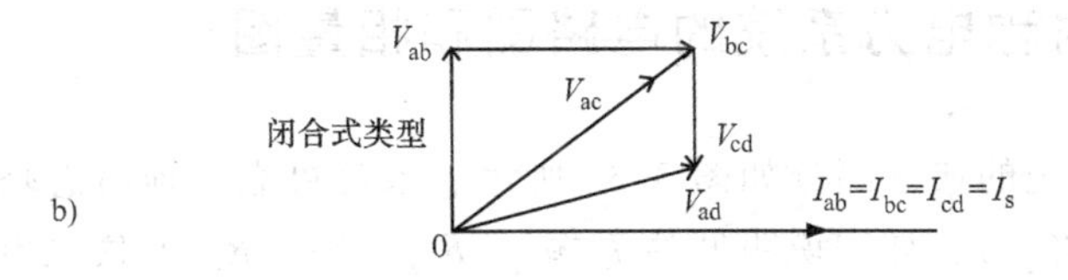

图 3.2　基本电路元件相量图

a）表明电流和电压降位置和假设方向的相量图（I 和 V 为位置和方向指示符号，而非相量指示符号）　b）表明电流和电压幅值和相位关系的相量图

3.2.5.2　电压

电压可下降亦可上升。如果无法清楚地指明电压到底是上升还是下降，或者在电路图中将两者混淆，就会带来诸多混乱。将其中一种情况（且仅一种情况）作为标准，避免上述问题。由于电压降在电力系统中更为常见，因此人们认为显示的所有电压通常在正半周期间从高电压降至低电压。这与各国是否用 V、E 或 U 表示电压无关。本书采用 V 表示电压。如前文所述，V 通常指电压降。

一致采用电压降不会带来问题。由于电流从低电压流向高电压，发电机或电源的电压降为负。这种做法不会与变压器等设备的极性相冲突，符合使用对称分量的故障计算。

采用以下形式表示电压（通常指电压降）：带双下标的字母符号；或假定的相对高电势处的小加号（+）指示符号。因此，在正弦波正半周期间，按所用的两个下标的顺序标示电压降，或者按从小加号（+）指示符号处到电势差另一端的顺序标示电压降（见图 3.2a）。为避免混淆，宜在电压降标示的两端添加箭头。此外，有必要注意的是，电路图中这两种标示仅指示位置和方向，不指示相量，特别是如果采用了箭头。

将电流视作流通量而将电压视作跨越量可能会有帮助。从这个意义上讲，在图3.2a中，流经所有串联元件的电流是相同的，因此 $I_{ab}=I_{bc}=I_{cd}=I_s$。相比之下，电压 V_{ab} 仅跨越节点a和b，电压 V_{bc} 跨越节点b和c，电压 V_{cd} 跨越节点c和d。

3.2.6 相量图

确定电路图适用的标识和假定方向后，便可根据计算的数据或测试数据绘制对应的相量图。就图3.2a中的电路图而言，两类相量图如图3.2b所示。上图为开放式相量图，图中所有相量都以一个公共原点为起点。下图为闭合式相量图，图中将同一串联电路的电压相量从左至右累加在一起。这两类相量图都很有用，但相对于闭合式相量图，开放式相量图更能避免可能出现的混淆。详细说明见3.3节。

3.3 三相对称电力系统的电路图和相量图

三相电力系统的典型部分如图3.3a所示。系统可靠接地时忽略可选接地阻抗（Z_{Gn}）和（Z_{Hn}），详细说明见第7章。（R_{sg}）和（R_{ssg}）代表电站或变电站的接地网电阻。接地（g或G）表示真实地线、远端接地平面的电势。除非三相四线制系统使用中性线，否则系统中性点n′、n（或N）以及n″不一定相同。为便于作中性标示，大写字母N和小写字母n可交替使用。

根据前文所述命名法，假定不同的线路电流按图示方向流过串联段，并标示出线路上各点的电压。为简化相关论述，假定三相电力系统处于对称运行状态。因此，无电流流经两个变压器组的中性点。基于这种简化论述，在n′、n（或N）、n″以及接地平面（g或G）之间无压差。因此，$V_{an}=V_{ag}$；$V_{bn}=V_{bg}$ 和 $V_{cn}=V_{cg}$。此外，前文所述仅适用于平衡系统或对称系统。如开放式相量图和闭合式相量图（见图3.3b）所示，系统对应的电流和电压幅值相等，相位相差120°。各种不平衡状态和故障状态下的相量详细说明见本书第4章。

开放式相量图能容易地记录所有可能的电流和电压，包括一些闭合式相量图不便记录的电流和电压。三角接线电压 V_{ab} 表示a相至b相的电压（降），等同于 $V_{an}-V_{bn}$。同理，$V_{bc}=V_{bn}-V_{cn}$ 且 $V_{ca}=V_{cn}-V_{an}$。

正如前文所述，闭合式相量图会带来一些困难。如图3.3b所示，该图借用自身形状进行假设，即三角形的三个顶点代表电力系统的a相、b相和c相，原点0代表n=g。这种闭合式相量图会出现诸多问题：电压降为a相至中性点的电压降，为何 $V_{an}=V_{ag}$ 的相量箭头指示方向为图示方向（其他两相亦是如此）？此

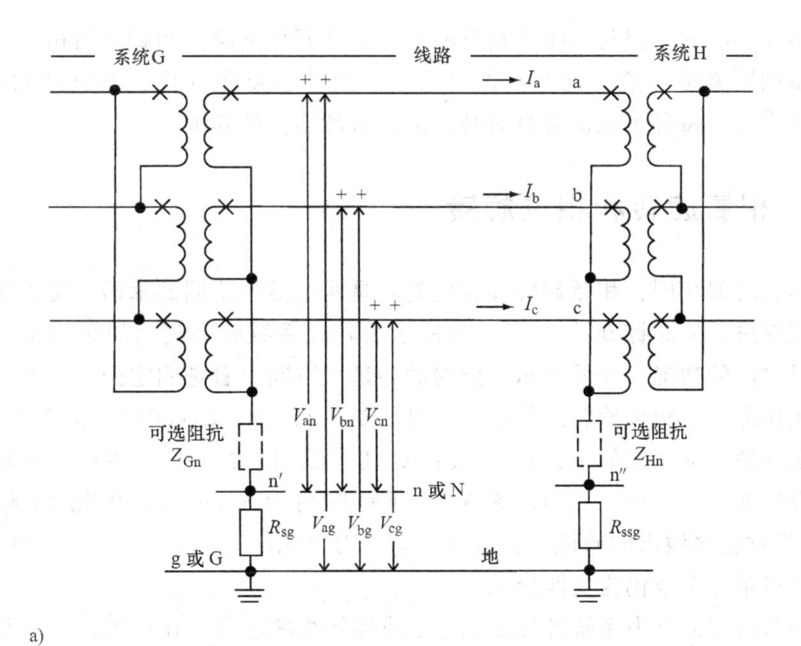

a)

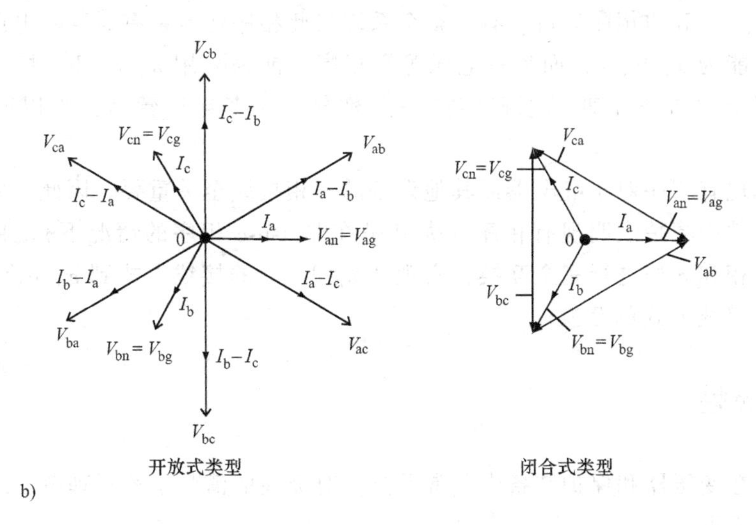

b)

图 3.3　平衡或对称运行的典型三相电路相量图

a）表明电流和电压降位置及方向的电路图（I 和 V 指示位置和方向，不指示相量）　b）表明电流和电压幅值和相位关系的相量图

外，V_{ab}、V_{bc}、V_{ca}分别为 a 相至 b 相的电压降、b 相至 c 相的电压降、c 相至 a 相的电压降，为何它们的指示方向为图示方向？似乎箭头指示方向应为相反方向。

闭合式相量图（见图 3.3b）中的相量绝对正确，不得改动。困难在于通过建立将 a、b、c 三相与封闭三角形的对应关系而将电路图和相量图相结合。开放式相量图则避免了这一问题。这也强调了两种示意图（即，电路图和相量图）的可取之处。每种示意图都具有特别的、截然不同的功能。

3.4 相量旋转和相位旋转

尽管看似相同，相量旋转和相位旋转是两个截然不同的术语。交流相量总以系统频率进行逆时针旋转。图 3.3b 所示为将以系统频率闪动的频闪光源加至系统相量之后的情况。如图所示，此时的相量从空间上看是固定的。

相比之下，相位旋转或相序指的是相量进行逆时针旋转时相量出现的顺序。目前采用的标准序列如下：a、b、c；A、B、C；1、2、3；某些地方采用的采用的标准序列可能为 r、s、t。图 3.3b 所示序列为 a、b、c。IEEE 词典（IEEE 100）仅对相序做出明确说明，因此，宜采用“相序”一词。然而，“相位旋转”已使用多年，至今仍为实践所用。

并非所有的电力系统都按 a、b、c 或等效相序运行。在美国，一些大型电力设施按 a、c、b 的相序运行。有时整个系统按此相序运行，有时某一电压等级等级相序可能为 a、b、c，而另一电压等级相序可能为采用 a、c、b。特定相序仅仅是公司历史进程早期随意确定的一个称号，经多年运营后，难以改变这一称号。

了解现有相序对于继电器或其他设备的三相接线至关重要。因此，应在图样和资料文件中清楚表明现有相序（尤其是在非 a-b-c 相序的情况下）。将设备和接线的 b 相和 c 相进行完全互换，实现从 a、b、c 的接线方式到 a、c、b（反之亦然）的接线方式的互换。

3.5 极性

极性在变压器和保护装备中非常重要。对极性的清楚了解对理解后续章节很有用，必不可少。

3.5.1 变压器极性

利用适用于各种变压器的标准充分确定变压器的极性。变压器分为两种极性：负极性和正极性。

两种极性都遵循相同的规则。电力变压器和仪表变压器为负极性，而部分配电变压器为正极性。多年以来，极性指示方法有所变化，可用点、方框或“X”来指示极性，也可用标准的变压器终端标记来指示极性。本书用“X”指示极性。

变压器极性的两个基本规则如图 3.4 所示，两种极性均适用。具体如下：

1）从某一绕组极性标记处流入的电流从另一绕组的极性标记处流出。绕组电流基本同相。

2）某一绕组极性端到非极性端的电压降与另一绕组极性端到非极性端的电压降基本同相。

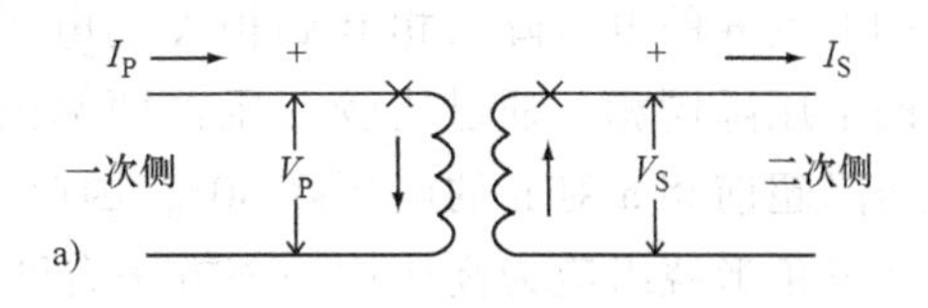

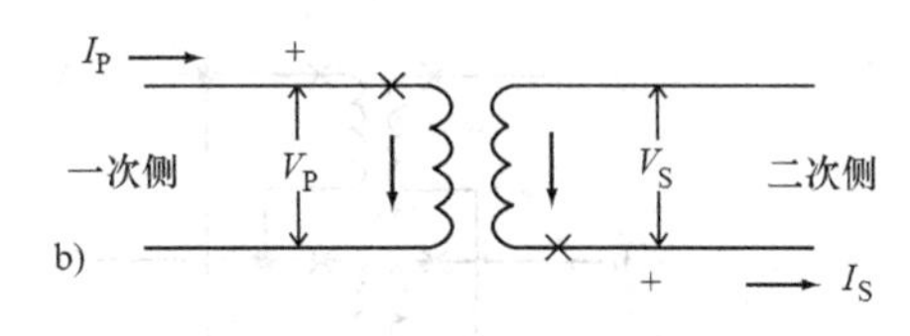

图 3.4　变压器极性定义

a）负极性　b）正极性

由于流经变压器的磁化电流和阻抗降较小，可忽略不计，因此流经变压器绕组电流和两端的电压基本同相。上述定义既规范又可行。

电流互感器（CT）的极性标记如图 3.5 所示。注意，二次电流的方向相同，与极性标记是否集中于其中一侧无关。

对于与断路器和变压器组相关联的 CT，常见的做法是在远离相关设备一侧标注极性标记。

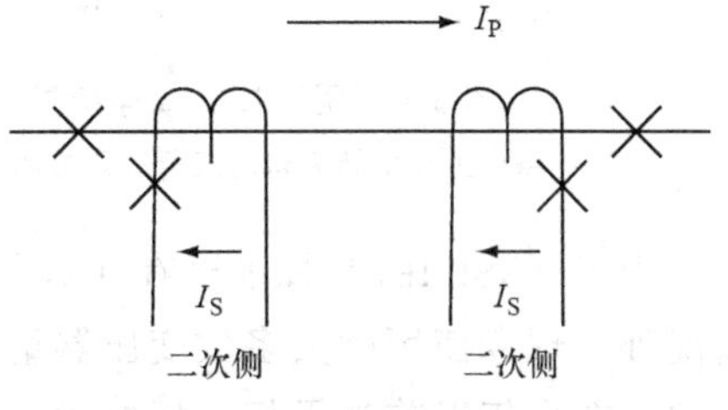

图 3.5　CT 的极性标记

变压器极性定义往往忽略了电压降规则。然而，在通过星形-三角形变压器组检验相位关系时，或在连接变压器组实现电力系统指定的相移时，电压降规则将是一个极其有用的工具。根据 ANSI/IEEE 标准对变压器的规定，在星形-三角形变压器组或三角形-星形变压器组中，高压侧应超前低压侧 30°。因此，如果高压侧为星形而非三角形，接线方式将有所不同。两种情况的接线方式如图 3.6 所示。三相变压器接线方式下方的示意图对利用电压降规则进行接线或校验接线做出说明。指示电压降的箭头并非必不可少且易引起混淆，（不宜使用）已省去。

在图 3.6a 中，检验时应注意左侧绕组极性端 a 到非极性端 n 与右侧绕组极性端 A 到非极性端 B 同相。同样，中间变压器 b 到 n（极性端到非极性端）与 B 到 C（极性端到非极性端）同相；底部变压器 c 到 n（极性端到非极性端）与 C 到 A（极性端到非极性端）同相位。由此，通过比较两侧的线与中心点间电压可以发现，相 a 对 n 的电压超前于相 A 对中性点的电压。因此，如果变压器符合 ANSI/IEEE 标准，那么星形侧应为高压侧。

将电压降规则应用于图 3.6b 的同一方法表明，对于三相变压器组接线，极性端 a 到非极性端 n 的电压降与极性端 A 到非极性端 C 的电压降同相。同样，相b到n的电压降与相B到相A的电压降同相，相c到n的电压降与相C到相B的电压降同相。通过比较变压器两侧的类似电压可以发现，相A对中性点的电压降超前相a对n的电压降30°，因此，如果变压器组符合ANSI/IEEE标准，那么三角形绕组应为高压侧。该方法有助于按照预期电压图或已知电压图的要求或相移要求妥善完成三相变压器接线，功能强大，使用简单、直接。

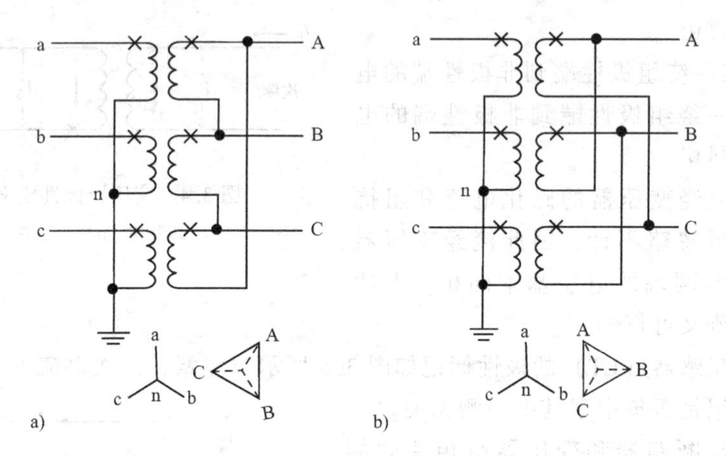

图3.6 用于校验或连接星形-三角形变压器组的电压降极性规则

a）星形联结侧超前三角形联结侧30° b）三角形联结侧超前星形联结侧30°

由于ANSI/IEEE标准已存在数年，除因先前系统条件而无法使用该标准的情况外，现今使用的大多数变压器组均遵循该标准。根据部分早期文献和教材的反映，在多年以前尚无相关标准时，人们采用了不同的接线方式。

3.5.2 继电器极性

涉及电力系统两个输入量之间的相互作用的继电器可能会带有极性标记，确保正常运行。在此方面无相关标准，因此，如果继电器的接线极性至关重要，那么继电器制造商就必须对极性标记做出规定并且详细说明标记的意义。由此，感测特定位置电流（或潮流）方向进而指示故障方向的继电器将提供一个很好的极性实例。通常不会单独使用方向元件，而是与故障传感器或探测器等其他元件结合使用。常见的做法是利用方向感知元件（瞬时元件或反时限过电流元件或两者兼有）的输出控制故障传感器的运行。因此，如果电流处于预期动作方向（跳闸方向），而电流大小超过故障传感器的最小动作电流（吸合值），那么继电器就能够动作。如果电流处于反方向（非跳闸方向或非动作方向或区域），那么即使电流大小超过电流阈值继电器，继电器也不会动作。

方向感知元件需要一个合理的常数作为参考值，与同受保护电路中的电流进行比较。对在相故障动作的继电器，可将图3.3b中的某个系统电压作为参考值。

从实用角度出发，故障期间多数系统电压的相位不会有明显变化。相较于 CT 另一侧的故障，CT 侧的故障可使线路电流移相 180°（基本与电流方向相反）。

三种常用的方向感知元件的典型极性指示如图 3.7 所示。图中所用表示习惯如下：用若干半圆曲线表示电压线圈，用单个 Z 形折线表示电流线圈，将基准电路或电压电路置于电流电路之上，将极性标记置于对角方向。

该基准量通常被称为极化量，尤其对于使用极化电流或极化电压或两者兼有的接地故障继电器而言。如图所示，极性标记（见图 3.7）为各线圈一端上方的小加号（+），成对角线或者相反对角线。如图 3.5 所示，继电器极性标记是否成对角线或相反对角线并不会影响继电器动作。

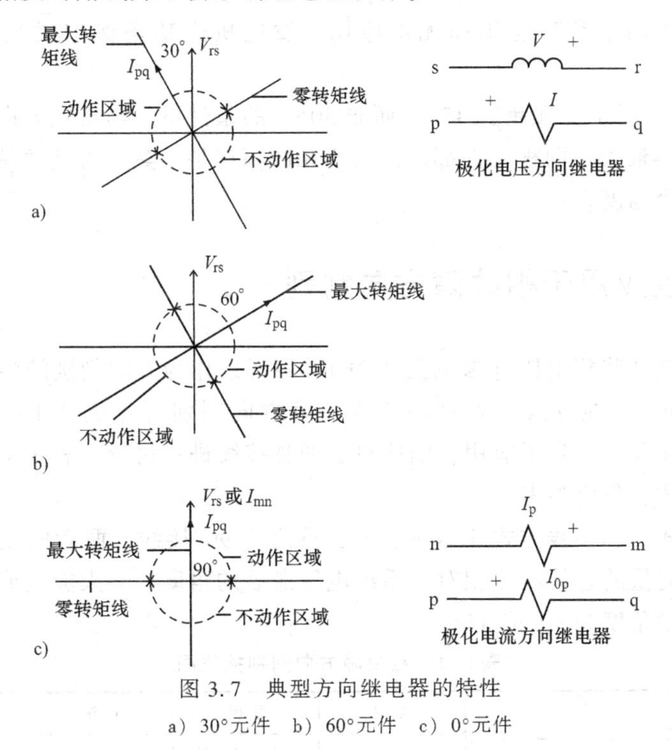

图 3.7　典型方向继电器的特性

a）30°元件　b）60°元件　c）0°元件

如图 3.7 所示，必须以文字或图片形式清楚说明特定继电器的极性意义。上图展示了单个继电器的基本设计特性，这与电力系统无任何联系或关联。长期使用的、源于机电设计的术语“最大转矩线”和“零转矩线”在该行业中仍然常见。在固态设计中，“最大转矩线”和“零转矩线”即为工作线或阈值，然而，毫无疑问，在今后多年里，各类设计将继续使用已经确定的术语。

图 3.7 阐明了三种典型机电元件的继电器极性。可对固态元件做以下调整：①最大转矩角；②动作区域角度限制；两种调整的应用和操作相同。图 3.7a 中，当电流由极性端流向非极性端（I_{pq}）并超前极性端到非极性端的电压降（V_{rs}）30°时，

出现最大工作转矩或工作能。在最大转矩或工作状态下确定方向元件的最小吸合值。可以看出，电流在滞后基准电压（V_{rs}）60°和超前基准电压120°的范围内时，元件将动作。动作（跳闸、触点闭合）区用半平面表示，与零转矩（非工作）线一侧相邻，并沿含基准量（极化量）和动作量的方向延伸。

动作区域偏离最大转矩线时，需要更高的电流值。固态继电器可通过调整转矩线来适应故障线，从而提高灵敏度。任何角度的动作转矩都是电流（I_{pq}）和最大转矩线之间的夹角余弦函数，动作量幅值亦是如此。

就接地故障保护而言，图3.7b中的60°元件以$3V_0$为参考值（参见图3.9），而图3.7c中的0°（瓦特）元件以$3I_0$为参考电流值（参见图3.10）。图3.7c中的元件同样可用于有功应用和无功应用。发电机逆功率保护就是一种典型的应用。

如图3.7a所示，在超前45°（而非30°）的条件下，与机电方向元件类似的元件的转矩角最大。两种元件都广泛用于相故障保护。具有可调角特征的固态元件可提供多个角度。

3.6 极性应用于相故障方向判别

电力系统某些相电压（参见图3.3b），可考虑作为方向判别的参考量。多年来，5种不同的接线方式一直被用于相故障方向判别（见表3.1）。长期以来，几乎仅接线4和5得到了应用，因此对这两种接线进行讨论。表3.1将概述另外三种接线形式，仅供参考。

接线方式4和接线方式5基本相同，称之为90°接线。两者的差别在于最大工作转矩或能量的系统电流相对于系统电压滞后的角度。最大能量或工作转矩故障电流的典型角度为60°或45°。

表3.1 相故障方向判别接线图

接线方式	角度	图	A相		B相		C相		最大转矩
			I	V	I	V	I	V	发生条件
1	30°	图3.7c	I_a	V_{ac}	I_b	V_{ba}	I_c	V_{cb}	I滞后30°
2	60°△	图3.7c	I_a-I_b	V_{ac}	I_b-I_c	V_{ba}	I_c-I_a	V_{cb}	I滞后60°
3	60°Y	图3.7c	I_a	$-V_c$	I_b	$-V_a$	I_c	$-V_b$	I滞后60°
4	90°-45°	图3.7a(45°时出现最大转矩)	I_a	V_{bc}	I_b	V_{ca}	I_c	V_{ab}	I滞后45°
5	90°-60°	图3.7a	I_a	V_{bc}	I_b	V_{ca}	I_c	V_{ab}	I滞后60°

由于cos(60°-45°)=0.97，而且这类方向判别元件的典型吸合值为2~4VA

或更小，所以上述差异无关紧要。继电器的正常电压为 120V 时，电流灵敏度为 0.02~0.04A。因此，动作区的正常功率负荷将作用于方向元件，但是继电器不会动作，除非发生故障后，电流增大，超过故障判别元件的吸合值。再次说明，固态元件的最大转矩线可调整。

相故障保护用 90°-60°接线

90°接线（见表 3.1 接线方式 4 和接线方式 5）采用滞后电力系统单位功率因数电流 90°的系统电压。通过电压和电流互感器从电力系统中获得这些电压和电流。典型的接线如图 3.8 所示。采用三个独立的元件，每个相位一个元件。此处仅对方向判别元件做出说明，未讨论故障传感器或探测器。所示元件按相位组合，但是其他组合形式亦有可能。

A 相方向元件接收的电流为 I_a，从图 3.3b 来看，滞后 90°的电压为 V_{bc}。B 相方向元件接收的电流为 I_b，滞后 90°的电压为 V_{ca}；C 相方向元件接收的电流为 I_c，滞后 90°的电压为 V_{ab}（见表 3.1 中接线方式 4 和接线方式 5 以及图 3.8 所示）。

图 3.8a 中，电流的连接要确保当 I_a、I_b和 I_c沿跳闸方向箭头所示方向流动时，二次电流从极性端经方向元件流向非极性端。CT 的极性端和继电器的极性端不必在同一侧，但如本例所示，极性端在同一侧往往更方便。

根据方向元件电流线圈中确定的电流跳闸方向，元件 A 中的 V_{bc}，元件 B 中的 V_{ca}和元件 C 中的 V_{ab}在方向元件电压线圈上的接线应从极性端指向非极性端，如图 3.8a 所示。图 3.8b 右侧的相量图将图 3.7a 中的方向元件特性应用于电力系统相量。最大转矩线超前电压 30°，因此如底部右侧相量图所示，根据继电器电压绕组中由极性端指向非极性端的 V_{bc}，画出的最大转矩线将超前 30°。最大转矩线滞后电流相量 I_a 的单位功率因数方向 60°。因此，每当电力系统中的 a 相电流滞后 60°时，方向元件将在最大转矩下以最小的吸合值和最高的灵敏度动作。由于多数系统故障都会产生相对较强的电流，因此电力系统电流的可能动作范围差不多介于超前跳闸方向 30°和滞后跳闸方向 150°之间。这一动作范围就是图 3.8 所示的动作区。其他采用相电流 I_b和 I_c的两相单元也存在类似的关系。

因此，在前文所述的 90°-60°接线中，如果电压滞后 90°，系统相电流滞后 60°时会产生最大动作。90°-45°接线的继电器设计提供的最大转矩超前参考电压 45°而非 30°，除此之外，90°-45°接线与 90°-60°接线完全相同。

固态继电器可能限制动作区域。就多数系统故障而言，电流将滞后故障电压近 5°-15°（低压时的大弧阻）到 80°-85°（高压），因此可通过调整零转矩线来限制动作区域。

星形-星形联结的电压互感器（VT）如图 3.8a 中的典型接线方式所示。可

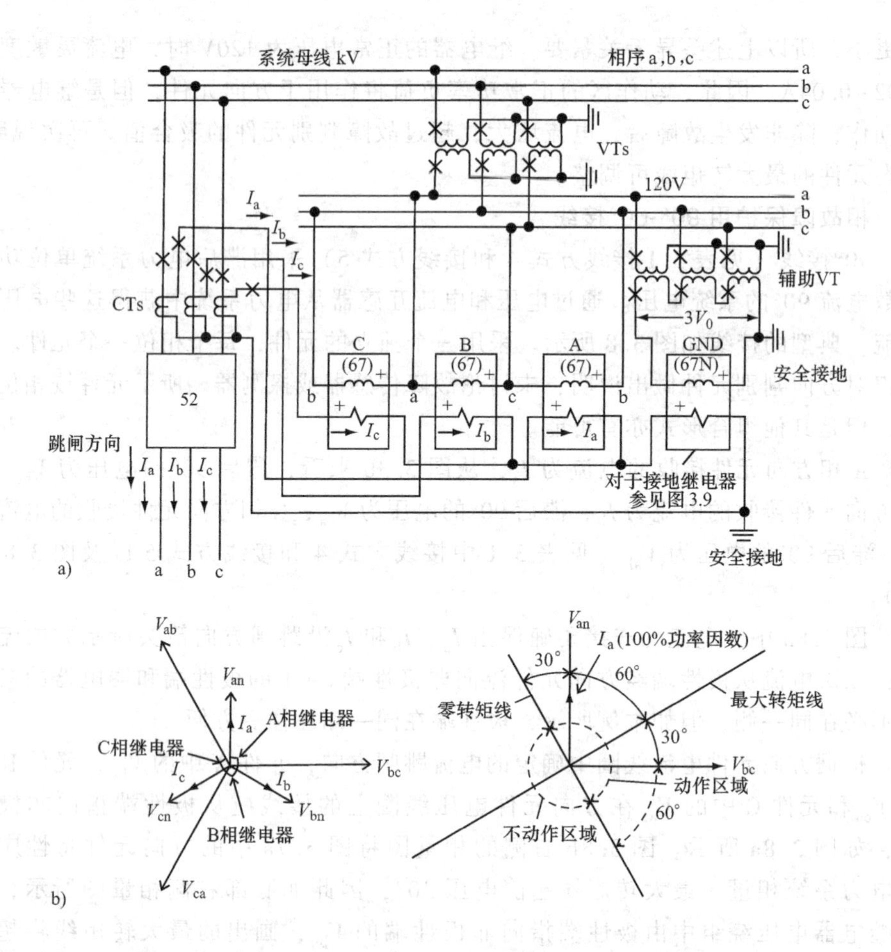

图3.8　相故障方向判别用三线制接线（使用图3.7a的30°元件）和接地故障方向判别用接线（使用图3.7b的60°元件）（详细内容和相量图见图3.9）

a）相故障方向感知用三线制接线　b）接地故障方式感知用接线

将仅使用两个VT来提供三相电压的开口三角形联结作为一种替代接线方式。这种方式仅适用于相故障保护，而不适用于接地保护。

3.7　接地故障的方向判别：极化电压

图3.8a对应用基准电压（极化电压）的接地故障保护所用的方向感知元件的接线方式进行了说明（详细说明见图3.9）。虽然已用三相平衡电压和电流分析了3.6节所述相继电器，但仍有必要考虑接地继电器的接地故障。因此，如图3.9所示，假设跳闸方向发生a相接地故障。这种故障的基本特征是故障相电压

（V_{ag}）崩溃，故障相电流（I_a）增加，相位的滞后，一般如左侧相量图所示。很多情况下非故障相（b 和 c）的电流较小，在实际应用中可忽略不计，因此相对地电压基本不会崩溃。在此假设 $I_b = I_c = 0$，那么 $I_a = 3I_0$。该数值及 V_0或者 $3V_0$即本书第 4 章将提及的零序量。

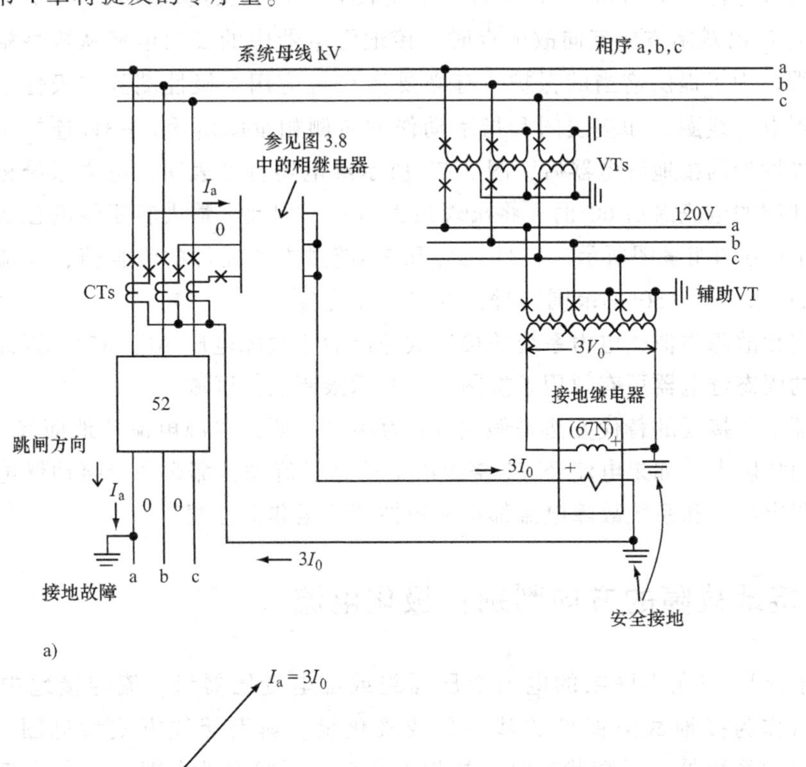

a)

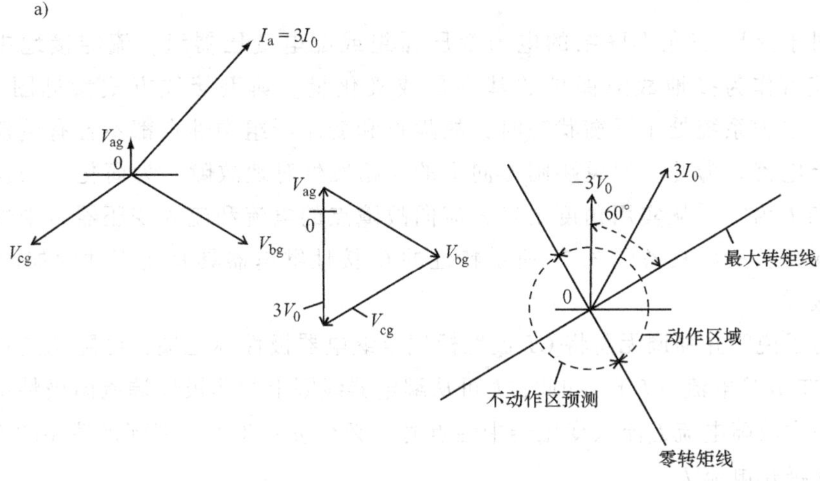

b)

图 3.9　采用极化电压的接地故障方向判别用典型三线制接线（采用图 3.7b 的 60°元件）及相关相量图

a）采用极化电压的接地故障方向感知用典型三线制接线　b）相量图

图3.9所示为使用源于VT（本例为厂用VT）开口三角形的零序电压（$3V_0$）的电压极化。从接线方式和中间的相量图可以看出，该电压为三相对地电压之和。在平衡条件下，$3V_0$为零。

接地故障保护采用60°方向元件（参见图3.7b）。从接线方式可以看出，当故障电流I_a沿跳闸方向流向故障点时，接地继电器中的二次电流从极性端流向非极性端。为了提供恰当的保护，有必要将$-3V_0$应用至极性端到非极性端的接地继电器电压线圈，如接线图和指示动作的右侧相量图所示。$-3V_0$连接至极性端到非极性端的接地继电器后，图3.7b所示继电器特性表明，电力系统极性端到非极性端的电流滞后60°时，将出现最大转矩。因此，最大转矩线的位置如图3.9中右下方的相量图所示。一旦$-3V_0$和$3I_0$超过方向元件的吸合值，电流大概在超前30°和滞后150°的范围内时，方向元件就会动作。

与同相故障类似，电力系统的接地故障滞后于故障电压80°~85°，因此可变转矩线的固态继电器可有效用于按图3.9所示限制动作区域。

验证上述接线的替代方法是假定VT为接地电源，电源电流从地面经VT一次侧流向故障点。如果电流经VT绕组沿上述路径流动，那么两个接地继电器绕组中的假定电流和系统故障电流都将从极性端流至非极性端。

3.8　接地故障的方向判别：极化电流

对于星形-三角形联结的电力变压器组或配电变压器组，流经接地中性点的电流可作为接地故障保护的基准量或极化量。典型接线方式参见图3.10。此外，电力系统处于平衡状态时，故障点和变压器组中性点都不会有电流流向接地继电器。为此，假设跳闸方向上的a相发生对地故障。为简化，假设相电流I_b和I_c为零。从实用角度出发，流向故障点的电流和流入变压器组中性点的电流同相，所以具备图3.7c所示特性的0°接地继电器具有适用性，如图3.10所示接线。

为了说明并强调无需将CT极性标记至继电器极性标记端，已随意连接线路上的CT故障电流（I_a），如此，I_a可从继电器线圈上的非极性端流向极性端。因此，一次故障电流I_n流入变压器中性点时，必须按照非极性端到极性端的方向连接二次极化电流I_a。

电流I_a和I_n同相，所以会出现最大动作转矩（见图3.7c）。只要电流大小超过方向元件要求的吸合值，而其中一个电流超前或滞后另一个电流近90°，继电器仍有可能动作。显然，如果方向继电器中的动作量I_a（$3I_0$）和极化量相反，那么图3.10所示接线方式也是正确的（图3.9亦是如此）。

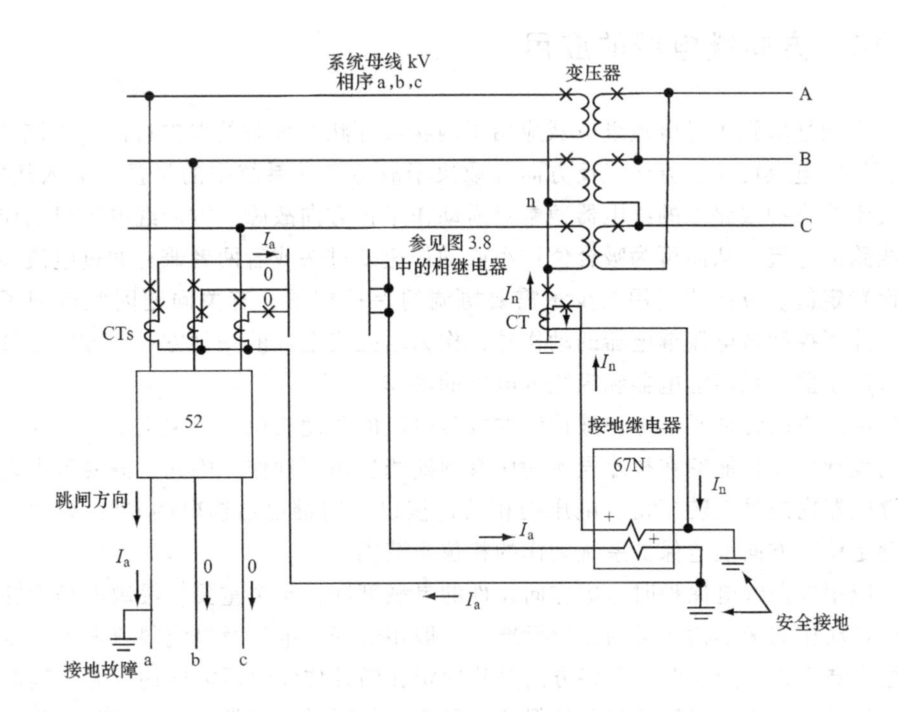

图 3.10 利用极化电流的接地故障方向感知用典型三线制接线（使用图 3.7c 的 0°元件）

3.9 其他类型的方向判别接线方式

把图 3.7 的元件（或其他元件）与电流组合或电流、电压组合相连接，就可衍生出很多方向判别的接线方式。其中一种就用于电力系统功率（有功或无功）的判别。

对有功功率，星形（或三角形）电流或电压可采用图 3.7c 所示的 0°元件。例如，使用相电流 I_{an} 和电压 U_{an} 的判别元件在电流和电压同相时获得最大转矩。此外，还可以采用 I_a-I_b 和 V_{ab}。对于无功功率，当 I_a 滞后 90°时，I_a 和 V_{bc} 会出现最大转矩；当 I_n 位于单位功率因数处并沿任一方向流动时，I_a 和 V_{bc} 会出现零转矩。

也可利用图 3.7a 的 30°元件及 I_a 和 V_{ac} 获得有功功率继电器（32）。此时对应的最大转矩线和 I_a 的单位功率因数位置是同相。同样，也可利用 30°元件及 I_a 和 V_{bn} 获得无功功率继电器。I_a 滞后 90°时，出现最大转矩。

3.10 方向继电器的应用

方向性增强了过电流继电器应用于网状或环状系统时的保护特性。在该系统中，故障电流可从正方向或反方向（取决于故障点在系统中的位置）流入线路。安装于受保护线路上的继电器通常只需动作于正方向故障。方向继电器只响应流入线路的电流，从而可为吸合值过小或动作速度过快或者两者兼有的过电流继电器设置定值。方向的应用减少了需要协调的保护配置，有关问题因此得到了改善。除了控制过电流继电器的动作外，作为增强安全性的一种方式，方向元件还经常用于监测距离继电器和纵联继电器的动作。

使用方向元件时，考虑被检测的故障电流的预期相位角至关重要。方向性保护的设计应保证能够在故障电流的所有预期相位角下动作。因此，需要考虑设计的继电器内的最大转矩角、电压的相关连接以及向继电器馈电的CT，如此，才能确定使带方向继电保护系统动作的相位角范围。

应用方向继电保护时考虑方向元件的灵敏度同样至关重要。灵敏度是能够引起设备动作的最小输入量的衡量标准，一般用伏安、电压及电流限值表示。就机电继电器而言，为克服弹簧将方向触片固定在断开位置时所需的约束力，其对应的能量最小。这种弹簧的张力的保证断路不动作时触片牢靠的处于开断位置。一般用最小伏安表示机电继电器的灵敏度要求。尽管无物理转矩，微机式继电器仍能算出代表物理转矩的数值。通过设计，计算的数值必须超过方向元件的阈值，从而生成输出值。当动作量或极化量过小而无法做出可靠的方向判断时，继电器可能不会正确动作，而微机式继电器的这一特征为防止继电器误动提供了保障。在微机式继电器的设计中，可以采用最小电压值或电流值来验证方向元件的正确动作。

将在本书第12章进一步讨论方向继电器的应用。但是，从一般角度来看，保护工程师在应用方向继电保护时应注意以下几个问题：

1）编制接线图时需分析并正确指示极性。过去，电力系统的大部分误动作都是方向元件不恰当连接所致误动作引起的。

2）在方向继电器安装完毕后应通过运行测试对方向继电器系统的相关功能进行最终验证。变电站里的接线非常复杂，因此极易出现差错。相关设备上的极性标记也可能有误。考虑周详、实施得当的现场试验对于确保方向继电器系统的正常功能至关重要。

3）应用方向继电器时应当考虑方向元件的最小灵敏度。灵敏度的限制可能会导致对限制型故障的检测能力低于预期。不同的灵敏度等级也可能会使方向继电器之间不协调。

4）一般而言，最好只在对定值有益时进行方向控制。方向元件增加了继电保护系统的复杂程度，降低了系统的可靠性，因此，只有在对保护性能有提升时才会采用方向元件。

3.11　本章小结

本章所述相量与极性基本方法论将用于本书其他章节。正如先前所强调的那样，这些概念对整个电力系统保护的选择、连接、动作、性能及测试非常有用，是必不可少的。

第4章　对称分量法

4.1 引言

对称分量法为我们理解和分析电力系统非对称运行工况如相对地故障、断相、阻抗不平衡等提供了一种实用方法。另外，很多保护继电器是通过判断对称分量的值来动作的。因此，深入理解对称分量法大有好处，对于继电保护工作有非常重要的意义。

从某种意义上说，对称分量法可称得上是继电保护工程师和技术人员的“语言（language）”。它对于理解和分析电力系统不对称问题非常有帮助，也是从系统参数角度深入分析不对称问题的有力工具。在这个比喻中，对称分量法就像是一种语言，因为每次使用该方法都需要一定的经验和实践。在电力系统中，故障和不对称运行并不会经常发生，很多时候也不需要深入细致的分析，因此，实践这种语言的机会变得非常难得。这一情况随着计算机故障分析的广泛应用而日益突出。虽然我们可以快速获取大量数据，但很多时候我们对这些数据的背景和获取方法并不了解。为此，本章旨在介绍对称分量法相关的基本原理、基础电路和算法，让读者对对称分量法有一个清晰的认识。

对称分量法是 Charles L. Fortescue 在 1913 年发明的，当时他正在进行感应电动机不对称运行的数学研究。1918 年 6 月 28 日，大西洋城举行的第 34 届美国电机工程学会（American Institute of Electrical Engineers，AIEE）年会上，他发表了题为“对称坐标法在多相电网络中的应用”的文章，包括 Charles Proteus Steinmetz 在内的 6 位参会讨论者为这篇长达 89 页的文章又补充了 25 页内容。20 世纪 20 年代末到 30 年代初，C. F. Wagner 和 R. D. Evans 研究了该方法在电力系统故障分析中的实际应用。1933 年，W. A. Lewis 又补充了非常有价值的简化方法。1937 年，E. L. Harder 总结了电力系统故障以及不对称连接的表格。与此同时，Edith Clarke 也在进行该领域的说明和讲座，不过她的成果直到 1943 年才正式发表出来。1993 年，在英国的布莱克本又发现了其他一些补充资料和深入研究的案例。

本章回顾了适用于三相系统的对称分量法，即电压、电流分别由三组独立分量组成：正序分量、负序分量和零序分量。在本章讨论中，序分量都是指线对中性点或线对地的值（具体视情况而定）。这对电压来说有点特殊，因为系统中的电压通常都是指线电压，而对称分量法中所指的却是线对中性点电压（或线对地电压）。

4.2　正序分量

正序分量包括系统发电机提供的对称的三相电流与三相电压，它们大小相等，相位互差 120°。图 4.1 展示了一组正序电流分量以及电力系统相序 a、b、c。正序电压分量与之类似：大小相等，相位互差 120°，只是相量换成了三相电压而已。上述分量以系统频率沿逆时针方向旋转。

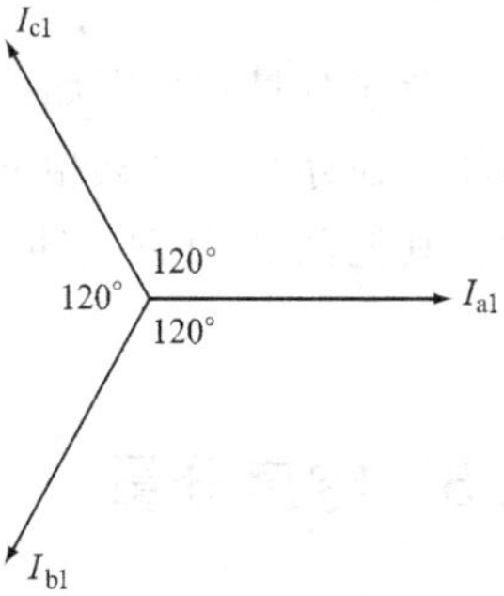

为了方便记录相角的变化，定义单位相量 a，表示 120°角位移。

$$a = 1\angle 120° = -0.5 + j0.866$$
$$a^2 = 1\angle 240° = -0.5 - j0.866$$
$$a^3 = 1\angle 360° = 1\angle 0° = 1.0 + j0 \qquad (4.1)$$

图 4.1　正序电流分量，沿逆时针方向旋转

因此，正序分量可定义如下：

$$I_{a1} = I_1 \quad V_{a1} = V_1$$
$$I_{b1} = a^2 I_{a1} = a^2 I_1 = I_1\angle 240° \quad V_{b1} = a^2 V_1 = V_1\angle 240°$$
$$L_{c1} = aI_{a1} = aI_1 = I_1\angle 120° \quad V_{c1} = aV_1 = V_1\angle 120° \qquad (4.2)$$

需要强调的是，序电压或序电流并无除上式外其他定义，相量 I_{a1}、I_{b1}、I_{c1} 总是成组出现，不能单独或成对存在。所以，可以只定义一个相量（任何一个），其他两个用式（4.2）推导得到。

4.3　简化表示法

我们注意到在式（4.2）所示的电压、电流表达式中，代表 a 相的下标 a 在等式第二项推导中被省略掉了（下文公式亦如此），这是为了方便而采用的一种简化表示。当相量的下标被省略时，通常默认为是参考 a 相。如果所指是 b 相或 c 相，必须正确标明下标；否则，默认为 a 相。本书通篇都采用此简化方法，在实际工作中一般也都如此处理。

4.4　负序分量

负序分量也是一组大小相等、相位互差 120°的对称分量，只是其相序与图 4.2 所示相反。即，若正序相序是 a、b、c 的话，负序相序就是 a、c、b。在某

些电网中，若正序相序为a、c、b的话，那么负序相序就是a、b、c。

负序分量的定义如下：

$$\begin{aligned}&I_{a2}=I_2 \quad V_{a2}=V_2\\&I_{b2}=aI_{a2}=aI_2=I_2\angle 120° \quad V_{b2}=aV_2=V_2\angle 120°\\&I_{c2}=a^2I_{a2}=a^2I_2=I_2\angle 240° \quad V_{c2}=a^2V_2=V_2\angle 240°\end{aligned} \tag{4.3}$$

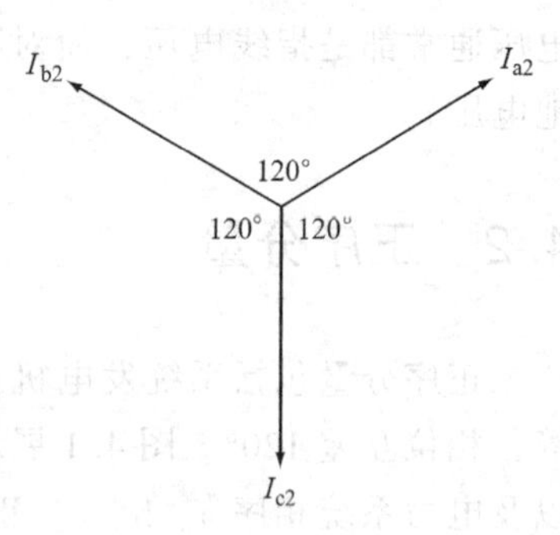

图4.2　负序电流分量，沿逆时针方向旋转

负序分量相量图如图4.2所示。I_{a2}、I_{b2}、I_{c2}不能单独存在。当某相电压或电流负序分量已知时，其他两相负序分量可以用式（4.3）计算出来。

4.5　零序分量

零序分量也是一组旋转分量，其特点是大小相等，相位相同（见图4.3）：

$$I_{a0}=I_{b0}=I_{c0}=I_0 \quad V_{a0}=V_{b0}=V_{c0}=V_0 \tag{4.4}$$

即V_0、I_0在三相中完全相等，且任何一相的零序分量都不能独立存在。

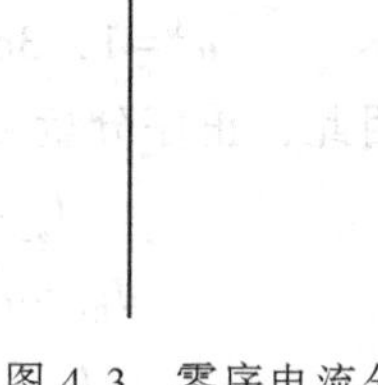

图4.3　零序电流分量，沿逆时针方向旋转

4.6　通用公式

任何一组不对称电压、电流相量都可以由三组序分量合成而来，即

$$I_a=I_1+I_2+I_0 \quad V_a=V_1+V_2+V_0 \tag{4.5}$$

$$I_b=a^2I_1+aI_2+I_0 \quad V_b=a^2V_1+aV_2+V_0 \tag{4.6}$$

$$I_c=aI_1+a^2I_2+I_0 \quad V_c=aV_1+a^2V_2+V_0 \tag{4.7}$$

式中　I_a、I_b、I_c和V_a、V_b、V_c——不对称的线对中性点电流和电压相量。

对上述公式进行推导，可得出由三相不对称相量所表示的序分量的表达式，如下所示：

$$I_0=\frac{1}{3}(I_a+I_b+I_c) \quad V_0=\frac{1}{3}(V_a+V_b+V_c) \tag{4.8}$$

$$I_1=\frac{1}{3}(I_a+aI_b+a^2I_c) \quad V_1=\frac{1}{3}(V_a+aV_b+a^2V_c) \tag{4.9}$$

$$I_2=\frac{1}{3}(I_a+a^2I_b+aI_c) \quad V_2=\frac{1}{3}(V_a+a^2V_b+aV_c) \tag{4.10}$$

上述三个基本公式可作为判断依据，借此判断该序分量是否存在于给定的不对称三相电压或电流相量中，进而应用在依靠序分量动作的继电保护装置中。例如，图 4.4 所示为利用电流互感器（CT）和电压互感器（VT）测量零序分量，并应用于接地保护装置，而测量零序分量所依据的原理就是式（4.8）。

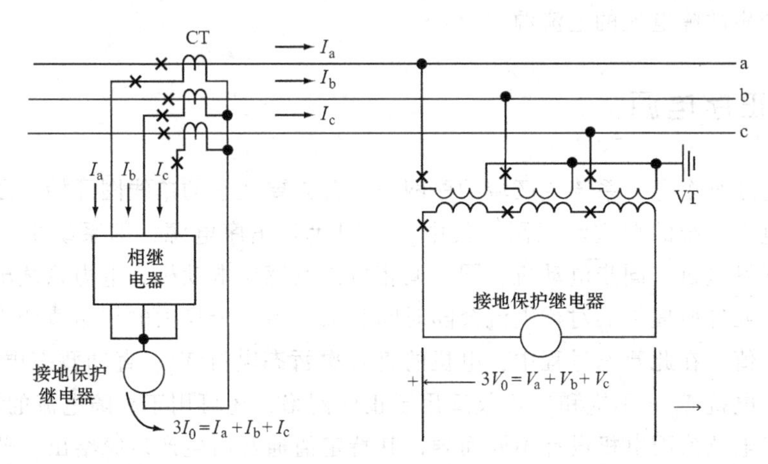

图 4.4　接地保护的零序电流和电压网络（其典型故障动作情况见图 3.9 和图 3.10）

CT 和 VT 回路主要用来产生正比于负序分量 I_2 和 V_2 的输出，其依据就是上面给出的式（4.10）。这个过程的实现可以利用电阻、变压器、电抗器等元件，也可以用数学计算的方法通过式（4.8）~式（4.10）求得。

4.7　序阻抗

将一组不对称的三相相量分解为对称的序分量的概念之所以可行，是因为在三相对称系统中，各序分量是相互独立的。事实上，除了发生故障或不对称的区域（如导线开路）外，电力系统其他部分从发电机到单相负荷点都是对称或平衡的。在三相对称系统：

1）正序电流在对称或平衡网络中流通，只产生正序电压降，不产生负序或零序电压降。

2）负序电流在对称或平衡网络中流通，只产生负序电压降，不产生正序或零序电压降。

3）零序电流在对称或平衡网络中流通，只产生零序电压降，不产生正序或负序电压降。

在不对称或不平衡的点或区域，例如某处发生了不对称故障、断相等，上述结论是不成立的。此时：

1）正序电流在不平衡系统中流通会产生正序、负序甚至可能零序电压降。

2）负序电流在不平衡系统中流通会产生正序、负序甚至可能零序电压降。

3）零序电流在不平衡系统中流通会产生正序、负序和零序电压降。

依据上述重要结论，我们可以建立三个独立的序网：每种序分量对应一个序网，三序网在不对称的点或区域连接在一起。在介绍各序网之前，有必要先来回顾一下产生故障电流的电流源。

4.8 正序电源

要建立某个电力系统或区域的序网图，首先要从它的单线图开始。图4.5所示为某电力系统的典型示意图，其中，圆圈代表正序电源，即系统中的旋转电机，包括发电机、同步电动机、同步调相机以及感应电动机。电力系统出现故障时，上述元件所提供的对称电流会随时间衰减，由一个较大的初始值变为一个较小的稳态值。在此暂态过程中，电机的直轴次暂态电抗 X''_d、直轴暂态电抗 X'_d 和直轴同步电抗 X_d（不饱和）不仅适用于正序网络，还可用于故障电流的计算。

上述电抗值因电机设计不同而异，其特定值通常由生产厂家给出。若此值缺失，可参考 Blackburn 所著论文（1993年，第279页）中的典型数值，或其他相似文献给出的数值。一般而言，MVA（kVA）和kV级电机的典型值为 $X''_d=0.1\sim0.3$pu，时间常数0.35s；$X'_d=(1.2\sim2.0)X''_d$，时间常数约0.6~1.5s；出现故障时，X_d（不饱和）的波动范围为 X''_d 的6~14倍。

在继电保护故障分析的研究中，正序网络中的旋转电机普遍都用次暂态电抗 X''_d 表示，这样可以保证计算出的故障电流是最大的，有利于快速保护的动作；某些特殊情况下也可以采用暂态电抗 X'_d，动作速度较慢的保护可能会在 X''_d 降为 X'_d 后才动作。这方面，已有专门的项目研究了在慢速保护整定过程中，故障电流随时间而衰减的情况，但其内容较难理解又很乏味，没有什么实质性的用处。图4.6能帮助我们理解继电保护中对一些特殊问题的特殊考虑，分析时对系统条件做了近似处理。

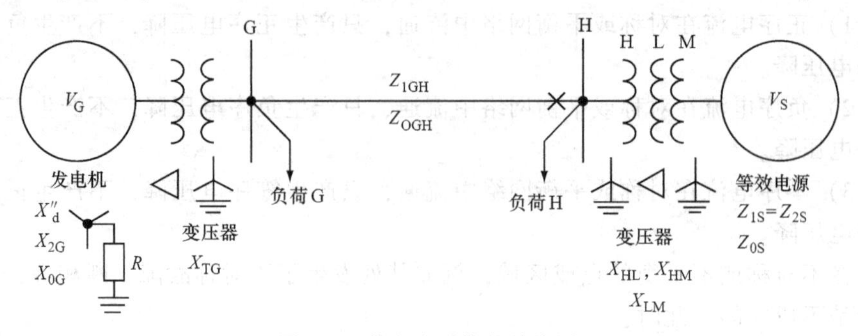

图4.5 某电力系统的单线图

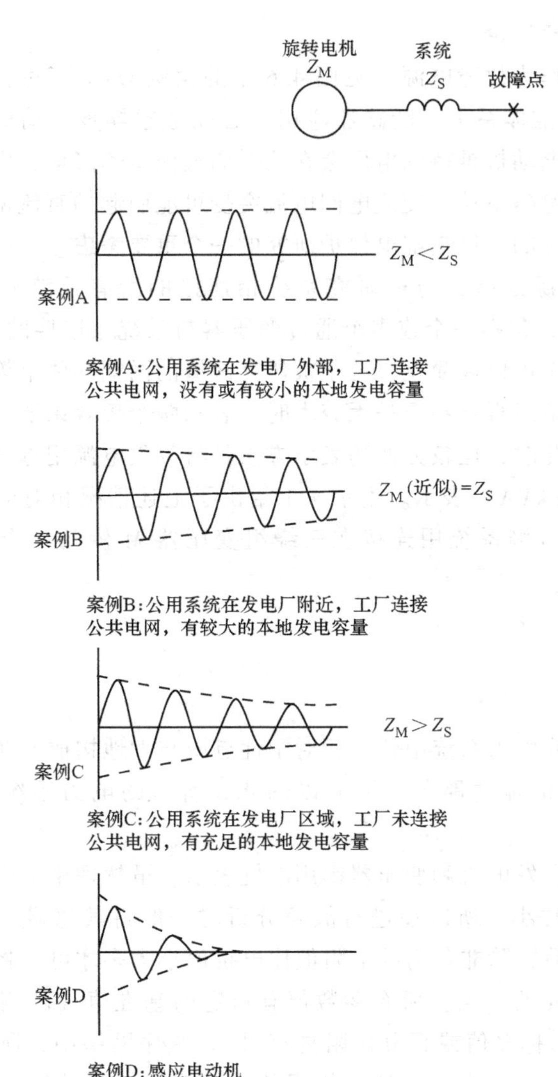

图 4.6　旋转电机对对称故障电流衰减的影响

案例 A 和案例 B（见图 4.6）是现实中最常见的情况，X''_d对保护装置的影响可以忽略不计。较大的系统阻抗值 Z_s抵消掉了电源的衰减作用。

案例 C（见图 4.6）所示的情况会影响到动作速度较慢的保护装置的整个动作时间。不过，一般来讲，故障电流的衰减不会引起保护配合的问题，除非各种保护装置的时间-电流特性有显著的差异。当电源电抗 Z_m占主导时，故障电流水平比较高，远远大于负荷电流的最大值。实践中，保护整定既要满足灵敏性要求，又要躲过最大负荷电流，且在暂态电抗阶段具有良好的灵敏性。如果保护动作时间太长，以致故障电流衰减到同步电抗阶段，这时就需要特殊的相继电器，此部分内容在本书第8章讨论。

异步电动机一般不作为故障电源（见图4.6中的案例D）。不过，需要强调的是，在ANSI/IEEE标准体系下，断路器应用中必须考虑异步电动机。如果没有本地电源，仅靠异步电动机维持的电压会在几个周波内迅速降低；因此，它们对保护装置的影响可以忽略不计。交流电网电流突变可能引起的直流偏移在对称分量中也是可以忽略不计的，这是继电保护研究的一个重要考虑。

图4.5中的等效电源是指，与被研究系统相连接的所有系统元件的等效（此部分在图中未画出），包括一个或多个通过变压器与系统相连接的旋转电源、线路等。一般来说，系统可以被简化成位于被研究区域的两端的两个等效电源及其中间的联络线。当联络线很长甚至是无穷大时，表示两个等效系统之间只有很少甚至没有功率交换，此时，比较方便的表示方法是将等效电源用母线或某个节点的短路容量MVA（或kVA）表示。附录4.1给出了上述情况相对应的阻抗或电抗值。在图4.5中，右侧系统用连接在三绕组变压器M侧的一个等效阻抗表示。

4.9　序网络

序网络是指三相对称电力系统中任一相对中性点或与大地构成的回路，它描述了可能存在的序电流的流通路径。下面以图4.5所示的电力系统为例进行说明。

首先，在序网络中，发电机和变压器都用电抗表示。虽然理论上应该用阻抗参数，但由于电阻值非常小，所以在进行故障分析时一般将其忽略。而对于负荷，则应采用其阻抗参数，除非负荷的电阻值比电抗值小太多才可以将其忽略。

另外，还有非常重要的一点：所有参数都有指定的基准值（欧姆与电压相对；MVA、kVA和kV与标幺值或百分比阻抗相对）。在序网络中，所有参数必须要归算到同一个基准值。通常，元件会使用其标幺值（或百分数）参数，其常用的基准值是100MVA（kV电压等级系统）。

4.9.1　正序网络

正序网络就是三相对称系统中任一相的线对中性点的单线图，再考虑故障条件加以修正。图4.7即为图4.5所示电力系统的正序网络图。其中，V_G和V_S为相电压，V_G是发电机直轴次暂态电抗X''_d之后的电势，V_S是系统等值阻抗Z_{1S}之后的电压值。

X_{TG}代表变压器组与母线G连接的漏抗，X_{HM}代表与母线H相连接的变压器组高、中压绕组之间的漏抗。此部分内容详见本章附录4.2。正序网络图中不含

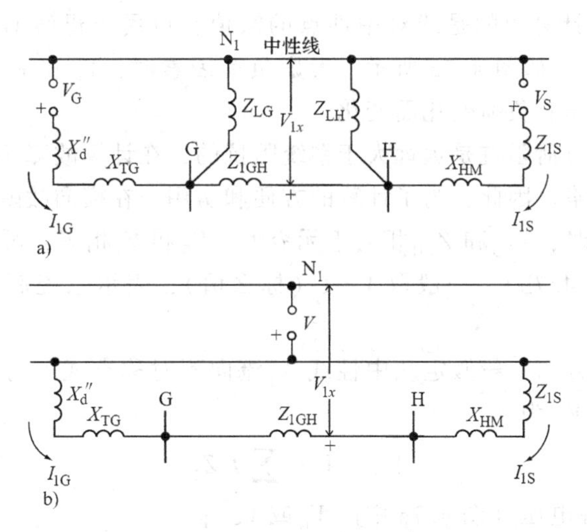

图 4.7　图 4.5 所示系统的正序网络图

a）含负荷　b）不含负荷——所有系统电压相等

变压器组的△绕组 L，除非此绕组与发电机、同步电动机相连接，或者绕组相连的系统出现故障。上述情况请见本章附录图 A4.2-3。

下面讨论母线 G 和 H 之间的线路。Z_{1GH} 表示线路阻抗，对于裸导线，单根导线约为 0.8Ω/mile[㊀]，分裂导线约为 0.6Ω/mile。线路并联电容的典型值为：单根导线 0.2MΩ/mile，分裂导线 0.14MΩ/mile。在故障计算中，通常忽略线路的电容，这是因为线路电容值远远大于其他参与计算的阻抗值。上面给出的参数在进行系统估算或者线路特定参数缺失时使用。电缆的阻抗值变化比较大，因此，在计算中需要使用其特定值。

线路阻抗角的变化范围比较大，主要取决于电压和线路本身的类型（裸导线或电缆）。在计算机故障计算程序中，一般要计及线路的阻抗角。手算时，为了方便和实用，一般假设所有元件的阻抗角均为 90°，或只使用线路的电抗参数。有时可以用线路的电抗参数直接代替其阻抗参数。除非系统中有相当一部分低阻抗角的线路，否则，将阻抗角全部假设为 90°并不会带来较大的计算误差。

图 4.7 中，负荷连接在母线 G 和母线 H 上，一般用 kVA 或 MVA 表示，可用下式转化成阻抗参数：

$$I_{\text{load}}=\frac{1000\text{MVA}_{\text{load}}}{\sqrt{3}\,\text{kV}}\text{且 }V_{\text{LN}}=\frac{1000\text{kV}}{\sqrt{3}} \tag{4.11}$$

$$Z_{\text{load}}=\frac{V_{\text{LN}}}{I_{\text{load}}}=\frac{\text{kV}^2}{\text{MVA}_{\text{load}}}=\text{ohms at kV}$$

㊀　1mile = 1609.344m，后同。

式（4.11）计算出的是线对中性点的数值，可用于母线G、H上连接负荷Z_{LG}和Z_{LH}的计算，如图4.7a所示。考虑负荷因素时，V_G和V_S的幅值、相角将不再相等，而是随着负荷变化而变化。

一般来说，负荷阻抗是远远大于系统阻抗的，在计算故障相电流时，负荷阻抗的作用可以忽略。因此，为了计算的方便和实用，在横向故障的分析计算中一般不计负荷。此时，Z_{LG}和Z_{LH}相当于无穷大。V_G和V_S相等，可以用一个通用电压V表示（见图4.7b）。一般取$V=1$（标幺值），表示系统额定电压等级的相电压。

故障电流的方向一般假定从中性线N_1流向不对称点或不对称区域。网络中任何一处的电压V_{1x}为

$$V_{1x} = V - \sum I_1 Z_1 \tag{4.12}$$

式中　V——电源电压（图4.7a中的V_G或V_S）；

$\sum I_1 Z_1$——从中性线N_1到被测点的任何一条通路沿线电压降之和。

4.9.2　负序网络

负序网络是负序电流在网络中的流通路径。发电机不产生负序电流，但负序电流却能够在发电机的绕组中流通。因此，发电机在负序网络中用一个不带电势的阻抗表示，如图4.8所示。对于变压器、线路等，相序电流的流通不会改变其阻抗值，故负序阻抗与正序阻抗相等。

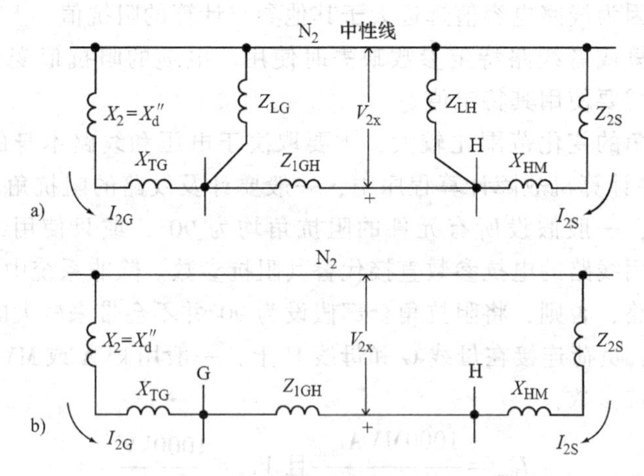

图4.8　图4.5所示系统的负序网络图

a）含负荷　b）不含负荷

旋转电机可以看作由一个固定绕组和一个旋转绕组组成的变压器。转子中的直流电流会在定子绕组中产生正序电动势。类似地，转子交流电流中的直流分量

也会在磁场中产生交流电动势。在这一相对运动中，如果转子绕组以同步速旋转，定子中的负序电流会在磁场中产生 2 倍于同步速旋转的电势。因此，气隙中的负序磁通在极间和极下以 2 倍同步速变化。

同步发电机的负序电抗一般用下式表示：

$$X_2=\frac{1}{2}(X''_d+X''_q) \tag{4.13}$$

即直轴次暂态电抗和交轴次暂态电抗的平均值。对隐极机，有 $X''_d=X''_q$，因此，$X_2=X''_d$。凸极机的负序电抗 X_2 则有所不同，但通常都不考虑这些，除非要计算发电机出口故障。当 $X_2=X''_d$ 时，负序网络与正序网络相同，只是负序网络中电源电势为零。

负荷的负序阻抗与正序阻抗相等，如图 4.8a 所示，前提是必须为静止型负荷。对于旋转型负荷，比如感应电动机等，其运行时的负序阻抗与正序阻抗会有较大不同。此部分内容详见本书第 11 章。

与正序网络类似，负序网络中一般不计负荷。此时，得到的负序网络图（见图 4.8b）与正序网络图（见图 4.7b）一样，只是负序网络中没有电压源。

故障电流的方向一般假定从中性线 N_2 流向不对称点或不对称区域。此时，网络中任何一点的电压 V_{2x} 为

$$V_{2x}=0-\sum I_2Z_2 \tag{4.14}$$

式中　$\sum I_2Z_2$——从中性线 N_2 到被测点的任何一条通路沿线电压降之和。

4.9.3　零序网络

零序网络与正、负序网络不同，它必须满足三相大小相等、方向相同的电流的流通。当零序网络的连接不太明显或者存在某些疑问的时候，我们可以重新画出三相系统图，通过分析相位相同的零序电流的流通路径来确定零序网络。以图 4.5 所示系统为例，画出其三相图，如图 4.9 所示。众所周知，故障电流总是流向系统不对称区域。假设在母线 G 和 H 之间发生了不对称故障，上图左侧画出了由母线 G 处的变压器流出的零序电流 I_{0G}。I_{0G} 从接地的 Y 绕组流向故障点，△绕组中有零序环流。如此，在图 4.10 零序网络图中，变压器电抗 X_{TG} 应连接在零电位线 N_0 和母线 G 之间。这种 Y_0/△变压器组的序阻抗连接方式详见本章附录 4.2 中的 A.4.2-1。

三相变压器组的零序阻抗和正序阻抗、负序阻抗相等，都等于变压器漏抗值。三相三柱式变压器则不然，因为这种结构的变压器无法为零序磁通提供完整通路，零序磁通只能通过铁心和油箱构成的回路，所以，此类变压器的零序电抗 X_0 通常是正序电抗 X_1 的 0.85~0.9，或者采用已知的特定值。

图 4.9 下半部分所示为母线 H 处的系统连接以及零序电流在变压器各侧绕

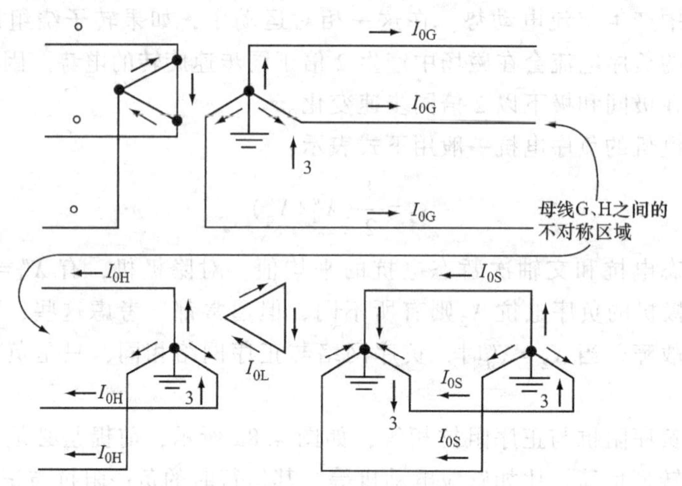

图 4.9　零序电流流通路径示意图（箭头仅代表电流方向，与电流大小无关）

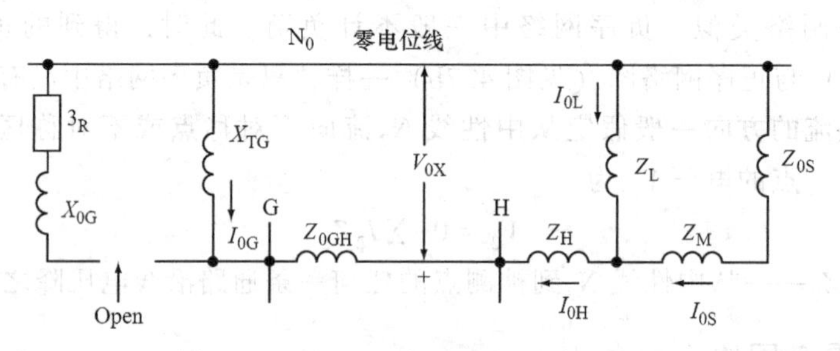

图 4.10　图 4.5 所示系统的零序网络图

组中和变压器外部的流通情况。三相零序电流可以在变压器 M 侧 Y_0 绕组中流通，这是因为等效电源侧通过阻抗 Z_{0S} 接地。三绕组变压器的零序等值电路如图 4.10 所示。

务必注意，在图 4.9 的右侧，假如变压器 Y 绕组的中性点不接地，那么其零序阻抗的连接方式将会不同。例如，等效电源或者变压器 M 侧绕组中性点不接地，那么 Z_m 和 Z_{0S} 之间应该开路，因为此时零序电流无法流通。假如考虑系统所带负荷，当 Y 联结的负荷中性点也接地时，负荷将出现在零序网络中；若是△联结的负荷，零序电流则无法通过。

线路的零序阻抗与正、负序阻抗也有很大不同。因为线路的阻抗是一个环形阻抗：线路本身的阻抗，加上零序电流返回通路（大地、大地与地线的并联、电缆外壳等）的阻抗，而线路的正序电抗只考虑单向通路，从一端到另一端。因此，线路的零序电抗通常是正序电抗的 2~6 倍不等。对架空裸导线，一般取 $X_0=3X_1$ 或 $3.5X_1$。

发电机的零序电抗很小且会发生变化，具体取决于其绕组的设计。除电压非常低的发电机组外，发电机一般不直接接地。此部分内容详见第7章。在图4.5中，发电机G是通过电阻R接地的。就零序分量而言，母线G及其右侧系统的故障不会涉及发电机，因为零序电流无法流出变压器的△联结绕组（见图4.9）。

电流流向一般假设由零电位线N_0流向不对称的点或区域，因此，网络中任何一点的电压V_{0x}应为

$$V_{0x}=0-\sum I_0Z_0 \tag{4.15}$$

式中　$\sum I_0Z_0$——从零电位线N_0到被测点的任何一条通路沿线电压降之和。

4.9.4　序网络的简化

在横向故障的分析计算中，各序网络一般被简化为：中性线或零电位线与故障点之间的一个等效阻抗，用Z_1或X_1，Z_2或X_2以及Z_0或X_0表示。上述阻抗即为戴维南等效阻抗，在正序网络中，亦被定义为戴维南电压，其值在不同点发生故障时是不同的。在使用计算机进行短路分析时，采用了各种手段以简化复杂的电力系统以及确定故障电流、电压的值。

对图4.7b所示正序网络，假设故障发生在母线H处，通过并联母线两侧的阻抗，可以得到系统正序阻抗Z_1为

$$Z_1=\frac{(X''_{\mathrm{d}}+X_{\mathrm{TG}}+Z_{1\mathrm{GH}})(Z_{1\mathrm{S}}+X_{\mathrm{HM}})}{X''_{\mathrm{d}}+X_{\mathrm{TG}}+Z_{1\mathrm{GH}}+Z_{1\mathrm{S}}+X_{\mathrm{HM}}}$$

分子中，圆括号表示的两项数值分别除以分母，得到的标幺值表示故障点左、右两侧系统流过的短路电流份额。此值也称作电流分布系数，用来确定系统不同区域的故障电流大小。由此，母线G支路的电流分布系数为

$$I_{1\mathrm{G}}=\frac{Z_{1\mathrm{S}}+X_{\mathrm{HM}}}{X''_{\mathrm{d}}+X_{\mathrm{TG}}+Z_{1\mathrm{GH}}+Z_{1\mathrm{S}}+X_{\mathrm{HM}}}\mathrm{pu} \tag{4.16}$$

母线H支路的电流分布系数为

$$I_{1\mathrm{S}}=\frac{X''_{\mathrm{d}}+X_{\mathrm{TG}}+Z_{1\mathrm{GH}}}{X''_{\mathrm{d}}+X_{\mathrm{TO}}+Z_{1\mathrm{OH}}+Z_{1\mathrm{S}}+X_{\mathrm{HM}}}\mathrm{pu} \tag{4.17}$$

在对正序网络进行简化时（见图4.7a），需要确定故障前的负荷电流、故障点的开路电压（即戴维南电压）以及从故障点看进去的系统的等效阻抗（所有电源置零）即戴维南阻抗。故障电流计算完成之后，网络中的总电流应该是故障前的负荷电流加上故障电流。

类似地，系统的负序、零序网络也可以简化为连接在故障点的一个阻抗，以及适当的电流分布系数。图4.11所示为相互独立的正、负、零序网络图，其中I_1、I_2、I_0表示故障点相应的正、负、零序电流，V_1、V_2、V_0表示相应的正、负、零序电压。

如上文所述，系统各序网络（见图4.11）都是相互独立的。接下来，我们

要讨论不同故障或不对称运行情况下序网络的连接问题。

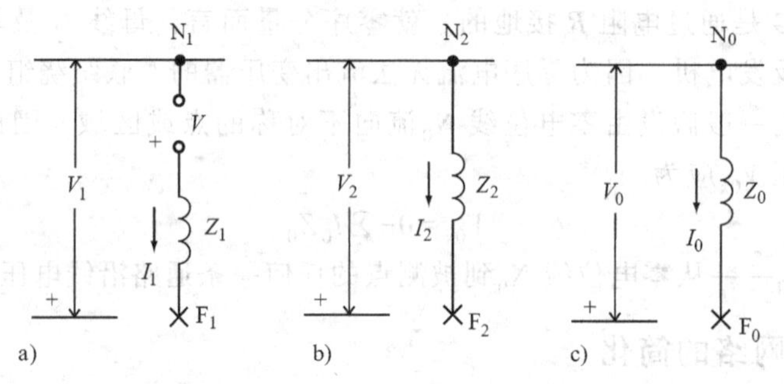

图4.11 简化序网图（Z_1、Z_2、Z_0表示系统到故障点的等效阻抗）

a）正序 b）负序 c）零序

4.10 横向故障的序网连接

横向故障主要包括：三相短路、两相短路、两相接地短路和单相接地短路。常见的故障分析有以下两种：①应用和设置相继电器时的三相短路分析；②应用和设置接地继电器时的单相接地短路分析。另外两种故障分析（两相短路和两相接地短路）在继电器设置中并不常用。一般来说，系统正、负序阻抗相等，即 $Z_1=Z_2$，因此，两相短路时的故障相电流是同一点发生三相短路时短路电流的0.866倍。

发生两相直接接地故障时，故障相电流因零序阻抗而不同，但基本较接近两相短路或三相短路时的值（详见本章4.16.1节）。

4.10.1 故障阻抗

大多数的故障都不是直接接地（或金属性接地）的，而是通过各式各样的电阻接地的。但在一般的继电保护和故障分析中，我们都假设接地电阻非常小，可以忽略不计。对于高压或中压输电线路来说，基本可以如此处理。在配电系统（34.5kV及更低）中，故障时的过渡电阻可能很大，有时甚至是无穷大，尤其是在电压较低时。很多故障是树枝连接导致的，这时的过渡电阻非常大，且具有间歇性和易变性的特征。接地导体或许会产生较大的故障电流，或许不会。故障电流的大小有很大不确定性。多年以来，人们针对潮湿土壤、干燥土壤、岩石、沥青、混凝土等进行了多次试验，得到的结果差别很大，有时甚至无法预测。因此，在大多数的故障分析研究中，实际的做法是假设接地网零阻抗，并采用能产生最大短路电流的故障阻抗。保护继电器按最灵敏整定，以期对上述最大值做出正确的响应。

电弧是不断变化的，当电弧电流为 70～20000A 时，单位长度的电压降为 440V，与电流幅值无关。所以，电弧电阻由下式表示：

$$Z_{arc}=\frac{440l}{I}\Omega \tag{4.18}$$

式中 l——电弧长度（ft[㊀]）；

I——电弧电流（A），电压等级为 34.5kV 时，I 按照 1A/kV 取值；电压等级更高时，I 的取值大约是 0.1～0.05A。

电弧实际上是电阻，但是对保护继电器来说很可能表现为阻抗，这是由于故障时，两侧电源提供的电流相位不同。这部分内容详见本书第 12 章。对于低压（480V）开关柜外壳，典型的电弧电压约为 150V，与电流大小无关。

由此看来，电弧是不断变化的，其电阻从一个很小的值开始并在一段时间内保持不变，然后呈指数型增长。当达到一个较大数值时，电弧放电来缩短其距离和电阻。

4.10.2 变电站和杆塔的接地电阻

故障阻抗的另一个多变因素，同时也是很难计算和测量的因素，就是变电站接地网、线杆或杆塔与大地之间的电阻。近年来，针对这一领域，研究人员发表了若干科技论文，并开发了一些计算程序，但该领域还存在很多可变因素和假设条件。这超出了本书的研究范围。在故障分析和继电保护应用与设置中，通常的做法是忽略上述电阻。

4.10.3 三相短路的序网连接

一般认为三相短路是对称性故障，因此，不需要应用对称分量法进行分析，而可以采用正序网络图，因为正序网络图与正常运行时对称系统图是一样的，如图 4.12 所示。对于直接接地故障，故障点 F_1 后侧与中性线相连（见图 4.12a）；对于经过渡电阻接地的故障，故障点 F_1 须经过渡电阻再与中性线相连（见图 4.12c）。根据上述分析，可以得出以下公式：

$$I_1=I_{aF}=\frac{V}{Z_1}\text{或者 } I_t=I_{aF}=\frac{V}{Z_1+Z_F} \tag{4.19}$$

且依据式（4.2），可知 $I_{bF}=a^2I_1$，$I_{cF}=aI_1$ 成立。三相短路与三相接地短路是一样的。

4.10.4 单相接地短路的序网连接

图 4.13 所示为 a 相单相接地短路时的三序网连接图，其中，图 4.13a 代表直接接地，图 4.13b 代表经过渡电阻接地。

㊀ 1ft = 0.3048m，后同。

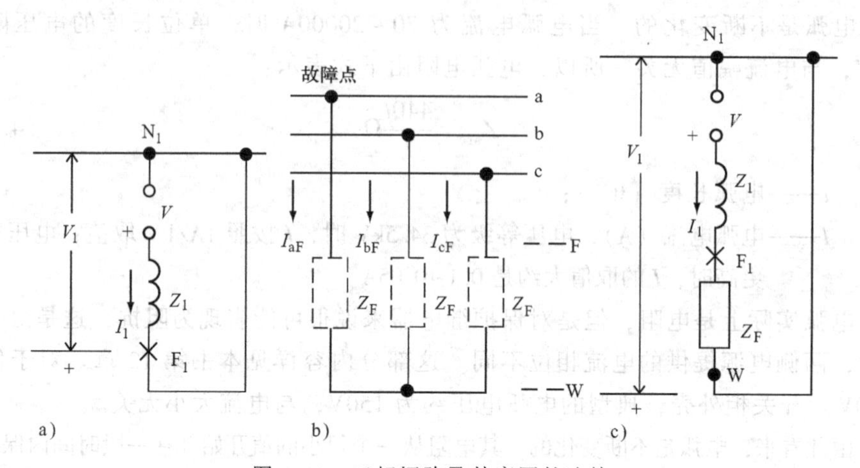

图 4.12　三相短路及其序网的连接

a）直接短路　b）系统接线图　c）经过渡电阻短路

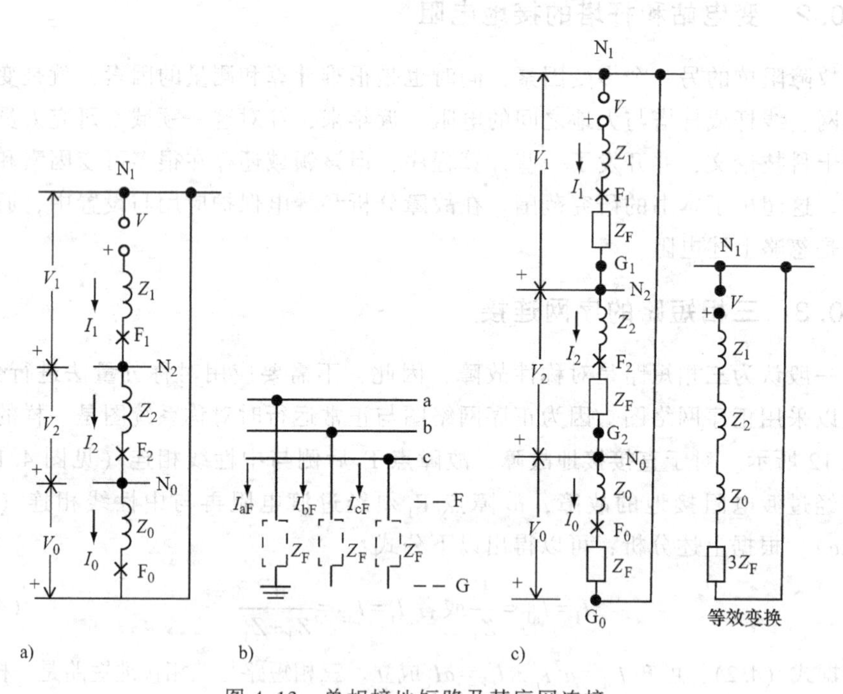

图 4.13　单相接地短路及其序网连接

a）直接接地　b）系统接线图　c）经过渡电阻接地

由上图，可以得出以下公式：

$$I_1=I_2=I_0=\frac{V}{Z_1+Z_2+Z_0}\text{或}\ I_1=I_2=I_0=\frac{V}{Z_1+Z_2+Z_0+3Z_F} \tag{4.20}$$

$$I_{aF}=I_1+I_2+I_0=3I_1=3I_2=3I_0 \tag{4.21}$$

将上式带入式（4.6）、式（4.7），可以推导出 $I_{bF}=I_{cF}=0$，这与 a 相接地短路时的边界条件相吻合。另外，a 相接地短路时 $V_{aF}=0$，这从序网连接图中也可以看出，此时，$V_1+V_2+V_0=0$。

4.10.5　两相短路的序网连接

以 b、c 发生了两相短路为例。图 4.14 为故障时的序网连接图。

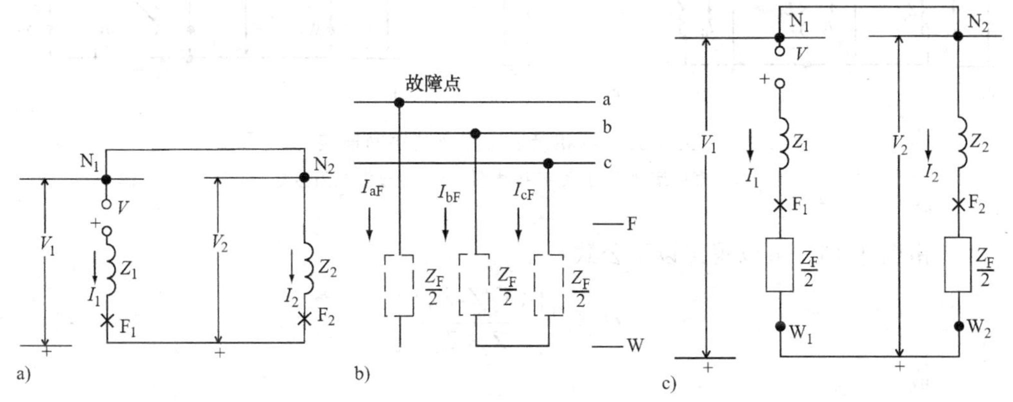

图 4.14　两相短路及其序网连接

a）直接短路　b）系统接线图　c）经过渡电阻短路

由图 4.14，可以得出以下公式：

$$I_1=-I_2=\frac{V}{Z_1+Z_2}\text{或是 } I_1=-I_2=\frac{V}{Z_1+Z_2+Z_F} \tag{4.22}$$

带入式（4.5）~式（4.7），得到

$$I_{aF}=I_1-I_2=0$$

对于故障相，可以得出以下公式：

$$I_{bF}=a^2I_1+aI_2=(a^2-a)I_1=-j\sqrt{3}I_1 \tag{4.23}$$

$$I_{cF}=aI_1+a^2I_2=(a-a^2)I_1=+j\sqrt{3}I_1 \tag{4.24}$$

一般系统正、负序阻抗相等，即 $Z_1=Z_2$；因此，可以得到 $I_1=V/2Z_1$；忽略□j，只考虑数值大小，则可以得到以下公式：

$$I_{\phi\phi}=\frac{\sqrt{3}V}{2Z_1}=0.866\times\frac{V}{Z_1}=0.866I_{3\phi} \tag{4.25}$$

也就是说，两相短路的故障相电流在数值上是同一点三相短路时短路电流的 0.866。

4.10.6　两相接地短路的序网连接

两相接地短路的序网连接与两相短路类似，不同之处是增加了一条零序网络的并联支路，如图4.15所示。

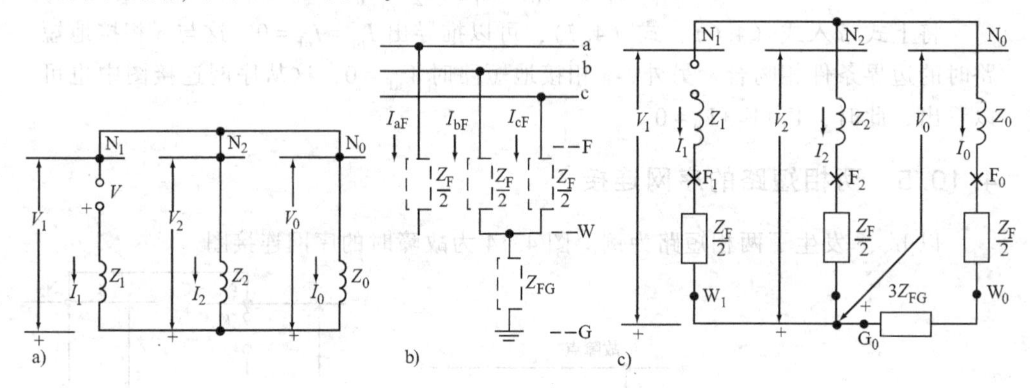

图4.15 两相接地短路及其序网连接

a）直接接地 b）系统接线图 c）经过渡电阻接地

由图4.15，可以得出以下公式：

$$I=Z_1+\left[\frac{(V/Z_2Z_0)}{Z_2+Z_0}\right]$$

或

$$I_1=\frac{V}{Z_1+\dfrac{Z_F}{2}+\dfrac{(Z_2+(Z_F/2))(Z_0+(Z_F/2)+3Z_{FG})}{Z_2+Z_0+Z_F+3Z_{FG}}} \tag{4.26}$$

$$I_2=-I_1\frac{Z_0}{Z_2+Z_0}\text{且}\ I_0=-I_1\frac{Z_2}{Z_2+Z_0}$$

或

$$I_2=-I_1\frac{Z_0+(Z_F/2)+3Z_{FG}}{Z_2+Z_0+Z_F+3Z_{FG}}$$

以及

$$I_0=-I_1\frac{Z_2+(Z_F/2)}{Z_2+Z_0+Z_F+3Z_{FG}} \tag{4.27}$$

带入式（4.5）~式（4.7），可以得到 $I_{aF}=0$，同时也可计算出b、c相的故障电流幅值 I_{bF}、I_{cF}。

4.10.7 横向故障中其他元件的序网连接

图4.12~图4.15中短路点的阻抗（过渡电阻）是通过故障电弧计算出来的，也可以看作是连接在系统给定点的并联负荷、并联电抗、并联电容等。Blackburn在1993年给出了各种不同类型的过渡阻抗及其序网连接方式。

4.11　算例分析：图 4.16 所示典型系统的故障计算

图 4.16 所示系统与图 4.5 相同，只是增加了元件的典型参数。这些参数都基于其给定的基准值，所以，故障计算的第一步是将所有元件参数都折算到同一个基准值（详见本书第 2 章）。图 4.17 给出了系统的正序和负序网络图（负序网络图与正序网络图完全相同，只是没有电源），并列出了必要的参数折算公式（$S_B = 100\text{MVA}$）。

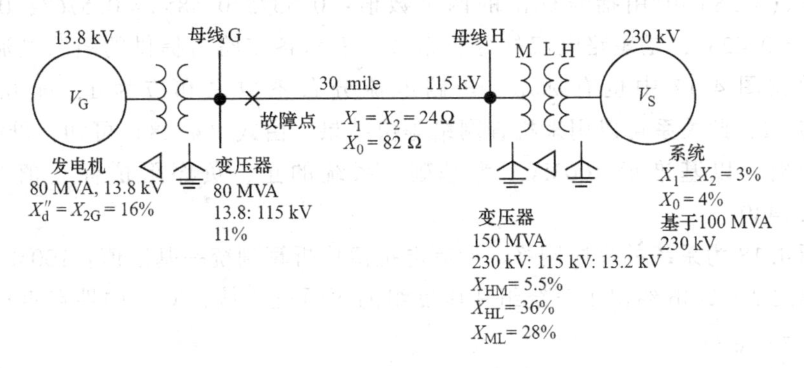

图 4.16　电力系统故障算例

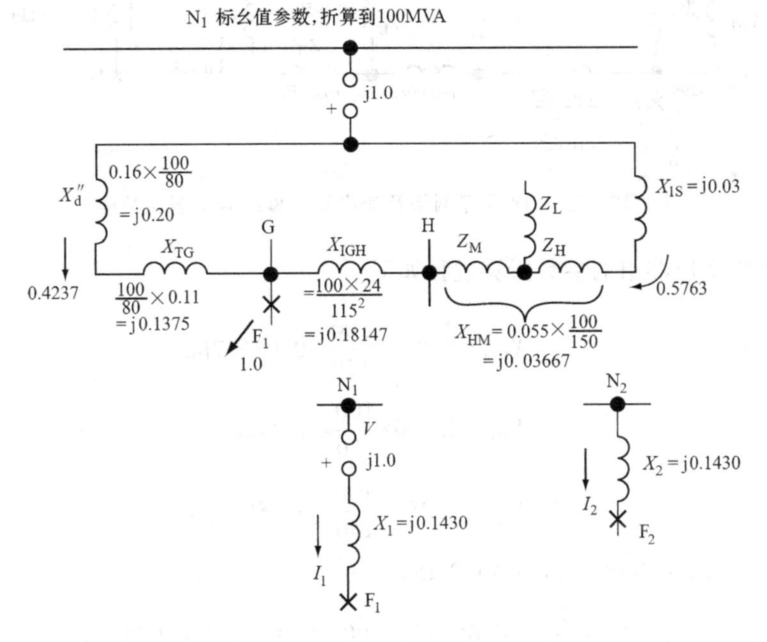

图 4.17　正序、负序网络图及其化简（母线 G 处发生故障）

母线G出现故障，右侧系统的等值电抗（j0.18147+j0.03667+j0.03=j0.2481）与左侧系统的等值电抗（j0.20+j0.1375=j0.3375）并联。由于元件的电阻与电抗相比，数值很小，因此，在故障计算中，一般使用电抗值而非阻抗值。

$$X_1=X_2=\frac{\overset{(0.5763)}{0.3375}\times\overset{(0.4237)}{0.2481}}{0.5856}=\mathrm{j}0.1430\mathrm{pu} \tag{4.28}$$

式（4.28）中用括号标出的两个数值：0.3375/0.5856=0.5763，0.2481/0.5856=0.4237，是短路电流的分布系数，表示各支路所提供的短路电流份额。此系数在图4.17中也有标示。短路电流分布系数之和应为1，即0.5763+0.4237=1，此关系可以用来检查网络等值结果。由式（4.28）可知，母线G出现故障时，以基准值100MVA为基础，系统的正、负序阻抗标幺值为 $X_1=X_2=\mathrm{j}0.1430$。

图4.18为系统的零序网络。所有电抗值均折算到统一基准值：100MVA。本章附录图A4.2-3b给出了三绕组变压器组的序阻抗连接，对于中性点直接接地，有 $Z_{NH}=Z_{NM}=0$。

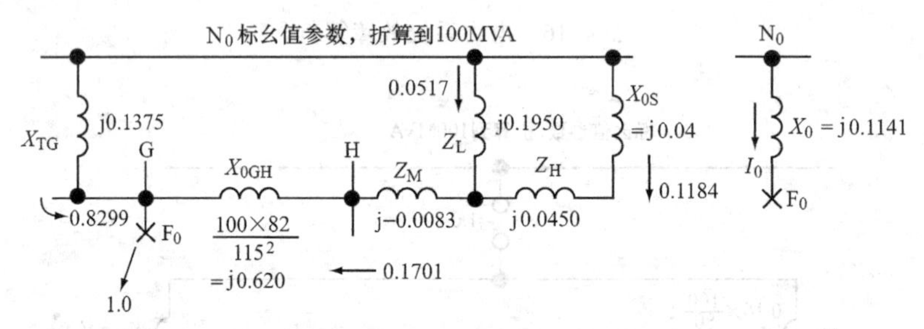

图4.18　图4.18零序网络及其化简（母线G处发生故障）

三绕组变压器组的参数折算过程如下：

$$X_{HM}=0.055\times\frac{100}{150}=0.03667\mathrm{pu}$$

$$X_{HL}=0.360\times\frac{100}{150}=0.2400\mathrm{pu}$$

$$X_{ML}=0.280\times\frac{100}{150}=0.18667\mathrm{pu}$$

带入式（A4.2-13）~式（A4.2-15）：

$$X_H=\frac{1}{2}(0.03667+0.2400-0.18667)=0.0450\mathrm{pu}$$

$$X_M = \frac{1}{2}(0.03667+0.18667-0.240) = -0.00833\text{pu} \tag{4.29}$$

$$X_L = \frac{1}{2}(0.2400+0.18667-0.03667) = 0.1950\text{pu}$$

母线 G 故障的网络等值：$X_{0S}+Z_H$ 与 Z_L 并联，再与 Z_M、X_{0GH} 串联。

$$\begin{array}{l} (0.6964)\ (0.3036) \\ \dfrac{0.1950\times0.0850}{0.280} = \text{j}0.0592 \\ \qquad\qquad\qquad -\text{j}0.0083(Z_M) \\ \qquad\qquad\qquad \dfrac{\text{j}0.620}{\text{j}0.6117}(X_{0GH}) \end{array}$$

右侧支路与左侧支路并联，从而得到

$$\begin{array}{l} \quad (0.8299)\ (0.1701) \\ X_0 = \dfrac{0.6709\times0.1375}{0.8084} = \text{j}0.1141\text{pu}\ \text{基准为 100MVA} \end{array} \tag{4.30}$$

上式括号中的数字 0.8299、0.1701 表示母线 G 两侧支路的短路电流分布，其和应为 1。右侧支路的系数 0.1701 还可以被继续拆分为 0.6964×0.1701 = 0.1184 和 0.3036×0.1701 = 0.05164，前者是 230kV 系统的电流分布系数，后者是三绕组变压器 L 侧绕组的电流分布系数。这些电流分布情况示于零序网络中。

4.11.1　母线 G 处三相短路

当母线 G 处发生三相短路时，故障电流为

$$\begin{aligned} I_1 = I_{aF} &= \frac{\text{j}1.0}{\text{j}0.143} = 6.993\text{pu} \\ &= 6.993\frac{100000}{\sqrt{3}\times115} = 3510.8\text{A}\quad \text{电压等级 115kV} \end{aligned} \tag{4.31}$$

其左、右两侧支路提供的故障电流分别为

$$I_{aG} = 0.4237\times6.993 = 2.963\text{pu} \tag{4.32}$$

$$I_{aH} = 0.5763\times6.993 = 4.030\text{pu} \tag{4.33}$$

4.11.2　母线 G 处单相接地短路

当母线 G 处发生单相接地短路时，故障电流为

$$I_1 = I_2 = I_0 = \frac{\text{j}1.0}{\text{j}(0.143+0.143+0.1141)} = 2.50\text{pu} \tag{4.34}$$

$$
\begin{aligned}
I_{aF} &= 3\times 2.5 = 7.5\text{pu} \quad \text{基准为 100MVA} \\
&= 7.5\times\frac{100000}{\sqrt{3}\times 115} = 3765.32\text{A} \quad \text{电压等级 115kV}
\end{aligned}
\tag{4.35}
$$

通常会将零序电流 $3I_0$也标示在系统图中，因为接地继电器依靠此电流动作。为了帮助理解，图 4.19 中标出了各相电流以及系统的零序电流，其中三相电流可以根据式（4.5）~式（4.7）求出。由 $X_1=X_2$，有 $I_1=I_2$；又因 $a+a^2=-1$，带入 b、c 相电流表达式，得 $I_b=I_c=-I_1+I_0$。图中 a 相电流 $I_a=I_1+I_2+I_0$，b、c 相电流 $I_b=I_c=-I_1+I_0$，中性点对地电流即为零序电流 $3I_0$。

115kV 系统，中性点对地电流之和与故障点的对地电流大小相等，方向相反。在 230kV 系统中，两个中性点对地电流大小相等，方向相反。

上述计算假设无负荷，因此，故障前系统各相的电流均为零。虽然故障相是 a 相，但 b、c 相也会有电流。这是由于零序网络的电流分布系数与正、负序网络不同。假设系统是辐射型网络，其正、负、零序电流都从一个电源流向同一个方向，虽然零序阻抗与正、负序阻抗不等，但三序网中电流分布系数均为 1.0。此时，$I_b=I_c=-I_1+I_0=0$；故障电流仅在故障相流通，即 a 相单相接地短路时，故障相电流 $I_a=3I_0$。

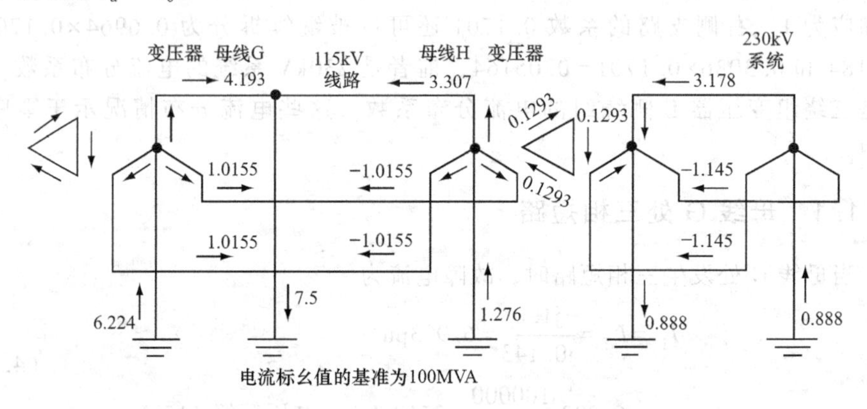

图 4.19 图 4.16 所示母线 G 处发生单相接地短路时的系统各相电流及 $3I_0$分布

4.12 算例分析：自耦变压器的故障计算

近年来，自耦变压器的应用越来越普遍。自耦变压器有其独特和有趣的一些问题。图 4.20 展示了一台典型的系统自耦变压器。假设在变压器 H 侧（345kV）发生了单相接地短路。

首先，建立序网图，所有元件参数折算到 100MVA。161kV 和 345kV 系统给

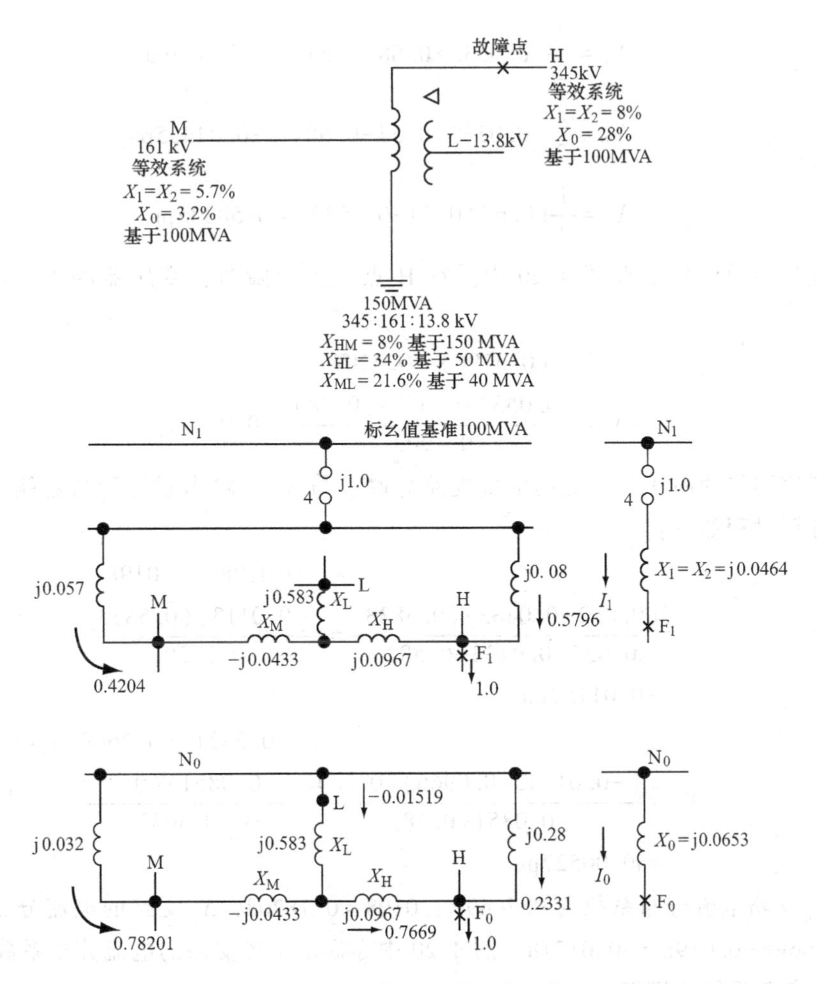

图 4. 20　自耦变压器故障计算

定的参数本身就是基于 100MVA 的，所以这些参数不需再折算。自耦变压器的序网连接参考图 A4. 2-3d，其参数的计算过程如下：

$$X_{HM}=8\times\frac{100}{150}=5.333\%=0.05333\text{pu}$$

$$X_{HL}=34\times\frac{100}{50}=68\%=0.68\text{pu} \tag{4.36}$$

$$X_{ML}=21.6\times\frac{100}{40}=54\%=0.54\text{pu}$$

带入式（A4. 2-13）~式（A4. 2-15），可得

$$X_H = \frac{1}{2}(0.0533+0.68-0.54) = 0.09665\text{pu}$$

$$X_M = \frac{1}{2}(0.0533+0.54-0.68) = -0.04335\text{pu} \tag{4.37}$$

$$X_L = \frac{1}{2}(0.68+0.54-0.0533) = 0.58335\text{pu}$$

上述参数已标示在图4.20中。在H点发生故障时，变压器的正、负序电抗为

$$X_1 = X_2 = \frac{\overset{(0.5796)}{(0.0533+0.057)}\overset{(0.4204)}{(0.08)}}{0.1903} = \text{j}0.04637\text{pu} \tag{4.38}$$

零序网络的简化：左侧两电抗支路并联，与 X_H 支路串联后再与右侧支路并联，计算过程如下：

$$= \frac{(0.032-0.0433)(0.5833)}{0.032-0.0433+0.5833} = \frac{\overset{(0.0198)}{(-0.0113)}\overset{(1.0198)}{(0.5833)}}{0.5720}$$

$$= -0.01152\text{pu}$$

$$X_0 = \frac{(-0.01152+0.0966)(0.28)}{0.0851+0.28} = \frac{\overset{(0.2331)}{(0.0851)}\overset{(0.7669)}{(0.28)}}{0.3651} \tag{4.39}$$

$$= \text{j}0.06527\text{pu}$$

X_M 支路电流分布系数为 0.7669×1.0198＝0.78208，X_L 支路的电流分布系数为 0.7669×−0.0198＝−0.01518。图4.20中亦标出了各支路的电流分布系数。

H点单相接地短路

当H点发生单相接地短路时，可以得到

$$I_1 = I_2 = I_0 = \frac{\text{j}1.0}{\text{j}(0.04637+0.04637+0.06527)} = \frac{1.0}{0.1580}$$

$$= 6.3251\text{pu} \tag{4.40}$$

$$= 6.3251 \times \frac{100000}{\sqrt{3}\times 345} = 1058.51\text{A} \quad \text{电压等级 } 345\text{kV}$$

$$I_{aF} = 3I_0 = 3\times 6.3251 = 18.975\text{pu}$$

$$= 3\times 1058.51 = 3175.53\text{A} \quad \text{电压等级 } 345\text{kV} \tag{4.41}$$

建议采用安培（而非标幺值）表示故障电流分布，尤其是在中性线和公共绕组中。自耦变压器的特殊之处在于它的某些绕组之间有直接的电气联系，对于

公共绕组中的电流 I 或高压侧故障时的电流而言，它与中压绕组电流 I_M 和高压绕组电流 I_H 有一定关系，即

$$I=I_H(kV_H\ 电压等级,安培值)-I_M(kV_M\ 电压等级,安培值) \quad (4.42)$$

接地中性点的零序电流为

$$3I_0=3I_{0H}(kV_H\ 电压等级,安培值)-3I_{0M}(kV_M\ 电压等级,安培值) \quad (4.43)$$

上述电流的方向假设为由中性点流向 M 绕组的连接点。

相应地，当 M 绕组或中压侧发生故障时，流向中性点电流为

$$3I_0=3I_{0M}(kV_M\ 电压等级,安培值)-3I_{0H}(kV_H\ 电压等级,安培值) \quad (4.44)$$

由此可见，公共绕组和中性线中的电流是高压、中压绕组电流的组合，所以，我们无法指定某一个基准值。但基准值是不可或缺的，因此，这便给电流标幺值的计算带来了很大困难。如果我们必须使用标幺值，则可以指定某个虚拟的基准值，此值应该根据变压器绕组容量比例得出。但这样的话，计算会变得更加复杂。因此，使用安培值会相对容易些，下面的计算就采用了安培值。

针对图 4.20 中的示例，图 4.21 中标示出了序电流、a 相电流和中性线电流。b 相和 c 相其实也有电流流过，这是因为正、零序网的电流分布不同。但由于其对保护装置的影响非常小，因此图中并未标出。

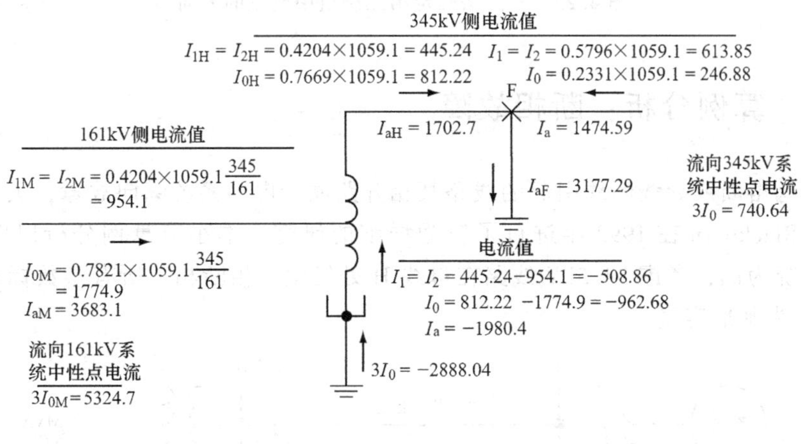

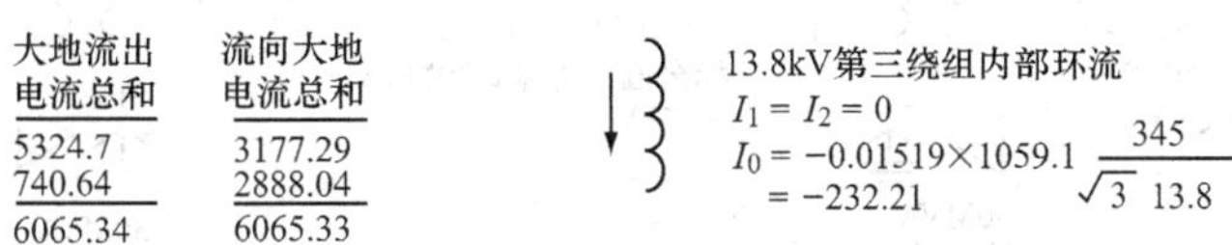

图 4.21　图 4.20 所示自耦变压器的故障电流分布

此算例表明，零序电流是从变压器中性点流向大地，与普遍认为的由大地流向中性点不同。另外，在本算例中，△联结绕组中的电流流向与假设正方向相反，这是因为变压器等值电路中的负绕组 X_M 的绝对值大于 161kV 系统等效零序

阻抗。上述种种都会对变压器保护产生影响，具体分析请见本书第12章。

还有一个问题：如何确定第三绕组内部电流的方向？答案是安匝法。如图4.22所示。取161kV侧绕组的安匝数为标幺值1，并据此推算其他两个绕组的安匝数（基准值可以根据计算方便任意选取）。

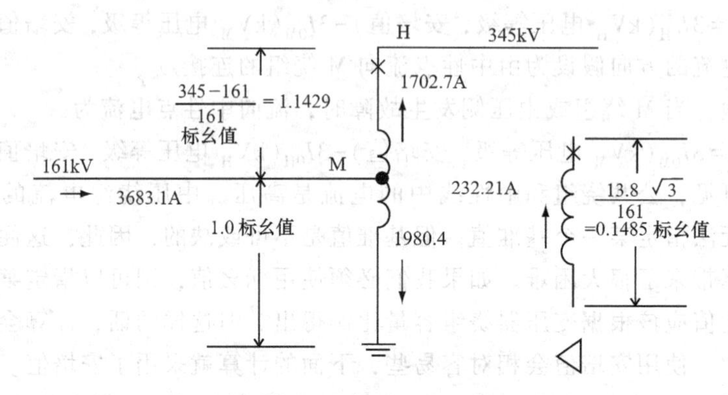

图 4.22 安匝法确定第三绕组中电流的方向

4.13 算例分析：断相故障

熔丝熔断或导线断线引起的线路某相开路属于电力系统纵向故障，关于此类故障，Blackburn在1993年进行了较为详细的研究。本小节算例分析以图4.23所示系统为例，考虑34.5kV线路在母线H处发生a相断相。所有参数标幺值以30MVA为基准容量。

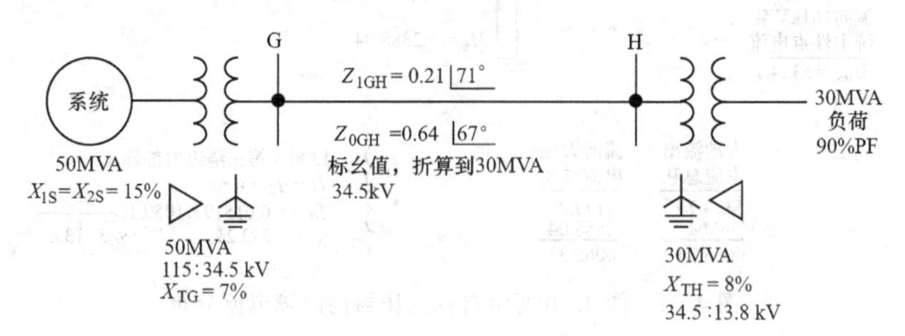

图 4.23 纵向故障计算算例

图4.24所示为该系统的三序网。如果不考虑负荷，断开任何一相，系统的电流分布都相同，因为负荷电流为零。通常，在纵向故障的分析计算中，有必要

考虑负荷因素。所以，假设上述系统带 30MVA，功率因数为 0.9 的负荷。对于感应电动机负荷，其负序阻抗比正序阻抗小（详见本书第 11 章）。

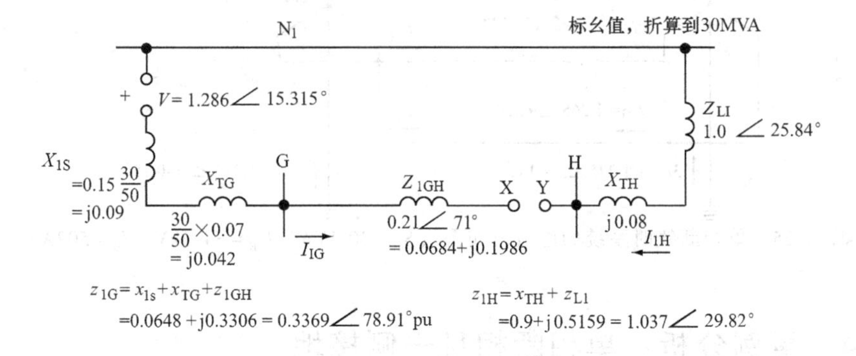

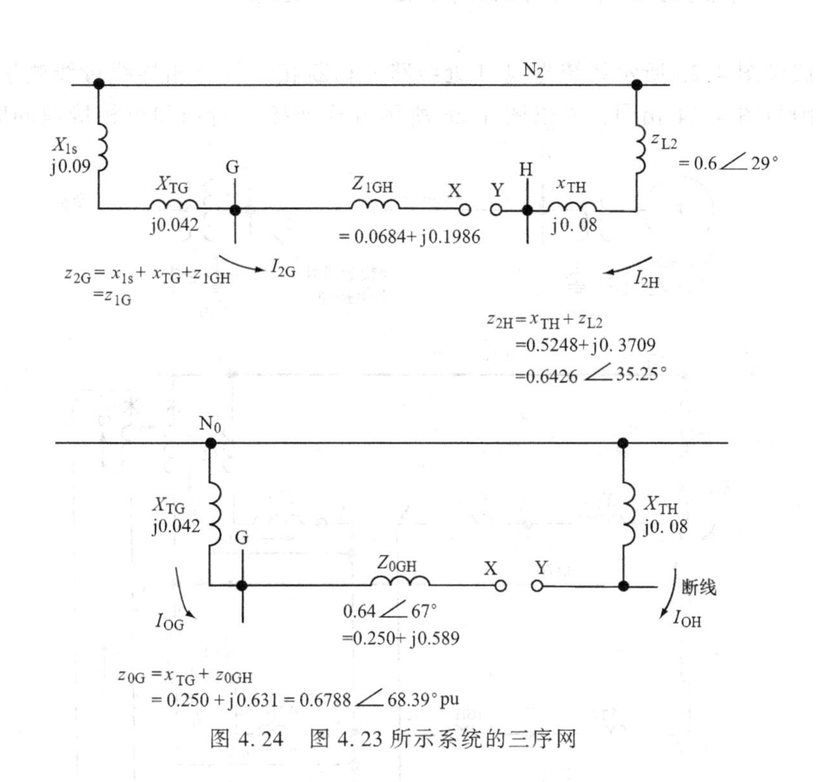

图 4.24　图 4.23 所示系统的三序网

假设负荷点电压标幺值为 1∠0°，则电源点电压为 1.286∠15.315°。a 相断相的序网连接方式是三序网的 X 点连接在一起，三序网的 Y 点连在一起，也就是零序阻抗和负序阻抗并联之后串接到正序网的 X-Y 断口处。根据上述序网连接，I_1、I_2、I_0很容易求出。

图 4.25 中标示了算出的电流值，与负荷电流有些相似。因此，此类故障的定位及其保护问题较有难度。

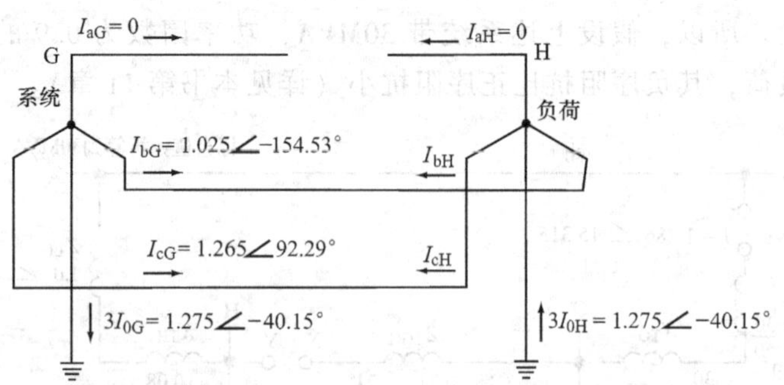

图 4.25　单相断线时系统的电流分布图（$S_B=30\text{MVA}$，$U_B=34.5\text{kV}$，$I_B=502\text{A}$）

4.14　算例分析：单相断相且一侧接地

假设图 4.23 所示系统母线 H 处线路 a 相断相，且断相导线母线侧接地。各序网图与图 4.24 相同，并以图 4.26 所示方式连接。断相和单相接地同时发生，

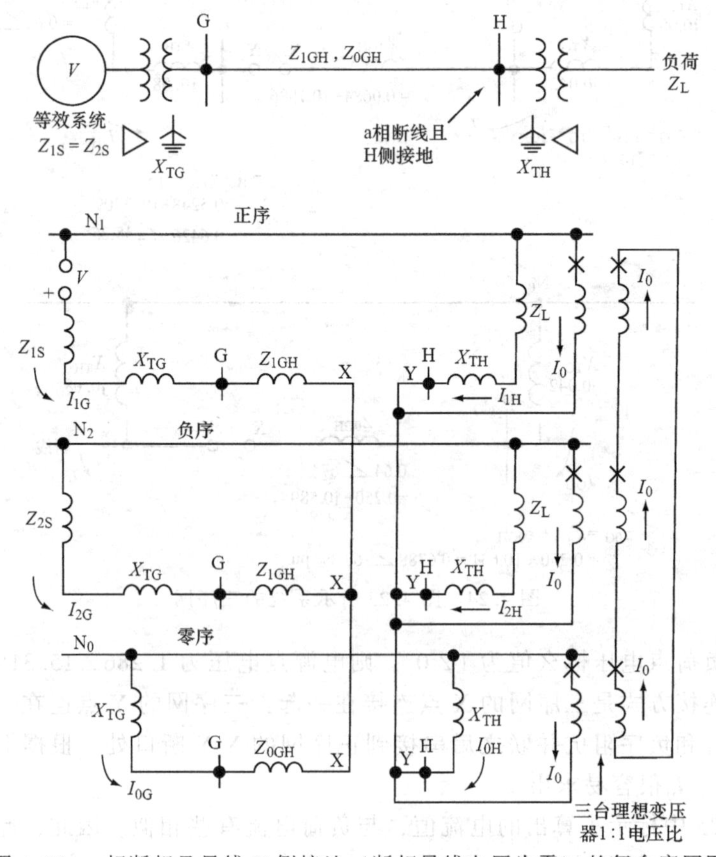

图 4.26　a 相断相且母线 H 侧接地（断相导线电压为零）的复合序网图

在序网图连接时必须经过理想变压器将两种故障互联起来。由于变压器没有漏电抗或励磁电抗，其压降无法用绕组电流来衡量。正、负、零序电流通过求解网络电压方程获得。故障电流的计算结果如图4.27所示。在本算例中，可以将负荷忽略，此时电流结果见图中圆括号所示。

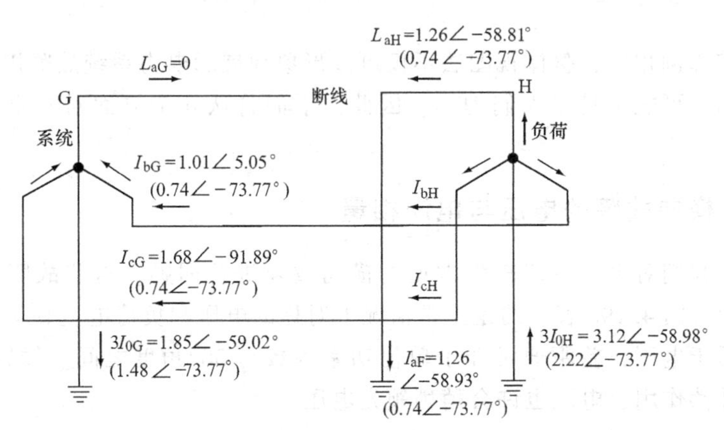

图4.27 a相断相且母线H侧接地时故障电流分布（上方电流值是在负荷为30MVA情况下得到的，下方括号中得电流值是在忽略负荷情况下得到的。$S_B=30\text{MVA}$，$I_B=502\text{A}$，$U_B=34.5\text{kV}$）

另一种可能的情况是断相导线线路侧接地（电压降为零）。如此，三台理想变压器应移到序网图的断口左侧即X侧，此时，负荷不能忽略，故障电流如图4.28所示。注意，单纯的断相故障，断开相的电流为零（见图4.25）。

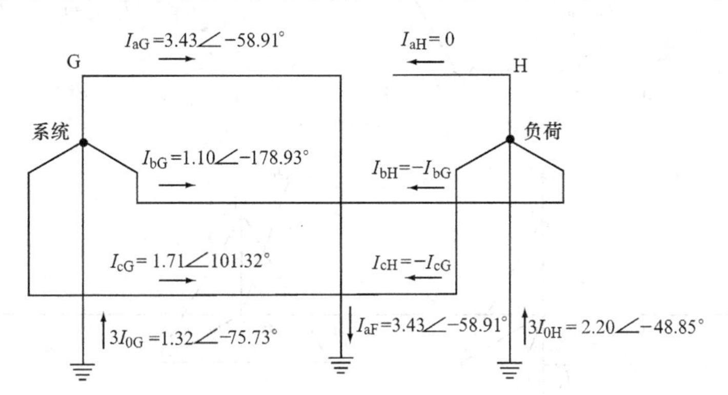

图4.28 母线H处单相断相且线路侧接地时故障电流分布
（$S_B=30\text{MVA}$，$I_B=502\text{A}$，$U_B=34.5\text{kV}$）

4.15 纵向故障同时有其他故障

纵向复杂故障在系统中必然会发生，比如保险丝熔断或单相断相（开路），断开的导线又发生接地。Blackburn1993年发表的论文介绍了此类故障，并附有示例。

4.16　本章综述

与特定算例相比，整体视图法不仅可以形象地展示电力系统故障以及序分量的概念，而且可能更易于人们理解。因此，下面将从几个方面对本章内容进行综述。

4.16.1　横向故障的电压与电流相量

首先，我们对电力系统较为常见的横向故障进行回顾。这些故障可参见图4.29，其中，图4.29a表示的是正常情况下对称的电压和负荷电流相量。负荷电流略微滞后于电压，差距通常介于单位功率因数与30°角度之间。线路轻载时，考虑电容补偿作用，电流也许会稍稍领先电压。

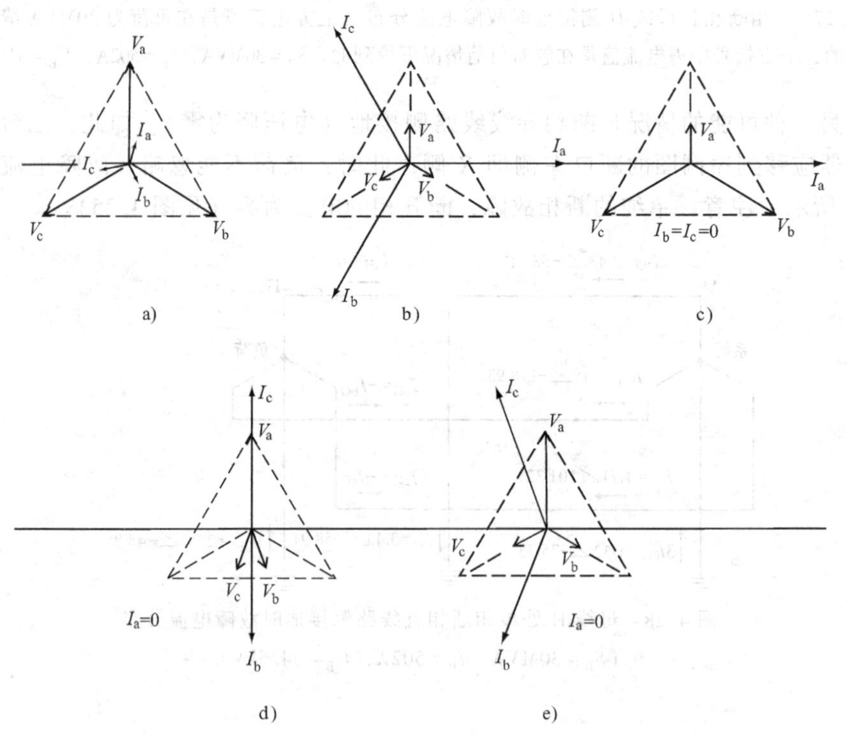

图4.29　常见横向故障的典型电流与电压相量图：在电力系统中，若 $Z=X$，则故障电流落后电压90°。故障期间，负荷影响可忽略不计

a）正常对称系统　b）三相短路　c）a相单相接地短路　d）bc两相短路　e）bc两相接地短路

当系统发生故障后，发电机的内部电压一般不会改变；除非故障长期存在，调压器动作试图调高由于故障而降低的端电压。

三相短路发生后（见图4.29a），系统三相电压降低，三相故障电流大幅升高，但故障电流一般大幅落后于电压相量，两者相差30°~45°，甚至90°，具体由系统情况决定（见图4.29b）。与此同时，三相电压、电流始终保持对称。

单相接地短路（见图4.29c）是电力系统中最常见的故障。故障相电压大幅降低，电流则会升高。负荷电流因为太小而忽略不计，$I_b=I_c=0$。如前文分析，在环形网络中，由于三序网的电流分布系数不等，故障电流会在非故障相流通。故障相电流落后电压大约90°。

两相短路（见图4.29d），负荷电流忽略不计。假设故障发生在b、c相，故障点V_a不变，$I_a=0$。随着过渡电阻的变化，V_b、V_c自正常值开始下降，直至方向垂直于横轴（bc两相直接短路，有$V_{bc}=0$）。故障相短路电流I_b、I_c始终大小相等，方向相反。

两相接地短路（见图4.29e），故障相电压由正常运行值降低到0（直接接地），即故障点$V_b=V_c=0$，这与两相短路时（见图4.29d）不同。如图所示，I_b和I_c还是在其一般的范围内。随零序电流的增大，I_b、I_c会而在角度上相互靠近；相反，若零序电流分量较小，I_b、I_c会与两相短路时近似（见图4.29d）。这可以在图4.15所示序网连接图中看出。对两相接地短路，若Z_0为无穷大（不接地系统），各序网连接变成图4.14。另一方面，对直接接地系统$Z_0=0$，负序阻抗被短接，此时的故障类似三相短路的情况（见图4.12）。

对环网的局部区域，有可能出现零序电流与正序、负序电流恰好相反的情况。此时，I_c有可能落后于V_c，而不是超前；相应地，I_b可能处于领先的位置，如图中所示。

故障点电气量的上述趋势在图4.30中进行了更为详细的说明，该图将各种直接接地的横向故障进行了对比。零序分量对接地故障的影响通过不同的零序阻抗X_0来体现，该值不同于$X_1=X_2$。众所周知，零序网络一般与正、负序网络不同，但有时零序阻抗X_0却可以近似等于正、负序阻抗X_1、X_2，这种情况主要体现在配电线路的二级母线故障时。此时，系统正、负序阻抗与△/Y_0型配电变压器阻抗相比较小，因此，实用中一般认为$X_1=X_2=X_0$。

4.16.2 故障时系统中的电压分布

图4.29所示各种故障情况下系统序电压的变化趋势如图4.31所示，图中只有a相电压，且是考虑理想情况$Z_1=Z_2=Z_0$得到的。这样表示比较简单，且不会影响上述电压变化趋势。

故障电流标幺值

基准 V=j1 pu；$Z_1=Z_2$=j1pu；且 $Z_0=\mathrm{j}X_1$pu

$I_{3\phi}=1.0$

$I_{\phi\text{-}\phi}=0.866$①

故障类型	X_0pu：0.1	0.5	1.0	2.0	10.0
单相接地短路	1.43	1.2	1.0	0.75	0.25
两相接地短路	1.52	1.15	1.0	0.92	0.87
三相短路	−2.5	−1.5	−1.0	−0.6	−0.143
$I_{\mathrm{b\phi\phi Gnd}}$的角度	−145.29°	−130.89°	−120°	−109.11°	−94.69°
$I_{\mathrm{c\phi\phi Gnd}}$的角度	145.29°	130.89°	120°	109.11°	94.69°

① $I_1=-I_2=1/1+1=0.5, I_b=a^2I_1+aI_2=(a^2-a)I_1=-\mathrm{j}\sqrt{3}(0.5)=-\mathrm{j}0.866$

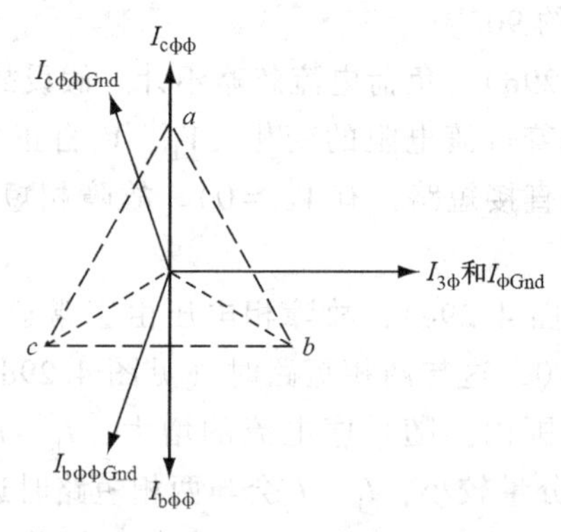

图 4.30 直接接地的横向故障比较

假设不计负荷，系统各点的电压是相等的，如图中虚线所示。当发生直接接地故障时，故障点电压降为0，电源电势不变，除非调压器的调节作用改变了发电机磁场。同时，故障应该可以通过保护继电器清除。此时，系统电压分布如图4.31a所示。

发生两相短路（见图4.31b）时，故障点正序电压降至正常时的一半（$Z_1=Z_2$）。这一不对称故障是产生负序电压的来源。负序电压 V_2 的下降趋势如图所示，在发电机处降为0。

两相接地短路（见图4.31c）时，$Z_1=Z_2=Z_0$，故障点正序电压降为正常时的1/3。此故障会产生负序、零序电流，这些电流在系统中流动，进而引发如图所示的压降。负序电压 V_2 在电源点降为0，零序电压 V_0 在变压器中性点降为0。

a相直接接地时，故障点相电压降为0，即a相正、负、零序电压的相量和为0，如图4.31d所示。若 $Z_1=Z_2=Z_0$，则正序电压降为正常时的2/3，负序和零序电压则分别降为正常电压的−1/3。同样地，负序电压在电源点降为0，零序电压在接地中性点降为0。

图4.31阐述的基本概念是：正序电压在电源点最高，故障点最低；负序和

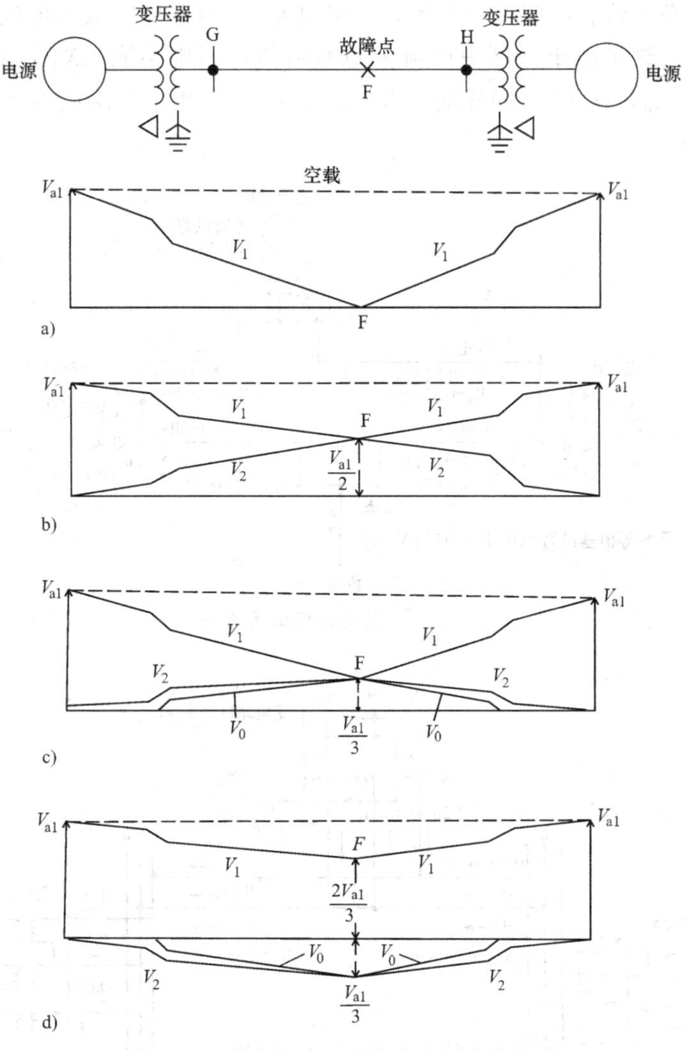

图 4.31 横向故障时系统序电压分布情况

a）三相短路 b）两相短路 c）两相接地短路 d）单相接地短路

零序电压在故障点最高，在电源和变压器中性点最低。

通常，我们将 $Y_0/\triangle$ 联结或类似接线的变压器组当作零序源。这实际上是一种误解，真正的零序源是不对称运行接地故障。不过，将上述类型的变压器作为零序源却是一种实用的方法，因为我们通常认为零序电流（$3I_0$）由变压器接地的中性点流入系统，再由故障点流向大地。

4.16.3 环网中单相接地时非故障相中的不平衡电流

图 4.32 所示为一典型环形电网。假设变电站 E 母线处发生 a 相单相接地短

路，不计负荷电流，故障前系统各处电流均为0。故障时，故障电流在三相线路中均有流通。这是由于环网中电流分布系数与序网中不同。X_0与$X_1=X_2$不等，$I_b=a^2I_1+aI_2+I_0=-I_1+I_0$。同样地，有$I_c=-I_1+I_0$。这些电流在b、c相中流通，如图4.33所示。

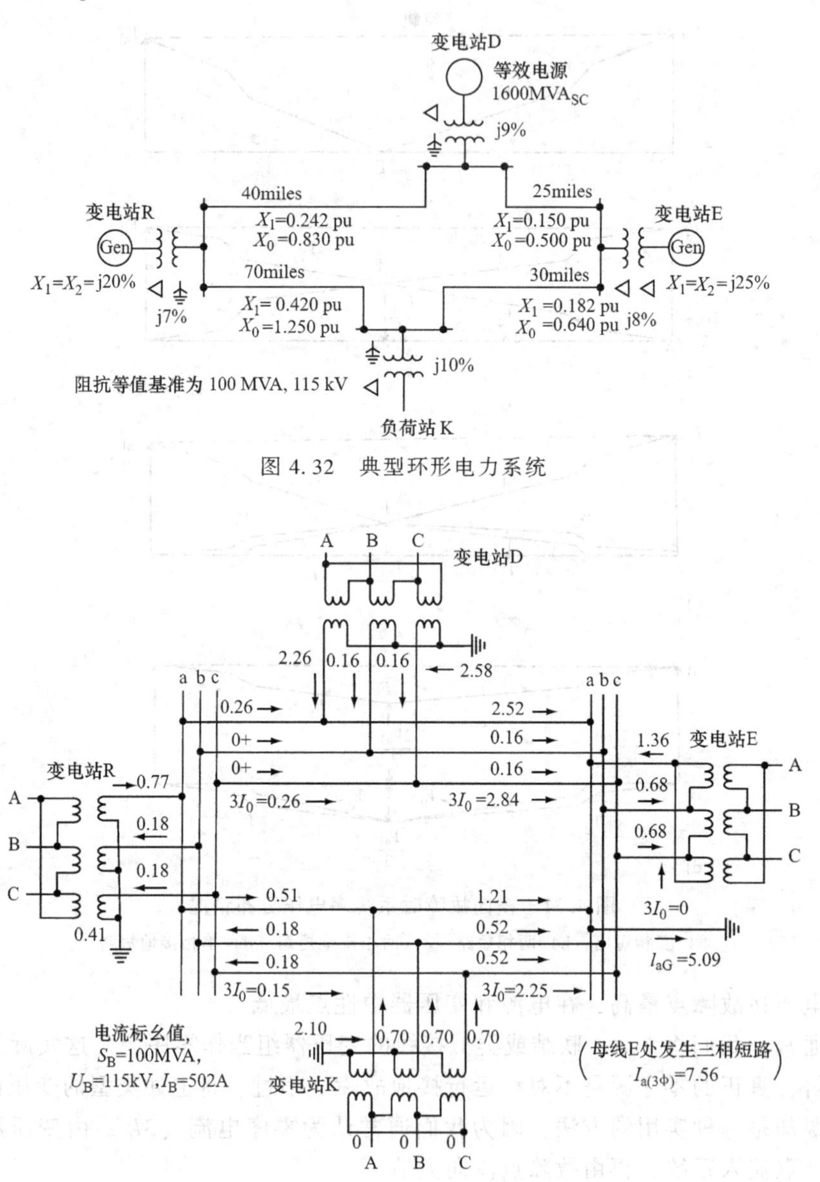

图4.32 典型环形电力系统

图4.33 变电站E母线（图4.32）处发生a相单相接地短路时的电流分布

上述情况在两端均有正序电源或零序电源的网络中总会出现。在接地短路的研究中，需要记录零序电流 $3I_0$的值，因为接地继电器是通过判断 $3I_0$而非相电流的大小来动作的。从图 4.33 也可以看出，$3I_0$与相电流在数值上的差别非常大。因此，记录相电流的意义不大。上述问题使得在环网中使用熔丝非常困难，因为熔丝是依靠相电流动作的，而接地继电器则是依靠零序电流 $3I_0$动作的。

对于辐射型线路或馈电线路（即正序电源和 Y_0绕组变压器连接在线路同一端，线路另一端无电源或中性点接地的变压器），a 相接地故障，有 $I_b = I_c = 0$。故障相电流和 $3I_0$相同，则协调接地继电器和熔丝的难度就小多了。

4.16.4　不同故障条件下的电压、电流相量

图 4.34 和图 4.35 为不同故障情况下电压、电流序分量的相量图。电源发出的电压和电流只能是正序相序的（对称），而进行不对称故障分析时要用到不对称分量。如何解决这个矛盾？这就要靠负序分量在不对称故障中的作用和零序分量在接地故障中的作用了，从图中也可以看出来。以图 4.34 所示电压相量为例，无论何种故障，电源（即发电机）发出的电压都是相同的。三相短路是对称性故障，因此，不需要进行任何形式的转换，故障也不产生负序和零序分量。相间短路会产生负序分量，且对于不同相之间短路的情况，负序分量的相位也不同，但有一个规律可循。例如，ab 相间短路时，c 相基本正常，因此，V_{c1}和 V_{c2}用来产生这个基本正常的电压。类似地，对于 bc 相间短路，V_{a1}和 V_{a2}相位即为 Va 相位。ca 相间短路也有类似分析。

两相接地短路的情况也是类似的；ab 相接地短路时，非故障相 c 相的序分量 V_{c1}、V_{c2}和 V_{c0}共同组成 c 相电压。在图中，上述序分量相位相同，幅值是 c 相电压的 1/3。而实际上，它们还是略有差别的，因为各个序阻抗的幅值或阻抗角是不同的。

对于 a 相接地短路，负序分量 V_{a2}和零序分量 V_{a0}的相量和与正序分量 V_{a1}相抵消，故直接接地短路时 a 相电压 V_a为零。同样，b 或 c 相单相接地短路时，也有类似结论。

同样的概念和分析方法也可以应用到电流分量上，如图 4.35 所示。图中所有故障情况下的正序电流分量比对应的正序电压分量（见图 4.34）落后 90°（只考虑系统电抗）。此角度的准确大小取决于系统参数，但是无论角度多少，所想要表达的概念是同样有效的。对三相短路，不需要任何变换，因此，也无需分析负序和零序分量。

对于相间短路故障，负序分量为变换创造了条件，非故障相电流序分量大小相等、方向相反，其相量和为零或者是一个很小的值。即对于 ab 相间短路，I_{c1}和 I_{c2}相位相反。

两相接地短路时也有类似的情况，即 ab 相接地短路时，I_{c2} 和 I_{c0} 的相量和与 I_{c1} 相抵消，等等。对于单相接地短路，由于 $I_{a1}+I_{a2}+I_{a0}=I_a$，故障相电流序分量的相量和是一个较大的值。

故障类型	正序分量	负序分量	零序分量	故障点电压
a,b,c	V_{a1}, V_{c1}, V_{b1}			0
a,b	V_{a1}, V_{c1}, V_{b1}	V_{b2}, V_{c2}, V_{a2}		$V_a=V_b$, $V_c=V_a$
b,c	V_{a1}, V_{c1}, V_{b1}	V_{a2}, V_{b2}, V_{c2}		$V_b=V_c$
c,a	V_{a1}, V_{c1}, V_{b1}	V_{c2}, V_{a2}, V_{b2}		$V_a=V_c$, V_b
a,b,G	V_{a1}, V_{c1}, V_{b1}	V_{b2}, V_{c2}, V_{a2}	$V_{a0}=V_{b0}=V_{c0}$	$V_a=V_b=0$, V_c
b,c,G	V_{a1}, V_{c1}, V_{b1}	V_{a2}, V_{b2}, V_{c2}	$V_{a0}=V_{b0}=V_{c0}$	V_a, $V_b=V_c=0$
c,a,G	V_{a1}, V_{c1}, V_{b1}	V_{c2}, V_{a2}, V_{b2}	$V_{a0}=V_{b0}=V_{c0}$	$V_a=V_c=0$, V_b
a,G	V_{a1}, V_{c1}, V_{b1}	V_{c2}, V_{b2}, V_{a2}	$V_{a0}=V_{b0}=V_{c0}$	$V_a=0$, V_b, V_c
b,G	V_{a1}, V_{c1}, V_{b1}	V_{b2}, V_{a2}, V_{c2}	$V_{a0}=V_{b0}=V_{c0}$	V_a, V_c, $V_b=0$
c,G	V_{a1}, V_{c1}, V_{b1}	V_{a2}, V_{c2}, V_{b2}	$V_{a0}=V_{b0}=V_{c0}$	V_a, $V_c=0$, V_b

图 4.34　不同故障条件下的电压序分量及故障点相电压（为简便起见，假设直接接地时 $Z_1=Z_2=Z_0$。相量幅值与实际值无比例关系）

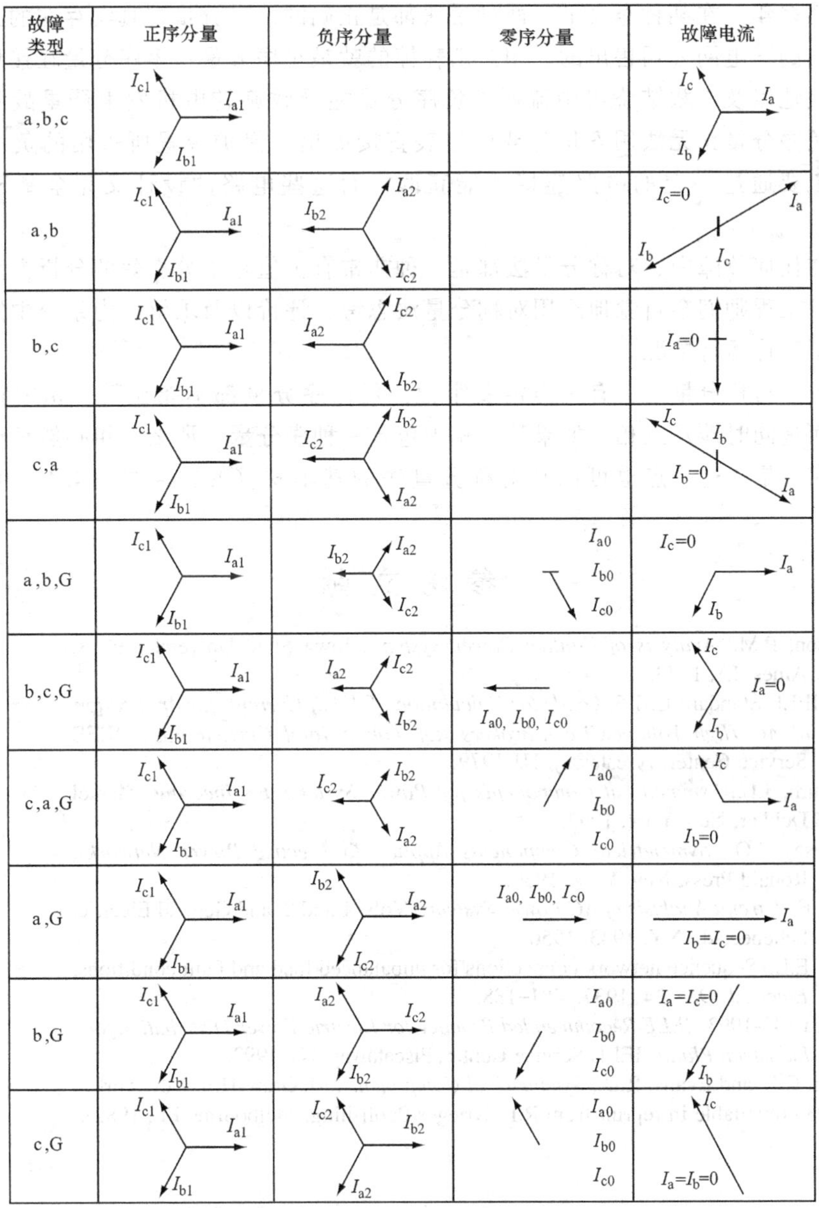

故障类型	正序分量	负序分量	零序分量	故障电流
a,b,c	I_{c1} I_{a1} I_{b1}			I_c I_a I_b
a,b	I_{c1} I_{a1} I_{b1}	I_{a2} I_{b2} I_{c2}		$I_c=0$ I_a I_b I_c
b,c	I_{c1} I_{a1} I_{b1}	I_{c2} I_{a2} I_{b2}		$I_a=0$
c,a	I_{c1} I_{a1} I_{b1}	I_{b2} I_{c2} I_{a2}		I_c I_b $I_b=0$ I_a
a,b,G	I_{c1} I_{a1} I_{b1}	I_{b2} I_{a2} I_{c2}	I_{a0} I_{b0} I_{c0}	$I_c=0$ I_a I_b
b,c,G	I_{c1} I_{a1} I_{b1}	I_{a2} I_{c2} I_{b2}	I_{a0}, I_{b0}, I_{c0}	I_c $I_a=0$ I_b
c,a,G	I_{c1} I_{a1} I_{b1}	I_{c2} I_{b2} I_{a2}	I_{a0} I_{b0} I_{c0}	I_c I_a $I_b=0$
a,G	I_{c1} I_{a1} I_{b1}	I_{b2} I_{a2} I_{c2}	I_{a0}, I_{b0}, I_{c0}	I_a $I_b=I_c=0$
b,G	I_{c1} I_{a1} I_{b1}	I_{a2} I_{c2} I_{b2}	I_{a0} I_{b0} I_{c0}	$I_a=I_c=0$ I_b
c,G	I_{c1} I_{a1} I_{b1}	I_{c2} I_{b2} I_{a2}	I_{a0} I_{b0} I_{c0}	I_c $I_a=I_b=0$

图 4.35 不同故障条件下的电流序分量及故障点相电流（为简便起见，假设直接接地时 $Z_1=Z_2=Z_0$。相量幅值与实际值无比例关系）

4.17 本章小结

“序分量到底是真实存在的，还是一个纯粹的数学概念？”这个问题已经争论了很多年。在某种意义上，两种说法都是正确的。序分量是真实存在的，发电机发出的、电网公司售出的、用户消耗掉的就是正序分量；零序分量在接地中性点、大地以及△联结绕组中流通；负序分量能导致旋转电机发生严重故障。但是，负序分量又无法用安培计或电压表直接测出。保护装置所采用的负序分量V_2和I_2要通过一定的电路连接才能获取，而这些电路的设计又完全基于数学公式。

在任何故障中，对称分量法都是一种非常有价值且十分有效的分析方法。继电保护工程师们会自觉地运用对称分量法思考、评价以及求解电力系统中发生的各种不对称运行情况。

关于对称分量法，有一点需要牢记：任何序分量都不能在某一相中独立存在，而是同时涉及三相。如果某一相中包含一种序分量，那么三相必然都包含该序的序分量。这一点也可以从对称分量法的基本式（4.2）~式（4.4）中得到证实。

参考文献

Anderson, P.M., *Analysis of Faulted Power Systems*, Iowa State University Press, Ames, IA, 1973.

ANSI/IEEE Standard C37.5, *Guide for Calculation of Fault Currents for Application of AC High Voltage Circuit Brakers Rated on a Total Current Basis*, IEEE Service Center, Piscataway, NJ,1979.

Blackburn, J.L., *Symmetrical Components for Power Systems Engineering*, Marcel Dekker, New York, 1993.

Calabrese, G.O., *Symmetrical Components Applied to Electric Power Networks*, Ronald Press, New York, 1959.

Clarke, E., *Circuit Analysis of AC Power Systems*, Vols. 1 and 2, and General Electric, Schenectady NY, 1943, 1950.

Harder, E.L., Sequence network connections for unbalanced load and fault conditions, *Electr. J. Dec.* 34, 1937, 481–188.

Standard 141-1993, *IEEE Recommended Practice for Electric Power Distribution for Industrial Plants*, IEEE Service Center, Piscataway, NJ, 1993.

Wagner, C.F. and Evans, R.D., *Symmetrical Components*, McGraw-Hill, New York, 1933 (available in reprint from R.E. Krieger Publishing, Melbourne, FL, 1982).

附录 4.1　短路容量与等效阻抗

短路容量经常应用于电力系统连接节点或各类母线发生三相以及单相接地故障时的情况。短路容量以及折算后的系统阻抗的公式推导如下：

A.4.1-1　三相故障

$$\mathrm{MVA_{SC}} = \text{三相短路容量} = \frac{\sqrt{3}I_{3\phi}\mathrm{kV}}{1000} \tag{A4.1-1}$$

式中　$I_{3\phi}$——三相短路电流，单位为 A；

kV——系统线电压，单位为 kV。

由此得出

$$I_{3\phi} = \frac{1000\mathrm{MVA_{SC}}}{\sqrt{3}\mathrm{kV}} \tag{A4.1-2}$$

$$Z_{\Omega} = \frac{V_{\mathrm{LN}}}{I_{3\phi}} = \frac{1000\mathrm{kV}}{\sqrt{3}I_{3\phi}} = \frac{\mathrm{kV}^2}{\mathrm{MVA_{SC}}} \tag{A4.1-3}$$

代入式（2.15），即

$$Z_{\mathrm{pu}} = \frac{\mathrm{MVA_B}Z_{\Omega}}{\mathrm{kV_B^2}} \tag{2.15}$$

故障点正序阻抗为

$$Z_1 = \frac{\mathrm{MVA_{base}}}{\mathrm{MVA_{SC}}}\mathrm{pu} \tag{A4.1-4}$$

在实际中，$Z_1 = Z_2$ 均成立。除 X/R 提供一定角度情况之外，可假设 Z_1 等于 X_1。

A.4.1-2　单相接地故障

$$\mathrm{MVA_{\phi GSC}} = \text{对地故障短路容量} = \frac{\sqrt{3}I_{\phi G}\mathrm{kV}}{1000} \tag{A4.1-5}$$

式中　$I_{\phi G}$——单相接地短路电流，单位为 A；

kV——系统线电压，单位为 kV。

$$I_{\phi G}=\frac{1000\mathrm{MVA}_{\phi GSC}}{\sqrt{3}\mathrm{kV}} \tag{A4. 1-6}$$

而

$$I_{\phi G}=I_1+I_2+I_0=\frac{3V_{LN}}{Z_1+Z_2+Z_0}=\frac{3V_{LN}}{Z_g} \tag{A4. 1-7}$$

式中，$Z_g=Z_1+Z_2+Z_0$（V_{LN}为相电压）。由式（A4. 1-3）与式（A4. 1-6）、式（A4. 1-7），可以得出

$$Z_g=\frac{3\mathrm{kV}^2}{\mathrm{MVA}_{\phi GSC}}(\Omega) \tag{A4. 1-8}$$

$$Z_g=\frac{3\mathrm{MVA}_{base}}{\mathrm{MVA}_{\phi GSC}}\mathrm{pu} \tag{A4. 1-9}$$

因此，$Z_0=Z_g-Z_1-Z_2$，或在大多数情况下，$X_0=X_g-X_1-X_2$，因为电阻通常小于电抗。

算例

某短路实例表明在69kV系统母线X处的三相短路容量和单相短路容量分别为（基准容量为100MVA）：

$$\mathrm{MVA}_{SC}=594\mathrm{MVA}$$

$$\mathrm{MVA}_{\phi GSC}=631\mathrm{MVA}$$

因此，该处短路阻抗应为

$$X_1=X_2=\frac{100}{594}=0.1684\mathrm{pu}$$

$$X_g=\frac{300}{631}=0.4754\mathrm{pu}$$

$X_0=0.4754-0.1684-0.1684=0.1386\mathrm{pu}$。上述所有数值均以100MVA，69kV为基准值。

附录4.2　变压器（组）等效阻抗与序网连接

A.4.2-1　双绕组变压器（组）

典型的变压器组见图A4.2-1。H代表高压侧绕组，L代表低压侧绕组。代表符号可视需要而替换。Z_T为变压器两绕组的漏抗，以标幺值或百分比的形式由制造商在变压器铭牌中给出。除非另有说明，参数值是在自冷却容量（kVA或MVA）折算到额定电压水平下计算所得。

	变压器(组)连接方式	正、负序等值电路	零序等值电路
a	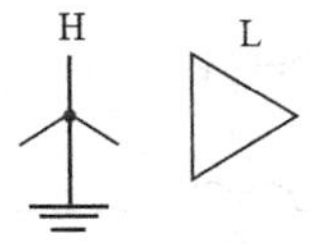 H　L	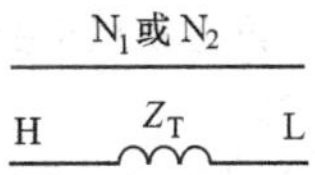 N_1或N_2 H　Z_T　L	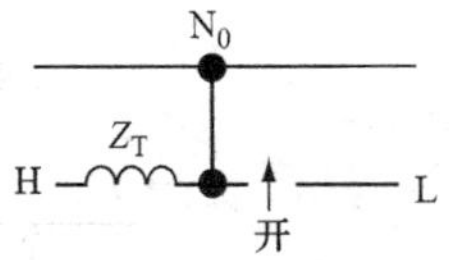 N_0 H　Z_T　L 开
b	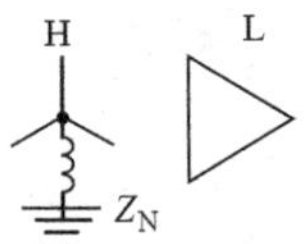 H　L Z_N	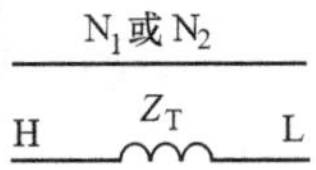 N_1或N_2 H　Z_T　L	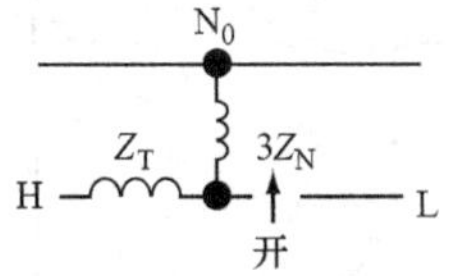 N_0 H　Z_T　$3Z_N$　L 开
c	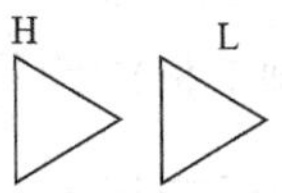 H　L	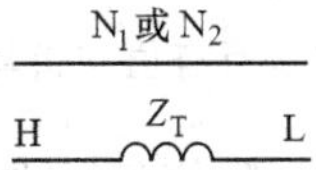 N_1或N_2 H　Z_T　L	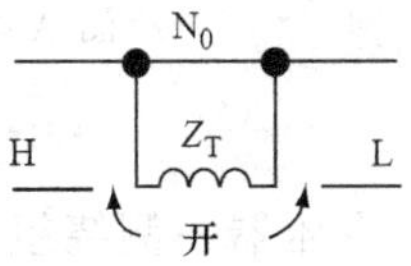 N_0 H　Z_T　L 开
d	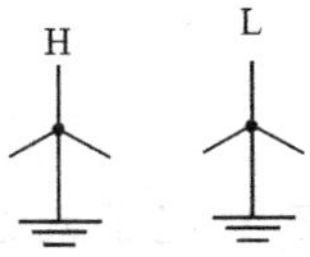 H　L	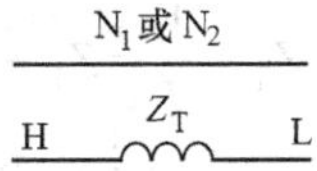 N_1或N_2 H　Z_T　L	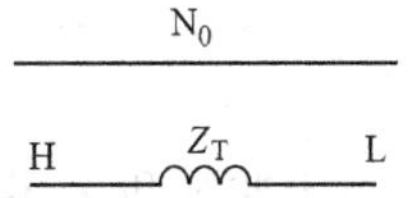 N_0 H　Z_T　L
e	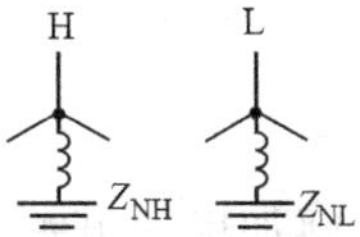 H　L Z_{NH}　Z_{NL}	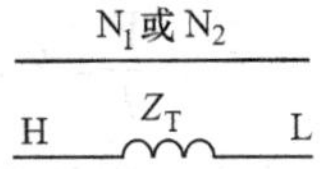 N_1或N_2 H　Z_T　L	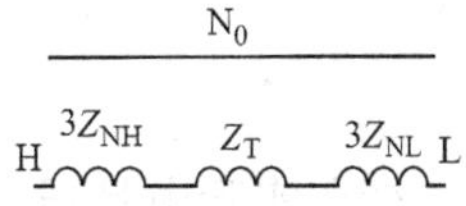 N_0 H　$3Z_{NH}$　Z_T　$3Z_{NL}$　L
f	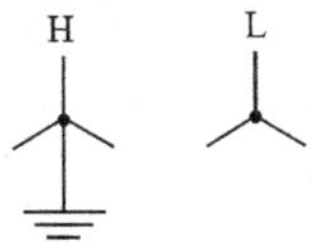 H　L	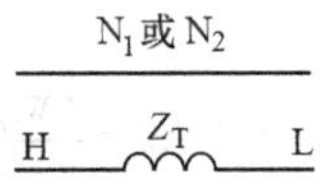 N_1或N_2 H　Z_T　L	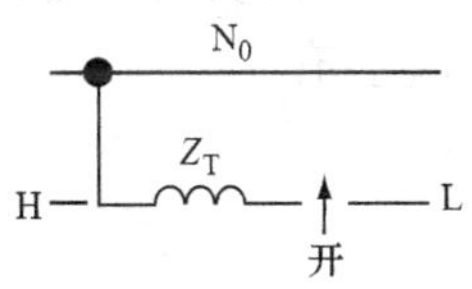 N_0 H　Z_T　L 开

（续）

	变压器(组)连接方式	正、负序等值电路	零序等值电路
g	H L	N_1或N_2 Z_T H L	N_0 Z_T H L 开
h	H L	N_1或N_2 Z_T H L	N_0 Z_T H L 开

图 A 4.2-1　典型双绕组变压器各序等效电路

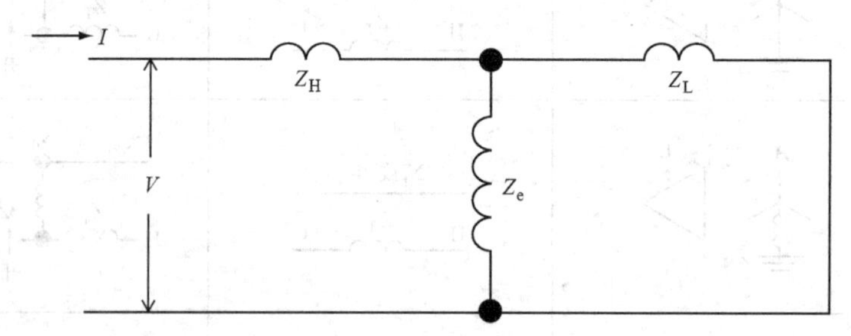

图 A 4.2-2　变压器简化等效图（Z_H和 Z_L为变压器漏抗；Z_e为励磁阻抗。所有值均折算到一次侧，即 H 侧）

变压器一侧绕组短路，另一侧绕组施加电压可以测量变压器漏抗 Z_T。所加电压不应引起变压器饱和。从图 A4.2-2 可知

$$Z_T=\frac{V}{I}=Z_H+\frac{Z_L Z_e}{Z_L+Z_e} \tag{A4.2-1}$$

由于非饱和 Z_e相比于 Z_L很大，式子 $Z_L Z_e/(Z_L+Z_e)$ 趋于或近乎等于 Z_L，故从实际出发，取

$$Z_T=\frac{V}{I}=Z_H+Z_L \tag{A4.2-2}$$

Z_T在实际中是通过测量得到的：变压器一侧绕组施加电压并测量产生的电流，另一侧绕组短路，当被测电流达到额定值（I_R）时，记录此时外加电压的值 V_W。有

$$Z_T=\frac{V_W}{I_R}\Omega \tag{A4.2-3}$$

变压器任何一侧均可做此试验。在被测一侧，基准阻抗值为

$$Z_B = \frac{V_R}{I_R}\Omega \tag{A4.2-4}$$

式中 V_R 和 I_R——额定电压和额定电流。

那么，阻抗标幺值由式（2.1）可得

$$Z_T = \frac{Z_T(\Omega)}{Z_B(\Omega)} = \frac{V_W I_R}{I_R V_R} = \frac{V_W}{V_R}\text{pu} \tag{A4.2-5}$$

对于三相变压器组，铭牌应该指定 Z_T 是在额定三相容量（kVA/MVA）和额定线电压下的百分比值。当容量等级确定时，去掉扇叶、泵等部件最低消耗，将额定出力作为阻抗基准。

对于单相变压器，变压器阻抗通常根据该变压器的额定电压和额定容量确定。若在三相系统中运用三组这样的单相变压器，则如本书第 2 章所述，我们需要知道额定线电压和三相额定容量。

因此，电力系统中三个单相变压器连接使用时，变压器铭牌上的漏抗 Z_T 是在额定线电压和三相额定容量下的标幺值或百分比。

算例

三相系统中单相变压器的阻抗

某单相变压器，铭牌参数为 20MVA，66.5kV：13.8kV，$X = 10\%$。对于每一台变压器，漏抗为

$$X_T = 0.10\text{pu 基于 20MVA, 66.5kV}$$

$$\text{或 } X_T = 0.10\text{pu 基于 20MVA, 13.8kV} \tag{A4.2-6}$$

使用式 A4.2-5 将其转换为实际的欧姆数，高压侧 $V_{WH} = 0.10$，$V_{RH} = 0.10 \times 66500 = 6650\text{V}$，$I_{RH} = 20000/66.5 = 300.75\text{A}$。

由式（A4.2-3）可推出

$$X_{TH} = \frac{6650}{300.75} = 22.11\Omega\text{（一次侧）} \tag{A4.2-7}$$

或在二次侧 $V_{WL} = 0.10 \times 13800 = 1380\text{V}$，$I_{RL} = 20000/13.8 = 1449.28\text{A}$。

$$X_{TL} = \frac{1380}{1449.28} = 0.952\Omega\text{（二次侧）} \tag{A4.2-8}$$

一次侧的阻抗得到验证如下：

$$\left(\frac{66.5}{13.8}\right)^2 \times 0.952 = 22.11\Omega\text{（一次侧）}$$

在电力系统中，三台上述单相变压器有如下两种可能的用途。下面的例子主要是为了说明基本原理，暂不考虑变压器绕组是否适用于给定的系统电压。

例 1

变压器高压绕组 Y 联结到 115kV 系统，低压绕组△联结到 13.8kV 系统。如

前所述，此例的变压器漏抗为

$$X_T = 0.10\text{pu} \quad 基于\ 60\text{MVA}，115\text{kV}$$

$$X_T = 0.10\text{pu} \quad 基于\ 60\text{MVA}，13.8\text{kV} \tag{A4.2-9}$$

下面进行验证。由式（2.17）得出

$$X_{TH} = \frac{115^2 \times 0.10}{60} = 22.04\Omega\ （一次侧）$$

$$X_{TL} = \frac{13.8^2 \times 0.10}{60} = 0.317\Omega\ （二次侧） \tag{A4.2-10}$$

值得注意的是，由式（A4.2-8）得出的变压器阻抗为0.952Ω，这里求得的是△联结的13.8kV侧的阻抗。等效的Y联结阻抗值可由对应的△联结的两个支路的阻抗之积除以三个支路阻抗之和得出。因此，Y联结等值阻抗为

$$\frac{(0.952)0.952}{(3)0.952} = \frac{0.952}{3} = 0.317\Omega$$

检验：

$$\left(\frac{115}{13.8}\right)^2 \times 0.317 = 22.01\Omega\ （一次侧）$$

例2

变压器高压绕组△联结到66.5kV系统，低压绕组Y联结到24kV系统。那么变压器阻抗为

或

$$X_T = 0.10\text{pu} \quad 在 \quad 60\text{MVA}，66.5\text{kV}$$

$$X_T = 0.10\text{pu} \quad 在 \quad 60\text{MVA}，24\text{kV} \tag{A4.2-11}$$

将以上结果转化为欧姆单位，由式（2.17）可得

$$X_{TH} = \frac{66.5^2 \times 0.10}{60} = 7.37\Omega\ （一次侧） \tag{A4.2-12}$$

现将由式（A4.2-7）得出的一次绕组22.11Ω△联结到66.5kV系统。因此，一次侧等值Y联结阻抗为22.11/3=7.37Ω。

在二次侧，由式（A4.2-8）可得，$X_{TL} = 24^2 \times 0.10/60 = 0.96\Omega$。

检验：

$$\left(\frac{66.5}{24}\right)^2 \times 0.96 = 7.37\Omega\ （一次侧）$$

双绕组变压器各序网络的连接方式见图A4.2-1。注意正序和负序的连接图相同，与变压器的连接方式无关。零序网络与变压器的连接方式相关。

图中列出了不同连接方式下的中性点电阻。如果变压器中性点直接接地，中性点电阻为0，相当于系统中的中性点电阻被短路，且存在于零序网络中。

A. 4. 2-2 三绕组自耦变压器

典型三绕组自耦变压器组见图 A4. 2-3。H、M 和 L 分别表示高压、中压和低压侧绕组。这些名称在需要时可以互换。一般而言，厂商会提供绕组间的漏抗参数，例如 Z_{HM}、Z_{HL}和 Z_{ML}。这些参数一般是基于不同的额定电压和额定容量的。

为了在序网络中使用这些阻抗，必须将其转换为 Y 联结形式，转换式如下

$$Z_H=\frac{1}{2}(Z_{HM}+Z_{HL}-Z_{ML}) \tag{A4. 2-13}$$

$$Z_M=\frac{1}{2}(Z_{HM}+Z_{ML}-Z_{HL}) \tag{A4. 2-14}$$

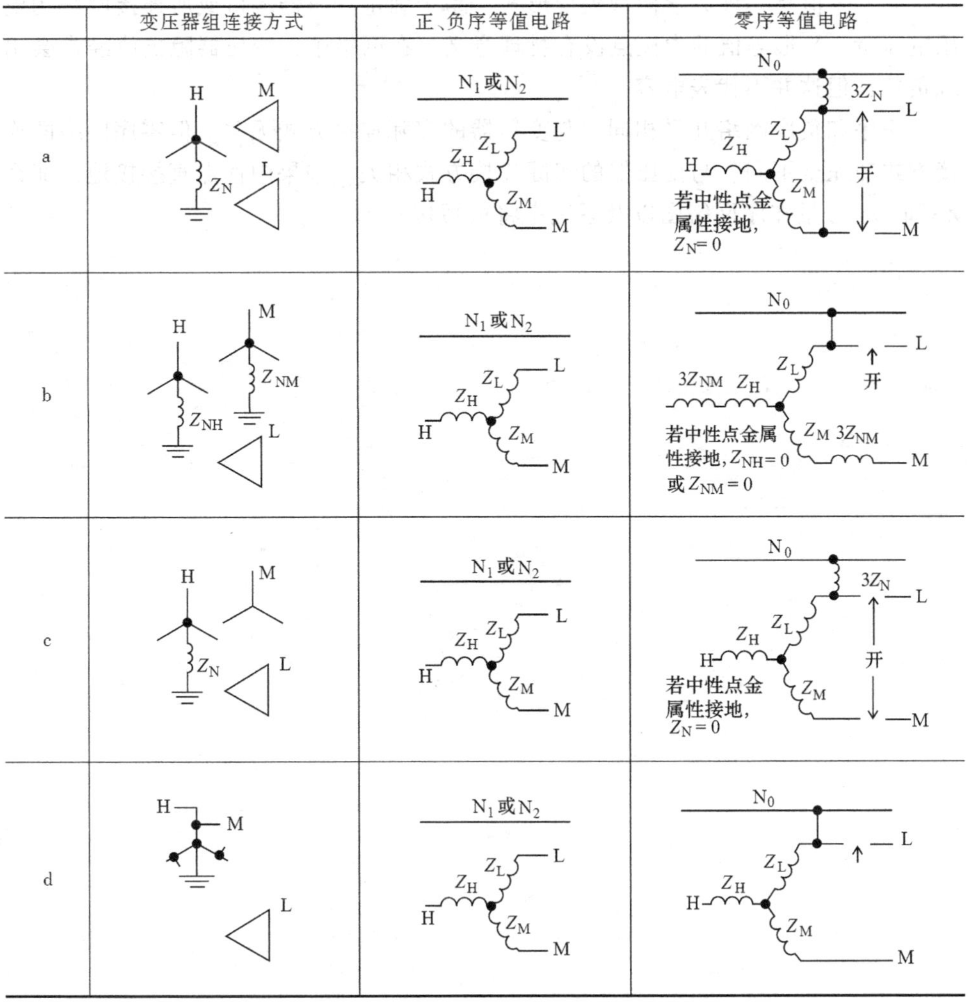

	变压器组连接方式	正、负序等值电路	零序等值电路
a	H　M　Z_N　L	N_1或N_2　H　Z_H　Z_L　L　Z_M　M	N_0　$3Z_N$　L　Z_L　Z_H　H　开　Z_M　M　若中性点金属性接地，$Z_N=0$
b	H　M　Z_{NM}　Z_{NH}　L	N_1或N_2　H　Z_H　Z_L　L　Z_M　M	N_0　L　Z_L　开　$3Z_{NM}$　Z_H　Z_M　$3Z_{NM}$　M　若中性点金属性接地，$Z_{NH}=0$ 或 $Z_{NM}=0$
c	H　M　Z_N　L	N_1或N_2　H　Z_H　Z_L　L　Z_M　M	N_0　$3Z_N$　L　Z_L　Z_H　H　开　Z_M　M　若中性点金属性接地，$Z_N=0$
d	H　M　L	N_1或N_2　H　Z_H　Z_L　L　Z_M　M	N_0　L　Z_L　Z_H　H　Z_M　M

图 A4. 2-3　典型三绕组自耦变压器序分量连接方式

$$Z_L = \frac{1}{2}(Z_{HL} + Z_{ML} - Z_{HM}) \tag{A4.2-15}$$

这个转换式很容易记忆，等值Y联结阻抗总是等于与之相关的漏阻抗之和减去不相关的漏阻抗后的1/2。举例说明，Z_H是Z_{HM}、Z_{HL}（都涉及H）之和再减去Z_{ML}（不涉及H）的一半。

确定Z_H、Z_M和Z_L之后，检验其和是否满足$Z_H+Z_M=Z_{HM}$……如果无法获得这些数值，其阻抗可按照双绕组变压器测量获得。对于三绕组变压器或者自耦变压器，Z_{HM}是H绕组和M绕组短接，L绕组开路时的阻抗；Z_{HL}是H绕组和L绕组短接，M绕组开路时的阻抗；Z_{ML}是M绕组和L绕组短接，H绕组开路时的阻抗。

Y形等值是一种数学模型表现形式，易于确定变压器端口或所连接网络的电压电流量。Y形等值的中性点没有物理意义。在网络中，变压器阻抗值经常会出现负数，但这并不代表电容。

正序和负序网络几乎相同，与变压器的实际连接方式无关。但零序网络的连接方式却完全不同，与变压器的实际连接方式相关。如果中性点直接接地，那么Z_N和$3Z_N$分量在序网络图以及系统中将被短接。

附录4.3　Y-△联结变压器序分量的相移

如前所述，变压器正序以及负序连接网络相同，阻抗也相同，与变压器实际连接方式无关，如图A4.2-1以及图A4.2-3所示。在这些网络中，我们可以忽略相移，但是如果电压和电流从一侧转换到另一侧，就必须考虑相移。此附录将给出上述转换的表达式。ANSI标准连接形式如图A4.3-1所示。

由图A4.3-1a可知，所有的量均为相分量，单位为A或者V，其中，$N=1$，$n=1/\sqrt{3}$。

$$I_A=n(I_a-I_C)\ 并且\ V_a=n(V_A-V_B)$$

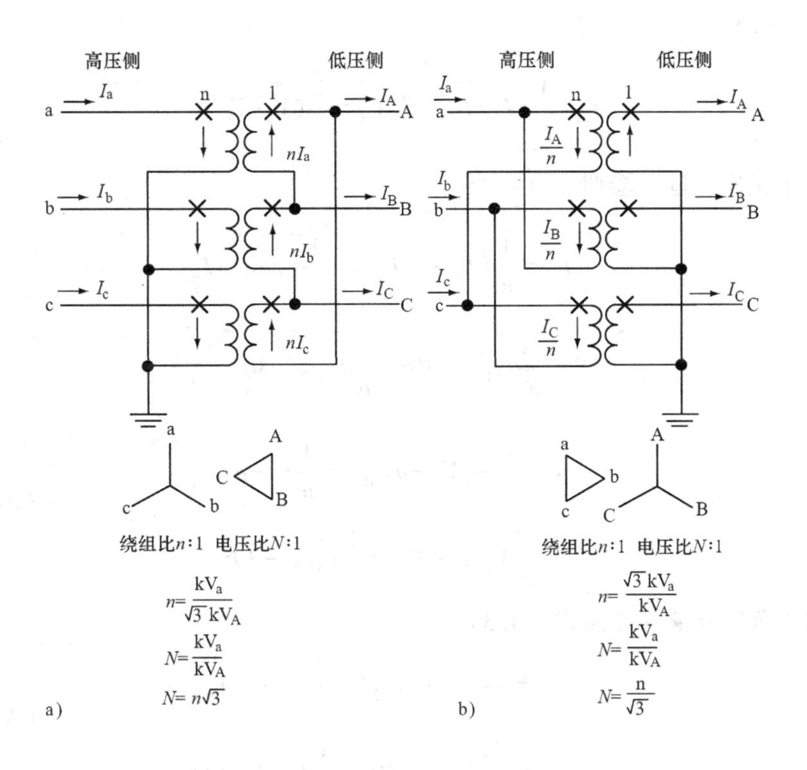

图A4.3-1　ANSI标准Y-△联结变压器（对于两种连接方式，高压侧A相均领先于低压侧A相）

a）高压侧Y联结　b）高压侧△联结

对于正序分量（参照式（4.2））

$$I_{A1}=n(I_{a1}-aI_{a1})=n(1-a)I_{a1} \qquad (A4.3\text{-}1)$$
$$=\sqrt{3}nI_{a1}\angle -30°=NI_{a1}\angle -30°$$

$$V_{a1}=n(V_{A1}-a^2V_{A1})=n(1-a^2)V_{A1} \qquad (A4.3\text{-}2)$$
$$=\sqrt{3}nV_{A1}\angle +30°=NV_{A1}\angle +30°$$

对于负序分量（参照式（4.3）），

$$I_{A2}=n(I_{a1}-a^2I_{a1})=n(1-a^2)I_{a2} \qquad (A4.3\text{-}3)$$
$$=\sqrt{3}nI_{a2}\angle +30°=NI_{a2}\angle +30°$$

$$V_{a2}=n(V_{A2}-aV_{A2})=n(1-a)V_{A2} \qquad (A4.3\text{-}4)$$
$$=\sqrt{3}nV_{A2}\angle -30°=NV_{A2}\angle -30° \qquad (A4.3\text{-}5)$$

现在考虑图A4.3-1b，所有的量也均为相分量，单位为A或者V，其中，$N=1$，$n=\sqrt{3}$。

$$I_a=\frac{1}{n}(I_A-I_B)\ 且\ V_A=\frac{1}{n}(V_a-V_c)$$

对于正序分量（参照式（4.2））

$$I_{a1}=\frac{1}{n}(I_{A1}-a^2I_{A1})=\frac{1}{n}(1-a^2)I_{A1} \qquad (A4.3\text{-}6)$$
$$=\frac{\sqrt{3}}{n}I_{A1}\angle +30°=\frac{1}{N}I_{A1}\angle +30°$$

$$V_{A1}=\frac{1}{n}(V_{a1}-aV_{a1})=\frac{1}{n}(1-a)I_{a1} \qquad (A4.3\text{-}7)$$
$$=\frac{\sqrt{3}}{n}V_{a1}\angle -30°=\frac{1}{N}V_{a1}\angle -30°$$

对于负序分量（参照式（4.3））

$$I_{a2}=\frac{1}{n}(I_{A2}-aI_{A2})=\frac{1}{n}(1-a)I_{A2} \qquad (A4.3\text{-}8)$$
$$=\frac{\sqrt{3}}{n}I_{A2}\angle -30°=\frac{1}{N}I_{A2}\angle -30°$$

$$V_{A2}=\frac{1}{n}(V_{a2}-a^2V_{a2})=\frac{1}{n}(1-a^2)V_{a2} \qquad (A4.3\text{-}9)$$
$$=\frac{\sqrt{3}}{n}V_{a2}\angle +30°=\frac{1}{N}V_{a2}\angle +30°$$

A. 4. 3-1　小结

如前所示的公式，对于 ANSI 标准 Y-△联结变压器，①如果一侧的正序电流电压均超前于另一侧 30°，则负序电流电压将相应的落后 30°；②类似地，如果正序量流经变压器之后相位后移 30°，则负序量将会领先 30°。此原理应用于电压、电流在变压器两侧绕组之间的转换。

如果零序量可以在变压器内流通，其不会产生相移。各种变压器的零序回路见图 A4. 2-1 以及图 A4. 2-3。

更多的细节请查阅本书第 1 章的参考文献。

附录 4.4 架空线的阻抗

电力传输系统的很大一部分是由架空线路组成的。架空线路的阻抗对于系统短路时短路电流的幅值与分布有很大影响。很多继电保护的配置与短路电流直接相关，也就是与架空线路的阻抗有关。

继电保护工程师可以运用相关的公式来计算架空线路阻抗值，这一过程相当复杂且冗长。随着计算机技术的发展，人们可以用计算机来完成这项工作。然而继电保护工程师需要了解影响架空线路阻抗的因素及其影响程度，以便保证相关因素变化时继电器仍可以做出正确的判断。由此，本附录并不解释和推导架空线阻抗的各种计算公式，而是旨在说明影响架空线阻抗的因素及其影响程度。

架空线路阻抗由电阻、感抗以及容抗组成。架空线路容抗对于短路电流的影响很小，短路计算时一般忽略。短路计算用架空线路的模型一般是电阻和感抗的串联。值得注意的是，容抗对于系统电压以及正常运行状态下的线路电流有很大的影响，故在其他研究领域如潮流分析中，线路容抗不能忽略。

A.4.4-1 架空线的电阻

架空线的电阻由导线的材料以及横截面积决定。趋肤效应会影响导线的电阻——电流细丝之间的电感使得电流趋向于导体的表面，从而有效减少了导线的横截面积，增加了电阻。趋肤效应与电流频率相关，频率越高，趋肤效应越明显。相似地，邻近效应是指由相邻导线中的电流所产生的电感对于本导线中电流分布的影响。对架空线而言，在工频情况下，趋肤效应作为电阻的影响因素加以考虑。导线的空间布置使得相互之间的距离很大，除非是电缆线路，否则邻近效应可以忽略不计。

导线温度也会影响其电阻值。导线温度的变化依赖于周围空气的温度、风速、负荷以及绝缘材料。当导线的负荷电流增大时，导线温度会升高，电阻值也会随之增大。

所有类型的架空线的电阻值都可以很方便地在厂商提供的铭牌中获取，且已考虑了趋肤效应的影响。铭牌中给出了不同的温度以及频率下的导线电阻值。

以下数据说明了频率和温度对于导线电阻的影响：

1. 1000MCM（mille-circle mil），37股，铜线：

a. 77°F[⊖]

i. 直流，电阻 = 0.0585Ω/mile

ii. 25Hz 交流，电阻 = 0.0594Ω/mile

iii. 50Hz 交流，电阻 = 0.0620Ω/mile

iv. 60Hz 交流，电阻 = 0.0634Ω/mile

b. 122°F

i. 直流，电阻 = 0.0640Ω/mile

ii. 25Hz 交流，电阻 = 0.0648Ω/mile

iii. 50Hz 交流，电阻 = 0.0672Ω/mile

iv. 60Hz 交流，电阻 = 0.0685Ω/mile

2. 500MCM，37 股，铜线：

a. 77°F

i. 直流，电阻 = 0.1170Ω/mile

ii. 25Hz 交流，电阻 = 0.1175Ω/mile

iii. 50Hz 交流，电阻 = 0.1188Ω/mile

iv. 60Hz 交流，电阻 = 0.1196Ω/mile

b. 122°F

i. 直流，电阻 = 0.1280Ω/mile

ii. 25Hz 交流，电阻 = 0.1283Ω/mile

iii. 50Hz 交流，电阻 = 0.1296Ω/mile

iv. 60Hz 交流，电阻 = 0.1303Ω/mile

3. 4/0，19 股，铜线：

a. 77°F

i. 直流，电阻 = 0.276Ω/mile

ii. 25Hz 交流，电阻 = 0.277Ω/mile

iii. 50Hz 交流，电阻 = 0.277Ω/mile

iv. 60Hz 交流，电阻 = 0.278Ω/mile

b. 122°F

i. 直流，电阻 = 0.302Ω/mile

ii. 25Hz 交流，电阻 = 0.303Ω/mile

iii. 50Hz 交流，电阻 = 0.303Ω/mile

iv. 60Hz 交流，电阻 = 0.303Ω/mile

以上数据说明，当导线尺寸减小时，趋肤效应对于电阻的影响随之减少。当

⊖ $1°F = \frac{5}{9}K$，下同。

温度从77°F升至122°F时，导线电阻相应增加了9.6%。导线材料不同，以上数据的变化也不相同。

A.4.4-2 单根导线的自感抗

架空线路的感抗受导线自身特性和布置方式的影响很大。不考虑大地的损耗（下同），单根导线的电感的基本公式如下：

$$L_{aa}=\frac{\mu}{2\pi}\ln\frac{2h}{r}\text{H/m} \tag{A4.4-1}$$

式中 L_{aa}——导线的自感；

μ——空气的磁导率，其值为$4\pi\times10^{-7}$；

h——导线对地高度；

r——导体半径。

注意，h和r必须在一个数量级。

上述公式只考虑了导线外部的电磁感应，如果同时考虑导线内部的电磁感应，我们就需要在上述公式中再增加一项：$L=\mu/8\pi$。为方便起见，我们应相应地改变导线的物理半径，将导线内部感应考虑在内，同时确保改进后的半径可以直接应用于L_{aa}的计算公式中。此等效半径被称为导线的几何平均半径（GMR），各类型导线的几何平均半径均可查。

考虑到$X_L=\omega L$，由单根导线的电感公式可以得到其每英里的感抗值：

$$X_{Laa}=0.1213\left(\ln\frac{2h}{r_e}\right)\Omega/\text{mile}\quad（在60Hz时） \tag{A4.4-2}$$

$$r_e=\text{GMR}$$

对于实心导线，$r_e=0.779$。

A.4.4-3 两根导线的互感感抗

两根导线（导线a和导线b）的互感计算公式如下：

$$L_{ab}=\frac{\mu}{2\pi}\ln\frac{D_{ab''}}{D_{ab}}\text{H/m} \tag{A4.4-3}$$

互感感抗（X_{Lab}）的计算公式如下（单位为Ω/mile，频率60Hz）：

$$X_{Lab}=0.1213\left(\ln\frac{D_{ab'}}{D_{ab}}\right)\Omega/\text{mile}（在60Hz时） \tag{A4.4-4}$$

式中 D_{ab}——导线a和导线b的距离，单位为ft；

$D_{ab'}$——导线b和导线a的镜像的距离。

不计大地损耗，导线的镜像垂直位于地下，与导线的距离为二倍的导线高度，见图A4.4-1。

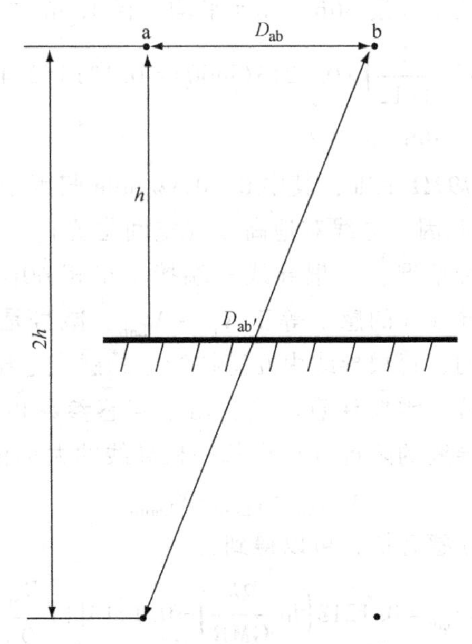

图 A4. 4-1　相同高度两根导线的二维平面示意图

举例说明，假设两根导线：

离地面高度（h）= 30ft（每根导线的高度）

导线之间距离（D_{ab}）= 30ft

几何平均半径（R_e）= 1. 0in㊀

频率 = 60Hz

计算 X_{Laa} 和 X_{Lab}，单位为 Ω/mile：

$$X_{Laa}=0.1213\left(\ln\frac{2h}{GMR}\right)=0.1213\left(\ln\frac{2(30)}{1/12}\right)=0.1213(\ln 720)=0.798\Omega/\text{mile}$$

$$D_{ab'}=\sqrt{30^2+60^2}=67.08\text{ft}$$

$$X_{Lab}=0.1213\left(\ln\frac{67.08}{30}\right)=0.1213(\ln 2.236)=0.0976\Omega/\text{mile}$$

观察 X_{Laa} 的表达式，基于式 $\ln(x/y)=\ln x+\ln(1/y)$，我们可以把感抗分解为与几何平均半径有关的部分和与高度有关的部分。

$$X_{Laa}=0.1213\left(\ln\frac{2h}{GMR}\right)=0.1213\left(\ln\frac{1}{GMR}\right)+01213(\ln 2h) \qquad (A4.4\text{-}5)$$

式（A4. 4-5）的第一部分只与导线的几何平均半径有关，第二部分只与导线的对地高度有关。

㊀　1in = 25. 4mm，后同。

举例说明，对于离地高度30ft，几何平均半径1.0in的导线，有

$$X_{\mathrm{Laa}}=0.1213\left(\ln\frac{1}{1/12}\right)+0.1213(\ln 60)=0.1213(2.48)+0.1213(4.09)$$
$$=0.301+0.496=0.797$$

总感抗 X_{Laa} 为0.797Ω/mile，其中0.301Ω/mile归因于几何平均半径（导线参数），0.496Ω/mile归因于导线对地高度（空间位置）。

接下来考虑另一种情况：两根导线一端接于单相60Hz电源，另一端短接，从而形成单相回路。导线a的感抗等于 $X_{\mathrm{Laa}}-X_{\mathrm{Lab}}$，减号是因为每根导线的单相回路电流方向是相反的，每根导线由互感抗产生的感应电压是反向的，增加导线电流从而减小导线感抗。需要注意的是，由于互感参数相同，$X_{\mathrm{Lab}}=X_{\mathrm{Lba}}$，因此在单相回路中的任一导线的阻抗（假设每一根导线的大小相同）等于

$$X_{\mathrm{Lcond}}=X_{\mathrm{Lself}}-X_{\mathrm{Lmutual}} \tag{A4.4-6}$$

代入自感感抗和互感感抗，可以得到：

$$X_{\mathrm{Lcond}}=0.1213\left(\ln\frac{2h}{\mathrm{GMR}}\right)-0.1213\left(\ln\frac{D_{\mathrm{ab'}}}{D_{\mathrm{ab}}}\right) \tag{A4.4-7}$$

$$X_{\mathrm{Lcond}}=0.1213\left(\ln\frac{2h}{\mathrm{GMR}}-\ln\frac{D_{\mathrm{ab'}}}{D_{\mathrm{ab}}}\right) \tag{A4.4-8}$$

$$X_{\mathrm{Lcond}}=0.1213\left(\ln\frac{2h}{\mathrm{GMR}}+\ln D_{\mathrm{ab}}+\ln\frac{2h}{D_{\mathrm{ab'}}}\right) \tag{A4.4-9}$$

注意上式中第三项，$2h$ 和 $D_{\mathrm{ab'}}$ 在幅值上相近，$2h/D_{\mathrm{ab'}}$ 大小接近于1.0。$\ln(2h/D_{\mathrm{ab'}})$ 将是一个相对较小的数，对地高度对导线的感抗影响极小。第一项 $\ln(1/\mathrm{GMR})$ 代表由导线表面延伸到1ft高度的感抗，称为 X_{a}。第二项 $\ln D_{\mathrm{ab}}$ 代表从1ft高度延伸到其他导线的感抗，称为 X_{d}。在后面分析三相线路的阻抗时将进一步讨论这些概念。

A.4.4-4 三相架空线的阻抗

A.4.4-4.1 三相架空线：无架空地线

以上导线阻抗的分析可以延伸到三相线路中。无架空地线的三相线路阻抗可以用下面的相阻抗矩阵 $[\boldsymbol{Z}_{\mathrm{P}}]$ 来表示：

$$\begin{bmatrix} Z_{\mathrm{aa}} & Z_{\mathrm{ab}} & Z_{\mathrm{ac}} \\ Z_{\mathrm{ba}} & Z_{\mathrm{bb}} & Z_{\mathrm{bc}} \\ Z_{\mathrm{ca}} & Z_{\mathrm{cb}} & Z_{\mathrm{cc}} \end{bmatrix}\Omega/\mathrm{mile}$$

式中（所有导线大小型号相同）

$R_{aa}=R_{bb}=R_{cc}=$导线阻抗（单位为 Ω/mile）

$R_{ab}=R_{ac}=R_{ba}=R_{bc}=R_{ca}=R_{cb}=0$（不计大地损耗）

由式（A4.4-2）以及式（A4.4-4）可得

$$X_{Laa}=0.1213\left(\ln\frac{2h_a}{r_e}\right)\Omega/\text{mile}$$

$$X_{Lab}=X_{Lba}=0.1213\left(\ln\frac{D_{ab'}}{D_{ab}}\right)\Omega/\text{mile}$$

$$X_{Lac}=X_{Lca}=0.1213\left(\ln\frac{D_{ac'}}{D_{ac}}\right)\Omega/\text{mile}$$

$$X_{Lbc}=X_{Lcb}=0.1213\left(\ln\frac{D_{bc'}}{D_{bc}}\right)\Omega/\text{mile}$$

例如，三相架空线每根导线（$R_e=1.0''$）离地面高 30 英尺（ft），相互距离 20 英尺（ft），如图 A4.4-2 所示。

$$D_{ab}=D_{bc}=20'$$

$$D_{ac}=40'$$

$$D_{ab'}=D_{ba'}=D_{bc'}=D_{cb'}=\sqrt{60^2+20^2}=63.24'$$

$$D_{ac'}=D_{ca'}=\sqrt{60^2+40^2}=72.11'$$

$$X_{Laa}=X_{Lbb}=X_{Lcc}=0.1213\left(\ln\frac{60}{1/12}\right)=0.80\Omega/\text{mile}$$

$$X_{ab}=X_{ba}=X_{bc}=X_{cb}=0.1213\left(\ln\frac{D_{ab'}}{D_{ab}}\right)=0.1213\left(\ln\frac{63.24}{20}\right)=0.14\Omega/\text{mile}$$

$$X_{ac}=X_{ca}=0.1213\left(\ln\frac{D_{ac'}}{D_{ac}}\right)=0.1213\left(\ln\frac{72.11}{40}\right)=0.071\Omega/\text{mile}$$

忽略电阻后，线路阻抗矩阵如下：

$$[\boldsymbol{Z}_P]=\begin{bmatrix}0.80 & 0.14 & 0.071\\ 0.14 & 0.80 & 0.14\\ 0.071 & 0.14 & 0.80\end{bmatrix}$$

值得注意的是，三相架空线路的阻抗最好由伴随阻抗矩阵表示。以上分析忽略了电阻，且没有考虑地线或者大地电阻率的影响。若考虑地线和大地电阻率，则需要增加校正矩阵和对地校正因子，此部分内容将在稍后讨论。

虽然上述三相架空线路的阻抗矩阵具有很大的实用价值，但在短路计算时，继电保护工作人员常常只关注和使用序阻抗。运用以下转换公式可以将相阻抗矩阵 $[\boldsymbol{Z}_P]$ 转换为序阻抗矩阵 $[\boldsymbol{Z}_S]$。

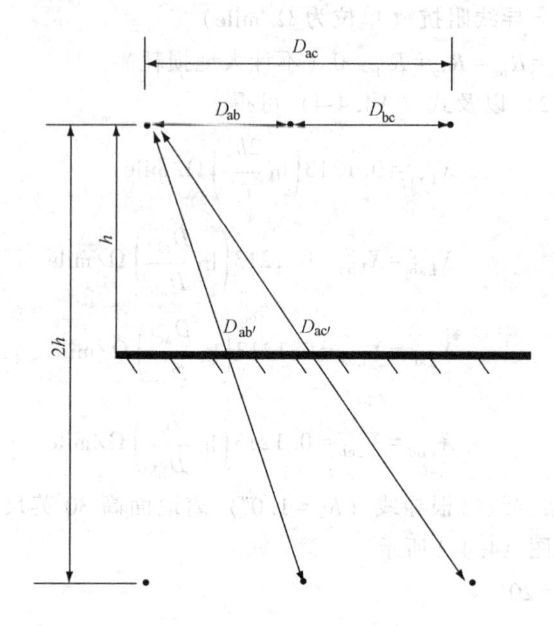

图 A4.4-2　相同高度的三根导线的二维平面示意图

$$[\boldsymbol{Z}_S]=[\boldsymbol{a}]^{-1}[\boldsymbol{Z}_P][\boldsymbol{a}] \tag{A4.4-10}$$

式中

$$[\boldsymbol{Z}_P]=\begin{bmatrix} Z_{aa} & Z_{ab} & Z_{ac} \\ Z_{ba} & Z_{bb} & Z_{bc} \\ Z_{ca} & Z_{cb} & Z_{cc} \end{bmatrix}$$

$$[\boldsymbol{a}]=\begin{bmatrix} 1 & 1 & 1 \\ 1 & a^2 & a \\ 1 & a & a^2 \end{bmatrix}$$

$$[\boldsymbol{a}^{-1}]=\begin{bmatrix} 1 & 1 & 1 \\ 1 & a & a^2 \\ 1 & a^2 & a \end{bmatrix}$$

$$a=1\angle 120=\varepsilon^{j120°}$$

$$[\boldsymbol{Z}_S]=\begin{bmatrix} Z_{00} & Z_{01} & Z_{02} \\ Z_{10} & Z_{11} & Z_{12} \\ Z_{20} & Z_{21} & Z_{22} \end{bmatrix}$$

序阻抗矩阵中的对角线元素为架空线的零序自阻抗（Z_{00}）、正序自阻抗（Z_{11}）和负序自阻抗（Z_{22}）。非对角线元素为序分量之间的互阻抗。

由式（A4.4-10）（其中 $Z_{ab}=Z_{ba}$、$Z_{ac}=Z_{ca}$ 以及 $Z_{bc}=Z_{cb}$）求解序阻抗矩阵中的元素如下：

$$Z_{11}=Z_{22}=\frac{1}{3}(Z_{aa}+Z_{bb}+Z_{cc})-\frac{1}{3}(Z_{ab}+Z_{bc}+Z_{ca}) \tag{A4.4-11}$$

$$Z_{00}=\frac{1}{3}(Z_{aa}+Z_{bb}+Z_{cc})+\frac{2}{3}(Z_{ab}+Z_{bc}+Z_{ca}) \tag{A4.4-12}$$

$$Z_{12}=\frac{1}{3}(Z_{aa}+a^2Z_{bb}+aZ_{cc})+\frac{2}{3}(aZ_{ab}+Z_{bc}+a^2Z_{ca}) \tag{A4.4-13}$$

$$Z_{21}=\frac{1}{3}(Z_{aa}+aZ_{bb}+a^2Z_{cc})+\frac{2}{3}(a^2Z_{ab}+Z_{bc}+aZ_{ca}) \tag{A4.4-14}$$

$$Z_{10}+Z_{02}=\frac{1}{3}(Z_{aa}+aZ_{bb}+a^2Z_{cc})-\frac{1}{3}(a^2Z_{ab}+Z_{bc}+aZ_{ca}) \tag{A4.4-15}$$

$$Z_{01}=Z_{20}=\frac{1}{3}(Z_{aa}+a^2Z_{bb}+aZ_{cc})-\frac{1}{3}(aZ_{ab}+Z_{bc}+a^2Z_{ca}) \tag{A4.4-16}$$

式（A4.4-11）和式（A4.4-12）具有很大的实用价值，因为它们给出了典型短路计算中的正序、负序以及零序线路阻抗。式（A4.4-13）~式（A4.4-16）给出了序分量之间的互阻抗。这些互阻抗相对较小，在短路计算时常常被忽略掉。

线路采用完全换位方式排列时（每相导线在各自的物理位置上的长度为导线总长度的 1/3）：

自阻抗（Z 矩阵对角线元素——Z_{aa}、Z_{bb} 和 Z_{cc}）均相等，因此

$$Z_{SELF}=\frac{1}{3}(Z_{aa}+Z_{bb}+Z_{cc})=Z_{aa}=Z_{bb}=Z_{cc} \tag{A4.4-17}$$

非对角线元素等于

$$Z_{MUTUAL}=\frac{1}{3}(Z_{ab}+Z_{bc}+Z_{ca})=Z_{ab}=Z_{bc}=Z_{ca} \tag{A4.4-18}$$

基于式（A4.4-11）和式（A4.4-12），正序、负序以及零序阻抗等于

$$Z_{11}=Z_{22}=Z_{SELF}-Z_{MUTUAL} \tag{A4.4-19}$$

$$Z_{00}=Z_{SELF}+2Z_{MUTUAL} \tag{A4.4-20}$$

对于全相换位的导线，序分量之间的互感等于 0。

直观地，式（A4.4-19）和式（A4.4-20）可以这样理解：三相架空线路任一相的序阻抗等于自阻抗和其他两相电流的影响之和。当对某相导线施以正序、负序电压时，其他两相的电流相位互差 120°，电流的互感作用在该相电流方向的投影均为 $0.5I$，方向为 $-180°$。因此，该互感作用将减少该相导线的阻抗，减小幅度为 $2\times-0.5Z_{MUTUAL}=-Z_{MUTUAL}$。当对三相导线均施以零序电压时，各相电

流相位相同，其他两相电流的互感作用在该相电流方向上的投影与该相电流大小相等、方向相同。因此，每一相的零序阻抗等于其自阻抗与两倍的互阻抗之和。

A.4.4-5 三相架空线的GMR、GMD

对于典型的三相线路，序分量之间的互感抗相对较小，因此，经常被人们忽略掉。同理，这也可以证明地线以及大地电阻对于线路的正序阻抗的影响相对较小。据此判断，式（A4.4-11）为我们提供了一种计算三相架空线路正序阻抗的有用方法。此式可以表示为

$$Z_1=\frac{1}{3}(Z_{aa}+Z_{bb}+Z_{cc}-Z_{ab}-Z_{bc}-Z_{ca}) \quad (A4.4\text{-}21)$$

重新提及 Z 的定义

$$Z_1=R+\frac{1}{3}j\omega K_1\left(\ln\frac{2h_{aa}}{r_a}+\ln\frac{2h_{bb}}{r_b}+\ln\frac{2h_{cc}}{r_c}-\ln\frac{d_{ab'}}{d_{ab}}-\ln\frac{d_{bc'}}{d_{bc}}-\ln\frac{d_{ca'}}{d_{ca}}\right)$$

$$Z_1=R+\frac{1}{3}j\omega K_1\left(\ln\frac{1}{r_ar_br_c}+\ln[d_{ab}d_{bc}d_{ca}]+\ln\frac{2h_{aa}2h_{bb}2h_{cc}}{d_{ab'}d_{bc'}d_{ca'}}\right)$$

$$Z_1=R+j\omega K_1\left(\ln\frac{1}{GMR}+\ln\sqrt[3]{d_{ab}d_{bc}d_{ca}}+\ln\sqrt[3]{\frac{2h_{aa}2h_{bb}2h_{cc}}{d_{ab'}d_{bc'}d_{ca'}}}\right) \quad (A4.4\text{-}22)$$

式（A4.4-22）的第三项将得出一个非常小、且没有实际意义的数。其中 $\sqrt[3]{d_{ab}d_{bc}d_{ca}}$ 被称为“GMD”。因此，频率60Hz下三相架空线正序阻抗可近似为

$$Z_1=R+j0.1213\left(\ln\frac{1}{GMR}+\ln GMD\right)\Omega/\text{mile} \quad (A4.4\text{-}23)$$

$$Z_1=R+j0.1213\ln\frac{1}{GMR}+j0.1213\ln GMD \quad (A4.4\text{-}24)$$

$j0.1213\ln(1/GMR)$ 称为 X_a，表示从导线到1ft高度的电抗，受导线参数影响。$j0.1213\ln GMD$ 称为 X_d，表示导线空间位置产生的电抗。X_a、X_d 可以在各类GMR、GMD表中查询得到。

三相架空线的零序阻抗表达式可以由式（A4.4-12）推导出来：

$$Z_0=\frac{1}{3}(Z_{aa}+Z_{bb}+Z_{cc}+2[Z_{ab}+Z_{bc}+Z_{ca}]) \quad (A4.4\text{-}25)$$

频率为60Hz时

$$Z_0 = R + 0.1213\left[\ln\frac{1}{\text{GMR}} - \ln\text{GMD}^2 + \ln\sqrt[3]{(2h_{aa})(2h_{bb})(2h_{cc})(d_{ab'}d_{bc'}d_{ca'})^2}\right]$$
(A4.4-26)

对于以上三相架空线路零序阻抗的表达式：

1）所有项均有意义，导线离地高度将影响零序阻抗大小。

2）考虑地线的影响，线路阻抗矩阵由校正矩阵改进。

3）由于大地电阻对于结果有很大的影响，我们需要依据校正因子改进结果。

值得注意的是：

1）相距很近的架空线路的零序互感不可忽略，在研究模型中必须加以考虑。

2）零序阻抗计算比较复杂，一般由计算机完成。以上所给内容旨在说明影响架空线路零序阻抗的因素。

A.4.4-6　三相架空线路：地线和大地电阻的影响

地线经常使用在三相架空线路中。在中、高压输电线路中，地线一般位于导线的上方。地线在雷击时保护导线，为雷击电流提供通道流向大地。在配电线路中，地线一般位于导线的下方，为电线杆上的工作人员提供安全保障，为接地电气设备提供便利。电线杆上（或在电线杆周围工作）的工作人员如果不小心碰到临近的电力导体，他们可以立即触摸地线。

架空线路阻抗受到地线的影响。鉴于地线的作用，校正矩阵 Z_{CORR} 必须应用于阻抗矩阵：

$$Z_{CORR} = \begin{bmatrix} \Delta Z_{aa} & \Delta Z_{ab} & \Delta Z_{ac} \\ \Delta Z_{ba} & \Delta Z_{bb} & \Delta Z_{bc} \\ \Delta Z_{ca} & \Delta Z_{cb} & \Delta Z_{cc} \end{bmatrix} \tag{A4.4-27}$$

校正矩阵的阻抗元素由相导线、地线参数以及导线的物理位置推导而来。我们可以从详细介绍本学科内容的书籍中查阅到这些阻抗元素的公式。

原阻抗矩阵减去上述校正矩阵后，即可得到改进的阻抗矩阵，进而可由式（A4.4-11）和式（A4.4-12）得到改进后的正序、负序和零序阻抗。校正矩阵也可以转换为正序、负序和零序校正阻抗：

$$Z_{1(CORR)} = Z_{2(CORR)} = \frac{1}{3}(\Delta Z_{aa} + \Delta Z_{bb} + \Delta Z_{cc} - \Delta Z_{ab} - \Delta Z_{bc} - \Delta Z_{ca})$$
(A4.4-28)

$$Z_{0(\mathrm{CORR})}=\frac{1}{3}[\Delta Z_{\mathrm{aa}}+\Delta Z_{\mathrm{bb}}+\Delta Z_{\mathrm{cc}}+2(\Delta Z_{\mathrm{ab}}+\Delta Z_{\mathrm{bc}}+\Delta Z_{\mathrm{ca}})] \quad (\mathrm{A4.4\text{-}29})$$

因地线的影响而校正的序阻抗可以由各序原阻抗值减去各序校正阻抗得到。

$$Z_{1(\mathrm{WITH.GRD.WIRES})}=Z_{1(\mathrm{UNCORR})}-Z_{1(\mathrm{CORR})} \quad (\mathrm{A4.4\text{-}30})$$

$$Z_{2(\mathrm{WITH.GRD.WIRES})}=Z_{2(\mathrm{UNCORR})}-Z_{2(\mathrm{CORR})} \quad (\mathrm{A4.4\text{-}31})$$

$$Z_{0(\mathrm{WITH.GRD.WIRES})}=Z_{0(\mathrm{UNCORR})}-Z_{0(\mathrm{CORR})} \quad (\mathrm{A4.4\text{-}32})$$

地线对于序阻抗影响的重要结论如下：

1）考虑地线的校正作用将影响各序阻抗的电阻和感抗值。

2）地线对于正序和负序阻抗的影响相对较小。

3）地线对于零序阻抗的影响比较显著。

由于大地并不是理想导体，架空线路阻抗的计算必须包括校正计算。大地电阻以 m · Ω 为单位，即每立方米大地的测量电阻。湿润土壤有相对低的电阻率，干燥土壤有相对高的电阻率。大地中的损耗会影响导线下方大地中的电流分布。对于没有损耗的理想地，大地中的等值回路导线可以认为是大地上方导线的镜像。若大地有损耗，则回路导线实际延伸到地下。19 世纪 20 年代，美国的 Carson、Campbell，欧洲的 Rudenber、Mayr 和 Pollaczed 发现了一种广泛应用的计及大地损耗的方法。校正因子是基于实际架空线路试验计算得出的。

大地校正因子对线路的正序阻抗影响很小，而对零序阻抗影响较大。土壤导电率升高，回路导体就位于地下更深的位置。这将引起零序阻抗的增大。即土壤导电率的升高将会引起零序阻抗的增大。

下面的例子将说明土壤导电率和地线对架空线阻抗的影响。

示例架空线：

对地高度——30 英尺

空间位置——相隔 20 英尺水平排列

导线——556ACSR（GMR=0.37 英寸）

温度——25℃

1. 大地电阻——100m · Ω（典型土壤）

$$Z_1=0.163+\mathrm{j}0.8146\Omega/\mathrm{mile}$$

$$Z_0=0.442+\mathrm{j}2.535\Omega/\mathrm{mile}$$

2. 大地电阻——0.01m · Ω（海水）

$$Z_1=0.165+\mathrm{j}0.8088\Omega/\mathrm{mile}$$

$$Z_0=0.249+\mathrm{j}1.265\Omega/\mathrm{mile}$$

3. 大地电阻——1000m · Ω（干燥土壤）

$$Z_1 = 0.163 + j0.8146\Omega/\text{mile}$$

$$Z_0 = 0.446 + j2.950\Omega/\text{mile}$$

4. 与（1）条件相同，导线对地高度升高为 130 英尺

$$Z_1 = 0.163 + j0.8146\Omega/\text{mile}$$

$$Z_0 = 0.423 + j2.557\Omega/\text{mile}$$

5. 与（1）条件相同，两条地线位于导线中点上方 10 英尺，地线——3/8″ HS 钢（高强度钢）

$$Z_1 = 0.164 + j0.8144\Omega/\text{mile}$$

$$Z_0 = 0.691 + j2.330\Omega/\text{mile}$$

6. 与（5）条件相同，地线改为 1/2″HS 钢

$$Z_1 = 0.164 + j0.8139\Omega/\text{mile}$$

$$Z_0 = 0.755 + j2.120\Omega/\text{mile}$$

7. 与（5）条件相同，地线改为光缆 GW0.752″

$$Z_1 = 0.165 + j0.8090\Omega/\text{mile}$$

$$Z_0 = 0.408 + j1.440\Omega/\text{mile}$$

8. 与（5）条件相同，土壤导电率由 100 改为 0.01m · Ω

$$Z_1 = 0.167 + j0.8080\Omega/\text{mile}$$

$$Z_0 = 0.296 + j1.220\Omega/\text{mile}$$

以上计算是由商业化计算机完成的。

由于电流的流通，邻近的三相线路之间存在互阻抗。互阻抗的计算是将以上用于单条线路的 3×3 矩阵扩展为包括每条线路的自阻抗和线路之间互阻抗的 6×6 矩阵。由于相电流之间的抵消作用，正序、负序的互阻抗相对较小，一般小于相应正序阻抗的 7%（大约为 3%~5%）。零序互阻抗较大，对于双回线路，它可以达到相关线路零序自阻抗的 50%。

继电保护专家重点关心的几个要点如下：

架空线路正序阻抗主要是导线空间位置的函数。地线、土壤导电率以及导线对地高度对于正序阻抗的影响很小。因此，正序阻抗的计算结果具有较高的准确度。

架空线路零序阻抗主要受地线的参数型号和土壤导电率的影响。导线对地高度对于零序阻抗的影响很小。由于实际土壤导电率相比于计算中的估计值会有变化，故零序阻抗计算结果的准确度不如正序阻抗。

架空线路的实际试验表明，正序计算结果低于试验结果 2%左右，零序计算结果降低在 4%以内。由于零序结果比正序结果的变动更大，仅依靠线路正序、负序阻抗的保护整定时所采用的裕度要比依靠线路零序阻抗的保护整定时所采用

的裕度小。

地线的型号对于零序阻抗的影响很大，尤其是用光纤代替钢线时（旨在提高电力设备的通信能力）。这一替换工作完成后，我们需要核实采用零序阻抗的保护整定。

正序、负序互阻抗的幅值很小，小到在典型短路计算时可以忽略。然而零序互阻抗的幅值较大，典型短路计算时不可忽略。

附录 4.5　变压器的零序阻抗

过去，由于特定试验数据的缺失，一般认为三相变压器零序阻抗等于正序、负序阻抗（正序、负序磁路相同）。鉴于零序磁路与正、负序磁路近似，因此这一假设是合理的。

壳式三相变压器的零序磁路与正、负序磁路基本相同。然而，大部分三相变压器为芯式变压器。小型变压器一般为三相三柱芯式变压器。为了给零序磁通提供回路，大型芯式变压器采用三相五柱式。对于三相三柱式变压器，零序磁通并没有回路。由此，零序磁通由空气以及套管构成回路，比由铁心构成的回路具有更大的磁阻。故其零序阻抗低于正、负序阻抗。由于各相磁通互差 120°，三相相消，故正、负序磁通不需要回路。三相三柱式变压器的零序阻抗大约为正、负序阻抗的 85%~90%。三相五柱式变压器的零序阻抗大约为正、负序阻抗的 90%~100%。我们可以通过变压器零序试验，获得实际零序阻抗值。

根据变压器的类型和绕组连接方式，短路模型需要考虑变压器零序阻抗和正、负序阻抗之间可能的差异。商用短路计算程序可以将试验数据转化为等值模型。

下面的例子说明了低压侧△联结的自耦变压器的 T 形等值模型的零序阻抗计算方法，试验数据由厂商提供。变压器 T 形等值模型的高、中、低压侧绕组阻抗分别记为 $Z_{0(H)}$、$Z_{0(L)}$、$Z_{0(T)}$，如图 A4.5-1所示。

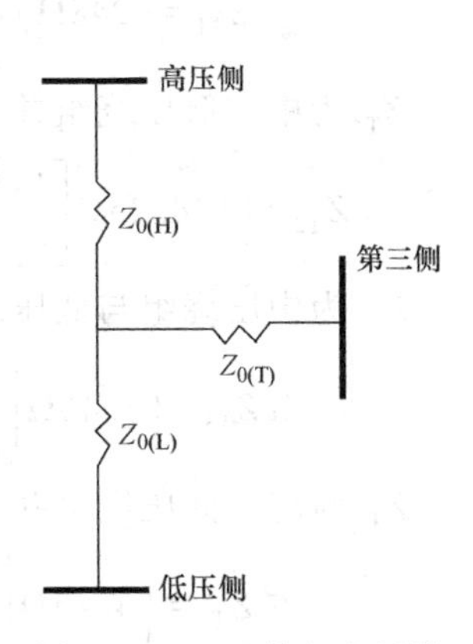

图 A4.5-1　三绕组变压器 T 形等值电路图

变压器参数——75MVA，高压侧 230kV，中压侧 69kV，低压侧 12.47kV。

例 1

高压侧绕组施以单相电压，中压侧绕组开路（三个高压绕组并行连接）

$$V = 2454\text{V},\ I(\text{电压源}) = 30.1\text{A}$$

$$Z_{T1} = \frac{(3)2454\text{V}}{30.1} = 244.58\Omega/\text{Ph}$$

例 2

高压侧绕组施以单相电压，中压侧绕组短路（三个高压绕组并行连接）

$$V = 8050\text{V},\ I(\text{电压源}) = 188.3\text{A}$$

$$Z_{T2} = \frac{(3)8050\text{V}}{188.3} = 128.25\Omega/\text{Ph}$$

例 3

中压侧绕组施以单相电压，高压侧绕组开路（三个低压绕组并行连接）

$$V=283\text{V},\ I(\text{电压源})=100.4\text{A}$$

$$Z_{\text{T3}}=\frac{(3)283\text{V}}{100.4}=8.46\Omega/\text{Ph}$$

例 4

中压侧绕组施以单相电压，高压侧绕组短路（三个低压绕组并行连接）

$$V=932\text{V},\ I(\text{电压源})=628\text{A}$$

$$Z_{\text{T4}}=\frac{(3)932\text{V}}{628}=4.45\Omega/\text{Ph}$$

对于以上的每一个示例，低压侧均短路。由于以上示例中三相绕组并行连接到电压源上，测量电压必须乘以3来获取每相的欧姆值。值得注意的是，即使厂家提供了以上4个示例的试验数据，只需要三个示例的试验数据即可确定零序阻抗。因为理论上，$(Z_{\text{T1}})(Z_{\text{T4}})=(Z_{\text{T2}})(Z_{\text{T3}})$。

求解过程中，阻抗值需要转换为同一基准值下的标幺值。基准容量采用100MVA，Z_{T1}为高压绕组与中压绕组阻抗之和：

$$\%Z_{\text{T1}}=(248\Omega)\left[\frac{(100\text{MVA})(100)}{230\text{kV}^2}\right]=46.88\%=Z_{0(\text{H})}+Z_{0(\text{T})}$$

Z_{T2}为中、低压绕组并联后再与高压绕组求和：

$$\%Z_{\text{T2}}=\left(128.25\Omega\left[\frac{(100\text{MVA})(100)}{230\text{kV}^2}\right]\right)=24.24\%=Z_{0(\text{H})}+Z_{0(\text{L})}/\!/Z_{0(\text{T})}$$

Z_{T3}为中压绕组与低压绕组阻抗之和：

$$\%Z_{\text{T3}}=\left(8.46\Omega\left[\frac{(100\text{MVA})(100)}{69\text{kV}^2}\right]\right)=17.77\%=Z_{0(\text{L})}+Z_{0(\text{T})}$$

Z_{T4}为高、低压绕组并联后再与中压绕组求和：

$$\%Z_{\text{T4}}=\left(4.45\Omega\left[\frac{(100\text{MVA})(100)}{69\text{kV}^2}\right]\right)=9.35\%=Z_{0(\text{L})}+Z_{0(\text{H})}$$

$Z_{0(\text{H})}$，$Z_{0(\text{L})}$，$Z_{0(\text{T})}$的近似求解如下：

$$Z_{0(\text{T})}=\frac{\sqrt{Z_{\text{T1}}Z_{\text{T3}}-Z_{\text{T4}}Z_{\text{T1}}}+\sqrt{Z_{\text{T1}}Z_{\text{T3}}-Z_{\text{T3}}Z_{\text{T2}}}}{2}$$

$$\begin{aligned}Z_{0(\text{T})}&=\left[\sqrt{(46.88\%)(17.77\%)-(9.35\%)(46.88\%)}\right.\\&\quad\left.+\sqrt{(46.88\%)(17.77\%)-(17.77\%)(24.24\%)}\right]/2\\&=19.92\%\end{aligned}$$

$$Z_{0(\text{H})}=Z_{\text{T1}}-Z_{0(\text{T})}=46.88\%-19.92\%=26.96\%$$

$$Z_{0(L)} = Z_{T3} - Z_{0(T)} = 17.77\% - 19.92\% = -2.15\%$$

以上示例变压器的 T 形等值模型如图 A4.5-2 所示。

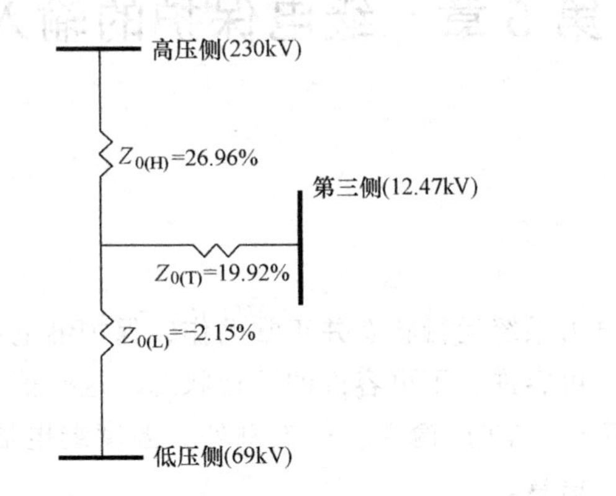

图 A4.5-2　例中三绕组变压器的 T 形等值模型

第 5 章　继电保护的输入源

5.1　引言

为精确感知电力系统运行状态并正常动作，保护继电器应能准确合理地反映电力系统的正常、可容许、不可容许的运行状态。这些信息一般通过电流互感器（CT）和电压互感器（VT）输入。作为例外，温度继电器则通过电热偶或者温度指示器获取输入信息。

电流互感器、电压互感器（以前称测量用变压器）、耦合电容式电压互感器等设备能够隔离高电压系统，并降低一次电流、电压。因此，互感器的一次侧以良好的绝缘方式接入电力系统，并同电力系统共同存在。为便于应用和保护的设计，互感器的二次侧经过标准化。这些继电器的输入源是保护系统的重要组成部分，图 5.1~图 5.5 为典型的电流、电压互感器，也可以参见图 1.8。

a)

b)

图 5.1　典型的低压 CT

a）棒型，导入棒是 CT 的一次侧　b）贯通型，一次电缆穿过 CT 开孔

（由西屋电气公司提供，宾夕法尼亚州蔓越莓镇）

为继电器提供电力系统信息的其他设备已经研制出来，并投入应用。磁光电流互感器就是其中一种，它基于法拉第效应，即光通过有磁场存在的光学材料时会引起光的偏振。线路电压上的无源感应器通过光缆连接到变电站设备上。这减少了使用沉重的铁心和绝缘油的必要性。

它的输出是低能量的信号，并可以在微处理器式继电器和其他低能量设备中使用。这对于在更高电压下，需要独立 CT 的断路器来说非常重要。

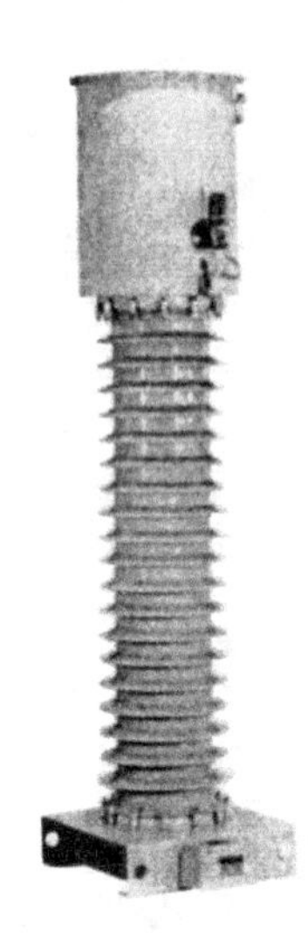

图 5.2　一台 230kV 油浸式 CT。高约 10 英尺（ft），直径约 2.5 英尺（由西屋电气公司提供，宾夕法尼亚州蔓越莓镇）

图 5.3　应用在低压系统中的 VT（由西屋电气公司提供，宾夕法尼亚州蔓越莓镇）

图 5.4　典型的 115kV 开关站，拥有 3 个 115kV 的 VT，VT 安装在 10ft 高的管柱上面，VT 的后面是油浸式断路器，它的右后侧是容量为 325MVA，230：115kV 的自耦变压器（由普吉特海湾电力公司提供，华盛顿州贝尔维尤）

同时，铁心设备在电力系统中普遍存在，不会轻易地被取代。

图5.5 一个正在进行工厂测试及校准的500kV耦合电容式电压互感器（CCTV）
（由西屋电气公司提供，宾夕法尼亚州蔓越莓镇）

电力系统故障分为瞬时性故障和永久性故障，故障会在大范围内影响系统的一次电流和一次电压。当故障发生时，电流可以在几秒内从几安培快速增加到几百安培。而电压会从额定值迅速跌到零。

5.2 电流互感器和电压互感器的等效电路

图5.6是仪用互感器的等值电路图。图5.6a中的励磁阻抗 Z_e 分为两部分，Z'_e 表示同铁心漏磁相关的漏抗，Z''_e 表示未能达到铁心的漏抗。

X_p 是未与铁心相交的漏抗。R_p 和 R_s 分别是一次、二次绕组的电阻。

对于电压互感器，$(R_p+R_s)+j(X_p+X)$ 的值保持较低，在一次电压向二次电压进行变换时，可以使电压损耗和相角偏移降至最小。电流互感器分为两种：铁心中存在大量漏磁通（见图5.6a）和铁心中漏磁通可以忽略。这两种类型中，并联励磁阻抗 Z_e 值均较高，从而最大程度减小一次电流向二次电流变换过程中的电流损耗。

图中的理想变压器是为了提供必要的变比转换，它没有损耗或阻抗。尽管图中显示变压器一次侧接入电力系统，但它们也可以连接二次侧。如图所示，所有阻抗均都折算到二次侧。若采用标幺制，理想变压器为非必需的，故可以忽略。

按照匝数比 n 降低一次侧电压、电流，从而产生二次电压、电流供继电器和其他二次设备使用。这些负载的阻抗一般称为负荷。负荷可以指独立的设备，也可以指所连接的总负载，包含互感器的较大的二次阻抗。对于这些设备，负荷通常用指定电流或电压下的伏安表示。

因此，CT、VT 的负载阻抗 Z_B 是

$$Z_B=\frac{VA}{I^2}\Omega(\text{对 CTs})\quad \text{或}\quad =\frac{V^2}{VA}\Omega(\text{对 VTs}) \tag{5.1}$$

式中　VA——伏安（负载）。

I、V——测量负载的电流、电压，单位分别为安培（A）和伏特（V）。

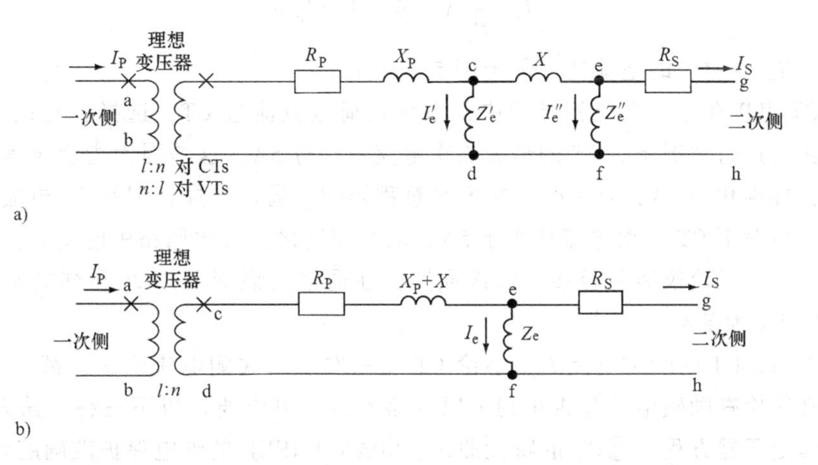

图 5.6　仪用互感器的等效电路图；图中变压器为理想变压器，阻抗值均折算至二次侧（n 为绕组匝数）。采用标幺制时，可以忽略理想变压器

a）互感器铁心中存在大量漏磁通——T 型 CT 和 VT

b）铁心中的漏磁通可以忽略——C 型 CT

5.3　CT 在保护系统中的应用

几乎所有 CT 的二次额定值均为 5A。其他额定值，存在但并不常见，例如 1A，尽管在其他国家中可能得到普遍采用。当 CT 和继电器间的二次引线非常长时，这些更低额定值的 CT 具有优势，例如在高压互感器中。然而，改变 CT 的额定值不一定会降低继电器运行所需的能量。在伏安不变的前提下，更低的电流意味着需要更高的电压，并且一次、二次引线之间需要更好的绝缘。因额定值降低所表现出来的优势在极大程度上被它的缺点所抵消。现在和不久的将来，负载极低的固态微处理器继电器将成为新的标准。

CT的测量性能表现在它可以准确地根据一次电流生成二次电流，包括电流的波形和幅值。分成两部分：对称交流（AC）分量和偏移的直流（DC）分量。现代CT的主要作用是在CT不饱和的情况下再现波形。

5.4 CT在交流对称分量上的性能

对于对称分量，在不饱和状态下，最大电流产生大的变比误差决定了CT的基本性能，对继电保护来说，相角误差一般不是最关键的。

如果CT没有饱和，可以假设电流 I_e 是可以忽略的：

$$I_S = \frac{I_P}{R_c}\text{A} \quad \text{或} \quad I_S = I_P \text{ pu} \tag{5.2}$$

式中 R_c——CT的电流比，等于图5.6中的 n。

CT串接在电力系统相导线中，系统负荷电流流过CT，选择合适的变比 R_c 保证正常运行情况下，CT的最大二次电流不超过5A。这是因为指示仪表的二次电流被标准化为5A，且不受一次安培量程影响。通过选择合理的CT电流比，保证最大负荷下CT二次电流均小于5A，从而使连接在二次回路中的所有仪表均不超出量程。无论仪表是否接入二次回路，在通常的惯例下，CT和继电器的额定值均以5A为基准。

然而，CT的励磁电流 I_e，不论CT经一次或二次侧电流励磁，都不会是0，因此必须检查励磁电流是否小到可以忽略不计。可以通过以下三种方法来检查：①经典变压器方程；②CT的特性曲线；③ANSI/IEEE的继电保护准确度等级。

5.4.1 经典分析方法

经典变压器方程为

$$V_{ef} = 4.44 \quad fNA\beta_{max} \times 10^{-8}\text{V} \tag{5.3}$$

其中 f——频率（Hz）；

N——二次绕组的匝数；

A——铁心横截面积（in^2）[⊖]。

β_{max}——铁心的磁通量密度（磁力线/in^2）。

然而，上述量一般无法得到，因此这种方法多被CT的设计者使用。下式中，V_{ef} 是使CT二次电流能够带动负载的电压值。

这里的负载指的是CT的二次侧电阻 R_s，连接引线的阻抗 Z_{1d}，以及装置（断路器等等）的阻抗 Z_r。负载所需的电压为：

⊖ 1in = 0.0254m，后同

$$V_{ef}=I_s(R_s+Z_{1d}+Z_r)V \tag{5.4}$$

5.4.2 CT 特性曲线分析方法

通过图 5.6a 的等效电路图很难计算 CT 的特性，即使 X 的值已知也是如此。仪用互感器的 ANSI/IEEE 标准（C57.13）意识到了这一点，并且将变压器铁心中存在大量漏抗的 CT 分类为 T 类（1968 年之前为 H 类）。对于绕组式 CT，一次侧绕组由多根导体机械地绕在变压器铁心上的 CT，多半属于 T 类。它们的特性最好由试验测得，制造厂商会提供曲线，如图 5.7 所示。

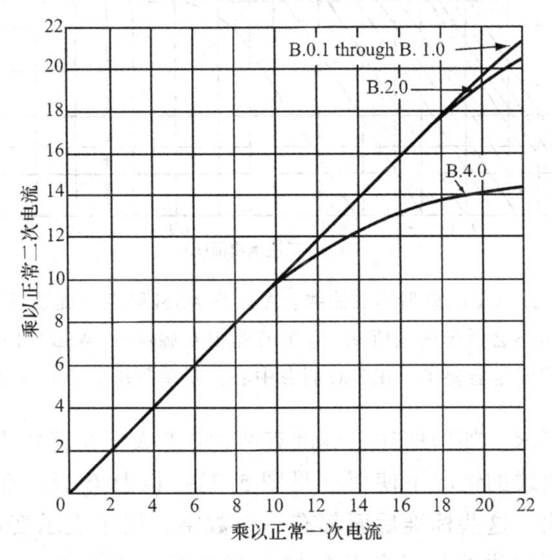

图 5.7 T 类 CT 的典型过载比。（ANSI/IEEE 标准 C37.13 图 5，《封装式低压交流断路器》，IEEE 服务中心，新泽西州皮斯卡特维，1981 年）

而设计上旨在最小化变压器铁心漏抗的 CT，例如贯穿式 CT、棒式 CT 或套管式 CT（见图 5.1），都可以用图 5.6b 中改进的等效电路图来表示。为了方便，漏抗 X 接在励磁支路之前，而励磁支路可以并联在 Z_e 上。这样就可以计算 CT 特性。这类 CT 被称为 C 类 CT（在 1968 年以前为 L 类）。典型的 C 类励磁曲线见图 5.8 和图 5.11。

ANSI/IEEE 标准将膝点，或者实际饱和点定义为曲线中呈 45°角的切线与曲线的交点。然而，国际电工委员会（IEC）定义膝点为励磁曲线上非饱和区和饱和区延长得到的两条直线的交点。IEC 定义的膝点电压较 ANSI/IEEE 更高，如图 5.8 所示。

5.4.3 ANSI/IEEE 标准准确度等级

在许多应用场合中，使用 ANSI/IEEE 标准准确度等级标准就足以确保继电

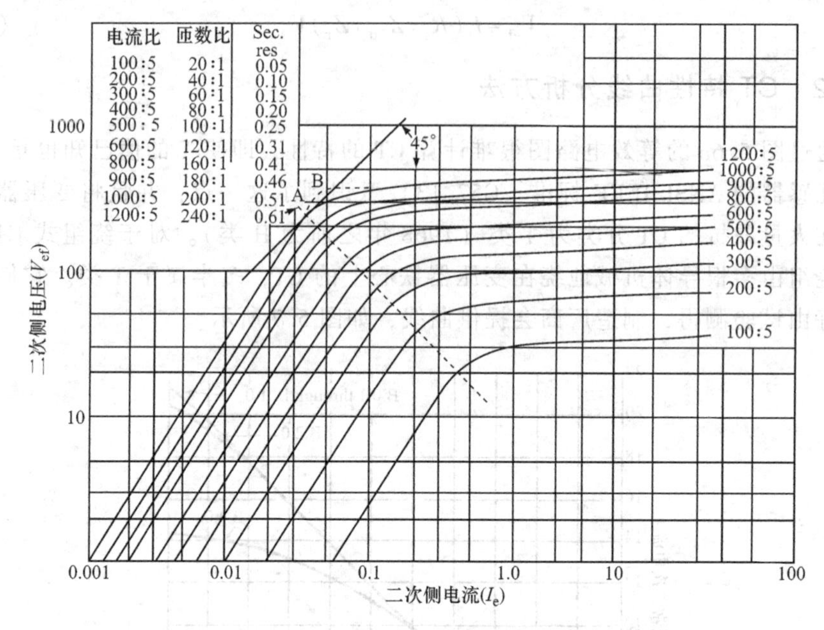

图 5.8　C 类多电流比 CT 的典型励磁曲线：A 点是 ANSI 膝点。此线以上，任何机组给定励磁电流的电压不会低于曲线值 95%。B 点是 IEC 膝点（ANSI/IEEE 标准 C57.13，图 4——仪用变压器要求。IEEEC 服务中心，新泽西州皮斯卡塔韦，1978 年）

器的性能可满足要求。如前所述，标准有两种：T 级，在特性不太好计算，必须要用到厂家测试曲线的情况下使用（见图 5.7），以及 C 级，在特性可以通过计算得到的情况使用。这些标准后面都有一个数字，用于表示变压器在 20 倍额定二次侧电流条件下能供给标准负载的二次侧终端电压（V_{gh}），不超过 10% 的变比误差（见图 5.9）。无论是电流从 1 倍到 20 倍变化，电流加在标准负载还是更轻的负载上，都不会超过 10%。对于继电保护，电压等级为 100、200、400 和 800，与标准负载 B-1、B-2、B-4、B-8 一一对应。这些负载的功率因数都是 0.5，负载的单位是 Ω，通过电压除以额定二次电流的 20 倍而获得。因此，以 800V 级为例，标准负载为 B-8，因此，8Ω×5A×20=800V。

如果电流较低，那么负载应该会相对较高；然而这个规律对电流较高的情况并不一定适用，因为标准中忽略的内部阻抗也会影响特性。因此，标称 400V 的 CT 在负载为 4Ω 或以下时会超过 100A（即 20 倍额定电流），误差不会大于 10%。相应的，在 8Ω 负载条件下，电流会超过 50A 且误差不大于 10%。

这些电压等级采用终端电压，而非方程式（5.4）中出现的励磁电压，或者说：

$$V_{gh}=I_s(Z_{1d}+Z_r)V \tag{5.5}$$

更低的电压等级，如 10V、20V 和 50V，所带的标准负载为 B-0.1、B-0.2、

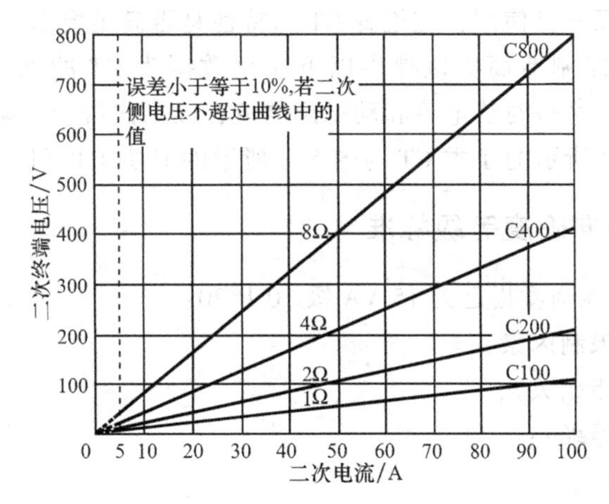

图 5.9　各种 C 类 CT 的二次侧电压容量

B-0.5、功率因数为 0.9，一般用于量测功能，在保护系统当中应该谨慎使用。

两个相似 CT 在主电路中连接，变比相同且二次侧串联，准确度会提高。举例来说，首先考虑单个 200/5（$R_c=40$），总负载为 0.5Ω，一次侧电流为 3200A。流过继电器（或负载）的二次侧电流应该为 3200/40 = 80A，如果不考虑饱和问题，CT 必须能够在二次侧产生 80×0.5 = 40V 电压。

而如果一次侧使用两个 200/5 的 CT，且它们的二次侧串联，那么 80A 的电流将流过继电器。继电器量测的电压仍为 40V，但每个 CT 需要产生的电压就减半为 20V。

如果主电路使用两个相似 CT，且它们的二次侧并联，则可以让变比较高的独立 CT 组合形成变比总体较低的 CT 且保留未组合前较高的准确度等级。在之前的例子中，我们换用两个 400/5 的 CT（$R_c=80$）。于是 CT 二次侧的电流应该为 3200/80 = 40A，但流过继电器的电流仍然为 80A，每个 CT 及继电器上的电压为 40V。可以看到电压和采用单个 CT 的情况是一样的，但是准确度等级提高了。

两个 CT 组合使用的方法有时在采用低电流比 CT 时会很有用，因为馈线的负载较低。但是近区故障电流可能会非常高，而且 CT 准确度较低也可能导致保护功能故障或不可靠。

ANSI 的各个分级标准仅表明变比修正或者误差不会超过 10%，这是很值得肯定的。它们并不提供实际值的信息，这个实际值可能是任意值，但误差不会超过 10%。同样重要的是，这些准确度等级仅适用于 CT 全绕组运行的场合，且如果存在并使用低抽头的话，准确度等级要相应降低。许多 C 型变压器都属于套管式多电流比 CT，二次侧有 5 个抽头，可以提供如图 5.8 所示的变比（也可参见图 5.11），使用其中的低抽头时 CT 性能将大打折扣。一般情况下，应尽量避免使用低抽头，而一旦使用，应检查CT的特性是否满足要求。

根据标准，CT制造商应该提供以下应用数据为CT的保护功能提供支持，即①准确度等级；②短时热电流和动稳定电流；③二次绕组的阻值；④典型特性曲线，比如图5.7所示的T类CT与图5.8所示的C类CT（同见图5.11）。

5.4.4 IEC的准确度等级标准

IEC将CT的准确度指定为15 VA级10 P 20：

1）（准确度限制因素）；

2）（保护功能相关）；

3）（准确度等级）；

4）（连续VA）。

因此，这种CT额定值为5A，15/5=3V，且误差在10%内，即二次侧电压误差小于20×3=60V。

以下是继电保护中CT的标准值：

连续VA：	2.5,5,10,15和30
准确度等级	5%和10%
准确度限制因素	5，10，15，20和30
额定二次电流安培：	1，2和5（首选5A）

对于额定值为30VA级10 P 30的CT，

$$\frac{30}{5}=6\text{V};\ 6\times30=180\text{V}$$

允许的负载为$30/5^2=1.2\Omega$。这种CT等效于ANSI/IEEE C180 CT。

5.5 故障时的二次侧负荷

各种故障和电气连接附加在CT上的负荷见图5.10。Z_B是引线或CT和继电器之间连接线路的总阻抗。通常假设每一相的负载都是相同的，但这种假设并不总是正确的。当CT呈三角形联结（见图5.10b）时，A相CT的负荷为$(I_A-I_B)Z_B-(I_C-I_A)Z_B$，化简得$[2I_A-(I_B+I_C)Z_B]$。对于三相故障，$I_A+I_B+I_C=0$，故而$(I_B+I_C)=-I_A$，带入前式即为$3I_AZ_B$。

相继电器一般都由三相故障电流整定，而接地继电器由单相接地故障电流整定，相间故障示意图较少使用。这表明，同样负荷情况下，相间故障时故障电流较小，三相故障时故障电流最大。

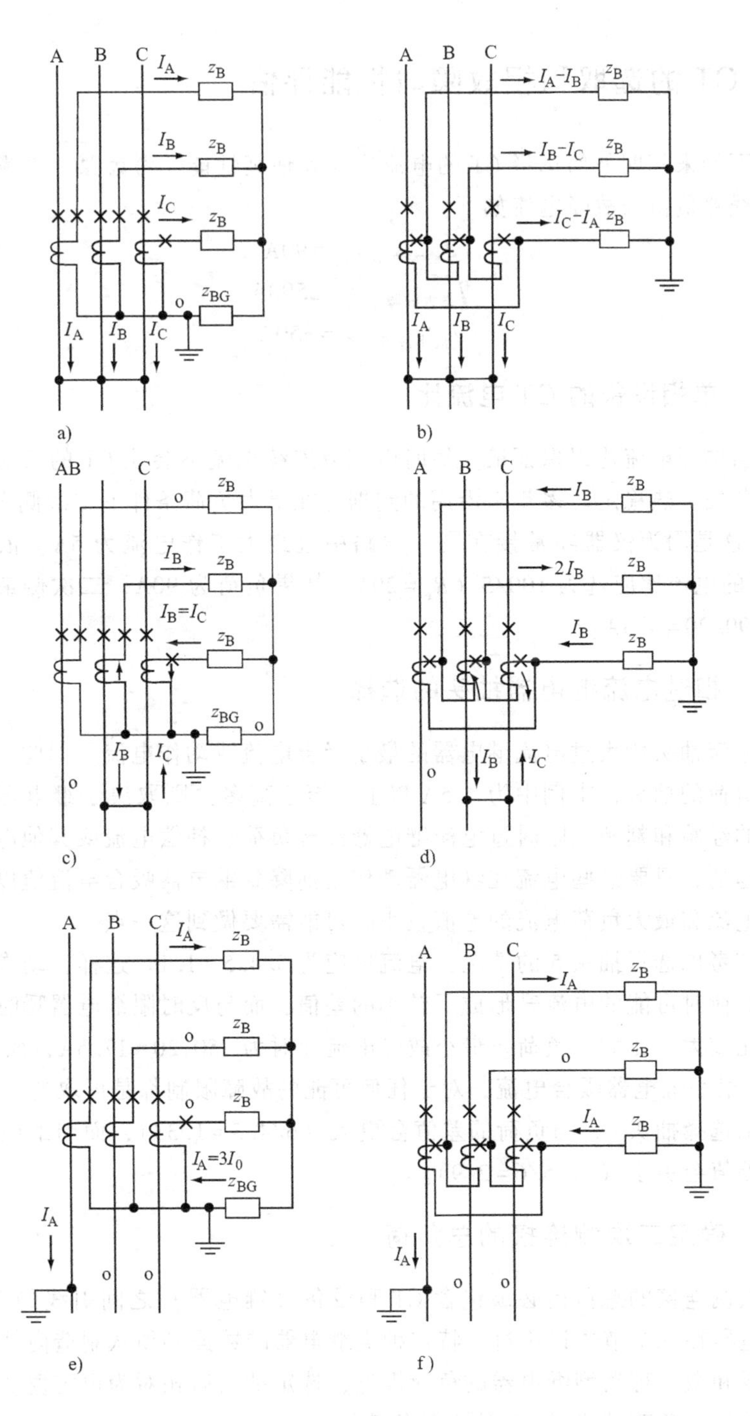

图 5.10　各种类型的 CT 联结和故障下的 CT 负荷。未经激励的 CT 的负荷已经忽略

a）和 b）三相故障　c）和 d）相间故障　e）和 f）接地故障

5.6 CT的选取和相故障时性能评估

用下例来阐明如何选择CT的电流比并评估其性能。考虑某一线路的过电流保护，线路负荷与故障电流如下：

$$I_{\text{最大负荷电流}} = 90\text{A}$$

$$I_{\text{最大故障电流}} = 2500\text{A}$$

$$I_{\text{最小故障电流}} = 350\text{A}$$

5.6.1 单相设备的CT电流比

适当选择电流比以保证最大短时电流或连续电流不会让CT的二次侧和所连接的设备失去热稳定。多年来沿用的判据是在最大负荷条件下二次侧电流不得高于5A。这是因为仪器经常接在同一线路中且最大工作电流为5A。依照这一准则，CT的电流比应选为100/5（$R_c=20$）。如果负荷为90A，二次侧最大连续电流就为90/20=4.5A。

5.6.2 相过电流继电器抽头的选择

过电流抽头代表过电流继电器的最小吸合电流或动作电流。因此，应选择高于最大负荷的抽头，本例中为4.5A以上。至于高多少则取决于继电器特性、操作人员的经验和判断。限时过电流继电器经冷负荷、补偿电流或其他电流吸合是没有问题的，只要这些电流在继电器动作之前降到继电器吸合电流值以下。在最小故障电流和最大负荷电流的差值较小时可能需要做到这一点。

现在考虑选择抽头5的情况，电流比应为5/4.5=1.1。这样，动作值就与任何连续负荷时可能的电流升形成了较小的差值，而与反时限继电器瞬时过电流的差值就比较大，比如冷负荷。最小故障电流此时为350/20=17.5A，而17.5/5 = 3.5乘以最小继电器吸合电流，对于任何可能的故障限制都是可取的。

如果选择抽头6，与负荷的差值会更大（6/4.5=1.33），而与继电器吸合电流值的差值会更小（17.5/6=2.9）。

5.6.3 确定二次侧连接的总负荷

二次侧连接的总负荷必须包含CT和设备（继电器）之间引线的全部阻抗。接地继电器在5.7节中讨论过。特定种类继电器的数据必须从制造商处取得。固态继电器和微处理器型继电器的负荷极低，选定抽头后相对为恒定值。对于这些应用，引线的负荷就成了CT的主要负载。

机电式继电器应选用抽头5，其负荷为5A，2.64VA和580VA，20×(100A)。

CT 到继电器之间引线的阻值为 0.4Ω。一般使用 8 或 10 号的低阻值引线来确保对这些重要连接的机械损坏最小化。

吸合电流下的二次侧总阻抗如下：

继电器负荷　　$2.64/5^2 = 0.106\Omega$

引线负荷 = 0.40Ω

CT 终端的总负荷 = 0.506Ω，5A 时

20×(100A) 条件下的二次侧总阻抗如下：

继电器负荷 $580/100^2 = 0.058\Omega$

引线负荷 = 0.40Ω

CT 终端的总负荷 = 0.458Ω，100A

机电式继电器在较高的电流下趋于饱和，上述阻抗值是很典型的。从而，其内部阻抗降低并趋于阻性。对于这些继电器，制造商会提供多个电流等级的负荷数据。负荷的减小将有助于提升 CT 的性能。固态继电器的负荷一般较低，且在不同电流水平下更为恒定。

实际应用中经常会将负荷阻抗和电流直接代数相加，但理论上应该将两者按相量方式作和。如果性能处于临界适用状态，应该以相量方式作和；否则，直接相加，这样更简单且也能满足要求。到目前为止，提到过的例子中是以代数形式相加的。

负荷一般都接近单位功率因数；I_s 同样接近单位功率因数。然而，励磁电流 I_e 将迟滞 90°，因此，I_s 和 I_e 近似成直角是一个比较好的估计。

5.6.4 采用 ANSI/IEEE 标准确定 CT 的性能

5.6.4.1 采用 T 类 CT 时

从提供的特性曲线检查性能，如图 5.7 所示。其中“B”代表标准负荷。继电器负荷为 Bl、B2、B3、B4 和 B8。这些是图 5.6 中从端口 gh 看的二次侧总负荷阻抗，在之前提到的例子中应该为 0.506 或者 0.458。

5.6.4.2 采用 C 类 CT 并按 ANSI/IEEE 标准确定性能

在本例中，已经事先选择了一个 600/5、评级为 C100 的多电流比 CT。对于其所带的负荷，选取电流比更低的 CT 会更好，但是 CT 通常在获得足够或完全正确的系统数据之前就已经选好。选择高电流比、多抽头的 CT 貌似能为系统提供较宽范围的动作特性，但也可能造成保护问题，接下来就要进行讨论。

测定最大故障电流下，CT 端口需要的电压（见图 5.6b 中的 gh 端口）。求取如下：

$$V_{gh} = \frac{2500}{20} \times 0.458 = 57.25\text{V}$$

但是C100型600/5的CT在100/5的抽头上仅能得到：

$$V_{gh}=\frac{100}{600}\times 100=16.67\text{V}$$

因此，最大故障电流将导致CT严重饱和，引起保护误动或拒动。因此，这种应用方式是不能选取的。

不能同固态、负荷较低的继电器一起使用这种CT。假设继电器负荷为0，只考虑引线负荷，于是有：

$$V_{gh}=125\times 0.4(\text{引线})=50\text{V}$$

电压仍远远高于100/5抽头CT能够产生电压，即16.67V。

另一种选择是在上述CT上采用400/5（$R_c=80$）抽头。这样最大负荷电流将为90/80=1.125A，继电器抽头可选为1.5，于是继电器吸合电流和最大负荷电流之间就相差1.5/1.125=1.33倍，而吸合电流与最小负荷电流则相差2.9倍（350/80=4.38；4.38/1.5=2.9）。

然而，选用此抽头且电流为100A时继电器负荷为1.56Ω（对于固态继电器，这个值会低得多）：

继电器负荷=1.56Ω

引线电阻=0.40Ω

CT端子总阻抗=1.96Ω

$$V_{gh}=\frac{2500}{80}\times 1.96=61.25\text{V}$$

400/5抽头时CT容量为

$$V_{gh}=\frac{400}{600}\times 100=66.7\text{V}$$

61.25V在CT容量范围内。

5.6.4.3 采用C类CT并以CT励磁曲线确定性能

与前述例子一样，采用ANSI/IEEE额定值一般都能满足评估要求但比较宽泛。采用励磁曲线法能在满足要求的条件下提供更为精确的信息。

例中600/5 CT的励磁曲线见图5.11。采用这些曲线时，必须纳入CT的二次侧电阻（R_s，见图5.6b）。这些数据如图5.11所示，对于400/5抽头，则为0.211。因此：

继电器负荷=1.56Ω

引线电阻=0.40Ω

CT二次侧=0.211Ω

励磁端子ef的总阻抗=2.171Ω

要在继电器中产生1.5A电流所需的电压为

$$V_{ef}=1.5\times2.171=3.26\text{V}$$

$$I_e=0.024\text{A}$$

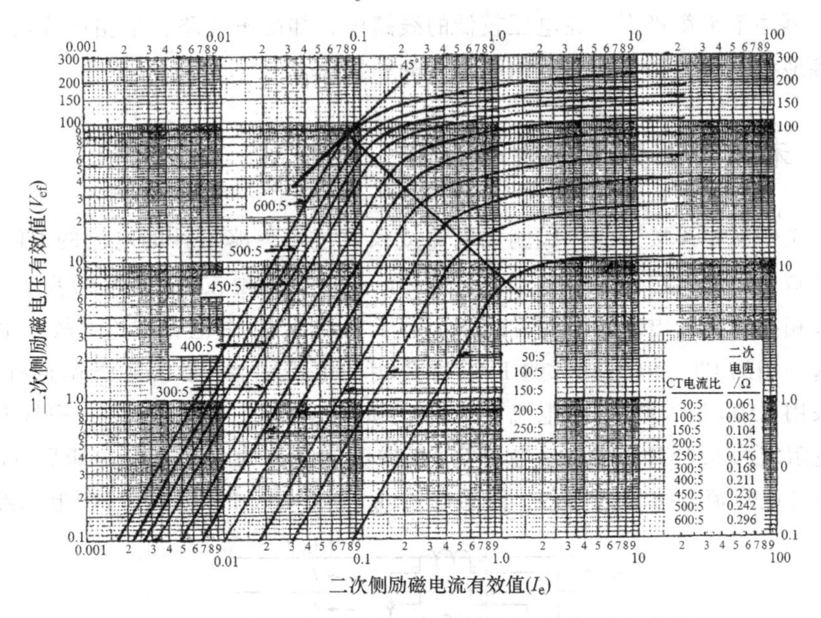

图 5.11　C100 型 600：5 多电流比 CT 的典型励磁曲线

对于最坏的情况，直接相加即 1.5+0.024，一次侧吸合电流应为 $I_P=1.524\times80=121.92$ A。如果此处我们按常规做法忽略励磁支路，$I_P=1.5\times80=120\text{A}$，两者都远远小于 350A 的最小故障电流。此故障时电流为 2.85A（如果忽略励磁支路则为 2.92A）。

对于最大故障电流，二次侧电流为 2500/80=31.25A

$$V_{ef}=31.25\times2.171=67.84\text{V}$$

$$I_e=0.16\text{A}$$

虽然这接近饱和曲线的膝点，但较小的励磁电流不会使流过继电器的故障电流显著降低。

5.7　接地继电器的性能评估

当接地继电器连到中性点接地的电力系统线路中（$3I_0$），或者当 I_0 是从三角形联结的变压器的第三绕组得到时，评估与第 5.6 节的类似，但第 5.6.1 节不适用，因为正序负荷电流并不包含在内。如果线路连接到变压器三角形绕组，三角形每边的 CT 都应并联以提供 $3I_0$。

对于图 5.12 所示的常见相对地继电器接法，5.6 节的内容适用，接地标准如图 6.4 所示。

通常，接地继电器可以整定得比相继电器更为灵敏，特别是在电压较高的线路中，零序不平衡极少。在电压较低的线路中，如配电线路，单相负载效应可能导致接地继电器的动作值接近相继电器的动作值。

5.8 未通电 CT 对性能的影响

二次侧互相连接，但一次侧无电流或仅流过可忽略不计的电流的 CT，经二次侧励磁；因此，它们需要电流 I_e。这种情况可能出现在 CT 并联到差动线路上或是单相接地故障出现时。后者的一个例子在图 5.12 中也有描述。故障电流 I_A 流入这一相的 CT，但无故障的 B 相和 C 相的电流则为 0。为了强调这种效应，假设采用 C100 型 600∶5 多电流比 CT 接 100∶5 抽头。CT 二次侧，引线和继电器的电阻定为 0.63Ω。接地继电器 0.5A 抽头的阻抗为 16Ω，相角滞后 68°。为了让吸合电流流过接地继电器，需要产生 0.5×16=8V 的电压。这个电压经相继

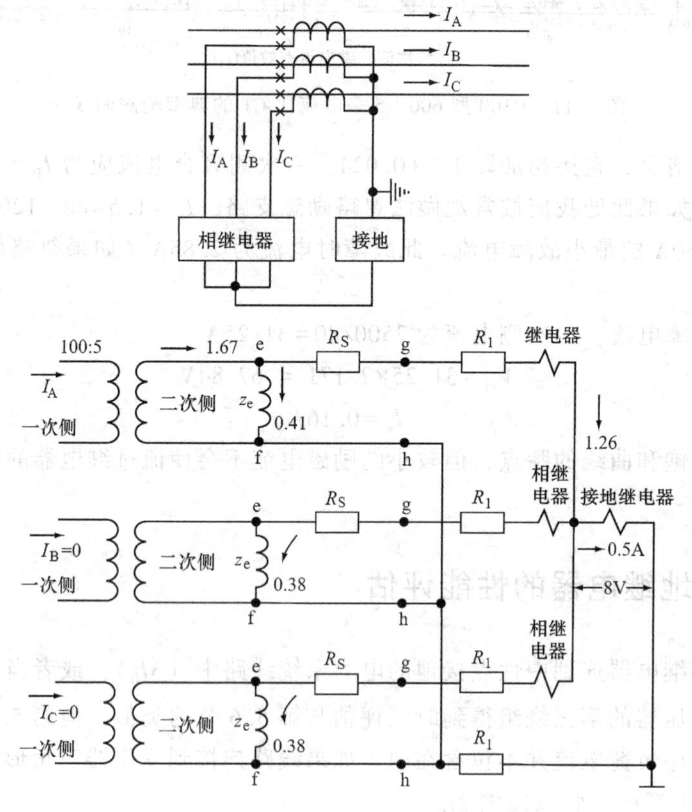

图 5.12 线路保护中的相接地继电器以及接地故障中的电流分配

电器线路的小压降略微减小后，加在 B 相和 C 相 CT 的二次侧并激励这些 CT。电压 V_{ef}取决于电流，而电流又取决于电压，故而确定参数是一个不断尝试的过程。第一次尝试，假设 $V_{ef}=8V$。根据 CT 特性（见图 5.11），8V 时 I_e为 0.39A，电流通过相阻抗产生压降，从而使 $V_{ef}=8-(0.39\times0.63)=7.75V$，相应的 $I_e=0.37$。重复上述过程，又得到 $I_e=0.38A$，激励 B 相和 C 相的 CT 需要的电流。

A 相的电流是接地继电器的吸合电流外加 B 相和 C 相的励磁电流。直接相加为 $0.50+0.38+0.38=1.26A$。如果求相量和，则应为 $0.5\angle68°+j0.38+j0.38=1.24\angle81.30°$。因此，差异其实并不明显。A 相 CT 的励磁电压 $V_{ef}=8.0+(1.26\times0.63)=8.79V$，而在图 5.11 中得知，$I_e=0.41A$。直接相加，二次侧电流为 $1.26+0.41=1.67A$，一次侧则为 $20\times1.67=33.4A$，足够让接地继电器动作。相比之下，忽略三个 CT 的励磁电流的话，一次侧只需要 $20\times0.5=10A$ 就能让接地继电器吸合。

需要指出的是，当 CT 和继电器使用抽头时，这些 CT 可能无法满足故障保护的需要。如 5.4.3 节所述，电流比较高的抽头可以增进 CT 性能并减轻分流效果。特别是当多个 CT 并联且仅其中 1~2 个有电时，应该考虑到上述效应。比如后文将会讨论到的差动保护方案。

5.9　通量和电流互感器

通量和 CT 也叫做甜甜圈型或环形 CT，由磁心和分布式绕组构成。电导体穿过中心的开口。典型的开口直径约为 4~10in。这类 CT 在低电压等级的系统保护中非常有用。

当三相导体穿过中心开口时，二次侧的测量值为 $I_a+I_b+I_c=3I_0$，即接地电流。当某设备两端接着同一相的导体，且穿过中心开口时，通过设备的净负荷或故障电流为 0。对于内部故障，因为其中之一提供故障电流，或两端提供的故障电流大小不一或相角不同，净电流或和电流等同于故障电流。

这是求通量和，而非单个变压器二次侧电流求和。其优势在于 CT 的电流比独立于负荷电流或线路的视在功率，于是避免了潜在的单个 CT 较其并联的 CT 饱和特性不同的难题。缺点则是限制了可以通过开口的导体的尺寸。这类 CT 的典型电流比为 50∶5，开口的最大直径一般为 8in。

这种 CT 常与 0.25A 的瞬时过电流单元配合使用，如果励磁电流可以忽略，则其组合的一次侧吸合电流为 5A 而非 2.5A。后面的章节会对这部分作详细讨论。

金属护套或屏蔽电线穿过环形 CT 可导致故障电流消失。这种现象的具体细节见图 5.13。这种情况要么由三相线缆造成，要么由单相线缆造成。故障电流

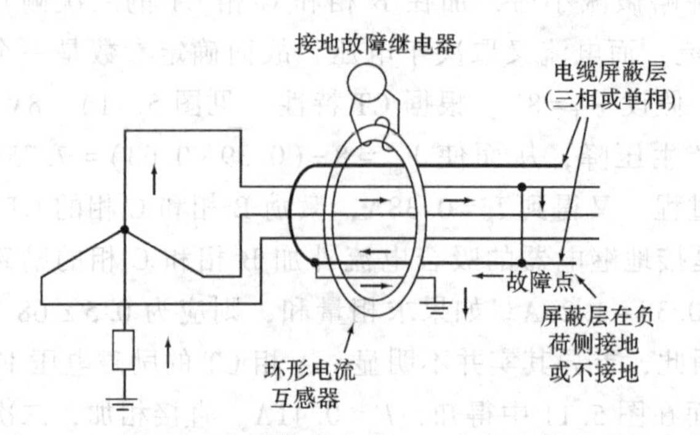

图 5.13　磁通和 CT 的典型应用——金属套管导体接地故障

可能部分或完全消失，这取决于套管是否接地。如图所示，套管上的故障电流可以经由连接导体并穿过环形 CT 的办法消除。

5.10　直流分量对 CT 性能的影响

就如一般变压器在直流分量作用下会失去作用一样，直流分量也会极大影响 CT 的性能。当一次侧交流系统中出现电流变化时，三相电流中会出现一相或多相直流补偿电流，虽然可能全都不到最大值，也可能某一相完全没有补偿电流。直流分量的产生是满足两个相互冲突的要求的必然结果，即①电力系统高度感性，电压波形接近为零时电流波形必须接近最大值；②在电流改变的时刻，电流的实际值应该由之前的网络状态决定。例如，在电流为零时开始给线路供电，当电压为零时关断线路，此时问题就来了。根据需要，①那一时刻电流波形应该最大或接近最大值。因此会产生逆向电流确保电流为零以满足条件②这个直流分量与条件①需要的交流分量大小相等，方向相反，在线路即将关断的瞬间，两者的和为零。

完成上述任务之后，就不再需要直流分量了，但根据电力系统的 L/R 时间常数，直流分量只能缓慢消失，这种慢慢减小消失的直流分量有点类似于低频交流量，并通过 CT。它能使 CT 的铁心饱和，从而使得一次侧到二次侧的感应电流受到严重的限制和扭曲。这个现象可参考图 5.14，带阻性负载，20 倍额定全补偿电流。这种负载会导致每个周期二次侧电流的骤降。

在 CT 饱和后，直流分量的减弱会使得 CT 恢复正常，因此接下来的每个周期，二次侧电流都会更接近一次侧电流。当直流分量消失时，一次侧感应的二次侧电流完全恢复正常。上述情况需要假设没有交流饱和现象发生。也有极为罕见但可能出现的情况，即极端条件下二次侧电流可能在几个周期后变为零。

负荷的电感使得直流分量的衰减更为缓慢，而较低的负荷将减轻这种变形。

这些影响见图 5.14。如图所示，CT 的饱和并不是立刻就出现的，因此，一开始二次侧电流仍随一次侧电流变化，直到其因饱和而减小并发生变形。

饱和的时间和二次侧电流的计算是很困难的，取决于很多因素，如：故障电流的性质、CT 的参数和设计以及连接的负荷等。评估环形芯 CT 性能的简单有效办法可以参考 IEEE 的报告《电流互感器的瞬态响应》，从实用的观点和一般的经验法则入手，继电保护中用到的 CT 常能够在直流分量造成的严重饱和前，以较高的准确度在一个半周期内反映一次侧电流。

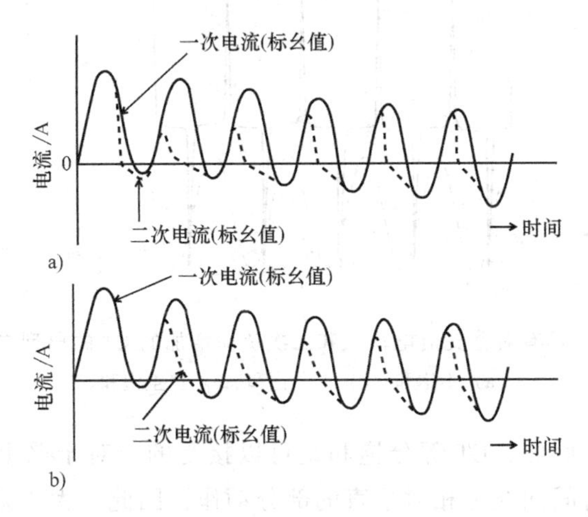

图 5.14　因直流分量引起饱和造成的典型、可能的 CT 二次侧电流扭曲

a）大负荷且呈电阻性　b）小负荷（本图来自 IEEE 76-CHI 130-4，PWR《电流互感器的瞬态响应》，安大略电力公司，Res. Q.，pp. 18-21，1970 的图 3。）

5.11　总结：CT 性能评估

以下两种 CT 饱和已经讨论过。

5.11.1　由 CT 特性和二次侧负荷引起的对称交流电流输入饱和

图 5.15 所示为典型二次侧电压，作为二次负荷的函数。输出总是存在，即便可能有延迟或不足以让继电器动作。应避免这类饱和，但不一定总是可行的。

对称交流电流饱和是继电器整定中最关键的部分。因此，在差动保护中，判定点通常在最靠近外部故障的 CT 处。CT 一侧在保护范围内，这里的保护必须动作，而另一侧则属于保护范围外，保护禁止动作。外部故障电流通常很大，且需要 CT 拥有良好的特性。而交流饱和在这类保护中不应该出现。

对于线路的过电流保护，判定点将远离 CT 且通常不那么重要，因为继电器

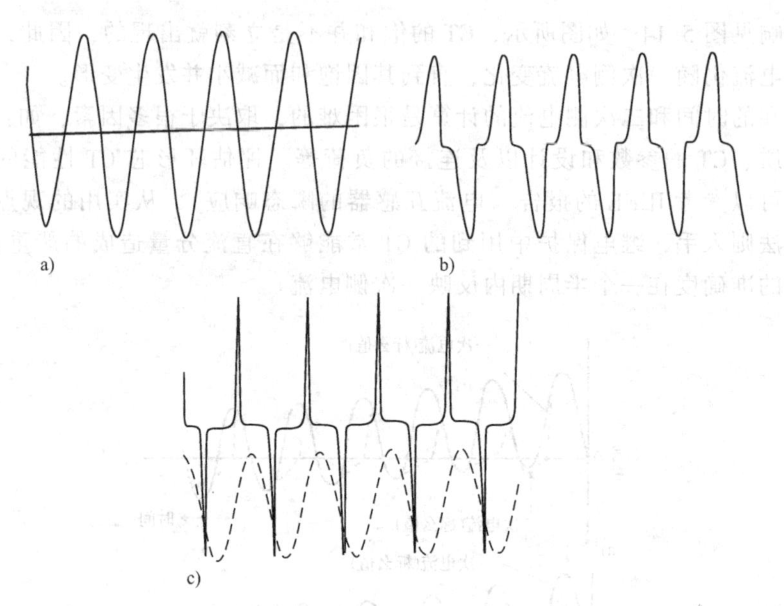

图 5.15　具有对称交流电输入和二次负荷增加的 CT 的典型二次电压
a）不饱和　b）部分饱和　c）严重饱和

动作常包含延时；因此，CT 部分饱和是可以接受的。对于严重的近区故障，这些继电器可能在时间曲线上相对平直的部分动作，因此，大小差异影响不大。上述判断对严重近区故障下的速断或距离继电器同样适用。

5.11.2　由一次侧交流电流引起的直流补偿电流导致的饱和

这部分是电力系统的功能，其效果不太可能因 CT 的设计而抵消。它会暂时限制 CT 的输出，如图 5.14 所示，与图 5.15 的交流饱和形成对比。在某些差动保护方案中，故障检测功能可能包含多个 CT，这种情况下上述饱和问题可能会很严重。差动继电器设计上采用各种技术来防止误操作，一般不会出现交流饱和的问题。

而对于其他大多数的应用，直流饱和不太可能变得过于严重以至于显著影响保护效果。然而，有必要始终对此进行考虑和检查。

多数故障发生在电压峰值附近，此时在感性电力系统中，故障前的电流是比较低的。这使得直流补偿量最小化；因此该分量很少能达到最大值。在电力系统的许多部分中，时间常数较小，所以当直流补偿量出现时，它会迅速衰减。此外，除了差动保护以外，其他保护判定点故障电流并不是最大值。

例如，在线路保护中，继电器判定点远离 CT；因此，故障电流通常很低，而线路电阻有助于减轻这种影响。此外，动作决策时间不是很严格，因为清除远程故障通常需要时间。一般而言，近区高电流故障会超出继电器吸合电流，而如果是高速继电器，动作可能发生在 DC CT 饱和之前。如果饱和出现在线路保护继电器动作之前，继电器动作一般会延迟，直到 CT 恢复至足以执行动作。因此，这类保护一般用于欠范围，而非超范围。

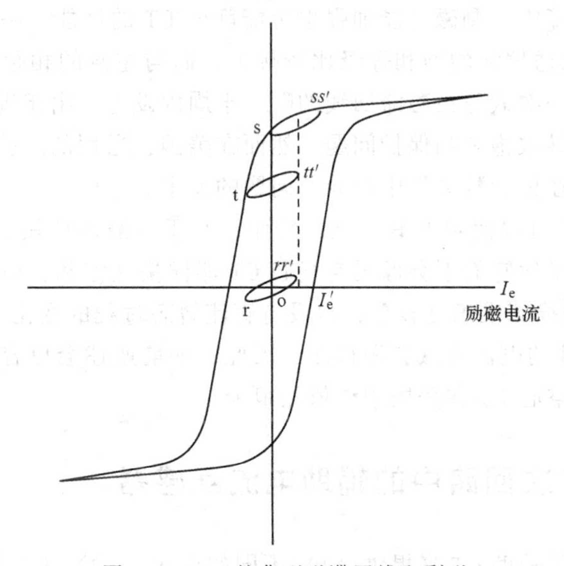

图 5.16　CT 的典型磁滞回线和剩磁

5.12　CT 的剩磁和暂态过程

当 CT 首次被负荷激励时，磁滞回线的偏移是对称的。随着磁通的变化，如图 5.16 中的 rr′，较高电流的故障使得磁通越来越大，偏移量同样增大，当故障被清除且一次侧电流为零时，将出现无方向性的暂态电流流过其二次侧。它与过程中断前流经电阻性负荷的故障一、二次侧电流并不同相。其时间常数在带电阻性负荷时通常较小，除非 CT 采用空心设计。暂态电流可能导致断路器故障保护方案中高灵敏度的快速过电流继电器失效，而当保护方案设计的保护响应时间较短时可能导致误动作，尤其是在高压系统保护中更常见。

故障中断，电流 I_e 衰减至零后，CT 中仍会有磁通。这个磁通叫做剩磁通，如图 5.16 中的 s 点。如果 CT 重新由原来的负荷电流励磁，磁通偏移将会继续，但因为剩磁，此时应为 s 点的回路 ss′，磁通变量为 ss′= rr′。然而，回路 ss′中的偏移无法持续，因为这将需要直流电流来保持其补偿位置。所以它将平移到对称位置 tt′，同样变量 tt′= ss′= rr′。

在平移过程中，根据负荷二次侧的时间常数大小，二次侧线路中将流过较小的直流电流。在负荷变化或出现其他故障之前，磁通量一直在 tt′回路中变化。如果线路开路让一次侧电流为零，剩磁将会是中断时刻的那个值，且在回路 tt′的某处。因此，CT 一旦通电，就会带有剩磁，其在正回路或负回路中的数值在零到饱和值之间。

在随后的故障中，剩磁可能加强也可能削弱 CT 的性能。举例来说，剩磁点 s 和 t 与右侧的磁通偏移的饱和等级比较接近，而与左侧的相距甚远。因此，CT 性能将取决于下一次故障在磁滞回线的哪个半周内发生。由于理论上这是无法预测的，剩磁可能导致饱和和保护问题。然而在美国，通用的经验并不认为这是很严重的问题，仅在极少数案例中会导致问题的发生。

采用空心 CT 可以使剩磁最小化；然而，对于一般的应用，空心 CT 的性能可能并不可靠。虽然它们不会像无空气芯 CT 那样快速饱和，但它们的励磁电流要高得多；CT 的稳态准确度较差，也没有直流暂态过程的变化。当故障切除后，空心 CT 非方向性的电流衰减会慢得多，因此，如前所述会更容易导致保护过程中断路器失效。空心 CT 在美国用得依然很少。

5.13 CT 二次回路中的辅助电流互感器

有时需要利用辅助 CT 来提供（1）不同的变比；（2）电流的相移；（3）线路的电气隔离。如有可能，应该尽量使用这些 CT 以减小流经负荷的电流，减轻主 CT 负载。相关细节可参考图 5.17，Z'_B是主 CT 的二次侧阻抗，来自右侧阻抗 Z_B，或是连到辅助 CT 二次侧的负荷。忽略辅助 CT 的损耗，得出的结果如下：

$$Z'_B=\frac{Z_B}{N_2}$$

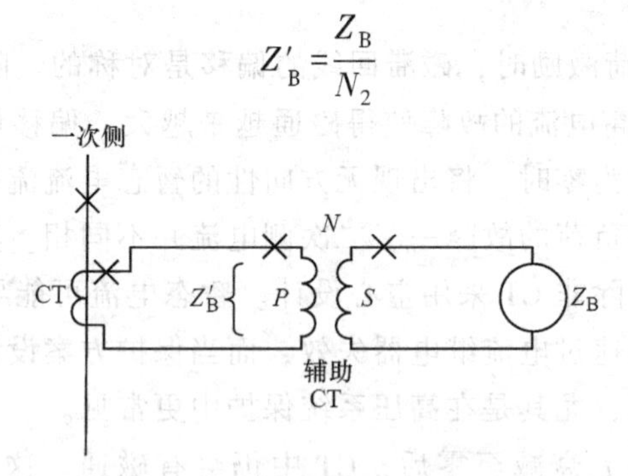

图 5.17 辅助电流互感器用于改变 CT 电流比

此处 N 是辅助 CT 的电流比。因此，如果采用电流比 $P:S$ 为 10∶5 的降压连接方式，$N=2$ 以及 $Z'_B=0.25Z_B$。然而，如采用升压连接方式，$P:S=5:10$，那么 $Z'_B=4.0Z_B$。引线的阻值较高的话，主 CT 附近的降压接法辅助 CT 可用于减轻相引出线的电阻负荷。注意辅助 CT 的损耗会加在主 CT 的总负荷当中。

5.14　保护应用中的电压互感器

VT 的一次侧是绕线式的，可直接接到电力系统或绕到相与地之间的电容器串的某一段上（CCVT）。典型结构可参考图 5.3~图 5.5，图 5.18 则是连接方式示意图。

保护继电器一般采集使用相间电压，所以变压器线电压一般额定为 120V。可设置抽头以获得 69.3V 或 120V 对中性点电压。如果条件允许，可设置双重二次侧回路用以为接地继电器获取零序电压（见图 5.18a）。如果仅能使用单个变压器二次侧绕组，可用两个辅助性 VT，一个接成 Y 形，另一个为不接地三角形，这样可测得图 5.18a 中的 $3V_0$，与图示的连接方法类似。CCVT 经常用双二次侧回路来同时获取相电压和 $3V_0$电压（见图 5.18c）。

如图 5.18a 和图 5.18c 所示，三个 VT 或 CCVT 通过正序、负序和零序电压。图 5.18b 的开口三角形联结则会同时通过正序和负序电压，但不会通过零序电压。

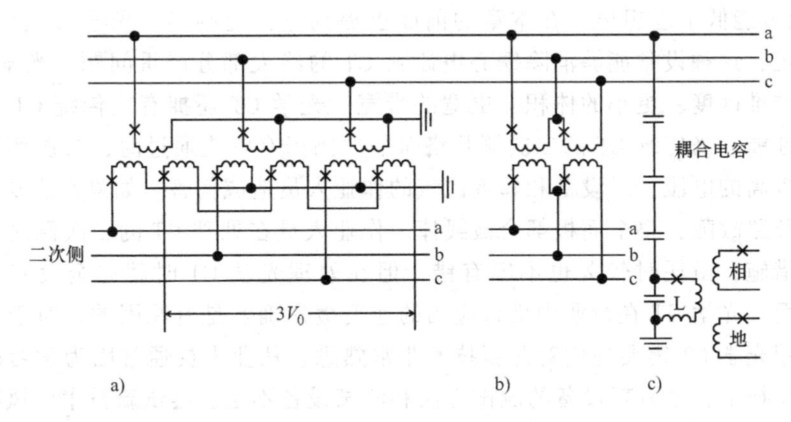

图 5.18　继电器的典型电压源：图中 CCVT 设备的二次回路示意图是简化过的电路图，仅供参考
a）三个双二次侧回路 VT 接到相和地之间，得二次侧相对地电压　b）两个单二次侧回路 VT 采用开口三角形接法，得二次侧相电压　c）三个 CCVT 接到相和地之间，得二次侧相对地电压（仅展示其中一相；b 和 c 应与 a 中连接方式类似，将电路以相同结构拓展到三相。）

VT 可应用于各种电力系统电压等级且一般接到母线上。在 115kV 或更高的电压等级，CCVT 型电压互感器可用且比普通 VT 更经济。一般来说，CCVT 并不接到母线上而是接线路中，因为耦合电容器也可用于纵联保护中线路的射频耦合。这部分将在第 13 章中阐述。

无论哪种类型的 VT 都能很好地跟踪一次侧电压，不论是暂态还是稳态电压都行，并用于保护功能当中。饱和不是问题，因为电力系统一般不会在比正常电压高的条件下运行，而故障一般引起的问题是电压崩溃或下降。上述两种电压互感器都具有良好的裕度和较高的可靠性。VT 常与一次侧熔断器一同安装，而 CCVT 则不需要熔断器。熔断器也用在二次侧。实际中，常用分开的二次侧熔断器来对总保护中不同组的继电器供电。熔断器会带来隐患。熔断器的电势损失可能会造成不必要，甚至是错误的继电器动作。在某些情况下，采用过电流故障探测器来降低这种可能性。

当系统电压突然降低时，一些 CCVT 可能经历电压下降的暂态过程，二次侧的感应电压暂时不再跟随一次侧电压。这是由二次侧补偿电抗或平波电抗器（L）中能量的不断往复以及其所连接的线路造成的。这个暂态过程可以是无方向的，其频率也可与系统频率不同。这对于机电式继电器来说并不是问题，但对于固态继电器则可能引起故障。而现代 CCVT 的设计足以消除这些问题。

5.15 光学传感器

如前所述，传统的电磁式 CT 在满足特定条件时可应用至不同场合，而此时 CT 性能可能低于理想值。在本章的前面也提到过，近些年，光学 CT 已经愈发受到重视，这种设备能够消除铁心电磁式 CT 的绝大部分严重问题。光学 CT 拥有更好的准确度、更小的体积、更宽的带宽。光学 CT 还拥有比传统 CT 更出色的安全性能。当传统 CT 的二次侧开路而一次侧仍有电流通过时，二次侧开路处会产生极高的电压，对设备和邻近区域的作业人员造成伤害。如果无法及时注意到这种开路故障，整个面板都会被毁掉。作业人员在处理 CT 的二次侧时必须做好预防措施，虽耗时较久也不容有错，但在处理光学 CT 时就完全没有上述问题。然而，光学 CT 在行业中推行应用的速度缓慢确实是有原因的。对于从业人员，应用光学 CT 需要他们对此新技术非常熟悉。从业人员通常因为学习困难不愿采纳新技术，也有新设备的测试方法和测试设备不足、尝试新技术的风险问题等。此外，继电器和量测装置也必须要能处理光学 CT 输出的数字或幅值很低的模拟信号。基于上述原因，光学 CT 的推广困难重重，常用于采用传统继电器会导致严重问题的场合。

“光传感”这个词有时会令人费解，在某些场合用于描述采用传统的带铁心传感设备的系统，只不过输出信号被转换成光信号传输给保护、控制、量测设备。真正的光传感器是使用光学材料而非带铁心设备的，而且量测电流的技术也有很大差别。真正的光学传感器可分为整块传感器和纯纤维传感器。整块传感器采用加工过的玻璃引导导体周围的光纤，这种传感器难以做成其他大小或形状。纯纤维传感器是将弯曲的纤维绕在导体附近，这种传感器可以做成各种大小和形状。光学电流传感器可以更进一步分成干涉型和偏振型传感器，以操纵光波量测流经导体的电流的方法来分类。测量技术的分析不在本书范畴之内，有兴趣的读者可参考“电流互感器误差和电磁式、光学和其他非传统 CT 测定的变压器涌流”这篇论文，作者是 John Horak 和 James Hrabliuk。这篇论文在光学传感器与继电保护相结合方面也有一些真知灼见。

显然，光学传感器在操作性方面较传统 CT 有明显的优势。随着保护系统数字化、故障电流等级持续上升、成本降低和工程师对相关知识的熟悉，这类传感器势必会推广开来。除此之外，有关准确度和无饱和问题，基础特性能通过编程轻易更改等优势，以及数字化测定量简化设备设计、测试和检修等都十分诱人。基于光传感的量测设备有能力掀起电力系统量测领域的大革命。

参考文献

请查看章节 1 末尾的参考文献以获取更多信息

ANSI/IEEE Standard C37.13, *Low-Voltage AC Power Circuit Breakers in Enclosures*, IEEE Service Center, Piscataway, NJ, 1981.

ANSI/IEEE Standard C57.13, *Requirements for Instrument Transformers*, IEEE Service Center, Piscataway, NJ, 1978.

ANSI/IEEE Standard C57.13.1, *Guide for Field Testing of Relaying Current Transformers*, IEEE Service Center, 1981.

ANSI/IEEE Standard C57.13.2, *Guide for Standard Conformance Test Procedures for Instrument Transformers*, IEEE Service Center, 1986.

ANSI/IEEE Standard C57.13.3, *Guide for the Grounding of Instrument Transformer Secondary Circuits and Cases*, IEEE Service Center, 1983.

ANSI/IEEE Standard C57.13, *Requirements for Instrument Transformers*, IEEE Service Center, 1978.

Connor, E.E., Wentz, E.C., and Allen, D.W., Methods for estimating transient performance of practical current transformers for relaying, *IEEE Trans. Power Appar. Syst.*, PAS 94, January 1975, 116–122.

IEEE Power System Relaying Committee Report 76-CH1130-4 PWR, Transient response of current transformers, IEEE Special Publication, A summary report and discussion, *IEEE Trans. Power Appar. Syst.*, PAS 96, November–December 1977, 1809–1814.

IEEE Power System Relaying Committee Report, Transient response of coupling capacitor voltage transformers, *IEEE Trans. Power. Syst.*, PAS 100, December 1981, 4811–4814.

Iwanusiw, O.W., Remnant flux in current transformers, *Ontario Hydro Res. Q.*, 1970, 18–21.

Linders, J.R. and Barnett, C.W., Chairman, relay performance with low-ratio CTs and high fault currents, *IEEE Trans. Ind. Appl.*, 31, 1995, 392–404.

Wentz, E.C. and Allen, D.W., Help for the relay engineer in dealing with transient currents, *IEEE Trans. Power Appar. Syst.*, PAS 101, March 1982, 517–525.

第6章 保护的基本原理和基本设计原则

6.1 引言

差动保护是目前最好的保护技术，已有50多年的历史。这种技术采用电流互感器（CT）比较流入和流出被保护区域的电流以实现保护功能。如果各电路之间的净差值为零，就可以认定是无故障或不存在难以接受的问题。如果净差值不是零，则意味着存在内部故障，同时产生的差动电流会启动相关的继电器。总的来说，内部故障即便是相对较小的故障都会提供很大的启动电流。

差动保护普遍适用于电力系统的各个部分，包括：发电机、电动机、母线、变压器、线路、电容器、电抗器及以上元件的组合。由于已讨论过电力系统各部分的保护，毫无疑问，差动保护是首选，通常作为主保护。

6.2 差动原理

差动保护的原理图如图 6.1 所示。为简单起见，仅显示了保护范围内的两个电路。实际可能有多个电路，但其原理相同，故未在图中显示。在正常运行情况下，流入电流和流出电流相等。电压差动保护系统类似，将在本书第10章讨论。

对于正常运行和存在外部故障（穿越性）的情况，图 6.1a 所示保护继电器的二次电流是差动连接的CT的励磁电流之差。该图也显示了标幺值电流的分布情况。例如，I_p 是线路中流入或流出保护区的一次电流。I_p-I_e 是二次安培电流，等于一次电流除以CT电流比再减去二次励磁电流。对于变比和型号完全相同的电流互感器，由于保护区内存在电流损失，同型号CT个体之间的小差异，继电器电流 I_{OP} 较小，但不会为零。前提是假设CT在最大穿越电流时没有显著饱和。不同型号和不同电流比的CT，存在较大差异，必须尽量减小差异，或设置继电器的吸合值，防止在穿越性故障时动作。

发生外部故障时，受电流突然增加和相关直流偏移（DC元件）的影响，多台CT出现瞬态特征，可带来相当大的瞬态动作电流。此时，可根据系统特点决定是否使用延时继电器。

对于内部故障，如图 6.1b 所示，差动继电器的工作电流大致为故障的输入电流总和，即按照二次安培得出的总故障电流。除了极小的内部故障，都有可以

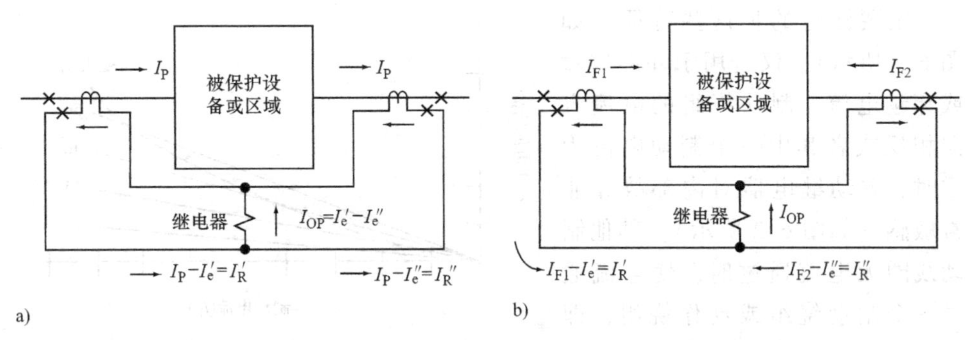

图 6.1　区域内存在两个电路时，保护的基本差动电流方案

a）正常工况 $I_{OP}=I''_e+I'_e$　b）内部故障 $I_{OP}=I_{F1}+I_{F2}-(I''_e+I'_e)$

利用明确的判据来检测差动区内的问题（故障）。要触发差动继电器动作，并不需要所有的线路都提供故障电流。

为了提高区内故障时的灵敏度，同时加强外部故障时的安全性，大多数的差动继电器都采用比率式。图 6.2 所示为两电路比率差动继电器的简化原理图，同图 6.1。CT 的二次侧和制动绕组相连，流经的电流起制动作用。动作绕组 OP 与制动绕组息息相关，而绕组中的电流可驱动继电器。差动继电器可为固定比率式，也可为可变比率式，典型的特征如图 6.3 所示。横坐标是制动电流，可以根据设计选择较小电流 I''_R 或较大电流 I'_R。纵坐标是使继电器动作所需的电流 I_{OP}。固定比率继电器的比率一般在 10%～50%之间，可以设置改变比率的抽头，也可以不设置。

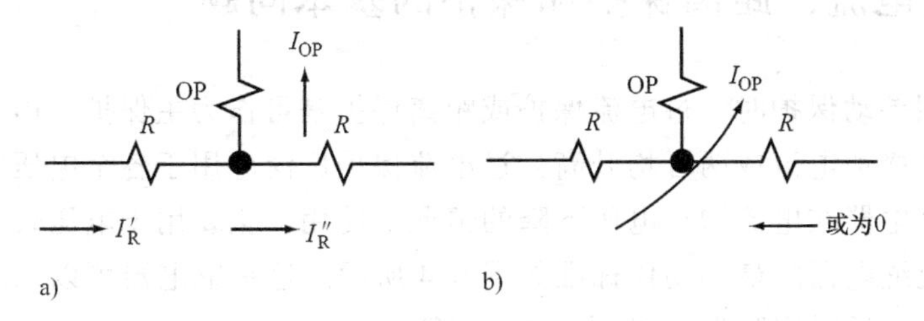

图 6.2　比率差动继电器

a）外部故障　b）内部故障

因此，比率为 50%时，10A 的外部电流或穿越电流需要至少 5A 的差动电流或起动电流来启动继电器。比率为 10%，穿越电流为 10A 时，1A 或更大差动电流即可以启动继电器。

可变比率型继电器没有比率抽头。穿越电流较小时，CT 性能通常相当可靠，因此比率较低。穿越故障电流较高时，CT 可靠性不高，就需要较高比率特征。这在提高灵敏度的同时提高了安全性。

需要注意的是这些特征（如图6.3所示），仅适用于外部故障或穿越电流。制动绕组的电流方向相反或者其中一个制动电流为零时，差动继电器对内部故障非常敏感（如图6.2所示）。其他制动线圈无电流通过时，使电流通过一个制动绕组或动作绕组，即可校准继电器。根据类型、抽头和应用情况，差动继电器的一般吸合电流为0.14~3.0A。

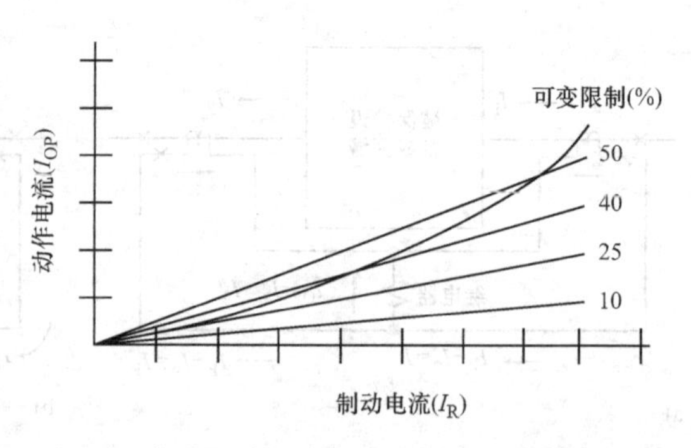

图6.3 各种差动继电器的典型穿越电流特征图

由此可见，差动原理比较了所有流入和流出保护区域的CT输出量。对发电机、母线、变压器、电动机等设备而言，CT通常都在同一区域，因此，将这些设备的二次绕组与继电器相连并不困难。线路终端和CT相距甚远时，则难以使用前述差动继电器。然而，差动原理是最好的保护原理，仍然被广泛使用，尤其是在电压较高的电路中。通信通道例如导引线（电线或光缆）、电力载波线（射频）、有线低周波信号或微波等被用于各终端之间的信息比较。很多电力公司正在建设光纤通信网络，以连接整个服务区的变电站。基于这种系统，线路电流差动保护系统越来越受欢迎，将在本书第13章讨论。

6.3 过电流、距离保护和保护的基本问题

不使用差动保护时，过电流保护或距离保护是可作为主保护。由于故障会导致相电流或接地电流或两者均升高，过电流保护广泛应用于各个电压等级的系统中。距离继电器在电流增加电压下降的情况下使用，主要用于电压较高的线路。

过电流继电器的最小动作标准如图6.4所示。这种继电器可以瞬间动作，具有固定延迟或反时限延迟（见图6.7）特征。

下文将讨论电力系统中使用和设置上述继电器来保护设备的技术。

在保护区边界处，过电流继电器和距离继电器的动作不如差动保护准确。因此，发生故障时，这两种继电器可能会超过保护区边界或达不到保护区边界。这是保护中的一个难题（如图6.5所示）。

在变电站G用来保护线路GH的继电器对发生在线路两端之间的所有故障快速动作。这是安装在G处的继电器和H处类似的继电器的主保护区。故障F_1位于主保护区内，但故障F和F_2位于主保护区外，应由其他继电器清除。然而，对于G处继电器，上述三个点的故障电流相同，因为这三个点之间的距离非常

小，可忽略不计。实际上，$I_F = I_{F1} = I_{F2}$。因此，G 处继电器不能由故障电流（或电压）的大小决定。如果故障点位于 F_1，在理想状态下，继电器应该快速动作，而位于 F 或 F_2 时，则应该延迟动作。因此，问题在于区分内部故障 F_1 和外部故障 F、F_2。有两种可能的解决方案：① 时间方案；② 通信方案。

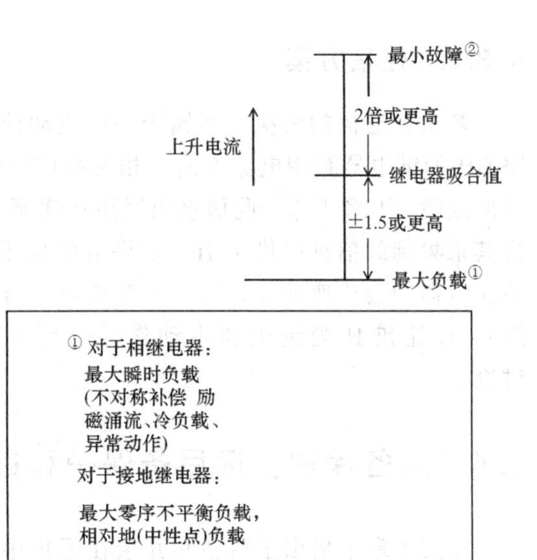

图 6.4　过电流继电器抽头选择依据

6.3.1　时间方案

故障发生在母线 H 或其附近时，时间方案是将 G 处的继电器动作延时。这种延时配合是为了让主继电器清除母线 H 处和 H 右侧线路的故障，例如 F 和 F_2。遗憾的是，这意味着线路 GH 上母线 H 附近的内部故障，如 F_1，也将被延时清除。

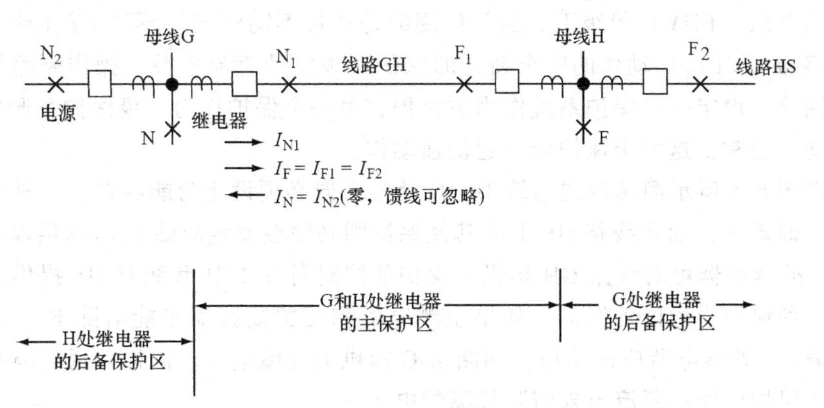

图 6.5　线路 GH 上 G 处继电器的保护问题

通过时间方案设置相、接地继电器可称为协同性或选择性。基本上，这种技术旨在设置主继电器，实现对就近故障（N_1）快速动作，并与 H 处继电器协作，对母线 H 或其附近的故障延迟动作。这一过程由反时限过流继电器实现，其动作时间随着电流强度的降低而增加，或使用速断继电器配合固定时间延迟。将在下文更深入地讨论“配合”，尤其是在第 12 章讨论线路保护时，将重点关注这一点。

6.3.2 通信方案

其次，通信的解决方案属于一种差动保护（如前文所述）。H处用于保护线路GH的继电器利用电流方向或相对相位角的信息来判断是内部故障（F_1）还是外部故障（F和F_2）。此信息由通道传递至G处继电器。类似的，G处继电器也将其采集到的信息提供给H。如果故障位于主保护区（N_1至F_1），G处和H处的继电器均会快速动作。对于外部故障（母线G处和H处，至G左侧，和H右侧），G处和H处继电器不动作。这是纵联保护的基本说明，将在后面详细讨论。

6.4 后备保护：远后备保护和近后备保护

在第1章中指出了后备和冗余在保护中的重要性，第8章至第13章将再次讨论这一点。后备是指“在主保护系统中不依赖于特定元件的保护”。后备保护可重复作为主保护使用，也可仅在主保护发生故障或暂时失灵时动作（IEEE 100）。后备保护的类型，可参照图6.5中线路GH的G站保护。G处继电器（如图6.5所示），主要保护线路GH。对于线路上的故障，一般不止一个继电器动作。主要通过冗余来提供后备保护。对于非常重要的电路或设备，特别是在高压和超高电压（EHV）等级下，通常使用的是通过不同电流互感器CT（或不同电压互感器（VT））动作的完全独立的保护和独立的直流电源，操作断路器不同跳闸回路。设定一个保护系统作为主保护，另一个保护作为二级保护，避免可能的拒动。通常，这两个保护会一起快速动作。

在图6.5所示简单双线系统中，G处继电器必须设定为能够在发生外部故障F和F_2时动作，而在线路HS上的其他保护则必须在发生故障F_1时提供保护。因此，G处继电器可对线路GH提供主保护的同时对母线H和线路HS提供后备保护。这种保护为远后备保护。如果主继电器和相关断路器未能清除F_1、F_2或其他故障，G处继电器应该动作，切断由G提供的故障电流。同样，远故障端安装的后备保护应能切断流至未清除故障的电流。

近年来，理想方案是，本地变电站有后备保护跳开母线附近的所有断路器，即近后备而不是在远端站设置后备保护。这种后备保护与断路器故障有关。在这类应用中，如果主继电器或在线路HS上的H断路器拒动，线路GH中H处断路器，而不是G处断路器，将动作清除F_2等故障。

对于近后备保护，应该有一组独立的继电器，同时也对远后备存在。如上文所述，采用独立的主保护系统和二级保护系统即可实现（主要用于高压系统）。在低电压保护系统中可能不存在这种独立性。如果不具备这种独立性，保护发生故障可能会导致本地断路器无法跳开，不能清除故障。在这种情况下，只能通过远后备来清除故障。

6.5　基本设计原则

采用继电器保护电力系统这一设计技术在很短的时间里就从机电发展到固态，具体过程如下：

1）机电：所有模拟测量、比较、跳闸等；

2）固态：模拟或运算放大器、固态操作元件、晶闸管或触片输出；

3）混合：模拟，具有微处理器的逻辑，时序或触片输出；

4）数值：模拟/数字及微处理机，触片输出。

所有类型的保护都可以使用，目前广泛使用的是微机保护。许多机电式继电器仍在世界范围提供良好的保护功能。

机电和固态继电器具有大致相同的基本保护特征。因此，对机电继电器的总结为现代元件提供了背景。大部分的基本特征是在大约 60 年前确立的。

6.5.1　限时过电流保护

限时过电流型继电器，是 60~70 年前开发的首批继电器。这种继电器至今仍然广泛应用于电力系统。之前，这种继电器实际上是一种电能表，具有触片和有限盘程。现在，经过多年的发展，设计已完全不同，但仍然应用基本的感应盘原理。图 6.6 所示为一种典型限时过电流继电器。主线圈施加交流电流或电压产生磁通，大部分磁通通过空气间隙和磁盘到达保磁衔铁，再通过磁盘返回到电磁体的两条侧脚。其中一条侧脚上的叠绕线圈短路匝导致通过该磁盘侧的磁通量发生时移和相移，使磁盘旋转。而该旋转受到永久磁体的阻碍。在动作量被清除或降

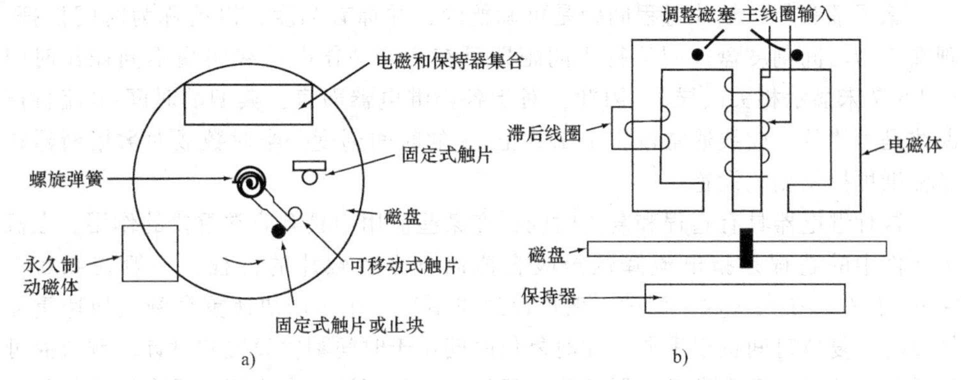

图 6.6　典型感应盘反时限过电流继电器或电压继电器

a）顶视图　b）侧视图

低至吸合值以下时，螺旋弹簧将重新设置触片。触片在未通电状态下，连接到磁盘轴的触片可以正常开启或关闭。这种组合可在高电流时实现快速动作，在低电流时实现慢速动作，即反时间特征。多年来，已发展出各种形状的时间曲线。其大致对比如图6.7所示。这种继电器有固态类型，基本符合该曲线，具有一般特征，即阻尼较低，应用范围更广泛，时间可调。

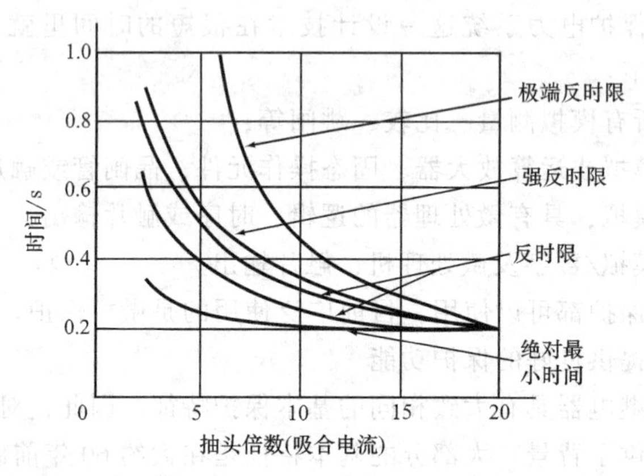

图6.7　典型的反时限过流保护特征。在一般比较时，曲线固定在0.2s，取20倍最小电流

继电器均有多个抽头，每个抽头代表该处部件开始动作时的最小电流（或电压），即最小吸合值。因此，抽头设置为2的继电器将在2.0A（加上或减去制造商的允许误差）电流时动作。达到这个电流时，除非电流值保持在非常准确的水平，否则时间会很长而且难以核实。此时，任何较小偏差或瞬时偏差都会导致时间发生显著变化。因此，制造商一般不提供取值1.5到2倍以下的时间曲线。实际上，这部分保护曲线不可用。

特征曲线的横坐标按抽头或吸合电流的倍数显示，便于提供抽头刻度。例如，抽头5，即5倍，表示25A；抽头2，表示10A。

除了抽头外，触片行程间距是可调整的，并标有刻度，以前称为时间杠杆，现在称为时间刻度盘。调整行程间距即可在相同动作电流级实现不同操作时间（图6.7未显示相关曲线）。因此，对于各类继电器而言，典型的时间-电流特征曲线是可用的，曲线通常设置了1/2至11的时间刻度。半对数或对数熔断器式坐标纸可提供相关设置。

这种继电器具有超程和复位时间，在某些应用中具有非常重要的作用。在机电元件中的超程是指电流降低至吸合值以下之后触片的行程，一般在0.03~0.06s左右，在大多数应用中一般可以忽略不计。在协调快速重合闸或快速重复故障时，复位时间也很重要。此时复位时间用于时间刻度设置和设计。制造商可提供复位数据。固态类继电器的值一般可以忽略不计。当协调不具有快速复位特征的熔丝和继电器时，快速复位的优势不大。

保护继电器内，跳开断路器会将通过继电器的电流降为零。如果继电器作为故障检测器使用，并设置为遇主保护区外故障时动作，情况可能并非如此。在电流下降至约 60%吸合电流以下之前，大多数感应盘时间过电流继电器将不启动复位。

前述继电器无方向性，即这种继电器的动作与电流方向无关。如果无方向性特征不理想，则可按照第 3 章所述使用独立方向元件。感应盘元件通过在电磁铁上的滞后回路提供旋转力矩，以提供一个磁通迁移。力矩控制使滞后回路可供外部使用，或定向元件触片或输出内部连接至该电路。只要滞后线圈或等效元件打开，无电流可导致动作。当定向元件关闭滞后线圈或对等元件时，动作符合特征曲线所示特征。这就是定向转矩控制。感应盘元件及对等固态元件用于过电流、过电压、欠电压、过电流加欠电压、电源或其他各类设计。

6.5.2　电流-电压速断继电器

这种继电器用于许多领域，如过电流、过电压和欠电压元件。电流-电压速断继电器可用于直接跳闸，也可作为安全性故障检测器。一般使用的典型类型是铃锤式或电话继电器（见图 6.8）、螺管式或柱塞继电器（见图 6.9）、杯式或圆筒式感应继电器（见图 6.10）。

电话继电器曾经广泛应用于电话交换系统，现在已被现代固态电子开关取代。然而，这种继电器在交流和直流场合仍然有许多辅助应用。电话继电器是一种常见的输出继电器，用于许多固态保护继电器。

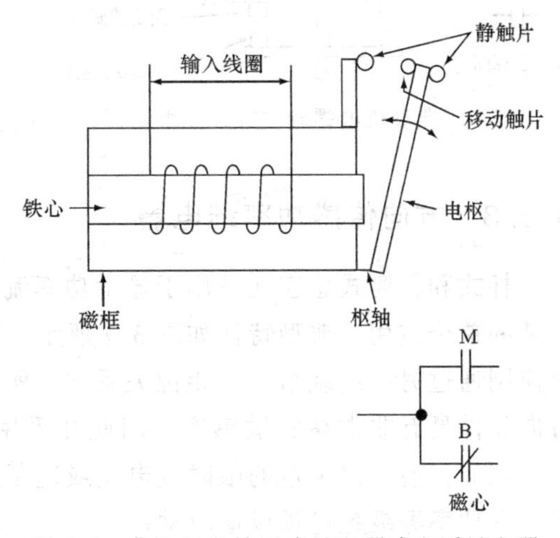

图 6.8　典型机电铃锤式继电器或电话继电器

例如，直流型电磁式电话继电器可用作密封接触开关（图 1.9 触片）。在交流线圈和架构中，电磁元件用作瞬时脱扣器（IT 和 IIT）。前两步操作是基础；线圈中的电流或电压产成磁通，吸引电枢或活塞，由此触发移动部件上的触片动作。可使用多个触片，电话继电器尤其如此。

交流型采用抽头或其他方式改变吸合值。用于跳闸时，极少出现回动问题。在电流（电压）下降到 60%吸合值之前，动作后关闭触片时，许多元件并不会回动。如果出现回动问题，可使用图 6.9 所示高回动模型，将限值重置为 90%或以上吸合值。一般情况下，故障探测器是高回动型。

图6.10所示交流杯式或圆筒式感应元件为两相电机，具有两个线圈，缠绕在电磁铁四极上。磁心位于元件中心；移动杯或移动圆筒位于元件周围或上方，而重置功能由移动触片或弹簧实现。在线圈1和线圈2为同相时，则不存在旋转力矩。作为速断过电流元件时，在一个线圈回路中设计相移，使在电流超过吸合值时，生成动作力矩。旋转仅限于几毫米，但足以关闭触片。一般动作时间约16~20ms。

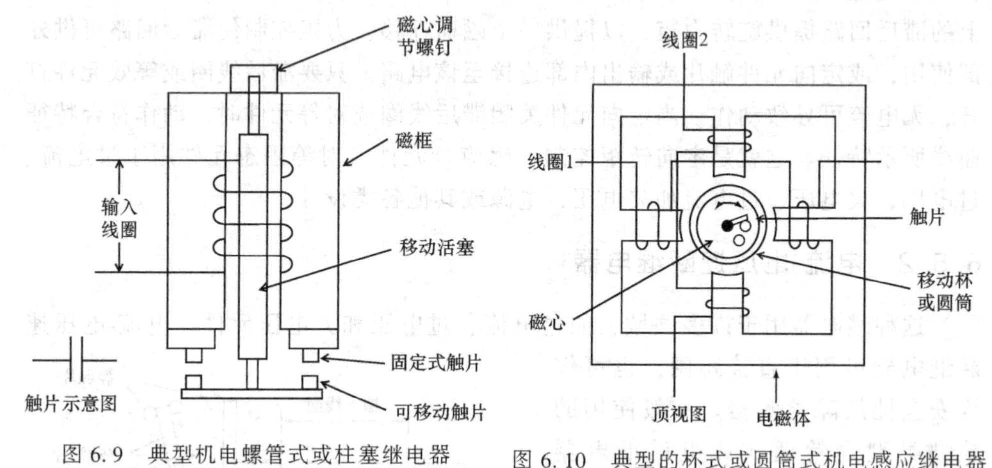

图6.9 典型机电螺管式或柱塞继电器

图6.10 典型的杯式或圆筒式机电感应继电器

6.5.3 方向传感功率继电器

杯式和圆筒式感应元件用于显示功率流方向和功率幅值。第3章讨论了方向传感的首个应用。典型特征如图3.7所示。工作电流通过一组绕组，参考电压或电流则通过另一组绕组。当相位关系如图所示时，元件动作。由于这些元件作为方向元件具有非常高的敏感度，因此几乎用于所有带故障传感元件的应用场合中，例如：前文讨论过的限时过电流或速断过电流元件。其他类型具有多抽头绕组，在功率等级超过预设值时动作。

6.5.4 极性元件

极性元件为DC元件，由流经全波整流器的AC量触发动作。这种元件非常敏感，动作快速，输入极低。如图6.11所示，一个线圈缠绕在铰接电枢上，触片位于磁性机构中心，而后部具有非磁性垫片。采用永久性磁体连接该结构，使两半极化，同时采用两个可调磁分路连接垫片，以改变磁通路径。

线圈断电，再利用平衡空气间隙（见图6.11a），电枢不极化，触片浮动至中心。此时，将间隙调整为不平衡状态，部分通量分流通过电枢（见图6.11b）。因此，触片可以保持打开或关闭状态。接通线圈的直流电，使电枢极化（南磁极或北磁极），从而提高或降低之前电枢的极化程度。如图 6.11b 所示，电枢为通电前的北磁极，因此电枢向右移动，触片打开。用于克服先前极化，使触片端处于南磁极的线圈直流电会导致触片移动至左侧，并关闭触片。触片动作可为渐进式，也可为快速式（视调整而定）。左侧间隙控制吸合值，而右侧间隙控制重置值。

在某些应用中使用了两个线圈：一个工作线圈和一个制动线圈，例如：机电导引线继电器（见图 13.4）就使用了两个线圈。

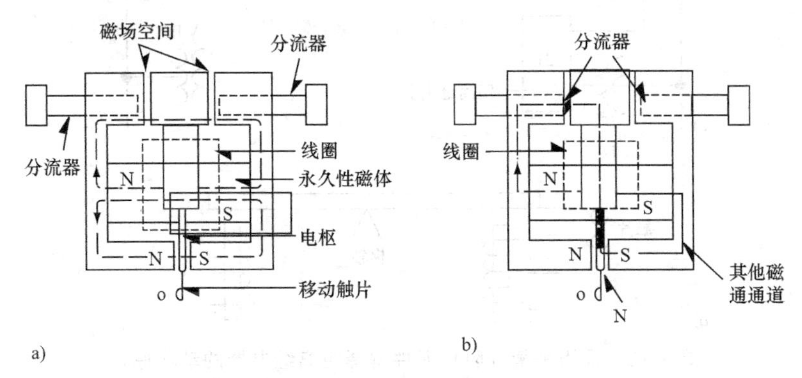

图 6.11　直流极性元件

a）断电平衡气隙线圈　b）断电不平衡气隙线圈

6.5.5　相间距离继电器

从根本上说，距离继电器用于比较电力系统的电压和电流。在比率小于预设值时动作。对于对称条件和相故障，由于 $V/I=Z$，继电器采用的电压-电流比是电路的阻抗。因此，将继电器定值设置为所保护区域内电力系统的固定阻抗。

6.5.5.1　平衡杆式继电器：阻抗特征

该类型继电器的早期设计为理解继电器原理和常用术语提供了很好的素材。这种早期类型如图 6.12 所示。平衡杆有一个电压激励型电磁体抑制动作，和一个电流驱动电磁体关闭触点。通过设计和设置，对于故障点（nZ_L）的三相金属性短路，电压制动力可等于电流驱动力。阈值点即元件的平衡点、动作点或决定点。对于继电器和 n 点之间的故障，相对于 n 处故障的值，电流 I 更高，电流 V 更低或大致保持不变。因此，上升电流驱使平衡杆向左端倾斜，关闭触片。n 点右侧外部故障的电流低于 n 点故障的电流，但电压更高，因此，电压线圈的力矩或拉力高于限制或不动作的电流线圈的力矩或拉力。

对于平衡点 n 的三相金属性短路，n 处电压为零，之后继电器电压沿电路或 I_nZ_L 下降。电压除以电流，则元件对阻抗的反应为

$$Z_R = \frac{V}{I} = \frac{I_n Z_L}{I} = nZ_L \tag{6.1}$$

因此，定值、动作与继电器电压测量点至平衡点或设置点之间的阻抗是函数关系。

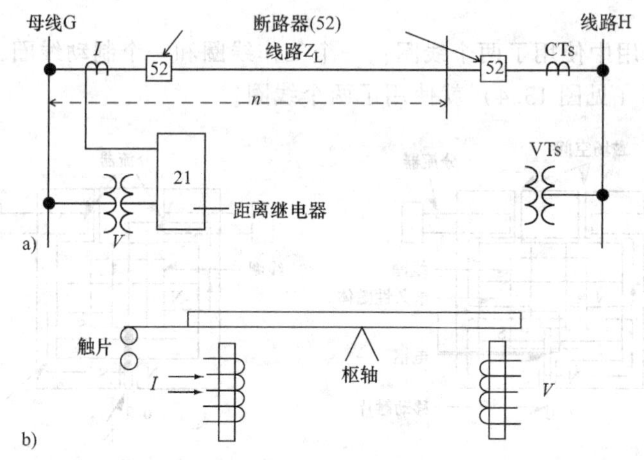

图 6.12 采用平衡杆阻抗元件解释距离继电器的动作原理

a）线路 GH 的距离继电器 b）具有平衡杆元件的简图解释

Lewis 和 Tippett（1932）在他们的经典论文（见参考文献）中表示，利用线间电流和线电压，可使相间继电器的可及范围与三相、相间、两相接地故障的范围相同。由于式（6.1）取消了电流值，因此，在非常广的故障电流范围内，给定设定值的范围是固定的，但是速断过流继电器无法达到这个固定范围。

6.5.6 *R-X* 图

距离继电器的特征在阻抗 *R-X* 图中很容易呈现，其中电阻 *R* 为横坐标，电抗 *X* 为纵坐标。坐标轴的一般特征如图 6.13 所示。对于任何给定的讨论，原点是继电器位置，动作区域一般在第一象限。在系统的电压-电流比降低至所示圆圈或交叉影线区内时，该元件动作。

图 6.12 所示基本类型具有的阻抗特征如图 6.13a 所示。这种老式设计与电压和电流的相位关系无关，因此在四个象限内均会动作。因此，需要使用独立的方向传感元件，防止因系统故障在母线 G 左侧动作（见图 6.13a）。

6.5.7 姆欧特征

通过原点的圆为姆欧元件（见图 6.13b），在线路保护中应用广泛。这种元件具有方向特征，对滞后 60°～85°的故障电流和滞后接近 0°～30°的负载电流，前者更敏感。负载阻抗可采用以下公式计算：

$$Z_{\text{load}}=\frac{V_{\text{LN}}}{I_{\text{load}}} \tag{6.2}$$

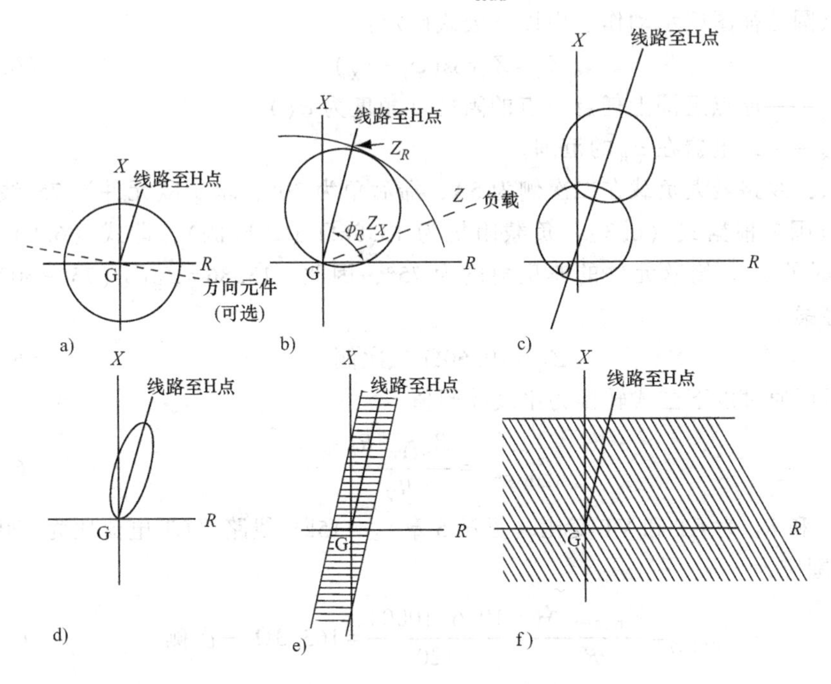

图 6.13　R-X 图中的距离继电器特征

a）阻抗特征　b）姆欧特征　c）偏移姆欧特征　d）透镜特征　e）简单封闭特征　f）电抗特征

高电流对应低阻抗，因此，对于重负载，阻抗相位向原点移动，对于轻负载，阻抗相位从原点朝外移动。换句话说，图 6.13b 所示通过 e 点的距离继电器可在故障电流低于负载电流时动作。

G 点至 H 点的滞后负载（见图 6.12a）为第一象限内的向量（如图 6.13b 所示）。H 点至 G 点的滞后负载为 R-X 图第二象限（$-R+X$）的相量（如图 6.13 所示）。

继电器显示的二次侧 5A 和 120V 线路至中性点负载如下：

$$Z_{\text{load}}=\frac{120}{\sqrt{3}(5)}=13.86\Omega\ \text{二次侧} \tag{6.3}$$

姆欧圆过原点的方程为

$$Z=\frac{Z_{\text{R}}}{2}-\frac{Z_{\text{R}}}{2\angle\varphi} \tag{6.4}$$

式中　$Z_{\text{R}}/2$——偏移原点的量；

$Z_{\text{R}}\angle\varphi$——以偏移点为圆心的半径。

沿 X 轴偏移且 φ 为0°时，相对于 R 轴，$Z=0$。φ 为180°时，$Z=Z_R$。姆欧圆倾斜时（见图6.13b），φ 为偏移 φ_R 的角度。

姆欧圆特征图所示动作点由以下公式确定：

$$Z_X = Z_R\cos(\varphi_R-\varphi_X) \tag{6.5}$$

式中 Z_x——原点至圆上任意一点的阻抗（角度为 φ_X）

Z_R——继电器在 φ_R 的范围。

例如，线路最大负载在二次侧为5A，滞后角为30°，求姆欧元件沿75°线路的保护范围。根据式（6.3），负载阻抗为13.86Ω（二次侧），即式（6.5）在 $\varphi_X=30°$ 时的 Z_x。姆欧元件的典型角度为75°，因此，$13.86=Z_R\cos(75°-30°)$，可得出答案

$$Z_R = 19.60\Omega \text{ 二次侧} \tag{6.6}$$

然后可通过以下公式转换为主线欧姆值

$$Z_{R(Sec)} = \frac{Z_{R(Pn)}R_c}{R_V} \tag{6.7}$$

式中，R_c 和 R_V 为CT和VT变比（见第5章）。115kV线路（CT电流比为600:5）的范围应为：

$$Z_{R(Pn)} = \frac{Z_{R(Sec)}R_V}{R_c} = \frac{19.6(1000)}{120} = 163.3\Omega \text{ 一次侧} \tag{6.8}$$

按照0.8Ω/mile计算，163.3Ω的保护范围约204mile。对于该电压而言，线路长度较大。有趣的是，根据式（6.5）可推导出，距离继电器在20Ω（二次侧）时达到最大保护范围。

5A负载所代表的MVA为

$$\text{MVA} = \frac{\sqrt{3}\,\text{kV}\times I}{1000} = \frac{\sqrt{3}(115)(5)(120)}{1000} = 119.5\text{MVA} \tag{6.9}$$

线路GH的一次保护（见图6.12）需要两个距离元件。图6.14所示G站采用了两个姆欧元件。如果 n 小于1（通常取0.9），则保护Ⅰ段元件立即动作，一般针对 nZ_{GH} 设置。保护Ⅱ段的 n 值大于1或在±1.5左右，具体取值根据系统是否位于H站右边确定。由于保护Ⅱ段的继电器超过了母线H的范围，因此保护Ⅱ段需要提供时间协调延误。第三段，即保护Ⅲ段，可用于为H站右方的线路提供远后备保护。但根据第12章的介绍，

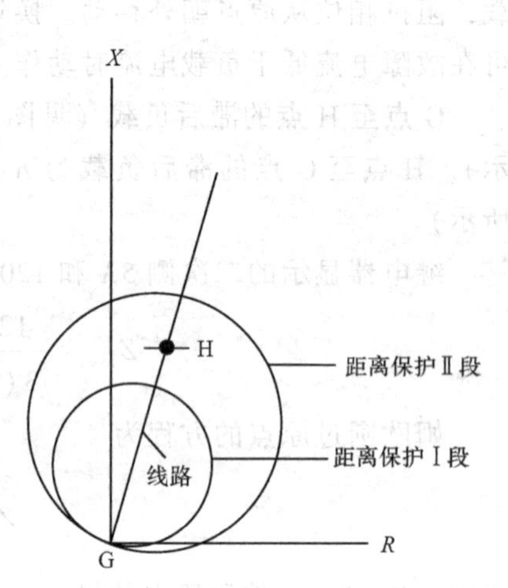

图6.14 在G处使用距离姆欧元件作为图6.12所示线路GH的主保护

这一点很难实现。有时会将 G 处保护Ⅲ段设置为保护 G 站前、后位置的线路。这可以作为后备保护使用或纵联保护的载波启动元件使用（见第 13 章）。在上述应用中，应使用Ⅲ段姆欧型元件，其中偏移涵盖原点，具有低欧姆元件特征（见图 6.13c）。这种方式能保证在发生本地故障，电压极低或为零时动作。姆欧继电器可为单相型，也可为多相型。

6.5.8　单相姆欧元件

采用单相型姆欧继电器时，保护区内需要三个姆欧元件（如图 6.13b 所示，姆欧圆过原点）。发生三相故障时，三个元件均会动作，但是在发生相间故障和两相对地故障时，仅一个元件动作，因此，适用以下方案：

1）由 I_{ab}和 V_{ab}供电的元件 A，在发生 ab 相间故障和 ab 相对地故障时动作。

2）由 I_{bc}和 V_{bc}供电的元件 B，在发生 bc 相间故障和 bc 相对地故障时动作。

3）由 I_{ca}和 V_{ca}供电的元件 C，在发生 ca 相间故障和 ca 相对地故障时动作。

发生 ab 相间故障时，元件 B 和元件 C 不动作；发生 bc 相间故障时，元件 A 和元件 C 不动作；发生 ca 相间故障时，元件 A 和元件 B 不动作。

图 4.29d 和图 4.29e 的 bc 相间故障说明了这一点。故障电流 I_{bc}较大，但故障电压 V_{bc}较小，动作阻抗降低。但是，对于 bc 相间故障，I_{ab}和 I_{ca}较小，而 V_{ab}和 V_{ca}较大，导致视在阻抗较大。对于元件 A 和元件 C，阻抗将位于动作圆之外。ab 相间故障和 ca 相间故障的情况相似。

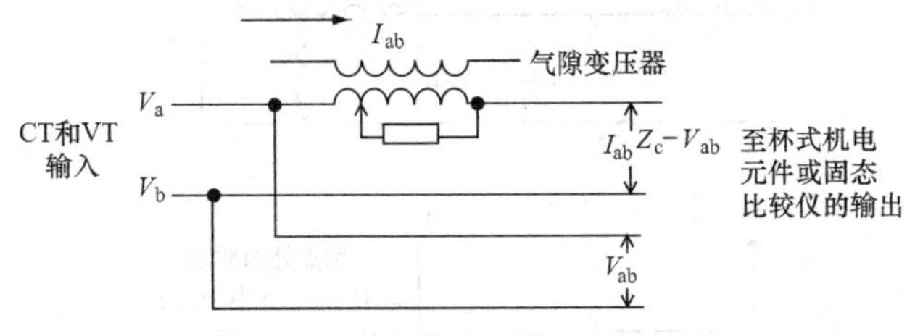

图 6.15　单相姆欧元件（元件 A）

图 6.15 所示为单相姆欧元件。气隙变压器（也称之为执行器或比较仪）为元件 A 提供二次电压 $I_{ab}Z_c$，领先一次电流至少 90°。执行器经电抗器修改后，其互电抗将决定姆欧圆直径。综合输出电压为 $I_{ab}Z_c-V_{ab}$。对比电压和极化电压 V_{ab}，生成过原点的姆欧圆（见图 6.13b 和式（6.4））。

示例中的机电继电器使用了图 6.10 所示杯式感应元件，其中元件 A 的 $I_{ab}Z_c$（见图 6.15）位于左侧水平极（动作线圈），V_{ab}在右侧水平极（限制线圈），V_{ab}穿过两个垂直极（极化线圈）。

固态继电器使用微处理器继电器中的数字化静态相角比较仪（或等效仪器）对比两个电压。根据制造商要求和应用，元件可为整体封装式，也可为组合式。

6.5.9 多相姆欧元件

多相型元件在保护区内需要两个元件（如图6.13b所示）：①姆欧圆过原点，发生三相故障时动作；②相间元件，动作圆较大，部分以弧线表示。在平衡条件下（负载、振荡等），或继电器后方发生故障时（第三象限和第四象限），元件均不动作。

如果距离继电器通过Y-△联结变压器动作，针对相间故障的单相元件的范围比较复杂，原因是变压器组一侧的相间故障或多或少与另一侧的相对地故障相似（如图9.20所示）。

对于另一侧的故障，可将多相继电器设置为通过Y-△联结变压器组动作，其设定值涵盖变压器的X值。

6.5.9.1 三相故障元件

三相元件如图6.16所示，只需要一个补偿器来接收a相电流，因此，输出电压为

$$V_x = V_{an} - 1.5(I_a - 3I_0)Z_c \tag{6.10}$$

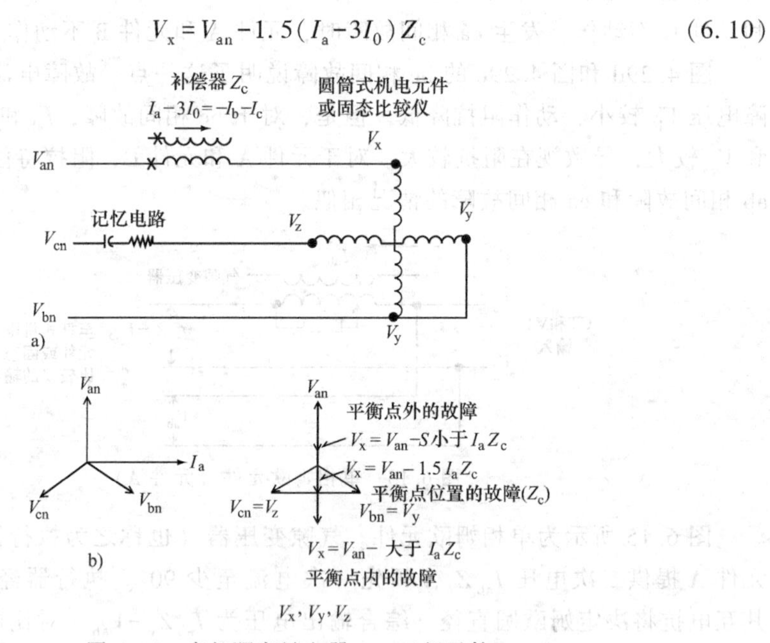

图6.16 多相距离继电器——三相元件

a）三相故障元件 b）三相故障的相量（I_a仅显示滞后90°）

$$V_y = V_{bn} \tag{6.11}$$

$$V_z = V_{cn} \tag{6.12}$$

圆筒式元件（见图6.10）与两相电机相似，在负序xzy限制正序xyz时动作，或在V_{zy}滞后V_{xy}时动作，或在V_{zy}领先V_{xy}时制动。在平衡点（Z_c）发生故

障时，线路上的 xyz 如图所示，无三角面积，也无动作。该点即决策点。

达到平衡点的故障会形成 xzy 三角形，并触发保护动作。平衡点之外的故障会形成 xyz 三角形，但不会触发保护动作。对于继电器之后的故障，电流反流，形成较大 xyz 三角形，同样也不会触发保护动作。发生可能使 b 相和 c 相电压降至极低或为零的本地故障时，记忆电路暂时延迟 V_y和 V_z的崩溃。

在补偿器位置，发生两相接地故障，系统 Z_0极低时，$3I_0$协助元件动作。从图 4.15 可见在 Z_0接近零时，双相接地故障变得与三相故障相似。使用了固态比较仪时，可比较 $V_{xy}=V_{ab}-(I_a-I_b)Z_c$ 和 $V_{zy}=-jkV_{ab}$。

6.5.9.2　相间故障元件

多相故障元件的相间故障元件如图 6.17 所示，具有两个补偿器。公式为

$$V_x=V_{an}-(I_a-I_b)Z_c \tag{6.13}$$

$$V_y=V_{bn} \tag{6.14}$$

$$V_z=V_{cn}-(I_c-I_b)Z_c \tag{6.15}$$

参见图 6.17，发生在平衡点或决定点的相间故障 $V_xV_yV_z$ 使圆筒式机电元件没有三角区，或使固态比较仪的 V_{zy}和 V_{xy}同相，导致保护元件拒动。负序 xzy 跳闸区内的故障或 V_{zy}滞后 V_{xy}会导致动作。正序 xyz 跳闸区之外的故障或 V_{zy}领先 V_{xy}会导致保护元件拒动。

相间元件为固定于平衡点 Z_c或 Z_R的可变圆（见图 6.13b）。该圆的公式如下：

$$\text{补偿 } Z=\frac{1}{2}(Z_c-Z_s) \tag{6.16}$$

$$\text{半径 } Z=\frac{1}{2}(Z_c+Z_s)\angle\varphi \tag{6.17}$$

式中　$Z_c(Z_R)$——设定范围；

Z_s——元件后面的电源阻抗。

元件后侧发生故障时，故障电流出现反向，因此，即使该圆穿过了第三和第四象限，但也没有特别的意义。故障电流反向通常形成 xyz 三角形，V_{zy}领先 V_{xy}，且元件不动作。元件受正序量（xyz）影响时，元件不动作，因此在负载和振荡等平衡条件下，元件也不动作。在 Z_c设置范围的 30%左右位置发生线对地故障时，该元件将动作，但这个范围并不固定。

6.5.10　其他姆欧元件

如图 6.13c 所示，姆欧元件可补偿或改变为其他形状，例如：透镜形（见图 6.13）、西红柿形或矩形。不同形状的姆欧元件各有优点，用于各种应用。

图 6.13（圆的下半部分穿过原点），图 6.13d 和图 6.13e 所示特征应用于较

长的重负载线路。图6.13d所示元件为透镜元件，图6.13e所示元件为单相封闭式元件。这些元件为线路故障提供保护，但是对于负载阻抗处于元件动作圆内的重负载，这些元件不会动作。

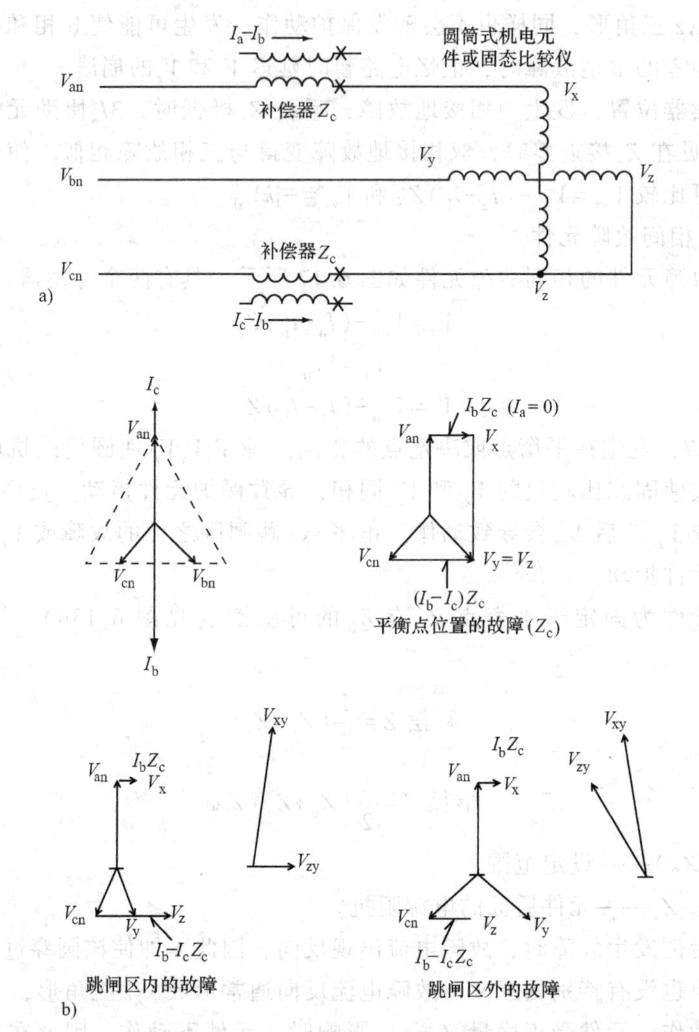

图6.17　多相继电器——相间元件

a）相间故障元件　b）bc故障的相量（电流角度为90°）

具备图6.13f所示漂移特征的两个电抗元件（见下章和图6.13f）在线路上规定了限制动作区。右侧元件针对左侧大段区间动作，左侧元件针对右侧大段区间动作；断面线区域所示为串联动作的输出。这种特征通常用于探测失步和跳闸（如第14章所述）。对于故障保护，则必须使用姆欧故障探测器。

如6.5.7所述，图6.13c所示通过原点的姆欧元件对零电压或接近零的电压记忆提供持续动作。示例如 VT 连接处或附近的金属性三相故障。

6.5.11 电抗元件

可根据图 6.15 设计电抗元件，其中气隙变压器输出为 X，而不是 Z。这种元件在设置点（Z_R或 Z_C）呈直线特征，平行于 R 轴（见图 6.13f）。电抗元件不属于方向元件，但在继电器后侧发生故障时动作。因此，电抗元件容易触发。对于继电器后侧的故障、负载和振荡，必须使用姆欧型故障探测器限制电抗元件的动作。

由于电弧具有阻抗性，因此电抗元件提高了对电弧故障保护性能。只有在故障电流仅来自一个终端的辐射型电路中，情况才如此。当两个终端均提供故障电流，且线路带负载时，故障电源不同相，导致在电抗元件上感受到的故障电弧变大，为 R+jX 值。因此，在其中一个终端发生电弧故障时，电抗元件可能不动作，原因是感受到的故障电弧可能处于动作区之外，导致下个区间的电抗元件误动作。这种明显的电阻效应将在第 12 章进一步讨论。

6.6 接地距离继电器

如本书第 4 章所述，在发生故障时，正序电压在电源处最大，在故障处最小或为零。因此，式（6.1）所示电压-电流比表示了至故障点的距离。遗憾的是，发生接地故障时，零序电压在故障处最大，在中性点或 YN-△联结电力变压器处最小或为零。因此，电压-电流比表明了继电器后侧至接地电源的距离。由此可见，该值无法用于接地距离继电器。下述两种方法可用于解决这个问题：①电压补偿；②电流补偿。

$$Z_{R0}=\frac{3I_0(nZ_0)}{3I_0}=nZ_0 \tag{6.18}$$

假设线路（具有 Z_{1L}点和 Z_{0L}点）a 相对地故障为正序和零序线路阻抗，并假设 n 为故障位置至继电器的距离。流经继电器的故障电流为 I_1、I_2 和 I_0，对于 nZ_{1L} 处（具有单相元件）的故障，则有

$$\frac{V_{ag}}{I_a}=nZ_{1L}(I_1+I_2)+\frac{nZ_{0L}I_0}{I_1+I_2+I_0} \tag{6.19}$$

1）采用电压补偿方法时，减去 $nZ_{1L}(I_1+I_2)$，使用 I_0，对于 a 相对地元件而言，可通过式（6.19）得出：

$$Z_R=\frac{V_{ag}-nZ_{1L}(I_1+I_2)}{I_0}=\frac{nZ_{0L}I_0}{I_0}=nZ_{0L} \tag{6.20}$$

b 相对地使用 V_{bg}，c 相对地使用 V_{cg}。

2）采用电流补偿方法时，使 $nZ_{0L}=pnZ_{1L}$，且 $p=Z_{0L}/Z_{1L}$，利用式（6.19）可得：

$$Z_R=\frac{V_{ag}}{I_a}=\frac{nZ_{1L}(I_1+I_2+pI_0)}{I_1+I_2+I_0} \tag{6.21}$$

如果电流输入变为 $I_1+I_2+pI_0=I_a+(p-1)I_0$，则有

$$Z_R=\frac{V_{ag}}{I_a+mI_0}=nZ_{1L} \tag{6.22}$$

式中，$m=(Z_{0L}-Z_{1L})/Z_{1L}$。同样，b相对地和c相对地故障需要其他元件，多相元件除外。

鉴于临近并联线路存在电弧电阻和互感，单相接地距离继电器的完整公式如下：

$$Z_R=\frac{V_{ag}}{I_{relay}}=nZ_{1L}+R_{arc}\left(\frac{3I_0}{I_{relay}}\right) \tag{6.23}$$

式中

$$I_{relay}=\frac{I_a+I_0(Z_{0L}+Z_{1L})}{Z_{1L}+I_{0E}Z_{0M}/Z_{1L}} \tag{6.24}$$

I_{0E}——并联线路的零序电流；

Z_{0M}——两线路之间的互感阻抗。

另一种的动作原理是：在发生故障时，$V_{0F}+V_{1F}+V_{2F}=0$。这一关系由继电器位置的补偿器重现。V_0 经修改后，用作动作量，而 V_1+V_2 用于制动。对于预设范围内单相对地故障，V_0 动作量大于 V_1+V_2 跳闸的制动量。重置区外故障的制动量大于动作量。

6.7 固态微处理器继电器

固态元件灵活性更大，更容易调整，精度高，体积小，成本低，具有更大的设置范围，还有许多辅助功能，例如：控制逻辑、事件记录、故障定位数据、远程设置、自监测和检查。在固态继电器中，电流和VT或装置提供的模拟电力系统量穿过变压器，提供电隔离和低水平二次电压。

可利用微处理器技术获得前述保护功能。至于其实现的细节，跟保护原理比起来似乎显得不那么重要，因此，不在本书讨论范围。但是，图6.18仍然显示

了微处理器继电器涉及的一般逻辑元件。

在通用术语中，包括：①降低电力系统电流和电压量至低压并提供一级滤波的输入变压器；②清除高频噪声的低通过滤器；③采样-保持放大器，以采样时钟确定的时间间隔对模拟信号采样并保持；④一次选择一路采样-保持信号的多路转接器；⑤动态范围较宽，电流信号所用的程序化增益放大器（对于电压信号，增益为 1）；⑥将模拟信号转换为数字信号的模拟-数字转换器；⑦提供必要保护特征，经放大后操作辅助元件（跳闸、关闭、报警等）的微处理器和相关软件。

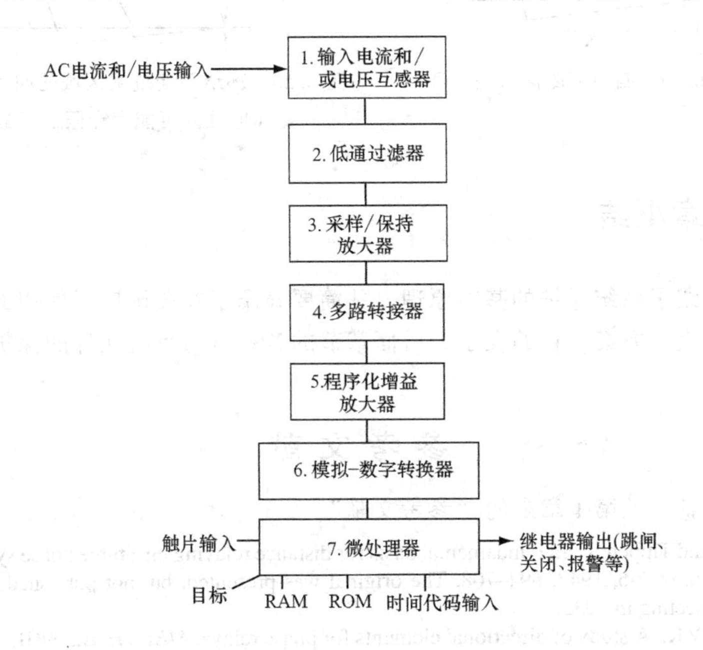

图 6.18　微处理继电器的典型逻辑元件

微处理器继电器固有的能力和灵活性，提高了具有四边形特征的距离元件的可用性和利用率，具体如图 6.19 所示。四边形特征基本上涉及 4 个测量元件的组合。这些元件由一个电抗元件（上边）、两个电阻元件（左右侧边）和一个方向元件（底边）组成。部分机电设计中可使用这些特征，但是这些设计非常复杂，且动作时间往往不理想。现代微处理器继电器的强大计算能力为创建四边形特征任务提供了极大的便利。从应用的角度来看，具有四边形特征的距离元件的工作区域是理想的。利用这种特征，跳闸区域可就近设置，环绕预期的跳闸区域（如图 6.20 所示）。对于限制性接地故障，上述操作非常有用。因此，检测限制电阻的能力非常重要。基于上述原因，涉及接地距离元件时，通常使用四边形距离元件。紧密环绕要求的跳闸区有助于提高应用的安全性。

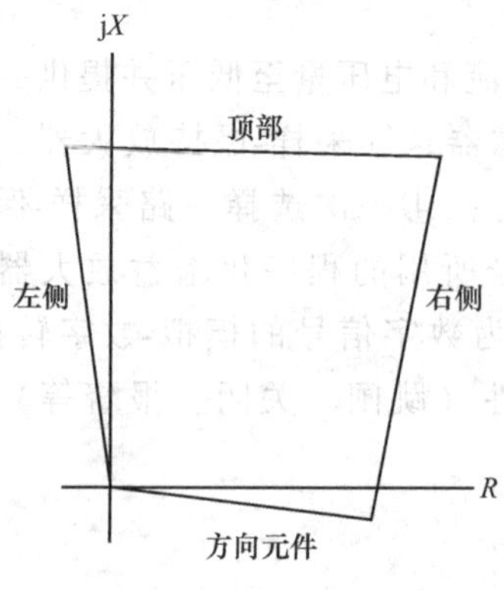

图6.19 四边形距离特征

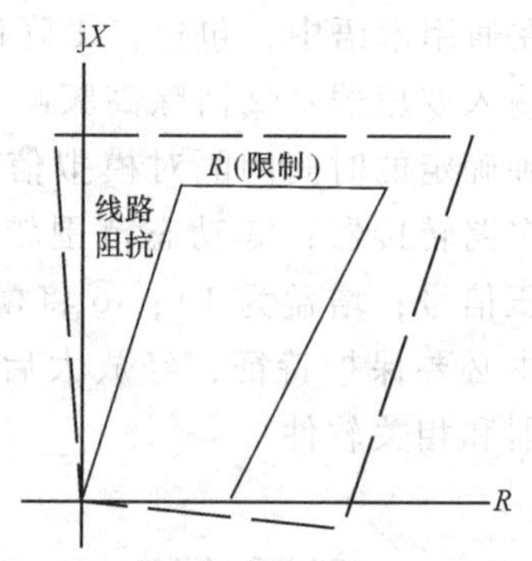

图6.20 环绕预期跳闸区域的四边形距离元件（区域内可能存在限制性故障）

6.8 本章小结

本章介绍了系统保护的基本原理，并简要介绍了在美国广泛使用的各种保护系统的基本设计方案。目的在于为后面章节的各种电力系统元件的保护提供背景知识。

参考文献

更多信息，见第1章末的“参考文献”。

Lewis, W.A. and Tippett, L.S., Fundamental basis for distance relaying on a three phase system, *AIEE Trans*., 66, 1947, 694–708. The original was presented, but not published, at an AIEE meeting in 1932.

Sonnemann, W.K., A study of directional elements for phase relays, *AIEE Trans*., 69(II), 1950, 1438–1451.

Van, C. and Warrington, A.C., Application of ohm and mho principle to protective relaying, *AIEE Trans*., 65, 1946, 378–386, 490.

第7章　系统接地原理

7.1　引言

电力系统中性点接地方式至关重要，因为大多数故障为接地故障，而电力系统接地方式对接地保护具有显著的影响。接地的主要目的是为了最大程度降低潜在的暂态过电压，以满足相关法规对人身安全的要求，并有助于快速检测和隔离故障区域。

本章将依次简述如下四种系统接地方式及其基本技术和总体评价，分别是(1) 不接地；(2) 高阻抗接地；(3) 低阻抗接地；(4) 有效或直接接地。在实际应用中，每种接地方式都有其优点和缺点。本书所述的建议是根据普遍实践经验和某些个人看法给出的。需要指出，对于一个特定的系统或应用，有很多案例表明不同的做法或方法都得到了良好的印证（效果）。正如继电保护在某种程度上受个人看法影响较大，系统接地方式亦是如此。

7.2　不接地系统

不接地系统是指系统中性点与地之间无人为连接的电力系统。实际上，这类系统通过其他对地电容形成了接地回路。这种接地方式的优点是故障电流水平很低，对设备的损害最小，不必迅速隔离故障区域。在对持续供电要求较高的工厂系统中，有时采用这种方式，以最大程度减少昂贵生产过程的中断。然而，不接地系统容易遭受较高的、破坏性的暂态过电压的影响，对人员和设备存在潜在的危害。所以，尽管这种接地方式已得到应用，但并不建议采用。

不接地系统发生单相接地故障时必然导致正常运行时三相平衡电压三角形发生位移，如图7.1所示。但实际上，通过每相串联阻抗的小电流将会引起电压相角的轻微畸变。典型的电路图如图7.2所示，图中给出了电流流向。序网图如图7.3所示。其中分布式容抗值X_{1C}、X_{2C}和X_{0C}非常大，而X_{1S}、X_{T}、X_{1L}、X_{0L}等串联电抗（或阻抗）相对非常小。

因此，在正序和负序网络中，X_{1C}实际上被X_{1S}和X_{T}短路了。因为这些串联阻抗非常小，与较大的X_{0C}相比，X_{1}和X_{2}接近0。所以有如下关系式成立：

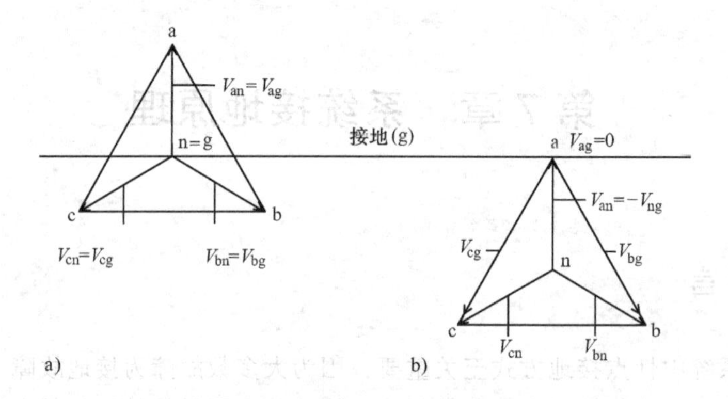

图 7.1 不接地系统单相接地故障时电压偏移
a）正常运行 b）a 相直接接地

$$I_1 = I_2 = I_0 = \frac{V_S}{X_{0C}} \tag{7.1}$$

以及

$$I_a = 3I_0 = \frac{3V_S}{X_{0C}} \tag{7.2}$$

上述计算可以以标幺值（pu）或者有名值安培（A）进行计算，需要指出，V_S 和所有电抗（阻抗）为相电压和相电抗（阻抗）。

式（7.1）的序电流决定了非故障相 b 和 c 的电流将为 0。这对故障本身是正确的。然而，在整个系统中，分布式电容X_{1C}和X_{2C}实际上是并联在X_{1S}、X_T 等串联阻抗上的，所以在系统中，I_1 和I_2 并不完全等于I_0。因此存在I_b 和I_c，且值很小，但对故障电流 I_a 的返回通路，它们仍是必需的。如图 7.2 所示，如果$I_a = -1\text{pu}$，那么$I_b = 0.577\angle +30°\text{pu}$，$I_c = 0.577\angle -30°\text{pu}$。

在可能使用不接地系统的工业应用中，X_{0C}实际上与$X_{1C} = X_{2C}$相等，并且与不接地区域中变压器、电缆、电动机、涌流抑制电容器组、本地发电机等设备的充电电容相等。各类参考资料源提供了电力系统元件每相充电电容典型取值表及典型取值曲线。在现有系统中，总电容能够由测量的相充电电流除以相电压得到。

需要注意的是，在不接地系统中，故障发生在不同位置时，X_{0C} 并没有显著的变化。这是因为相比而言，串联阻抗非常小，事实上故障电流是相同的，并且与故障位置无关。这就使得在这些系统中由继电保护装置进行故障定位是不切实际的。

如图 7.1b 所示，当发生单相接地故障时，非故障相相对地电压升高$\sqrt{3}$倍。不接地系统的绝缘应按照线电压进行设计。

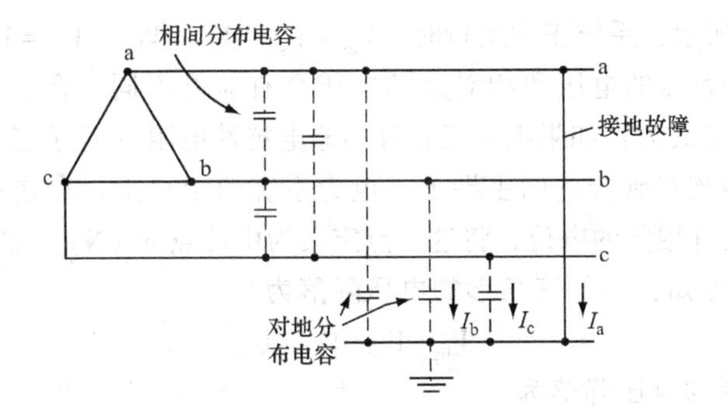

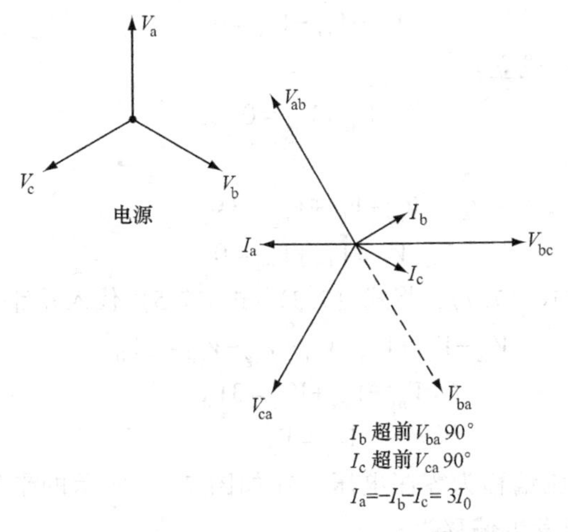

图 7.2　不接地系统单相接地故障

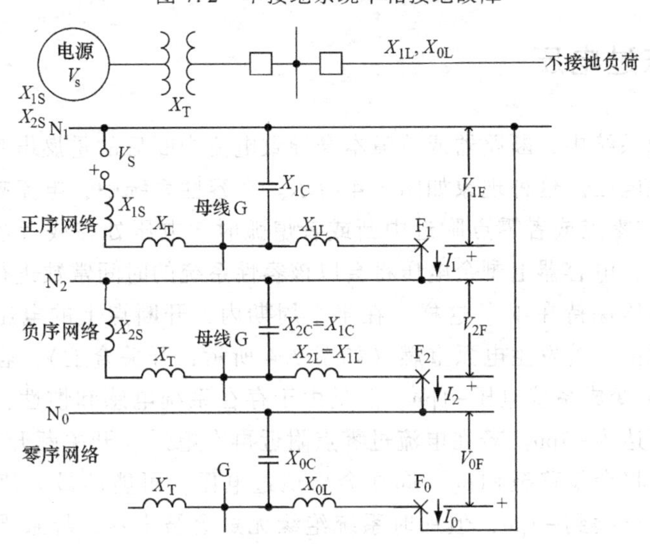

X_{1C}、X_{2C}和 X_{0C}表示集中等效的相对网络及相对地分布电容

图 7.3　不接地系统 a 相接地故障复合序网图

如图7.1a所示，系统正常运行时，$V_{an}=V_{ag}$、$V_{bn}=V_{bg}$、$V_{cn}=V_{cg}$。当发生接地故障时，相对中性点的电压和相对地的电压会有显著不同。在IEEE 100标准中，中性点n（N）定义为：如果把一组相等的非电抗性电阻（对于三相系统来说为三个）的自由端点连接到合适的主端子（电力系统的相）上，存在一个连接点，在这一点上三相具有相同的电位，将这一点定义为中性点n（N）。如图7.1b所示。

由图7.1b可知，右侧三角形的电压降落为

$$V_{bg}-V_{bn}-V_{ng}=0 \tag{7.3}$$

左侧三角形的电压降落为

$$V_{cg}-V_{cn}-V_{ng}=0 \tag{7.4}$$

另外有式（7.5）成立：

$$V_{ng}+V_{an}=0 \tag{7.5}$$

根据基本方程：

$$V_{ag}+V_{bg}+V_{cg}=3V_0 \tag{7.6}$$

$$V_{an}+V_{bn}+V_{cn}=0 \tag{7.7}$$

由式（7.6）减去式（7.7），将式（7.3）~式（7.5）代入并计及$V_{ag}=0$，可得：

$$V_{ag}-V_{an}+V_{bg}-V_{bn}+V_{cg}-V_{cn}=3V_0$$

$$V_{ng}+V_{ng}+V_{ng}=3V_0$$

$$V_{ng}=V_0 \tag{7.8}$$

因此，中性点电压偏移为零序电压。在如图7.1a所示的平衡系统中，$n=g$，$V_0=0$，中性点电压未发生偏移。

7.3 暂态过电压

在不接地系统中，断路器或故障本身导致电流中断后的重燃电弧能够导致巨大的破坏性过电压。这种现象如图7.4所示。在容性系统中，电流超前电压接近90°。当电流在零点或者零点附近中断或者熄弧时，电压处在或者接近峰值。随着断路器打开，电容器上剩余电压将会以该容性系统的时间常数进行衰减。在电源系统中，电压保持在V_s。这样，在半个周期内，开断点上的电压几乎是正常峰值电压的两倍。若发生电弧重燃（如图7.4所示，开关合上），容性系统基本电压+1pu将会变成系统电压-1pu。但是由于存在系统电感和惯性，容性系统过电压最大值可达为-3pu。若在电流过零点附近再次熄弧（开关断开），并再次重燃，系统电压将会偏移至+1pu，同样会出现过电压，可能的最大值为+5pu。这种现象还可能持续到-7pu，但那时系统绝缘无疑会被击穿，导致严重故障。因此，不接地系统应谨慎采用，并应在绝缘水平高的低压系统（<13.8kV）中应用。

若使用不接地系统，及时定位和消除接地故障非常重要。由于故障电流很小，接地故障容易被忽视，系统继续运行。然而，在这种故障状态下，非故障相运行电压为正常相电压的 1.73 倍。若绝缘老化导致第一个接地故障，升高的相电压可能会导致非故障相发生故障，导致两相接地故障或三相故障。然后，将会产生很大的故障电流，需要快速地将故障切除，造成瞬间甩负荷。

在实际应用中，完全不接地系统是不存在的。只要在系统中存在基于单相或者三相电压互感器的故障检测仪，系统就会通过这些设备的高阻抗接地。继电器的阻抗和相关的镇流电阻能够帮助限制暂态过电压，所以，几乎很少发生过电压的情况。

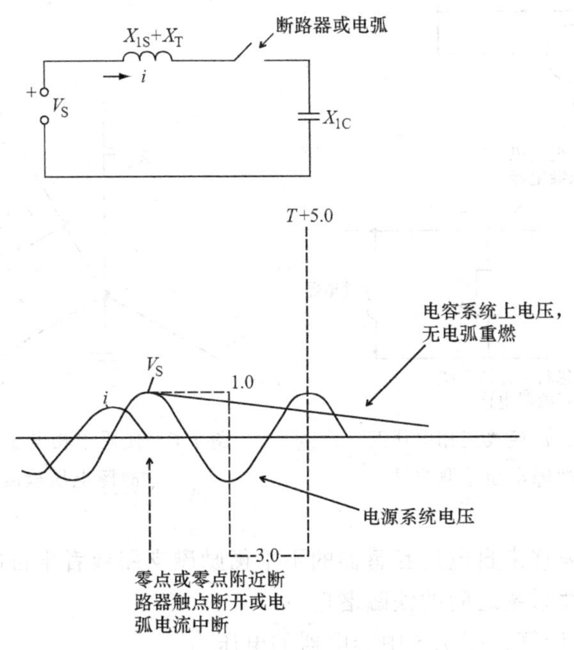

图 7.4　不接地系统暂态过电压

7.4　不接地系统的单相接地故障检测方法

因为故障电流很小且基本不受故障位置的影响，电压是判断接地故障的最好判据。图 7.5 及图 7.6 给出了已应用的两种检测方法。这两种方法仅能检测故障，不能识别故障位置。

7.4.1　三相电压互感器

电压互感器首选 YN-开口△联结方式（见图 7.5）。应用镇流电阻来减少中

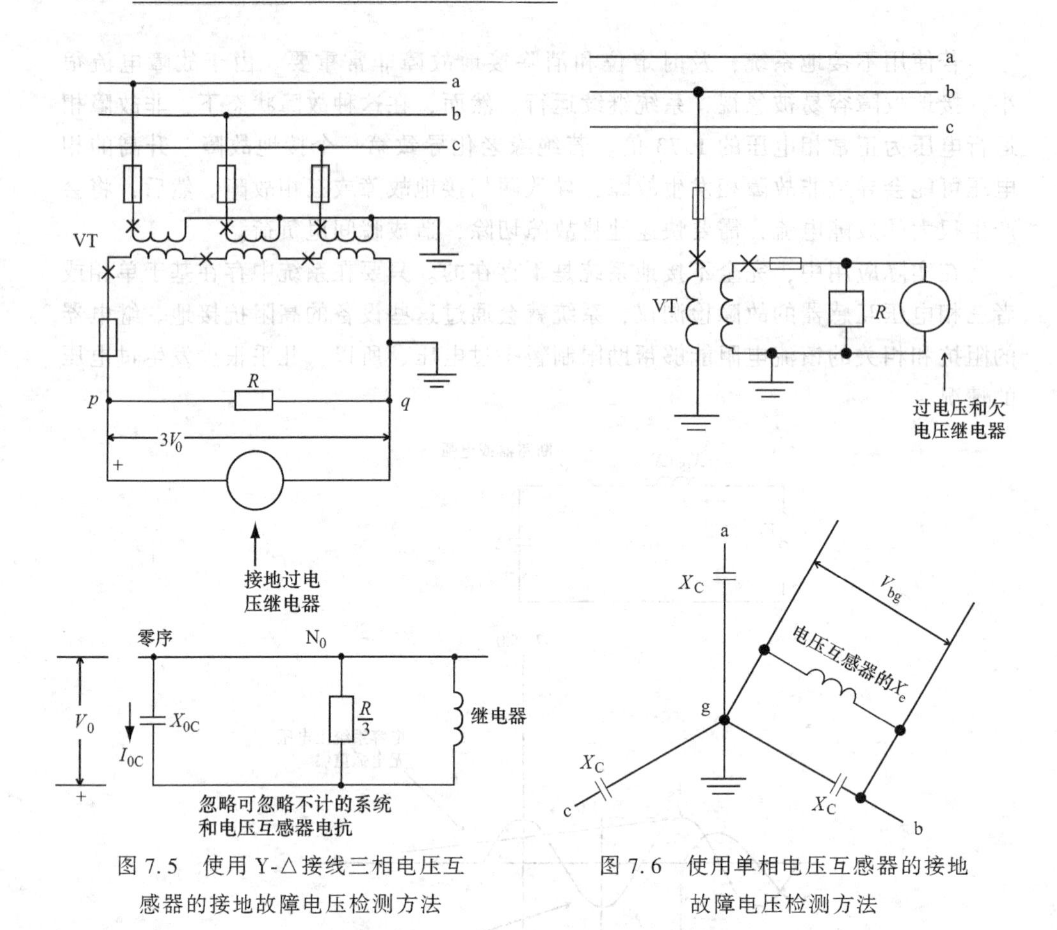

图 7.5　使用 Y-△接线三相电压互感器的接地故障电压检测方法

图 7.6　使用单相电压互感器的接地故障电压检测方法

性点偏移，这个偏移来自电压互感器的不平衡励磁支路或者来自电压互感器和继电器的感抗和容性系统之间的铁磁谐振。

根据图 7.1b 计算，图 7.5 中继电器的电压为

$$V_{pq}=3V_0=V_{ag}+V_{bg}+V_{cg}$$
$$=(\sqrt{3}V_{LN}\cos30°)\times2=3V_{LN} \tag{7.9}$$

因此，不接地系统中，发生单相接地故障时，继电器的电压是正常相电压的 3 倍。通常，电压互感器二次侧电压为 69.3V，所以，直接接地继电器的最大电压将会达到 3×69.3=208V。因为将使用继电器发送告警信号，所以持续额定电压应大于或等于 208V。否则，必须使用辅助的降压电压互感器。

图 7.5 是简化的示意图。通常电压互感器会采用 YN-yn 联结方式，并且将使用一个辅助的 YN-开口△联结方式的互感器。有时主电压互感器会有两个二次侧，其中一个可连接到开口三角。可以在每个开口三角的二次绕组上跨接指示灯，提供视觉指示。根据经验，典型的二次绕组的阻抗值如表 7.1 所示。

表 7.1　二次绕组的典型阻抗值

标称系统		电阻 R	
电压/kV	VT 电压比	Ω	W(208V)
2.4	2400 : 120	250	175
4.16	4200 : 120	125	350
7.2	7200 : 120	85	510
13.8	14400 : 120	85	510

$w=1$

7.4.2　单相电压互感器

图 7.6 所示的单相电压互感器在二次侧没有足够的阻抗，尤其可能会受到铁磁谐振的影响。没有足够的阻抗，则存在下列关系式：

$$V_{\rm bg}=\frac{\sqrt{3}\,V_{\rm LL}}{3-(X_{\rm C}/X_{\rm e})} \tag{7.10}$$

若系统的分布电容 X_c 除以变压器的励磁电抗 X_e 等于 3，理论上 V_{bg} 为无穷大。虽然电压互感器的饱和特性，实际的 V_{bg} 不可能为无穷大，但将导致电压三角形 abc 的中性点偏移到该三角形之外。如图 7.7 所示，这种现象称为中性点倒置。在这种情况下，X_c/X_e 的比值为 1.5；所以，在式（7.10）中，$V_{bg}=2.0$pu，如图 7.7 所示。为了简单起见，假设系统中和电压互感器二次侧不存在阻抗。持续的相对地电压几乎会高达 4 倍。此外，变化的互感器励磁阻抗和系统电容之间的交互作用会产生铁磁谐振，导致波形畸变严重。不建议采用这种单相电压互感器。如果要用，也应该在二次侧系统加上电阻。

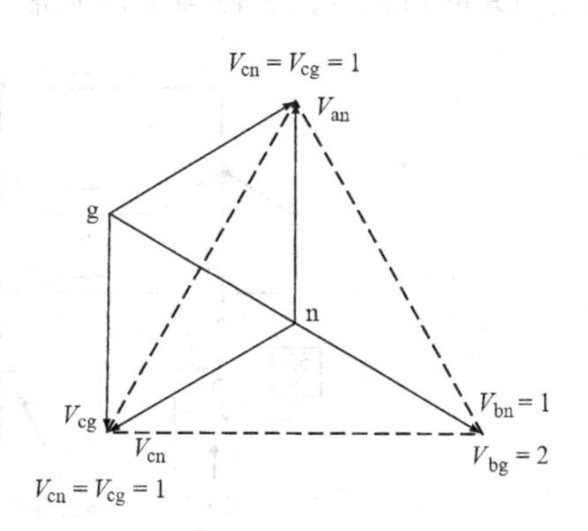

图 7.7　图 7.6 所示空载电压互感器中性点倒置时的相量图（X_c 和 X_e 标幺值分别为 $-$j3 和 j2）

如前所述，为了避免发生中性点倒置和铁磁谐振，这种单相接地故障检测方法应该慎用。电压继电器的触点在二次侧电压正常时保持常开。当 b 相发生单相接地故障时，电压崩溃，电压继电器合上低电压触点。若 a 相或者 c 相发生单相接地故障，继电器电压约增加 1.73V，导致继电器过电压动作。无论是低电压动作还是过电压动作，通常都会产生一个报警，提醒操作者存在接地故障，使它们能够有序、方便地切除故障。

7.5 高阻抗接地系统

高阻抗接地系统有两种类型：谐振接地（经消弧线圈接地）和高阻抗接地。第一种尽管在其他地区有应用，但在美国很少使用，主要应用在新英格兰地区的发电机接地中。高阻抗接地广泛地应用于发电机和工厂中。下文详述了这两种应用。

7.5.1 谐振接地（经消弧线圈接地）

这些系统也称为接地故障中和器或彼得森线圈系统。如图7.8所示，全部的系统对地电容都用一个相等的连接于中性点的电感补偿。若中性点电抗器与全部的系统电容精确地调谐，则故障点的电流为0。事实上，在实际中，电抗器的分接头允许近似调谐，使得故障电流非常小，故障电弧不能维持。这类系统的等效电路为并联谐振电路，故障电流非常小，使得故障造成的破坏最小。由于故障电

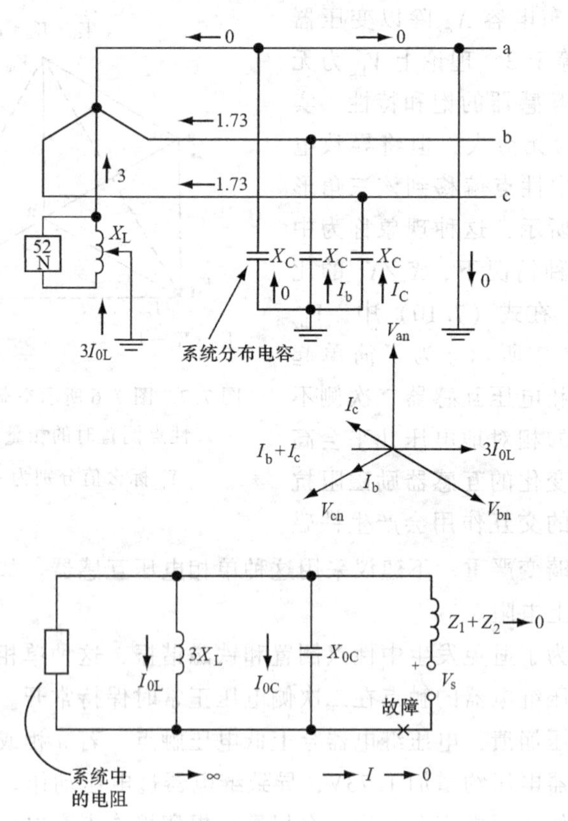

图7.8 谐振接地

弧被熄灭，电抗器电容持续产生与系统相电压相等的电压；因此，电弧电压很小，再起弧的可能性可以忽略不计。

当在配电系统中采用这种接地方式时，很难与变换、切换的系统运行方式相匹配。此外，这种系统很少移相，具有许多单相分接头，所有这些都会导致正常的负荷电流产生较小的零序电压。这些电压作用在接地电抗器和并联电容器组成的串联谐振电路上，可能在消弧线圈和并联电容器上产生一个高电压。这种系统必须要有足够的相间绝缘。经验表明，这种可能发生大量的相间故障，并且同时发生故障的概率较大。采用这种接地方式时，需要非常灵敏的过电流继电器提供报警，约 10~20s 后，若故障依然存在，则将电抗器短路。这种做法可以为其他继电器动作提供较大的故障电流，以隔离故障。这种接地方式在美国不使用，只是可能还存在于 1、2 个还没有转换为其他接地方式的应用中。

由于距离短并且所涉及的系统电容相对固定，在发电机中采用这种技术的接地装置更为有利。由于故障电流很小，允许发电机在发生单相接地故障时继续运行，直到方便安排切除故障为止。经过大约 20 台发电机 45 年的实践经验，检测到几次发电机电缆故障和一次距离中性点 25%处发生的发电机接地故障。在最后一次实例中，发电机在故障下运行 89min，只发生了极小的铜损坏而铁芯没有损坏。然而，需要注意的是，在终端发生直接接地故障引起的非故障相电压升高问题。

7.5.2　高阻接地

高阻接地系统中，电力系统通过一个电阻接地，所采用的电阻等于或者稍小于系统总对地电容。这样就使得故障电流较低，最大程度减少损伤，并且能够限制潜在的暂态过电压小于正常峰值的 2.5 倍。采用这种接地方法，故障电流基本上会在 1~25A，通常会在 1~10A。

接地电阻可连接在发电机或变压器的中性点（如图 7.9 所示）或者跨接在线对地连接的配电变压器的开口三角中（如图 7.10 所示）。如图 7.9 所示，在中性点上接入电阻时，直接接地故障会产生相当于相电压的最大电压 V_0（见图 7.1）。因此，通常使用以相电压为额定值的配电变压器，但也会采用线到线额定配电变压器。对于图 7.10 所示的接地系统中，直接接地故障能够把两个配电变压器之间的电压升高至相当于线电压的水平（见图 7.1）。因此，对于这种应用，建议采用线电压作为额定值，尤其是如果保护系统仅用于报警，而不是直接跳闸的情况。

对于单个发电机或者只有一个变压器供电的工业系统，采用如图 7.9 所示的中性点接地方法。对于多个发电机连接到公共母线上或者是几个电源供电的系统，图 7.10 所示的接地系统可能更为合适。这两种接地方法最好针对具体的算例具体分析。

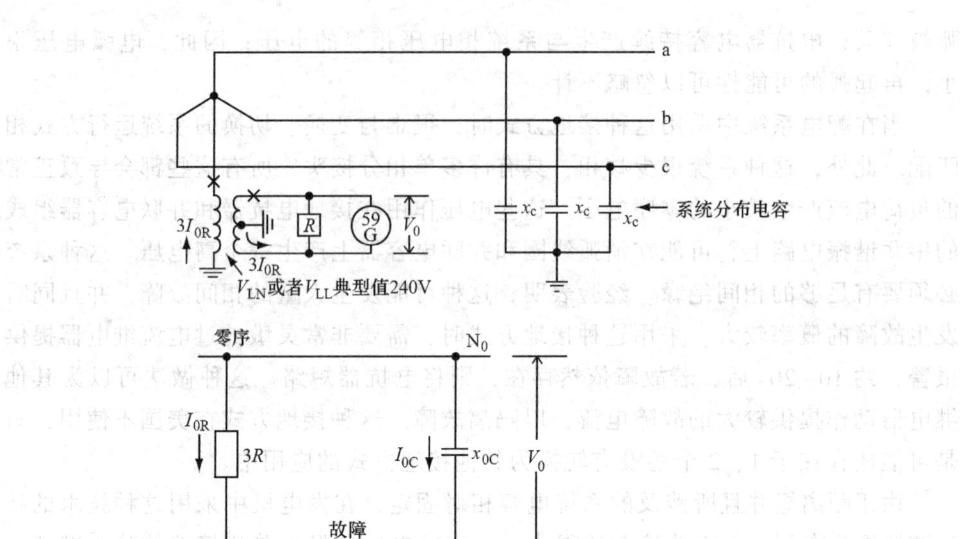

图 7.9　中性点接入电阻的高电阻接地

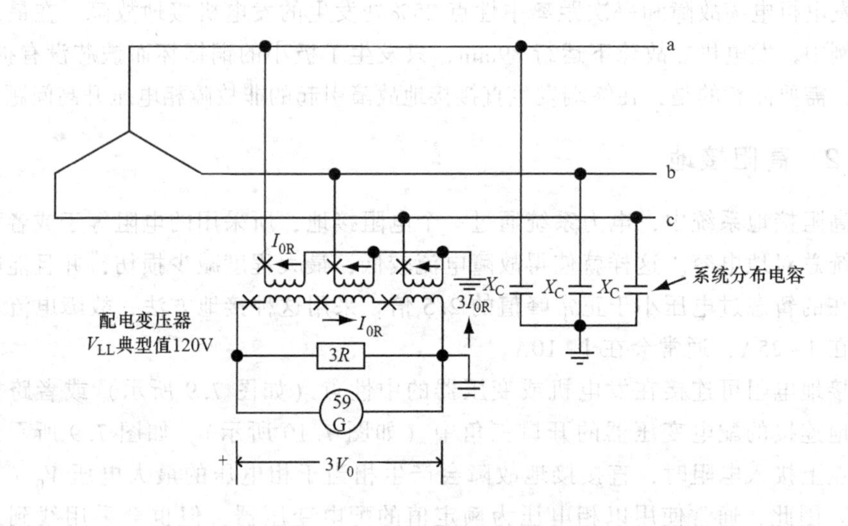

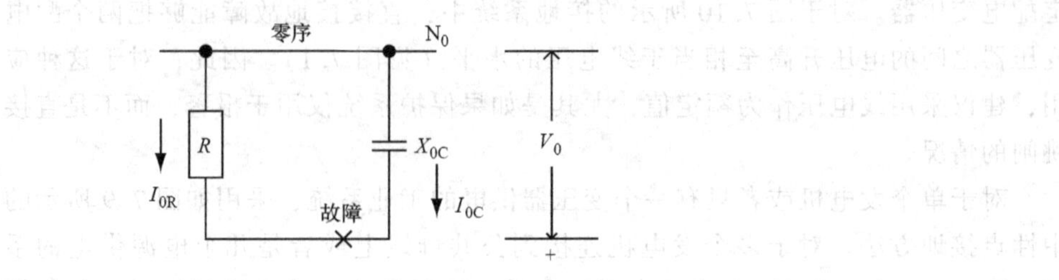

图 7.10　通过在配电变压器二次侧接入电阻实现大阻抗接地

7.5.3　典型中性点高阻抗接地方式算例

如图 7.11 所示，这种类型的接地应用在 160MVA、18kV 的单个发电机中。接地保护的区域是发电机到变压器的低压绕组和辅助变压器的高压绕组。在这个区域内，以下相对地电容（微法）必须加以考虑：

发电机绕组	0.24
发电机浪涌电容器	0.25
发电机到变压器引线	0.004
变压器低压绕组	0.03
站用变压器高压绕组	0.004
电压互感器绕组	0.0005
总对地电容	0.5285

$$X_C = -j\frac{10^6}{2\pi fC} = -j\frac{10^6}{2(3.1416)(60)(0.5285)} = 5019.07\Omega/\text{相} \tag{7.11}$$

系统的容抗，以 100MVA 18kV 为基准的标幺值计算，如式（7.12）所示：

$$\frac{100(5019)}{18^2} = 1549.1\text{pu} \tag{7.12}$$

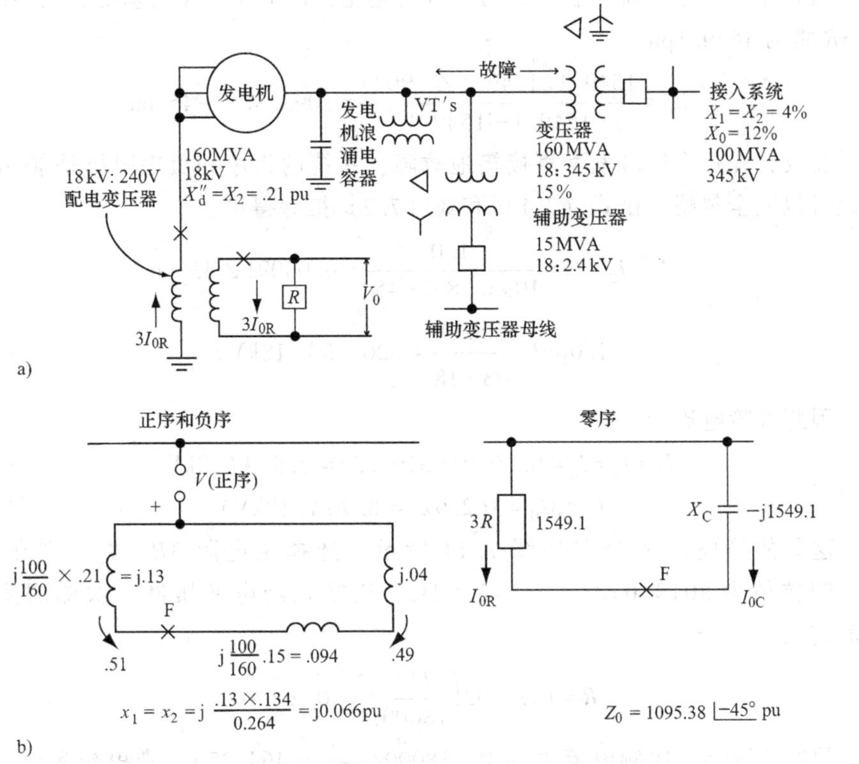

图 7.11　通过在中性点接入电阻实现大电阻接地的典型示例

a) 单个发电机系统　b) 序网图（100MVA、18kV 为基准值）

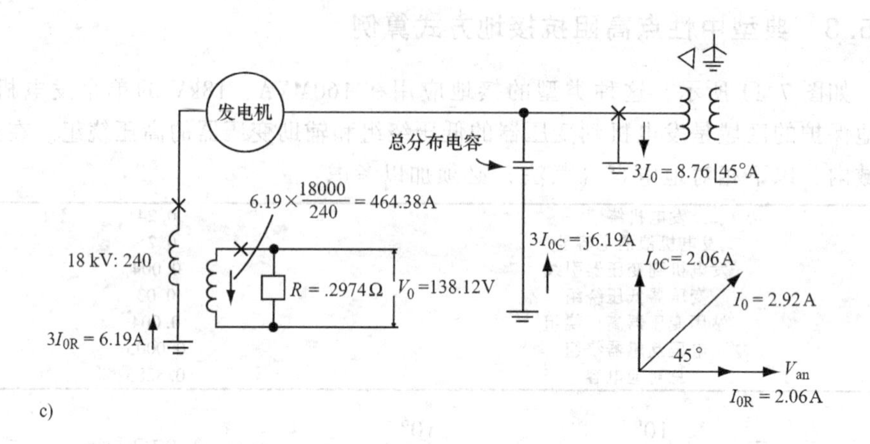

图 7.11　经中性点电阻高阻抗接地的典型例子（续）

c）故障电流分布

或者以发电机的基准功率为基础，计算结果为 $160(5019)/18^2 = 2478.52$pu。选择接地阻抗等于系统的容抗，为了方便起见，以 100MVA 为基准，在零序网络中 $3R$ 将为 1549.1pu。

$$Z_0 = \frac{1549.1(1549.1\angle -90°)}{1549.1 - \mathrm{j}1549.1} = 1095.38\angle -45°\text{pu}$$

相反，在这个区域发生直接接地故障，系统的正序和负序阻抗是 j0.066pu，因此可以完全忽略。由式（7.1）和式（7.2）推导得出：

$$I_1 = I_2 = I_0 = \frac{1.0}{1095.38\angle -45°} = 0.00091\angle 45°\text{pu} \tag{7.13}$$

$$1.0\text{pu}I = \frac{100000}{\sqrt{3}\times 18} = 3207.5\text{A}(18\text{kV}) \tag{7.14}$$

因此故障电流为

$$I_1 = I_2 = I_0 = 0.00091(3207.5) = 2.92\text{A}(18\text{kV}) \tag{7.15}$$

$$I_a = 3I_0 = 3(2.92) = 8.76\text{A}(18\text{kV}) \tag{7.16}$$

这些故障电流的分布如图 7.11 所示。选择主电阻 $3R = X_c$，则在 18kV 下，阻抗值为 $5019.07/3 = 1673.02\Omega$。连接在配电变压器二次侧的实际电阻值将为

$$R = 1673.02\left(\frac{240}{18000}\right)^2 = 0.2974\Omega \tag{7.17}$$

配电变压器二次侧电流为 $6.19(18000/240) = 464.25$A，则单相接地故障时一次侧电压 V_0 将为

$$V_0 = (464.25)(0.2974) = 138.12\text{V} \tag{7.18}$$

故障期间电阻的有功功率为

$$\frac{(464.25)^2(0.2974)}{1000} = 64.14\text{kW} \tag{7.19}$$

同样，配电变压器的视在功率为

$$6.19\left(\frac{18}{\sqrt{3}}\right) = 64.33\text{kVA}$$

有功功率与视在功率基本相等。当这种接地方式用于发电机组时，建议断开机组，以使得这些功率是短时的，而非持续的。

系统的正常充电电流为

$$I_C = \frac{18000}{\sqrt{3}\times 5019} = 2.07\text{A/相}(18\text{kV}) \tag{7.20}$$

从经济角度考虑，应使用配电变压器和二次电阻，而不使用直接在中性点接入电阻的方法。因为对于高阻抗接地，使用二次侧电阻实现通常更便宜。

如图 7.11 所示，有时单相接地故障流经系统的故障电流从零序网络的值很难观测出来。尽管在高阻抗接地系统中，正序和负序阻抗基本上可以忽略，但在故障情况下，流经系统的三个相序的电流是相等的（见式(7.13)）。由于在图 7.11 所示的系统两端存在负序源，正序和负序电流按照 0.51 和 0.49 的分配系数在正序和负序网络中分布。流经系统的近似电流如图 7.12 所示。由于电容通常是集中分布的，因此为近似值。故障前，充电电流在三相中对称分布，为 2.07 A（见式（7.20））。因为充电电流和故障电流的幅值基本相同，必须使用戴维南定理和叠加定理来确定接地故障期间的电流分布。因此，对于 a 相，从发电机到对地电容之间，I_{a1}是故障前充电电流和故障分量的总和，或 $I_{a1} = 2.07\angle 90° + 0.51\times 2.92\angle 45° = 3.29\angle 71.4°$。同理，$I_{b1} = 2.07\angle -30 + 0.51\times 2.92\angle -75° = 3.29\angle -48.7°$，$I_{c1} = 2.07\angle 210° + 0.51\times 2.92\angle 165° = 3.29\angle 191.41°$。

负序和零序分量的存在通常由故障决定。在集中的并联电容上，2.07A 的充电电流与 a 相 2.07A 的零序电流分量相抵消，因为这个支路实际上已经被 a 相接地故障短路了。在非故障相中，充电电流与零序分量叠加，提供的电流如图 7.12 所示。图 7.12 与图 7.2 是一致的。图 7.2 中电压源是 $1\angle 90°$，而图 7.12 中的电压源是 $1\angle 0°$。

再一次强调，上述情况是假设在故障点的右侧没有分布电容存在。如前所示，故障电流的大小不会随故障位置的不同而改变。同样地，不考虑发电机和变压器之间的串联阻抗，故障电流的分布也基本上不会改变。

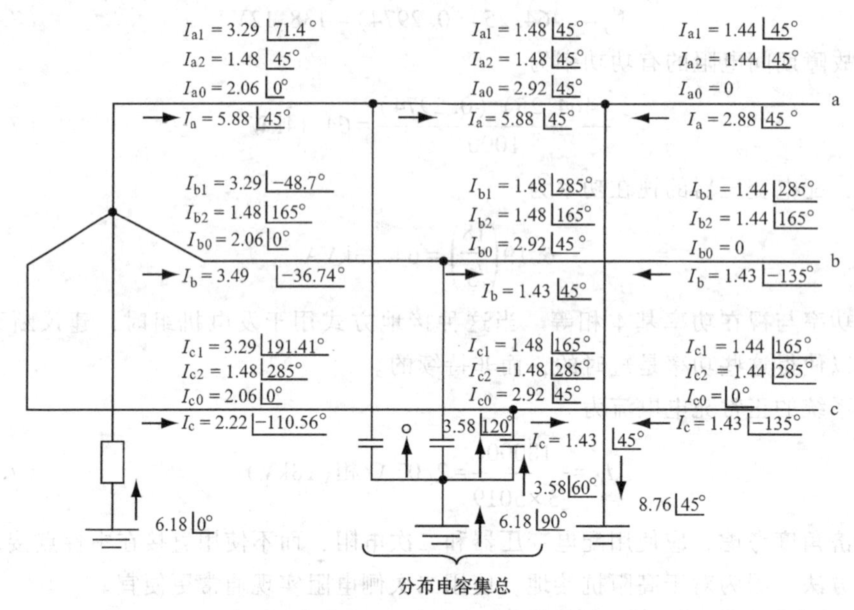

图 7.12　图 7.11 所示系统中发生 a 相永久接地故障时三相和序电流的分布

7.5.4　通过三个配电变压器的典型高阻抗接地算例

图 7.13 举例说明了一个 13.8kV 的工厂系统。主要来源为公共电源，另外这个工厂还配备了一个小型本地发电机。供电变压器或发电机可通过在中性点接入电阻实现接地（如果供电变压器二次侧是 Y 接线），但这种接线方式可能会导致本地发电机或者公用电源中断。因此，这个系统采用图 7.10 所示的接地方式。

根据估计的数据或特定的测试，有以下对地电容数据（μF/相）

电源变压器	0.004
本地发电机	0.11
电动机	0.06
负荷中心变压器	0.008
全部的连接电缆	0.13
浪涌电容器	0.25
接地电容总计	0.562

$$X_C = -\mathrm{j}\frac{10^6}{2\pi fC} = -\mathrm{j}\frac{10^6}{2(3.1416)(60)(0.562)} = 4719.9\Omega/\text{相} \tag{7.21}$$

因此，这个 13.8kV 系统的充电电流是：

$$I_C = \frac{13800}{\sqrt{3}\times 4719.9} = 1.69\text{A}/\text{相}(13.8\text{kV}) \tag{7.22}$$

以 20MVA，13.8kV 为基准的总电容以标幺值表示，见式（7.23）：

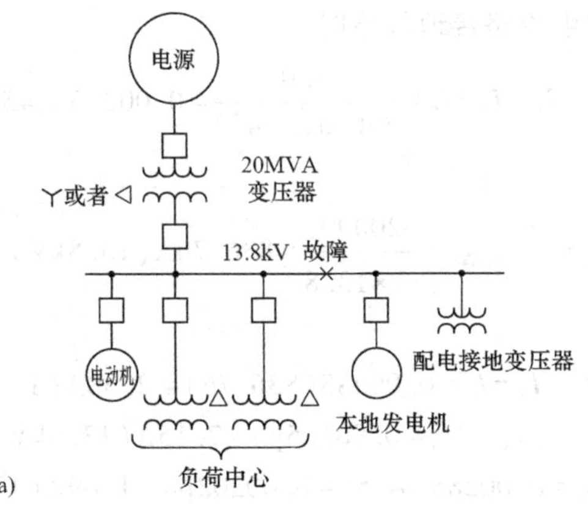

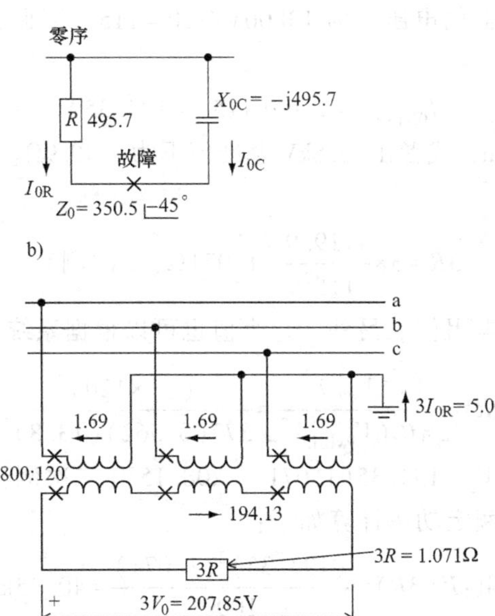

图 7.13　通过三个配电变压器的典型高阻接地算例

a）工业系统　b）零序网络（20MVA 13.8kV 下的标幺值）

c）接地故障时的电流分布

$$X_C = \frac{20(4719.9)}{13.8^2} = 495.68\text{pu} \tag{7.23}$$

对于图 7.10 所示的高阻抗接地方式，$R = X_{0C}$，所以零序网络中的 R 等于 495.68pu。对于整个系统

$$Z_0 = \frac{(495.7)(-\text{j}495.7)}{495.7-\text{j}495.7} = 350.5\angle -45°\text{pu} \tag{7.24}$$

对于线路接地故障，系统正序和负序的值很小，可以忽略不计。因此，这个

13.8 kV 系统上发生线路接地故障时，

$$I_1 = I_2 = I_0 = \frac{1.0}{350.5\angle -45°} = 0.00285\angle 45°\text{pu} \tag{7.25}$$

基准电流是：

$$I_{\text{base}} = \frac{20000}{\sqrt{3}\times 13.8} = 836.76\text{A}(13.8\text{kV}) \tag{7.26}$$

因此：

$$I_1 = I_2 = I_0 = 0.00285(836.76) = 2.38\text{A}(13.8\text{kV}) \tag{7.27}$$

$$I_{\text{a}} = 3I_0 = 0.00855\text{pu} = 7.15\text{A}(13.8\text{kV}) \tag{7.28}$$

$$I_{0\text{R}} = 0.00285\cos 45° = 0.00202\text{pu} = 1.69\text{A}(13.8\text{kV}) \tag{7.29}$$

这三个配电变压器的电压比为 13800V/120 = 115。因此，接地故障时的二次侧电流是：

$$I_{0\text{R(sec)}} = 1.69(115) = 194.35\text{A} \tag{7.30}$$

阻抗值是 495.68pu，或者在 13.8kV 基准值下为 4719.9Ω。反映到二次侧，阻抗值变成

$$3R = 3\times\frac{4719.9}{115^2} = 1.071\Omega(\text{二次侧}) \tag{7.31}$$

这是用于安装的电阻值。另外，这个值也可以根据系统的值直接计算得出：

$$3R = \frac{(\sqrt{3}V_{\text{sec}})^2}{2\pi fC(V_{\text{PviLL}})^2} = \frac{(\sqrt{3}\times 120)^2}{377(0.562)(13.8)^2} \tag{7.32}$$

$$3V_0 = 194.35(1.071) = 208.15\text{V}(\text{二次侧}) \tag{7.33}$$

电阻损耗和变压器的额定功率计算如下：

$$\text{电阻}: I^2(3R) = \frac{(194.35)^2(1.071)}{1000} = 40.45\text{kW} \tag{7.34}$$

$$\text{变压器}: \text{VI} = \frac{1.69(13800)}{1000} = 23.3\text{kVA} \tag{7.35}$$

故障期间采用线电压；这个电压实际上是作用在一次绕组上的电压。如果采用继电器跳闸，电阻和变压器可以采用短时额定电压。

7.6 煤矿或者其他危险类型应用的系统接地方式

一个中等高电阻接地系统最初开发用于地下采煤系统，现在越来越多地用于所有采矿和危险类型的应用中。鉴于采矿经常遭遇非常危险的情况，这些系统强调人员的安全，将一次侧故障电流限制在 25～50A。典型的系统结构如图 7.14 所示。采矿时，所有便携设备都由单独的馈线供电，该馈线为电阻接地，单独布

置在距离变电站至少 50ft 的地方。在很多应用中，一次侧接地电流限制在 25A。这根分离式接地线作为第 4 根线，阻抗不超过 4Ω。在带有监视系统的供电电缆中，通过监视线来保证系统持续接地。便携式设备框架上发生接地故障时，25A 的电流流经 4Ω 的安全接地线缆，最大会在操作人员上产生 100V 的电压。使用非常快速、灵敏的继电器来检测接地故障并瞬间跳开这段馈线，不用进行故障定位。由于存在较高的潜在危险，安全问题高于选择性和服务的持续性。所有基本的负荷，如照明、风扇和重要的支持服务，都由变电站的正常馈线进行供电。

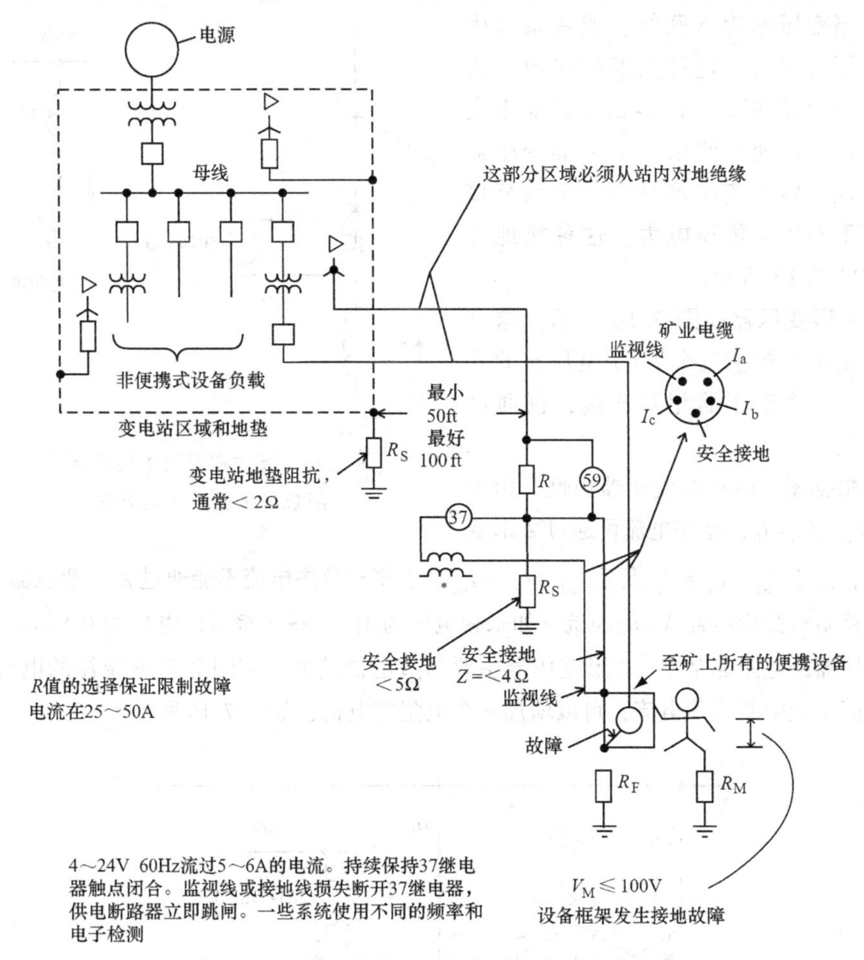

图 7.14　采矿或其他危险应用的典型接地系统

7.7　低阻抗接地方式

低阻抗接地方式将发生线路接地故障时的一次侧电流限制在约 50～600A。

这种接地方式用于限制故障电流，还允许通过电力系统阻抗导致的故障电流大小的不同选择继电保护。另外，由于非故障相电压不会显著升高，能够按相电压设计设备绝缘，所以这种接地方式还具有经济优势。

最典型的是，这种类型的接地方式是通过在系统中性点接入电抗或者电阻来实现的（如图7.15所示）。在配电站中，将接入△-Y形联结方式的供电变压器的中性点。连接到公共母线上的几个发电机组可以通过这种方式接地。系统的零序网络如图7.15所示。

当变压器为△联结，或者系统中性点不可用时，这种类型的接地方式既可以通过并联一个Y-△变压器来实现，也可以通过使用一个Z形变压器来实现。Y-△变压器只能用于系统接地，不能用于传输电力。这种接地方式如图7.15所示。

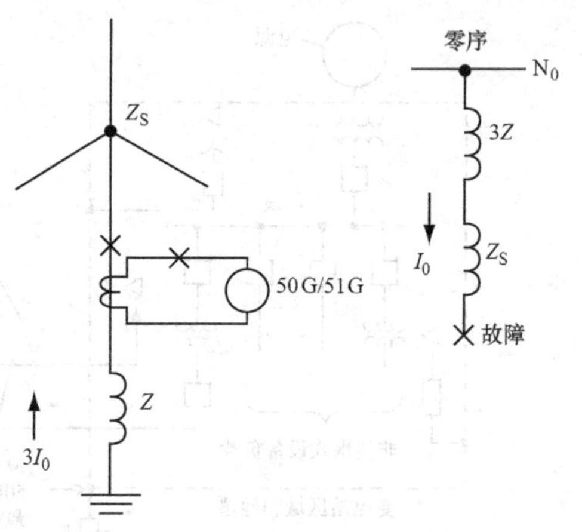

图7.15 通过在系统中性点接入阻抗的低阻抗接地方式

Z形变压器如图7.16所示。这个装置基本上包括三个1∶1电压比的变压器，三个变压器相互连接，仅通过零序电流。

根据图中所示的变压器极性，由于$I_{a0}=I_{b0}=I_{c0}=I_0$，零序电流可通过Z形变压器，由于$I_{a1}\neq I_{b1}\neq I_{c1}$及且$I_{a2}\neq I_{b2}\neq I_{c2}$，正序和负序电流不能通过Z形变压器。零序线路阻抗是变压器X_T的漏抗。如果相电压为1pu，每个绕组的电压为0.866pu。由于变压器的电阻非常小，Z形变压器主要通过电抗接地。若因Z形变压器的电抗X_T太小而不能限制故障电流，可以增加一个电阻或电抗，如图7.16所示。

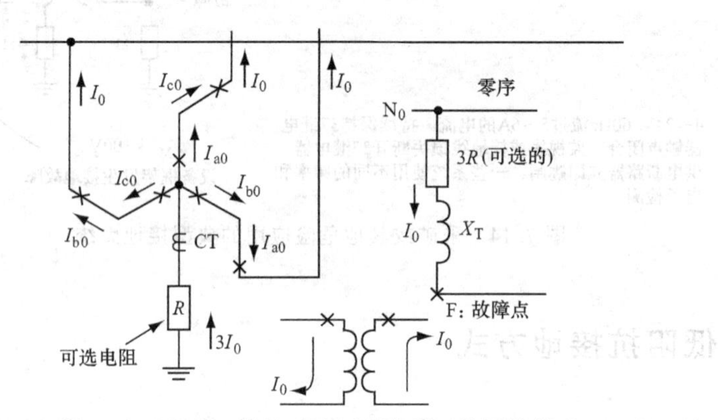

图7.16 通过Z形接地变压器的低阻抗系统接地

7.7.1　典型小电阻接地系统的中性点电抗算例

在图 7.17 所示的典型系统中，采用接地电抗器将线路接地故障时一次侧的最大故障电流限制在 400A 以内。为了方便起见，在计算过程中以 20MVA 为基准功率。见式（7.36）~式（7.39）。

$$电源:X_1=X_2=\frac{\mathrm{MVA_{Base}}}{\mathrm{MAV_{SC}}}=\frac{20}{3200}=\mathrm{j}0.00625\mathrm{pu} \quad (7.36)$$

$$变压器:X_\mathrm{T}=\mathrm{j}0.052\mathrm{pu} \quad (7.37)$$

$$总计:X_1=X_2=\mathrm{j}(0.0063+0.052)=\mathrm{j}0.0583\mathrm{pu} \quad (7.38)$$

$$总计:X_0=\mathrm{j}(0.052+3X)\mathrm{pu} \quad (7.39)$$

一次侧故障电流为 400A 时：

$$I_1=I_2=I_0=\frac{400}{3}=133.33\mathrm{A}(13.8\mathrm{kV}) \quad (7.40)$$

$$I_\mathrm{Base}=\frac{20000}{\sqrt{3}\times 13.8}=836.76\mathrm{A} \quad (7.41)$$

$$I_1=I_2=I_0=\frac{133.33}{836.76}=0.159\mathrm{pu} \quad (7.42)$$

$$X_1+X_2+X_0=\mathrm{j}(0.1685+3X) \quad (7.43)$$

$$0.159=\frac{\mathrm{j}1.0}{\mathrm{j}(0.1685+3X)} \quad (7.44)$$

$$X=2.04\mathrm{pu}$$

$$=\frac{13.8^2(2.04)}{20}=19.42\Omega(13.8\mathrm{kV})(见式(2.17)) \quad (7.45)$$

7.7.2　典型小电阻接地系统的中性点电阻算例

在图 7.17 所示的典型系统中，采用接地电阻将线路接地故障时一次侧的最大故障电流限制在 400A 以内。在前面的例子中，$X_1=X_2=\mathrm{j}0.0583$，但采用电阻时，

$$Z_0=3R+\mathrm{j}0.052\mathrm{pu}$$

另外，如前所示，根据式（7.42），线路接地故障电流为 400A 时，$I_1=I_2=I_0$ 的标幺值为 0.159。故有

$$I_1=I_2=I_0=0.159\angle ?^\circ=\frac{\mathrm{j}1.0}{3R+\mathrm{j}0.1685} \quad (7.46)$$

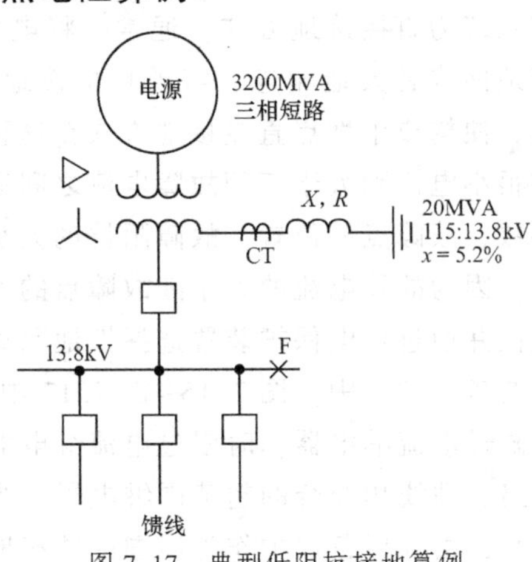

图 7.17　典型低阻抗接地算例

这里最好通过二次方和求解，重新整理如下：

$$3R+\mathrm{j}0.1685=\frac{\mathrm{j}1.0}{0.159\angle ?^\circ}$$

$$(3R)^2+(0.1685)^2=(6.29)^2$$

$$R=2.09\mathrm{pu}=\frac{13.8^2(2.09)}{20}=19.90\Omega(\text{基准电压 }13.8\mathrm{kV}) \quad (7.47)$$

比较式（7.45）中的电抗值19.42和式（7.47）中的电阻值19.9，表明在很多情况下，通过电阻接地，相角可以忽略，无需采用相量运算，可直接通过算术运算求解电阻值，既简化计算过程，又避免出错。因此，在实际应用中，电阻值比系统电抗或阻抗值大的多，所以电阻值还可直接通过式（7.48）计算：

$$R=\frac{V_{\mathrm{LN}}}{I}=\frac{13800}{\sqrt{3}\times 400}=19.92\Omega \quad (7.48)$$

7.8 直接（有效）接地方式

根据ANSI/IEEE标准（IEEE100）定义，当电力系统参数满足式（7.49）条件时，为直接接地方式。

$$\frac{X_0}{X_1}\leqslant 3.0\text{ 且}\frac{R_0}{X_1}\leqslant 1.0 \quad (7.49)$$

式中 X_0 和 R_0——电力系统零序电抗和电阻；

X_1——正序电抗。

实际上，当满足式（7.49）时，系统中性点和大地之间的阻抗几乎为零，即系统为直接接地方式。通常，将电力变压器Y形绕组的中性点与变电站的接地网或者大地相连，实现直接接地。在图7.15或图7.17中，忽略 X 和 R 后，便构成中性点直接接地方式在这种接地方式的故障电流变化范围很大，可在很小电流到大于三相故障电流之间变化。电流的幅值取决于系统配置、系统参数、故障点的位置、故障阻抗的大小等等，幅值变化可能显著，也可能不显著。因为故障电流的大小随故障点的不同而变化，所以能够较容易地进行故障定位并通过继电保护装置选择性地隔离故障区域。所采用的技术涵盖在设备保护的各个章节中。图7.15~图7.17中接地中性点所示的电流互感器用来操作时限过电流继电器。时限过电流继电器是灵敏整定的，并在动作时限上与各种线路、馈线相配合的超范围继电器。当主保护或相关后备保护不能有效消除故障时，由远后备保护作为周围区域接地故障的后备。

7.8.1 直接接地算例

假设图 7.17 所示系统的变压器组直接接地（X、$R=0$）。在 F 点发生故障时，$X_1=X_2=\mathrm{j}0.0583\mathrm{pu}$（见式（7.38）），$X_0=\mathrm{j}0.052\mathrm{pu}$，以 20MVA 和 13.8kV 为基准。因此，$X_1+X_2+X_0=\mathrm{j}0.1685\mathrm{pu}$，并且

$$I_1=I_2=I_0=\frac{\mathrm{j}1.0}{\mathrm{j}0.1685}=5.934\mathrm{pu}$$

$$=4965.8\mathrm{A}(13.8\mathrm{kV}) \tag{7.50}$$

$$I_a=3I_0=17.8\mathrm{pu}$$

$$=14897.8\mathrm{A}\ 故障电流(13.8\mathrm{kV}) \tag{7.51}$$

中性点直接接地的故障电流是前述小阻抗接地算例故障电流 400A 的 37 倍多。在 F 点发生三相短路故障时

$$I_1=\frac{\mathrm{j}1.0}{\mathrm{j}.0583}=17.15\mathrm{pu}$$

$$=14364.6\mathrm{A}(13.8\mathrm{kV}) \tag{7.52}$$

因此，接地故障电流比三相短路故障电流大。在本例中，两者差别较小，是因为电源阻抗比供电变压器阻抗大得多。当电源阻抗较大时，这两种故障类型的故障电流都较小，但接地故障发生的概率比三相短路故障高。

图 7.17 是典型的配电变压器连接到大系统电源的例子。因此，与配电变压器相比，电源阻抗非常小。母线上发生三相短路故障时，有

$$I_{3\phi}=\frac{1}{X_1}\mathrm{pu} \tag{7.53}$$

$$I_{\phi g}=\frac{1}{(2X_1+X_0)}\mathrm{pu},式中\ X_1=X_2 \tag{7.54}$$

若计及电源阻抗，则 $X_0=X_1=X_2$，并且

$$I_{3\phi}=I_{\phi g}=\frac{1}{X_1}\mathrm{pu}$$

若包括电源阻抗，则 X_1 和 X_2 大于 X_0，$I_{\phi g}$ 大于 $I_{3\phi}$，如前所述的例子（见式（7.51）和式（7.52））。

因为 X_0 通常约为 X_1 的 3~3.5 倍，因而假设，当馈线上发生故障时，有 X_0 大于 X_1、X_2

$$I_{\phi g}=小于\ I_{3\phi}$$

由于在城市或农村的长馈线中发生接地故障时故障电流可能很小，很难甚至无法隔离故障，建议采用配电变压器中性点直接接地的方式，以增大故障电流，提高继电保护装置检测出故障的概率。

7.8.2 直接接地系统中的接地故障检测

在直接接地系统中，故障电流的大小随着故障点的位置变化，通常采用过电流保护。这与中性点不接地或高阻抗接地系统不同，在中性点不接地或高阻抗接地系统中，故障电流的大小在网络中没有显著变化。

因此，如图7.5所示，通过采用Y-△（开口三角）电压互感器（VT）来获得零序电压作为接地故障方向判别的参考。对于直接接地系统，发生a相接地故障时，$V_{ag}=0$，那么从式（7.9）得出：

$$V_{pg}=3V_0=V_{bg}+V_{cg}=1-30°+1-150°=-j1pu \quad (7.55)$$

因此，对于中性点直接接地系统而言，发生故障最大的$3V_0$是V_{LN}，而对于中性点不接地系统而言，是$3V_{LN}$。

7.9 三相系统的铁磁谐振

如今，铁磁谐振在电力系统中发生的愈加频繁，尤其是配电系统中。因为和电力系统接地方式有关，现在回顾一下铁磁谐振的相关知识。这是一种由系统的电容与变压器的励磁阻抗（非线性）谐振引起的复杂的非线性现象。它是持续的、变化的、而且具有非常不规则的波形和明显的谐波过电压。过电压的幅度足以破坏所连接的设备。

关于铁磁谐振现象的细节超出了我们讨论的范围。所以，这里主要陈述铁磁谐振现象引起潜在危害的可能性。不接地电力系统中电压互感器发生铁磁谐振现象的可能性已经在7.4节中简单描述过。

在电源接地的配电系统中，通常的做法是负荷变压器的一次侧绕组不接地。典型的系统如图7.18a所示。通常情况下，配电电路架空，极点配备熔断器或者单相隔离开关。从这点来说，需要铺设一根地下电缆至应用点附近的基座安装式变压器。在这样的电路中，当变压器二次侧轻载或者不带负载时，在这些线路上存在发生铁磁谐振的几种可能性。

在图7.18b中，通电相a在b相和c相之前提供了电流的流动路径，如图中箭头所示。变压器的非线性励磁阻抗与系统的对地电容串联。在通常的一次侧△接线变压器中，ab和ac以0.577倍额定电压供电，所以若在电压波形的零点或附近，会有励磁电流或者励磁涌流。变压器铁心中有剩余磁通时，可能导致更大的电流。在半波结束时，变压器铁心失去饱和，但在电缆电容中会有剩余的陷阱电荷或电压。在接下来的半波中，电源电压的极性和电缆电容的陷阱电荷极性相同时，能够迫使铁心在反方向上趋于饱和。

当发生随机或者周期性的铁心饱和或失去饱和时，在相间和相对地会产

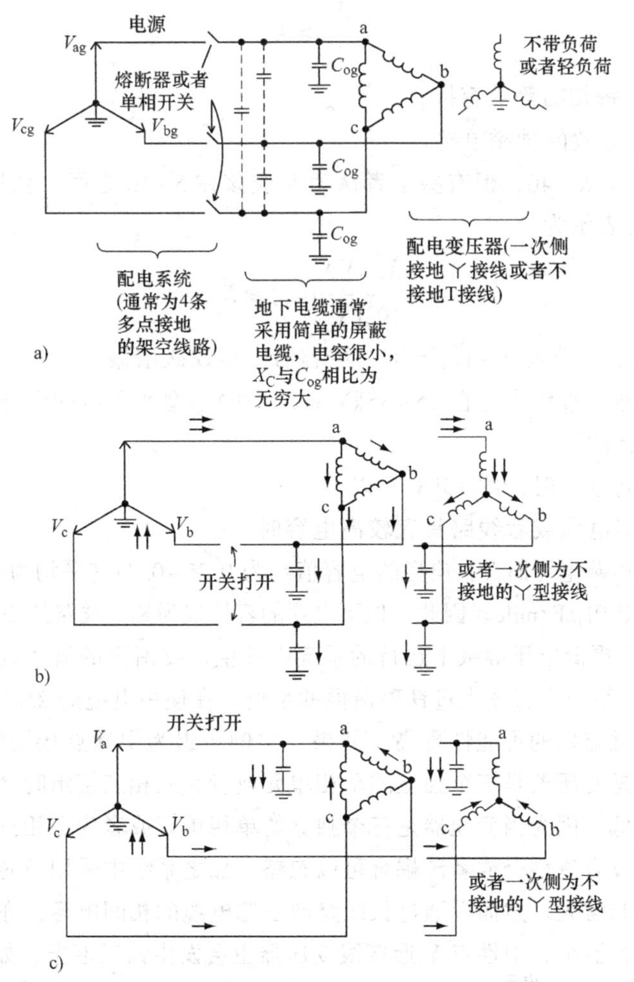

图 7.18 连接到接地电力系统中的不接地变压器
发生铁磁谐振的可能性

a）典型的配电系统 b）当一相（a 相）在其他相之前合闸或者
其他两相由熔丝、断路器或者开关操作断开时的
铁磁谐振电流路径 c）熔丝熔断、导线断开、断路器或者开关等
引起的一相（a 相）断开时铁磁谐振电流的路径

生较高的过电压。过电压值能够达到 5pu 或更高。当第二相合闸时，过电压将会持续并且可能会继续升高。第三相合闸消除了单相条件，通常铁磁谐振会被消除。

同样地，当熔丝熔断、导线断开等情况导致如图 7.18c 所示的单相断开时，对地电容和励磁阻抗也有可能产生共振。

为了将断相电压限制在约 1.25pu 或更低，需要保证：

$$\frac{X_C}{X_e} \geqslant K \tag{7.56}$$

式中 X_C——每相的等效容抗；

X_e——等效的励磁电抗。

实际系统中 $K=40$，但有些学者认为 K 应该在 5~10 之间。就这个系统而言，式（7.56）可表示为

$$\frac{X_C \text{kVA}}{10^5 \text{kV}^2}(I_e) \geqslant K \tag{7.57}$$

由此可知，通常在下列情况下，更容易发生铁磁谐振：

1）变压器容量较小。在 25~35kV 系统中的小型变压器的内部电容和励磁电抗会产生铁磁谐振。

2）在较高电压时，约 15kV 及以上。

3）长距离电缆或者线路具有较高电容时。

对于单芯屏蔽电缆而言，典型的电容值约为 0.25~0.75（平均为 0.5）μF/mile，而明线线路为 0.01μF/mile。因此，地下电缆的容抗仅为架空线路的 2%左右。

在 15kV 或更低电压等级下运行的系统中发生铁磁谐振的概率较小，但在长电缆运行的 15kV 系统中有发生过铁磁谐振的案例。在使用电缆的 25kV 或者 35kV 系统中，发生铁磁谐振的可能性更高。如果一次侧绕组为中性点接地的 Y 或者 T 形接线时，尤其是变压器是三个独立的单相单元或者为三相三绕组时，发生铁磁谐振的概率一般较低。因为当变压器是三个独立的单相单元或者为三相三绕组时，变压器相绕组之间没有磁耦合或者磁耦合可以忽略，加之系统中采用单芯屏蔽电缆，将使得相间电容非常大。然而，通过长线路或三芯电缆的相间电容，亦或者是通过不接地的并联电容器组，中性点 Y 形接线变压器也会发生铁磁谐振，如图 7.19 所示。

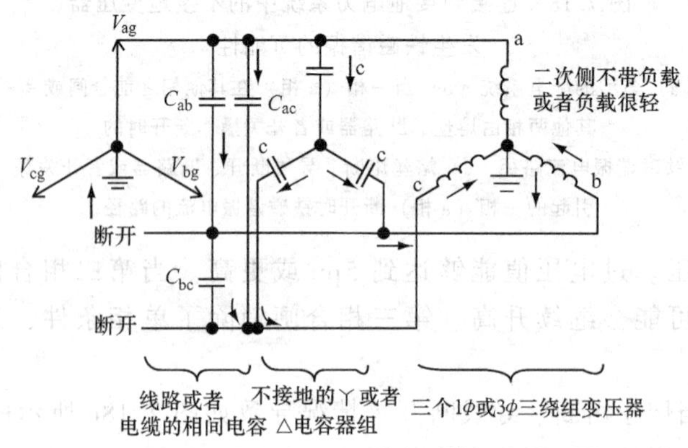

图 7.19 中性点接地变压器由长电路的相间电容或者不接地的并联电容器组引起的铁磁谐振可能性

当使用 4 柱或 5 柱铁心变压器组时，也可能发生铁磁谐振（如图 7.20 所示）。三相之间存在磁性和电容耦合。相间的磁耦合与断开相的对地容抗提供了一个串并联回路，能够以一种非线性的方式产生谐振。与中性点不接地变压器 5pu 或者更高的电压幅值不同，这种情况下过电压的幅值<2.5pu。

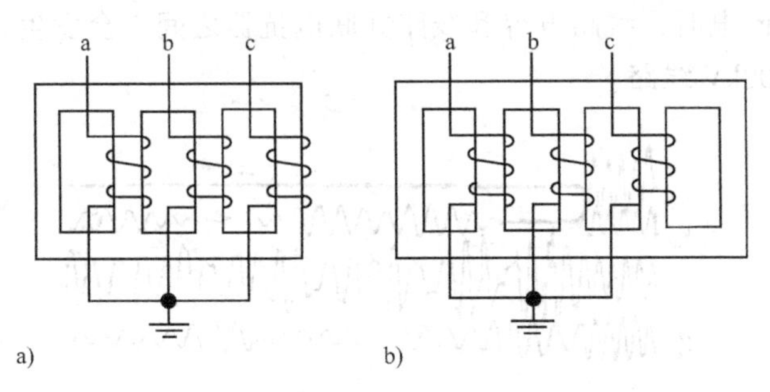

图 7.20 三相之间有可产生铁磁谐振的电磁和电容耦合路径的 4 柱和 5 柱三相变压器

a) 4 柱 b) 5 柱

7.9.1 配电系统铁磁谐振的小结

前面只是一般的讨论，远非精确的科学论证。实际上，在许多电路中，系统容抗与励磁电抗相比，或非常小，或非常大，所以当一个或两个导线断开时，不会发生铁磁谐振和高电压。另外，当变压器额定容量为 5%~15%时，二次侧的电阻负载也会抑制铁磁谐振。

在电缆供电的中性点不接地变压器中，可能发生铁磁谐振，可能的解决方案是安装三相开关或在靠近变压器组处开关。但是这两种方案都价格昂贵，而且在很多应用中不可行。只有带负载的开关可以有效抑制铁磁谐振，但并不总是可行，尚不能解决在轻载情况下的熔丝熔断或导线断开问题。使用一次侧接地并且相间耦合最小的变压器通常应作为一个解决方案。

7.9.2 高压系统的铁磁谐振

铁磁谐振不局限于配电系统中，在整个电力系统中都有可能发生铁磁谐振。例如，在某段并联的 13km 的 500kV 线路上，每条线路的末端都未经过断路器，分别直接连接到中性点接地的 Y-△ 联结的 750MVA 自耦变压器第三绕组上，就曾经发生过 60 和 20Hz 的持续铁磁谐振。当在线路的一端打开 500kV 断路器断开线路，另一端打开自耦变压器二次侧 230kV 断路器时，并行线路始终充电的情况下，铁磁谐振会随机发生。500kV 线路的对地容抗和 500kV 自耦变压器绕组的对地励磁电抗之间形成铁磁谐振回路。同杆并架的两条线路之间的互感电压为这种现象提供了电压。发生这种现象的必要条件是第三绕组空载，所以避免问题的解决方法是在第三绕组上带上负载。计算结果表明，通电的线路上提供给铁磁谐振回路的有功功率大约为590kW，在28kV的第三绕组上额外加上250kW的负载就足以抑制铁磁谐振。

在长线路断电时，线路电容和线路并联电抗器之间也会发生铁磁谐振。如图7.21所示的500kV线路。

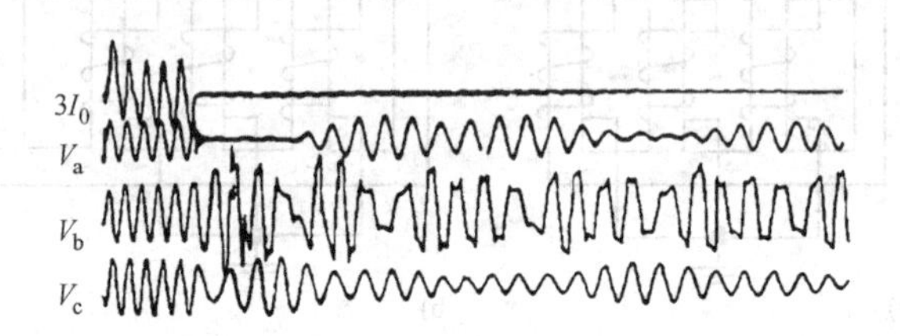

图7.21　500kV断电线路在线路电容和电抗器之间发生的铁磁谐振

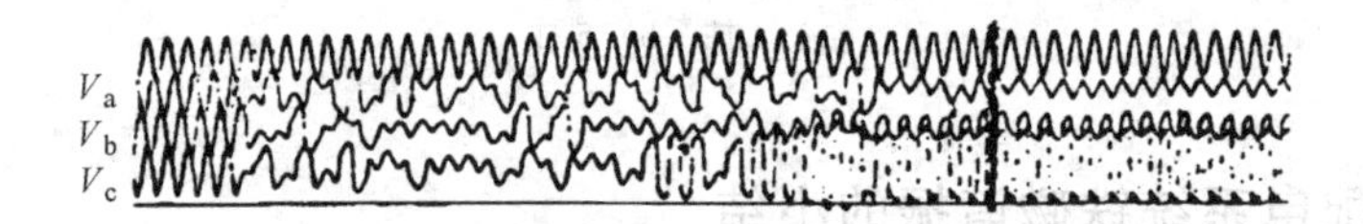

图7.22　345kV环形母线断电段在电压互感器电感和断路器均压电容器之间发生的铁磁谐振

b相发生严重的铁磁谐振，而其他两相在陷阱电能耗散时形成一个环。

另一种情况如图7.22所示。当345kV环网母线的一段在线路的分段开关重新连接线路到母线之前断开，电压互感器的电感和断路器的分级电容器之间会发生铁磁谐振。分段开关合闸前，c相的过电压持续15min，直到分段开关合闸。大约4个月后，电压互感器损坏。为了防止这类问题的发生，开关操作期间在电压互感器的二次侧增加了电阻。

7.10　接地安全

公用设施或工业厂房的发电站和变电站都铺设了地垫。经过精心设计，保证地垫上所有方向（跨步电压和接触电压）的电压降落最小，并且地垫和真实大地或者远方大地（地电位升高）之间的阻抗最小。这样做主要的目的是从人身安全的角度考虑，将潜在的电击伤害降到最低。这些设计是一个专门领域，超出了我们讨论的范围。IEEE 80是这个领域的基本指导。

站内地垫区域内的所有设备框架都必须牢固地固定在地垫上，包括继电器、继电器盘、围墙、二次绕组等设备所有暴露的金属部分。因此，所有电流互感器和电压互感器的二次电路都要接地。在这个电路中，应该只有一个接地点，通常实际常用的接地点在开关柜或继电器室。如果存在多个接地点，可能导致继电器短路并不利于正常切除故障，导致二次绕组损坏。室外的接地点以及开关室内的另一个接地点使二次绕组与地垫并联，导致部分很大的故障电流能够直接流入二次绕组，既会损坏相关设施，也会引起误操作。因此，电路中只有一个接地点就能最大程度减少静电势。

若存在设备无法恰当接地，应该认真做好与相关人员的隔离工作。尤其要注意那些与变电站和远方接地（传输电位）都相关的设备。通讯通道属于这一类，在第 13 章进行了详细讨论。

变电站设计时应保证电磁感应降到最小。为了减小这种风险，需要两个接地点。关于这个问题，将在第 13 章中详细讨论。在不能使用地垫但包含电器设备的区域，安全性必须仔细检查。该问题的基本原理如图 7.23 所示。人体两脚之间、脚到胳膊之间的平均或合理阻抗值分别为 1000～2000Ω、500～1000Ω，尽管受多种因素的影响，一般人体的阻抗值都在这个范围。R_F 可以通过一根低阻抗接地线（在某个单相的第 4 或者第 3 根线）变得很小，这就能够保证足以通过最小的阻抗进行接地。

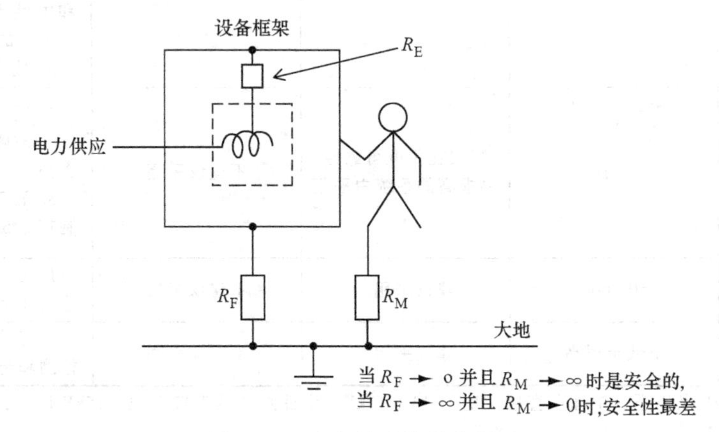

图 7.23　安全接地的基本原理

通过较高的对地（非湿润的）绝缘，避免接入潮湿的土壤或者连接于金属表面，例如连接到接地的水管等，R_M 可以变得很大。另外，还可以采用灵敏性和速动性好的接地保护。

这种系统在矿山中有应用（见第 7.6 节图 7.14）。在日常生活中，通常使用接地线。但现在趋于通过双倍的绝缘和其他技术，使得 R_M 接近无穷大，从而进一步减小发生接地故障的可能性。

7.11 总结和建议

表7.2对各种中性点接地方法进行了总结，并给出了对应的建议。其中一列是针对公共电力系统中带有大型发电机的工业和变电站电气系统。另一列是针对公共系统中的所有其他部分。如前所述，有很多因素影响到系统接地方式的选择；所以，任何建议都可以合理地改变。表7.2中所给出的建议仅仅是起到指导作用。尽管这些建议只是作者的个人意见，但也反映了美国的实际做法。

表7.2 系统接地方式和通用建议

接地类型	一次侧故障电流/A	工业和变电站系统	公用输电、二次输电和配电系统	备注
中性点不接地方式	非常低	通常不建议采用，供电可靠性要求较高的系统除外	不建议采用	1. 容易检测到故障但很难进行故障定位 2. 故障电流很低，损害很小 3. 可能会存在较高的暂态过电压 4. 存在铁磁谐振和中性点电压互感器逆变的可能 5. 故障检修很重要
高阻抗接地方式	1~10	建议在供电可靠性要求高的系统中采用	不建议采用	1. 同上 2. 故障电流低，损害小 3. 暂态过电压限制在2.5V_{LN}
低阻抗接地方式	50~600	建议采用①	不建议采用	1. 容易进行故障检测和定位
中性点直接接地方式	很低至很高	建议采用①	不建议采用	1. 容易进行故障检测和定位

注：① 1kV及以下，中性点直接接地；1kV~15kV，中性点经低阻抗接地；15kV以上，中性点直接接地。

对于公共系统，仅建议使用中性点直接接地方式。这是因为许多配电回路能够通过变压器分接头、支路等在公共区域中延伸至很远。所以，尽管变电站母线上发生单相接地故障的几率比三相故障要大，但是可以很快地转化成三相故障，较高的零序阻抗很快占主导地位。这些馈线之外的较低的故障电流以及低压下高接地电阻的可能性通常使得接地故障检测变得非常困难甚至是不可能检测到。由于涉及公共电网，这些故障电流相当危险。由中性点阻抗限制的故障会大大增加在馈线外检测较轻故障的困难性。

对于非常短的配电线路而言，限制故障电流是可取的，通常建议应用于1kV

至 15kV 的工业系统中。在这类系统中，供电电源和供电用户之间的距离非常短，未接入公共电网，只在一个区域电网内。因为大多数故障都会涉及到接地，供电电源和供电用户之间的距离非常短，导致故障电流较高，所以要求限制故障电流的大小，降低可能造成的损害。

用电电压低于 1kV 的系统中大部分采用中性点直接接地方式。通常是由地方、州或者国家的标准规定。在高于 15kV 的系统中，采用中性点直接接地方式。

参考文献

更多信息参见第 1 章末的参考文献。

Cottrell, R.G. and Niebahn, W.D., An analysis of potential ferroresonance at 138 kV distribution substations, *McGraw-Edison's The Line*, 80/2, 1980, 9–12, 17–18.

Forster, R.S. and Beard, L.R., Solving the ferroresonance problem, *Trans. Dist.*, December 1984, 44, 46, 48.

Gleason, L.L., Neutral inversion of a single potential transformer connected to ground on an isolated delta system, *AIEE Trans.*, 70(P. 1), 1951, 103–111.

Hopkinson, R.H., Ferroresonant overvoltage control based on TNA tests on three-phase wye–delta transformer banks, *IEEE Trans.*, PAS-87(2), February 1965, 352–361.

Hopkinson, R.H., Ferroresonant overvoltage control based on TNA tests on three-phase delta–wye transformer banks, *IEEE Trans.*, PAS-86(10), October 1967, 1258–1265.

IEEE Green Book, Standard 142-1982, *Recommended Practice for Grounding of Industrial and Commercial Power Systems*, IEEE Service Center, Piscataway, NJ, 1982.

IEEE Standard 80, *Guide for Safety in AC Substation Grounding*, IEEE Service Center, Piscataway, NJ, 1982.

Locke, P., Check your ferroresonance concepts at 34 kV, *Trans. Dist.*, April 1978, 32–34, 39.

Price, E.D., Voltage transformer ferroresonance in transmission substations, *30th Annual Protection Relay Engineers Conference*, Texas A&M University, College Station, TX, April 25–27, 1977.

Rudenberg, R., *Transient Performance of Electric Power Systems*, MIT Press, Cambridge, MA, 1969.

Smith, D.R., Swanson, S.R., and Bout, J.D., Overvoltages with remotely-switched cable fed grounded wye–wye transformer, *IEEE Trans.*, PAS-75, September–October 1975, 1843–1853.

第8章　发电机保护/分布式发电的联络线保护

8.1　引言

在过去的10年里，发电系统的类型、并入电网的位置、发电所有权和发电设施监管都发生了巨大变化。第1章中介绍了这些领域的变化。这些变化并没有改变发电机保护的基本要求，但显著影响了接入电力系统以及并网运行的机组容量。目前，许多小型机组（分布式发电）接入了电力系统。保护要求与被保护设备的价值有关，因此，大型机组的保护要求不同于小型机组。此外，发电机在电力系统中的接入位置不同，故障时可能会对发电机或电力系统产生的危害不同。本章内容包括一般发电机保护，以及某些情况下发电机/电力系统互联时连接点所需要的特殊保护的要求特殊保护。

8.1.1　发电机保护的历史

20世纪初，电力工业刚开始发展的时候，它的特点是各独立区域的小公司运营小型发电机组向本地供电。随着电力工业的快速增长和发展，其垄断本质愈加清晰。因此，（美国）州政府组建委员会以制定相关法规。随后，小公司联合形成大型股份制电力公司。由于这些公司规模大、独立供电范围广，州监管机构无法有效运转。因此，联邦政府介入了电力监管。由于这种不公正的电力市场操作，大型跨州公司被迫减持股份。这造成了小型电力公司服务特定地理区域的局面。20世纪30年代，政府组建了联邦能源监管委员会（FERC）以规范跨州电力市场，而州委员会负责监管在各州运营的电力公司。这种基本结构一直保持到20世纪70年代。在这期间，电力工业主要由投资者所有的电力公司组成，这些公司基于成本的价格捆绑销售发电、输电及配套服务。州委员会有权管理零售价格、费率并进行审慎评估，而联邦政府管理批发价格和跨州输电。符合供电可靠性要求属于自发行为，并在很大程度上受市场竞争的推动。行业自发形成全国电力可靠性委员会（NERC）进行可靠性监督。非营利公用事业单位，如市政府所有的电力系统和合作社，则由城市或地方政府机构管理。

受上述各种因素的影响，发电厂机组逐步采用满足基本负载的大型机组替代小型机组以实现规模经济效益。1960~1980期间，发电机组装机容量通常为400~200MVA。这些小型机组通常遍布整个系统，尤其是中低压次输电系统，以便在用电高峰时分担负载。而大型机组一般通过发电厂的高压开关站接入大容量高压输电系统。

1978 年以后，国会通过立法以促进电力工业放松管制，旨在通过竞争提高行业效率。一般认为，基于成本费率的体制可促进各企业以最符合自身效益而不是产业整体效益的方式发展。放松管制也被认为可以促进全国各地电力价格水平的变化，并促进先进技术的应用。1978 年，国会通过联邦立法要求电力公司向拥有可再生能源发电/热电机组的电厂购电。1992 年，通过立法允许这类电厂免于监管，并允许其接入国家输电和配电系统。1992 年以来，经过联邦政府的努力调整和州政府采取的行动彻底改变了许多州电力工业的结构。由于部分州面对新的理念踌躇不前，结构调整的步伐在全国各地并不一致。进展缓慢的各州对电力工业竞争心存疑虑，并担心结构调整可能会对现在享受低电价的各州产生不利影响。在竞争中走在前列的各州（如加利福尼亚州）遭遇到各种问题，进一步加深了这种疑虑。

目前，电力工业的重组正在稳步推进，在试错基础上将取得成功的系统作为样板推广至其他系统。然而，电力工业重组过程中出现了发电不受监管约束的明显趋势，有助于确保该领域的公平竞争。电力市场也同样逐步放开管制。而电力的传输和分配的调整将逐步形成区域输电大型实体（Regional Transmission Owners，RTOs）。联邦和州政府机构、独立系统运营商和独立的可靠性委员会对电力市场进行监管和调控。毫无疑问，未来还会发生更多变化。目前，如何保证电力系统的可靠性仍然是一个重要问题。上述变化已影响了发电类型以及电力并网方式，也相应的影响到了需配置保护系统的发电和供电系统。为便于本章的讨论，我们将发电机分为大型发电机组（Bulk Power Generators，BPGs）和分布式发电机（Distributed Generators，DG）。

8.1.2　大型发电机组

大型发电机是与大容量电力传输系统互联的同步电机。这类发电机的发电量通常大于 20 MVA，介于 100~1200MVA 之间。这种发电机通常位于拥有一个或多个发电机组的发电厂中。发电厂的地理位置选择通常基于以下因素，如接近燃料供应和负载中心，有合适的冷却源以及应对环境问题和公众接受能力的相关限制。大多数发电厂为使用煤、石油、天然气或铀的蒸汽发电厂。大型水电站受大规模水力资源分布的限制。典型的水轮发电机如图 8.1 所示。这些水轮发电机为立轴发电机，而汽轮发电机为横轴发电机。

大型发电机通常通过电厂的高压开关站接入电力系统。在一个新的发电厂规划选址时，要设计和建造合适的输电线以输出电力。所以，大型发电厂通常处于电网多条输电线的末端。输电线路不仅要能在正常和 N-1 运行条件下输出电力，还必须与电力系统紧密连接，以维持各种运行条件下的系统稳定。一些较小发电容量的发电机组可以接入输电线，从而形成三端（T形）输电线路。

图8.1　图中为四台100MVA，13.8kV立轴水轮发电机，水轮机位于地板下方（照片由华盛顿州西雅图市Seattle City Light公司提供）

8.1.3　分布式发电机

随着发电市场管制的放松，北美许多地区私有发电机组均并入电力系统。这些独立经营的机组规模大小不一，其中大部分属于小型机组。这些小型机组并入低电压输电、配电系统是最经济的方案。在许多情况下，只需通过T形接线将分布式发电设备直接接入现有次输电或配电线，而不需要电力系统额外扩容以消纳其发电输出。有时，发电厂位于大型工业园区内，并通过园区内的输配电线路接入电力系统。在某些情况下，发电机输出电力可能导致电力系统过载，因为电力系统最初设计时并没有将该电厂考虑在内。此时，该电厂所有者有责任负担电网扩容所需的费用。由于私有发电机组在电力系统中随机分布，业内称为分布式发电机（DG）或分布式电源（Distributed Resource，DR）。

分布式发电机分为旋转式和非旋转式。旋转式发电机是由往复式引擎或涡轮机驱动的同步电机或感应电机。非旋转式发电系统产生直流电，通常由光伏电池、燃料电池或蓄电池组成。旋转式发电机能够以恒定的（接近）同步转速旋转，可以直接通过断路器和变压器与电力系统连接。旋转式发电系统由同步发电机或异步发电机组成。同步发电机接入电力系统，并以同步转速旋转。同步发电机从电力系统断开时可以独立地为负载供电。感应发电机是由原动机驱动以同步速度旋转的感应电机。感应发电机需要励磁电源，通常从连接的电力系统获得。感应发电机与电网断开连接时，其激励源也会同步消失，造成发电机停机。如感应发电机侧连接由电容器组组成的励磁电源，感应发电机与电网的连接断开时，仍可能持续运行。为保持感应发电机的自励磁运行状态，与电网断开连接后励磁和负载功率必须保持在一个合适的范围内。由于风力发电机的旋转速度因风速不同而具有很大差异，风力发电使用了一种特殊类型的感应发电机。风力发电的转子绕线感应电机使用静态换流器来控制转子电流。

如前所述，多种不同类型的分布式发电系统以各种方式并入电力系统。位于工厂内的发电机可能经过较远的电气距离接入工业负载中心。工业发电机可能是热电联产发电机或备用发电机。热电联产将发电产生的废热用于工业生产。备用发电机用于确保可靠性，在失去外部电源供电后继续为关键工艺供电。基于合同协议可以允许工厂内备用发电机与外部电源共同供电，甚至可以反过来向外部电网供电。

分布式发电的动力来自风能、太阳能、水力、生物能、地热、城市垃圾，以及传统的石油等。如前所述，分布式发电机容量范围包括从几 kVA 的单相小型发电机到 100MVA 的大型发电机。大型发电机一般接入高压电网或二次输电系统（69kV 及以上）。容量为 10~25MVA 的分布式发电机一般接入配电网。

8.1.4　潜在问题

大型发电机和分布式发电机有很多相同的故障，所以保护要求也类似。小型发电机和普通分布式发电机一般配备简单的保护，成本远低于大型发电机组的保护。

发电机的故障和问题如下所示：

A. 内部故障

1. 定子一次绕组和备用绕组及相关区域的相间或接地故障

2. 转子接地故障和失磁故障

B. 系统扰动和运行故障

1. 失去原动力；发电机的电动机运行（32）

2. 过励磁：电压/频率保护（24）

3. 误上电：非同步并网（67）

4. 不平衡电流：负序保护（46）；断路器极击穿（61）

5. 过（热）负载保护（49）

6. 大型汽轮机频率异常

7. 系统故障未切除：后备距离保护（21）；电压控制的定时限过电流保护（50 V）

8. 过电压（59）

9. 失去同步：失步保护

10. 次同步振荡

11. 至继电调节器或稳压器的电压互感器（VT）信号丢失

12. 发电机断路器失灵

对于分布式发电机，在其与电网的连接处需要额外的保护。互连位置通常称为公共耦合点（PCC，point of common coupling）。在本文中，这种保护称为分布式发电的联络线保护。发电机的联络线保护可以使发电机并入的电网免受发电机故障的损害，也可以使发电机免受电网故障的损害。在 PCC 处通常配置防止分布式电源或局部电网孤岛运行的保护，保证：①发电机不会造成电压和频率超出系统可接受的范围；②联络线的特定故障可以跳开发电机；③分布式电源的故障由PCC处的断路器跳开。联络线保护通常位于PCC位置；然而，在某些情况下，它也可能位于分布式发电系统的其他位置。在任一情况下，联络线保护及其整定需要所并入电网和其他相关监管机构的批准。电力公司也通常要求分布式发电机侧提供测试文档以确保联络线保护得到妥当配置、整定和维护，以保证可靠性与系统安全。

8.2 发电机的连接方式和典型保护概述

发电机的常见连接方式如下：

1）一台或多台发电机通过断路器直接连接到公共母线，如图8.2所示。发电机一般采用Y联结，中性点经阻抗接地，也可能不接地或采用△联结。发电机可能连接中性点接地系统，或者通过△联结的变压器并入电网。

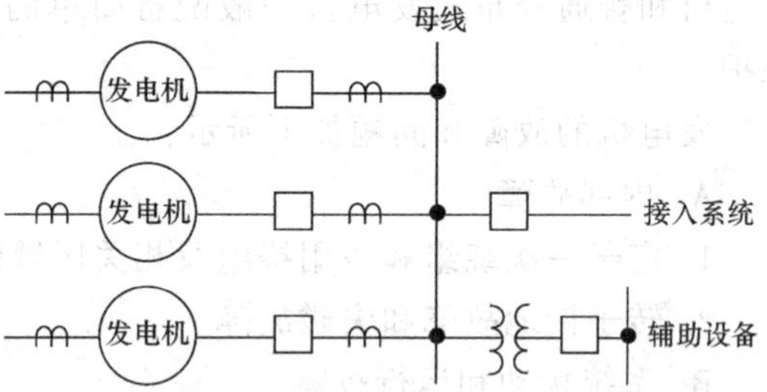

图8.2 一台或多台发电机组直接连接至公共母线

分布式电源的典型保护配置如图8.3所示。发电机通过低/过电压保护、低/过频保护切除与电网的连接，而且需要从电网到发电机的分离式远方跳闸通道以保证电网侧重合闸时发电机处于断开状态。在分布式电源孤岛运行并向孤岛内部电网负载供电时这一点尤为重要。

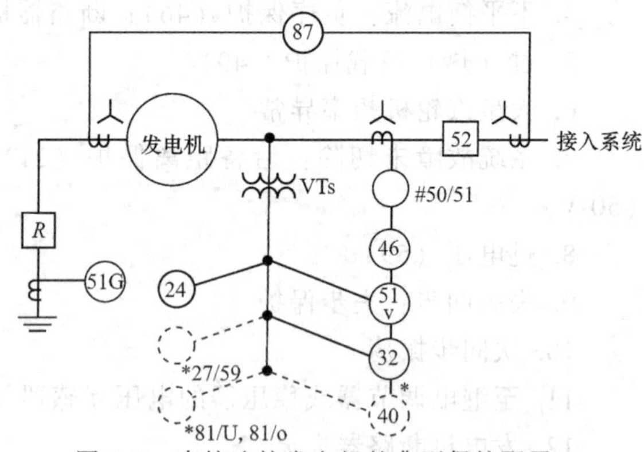

图8.3 直接连接发电机的典型保护配置
标*的保护是可选的，若发电机为工厂自备发电机，则29/57低/过电压保护和81低/过频率保护是必须配置的。#50过电流保护则不一定配置

2）单元接线，发电机直接与变压器连接，不经过断路器，如图8.4所示。电力系统的大型发电机通常采用这种接线方式。发电机一般采用Y联结，少数采用△联结。发电机可以为单台发电机，也可以是共用一台原动机的并联发电机。并联发电机可以采用单元接线接入同一台变压

器，或者接入三绕组变压器的两个独立三角形绕组中。发电机也可经过自耦变压器并入电网。

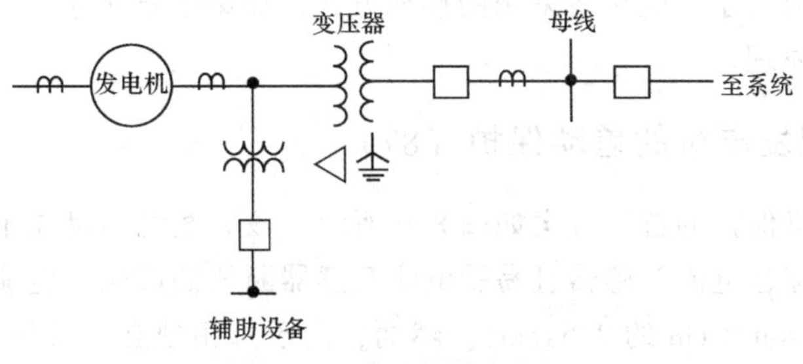

图 8.4　单元接线发电机

图 8.5 显示了单元接线发电机的典型保护。下面介绍这些保护以及其他相关的发电机保护功能。

图 8.3 和图 8.5 中所示的保护单元可以为单独保护，也可以是多个保护的组合。多功能数字式（微机）保护提供了多种功能，包括故障录波、自检等。

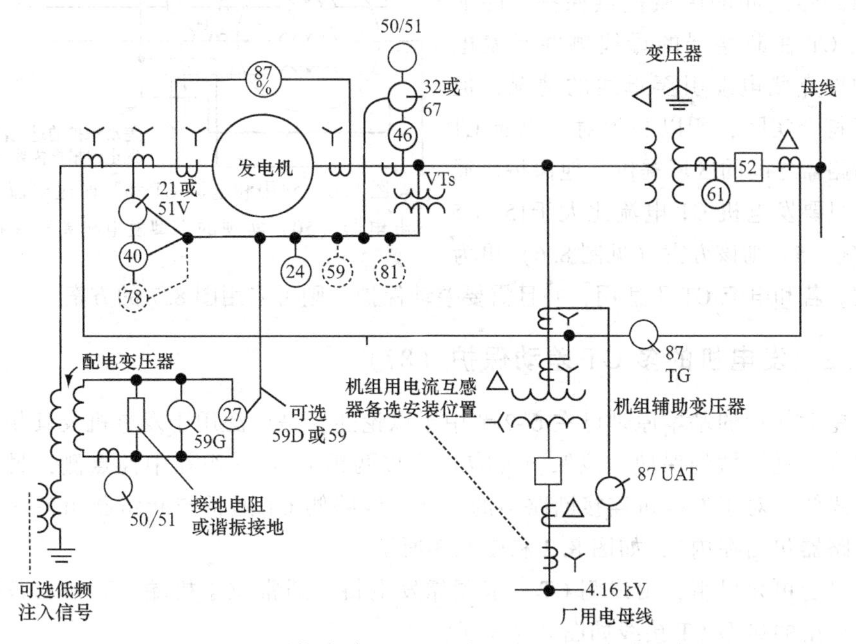

图 8.5　电厂系统中单元机组和大型发电机组的典型保护

8.3　发电机定子相间故障保护

相间故障很少发生，但会产生很大的故障电流。正如第 6 章指出，最理想的保护是差动保护（87）；因此，除容量小于1MVA的发电机，所有发电机都推荐配置差动保护。该型保护提供了灵敏的相间故障保护，但可能无法提供接地故障保护，这取决于发电机所采用的接地方式，如第7章所述。第6章介绍了差动保护的基本原理。

8.3.1 小型发电机的差动保护（87）

小型发电机保护的首选方案如图8.6所示。该方案的不足在于中性点和机端引线需要同时穿过电流互感器且易受电流互感器断线的影响。电流互感器的典型开口直径约4~8in（1in约2.54cm）。然而，由于每相独立，且只需一个CT，不需进行CT匹配，从而可能获得高灵敏度的高速保护。和电流（差流合成磁通）CT的电流比（通常50:5）与发电机负载电流无关。通常，能够达到大约5A的一次差动电流灵敏度。只要差动保护范围内的故障电流水平大于灵敏度，则均可以同时为相间和接地故障提供保护。

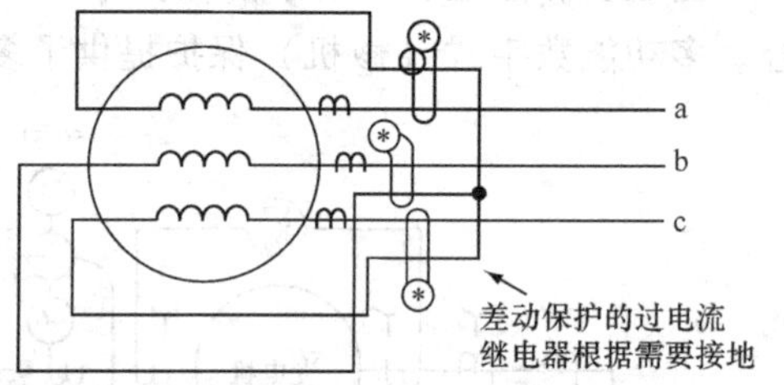

图8.6 利用和电流CT和瞬时过电流继电器（50）实现的小型发电机差动保护

该方案无法为合电流CT与发电机断路器之间的区域提供保护，除非是该CT在断路器的母线侧并且发电机中性点侧电缆引至母线的情况，但这不符合实际，所以必须对和电流CT和断路器之间的区域提供其他保护。通常，只要发电机CT电流比大于150:5到200:5，则该方案（见图8.6）更为灵敏。若和电流CT不适用，并且需要差动保护，则可采用图8.7的方案。

8.3.2 发电机的多CT差动保护（87）

差动保护的基本原理已在6.2节中予以论述，是广泛用于发电机及其相关回路的快速且灵敏的保护。该保护（87）连接两组CT：一组在中性点侧，另一组在出线侧。对于发电机连接断路器的情况，线路侧CT通常与断路器相关联（即将断路器包括在内），如图8.2和图8.3所示。

对于单元机组，出线侧CT一般紧靠发电机，通常位于机端。Y和△联结的三相机组的典型CT接线如图8.7所示。

如图8.7b所示，对于三角形接线机组，若绕组各侧的CT均可引出，则可用于实现绕组差动保护。CT联结与图8.7a所示的Y联结发电机类似。但是，这种联结无法为保护区内的绕组连接点和相回路提供保护，如图8.7b所示。

通常，用于差动的CT具有相同的电流比，并且是相同的类型和制造厂商，以尽量减少出现外部故障时因不匹配引起的误差。这种方法适用于图8.4和图

8.5 所示的发电机差动保护，但不适用于如图 8.2 和图 8.3 所示的差动保护。如图 8.2 和图 8.3 所示，在中性点侧的 CT 与断路器关联（线路侧）的 CT 属于不同类型，此时差动回路中最好不要连接任何其他设备，并将负载维持在尽可能低的水平。通常，差动保护制动绕组的阻抗很低，可降低整体负载，并提高 CT 性能。

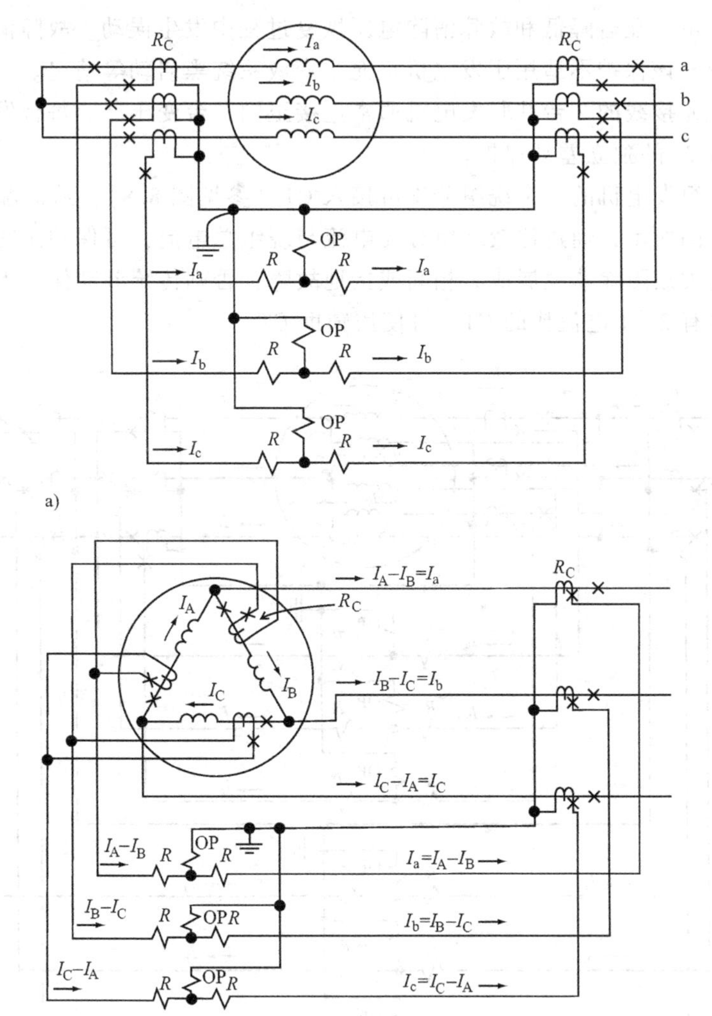

图 8.7　Y 和△联结发电机的典型差动保护（87）接线

a）Y 联结发电机　b）△联结发电机

应用建议中允许使用较低的比例特性的高灵敏差动保护，一般对于恒定比例特性可取比例为 10%~25%，而对于可变比例特性则可取相当或更低的比例。

固定 10%比例和可变比例差动保护的灵敏度（起动电流）大约为 0.14~

0.18A，固定25%比例差动的灵敏度约为0.50A。应迅速断开断路器，切除励磁，并减少原动机输入。然而，由于发电机的磁通作用，在切机后还会继续提供长达数秒（约8~16s）的故障电流，所以无法瞬时切除发电机故障。

发电机的励磁涌流的问题通常不太严重，因为发电机电压逐步增加，并且发电机与电力系统保持同步。但是，差动保护仍应具有良好的防误动能力，以避免在外部故障电压显著降低和故障清除电压恢复过程中发生误动。故障清除时可能会产生涌流。该保护不适用于发电机空充主变或系统黑启动等情况。

扩大单元接线的2台并联发电机通常连接至同一台变压器。每台发电机单元配置如图8.7a的独立差动保护。

分裂绕组发电机的一个绕组分支可接入CT（参见图8.8），从而配置两个差动保护。如图所示，通过比较绕组分支电流与绕组总电流，可保护匝间短路和绕组开路。这类故障除非发展成为相间或接地故障，否则传统差动保护无法检测到故障。若没有2∶1电流比的CT，可使用辅助CT。

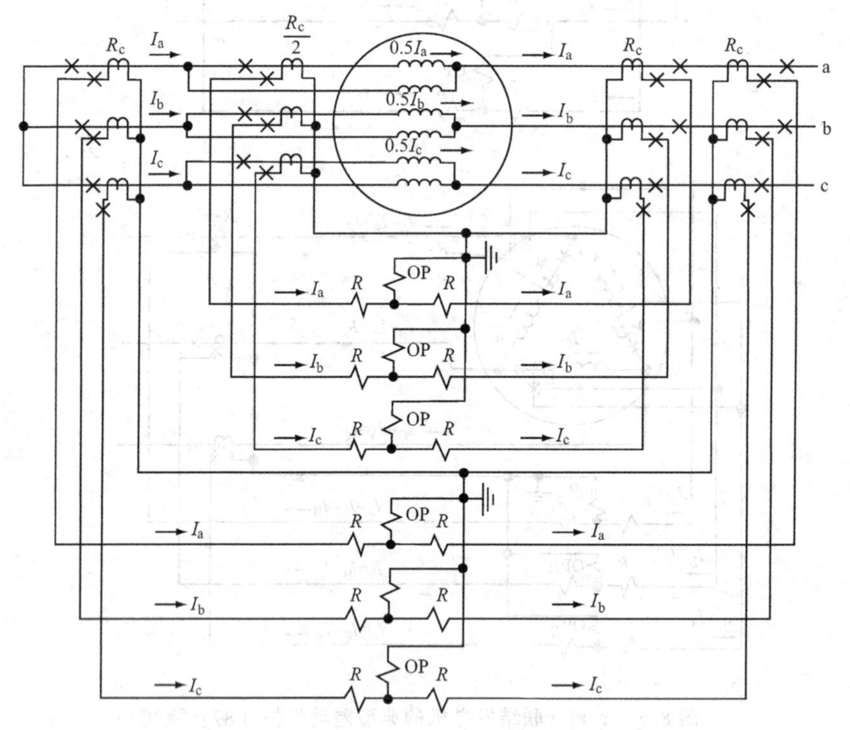

图8.8 分裂绕组发电机差动保护典型接线

8.3.3 发电机的高阻抗电压型差动保护

高阻抗电压型差动保护方案可以作为电流差动保护的一种替代选择。保护继电器连接在并联 CT 的相绕组和中性点引线之间。对于外部故障，因为电流在两套 CT 之间流通（参见图 8.7），继电器上的电压会很低。而内部故障时，故障电流流过激励分支和每个 CT 的高阻抗继电器，电流互感器在大多数故障情况下处于饱和状态，从而产生高电压使继电器动作。该保护方案广泛用于母线保护，将在第 10 章中作进一步阐述。该保护中对 CT 要求非常关键。CT 应该具有相同特性、可忽略的漏抗和完全分布式二次绕组。

8.3.4　直连发电机差动保护示例

如图 8.9 所示，一台 20MVA 发电机并入 115kV 电力系统。差动继电器（87）与发电机中性点 CT 和断路器 CT 连接。以 20MVA 为基准，系统等值阻抗为 20/100(0.2)=0.04pu。对于 F 点的区内三相故障，总故障电抗为

$$X_1=\frac{0.32\times0.14}{0.46}=0.097\text{pu} \tag{8.1}$$

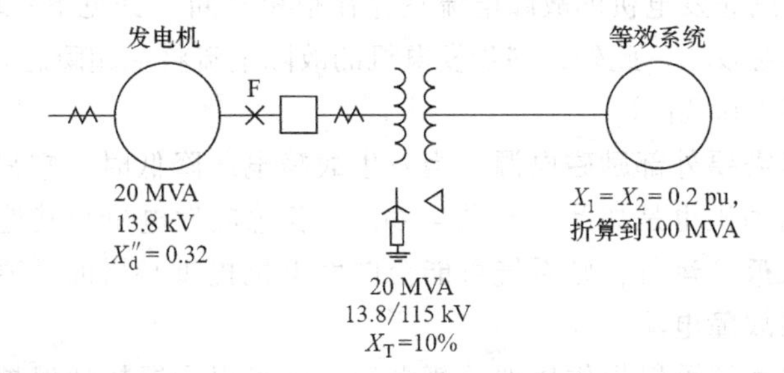

图 8.9　中性点不接地的发电机通过 Y/△变压器并入电网，变压器中性点经电阻接地，将接地故障时 13.8kV 侧电流限制到 400A

$$I_{30}=\frac{1}{0.097}=10.31\text{pu}\quad(20\text{MVA})$$

$$=10.31\times\frac{20000}{\sqrt{3}\times13.8}=8624.04\text{A}\quad(13.8\text{kV}) \tag{8.2}$$

$$I_{\text{max load}}=\frac{20000}{\sqrt{3}\times13.8}=836.74\text{A} \tag{8.3}$$

选择 1000∶5 CT（$R_c=200$），二次最大负载电流 $I_{\text{max load}}=4.18\text{A}$。同样 CT 电流比下，差动保护（87）动作线圈的电流 $I_{30}=43.13\text{A}$。动作电流是典型启动电流 0.4A 的数倍，有利于快速动作。

如发电机并入电网前发生三相短路故障，则有

$$I_{30}=\frac{1}{0.32}=3.13\text{pu}=2614.8\text{A}\quad(13.8\text{kV})$$

$$=13.1\text{A}\quad(\text{通过差动保护动作线圈的电流}) \tag{8.4}$$

须注意，动作电流为启动电流的数倍，有利于保护动作。

图8.7所示的变压器中性点经过19Ω的电阻接地，将接地故障电流限制为400A。对于F点的区内故障，

$$I_{0g}=\frac{400}{200}=2.0\text{A}\quad（通过差动保护动作线圈的电流）\tag{8.5}$$

如87相继电器的动作电流定值为0.4A，则接地故障电流2.0A为继电器启动电流的5倍。所以，在中性点处配置过电流保护（50N/51N）可以实现接地保护。

8.3.5 小型发电机的相间保护（未配置差动保护）

对于接入大型电力系统的小型发电机，可以利用瞬时过电流（50）或限时过电流（51）实现小型发电机交流线路或相间故障保护。这些保护安装在连接线上，动作电流为大型系统提供的故障电流。因为这些保护继电器无方向性，必须与小型发电机提供故障电流的上级保护相配合。有些电源可能不存在这样的上级保护，比如：感应发电机的故障电流只存在很短时间（详见下一段），同步发电机的故障电流相对较小。此外，同步发电机的故障电流将从超瞬态到瞬态再到稳态逐渐减小，如图4.6c所示。

感应发电机需要外部励磁电源。当发生故障电压降低时，它只能提供短时故障电流，异步电动机也是如此（见图4.6d）。若感应发电机与其他感应电机或同步电机隔离进入孤岛运行，则系统可能会向发电机提供必需的励磁电源，从而在故障后持续提供故障电流。

如大型电力系统可以提供接地故障电流，也可以配置接地保护。接地保护将在后面做详细介绍。但是如果小型发电机中性点不接地或者未接入大型电力系统，则接地保护无法动作。

8.3.6 单元发电机的相间电流差动保护（87）

如图8.10所示，单元接线发电机接入345kV电力系统。若在发电机18kV母线F_1点发生三相短路故障，正序网络如图所示。故障总电抗计算如下

$$X_{1F_1}=\frac{\overset{(0.514)(0.486)}{0.131\times0.124}}{0.255}=0.064\text{pu}\tag{8.6}$$

上述标幺值基于100MVA容量基准。括号中的值为故障点两侧的电流分布。对于三相故障

$$I_{1F_1}=I_{aF_1}=\frac{1}{0.064}=15.62\text{pu}\tag{8.7}$$

$$I_{1\text{pu}}=\frac{100000}{\sqrt{3}\times18}=5132\text{A}\quad(18\text{kV})\tag{8.8}$$

$$I_{1F_1}=I_{aF_1}=15.7\times3207.5=50357.75\text{A}\quad(18\text{kV})\tag{8.9}$$

单元发电机最大负载电流为

$$I_{\max\ \text{load}}=\frac{160000}{\sqrt{3}\times18}=5132\text{A}\quad(18\text{kV})\tag{8.10}$$

在最大负载电流下，电流比为 5500∶5 或 6000∶5 的 CT 均可使用。变比越小，灵敏度越高，所以假设使用电流比为 5500∶5（1100∶1）的 CT，则最大负载下，二次电流为 5132/1100=4.67A。

三相故障电流二次值为

$$I_{1F_1}=I_{aF_1}=\frac{50357.75}{1100}=45.78\text{A}\tag{8.11}$$

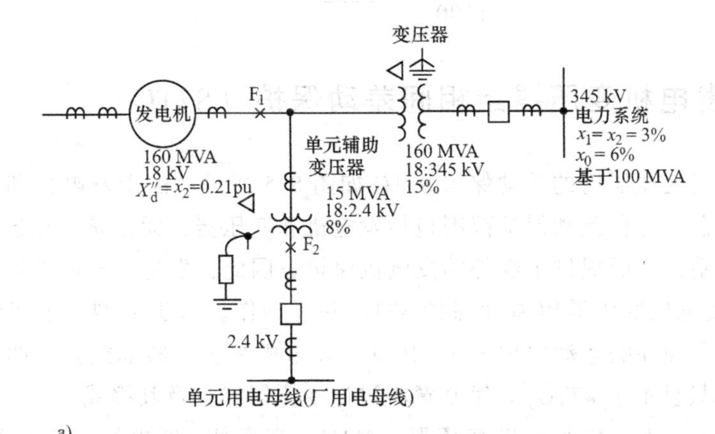

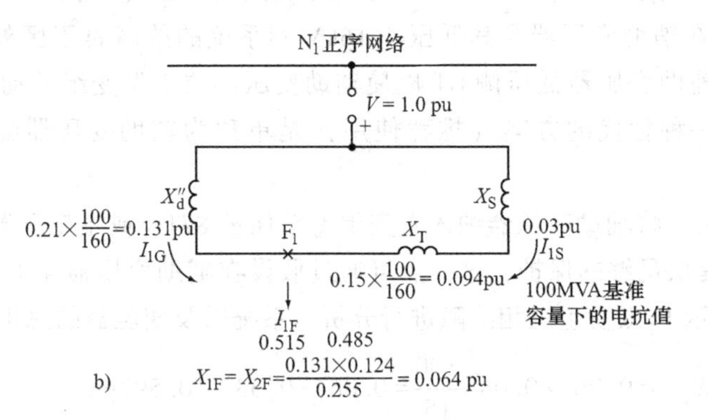

图 8.10　单元接线发电机典型示例（与图 7.11 为同一个系统）

a）电路图　b）正序网络图

如故障点 F_1 在差动保护（87）的保护范围内（见图 8.5 和图 8.10），动作线圈会流过 45.78A 的故障电流。这个电流是差动保护起动电流的数倍，从而有利于快速动作。

对于如图所示的F_1点区外故障，流过差动保护制动线圈的电流只由发电机提供，大小为

$$I_{1F_1gen}=\frac{50357.75\times0.485}{1100}=22.22A \tag{8.12}$$

这与发电机未接入345kV电力系统时发生机端三相短路的故障电流相等。此时的故障电流为

$$I_{1F_1gen}=\frac{1.0}{0.131}=7.63pu$$
$$=7.63\times3207.5=24.473A \quad (18kV)$$
$$=\frac{24473.225}{1100}=22.22A \tag{8.13}$$

8.4 发电机变压器组相间差动保护（87TG）

发电机变压器组的差动保护87TG如图8.5所示。由于发电机和变压器之间没有断路器，这种差动保护范围包括发电机和变压器，无论是变压器或发电机故障都要跳闸，从而提供了额外的发电机保护。因此，发电机相间故障时，差动保护87和发电机变压器组差动保护87TG并行动作。对于大型发电机组，有时对变压器配置额外的差动保护87T。因此，发电机和变压器都配置了两套主保护系统（图中只显示了87TG）。第9章将讨论变压器保护及其接线。

在图8.5中，机组辅助变压器（UAT）高压侧CT也接入发变组差动保护87TG，所以发生在辅助变压器及其低压4.16kV侧系统的故障属于区外故障。有一种方案是利用辅助变压器低压侧CT以使辅助变压器位于发变组差动保护87TG的保护范围内。一种替代的方案（推荐使用）是单独为辅助变压器配备差动保护87UAT。

需要注意的是，将辅助变压器纳入发变组差动保护87TG或主变压器87T范围内通常不能为其提供足够的保护，这一点可通过假设在辅助变压器4.16kV低压侧或在如图8.10所示F_2点发生三相故障进行分析。系统以及变压器的总正序电抗为

$$X_{1F_2}=0.064\times0.08\times\frac{100}{15}=0.064+0.533=0.597pu \tag{8.14}$$

$$I_{1F_2}=I_{aF_2}=\frac{1.0}{0.597}=1.675pu$$

$$1.675\times3207.5=5372.7A \quad (18kV) \tag{8.15}$$

差动保护的CT电流比接近1100∶1，因此，F_2点的二次电流为5372.7/1100=4.88A。由于需要考虑各侧CT类型不同、CT电流比不同、避免励磁涌流误动

等，变压器差动保护不灵敏。对于大多数继电器而言，4.88A 可能高于其最小起动电流定值，但这个低故障值相对于起动电流定值的倍数很小，灵敏度裕度极小。

这表明为 UAT 配置独立的变压器差动保护很重要。该例中，最大的变压器电流为

$$I_{\text{UAT max load}}=\frac{15000}{\sqrt{3}\times 18}=481.13\text{A} \tag{8.16}$$

因此，辅助变压器差动保护 87UAT 可以使用 500 : 5 电流比的 CT，而不是发变组差动保护 87TG 的 1100 : 1 电流比的 CT。使用电流比 500 : 5（100 : 1）的 CT，F_2点故障时 CT 二次电流为 5372.7/100=53.73A，足够为厂用变故障提供快速灵敏的保护。辅助变压器差动保护 87UAT 动作跳闸必须关闭发电机并跳开主变高压侧 345kV 断路器。

如图 8.2 所示，辅助变压器 UAT 与发电机母线连接。若与母线之间接有断路器，则可使用单独的变压器差动保护；若与母线之间没有高压侧断路器，则其差动保护须包括母线在内。

建议所有的变压器配置压力保护（将在第 9 章中讨论），作为差动保护的补充，只在变压器箱内出现故障时动作。

8.5　相间后备保护（51V）或（21）

发电机及其附属设备的后备保护可以使用复压过电流保护（51V）或者相间距离保护（21）。这两类保护应用广泛，复压过电流保护（51V）一般用于中小型发电机，而相间距离保护（21）保护一般用于大型发电机组。

8.5.1　电压控制型或电压制动型复压过电流后备保护（51V）

复压过电流继电器没有方向性，因此可以接在机端 CT（见图 8.3），也可以接在中性点 CT（见图 8.5）。电压取自发电机电压互感器，用于防止定时限过电流元件误动，故障使得电压降低时才允许过电流元件动作。

发电机通常工作在接近磁化饱和曲线的拐点处。带负荷运行时发电机的同步电抗 $X_{d(sat)}$ 低于故障情况下机端电压下降时的同步电抗 $X_{d(unsat)}$，因此，只要稳压器不提升故障下的电压，则持续的三相故障电流小于最大负载电流。

电压控制型复压过电流保护通过低电压定值防止过电流元件的误动作，此低电压定值一般约为额定电压的 80%。电压制动型复压过电流保护随着电压降低而逐步减小过电流保护的动作定值。以上两种过电流保护在低于正常电压下最大负载电流时均动作。因此，复压过电流保护可以检测到小于最大负载电流的持续

三相故障电流。

电压控制型复压过电流保护具有可调的起动电流定值，一般取额定电流的50%，因此更容易整定并与其他保护配合。另一方面，电压约束型复压过电流保护在电机起动和系统振荡情况下不灵敏，但由其导致的短时电压下降不会导致时限过电流保护的动作。

复压过电流保护51V的过电流元件一般接在一相上，电压采用相间电压，以实现三相故障保护。负序保护（46）用于保护不平衡故障。复压过电流保护51V须在时间上与可能超范围的系统保护相互配合。

8.5.2 相间距离后备保护（21）

对于大型发电机，特别是单元接线类型，通常由相间距离保护单元（21）提供相间故障的后备保护。当中性点侧接入CT时，如图8.5所示，并且发电机直接接入系统，该保护同时作为发电机与系统的后备。当使用三相距离继电器（21）时，变压器的相移不会影响到保护范围，就和采用单相距离继电器一样。电压从发电机端VT获得。

对于距离保护，CT的位置决定了阻抗灵敏角的方向，而距离是从电压互感器VT位置处测量得到。因此，如使用发电机引线上的CT，则不能同时为系统和发电机提供后备保护，根据接线只能保护二者之一。若是作为系统的后备保护，则需要定时器提供必要的延时从而与保护范围内的所有系统保护配合。如果它作为发电机的后备保护，则不需要计时器。

另一种连接方案是将距离继电器接到变压器高压侧母线处的CT和VT，通过变压器指向发电机，不需要设置延时。这种方案仅为发电机和变压器提供了高速后备保护，而不能保护所连接的系统。

8.6 负序电流后备保护

定子负序电流产生的磁场会穿过气隙，在转子或励磁绕组中感应出倍频电流。倍频电流主要在转子、非磁性楔具和其他低阻抗区域的表面流动，会导致楔具严重过热，甚至熔化进入气隙，造成严重损坏。

电力系统并非完全对称，负载也可能不平衡，所以正常运行时存在少量负序电流。ANSI标准允许发电机的负序连续电流I_2小于5%~10%，允许时限表示为$I_2^2t=K$，其中I_2是综合负序电流，t为持续时间，K是电机设计时确定的常数，同步调相机和旧机组的典型值为30~40，但对于超大型发电机，K可能低至5~10。发电机组都受此限制，达到限制的200%就可能造成损坏，建议提前检查。对于超过200%限制的机组，损坏几乎是一定的。

反时限过流保护利用负序电流，并符合时间特性 $I_2^2t=K$，推荐所有发电机都使用。保护（46）接线如图 8.3 和图 8.5 所示。只要机组的负序电流和时间达到特性 $I_2^2t=K$，保护就会动作。此外，还配置了低辅助电流定值 I_2，一般运行范围为 0.03~0.2puI_2，针对持续失衡发出告警。

该保护主要为未有效切除的系统不对称故障提供后备，但也能为发电机及其相关设备的其他保护提供后备保护。

8.7 定子接地故障保护

绝缘损坏是大多数发电机故障的主要原因。绝缘损坏可能由匝间故障发展为接地故障所导致，也可能最初就由接地故障引起。因此，尽管接地故障比较少见，但接地故障保护非常重要。

发电机中性点接地主要有以下三种类型：

1. 发电机中性点接地

a. 低阻抗（电阻或电抗）接地，一般将一次短路电流限制为 50~600A

b. 高阻或谐振接地，一般将一次短路电流限制为 1~10A

c. 小型机组直接接地

2. 发电机本身不接地，由所连的系统经低阻抗接地，一般将一次短路电流限制到 50~600A

3. 发电机和连接系统不接地

断路器或其他切除手段可能导致第 2 类通过连接系统接地变成第 3 类不接地方式。

上述类型 1a 广泛用于中/小型发电机，而类型 1b 用于大型发电机和重要的工业发电机。独立发电企业可能会使用各种类型。较小的发电机经常使用类型 1a、2 或 3，1c 用于部分超小型发电机。

除一些小型发电机外，零序电抗比正负序电抗更小，变化范围更大。因此，金属性接地故障电流会比相间故障大。一般做法是通过在接地中性点接入电阻或电抗来限制接地故障电流。接地的基本知识已在第 7 章中论述。

8.7.1 接地故障保护（中性点低阻抗接地的中小型单台发电机）（见图 8.3、图 8.11）

在中性点经低电阻（或电抗）接地情况下，相间差动保护（87）可提供接地保护（参见第 8.3.4 节示例）。在上述示例中，定时过电流继电器（51G）连接在接地中性点处，作为补充或后备保护。在差动保护不能保护接地故障时，由 51G 作为主要接地故障保护。CT 一次电流比应为最大接地故障电流的一半从而使得51G的定值在0.5A左右。该保护必需与可能超范围的其他接地保护在时间上相互配合。可使用零序过电压保护（59G）作为51G的替代或补充。59G通常接于机端电压互感器VT所提供的开口三角绕组上。低电压保护59G的灵敏度接近过电流保护51G。

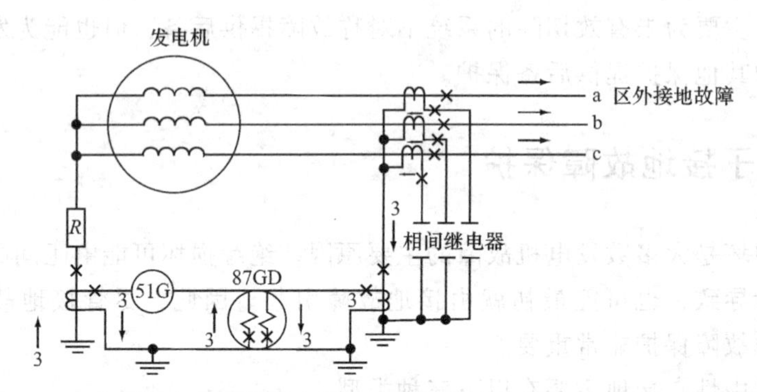

图8.11 基于带方向接地过电流继电器的发电机接地（零序）差动保护

利用额外的零序差动保护可以实现更高灵敏度、快速动作的接地故障保护。一种不依赖于CT电流比和CT性能的零序差动保护如图8.11所示。87GD是一种乘积型过电流继电器，根据两个电流的乘积进行动作。从图中可以看出，对于外部故障，继电器的两个电流方向相反，继电器不动作。对于内部接地故障，系统侧零序电流反向，两个电流方向相同，从而使得继电器动作。例如继电器的最小动作值为乘积0.25，也就是每个线圈0.5A。两个电流同相时继电器具有最大动作能量；两个电流相差±90°时，继电器需要更大电流，仅需两个电流乘积与夹角余弦值的乘积大于0（即电流夹角小于90°）就能动作。如系统不接地，如图8.11所示方案，将不能动作，因为内部故障时系统不提供零序电流。在这种情况下，可以使用辅助CT来提供只有一个零序源时的内部动作能量，详细论述见9.17节。

8.7.2 多台中小型Y/Δ联结发电机的接地故障保护（见图8.2、图8.12）

当数台Y联结的发电机接入同一公共母线，如图8.2所示，此时很难有选择性地将隔离故障时的停电范围限制到最小。无论是一个还是所有发电机的中性点都接地，范围内接地故障时中性点故障电流都是一样的，与故障位置无关。也就是说，对于发生在发电机到断路器、母线或出线近端区域的故障，中性点的故障电流水平基本相同。任何接地系统也都是如此。

当发电机或母线中性点低阻抗接地，且有足够的电流来使差动继电器动作，就可以实现最小范围隔离故障。中性点接地的发电机过电流保护51G提供了后

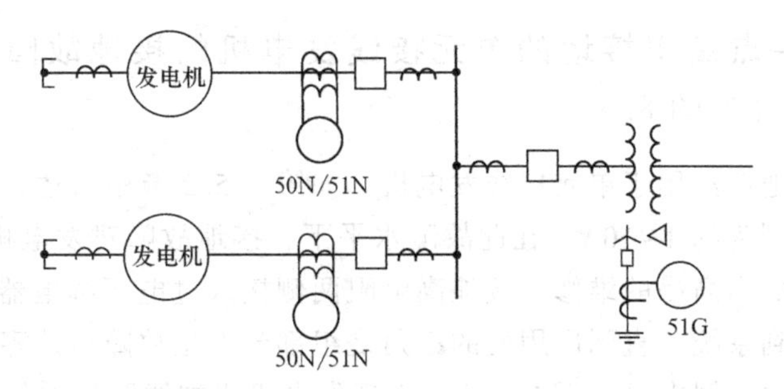

图 8.12 中性点不接地（电网系统接地）发电机组的接地保护
（图 8.3 中的其他保护未显示）

备或最末段保护，并且可能缺乏选择性。另一种方案是在发电机的机端安装灵敏的接地方向元件，并将其方向设置为朝向发电机内部，令该保护只会在发电机内部接地故障时动作，而在外部当其他发电机、母线或系统故障时不会动作。此外，接地中性点的 51G 过电流保护提供了非选择性后备保护。该保护不适用或者很难应用于中性点经高阻抗接地的情况。

当仅有一台接地的发电机与不接地系统相连时，若该发电机被手动或其保护动作退出运行时系统将不再接地。假设这台接地机组中发生接地故障，如图 8.3 所示的 51G 过电流继电器将提供保护。然而，如其他不接地发电机发生故障，则接地发电机的 51G 过电流保护可能动作。但是，若故障发电机的 51N 过电流继电器接入的是中性点侧的电流互感器，则其无法感受到故障。因此，为避免单点接地发电机由于故障跳闸或按计划停机时无法转换接地点而造成系统不接地，每台发电机应采用多点接地。

妥当的方法是主变压器中性点接地，如图 8.12 所示。如变压器发电机侧三角形接线，则需要提供一个单独的 Y/△ 联结接地变压器连接到母线上。该变压器仅用于接地，其容量大小满足所需的故障限制。CT 接在机端的 51N 定时限过电流保护或 50N 电流速断保护为发电机提供接地保护。接在中性点的 51G 过电流保护为主变压器和母线提供接地保护，并作为 50N/51N 的后备。

8.7.3 不接地发电机的接地故障保护

不接地系统（类型 3）的接地故障容易检测，但是无法定位。过电压继电器（59）接在 Y 形接地的电压互感器的开口三角形绕组上，获取接地故障的零序电压 $3V_0$（参见第 7.4.1 节的图 7.5）。通过切换或故障跳闸产生不接地状态的系统都应配置这种保护。

8.7.4 直接接地极小型发电机的接地故障保护

接地保护与图 8.3 所示相同。

8.7.5 中性点高阻接地的单元接线发电机的接地故障保护（类型 1b）（见图8.5）

高电阻接地广泛用于单元接线发电机。如第7.5.2节中所述，接地电阻将一次故障电流限制为约1~10A。在此故障水平下，接地故障对发电机的损伤最小，可以避免进行成本高昂的维修。接地高电阻两侧接入过电压继电器（59G）能有效反映发电机到系统、直到厂用变的三角绕组部分发生故障后的零序过电压V0。在第7.5.3节的示例中（见图7.11），出现发电机机端线路接地故障时，接地电阻两端的典型电压为138V。59G继电器的动作值从1变化至16V，灵敏度较高，保护约90%~95%的发电机定子绕组。该保护需不受三次谐波的影响，因为三次谐波通常以类似于零序的方式流入中性点。如第8.7.1节所示，接地故障保护也可通过在发电机机端VT接入59G保护获得。

在极少数情况下，单元接线发电机会使用谐振接地系统（见7.5.1节图7.8），应在谐振电抗器两端配置59G过电压保护，若谐振电抗器安装在一次侧，则59G需要通过合适的VT接入。

在上述高阻接地系统中，灵敏的过电压继电器（59G）应与VT的一次熔断器配合。如无法配合，则发电机可能由于VT故障跳闸。这些故障可能发生，尽管概率通常很低。在防止电力变压器高压侧接地故障时误动的装置中，这种配合也极为重要，这一点将在后续章节中讨论。

通常，电压互感器（TV）采用Y-Y联结，但带开口三角的电压互感器也可用于测量三相电压。对于Y-Y联结VT，一次Y形联结中性点应该接地，而二次Y联结中性点一般不接地，除非二次需要获取零序。只将一次侧中性点接地是安全的做法，否则VT二次接地故障时可能导致59G过电压保护动作。同时，59G过电压保护也应与VT二次熔断器配合。

连接在接地电阻二次侧（见图8.5）的反时限瞬时过电流保护（50/51）可以作为接地保护的替代方案或后备。选择合适的CT电流比以便在接地故障时得到与发电机中性点大致相同的电流。因此，以图7.11为例，CT电流比为400∶5（80∶1）时将提供的二次故障电流为

$$I_{50/51} = \frac{464.38}{80} = 5.80\text{A} \tag{8.17}$$

其中，中性点的一次故障电流为6.19A，配电变压器中性点的二次电流为464.38A。

上述保护定值必须大于正常运行时中性点的最大不平衡电流。发电机中性点电流的典型值一般小于1A。51过电流保护的定值一般为该不平衡电流的1.5~2倍。50过电流保护提供瞬时保护，它的定值必须高于正常运行时中性点不平衡

电流，以及一次系统区外接地故障产生的电流最大值，这一电流远大于不平衡电流。第 8.7.2 节讨论了后者类型的故障。典型 51 过电流保护的定值一般为该最大电流的 2~3 倍。

在一些应用中，采用了两组 51 过电流保护，一组提供单元发电机的后备保护，而另一组用作启动主断路器失灵保护，或者主断路器所接入环形接线或一个半开关接线的其他断路器的失灵保护（当使用时），如图 8.5 所示。

8.7.6 高阻抗接地发电机的 100%定子接地保护

如前所述，过电压保护 59G 跨接在发电机接地电阻两端，提供了大约 90%~95%的发电机绕组接地保护。对于中性点附近的定子绕组可能发生的接地故障需要配置额外的保护。数种保护方案可分为两种基本类型：①使用三次谐波电压；②低频电压注入。

1）发电机正常运行时会产生谐波，主要是三次谐波。三次谐波特征类似于零序。若发电机连接到变压器的△或不接地 Y 形绕组，则三次谐波不能通过变压器 Y 形接地绕组，也不能在△绕组内流通。因此，通常采用的方法是在接地电阻两端或 VT 的二次侧开口△绕组获取 $3V_0$。典型三次谐波电压（V_{180}）如图 8.13 所示：

a. 如图 8.5 所示保护方案，与 59G 保护并联连接一个低压继电器（27）以反应三次谐波。它的常闭触点与连接到发电机的 VT 的电压测量继电器（59）串联。59 电压测量继电器的典型定值约为正常电压的 90%。正常运行时，三次谐波正常电压令 27 低压继电器触点断开，59 电压监视继电器触点闭合。当发电机中性点附近发生接地故障时，三次谐波电压被短路（降至 0）或显著降低直到 27 低压继电器启动，从而闭合其触点。而 59 电压监视测量继电器的触点也闭合，指示发电机基波电压（60Hz），表示存在接地故障。

b. 另一种方案是在位于发电机机端 VT 的开口三角形绕组接入 59 过电压继电器，以反应三次谐波电压。其定值必须高于正常运行时的最大三次谐波电压。中性点附近区域发生接地故障时，三次谐波电压将重新分布，发电机机端三次谐波电压将增加。当正常满载情况下三次谐波电压较高时，这种方案的保护效果降低，时间延时用于避免在发生外部故障时出现较高的三次谐波电压造成误动。

c. 从最大负载至最小负载变化时，中性点和发电机端的三次谐波电压变化幅度很大。通常，最大负载时的三次谐波电压将比最小负载时的三次谐波电压至少增加 50%，对应三次谐波的变化范围约为 2∶1 至 5∶1。在许多情况下，中性点与机端三次谐波电压的比率在负载变化时保持不变。因此，另一种方案就是动作于定子绕组两端之间的三次谐波电压比。由于故障降低了故障处的三次谐波电压，中性点和机端附近的接地故障改变了正常运行下的平衡，从而产生 59D 继

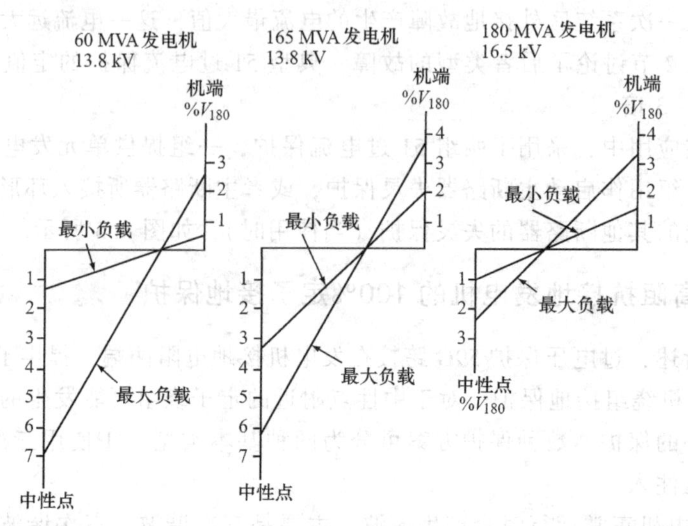

图 8.13 最大和最小负载下三台大型发电机的三次谐波相接地电压。数值为发电机额定相电压的百分比。左边和中间的发电机是水轮发电机，右边的是火电机组

电器的动作过电压（见图 8.5）。

所有上述方案在设置定值之前都需要发电机运行有功功率和无功功率范围内的三次谐波电压数据。某种方案可能对一台发电机更灵敏，但对其他发电机不太灵敏。

2）可通过单独中性点变压器或通过 VT 的二次开口△绕组注入次谐波频率电流。部分系统通过编码提高安全性。接地故障减少了发电机定子的对地阻抗值，从而增加注入电流。这种方案能够提供100%定子绕组的保护和监控。这种中性点注入（或100%定子绕组）的接地故障保护是一个相对前沿的领域，仍在进行大量研究。

8.7.7 高压侧接地故障通过耦合在中性点高阻抗接地系统中产生零序电压 V_0

如图 8.14 所示，高压侧主系统接地故障通过主变压器高低压侧间的耦合电容在低压侧产生电压。高电阻接地系统中的灵敏过电压继电器（59G）可能因该电压而误动作。因此，59G 继电器应具有延时，以便在高压侧接地故障耦合电压超过其定值时，由高压侧的接地主保护清除故障。

通过图 8.10 的示例进行说明。假设变压器高低压侧绕组之间的电容（X_{CT}）为 0.012μF/相。采用图 7.11 中的电阻参数 $3R=5019\Omega$，接地电阻上的电压计算如图 8.15 所示。345kV 高压侧母线上的单相接地电流计算如图 8.15a 所示。如图 8.15b 所示，高压侧故障零序电压 $V_0=81467$V，通过绕组间电容耦合在配电

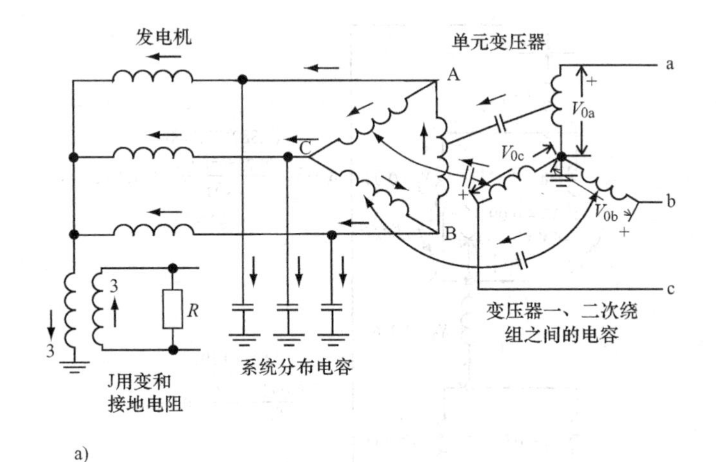

图 8.14　高压侧接地故障时的变压器高低压侧间电容耦合

a）三相系统图　b）等效电路

变压器一次侧产生 1293V 电压。经过配电变 18∶240kV 的电压比，继电器 59G 获得 17.24V 电压。该电压达到了 59G 继电器动作值，所以直至 345kV 侧故障被清除为止，59 继电器将一直保持起动状态。高压侧故障通常会被快速清除，但 59G 应与最大的后备保护延时配合。

如发电机采用谐振接地方式，则高压侧系统接地故障也可能会影响到发电机接地保护系统。对于低电压系统，这个耦合电压可能不会显著，因为高压侧故障产生的零序电压 V_0 将低于超高压系统。

8.7.8　多台直连高阻抗接地发电机的接地故障保护

对于图 8.2 所示多台发电机共母运行系统，或者发生故障将导致生产严重中断造成大量经济损失的工业系统，则可以采用经三个配电变压器高电阻接地方式，如第 7.5.2 节所述。每台运行发电机中性点独立接地。在第 7.5.4 节图 7.13 的示例中，能够获取 208V 的电压使接于接地电阻的继电器 59G 动作，具有较好的故障灵敏度。因为系统不接地，所以与母线连接的不同电路中的灵敏的 $3I_0$ 故障检测器可确定故障位置。

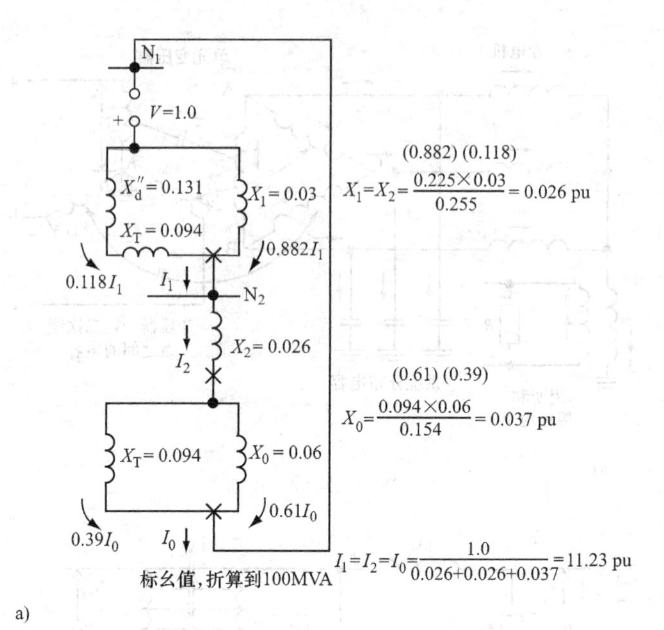

X_{og} 可忽略不计

$-jX_{cT}=\frac{10^6}{2\pi60(0.012)}=-j\,221{,}049\Omega$

I_{0T}

V_{OR} $\quad 3R=5019\Omega \quad -jX_c=-j\,5019\Omega \quad V_{0a}$

$I_0X_0=11.17\times0.037=0.409$ pu

$$Z_{OL}=\frac{3R(-jX_c)}{3R-jX_c}=\frac{(5019)(-j5019)}{5019-j5019}=3549\,\angle-45^\circ\Omega$$

$$V_{0a}=0.409\,\frac{345{,}000}{\sqrt{3}}=-j81{,}467\text{ V}\ (\text{在345kV侧})$$

$$I_{OT}=\frac{V_{0a}}{Z_{OL}-jX_{cT}}=\frac{-j81{,}467}{2509.5-j223{,}559}=0.364\text{ A}(\text{在18kV侧})$$

$$V_{OR}=I_{OT}Z_{OL}=\frac{V_O Z_{CL}}{Z_{OL}-jX_{CT}}=3549\times0.364=1293\text{V}(\text{在18kV侧})$$

$$=\frac{1293}{75}=17.24\text{ V}(\text{59G继电器})\ \frac{18\text{ kV}}{240}\ \text{电压比}$$

b)

图 8.15 高压侧线路接地故障在高阻接地系统产生电压示例

a）各序网络和故障回路 b）接地网络和电压计算

8.8 扩大单元接线发电机-变压器组的接地和保护

大多数情况下，扩大单元接线发电机都是串联或交叉接到共同的蒸汽原动机。两个发电机单元并联接入变压器的同一个三角形绕组，或者分别与三绕组变压器的两个不同三角形绕组连接。对于第一种并联接线方式，两台发电机中只有一台中性点接地，通常经高阻抗接地，而另一台发电机的中性点不接地。任一发电机发生接地故障时，上述接地保护都会动作。由于不同故障位置的故障电流水平几乎相同，故障的位置无法确定。但是，由于两台发电机之间未设断路器进行隔断，故障时两个单元必须一起停机。

对于两台发电机分别连接至同一变压器的不同绕组的接线方式，每台发电机中性点必须接地以配置接地保护，且每台发电机须配置单独的保护。如发电机和变压器之间未设断路器进行隔断，则变压器差动保护必须是多制动（multirestraint）类型，接线方式将在第 9.8 节中论述。

每台发电机都应配备失磁保护（40）。两台机组在任何时候均同时运行的前提下，两台发电机要配置一组负序过电流保护（46）和距离保护（21）或相间过电流（51V）保护作为后备保护，可连接至任一台发电机。正如前面图 8.5 所强调，如果一台发电机组可以在另一台退出时运行，那么每台机组都应该有完整的保护。

8.9　励磁绕组接地保护（64）

励磁机与励磁绕组接地检测非常重要，并且通常作为设备的一部分提供，而不是由用户配置。然而，若未配置，或需要额外保护，则可以采用保护继电器。

对于配备电刷的发电机，可在励磁绕组和励磁机中接入带有分压电路的继电器（64），并在桥式网络和大地之间接入灵敏的直流型继电器。当励磁绕组发生接地故障时，继电器感应到电压而动作。为避免在某个特定的死区发生接地故障时拒动，在桥电路的一个分支接入非线性电阻，随着励磁绕组电压的变化改变这个死区的位置。

对于无刷励磁发电机，为其提供一种在集电环上放置先导电刷的方法，以定期测量励磁系统的绝缘水平。而励磁机励磁绝缘可以连续检测。这两个系统（的绝缘检测装置）通常会发出报警，但如有需要也可用于跳闸。（更多论述参见第 8.15 节）。

8.10　发电机停机保护

所有发电机保护都应确定是否能够在发电机起动直至达到额定转速和电压然后与电力系统同步的整个过程中动作。对于某些发电机组，例如汽轮机，这一低于工频的运行过程可能持续几个小时。因此，保护应在约 1/4 到 1/2 额定频率范围甚至更大范围内发挥作用。当继电器或互感器的性能受低频影响，应采用临时辅助保护措施。

8.11 低励磁或失磁保护（40）

8.11.1 距离继电器（21）型失磁保护

为避免发电机失稳、失步等情况以及其可能造成的损害，有必要为所有同步电机配置相关保护。这种保护纳入电机的励磁系统中，但还是建议配置独立运行的额外保护，作为其补充和后备保护。为实现这一目的，采用了如第6章所述的距离继电器。

通常，通过调整励磁使发电机向系统提供滞后的功率。图8.16描述了同步发电机正常情况下以滞后功率运行在第一象限区域。当励磁减弱或消失，电流将移动到第四象限。在这个象限区域运行时，系统必须向发电机提供缺失的无功功率，同步发电机的稳定性将降低。如系统可以在电压不大幅降低情况下提供足够的感应无功功率，则发电机可以作为感应发电机运行，否则就会失去同步。这种改变非瞬时发生，而是在一段时间内演变，视发电机和连接系统而定。如励磁系统意外跳闸，早期告警可令操作人员恢复励磁，避免昂贵、费时的停机和重启。如励磁未及时恢复，则机组应停机。

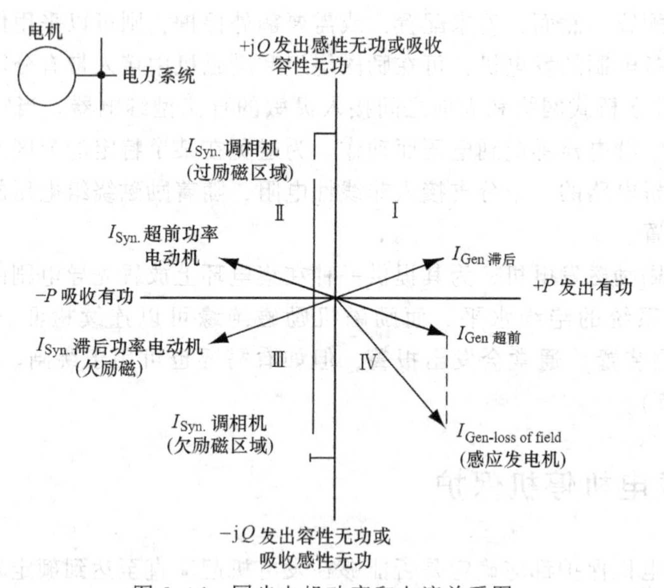

图8.16 同步电机功率和电流关系图

发电机的特性可用能力曲线（*P-Q* 曲线）表示。典型曲线如图8.17a所示。曲线依据温度极限进行分区，所以上述曲线是机组设计人员需遵循的热极限值（thermal limit）。由于过热与运行有关，热限制由三段弧线构成。分别对应为转子绕组、定子绕组和定子铁心的过热限制域。

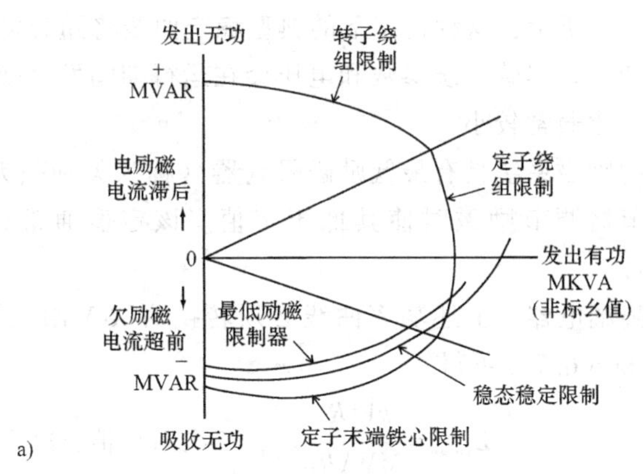

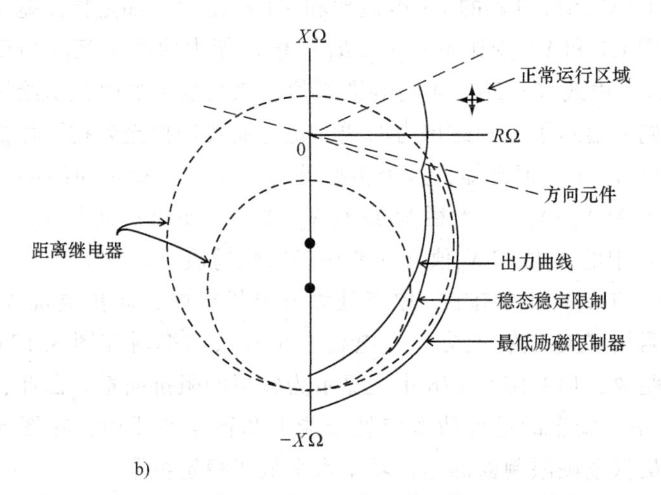

图 8.17　失磁保护（40），典型发电机出力和稳定曲线以及转换至 R-X 阻抗平面图

a）功率平面的出力和稳定曲线　b）功率曲线转换至带距离继电器动作区的 R-X 平面

如前所述，发电机应在进相运行，吸收无功时谨慎运行。增加的限制属于稳态下的稳定极限（SSSL）。该限制为一个圆弧，其偏移量（圆心）和半径为

$$\text{圆心偏移量} = \frac{1}{2}V^2\left(\frac{1}{X_d} - \frac{1}{X_s}\right)\text{VA} \tag{8.18}$$

$$\text{半径} = \frac{1}{2}V^2\left(\frac{1}{X_s} + \frac{1}{X_d}\right)\text{VA} \tag{8.19}$$

式中　V——发电机机端相电压；

X_s——连接电力系统的总等效电抗；

X_d——不饱和同步电抗。

功率极限通常以标幺值表示，X_s与X_d均是基于发电机基准。

如图8.17a所示，这种稳态下的典型稳定曲线将随着发电机、连接系统以及电压变化而变化。尽管系统参数和电压会在运行期间发生变化，但对于给定系统而言，这种变化通常较小。

发电机的励磁系统具有最低励磁限制器（称为欠励磁无功电流限制），以防止励磁机调节器调节励磁时使其低于定值。该定值通常稍高于稳态稳定极限（见图8.17b）。

对于距离继电器，上述功率曲线必须转换为R-X阻抗平面上的阻抗。由方程（2.17）和（6.7）可得

$$Z_{\text{relay}}=\frac{kV^2R_C}{\text{MVA}R_V}Z_{\text{pu}}(\text{二次阻抗值},\Omega) \tag{8.20}$$

R_C和R_V表示用于距离继电器的CT电流比和VT电压比。如阻抗图基于一次阻抗值，则无需使用CT和VT变比系数R_C/R_V。根据能力曲线中某一角度对应的复功率值（MVA），由式（8.20）可得到欧姆值。该角度下的阻抗值绘制在R-X图上。图8.17b同时显示了欠励磁出力曲线和稳定曲线转换至阻抗平面的曲线。对于稳定曲线，如X_s和X_d值已知，这个转换就容易实现。稳定曲线的圆心距离原点的偏移量为$1/2(X_s-X_d)$，半径为$1/2(X_s+X_d)$。如阻抗曲线为二次欧姆值，则方程（8.20）中的X_s值和X_d值必须使用二次欧姆值。

在图8.17b的R-X阻抗图中，原点处为发电机机端，同步电抗X_d绘制在原点下方，系统阻抗X_s绘制在上方。发电机发出较大功率时在图8.17a中显示为离原点较长的距离，但在图8.17b中则显示为较短的阻抗向量。因此，在功率图（见图8.17a）中，安全的运行功率应处于能力和稳定曲线内，在图8.17b中则是曲线之外。最低励磁限制器的运行功率水平低于稳定极限。

正常运行区域如图8.17b所示。励磁减少或失磁时，随着磁通减小，阻抗相量缓慢移动至第四象限中。距离继电器（40）保护范围包括这一区域，可以清晰地检测到这一情况。整定模式如下：

1）对于完全失磁，距离继电器设置为图8.17b中所示的的小圆圈，直径大约为X_d，阻抗圆上部位于原点下方，距离通常为$50\%\sim75\%X_d'$，X_d'为发电机的瞬变（暂态）电抗。当阻抗矢量落入该阻抗圆中，继电器就会动作。发电机完全关闭需要约0.2~0.3s。

2）为检测低励磁，部分失磁，或完全失磁，建议设置阻抗圆直径时，令其位于最小励磁限制器边界内部并在出力和稳定极限曲线之外。如图中大直径的虚线圆所示。然而，并不能始终按照建议进行整定，也需要良好的检测能力和灵活处理。方向元件用于避免在近处故障或系统振荡过程中保护误动。在方向元件的虚线以下和较大的虚线圆圈内运行时，失磁继电器（40）动作。在应用中，还

配置了低压元件，整定为正常电压的 87%~80%，用来闭锁继电器的动作。如电源系统可在电压不显著下降的情况下向发电机提供无功功率，则在发电机跳机前，发出告警信号，为相关纠正措施留出一定的时间。对于不同的发电机和系统，典型继电器延时从10s~1min 不等。如电压低于低压元件定值，则将在 0.2~0.3s 内跳闸。

3）对于重要的大型发电机组，一般采用 1）、2）两种失磁继电器的组合。

8.11.2 无功功率型失磁保护

系统发出感性无功（发电机吸收无功）时动作的功率方向继电器可用于检测失磁。图 8.18 所示为无功功率型失磁保护示例，其中的功率方向继电器相对于横轴有 8°的倾斜角度。

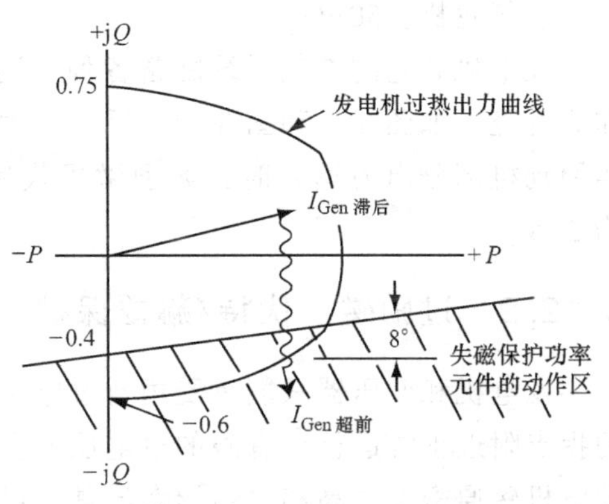

图 8.18　无功功率型失磁保护

同步发电机正常运行时向系统输出有功功率和感性无功功率。当发电机励磁减少或消失时，系统将尝试向发电机提供感性无功令其以感应发电机的方式继续运行。因此，发电机电流将进相运行（从系统吸收无功），图中所示功率方向继电器将动作。㊀为防止在瞬态条件下误动，建议使用 0.2s 的延时。

8.12 系统扰动和危险状态下的发电机保护

前述章节讨论了发电机各种故障的主保护，以及距离保护 21、负序保护 46 和发变组相间过电流保护 51V 等后备保护。对于转子绕组故障或励磁系统意外跳闸时引起失磁故障，配置了失磁保护（40）。在本节中，将讨论其他由于系统扰动或误操作引起的问题及其保护。

8.12.1 失去原动机：发电机的电动机运行（32）

如在发电机连接到电力系统且有励磁时原动机出力消失，电力系统将驱动发电机作为同步电动机运行，这一点对于汽轮机和水轮机尤为关键。对于汽轮机，它会导致过热，并可能对涡轮机和涡轮机的叶片造成损害。对于水轮机，低速水

㊀ 功率方向继电器在负无功区域，因此国内常称此保护为逆无功型失磁保护。——译者注

流会导致涡轮机的叶片产生气穴现象。以下情形也可能会发生发电机以电动机运行，比如在减载过程中过快关闭汽门/水阀，或者切除原动机后未断开相应发电机出口断路器等情况。

在无原动机出力时，驱动发电机以同步速度旋转所需的典型逆功率（铭牌额定功率的百分比）如下：

汽轮机：凝汽式1%~3%

蒸汽轮机：非凝汽式3+%

水轮机：0.2%~2+%

柴油机：±25%

燃气轮机：50+%

发电机和它的控制系统配备各种检测装置，但仍建议配置逆功率保护（32）作为补充，如图8.3和图8.5所示。功率方向继电器在有功流入发电机时动作。当原动机部分出力输入时，典型微机式保护的灵敏度低至1mA，动作时间大约为2秒。

8.12.2 过励磁：伏特/赫兹保护（24）

发电机和变压器只能承受短暂过电压。由于发电机和变压器在铁心饱和曲线的拐点附近正常运行，有限的过电压就会导致变压器中产生很大励磁电流，导致发电机磁通密度过高和磁通形态异常，可能造成严重、大范围破坏。

额定输出时需要的励磁电流比空载时更大，所以负载减小时相应地减小励磁非常重要。通常情况下，可通过调节系统实现，但错误的电压信号、VT电压消失，或者上述系统中的其他故障都会导致过电压过高。

当发电机与系统连接断开且转速改变期间特别危险。由于发电机电压与频率和磁通量成正比，所以过电压保护应将电压与频率比率的函数作为恒定的起动门槛，即伏特/赫兹（24）类型。建议在此基础上加以补充形成由两级伏特/赫兹单元组成的保护，配置在发电机的控制系统。一段定值应为额定电压的约110%，瞬时告警并延时大约1min左右跳闸，另一段定值约为额定电压的120%，6s左右跳闸，建议采用单独VT。24过励磁保护如图8.3和图8.5所示。

当发电机接入分布式系统，而与其他负载隔离时也可能发生过压（或欠电压），将在第8.13节中进一步论述。

8.12.3 误上电：非同步连接（67）

近年来，发生了数次由于发电机误上电连接到电力系统而造成严重损害的事故，原因可能为在发电机组盘车、停机过程、停止状态或者同期并网时误合断路器。保护可能在许多情况下动作，但不一定涵盖所有可能性。如在起动或关闭的低频过程中保护不可用，就会发生危险。由于发电机变压器组或发电机的断路器可能出现问题，所以由本地断路器的失灵保护或远方跳闸来跳开相邻断路器非常重要。这种附加保护由带方向的、反时限过电流元件（67）构成，每相配置一个保护，在发电机吸收功率时动作。由于正常运行时电流通常由发电机流向系统，所以保护继电器动作特性和接线确定的动作范围应以 180°为中心（反向功率进入发电机），电流超前角度范围为约 30°~60°至 210°~240°。典型的电流启动定值应为约 0.5pu，动作定值为 2.0pu，延时时间约为 0.25s。该保护代替了逆功率保护（32），且更适用于上述情况。误上电保护（67）如图 8.5 所示。

8.12.4　断路器闪络（61 三相不一致保护）

在与系统同步或隔离的过程中，有可能发生断路器触头闪络，建议配置额外的三相不一致保护。这种情况在无故障和轻负载时也可能发生，因而电流可能会非常低。比如，500kV 的 150mile 线路，在远端断开断路器造成触头闪络，导致出现大量充电电流，发电机维持 70%额定电压以及额定转速。此时 I_2 超过发电机的额定电流的 12%以上，只能通过减小励磁予以清除。本地后备和线路的远后备保护跳闸断开与系统的连接，不断开发电机。负序保护可能会动作，但具有较长延迟时间，或者可能无法响应。

灵敏的三相不一致保护（61）（见图 8.5）比较三相电流水平，在一相电流低于定值而其他两相任一相高于定值时动作。一般能保证在一相电流小于 20~60mA 而另两相任一相电流高于 40~200mA 时灵敏动作。上述值均为发电机变压器组高电压侧的一次值。建议上述定值间采用 3∶1 差值以及约 1/2s 延时。

在环形或一个半断路器接线中，变压器高侧配置 2 个断路器，正常运行时在母线处可能有足够的不平衡电流导致灵敏保护动作。对于这类接线，不平衡电流保护应附加零序电压检测元件或设置更高的动作定值。

8.12.5　热过载保护（49）

发电机控制系统通常提供过载保护。发电机绕组具有内电阻温度检测器（RTD），附加保护可通过电桥型继电器实现。发电机温度升高，桥电路不平衡，继电器就会动作。

如不用 RTD，则可采用 replica 型继电器。定子电流通过继电器产生热量，当超过定值时继电器动作。

8.12.6　频率异常保护

汽轮机的叶片基于额定转速下的高效运行而设计。带负载运行在不同频率下可导致叶片共振，并对涡轮机低压部的较长（18~14in）叶片造成疲劳损伤。在

60Hz 系统中，对于具有 18~25in 叶片的涡轮机，典型的连续工作频率极限约为 58.8~61.5Hz，但也允许在 56~58.5Hz 范围内运行 10min，疲劳损伤会在发电机组的整个生命周期不断累积。对于具有 25~44in 叶片的涡轮机，典型的连续运行范围是 59.5~60.5Hz，可在 58.5~59.5Hz 范围内累计运行 60min，以及 56~58.5Hz 范围内运行 10min。建议上述机组配置低频继电器保护。例如使用三段式保护，一段 56Hz，无时间延迟；另一段在 58.4Hz，有 2min 延迟，并在第三段 59.4Hz 频率下有 6min 延迟。IEEE C37.106（参见参考文献）描述了频率异常运行，指出不同制造商的各种发电机的运行频率限制的详细信息。水力发电机组不会因低频受损。

在正常运行状态下，频率与发电机控制密切相关。发电机控制失败会导致频率偏移。低频或过频保护就是上述控制的后备保护。产生频率偏移的一个常见原因是电网中多条输电线跳闸，造成孤岛运行，引发大范围系统扰动。在这些孤岛内，将会出现负载和电源之间显著不匹配。当孤岛内负载超过可用电源，频率就会根据不匹配的程度按一定速率衰减。通常在孤岛电力系统内应采用减载方案平衡负载和电源。此时，孤岛电网的频率可稳定在较低水平，以避免前述危害。低频保护定值与减载方案相互配合非常重要。低频保护应允许减载系统先动作以维持孤岛电网稳定。如低频保护在减载系统完成操作前动作切除发电机，则孤岛电网可能会崩溃。推荐的定值的特性应与大多数低频减载方案相互配合，但也应根据具体情况进行分析。过频通常由突然甩负荷造成，也可能由发电机的控制系统故障或孤岛运行引起。除非超出了额定功率和约 105%过电压，否则孤岛电网功率过剩引起的过频运行不会造成过热。

涡轮叶片的过频保护不是很关键，因为通常可依靠发电机控制来降低发电机输出以减小频率。过频保护有时用作发电机控制的后备，以防止因超速造成的伤害（作为机械超速设备的补充），或作为孤岛运行发电功率过大时平衡负载和发电的一种手段。由于关闭进水门耗时相对较长，所以水电机组更容易超速。在切除负载时速度可能达到正常速度的 150%。调速器应在几秒内将速度恢复至正常水平；然而，若上述控制失败，则可能超速 200%。水电机组应采用过频保护防止速度失控。保护定值设置不妨碍调速器的正常运行，且应依据每台机组的特点分析确定定值。

用于分布式发电联络线保护的过频和低频保护应用将在本章后文中探讨。

8.12.7 过电压保护

过电压的一个主要原因是负载突然消失。带铁心的电力设备（旋转发电机、变压器等）运行在接近其饱和曲线的拐点。因此，很小的过电压会导致励磁电流的大量增加，从而造成重大损失。无负载时的典型允许过电压如下：

发电机	变压器
105%连续运行	110%连续运行
110%运行 30min	115%运行 30min
115%运行 5min	120%运行 5min
125%运行 2min	130%运行 3min

注：瞬时过电压保护的定值通常约为额定电压的 106%~110%，以确保迅速清除。

8.12.8　失去同步：失步保护

对于许多发电机而言，失步是一个系统性问题，此时振荡中心位于输电线上。一旦发电机的电压摆动超过 180°，就不可能恢复同步，因此必须断开与系统的连接。第 14 章描述了失步检测和跳闸，但是未讨论适用于这一情况的保护。

对于大型发电机和高压输电而言，振荡中心位于变压器内，甚至发电机内。对于这类系统，发电机必须配置失步保护，因为其他保护无法完全应对失步情况。失磁保护（40）阻抗圆的动作判据是：系统摇摆时振荡中心进入母线、变压器或发电机内部，且在整定时间内穿出阻抗圆。持续失步工况会导致大电流，在发电机绕组处引发电动力和瞬态轴转矩。若这些转矩足够大，则其会引起轴折断。极滑步也可能在定子铁心的端部引起过热和短路。此外，失步运行可在变压器绕组产生破坏性瞬态力。考虑到上述原因，配置失步保护至关重要，当失步的振荡阻抗轨迹通过变压器或发电机的阻抗，失步保护应能检测这种状态，并立刻跳开发电机。失步很难准确预测，因此建议所有大型发电机都配置失步保护。利用系统稳定性研究方法预测阻抗轨迹，可作为失步检测的辅助手段。系统稳定性研究的数据也可作为失步保护整定的参考。关于失步保护的更多细节将在第 14 章中论述。

8.12.9　次同步振荡

在超高压输电长线路中进行串联补偿可增加传输功率和稳定性，但同时也可能导致次同步振荡。而连接到高压直流输电线路的发电机也可能发生次同步振荡。

若系统自然频率为 f_n，容抗为 X_c，感抗为 X_l，它们之间的关系为

$$f_n = f_s \frac{X_c}{X_l} \tag{8.21}$$

式中　f_s——同步或额定系统频率。

由于 X_c 小于 X_l，f_n 是次同步频率。次同步频率会在系统尤其是发电机中产生不利影响。同步频率旋转的转子转速比次谐波频率产生的磁场转速更快，导致出现负转差和负电阻效应，此时发电机作为感应（异步）发电机运行。当 f_n 靠近

f_s时，转差减小，负电阻较大。若此负电阻大于系统电阻，则电路会产生自激，次同步电流增大，导致发电机转子过热，可使用磁极表面低阻值阻尼绕组减小转子电阻，避免过热。

次同步振荡产生的另一个影响是当系统中发生故障和倒闸操作引起暂态力矩时，在发电机中产生振荡力矩，可能造成转子受损。

可采取多种措施减轻次同步振荡的影响，保护继电器可用于检测次同步谐振。一种方法是测量扭振运动，而另一种方法是测量电枢中的次同步电流大小。这一现场较为复杂，超出了本书探讨范围，且只在具有串联电容的少数系统中出现。

8.13 电压互感器断线故障

使用发电机机端电压互感器（VT）为保护和电压调节设备提供电压信号。通常采用两组 VT，一组供给保护继电器，另一组供给调节器。这些电压信号的丢失或畸变可能导致如下问题：

1）引起保护的不正确动作，进而导致发电机不必要的跳闸。

2）相关继电保护拒动导致的发电机或相关设施受到损伤。

3）电压调节器的不正确动作，可导致过励磁及相关的损伤。

电压信号的丢失或降低的可能原因包括 VT 一次或二次回路断线、控制回路问题或 VT 接头接触不良。

通过电压平衡继电器（60）可防止 VT 信号丢失造成严重后果。发电机机端每个 VT 的三相电压接入电压平衡继电器，以比较三相电压之间的平衡量。当三相电压的不平衡量超过定值时，继电器将动作。该电压平衡继电器动作于报警，以提醒运行人员。电压平衡继电器动作后的操作建议如下：

1）如提供给电压调节器的 VT 信号存在问题，则将电压调节器从自动调节变为手动，以防止调节器将励磁提升至危险水平。

2）如提供给保护继电器的 VT 信号存在问题，则闭锁相关保护，包括失磁、逆功率、后备距离和复合电压过电流保护。如无 VT 断线不能立即报警，则不应采取闭锁措施。

电压平衡继电器的整定值应在减小因 VT 测量误差和电压波动带来的误动风险的同时尽量提高保护灵敏度。一般约 15%的不平衡定值可以达到要求。如电压不平衡继电器误动不会导致严重问题，则可将其灵敏度整定为最大值以提升性能。电压回路接触不良或接在 VT 二次侧的 Y（Y_0）-△辅助变压器的反馈电压都会引起不大的不平衡电压。当 VT 某一相熔断器熔断后，辅助变压器的反馈电压具有电压支撑作用，可显著地减少因 VT 熔断器熔断引起的不平衡度。

8.14 发电机的断路器失灵保护

对于大型发电机，应为其断路器收到跳闸信号而未能动作隔离故障而提供断路器失灵保护。考虑到发电机的特殊情况，不大可能依靠远方继电保护实现上述隔离。因此，需要为发电机断路器配置本地断路器失灵保护方案。

输电线路的本地断路器失灵将在第 12 章进行论述。发电机的本地断路器失灵保护方案设计与线路断路器方案类似，但部分注意事项不同。线路断路器失灵方案通常由过电流故障检测元件进行监控，以提高安全性。在某些发电机故障情况下，可能存在电流太小而不足以使过电流故障检测元件动作的情况。如接地故障继电器、过励磁、低频率继电器都属于这一类型。因此，发电机断路器失灵方案的设计需要包括一个辅助的 “a” 触点与故障检测元件触点并联。如无足够的电流触发故障检测元件，触点将指示该断路器仍保持在闭合位置。如发电机断路器是分相操作的断路器，则每相都需并联连接一个 “a” 触点。

本地断路器故障延时和故障检测元件需考虑的因素与线路断路器类似。故障检测元件的返回时间应考虑避免直流暂态偏移以及 CT 饱和的影响，因为邻近大型发电机的故障很可能会引发上述现象。

8.15 励磁系统保护和限制器

励磁器为发电机提供励磁。早期设计采用旋转电机输出直流为发电机提供励磁电。现代发电机通常采用静止励磁器。许多老旧机组的旋转励磁器通常更换为静止励磁系统。通过调节发电机励磁以控制发电机的无功功率输出。弱励磁会输出超前无功功率，而强励磁会输出滞后无功功率。当电压调节器工作在自动模式时，励磁场的强度就基于系统电压的反馈信号不断地自动变化。当电压调节器在手动模式下运行时，励磁水平由手动设定控制。小型发电机的电压调节器种类繁多，能够提供恒定的输出功率因数、电压或无功输出。

发电机励磁回路都设计有短时的过载能力。在系统扰动造成电压降低时，发电机可以短时过励磁（强励），以输出更多无功来支撑电力系统。强励有助于电力系统应对这种电压扰动。有关标准规定，发电机励磁系统能够承受至少 1min 的 125%的额定励磁电压。

8.15.1 励磁系统接地

交流同步发电机的励磁系统为一个不接地直流系统。该系统单点接地并不会造成任何问题。然而，第二点接地会使部分励磁绕组短路，可能会导致温度升高和具有破坏性的振动。

保护系统可检测励磁系统接地以及绝缘恶化。励磁绕组接地检测系统通常由发电机制造商提供。可采用各种不同类型的方案实现这一功能。一种方案为通过电压继电器将独立的直流源连接至励磁绕组，电压继电器检测励磁绕组的接地漏电流。另一种方案采用分压器，并在分压器中点和地之间接入一个灵敏的过电压继电器（参见第8.9节）。

由于励磁绕组的第一点接地不会产生问题，因此许多发电机选择在励磁绕组检测到接地时发出报警，而不是跳闸。收到报警后，可尽快将发电机停机。这种做法存在一定风险，如前所述，第二点接地后可能在发电机停机之前就造成损坏。接地方案的动作选择跳闸抑或告警取决于运行情况和发电机的风险承受能力。如设备跳闸会降低系统可靠性，且运营人员可以迅速识别和响应报警，则设置报警可能是最好的选择。对于较小型发电机，设备跳闸对系统的可靠性影响不大，而且报警响应可能会延迟，则接地保护的动作选择跳闸可能会更好。

8.15.2 过励磁

励磁绕组过励磁限制器和过励磁保护为过励磁提供保护。须注意，励磁系统过励磁保护与发电机过励磁保护不同。发电机过励磁方案保护发电机和变压器，当发电机的输出电压较高或起动过程中频率较低，从而造成电压/频率比率过高时动作。而励磁系统过励磁保护在系统电压较低引起电压调节器输出励磁电压过高时动作。

励磁系统的最大励磁限制器和过励磁保护通常由制造商在励磁器中配备。这些系统可设计为具备反时限或定时限特性。上述装置的整定应满足励磁需要，同时避免受到过励磁伤害。过励磁保护应在危害发生前动作，应与励磁系统的过载特性协调，如未提供该特性，则应满足相关标准的要求。励磁限制器设置应与励磁保护定值配合，使其在保护装置跳闸前动作。励磁限制器发生动作，以避免电压调节器的调节使得励磁电压进一步提高。限制器的设置应满足强制励磁的需要。由监视励磁电流的过电流继电器提供励磁系统的过载保护。

8.15.3 欠励磁

在系统电压升高期间，电压调节器的动作可以使励磁电压降低到造成失磁保护动作或发电机与系统失去同步的程度。采用最小励磁限制器防止此类事故发生，限制器的动作可防止通过电压调节器进一步减少励磁电压。应设定最小励磁限制器在失磁保护之前动作。相应地，失磁保护应在失去静态稳定之前动作。但是，最小励磁限制器应允许发电机在最大超前功率因数下运行，以便在系统电压较高需要加以限制时为系统提供支持。

8.15.4 应用注意事项

发电机励磁系统的保护与相关控制的应用和定值，对于发电机及其连接的电力系统获得最佳运行状态至关重要。过去，电厂的保护工程师经常要求熟练这方面的操作和设定这一方面的信息，因为电厂需要根据发电机能力优化无功和电压支撑以提高电力系统运行。发电机保护和励磁系统中的部分保护和励磁限制器之间的配合也存在问题。放松电力系统管制和电厂、电网分离令这种协调配合更加困难。作为独立实体，电厂更重视自身利益，关注发电机本身的安全及其盈利能力。而为电力系统提供支持则处于次要地位。因此，电厂负责电力系统和相关市场的可靠性和稳定运行并解决与相关标准、联络线要求以及市场结构有关的文件中提及的问题至关重要。大型发电机的电压调节器通常应运行在自动模式下的要求同样非常重要。这将有助于在系统扰动情况下为电力系统提供无功和电压支撑，可防止由于功角或电压不稳定引起电力系统崩溃。励磁控制系统的设置与其他保护控制装置相协调也是促进电力系统的安全可靠运行的重要保障。

8.16 同步调相机保护

同步调相机通常工作在无负载电动机模式，并为系统提供容性电抗。同步调相机保护如图 8.3 所示，根据系统和运行需要可增加保护，如图 8.5 所示。失磁保护（40）的动作圆应包围零励磁时的机端阻抗，或

$$Z=\frac{1}{I_{短路}}\text{pu} \tag{8.22}$$

同步调相机以容性电抗方式运行时将触发距离元件动作，但跳闸还需经电压单元闭锁。以感抗方式接入系统（过励磁）未配置保护，因为此时方向元件不会动作，而距离元件可能动作，也可能不动作。

8.17 发电机跳闸系统

一般情况下，发电机及相关联区域的各类故障应立即跳闸，即跳开主断路器和励磁开关并关闭涡轮机阀门，从而导致负载突然减少或完全消失，尤其是在满负载状态下，可能对机械系统造成大幅冲击。对于相间和接地故障，除高阻抗或谐振接地系统外，必须立即跳闸。当接地故障电流很小时，有时可监视运行或延

迟跳闸。须注意，有些故障会造成损害，或者可能发展至其他相或引起第二点故障，可能加剧损害和危险。即使立即跳闸，在旋转惯量中存储的能量将使故障和损坏持续相当一段时间。

替代立即跳闸的几种可行方案包括：①允许励磁开关在涡轮机关闭阀门后再跳开；②报警并延时跳闸；③只报警。但是，上述方案只适用于使用高阻抗接地独立系统的接地故障。

8.18 厂站辅助系统

发电机需要辅助系统（特别是同步发电机）才能正常运行。如图8.2、图8.4和图8.5所示，辅助系统的各种泵、风扇等设备通过站用变压器供电以保证正常运行。二次电源辅助系统相当于需连续运行的重要的工业发电厂。变压器、电动机和馈线保护将在后文章节中论述。

一般辅助系统还具有备用电源，但不建议两个电源并联运行。因此，出现紧急情况时，应很快从一个电源转换到另一个电源以避免在转换过程中引起频率和电压降低。“开断”转换方式是先断开一个电源，再连接第二个电源。“闭合”转换方式是先连通第二个电源再断开第一个电源，这两个电源在一个短暂时段内都连通。“开断”转换方式中，第一个电源断路器的跳闸线圈和第二个电源断路器的合闸线圈同时通电，由于断路器合闸时间比跳闸略长，所以在某个短暂时段内两个电源同时处于断开状态。

当辅助电机的惯性不足以撑过两个电源均断开的时间时需采用“闭合”转移方式。如未提供快速电源转换并含有电动机负载，则直到电动机电压下降到额定值的约25%时，才可使用紧急备用电源。建议使用同步检测保护（25）以确保两个电源同步。

8.19 分布式电源的联络线保护

大型发电机通常为同步发电机，一般通过开关站或升压变压器连到电力系统，连接线路采用纵联保护。大容量输电线路用于传输功率，而用户一般不会直接连接到大容量输电线上。大多数大型发电机体积大，采用差动保护为其设备提供保护。这些差动保护的保护区通常在联络断路器处重叠。联络开关站的断路器或发电机联络断路器接入大容量输电线的终端，配备了相应的纵差保护和后备保护。发电机内部故障处于差动保护范围内，可以将其快速清除。由于用户通常不会与大容量输电线直接连接，所以大型发电机单独与负载成为孤岛的可能性很小。基于这些原因，并不需要在大型发电机的联络线处配置特殊保护。对一些特殊的例外情况可能需要进行具体分析，并配置相应的特殊保护。

分布式发电机情况不同。旋转分布式发电机可能为同步或感应式电机。如8.1.3节所述，分布式发电机体积的变化范围很大，具有多种接线方式，遍布二次输电网和配电网。旋转式发电机直接通过一个断路器和变压器连接至系统，采用的保护与通过静态电力变换器连接至系统的发电机不同。分布式发电机一般通过位于升压变压器的高压或低压侧的单个断路器连接至电力系统。配电线路和许多二次输电线路一般不采用纵联保护，而利用独立运行的保护系统，如采用过电流和距离元件的保护。由于分布式电源连接的输电线路连接了很多用户负载，因此有可能与负载一起孤岛运行。因此，在联络线处应配备特殊保护。这种联络线保护需要保护发电机所连接的用电负载系统，同时还将为分布式电源提供一定程度的保护。

分布式电源的联络线保护的目标包括：

1）当分布式电源与公用电力系统同时向客户供电时，若分布式电源与电力系统连接断开，或当其与一部分负载孤岛运行时，仍能保证供电质量处于正常标准范围内。

2）确保当电力系统发生故障，需要分布式电源与系统隔离以减小故障电流时，及时断开分布式电源与系统。

3）当分布式电源系统内发生故障时，由联络线或电源系统内其他断路器而非电力系统的其他断路器清除故障，从而提升电力系统可靠性。

在IEEE1547标准“分布式电源接入电力系统”中提出了对分布式电源联络线保护的要求。需要须注意，类似的行业标准需涵盖各种不同类型的电力系统。因此，类似标准往往偏向笼统，不会非常详尽，以免在特定应用中增加不必要的限制。因此，电力系统保护工程师提出意见就显得格外重要，以确保对分布式电源接入到电力系统的特定标准和要求有充分认识并指出所有的特殊性和相关危害。对上述标准应持审慎态度，这些标准可能是由公共电网、独立电网运行商或电网所在地区独立或者联合制定，在类似IEEE 1547的工业标准基础上针对更多细节作出规定，以满足相关电力系统的特殊需求。1547标准中材料的更多细节内容参见如下标准：

IEEE 1547.1进一步描述了互联测试，以确定是否符合标准。

IEEE 1547.2提供了标准的技术背景。

IEEE 1547.3提供了分布式系统的监测技术细节。

IEEE 1547.4是设计、运行和系统集成的指南。

IEEE 1547.5提供了超过10 MVA容量的分布式电源的更多细节内容。

IEEE 1547.6描述了二级网络互连的实例。

8.19.1 电能质量保护

公用电网必须按照监管机构规定的电压和频率限定水平传输电力。如运行在限值外，可能会对用户设备造成损坏。电压闪变、电压骤降和停电也可以衡量电能质量。过多的电压闪变、骤降和停电会对电气和电子设备的运行产生负面影响，并可能导致客户投诉、诉讼和监管部门的处罚。

对于分布式发电而言，当分布式电源与电网隔离并继续向孤岛电网系统中的用户供电时，可能导致电力出现质量问题。上述运行被称为孤岛运行，当分离的发电机中至少一台为同步发电机时应格外注意。许多条件都可以导致孤岛运行。当一个分布式电源连接到一条馈线时，若系统侧母线发生故障，则该侧线路断路器跳开而不需要分布式发电机侧保护动作。断路器断开时，线路上的故障会被立即清除，采用熔断器保护时也会导致孤岛运行。当孤岛发生时，分布式电源的输出和孤岛中的负载之间一定存在不匹配问题。如孤岛内负载的容量远大于发电机额定容量，则孤岛无法持续运行。如孤岛负载接近或小于发电容量，则发电机可继续向孤岛负载供电。此时，供电电压或频率可能超出限制范围。与系统断开连接处若没有同步设备，则孤岛与电力系统无法重新连接。因此，需要配置一种保护，在出现孤岛时自动将分布式发电机从电力系统中断开。若可行，孤岛上的负载可与电网或备用源重新建立连接。即使由于孤岛的负载超过发电机额定容量导致孤岛无法继续运行，分布式电源也必须与孤岛断开连接，以使负载后续可与系统恢复连接。

由于感应发电机需要从电力系统获得励磁电流，所以它与电源断开时无法孤岛运行。（参见第8.19.5节）有些感应发电机利用从机端接入的电容提供励磁电源。这种感应发电机可以与电力系统电容器一起孤岛运行。在这一情况下，感应发电机与部分电力系统负载可以维持孤岛运行，但是这种情况很少发生。大多数逆变器配备有电子控制设备，可检测与电源的分离并起动自动停机。上述逆变器控制应符合IEEE1547标准的要求。

当分布式电源孤岛运行存在问题时，防孤岛保护就应由过电压保护（59）、欠电压保护（27）、过频保护（81O）和低频保护（81U）提供。上述继电器保护动作将分布式电源与电力系统隔离。上述过/低压和频率继电器保护的定值范围应尽可能窄，同时保证在正常的电压和频率变化下，或在系统扰动、电机起动的暂态过程中不发生误动。较窄的定值范围将更好的保障发生孤岛后切除分布式电源，当孤岛中的负载和发电机的能力相匹配且发电机控制能够将电压和频率保持在较小的限值范围内的情况除外。欠电压和过电压继电器定值可设置为额定电压的约95%和105%，则属于合理范围。低频率继电器的定值约为59.5Hz，过频继电器的定值约为60.5Hz，则属于合理范围。由于在电力系统发生故障时分布式电源不必从系统中断开，因此欠电压继电器需要设置时延。0.5s 至 1.0s 时延属于合理范围。对于过电压、低频和过频继电器保护，旨在避过暂态过程的约 0.1~0.2s 时延属于合理范围。可采用低定值和更短时延的电压继电器，以便在孤岛负载过大导致电压突然崩溃时加快发电机跳闸、恢复负载。采用这种低压继电器时必须小心，以确保其定值不会在不需要发电机跳闸的电力系统故障情况下导致误动作。

在某些情况下，可将方向继电器用于防孤岛保护，当分布式电源输出至系统的功率低于其额定值时可采用这一方法。定值可整定为高于最大允许输出功率的 10%。需要设置时间延迟以避开系统故障的清除时间，此时流入功率可能超过定值，但分布式电源不需要切除。若分布式电源不向系统输出功率，则可在联络变压器的发电机侧配置灵敏的功率方向继电器，并设置定值使其在变压器功率消失时动作。这需要保护具有非常高的灵敏度，电力继电器可以满足并整定达到这一灵敏度。当由于过负载造成孤岛电压崩溃时，功率方向继电器不能可靠动作。

大型发电机孤岛运行可能影响大量用户，建议采用合适的通信方法进行远方跳闸。当电力系统中的断路器跳开，发电机与部分系统孤岛运行，发出远方跳闸信号。例如，分布式电源接入馈线的线路断路器跳开，会发出远方跳闸信号。发电机设备收到远方跳闸信号就会跳闸，将发电机从系统中隔离。使用远方跳闸时，应采用前述过/低压和频率继电器作为远方跳闸系统的后备保护。

须注意，当分布式电源与电力系统并联运行时可能造成系统电压无法满足要求。当大型发电机接入较长馈线的一端时这种问题尤其突出。当发电机送出的有功或无功电流流过整条线路时会造成阻抗上电压上升至极高水平。例如，在 20mile、69kV 线路的一端连接一台 60MW 发电机（参见图 8.19）。线路一般采用 556 型钢芯铝绞线，其典型正序阻抗约为 3.8+j14.4Ω。当发电机输出功率在变压器高压侧为 60MW（超前或滞后 95%）时，69kV 线路的电压上升，令发电机处的电压相对于 69kV 母线电压升高，具体情况如下：

发电机输出功率(变压器高压侧)= 60MW 19.9Mvar（滞后）

整个线路阻抗上的电压升高=12%。

发电机输出功率(变压器高压侧)= 60MW 19.9Mvar（超前）

整个线路阻抗上的电压升高=约 0.8%。

如前所述，根据该 60MW 发电机运行功率因数，发电机处电力线路的电压上升范围为 0.8%~12.0%。这一电压上升幅度将对电力系统运行造成损害，可能导致系统电压超过设备额定值，并导致系统的电压控制程序出现问题。

分布式电源对系统电压的影响可通过潮流计算分析确定。当分布式电源与一条馈线连接时，简单的手工计算就可清楚地估算出上述影响。例如，以下是适用

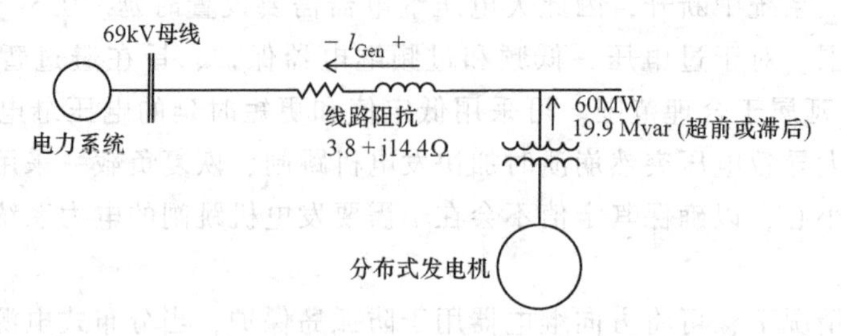

图 8.19 60MW 分布式发电机接入 69kV 20mile 馈线

于上述 60MW 发电机的计算：

95%功率因数等于 18.2°功角（cos18.2° = 0.95）

$$\text{Mvars} = 60\text{MW}(\tan 18.2°) = 19.7\text{Mvar}$$

变压器高压侧的近似电流值

$$I = \frac{60000\text{kW} - \text{j}19700\text{kvar}}{69\text{kV}\sqrt{3}} = 502 - \text{j}165\text{A}$$

$$V_g = \frac{69000}{\sqrt{3}} + (3.8 + \text{j}14.4\Omega)(502 - \text{j}165\text{A}) = 44611.8\text{V}$$

$$44611.8(\sqrt{3}) = 77260\text{V} = 77.26\text{kV}$$

$$\frac{77.26\text{kV}}{69\text{kV}} = 1.12 = 12\%$$

发电机满负载运行在 95%的滞后功率因数时，发电机处的线路电压将比发电机隔离时的电压高大约 12%。这种高压肯定会对用户和电力系统设备造成破坏性伤害。

为了避免本文所述的过电压问题，电力系统可为发电机提供无功输出方案，以便将系统电压保持在所需限度内。该方案将给出发电机输出特定有功功率时对应的无功功率。为限制电压上升，发电机在满负载运行时需要保持超前功率因数运行。

当分布式电源可能引起电力系统电压显著变化时，电力系统的联络线需要额外的电压继电器对可能出现的电压问题发出告警。这一继电器应当由具有高动作/返回比的高准确度电压继电器构成，在电压水平升高对电力系统设备运行造成威胁时发出告警。建议同时配置过电压和欠电压继电器，因为发电机在超前功率因数运行且输出有功功率较低时可引起低电压。如上述继电器被用于发电机跳闸，则需要设置极长时延，以便在继电器起动跳闸前令运行人员有充足的时间调整发电机输出至合适的水平。这种继电器有时也被称为窄带过/低压继电器。

如分布式电源与系统不同步会造成另一种电能质量问题。在当发电机接入系统之后，如果无法很好的同步，会发生严重的电压波动。尽管在电能质量方面未对同步提出要求，但对发电机却格外危险。不同步并网可对发电机造成具有破坏性的瞬态扭矩。为防止分布式电源不同步，建议在联络线保护中配置同步检测继电器。此继电器应监控所有与分布式电源同步至系统有关的断路器的合闸情况。同步检测继电器监视合闸断路器两侧的相角、电压和频率之差。如继电器两侧的上述差值处于规定范围内，则继电器将闭合。典型定值为

角差：10°~20°

电压差：5%

频率转差：0.1~0.15Hz

相比于电力系统，检同期继电器对发电机而言更重要。但是发电机所有者不应将这种检同期继电器作为良好同步操作和控制的替代选择。现代发电机控制系统配备了精确的同步设备。正确安装和校准这些设备，并在可以代替手动同步时加以使用十分重要。

电力系统架空线路通常在线路跳闸后采用自动重合闸方案。由于大多数架空线路故障属于瞬时故障，所以故障被清除后，自动重合闸可快速恢复输电。分布式电源连接到线路上时，自动重合闸会对电力系统和发电机造成损害。如发电机由自动重合闸装置连接到线路，将导致上述不同步问题。为了避免造成上述损害，应使用检无压方案，以确保线路不带电时才允许重合闸。电压继电器定值应设置为较低值（例如 20%的正常电压），以保证线路不带电，安全重合闸。须注意，自动重合闸监控继电器安装在电力系统变电站的线路断路器处，但其不属于联络线保护的一部分。对于发电机所有者而言，确认电力系统提供这种监控设备非常重要，因为其对分布式电源的保护比对电力系统本身更为重要。

8.19.2 电力系统故障保护

当分布式电源接入的电力系统线路发生故障时，若需要隔离分布式电源以清除故障，则保护跳闸将发电机从电力系统切除。当发电机联络线与故障之间没有断开设备时就需要切除发电机。如考虑配合要求，则应尽快跳闸。这种故障保护应作为联络线保护的一部分。

相间故障保护可采用复合电压过电流保护（51V）或带时延的距离保护（21）。带时延的负序保护（46）可提高检测相间（不包括三相）故障的灵敏度。

这种继电器可增加瞬时动作元件，以减少清除某些故障所需的时间。还可增加方向元件提高灵敏度。相间故障的保护定值取决于电力系统和分布式电源连接线路的特性。重要的是，考虑到连接至故障线路的其他电源也会提供故障电流，时延元件的灵敏度应足以检测需要断开发电机的线路上的所有故障。第12章将论述线路故障继电保护的整定要求。须注意，三相低压继电器具有检测相间故障的能力，也可以用于相间故障保护。因此，用于孤岛保护的低压继电器可提供某种程度的相间故障保护。但是，建议低压相间故障检测继电器仅用于更小容量的分布式电源，因为这种继电器故障检测不够精确，可能需要更长的时延，以便与其他电源或发电系统配合。

联络线对接地故障保护的要求取决于将发电机连接到电力系统的变压器的接线方式。如变压器连接方式允许零序电流经过变压器高压侧，则可使用接地限时过电流保护作为接地故障保护，可将其接在变压器高压侧的中性点接线或者高压侧的CT二次电路上。该继电器可设置为方向性继电器，并辅以瞬时接地装置，从而提高清除故障的速度。变压器高低压两侧Yn形（接地）联结将（如前所述）流通零序电流。Yn-Δ联结变压器（发电机侧为三角形连接）也将流通零序电流，以这种方式连接的变压器在系统侧接地故障时充当零序电流源。如变压器系统侧不接地（即Δ-Y联结、Δ-Δ联结），则分布式发电设备不会对电力系统接地故障提供接地故障电流。当上述不接地电源与电力系统上的接地故障隔离时，故障相对地电压降低至地电势；然而，无故障相的对地电压将增加至额定值的173%。如电力系统绝缘等级未达到额定线电压，则升高的相对地电压会引起避雷器快速动作，并可能导致其他系统设备受损。这种情况下，必须通过检测锁定故障u并将其快速切除，因为持续很短时间就会造成损害。在这一情况下，保护应当由三相过电压继电器或连接到变压器系统侧的$3V_0$电压继电器构成。在Yn（接地）-Δ联结VT的三角形线圈内接电压继电器可以有效测量$3V_0$。这种变压器的三角形内接电压继电器可有效测量$V_a+V_h+V_c$。由于$V_0=(V_a+V_h+V_c)/3$，所以继电器得到$3V_0$。在正常运行的平衡条件下，V_0等于零；因此，零序电压继电器可以设置为相对较小的定值，并在系统发生接地故障时可以正确检测到故障。接地故障过压继电器不设置延时，从而可以快速隔离故障发电机，防止对电力系统设备造成损坏。建议过电压继电器定值为额定电压的约120%～130%，以防止在瞬态过电压时出现错误跳闸。将过电压继电器用于检测不接地系统的接地故障时必须谨慎设置定值。非故障相的负载可能导致相地电压大大低于前述额定电压的173%。因此，用于检测这种故障的$3V_0$方法更可靠。如电力系统设备的绝缘水平能达到额定线电压，则不需要快速切除方案，可在电压继电器增加时延，以提高安全性。增加时延后，电压继电器可根据需要设置较低电压定值。在这种情况下，用于孤岛保护的过电压/欠电压继电器也可提供接地故障保护。

适用于防孤岛保护的功率方向继电器在故障条件下也可动作，但无法对其进行预测，因为在故障条件下电压可能降至极低水平。

8.19.3 分布式发电设备故障的系统保护

分布式发电机所有者为发电相关设备配置保护时应基于设备的细节特征以及发电机的运行原则。保护的设定应满足所有相关标准和要求，且处于发电机的所有者的控制下。发电相关设备的故障应不会造成除联络线断路器外的电网其他断路器动作，以免导致其他电网用户供电发生非正常断电。联络线的继电保护应满足这一配合需要。该保护通常包括限时过电流段（51），瞬时过电流段（50），接地限时过电流（51N）和接地瞬时过电流（50N）继电器。为提高动作性能，这些继电器可设置为方向式。这些继电器的定值由定值配合和发电机相关设备的负载情况决定。一旦确定整定原则，则电网联络线保护定值应与发电机联络线保护定值相配合。对于小型发电机组，变压器高压侧无断路器，熔断器可实现联络线保护功能。须注意，一些电网允许将变压器高压侧断路器开断作为电力系统开断设备的后备。当故障几率较低且对于电网后备切除装置的保护定值有显著改善时可以接受。但是，在联络变的发电机侧故障时，电网的后备开断设备不允许动作。

8.19.4 其他联络线保护注意事项

电网规划研究将确保分布式电源按照计划向系统输出电功率并在电网的热稳定限制范围内运行。输出超过计划值会引起电力系统热过载。为防止出现这一过载，功率方向继电器可用于测量从分布式电源流入电力系统的功率。继电器定值应设置为高于输出功率极限约 10%，从而提供一定程度的防孤岛保护，如前所述。

对于大型分布式电源，其功角暂态稳定是关键问题，失步保护应作为联络线保护的一部分。失步保护已在本章前文中进行论述。

出现故障时，需要独立于电力系统的紧急备用电源跳开断路器。储存能量的电源如电池通常用于实现该功能。储能电源监视设备通常用作联络线保护的一部分，以保证分布式电源从电力系统切除时断路器可以正常跳开。

8.19.5 感应发电机/静态逆变器/风力发电场

8.19.5.1 感应发电机

感应发电机为以同步转速驱动从而产生电力的感应电动机。感应发电机基本上未配备单独的励磁系统，并要求机端输入交流电压，以提供建立励磁所需的无功功率。故电网发生故障时，感应电机不能向故障点提供持续的故障电流。感应发电机脱离电网时，通常也无法供给孤立负载。如在孤立电网系统中存在提供激励源的电容，且对应孤岛负载在额定值附近，感应发电机就可能实现自励磁。大多数情况下，自励磁状态伴随着机端电压的骤增。骤增的过电压可能会造成感应发电机所连接的电力设备损坏。感应发电机通常体积较小，在大多数情况下，在自励磁模式下不允许带最小负载孤岛运行。对于这样的装置，采用低电压继电器可有效地实现联络线保护。如联接线路跳闸，则该继电器将有助于从系统中断开发电机。在自励磁运行状态下，一般用于同步发电机的防孤岛中间继电器可在联接位置使用。在自励磁运行状态下，过电压继电器应瞬间动作，以防止高电压可能造成的损失。

8.19.5.2 逆变器

逆变器是一种能把直流电或者非基频交流电转化为工频交流电的静止功率变换器，具有将直流电源或者非同步交流电源变换为同步交流电源并入电网的重要作用。现代逆变器主要由额定容量足够大，可以输出典型分布式电源容量的二极管、晶体管、晶闸管组成。逆变器可控制改变发电设施的 PF（功率因数）以及在异常工况下闭锁系统的其他控制。逆变器分为电网换向逆变器和自换向逆变器。电网换向逆变器需要其他电源提供时钟信号以产生交流电，自换向逆变器可自行提供时钟信号以产生交流电。逆变器常用于光伏电厂并入电网中，也可应用于使用 DC 电源、储能电池、燃料电池的联网电厂。

近年来，既可以互联入网，又可以向用户售电的太阳能发电装置大幅增加。小（容量）型太阳能发电装置的发电容量介于 2~8MW 之间，它们通常接入配电网，运行电压等级为 4~23kV。大型太阳能发电装置要求并联接入更高电压等级的电网。

继电保护工程师需要对接入太阳能发电装置的电力系统进行电网保护问题评估。尤其小型的太阳能发电装置并入电网，继电保护问题更严重。小型太阳能发电装置可分散布置在配电网中，而且现行并网装置的相关知识尚未完善。

8.19.5.2.1 运行问题

当光伏电站向电网输出功率时，并网点的电压等级会以 8.19.1 节所示方式发生变化。电压的变化规律与光伏电站的容量和位置有关。当光伏电站接入辐射式配电网时，并网点距离互联电网越远，互联电网的电压波动会越大。然而，光伏电站的输出功率会随着全天日照强度变化而急剧变化，输出功率波动也会导致电压随机波动。

逆变器可调节光伏电站输出功率的功率因数。无功功率输出同逆变器的内电压与系统端电压的比值以及功角成正比关系。通过减少逆变器的内电压，无功功率的输出将会减少。相反地，增加内电压将增加无功输出。

逆变器的电压调节特性速度极快，并且可在相当宽广的范围内迅速改变 PF。当光伏电站输出功率可显著改变接入点电压时，逆变器电压调节器具有十分重要的作用，它可以控制接入点电压在无光伏接入时达到或接近联络线位置的电压水平。

就保护而言，应考虑正常运行条件下，逆变器电压调节器失效的情况。联络线中的过电压继电器和低电压继电器可为此类故障提供保护。上述继电器应整定为在电压超出限定值之前触发动作。欠/过电压继电器应分别整定为额定电压的95%以及105%，与第8.19.1节的欠/过电压继电器的较窄定值范围类似。低压继电器应设置合理的延时以避开由其他线路故障，电机起动，电压控制装置的运行或瞬时状态引起的电压跌落。低压继电器的延时应整定为1.0~5.0 s。过电压继电器的延时可取0.1~0.5s。

8.19.5.2.2 故障电流保护

当其他保护设备将电网换向式逆变器从电力系统中隔离时，将不会向电网提供故障电流。

当与故障隔离后，逆变器将会在自我保护功能或者防孤岛保护功能下闭锁。

器件换向式逆变器可以提供持续的故障电流，通常限制在逆变器额定电流的1.2~1.5倍。低压继电器为这些故障提供良好的保护。

在前文所述的正常工况下使用的高定值低压继电器可以对这些故障提供一定程度的保护。

低定值低延时的电压继电器可更快地切除故障。定值为80%的继电器的延时一般整定为0.1s至1.0s。

还可考虑配置如第8.19.2节中所述的其他同步电机保护。

8.19.5.2.3 防孤岛保护

大部分逆变器均设计为配备内置的防孤岛保护。通过IEEE1547标准认证的逆变器，要求其防孤岛保护应在2.0s内起动断开逆变器与孤岛的连接。若存在防孤岛保护拒动或光伏电站与含有同步发电机的一部分系统电网一起弧岛的可能性。为确保防孤岛保护正确动作，通常为分散布置的同步发电设施配置过/低压保护和高频保护（工频变化量）保护，参见第8.19.1节的详述。

逆变器的同步问题并不如同步发电机那般严重。电网换向逆变器可在最小的系统干扰条件下与系统频率保持同步。器件换向逆变器的同步与同步发电机类似，但电网干扰会相对小一些。

8.19.5.3 风电场

风电场可由数台或大量风机组成。20世纪90年代，大部分风力发电机组属于恒速（接近恒速）类型，一般称为I型（A型）风力发电机组。I型风力发电机组通过一个简单的笼型感应电动机与电网耦合连接。由于感应发电机运行功率因数较低，可以在发电机终端增加补偿电容器组。I型风力发电机组运行受风速变化引发的大转矩振荡的影响很大。上述转矩令风机使用寿命缩短。

后续研发的Ⅱ型风力发电机组可提供运行效率。Ⅱ型风机的设计采用转子绕组与可变电阻器耦合的绕线式感应电机。

这种设计允许发电机在扰动下变速，可以更好地响应风机扰动，并减少了转矩波动，从而延长电机元件的使用寿命。这种设计仍采用补偿电容器以提高功率因数。

Ⅲ型风力发电机组采用双馈式感应发电机，为目前装机最常用的设计类型。本设计采用了与Ⅱ型风机类似的绕线式感应电机，但转子未连接可控的电阻器，而是连接到了换流器的机端侧，换流器的网侧直接并入电网。该型风机比Ⅱ型风机性能更好，能够控制无功输出，实现变速运行。换流器的容量仅需达到通过风机转子额定输出功率的1/3左右。功率换流器可能会因电流超过额定值而损坏，因此，crowbar电路在电流超过逆变器（载荷）能力时短接转子（电阻）。crowbar电路保护会对发生故障时的风机短路电流造成影响。

Ⅳ型风机使用全功率变流器与电力系统相联，基本上与电力系统解耦。Ⅳ型风机通常使用永磁同步电机或者笼型感应电机。Ⅳ型风机设计与Ⅲ型风机设计的优势相同——通过功率因数控制实现变速运行。但由于采用全功率变换器，Ⅳ型风机价格昂贵。此类型风机的短路特性基本上由电力电子器件的响应特性决定。然而，为防止电力电子元件受损，通常将最大短路电流限制为换流器的额定电流。

如前所述，风电场的风机设计有很大的差别。在开发保护接口的需求和整定时，保护工程师需要收集所使用的特定设备的规格和特点。通常需要依据设备在电力系统中的位置及其运行特性以配置保护。

如前所述，Ⅲ型风机是目前最常用的风力发电机组。不同的换流器保护具有不同的短路电流。如使用crowbar保护，风机产生的短路电流与感应电机相同。如使用crowbar电路，短路电流将会受限，大致与Ⅳ型风机的短路电流相同。Ⅲ型风机和Ⅳ型风机都具备功率因数控制功能。对于大多数大型风电场并入电网，建议配置与同步发电机安装处类似的保护。低电压/过电压保护在风电场接入中发挥重要的作用，与其他分布式电源类似。须注意，在一些文献中，Ⅰ、Ⅱ、Ⅲ、Ⅳ类型风机可能为A、B、C、D型。

8.19.6 分布式发电的实际问题

分布式电源在电力系统中的日益广泛应用，正在改变着传统的电力系统的配置方式、运行、保护配置。这些改变亟需研究并制定新标准以便实现以下目的：

1）分布式电源所有者可获得公平的机会并入电网并将电力传输给潜在用户。

2）保证发电设备和相关的电力系统有足够的安全规范，保护发电厂工作人员、电力设备和用户的安全。

3）电网传输的电能质量和整个电网的可靠性不会降至安全等级以下。

分布式电源并入电网的技术标准和电网规范的健全完善，对于实现上述目的是十分关键。各实体（包括技术单位、可靠性委员会、国家监管机构、区域输电组织、发电单位、电力用户）在制定上述标准的过程中都带有倾向性并考虑自身利益。来自各实体的继电保护专家应积极参与并推动上述进程，并确保所有相关的保护问题都经过了考虑和验证。电力系统及发电装置都具有独特的特性。持续工作在电力行业一线的工作人员在详细了解系统的特性后，可以识别危害、

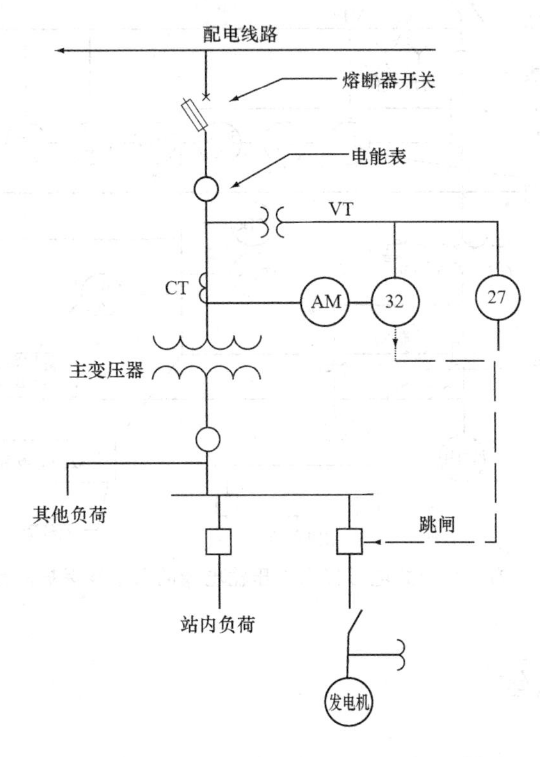

图 8.20　分布式电源接入配电网的联络线保护配置

相关问题以及挑战。

本书对这一主题的探讨涵盖设计分布式电源并入电网联络线保护时需要考虑的接入方式及相关问题。而联络线保护配置要求依据电机的大小和型号不同，并入电网的位置，接入位置电力设备的运行方式而差异巨大。联络线保护配置有时简单（如图 8.20 所示），有时复杂（如图 8.21 所示）。多种类型的发电设备、联网方式和保护配置等存在的问题都没有涉及，因为讨论所有可能性超出了本书的范畴。风机、太阳能板、燃料电池等发电设备毫无疑问具有独特的要求，需要

特别关注。分布式电源接入低压网络也会引起特殊问题。随着技术进步，更多新型电源系统正在被研发出来。随着更多的工程经验不断积累以及新型技术投入使用，分布式电源并入电网的保护要求将随之改变。分布式电源的接入标准和规范需要定期复查，所以需要建立一个灵活的机制，按要求及时更新标准和规范。

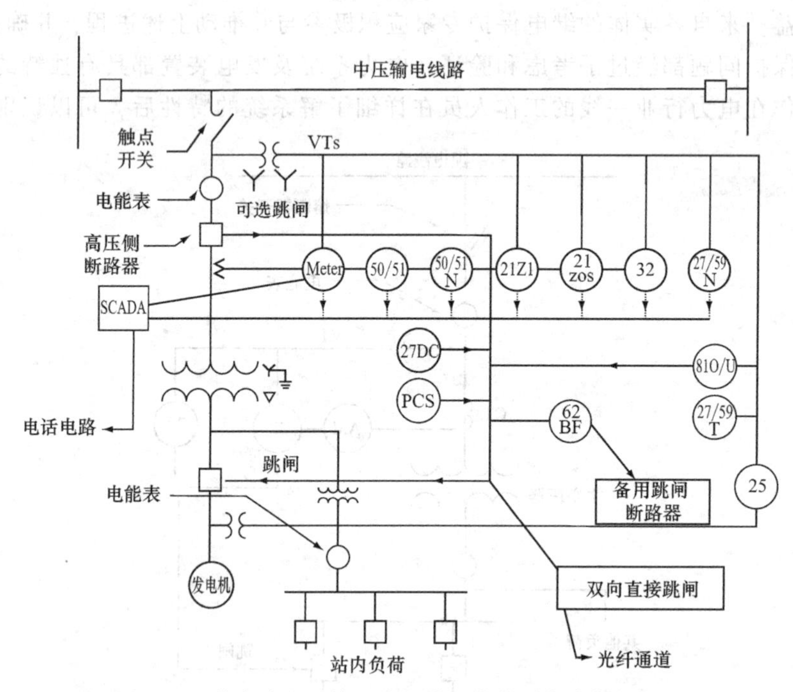

图 8.21　分布式电源接入中压输电线的联络线保护配置

8.20　保护总结

发电机，尤其是大容量机组，对于系统运行和稳定极为关键。因此，发电机保护对于可靠性和安全性格外重要。虽然故障发生几率较低，但提供完善合理的多重化保护配置仍不失为妥当之举。特殊的系统和环境下可选择不同的保护配置。

如上所示，本文中图 8.3 和图 8.5 所讨论的保护设备主要由用户配置，不同于发电机和原动机制造商提供的保护装置。这些保护设备得到广泛应用并具有工业通用性。用于大型机组与主机组的最大化保护配置如图 8.5 所示。对于小型机组而言，尤其是布置在工业厂房中或者独立厂商拥有的小型机组，建议采用最小保护配置如图 8.3 所示。通常，小型机组与严重系统问题之间相对关联性不强。

分布式电源并入电网时需在联络线配置特殊保护。如图 8.20 和图 8.21 所示，联络线保护配置在发电站、并网点、电力用户侧之间存在显著差异。需建立完善的并网标准以保证系统安全性和稳定性，并且需要为所有电力市场竞争参与方建立一个公平的竞争环境。

参考文献

更多参考文献参见第 1 章末尾

ANSI/IEEE Standard C37.95, *Guide for Protective Relaying of Utility–Consumer Interconnections*, IEEE Service Center, Piscataway, NJ, 1974.

ANSI/IEEE Standard C37.101, *Generator Ground Protection Guide*, IEEE Service Center, Piscataway, NJ, 1985.

ANSI/IEEE Standard C37.102, *Guide for AC Generator Protection*, IEEE Service Center, Piscataway, NJ, 1987.

ANSI/IEEE Standard C37.106, *Guide for Abnormal Frequency Protection of Power Generating Plants*, IEEE Service Center, Piscataway, NJ, 1987.

ANSI/IEEE Standard 1001.0, *IEEE Guide for Interfacing Dispersed Storage and Generation Facilities with Electric Utility Systems*, IEEE Service Center, Piscataway, NJ, 1989.

Ayoub, A.H., Coping with dispersed generation, *Transm. Dist.*, January 1987, 40–46.

DePugh, K.S. and Apostolov, A.P., Nonutility generation interconnection guidelines of the New York State Electric & Gas Corp., *Pennsylvania Electric Association Fall Conference*, Hershey, PA, September 21, 1993.

Ferro, W. and Gish, W., Overvoltages caused by DSG operation: Synchronous and induction generators, *IEEE Trans.*, PWRD-1(1), January 1986, 258–264.

Griffin, C.H., Relay protection of generator station service transformers, *IEEE Trans. Power Appar. Syst.*, PAS 101, 1982, 2780–2789.

Griffin, C.H. and Pope, J.W., Generator ground fault protection using overcurrent, overvoltage and undervoltage relays, *IEEE Trans. Power Appar. Syst.*, PAS 101, 1982, 4490–4501.

Gross, E.T.B. and Gulachenski, E.M., Experience on the New England system with generator protection by resonant neutral ground, *IEEE Trans. Power Appar. Syst.*, PAS 92, 1973, 1186–1194.

IEEE Application Guide for IEEE Std 1547, *IEEE Standard for Interconnecting Distributed Resources with Electric Power Systems*, 15 April 2009, IEEE Service Center, New York.

IEEE Committee Report, A survey of generator back-up protection practices, *IEEE Trans. Power Deliv.*, 5(2), April 1990, 575–584.

IEEE Intertie Protection of Consumer-Owned Sources of Generation, 3 MVA or Less, 88th 0224-6-PWR, 5(2), April 1990, 924–929.

IEEE Power System Relaying Committee, Potential transformer application on unit-connected generators, *IEEE Trans. Power Appar. Syst.*, PAS 91, 1972, 24–28.

IEEE Power System Relaying Committee, Loss-of-field relay operation during system disturbances, *IEEE Trans. Power Appar. Syst.*, PAS 94, 1975, 1464–1472.

IEEE Power System Relaying Committee, Protective relaying for pumped storage hydro units, *IEEE Trans. Power Appar. Syst.*, PAS 94, 1975, 899–907.

IEEE Power System Relaying Committee, Out-of-step relaying for generators, *IEEE Trans. Power Appar. Syst.*, PAS 96, 1977, 1556–1564.

ORNL, *Cost/Risk Trade-offs of Alternate Protection Schemes for Small Power Sources Connected to an Electric Distribution System*, Oak Ridge National Laboratory/Martin Marietta Energy Systems, Inc. for U.S. Department of Energy, Oak Ridge, TN, ORNL/Sub/81-16957/1, January 1986.

Patton, J. and Curtice, D., Analysis of utility problems associated with small wind turbine interconnections, *IEEE Trans.*, PAS 101(10), October 1982, 3957–3966.

Pope, J.W., A comparison of 100% stator ground fault protection schemes for generator stator windings, *IEEE Trans. Power Appar. Syst.*, PAS 103, 1984, 832–840.

Schlake, R.L., Buckley, G.W., and McPherson, G., Performance of third harmonic ground fault protection schemes for generator stator windings, *IEEE Trans. Power Appar. Syst.*, PAS 100, 1981, 3195–3202.

Wagner, C.L. et al., Relay performance in DSG islands, *IEEE Trans. Power Deliv.*, 4(1), January 1989, 122–131.

第9章 变压器、电抗器和并联电容器保护

9.1 变压器保护

变压器在电力系统中无处不在。它通常安装于不同电压等级之间，具有不同的尺寸、型式和连接方式。许多地区配电杆都安装有3~200kVA小型变压器。图9.1所示为一个325MVA的230/115kV自耦变压器（带13.8kV第三绕组）。

通常，断路器或其他切断装置安装于变压器组的绕组出线端或其附近。然而，出于经济性考虑，断路器有时会被省略掉。因此，变压器组可以直接连接于母线、线路或电源。图9.2为典型连接示意图。

变压器保护的主要目的是灵敏检测出变压器内部故障，同时，对于不要求变压器跳闸的系统侧故障要具有很高的可靠性。发生变压器内部故障时灵敏的故障检测和跳闸可以降低变压器故障造成的内部损坏，减少后续所需的维修工作。各种系统运行状态也将间接影响到变压器的状态，因此在变压器保护研发过程中也需要对此加以考虑。变压器的负载如果超出其铭牌标示的额定值将导致绕组和铁心的温度超出限制。由于区外故障产生的过电流，即穿越性故障电流，也会导致变压器过热，发热程度与电流幅值和持续时间成函数关系。这种过热将恶化内部绕组的绝缘水平，从而引起变压器的损坏。变压器过励磁会在变压器的部分绕组中产生超出设计允许范围的涡流从而产生过热。穿越性故障电流会在变压器内部产生冲击力，从而破坏绕组的整体结构。因此，变压器保护除了在发生内部故障时需要为变压器提供保护，在设计保护时，同时也要考虑与过载、过励磁和外部故障相关的情形。

凡可应用的场合，差动保护均能提供最完备的相间及接地故障保护，只有在中性点不接地或者中性点通过高阻抗接地而限制了接地短路电流的小接地故障电流系统中，差动保护仅能为相间故障提供保护。

通常，差动保护应用于10MVA及以上的变压器组。重点是考虑变压器在系统中的重要性，所以，对于关键的连接点的小容量变压器组，也需要应用差动保护。

在图9.2中，差动保护范围位于两个CT之间。例a）最佳，因为其对变压器和相应的断路器均提供了保护。例d）相类似，而且包含了配电母线。例c）和d）中的并列CT这种情况实际很少使用，会引起某些问题，在第5章已有

图 9.1　三相 325MVA，230/115kV 自耦变压器组，带 13.8kV 第三绕组
（图片来自华盛顿州贝尔维尤普吉特海湾电力照明公司）

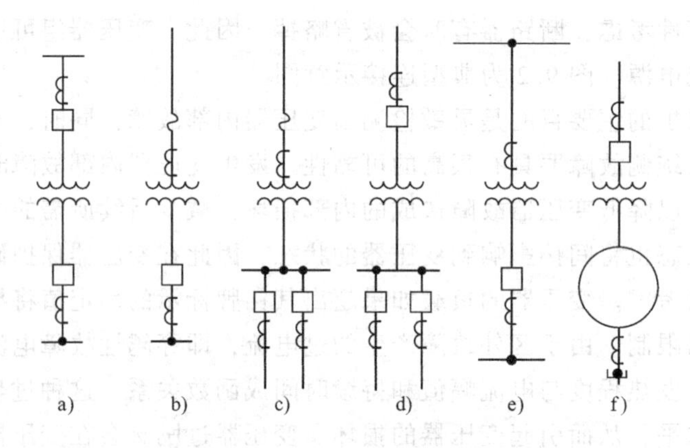

图 9.2　电力系统中变压器的典型接线
a）多数情况下的接线，特别是在中压或高压系统　b）—d）应用于配电变电站
e）应用于直接与高压线路相连接的配电回路　f）应用于发电机组或独立电源
（图中的 CT 可用于差动保护）

讨论。

在使用熔丝的例 b）、c）和一侧无断路器的例 e）中，当故障不足以熔断熔丝（例 b、c 系统侧）或无法使远方的继电器动作（例 e）时，差动保护必须能够断开熔丝回路。可以采用的方法有：

1）故障开关方式：差动保护动作闭合开关，从而产生一个故障，使远方继电器动作并切除故障。通常，此多为单相对地开关，尽管也使用了多相开关。

2）远跳方式：差动保护通过通信通道发出跳闸信号，跳开远端断路器，从而切除故障。

3）有限故障阻断器方式：当阻断器无法阻断差动保护区内的严重故障时采

用，这时远方相间和接地瞬时继电器按躲开变压器另一侧短路进行整定。

差动保护起动阻断器的前提是严重故障下远端继电器将在阻断器动作之前动作。因此，这是一个在远端继电器和阻断器之间的竞赛，其中远端继电器先清除严重故障，由阻断器清除轻微故障。例 f）已经在第 8 章讨论过。

过励磁保护通过计算电压与频率之比或测量变压器的励磁电流来实现。热感应设备可以用来提供过负荷保护。过电流和穿越性故障应力保护可以通过连接过流继电器，测量变压器电流实现。

9.2　影响差动保护的因素

在应用差动保护时，需要考虑以下几个影响因素：

1）励磁涌流，过励磁和 CT 饱和。这些情况会导致不平衡电流的产生。而在正常情况下，流入变压器的电流和流出变压器的电流是相等的。

2）不同电压等级下的 CT 型号、变比和特性不同。

3）星三角联结的变压器组中存在的相位偏移。

4）用于电压控制的变压器抽头。

5）调节变压器的相位偏移和电压抽头。

9.3　虚假差动电流

9.3.1　励磁涌流

系统电压施加于变压器，在变压器内部磁通与施加的正常稳态磁通不同时将会产生暂态电流，也就是所谓的励磁涌流。这种现象可以用图 9.3 来解释，图中变压器无剩磁。在图中，变压器在系统电压为零时通电。由于大的感性回路，磁通 Φ 应该位于或接近于负的最大值，但是变压器此刻没有磁通。因此，磁通必须从零开始并在第一个周期内达到 2Φ。如图所示，为了满足这个磁通的变化过程，需要一个较大的励磁电流。为了获得最佳效率，变压器通常在饱和点附近运行，因此磁通幅值大于额定磁通时将导致严重的饱和及较大励磁涌流。

如果一个变压器之前带过电，那么断电后将很可能有剩余磁通留在铁心中。这个磁通可能是正值也可能是负值。如果在图 9.3 中，剩磁为 $+\Phi_R$，那么励磁所需磁通的最大值将是 $2\Phi+\Phi_R$，这将导致非常高的励磁电流。如果剩磁是负值，最大磁通将是 $2\Phi-\Phi_R$，励磁电流也将会小一些。

这是一个随机现象。如果变压器曾经在最大正电压值或其附近被励磁（如图 9.3 中的 d 点），在此时需要的磁通是零，因此，正常励磁电流中的暂态涌流

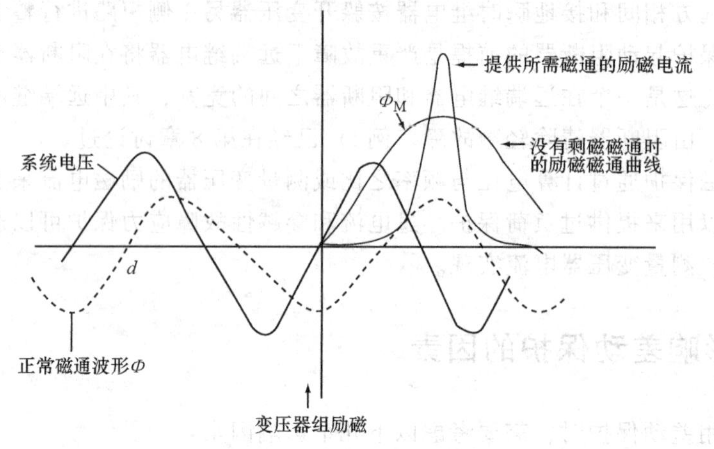

图9.3 变压器励磁涌流（无剩磁）

基本可忽略或不存在暂态涌流。正常变压器的励磁电流为满载电流的2%~5%。

最大起始励磁电流可能高达满载电流的8~30倍。供电电路和变压器的电阻及变压器内部的杂散损耗使涌流的峰值减小，最终将衰减到正常励磁电流值。衰减时间常数从10个周波到1min（高感抗回路）不等。

除励磁时刻磁通量要求外，影响励磁涌流的因素还包括变压器的尺寸、电力系统电源的容量大小和特性、变压器铁心类型、励磁磁通及变压器与系统的电感电阻比（L/R）。

在三相电路中，一相、两相或通常全部三相都有励磁涌流，尽管在其中一相的励磁电流可能是或可能不是最大值或零。图9.4为一个变压器组从星侧或三角侧励磁时的典型励磁涌流曲线。若干年前的研究结果表明，励磁电流波形中的二次谐波含量大于等于基波电流的15%。近年来，由于铁心设计和材料的改进致使变压器的励磁涌流中谐波含量减小，二次谐波含量可能低至7%。

三种条件下产生的励磁涌流分别为①初始涌流；②恢复涌流；③和应涌流：

1）初始励磁涌流可能在变压器停电一段时间后重新上电时产生。此类涌流前文有过说明，且可能产生最大的涌流值。

2）在发生故障或电压瞬时跌落过程中，当电压恢复正常时也可能产生励磁涌流。最严重的情况是三相变压器附近发生三相金属性外部短路，当故障清除后，电压突然恢复至正常值。这将产生励磁涌流，但是由于在这种情况下变压器是部分励磁的，其最大值不会达到初始涌流的水平。

3）当附近变压器上电时，已经带电的另一台变压器中可能产生励磁涌流。一个典型例子是与已投运变压器组并联第二台变压器。励磁涌流中的直流分量会使已带电变压器铁心发生饱和，从而导致和应涌流的产生。这个暂态电流叠加到运行变压器的励磁涌流中时，将产生一个谐波含量很小的偏置对称全电流。这个

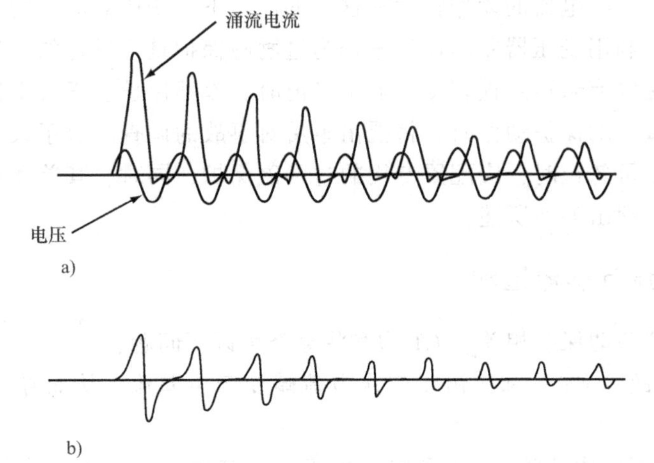

图 9.4　典型励磁涌流

a) Y 形联结绕组的 A 相电流　b) △形联结绕组的 A 相电流

电流将流过两个变压器组供电回路。

9.3.2　过励磁

变压器内的磁通与施加于其上的电压成正比，与其频率成反比。当超过变压器设计限值的过励磁状况发生时，变压器的铁心将会由于饱和而发热，最终对变压器产生破坏。

发电机的变压器由于直接与发电机端子连接，更容易发生过励磁。发电机端子的电压和频率情况受制于电压和频率的变化，特别是在发电机的起动过程中。发电机变压器组的过励磁保护将在第 8 章讨论。然而，变压器的过励磁不仅仅局限于发变组中。过电压和低频状况可能发生在电力系统的任何地方，特别是由于扰动导致电力系统的一部分孤岛运行时。主网传输系统也会在轻载时出现过电压状况。这是由于这种电力系统通常包括长的输电线路，而长的输电线路其对地电容值是很大的。在轻载运行阶段，线路电容的升压影响大于负荷在感性线路上流通产生的电压降，从而使系统电压水平抬高，甚至会超过系统设备（如变压器）的额定值。

变压器励磁电流的谐波成份，通常为奇次谐波。典型变压器励磁电流包括额定电流值 52%的基波电流、26%的三次谐波电流、11%的五次谐波电流以及 7%的 7 次谐波电流等。

对于发变组中的大型变压器以及连接于可能导致变压器过励磁的系统中的大型变压器应该配置过励磁保护。这种保护应该包括可直接反应过励磁的继电器，如第 8 章讲到的电压/频率继电器。变压器差动继电器在变压器高励磁电流下不应误动。然而，继电器的动作特性在这样的电流下与变压器的过励磁限制特性不匹配。因此，利用变压器差动保护来作为过励磁保护是不可行的。另一方面，在变压器过励磁电流未达到损害变压器水平值时，差动保护应正常工作。此外，由于过励磁导致差动保护动作时，将混淆事后对事故的调查。对于大型变压器，过励磁的危害不可忽视时，应配置专用的过励磁保护，同时，其差动保护在过励磁时不应动作。理由如前所述。

9.3.3 电流互感器饱和

与变压器差动保护相关的CT饱和将会产生以下问题：

1）区外故障CT饱和，由于二次电流畸变产生差流，从而导致差动保护误动作。

2）变压器区内故障CT饱和时，由于饱和产生的二次电流中的谐波成分会导致变压器差动保护延时动作。在本章后续内容中将讨论如何通过适当选取CT，减小上述问题发生的概率。变压器差动保护的设计中也会涉及这些问题。

9.4 变压器差动保护特性

第6章中对差动保护的原则已进行了描述。差动保护应用于变压器时，灵敏度会低一些，这时典型的比率制动特性为15%～60%。这考虑到了适应不同的CT电流比、类型和特性以及不同的一次电流水平、不同的变压器抽头等情况。

这对机电式和现代微机式继电器保护同样适用。对于后者，虽然其动作原理是基于基本的差动原则，但是可能没有制动和动作线圈，而是在微处理器内部通过数字运算实现比较。固态和微机变压器差动继电器具备谐波制动功能，然而，机电式继电器可能没有这一功能。

对于低电压等级的输电或配电系统中的小型变压器，过去常使用感应圆盘机电式变压器继电器。目前，许多该类继电器仍在使用。由于采用了50%的制动特性，且动作时间约为0.08～0.1s（60Hz系统频率下对应5～6个周期），可以很好地避免励磁涌流的影响。通常在此区域，励磁涌流不是十分严重，系统内的电阻足以使暂态过程快速衰减。感应圆盘型继电器对这种高幅值、高畸变偏置的波形不是十分灵敏，也不会在直流下动作。优点在于设计相对简单且费用低。然而，虽然经验表明这种继电器不受影响，但也不能确保它不会对励磁涌流动作。这种继电器有长时间的良好运行记录，这也是人们不愿意替换这种继电器的原因。该类继电器的一般起动电流是2.5～3.0A。

随着时间的推移，为满足对更大容量、更昂贵发变组的变压器以及更高电压等级大型电力系统中所使用变压器的保护，出现了更先进的变压器差动继电器。

为了获得更高的定值灵敏度和更快动作速度，这种变压器差动保护的设计中加入了各种特性：

1）为防止变压器差动保护在励磁涌流情况下误动作，加入了谐波制动特性。由于二次谐波是变压器励磁涌流下的主要谐波成份，因此，典型设计中采用二次谐波作为制动量。为了进一步增强励磁涌流下动作的安全性，制动量中同时引入了 4 次谐波。

2）在差动电流中检测到 5 次谐波成分时进行闭锁。该特性闭锁变压器差动保护的跳闸出口，同时防止继电器在变压器励磁电流下动作。使用 5 次谐波而不是 3 次谐波的原因是由于电流互感器的三角连接方式过滤掉了 3 次谐波成份。如果没有配置其他形式的过励磁保护，这一功能常被作为可选项提供给用户。

3）变压器差动保护采用可变比率差动特性以降低在保护区外发生故障导致 CT 饱和时保护误动的可能性。在这种设计中，差动特性的斜率随着流过继电器的电流的增加而增加。斜率的增加可能是连续的或分段的。在大故障电流的情况下 CT 饱和更容易发生。当区外故障电流幅值增大时，这种设计容许更大的比率误差电流。当区内故障产生大电流时，增加瞬时动作元件以实现无制动的快速动作。

现代基于微处理器的变压器差动保护提供了高度灵活的保护配置方案，这些方案在机电式或固态继电器中是不可能实现的。此外，这种继电器提供了更大的定值范围和更多的定值选项。考虑 CT 不同连接方式的计算可以在微处理器内实现，而不是通过继电器的外部接线实现。现代基于微处理器的变压器差动继电器通常将上述设计原则与其他增强功能的设计相结合来提升保护动作性能。这些设计能够保证继电器在 0.75A 或以下的灵敏度可靠动作，同时，动作时间为一个周波或者更短。

9.5　变压器差动继电器的应用和接线

差动保护区必须覆盖所有进线和出线范围，每相配置一个差动保护单元。对于每个绕组有一组 CT 的双绕组变压器，可配置双制动线圈继电器（见图 6.2）。对于多绕组变压器，如三绕组变压器组，带第三绕组的自耦变压器或带双断路器和 CT 的单绕组（比如环形母线接线或一个半断路器接线），应采用多制动绕圈继电器。差动继电器适用于单个动作线圈配置 2、3、4 甚至最多到 6 个制动线圈。动作特性与前面提到的特征类似。

应用中有下述重要的基本原则：

1）对于每个故障电源回路使用一个制动线圈。

2）避免将无故障源的馈线 CT 与有故障源的 CT 并联。

3）在并联馈线的CT时要格外小心。

这些原则的逻辑和原因将在后续内容中解释。

流过差动继电器制动线圈的电流应当是同相的，并且对于负荷及区外故障应设一个最小差动（动作）电流定值。理想情况下，这个差流应当为零，但是由于不同电压等级下CT电流比的不同，这通常不可能实现。这就需要通过两个步骤以正确连接和设置变压器差动继电器：

1）相位修正：通过使用Y-△单元，保证进入差动继电器的二次电流相位是同相的。

2）变比修正：通过选择合适的CT电流比和继电器匝数以减小流过动作回路的差动电流。

下面通过典型示例对上述建议和准则进行详细解释说明。

9.6 示例：Y-△联结的双绕组变压器组的差动保护接线

考虑如图9.5所示的△-Y联结的变压器组。三角侧的ABC超前Y侧的abc 30°。根据ANSI标准规定，ABC代表高压侧（138kV），abc代表低压侧（69kV）。

将变压器的abc侧CT以Y或△方式连接，对应的将ABC侧CT为△或Y联结，可以使进入差动继电器的二次电流同相。然而，abc侧的CT按Y方式连接将导致外部接地故障时不正确动作。在外部故障时，流过变压器Y形接地点的零序电流，将通过abc侧Y联结的CT流入继电器的制动线圈，并由动作线圈流回。这是由于零序电流在变压器的△绕组中形成回路，不会流到ABC高压侧，也就无法在外部故障时提供适当的平衡制动电流。因此，变压器的Y形绕组侧的CT应当连接成△，就可以在CT连接回路中形成零序电流通路，从而使其无法流入继电器中。

9.6.1 第一步：相位修正

两组CT联结必须保证在正常负荷或外部故障情况下流过继电器制动线圈的二次电流相位一致。假设平衡的三相电流流入变压器。因为电流穿过变压器组，所以方向并不重要。

从变压器的Y侧开始是比较理想和容易实现的作法，所以在图9.5中，假设I_a，I_b，和I_c从Y侧流入，从右侧流入的abc系统中。

变压器的极性如图所示，这些电流在高压绕组中出现，由于高压侧是△联结，因此电流以I_a-I_b、I_b-I_c和I_c-I_a的形式持续稳定地分别注入右侧系统的A、B、C相。

abc的CT如前所述以△联结时，那么ABC侧的CT将以Y联结。当CT极性

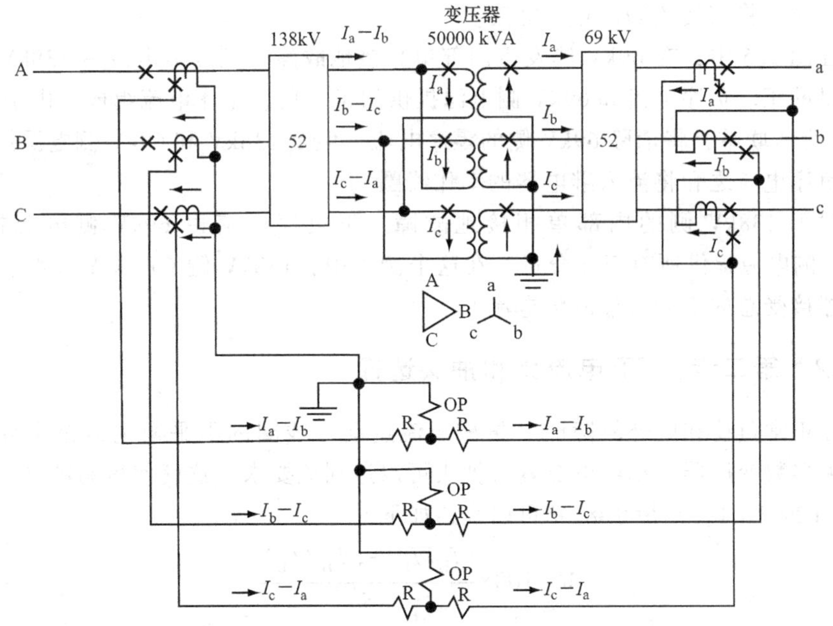

图 9.5　两绕组变压器组差动继电器的联结示意图

如图所示时，二次电流 I_a-I_b、I_b-I_c 和 I_c-I_a 将流到继电器的制动线圈中。对于外部故障的情况，这此电流应当流到左侧的 CT 二次回路。最后一部分是将这些 abc 侧的 CT 以△联结，以提供合适的二次制动电流。完成第一步相位修正。

总之，这个相位修正是通过个假设平衡电流流入变压器的 Y 侧回路，将这些电流传至变压器的△侧实现的。将△侧绕组的 CT 以 Y 联结，并通入继电器的制动线圈中，将这个电流通过继电器传送至其他制动线圈，同时，将变压器的 Y 侧 CT 以△联结以提供这些制动线圈电流。

如果变压器组两侧均是以△联结，那么两侧的 CT 都可以 Y 联结到差动继电器。对于没有第三绕组的 Y0-Y0 变压器组或是第三绕组没有引出端的变压器组，两侧的 CT 必须以△联结。如果变压器组是由三个独立的两绕组变压器以 Y0-Y0 的形式连接，则可以使用 Y 联结 CT。然而，如果变压器组是三相形式（即所有的三相在一个柜体中)，则推荐 CT 采用△联结。在这些三相变压器单元中，通常由于结构引起的磁通之间的相互作用可能会产生一个虚构的第三绕组。关键往往在于如果 CT 采用 Y 联结，则外部故障时变压器组两侧的零序电流标幺值必须相等。由于可以消除继电器的零序电流，因此 CT 采用△联结方式更安全。

此时，可能会有一个问题：CT 采用△形联结的变压器差动保护对于接地故障是否会提供保护？答案是，对于接地故障，继电器依靠故障时的正、负序电流动作。区内故障，差动继电器依靠全故障分量动作。因此，对于单相接地故障，全故障电流为 I_1+I_2+I_0 且 I_1=I_2=I_0。因此，差动继电器 CT 采用△联结时，在内部故障时，将接受 I_1+I_2 或 I_2 电流。

在图 9.5 中，在 69kV 侧发生内部单相接地故障，则故障电流由 138kV 侧电源提供的正、负序电流和 69kV 侧电源提供的正、负、零序电流组成。由于 69kV 侧 CT 为△联结，将消除 69kV 侧的零序电流。但是 138kV 和 69kV 侧电源提供的正、负序电流之和将流入继电器的动作线圈。

对于 138kV 侧的内部单相接地故障，正负序电流由 69kV 侧电源提供，138kV 侧电源提供所有三序分量。在这个例子中，138kV 侧 CT 以 Y 联结，差动继电器接受总的 $I_1+I_2+I_0$ 故障电流。

9.6.2 第二步：CT 电流比和抽头选择

在正常负荷和区外故障时尽量减小流过动作线圈的不平衡电流是十分重要的。大多数变压器差动继电器具有抽头可以达到该要求。这就使得制动电流可以是 2∶1 或 3∶1。平衡系数 M 可以表达如下：

$$M=100\times\frac{(I_{\mathrm{H}}/I_{\mathrm{L}})-(T_{\mathrm{H}}/T_{\mathrm{L}})}{S} \tag{9.1}$$

式中 I_{H} 和 T_{H}——高压侧的二次电流和继电器抽头。

I_{L} 和 T_{L}——低压侧的二次电流和继电器抽头。

S——式中电流比和抽头比的较小值。

减法计算结果的符号并不重要，因此如果 $T_{\mathrm{H}}/T_{\mathrm{L}}$ 大于 $I_{\mathrm{H}}/I_{\mathrm{L}}$，其减法计算结果可以改为正值。

50MVA 的变压器的额定电流是

$$I_{\mathrm{H}}=\frac{50000}{\sqrt{3}\times138}=209.18\quad(\mathrm{A},138\mathrm{kV}\text{ 侧的一次电流值}) \tag{9.2}$$

选择一个 250∶5 的 CT 电流比，则

$$I_{\mathrm{H}}=\frac{209.18}{50}=4.18\quad(\mathrm{A},\text{图 9.5 中左侧制动绕组中的二次电流值}) \tag{9.3}$$

$$I_{\mathrm{L}}=\frac{50000}{\sqrt{3}\times69}=418.37\quad(\mathrm{A},69\mathrm{kV}\text{ 侧的一次电流值}) \tag{9.4}$$

选择一个 500∶5 的 CT 电流比，则

$$I_{\mathrm{L}}=\frac{418.37}{100}=4.18\quad(\mathrm{A},69\mathrm{kV}\text{ 侧 CT 二次侧电流值值}) \tag{9.5}$$

$$=4.18\sqrt{3}=7.24\quad(\mathrm{A},\text{ 图 9.5 中左侧制动绕组中的二次电流值}) \tag{9.6}$$

$$\frac{I_{\mathrm{H}}}{I_{\mathrm{L}}}=\frac{4.18}{7.24}=0.577$$

设该继电器的 $T_H=5$ 且 $T_L=9$，则

$$\frac{T_H}{T_L}=\frac{5}{9}=0.556 \tag{9.7}$$

在这个应用中，平衡系数是（见（式 9.1））

$$M=100\frac{0.577-0.556}{0.556}=3.78\% \tag{9.8}$$

这是一个很好的匹配。对于比率制动系数在 20%～60%变压器差动继电器，3.78%考虑了足够的 CT 和继电器差异以及性能误差引起的电流安全裕度。理论上，这种平衡系数可能非常接近给定的比率制动系数，而这会损失相应的安全裕度。

在选择 CT 时，为了得到更高的灵敏度应尽可能将变比选得足够低。但是（1）最大负荷不得超过生产厂商提供的 CT 或继电器的额定电流，且（2）区外故障时最大不对称度不应使 CT 电流比误差超过 10%。

对于（1）最大负载应该是包括短时紧急运行方式的最大电流。变压器通常有几种额定值：正常、带风扇、强迫循环等等。对于大多数变压器差动继电器，制动线圈的额定电流为 10A 或更大。

对于条件（2），CT 的特性在第 5 章中详述。通常，在外部故障情形下差动继电器的负载很低。在实践中，可为差动保护单独配置一套独立的 CT，即在此类 CT 二次回路中，不再连接或至少最大程度上减少连接其他继电器或设备。这可以最大程度减小或获得较低 CT 总负载，从而有利于提高 CT 性能。

另外，在外部故障时，流过差动继电器的电流仅仅是流过变压器组的故障电流（受变压器阻抗的限制）的一部分。相反地，对于区内故障则是全部故障电流，但此时，除单侧电源情况外，并不是所有故障电流均流过任何一侧 CT。一些情况下，CT 会在区内故障时发生某种程度的饱和。虽然饱和并不是所期望的，但是由于故障动作电流通常数倍于继电器启动电流，因而不会带来继电器动作问题，除非发生非常严重的饱和。

9.7 有载分接变压器

通常，这些分接头可在 10%的范围调节电压比，进行电压或无功控制。差动继电器可以如前所述进行动作。CT 电流比和继电器抽头的选择应在调压范围的中点，并具有较小平衡系数 M 值。M 与抽头调节范围的一半之和必须在继电器的比率制动特性内。因此，在图 9.5 所示的例子中，假设抽头调整范围为 10%，可将 69kV 侧的电压在+10%到−10%范围内调节，按 69kV 调节范围中点选择变比，M 值取 3.78%（见（式 9.8））。在该变压抽头下，在最大或最小电压抽头下达到的最大平衡系数为 13.78%。这个值仍然在所使用的继电器的比率

制动特性内。

9.8 示例：多绕组变压器组的差动接线

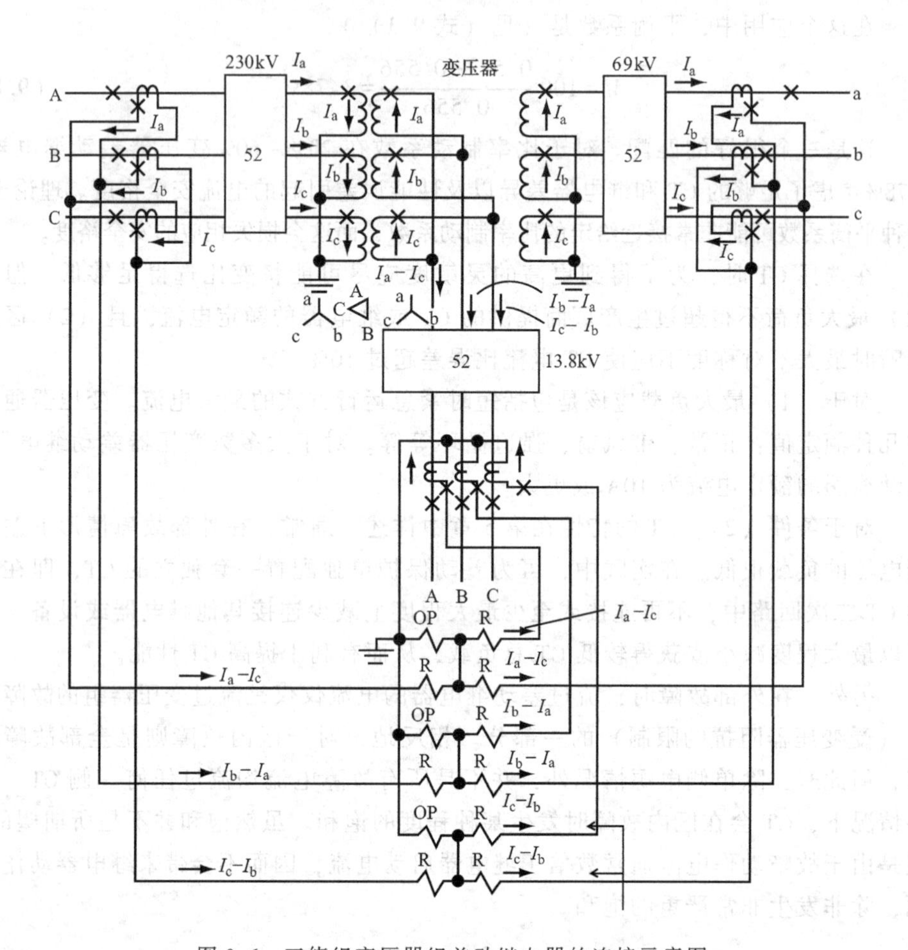

图 9.6 三绕组变压器组差动继电器的连接示意图

图 9.6 所示为一个三绕组 Y-△-Y 变压器组。这部分内容也适用于带△第三绕组的自耦变压器。三绕组均与外部电路连接，因此，需要三个变压器差动继电器。每个回路中均有一组 CT 与一个独立的制动线圈相连接。因此，保护区域是在这些 CT 之间的区域。

在下列情况下，两绕组差动继电器适用于多绕组变压器中：

1）第三绕组是△联结与外部电路没有关系。

2）第三绕组电流被考虑为保护范围的一部分。这可能是没有多余断路器或绕组给变压器辅助绕组等情况。

3）第三绕组阻抗非常高，以致于系统侧故障时，故障电流幅值不会大到使变压器差动保护动作。

在多绕组情况下，要进行两步修正：①修正相位；②CT 电流比和抽头的选择。有一点至关重要，那就是这两步修正，尤其是第二步修正要成组进行。也就是说同时连接或设置任意两个变压器绕组的 CT 以及继电器，而不去考虑其他绕组的电流或假设其他绕组中电流为零。然后，对于其他绕组对，重复以上步骤。对此将举例说明。

在图 9.6 中，有两个接地的 Y 联结绕组和一个△联结绕组。通过前述讨论，在 Y 形绕组侧的 CT 应该连接为△形以避免区外接地故障时的误动作。在△形联结绕组侧的 CT 应当以星形连接，以满足 30°的偏移角。第一步相位修正是选择一组绕组。虽然这是人为选择的，但是对于本例，这一对应当包括△绕组和一个 Y 绕组。

从左手侧的 Y 绕组开始，假设平衡的电流 I_a、I_b 和 I_c 流向右侧。它们通过 Y-△-Y 绕组以 I_a-I_c、I_b-I_a，和 I_c-I_b 流入到 ABC 系统。右侧的 Y 形绕组中的电流假设为零。ABC 系统以 Y 联结的 CT 在二次侧提供相同的电流给差动继电器的制动线圈。这些二次电流必须通过左手侧的制动线圈提供。这可以通过将 CT 连接为△来实现。

相位修正完成后，第二组可以是左手的 Y 形联结绕组和右手的 Y 形联结绕组，△回路电流为零。下一步，左手侧组制动线圈中的 I_a-I_c 必须相从右手侧的 Y 联结绕组制动线圈中流出。I_b-I_a，和 I_c-I_b 同理。I_a、I_b 和 I_c，CT 从右手侧 Y 绕组中流出到右侧后，可以按要求将 CT 连接为△形。此时，第一步完成。

多绕组变压器组通常对于不同的绕组有不同的容量，这些值可用来确定 CT 电流比。假设图 9.6 中，对于 230、69 和 13.8kV 侧的额定容量分别为 60、40 和 25MVA，那么绕组的额定电流为

$$I_H=\frac{60000}{\sqrt{3}\times230}=150.61\text{A}(239\text{V}) \tag{9.9}$$

选择 150：5 的 CT 时，二次电流为

$$I_H=\frac{150.61}{30}=5.02\text{A}\quad\text{二次制动绕组中的电流}$$

$$=5.02\times\sqrt{3}=8.70\text{A} \tag{9.10}$$

$$I_M=\frac{40000}{\sqrt{3}\times69}=334.70\text{A}(69\text{kV}) \tag{9.11}$$

选择 400：5 的 CT 时，二次电流为

$$I_M=\frac{334.70}{80}=4.18\text{A}\qquad\text{二次继电器电流}$$

$$=4.18\times\sqrt{3}=7.24 \tag{9.12}$$

$$I_{\mathrm{L}}=\frac{25000}{\sqrt{3}\times 13.8}=1045.92\mathrm{A}(13.8\mathrm{kV}) \tag{9.13}$$

选择1200∶5的CT时，二次电流为

$$I_{\mathrm{L}}=\frac{1045.92}{240}=4.36\mathrm{A}(\text{CT和继电器中}) \tag{9.14}$$

这些额定电流在选择CT电流比时是有用的，但是对于选择继电器匝数和计算平衡系数则用处不大。选择任意MVA值在选定的一对绕组间传递，并且将第三个绕组容量假设为0MVA才是关键的。只有这样做差动继电器才能在正常负荷和故障情况下的任意电流分配组合都正确地保持平衡，包括一个绕组退出运行的情况下。定值的选择在这部分不是很重要，因此，假设40MVA先从230kV流向69kV系统，而在13.8kV系统是零。式（9.12）给出了在左侧制动线圈中的电流。在230kV的右侧制动绕组中，平衡电流是：

$$I_{230}=\frac{40000}{\sqrt{3}\times 230(30)}\sqrt{3}=5.80\mathrm{A}(\text{二次侧}) \tag{9.15}$$

假设继电器是有抽头的，包括抽头5和6。则平衡系数为

$$M=\frac{(5.8/7.25)-(5/6)}{0.8}\times 100=\frac{0.80-0.833}{0.80}\times 100=4.17\% \tag{9.16}$$

这正好在变压器差动继电器特性内。抽头5对应230kV制动绕组，抽头6对应69kV制动绕组。将相同的MVA传给另一组，从230kV到13.8kV系统人为选择25MVA，这就使13.8kV系统制动电流为4.36A（见式（9.14））。相应地，230kV的制动电流为

$$I_{230}=\frac{25000}{\sqrt{3}\times 230(30)}\sqrt{3}=3.62\mathrm{A}\quad \text{二次侧} \tag{9.17}$$

对13.8kV侧制动电流，选择抽头6，则由式9.1得到的平衡系数为

$$M=\frac{(3.62/4.36)-(5/6)}{0.83}\times 100=\frac{0.83-0.83}{0.83}\times 100=0\% \tag{9.18}$$

通过上式计算，CT就达到了平衡。对于变压器差动保护抽头的选择必须经过校验，即最大负荷电流（见式（9.10）、式（9.12）、式（9.14））不能超过制造商提供的连续额定电流值。

此时，第二步结束。如上所述进行定值组的选择时，将保证在几个绕组间的任意负载或故障电流组合时正确运行（不跳闸）。最后一步是保证CT在区内外故障下的性能，如9.6.2节所述。

9.9 应用辅助绕组实现电流平衡

有时，无法利用现有 CT 或差动继电器的抽头得到一个可用的平衡系数值。这种情况下可以使用辅助 CT 或电流平衡变压器。如果可能，最好使用这些措施来减小流入继电器的电流。减小流入继电器的二次电流相当于减小了变比二次方倍数的继电器负载。当流入继电器的电流增加时，继电器的负载也以电流变比的二次方倍数增加。这不包括辅助绕组的负载，它必须加入 CT 的总二次负载。

9.10 差动回路中的并联 CT

在 9.5 节中，推荐为每个源使用一个制动绕组以避免将一个电源与馈线并联连接。有时，并联连接用在多绕组变压器组或两个变压器组在同一保护区的情况下。可能遇到的困难如图 9.7 所示。在变压器的三个绕组均在运行状态时两组 CT 并联是没有问题的。然而，可能出现某些紧急运行状态，如左手侧的断路器是断开的，失去了制动，差动继电器本质上是作为一个灵敏的过电流单元动作。如图 9.7a 中，从右侧的流向馈线的电流应为零。对于不同的 CT 和电压等级来说这是困难的。即使是有一个完美的匹配，如第 6 章所解释的 CT 励磁电流的差将流入差动继电器。换句话说，对于这种情况没有有效的制动作用。这种连接对于正常负荷电流可能是刚刚达到安全，但是对于区外馈线故障时将会发生误动作。

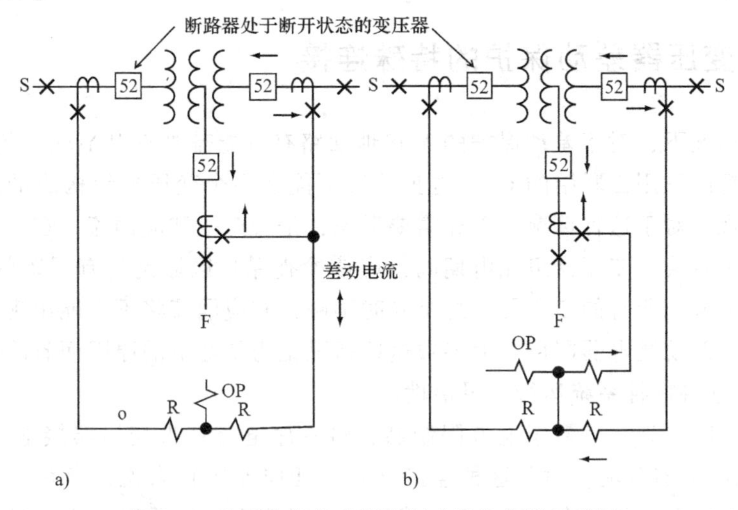

图 9.7 并联电流差动保护制动损失情况示意图

a）无制动 b）全制动（S：故障电源；F 馈线—无明显故障源）

如果变压器永远不会在左侧断路器开断情况下运行的话，并联CT连接方式也是允许的。但仍然不推荐使用这种方式，因为在特殊紧急情况下，操作员是有可能开断左侧断路器的。相反地，建议对于每个回路采用如图9.7b所示的制动方式。

只要流过馈线回路的故障电流小到足以忽略，则在差动方案中可以并联馈线回路CT。值得注意的是，考虑到一条馈线上的区外故障，用来平衡差流的部分二次电流被抽走，以便为没有提供一次电流的馈线CT提供励磁电流。这将在第5章讨论。

图9.8给出了典型的多回路变压器的例子。图中采用推荐方式接线，遵守前述步骤，每个差动继电器的回路连接到独立的制动绕组。避免回路和CT的并联连接，但是当必要时，需要认真考虑这个问题并由操作员记录成文。

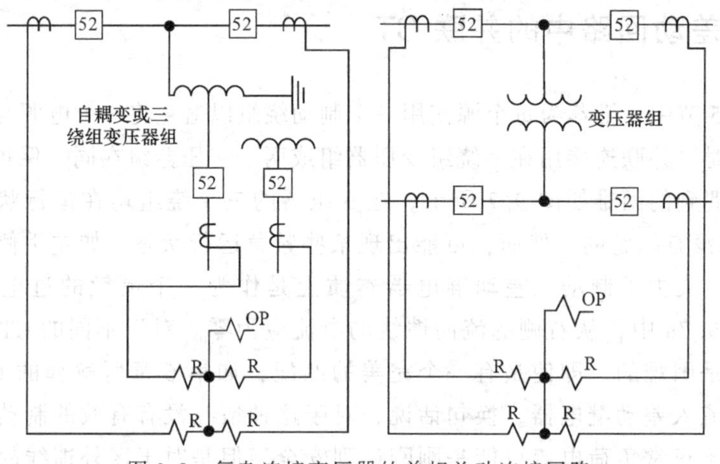

图9.8 复杂连接变压器的单相差动连接回路

9.11 变压器差动保护的特殊连接

某些情况下，对于差动保护的Y接地回路有可能需要使用Y联结的CT而不是更为理想的采用△联结的CT。这种情况可能在多个变压器组构成的差动保护方案中出现。对于这种情况，首先需要考虑，是否产生和应涌流。在一个变压器组励磁紧跟着第二变压器组充电期间，应该检查保护区域是否有误动的可能性。如果保护区域内所有的变压器组总是同时励磁，和应涌流将不可能出现，所以用一个单一的差动继电器即可。大多数这些情况是为了经济的原因而省略断路器的相关CT，这将牺牲系统运行的灵活性。

图9.9所示为一个零序电流限制器，将零序电流从带变压器接地侧Y联结CT的差动继电器分流。对于这种连接（对于任何连接）来说，存在一个零序电流通路让零序电流可以在CT二次回路中流入或流出变压器组。这可以由如图所示的分流阀实现。如果没有在CT二次侧提供一个合适的通路，将会产生等效二

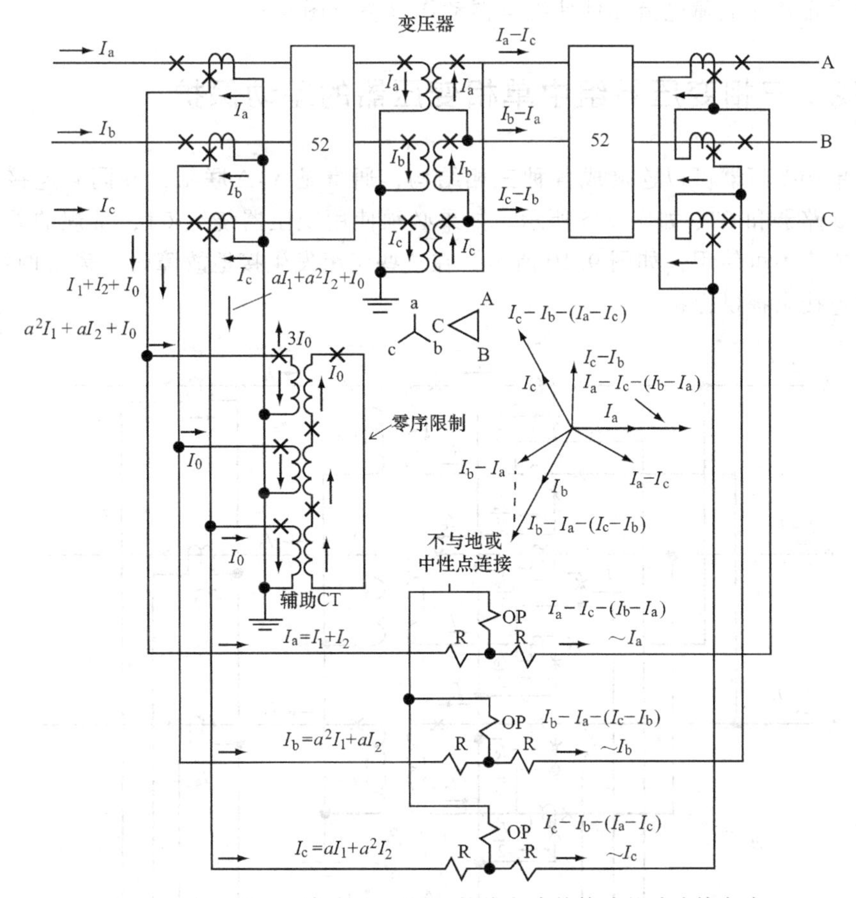

图 9.9　变压器 YN 端采用星形 CT 接线方式的特殊差动连接方式

次回路断线，导致 CT 饱和及过电压。这对于正、负、零序同样如此。当其他平衡系统发生接地故障时，零序通路的缺失会变得明显。

零序电流限制器由三个辅助 CT 构成。只要三个 CT 相同，其电流比并不重要。需注意的是，动作绕组的中性点并不与 CT 的中性点连接或接地。零序电流流动不必具备正确的继电器动作。将这个动作线圈中性点连接至 CT 的中性点将使得制动线圈和动作线圈与分流阀的一次绕组并联。这将导致在区外接地故障时产生大量的分流电流，进而造成继电器误动作。

左手侧 CT 以 Y 联结时（见图 9.9），需要将右手侧 CT 连接为△，以便通过差动继电器为区外主电流提供同相电流。这个相位修正应按前述说明完成，从流入（或流出）Y 联结变压器绕组的平衡后的 I_a、I_b和 I_c电流开始。通过相位修正后，在相量图上（I_a-I_c)-(I_b-I_a）和 I_a同相位，其他相位类似。标幺值增大三倍，但是可以通过 CT 和继电器的抽头进行调整。在这个差动保护区内的接地故障将由正负序故障电流元件使继电器动作（参见图 9.9）。

9.12 三相变压器组中单相变压器的差动保护

单相变压器可以连接成各种三相结构，通常是 Y-△联结，并同时连接有相应的断路器和 CT，如图 9.5 所示。如果必须使用变压器绕组 CT，常规的差动连接方式将不可使用，如图 9.10 所示。在这些绕组发生接地故障时，需要两组 CT 并联连接来提供保护。

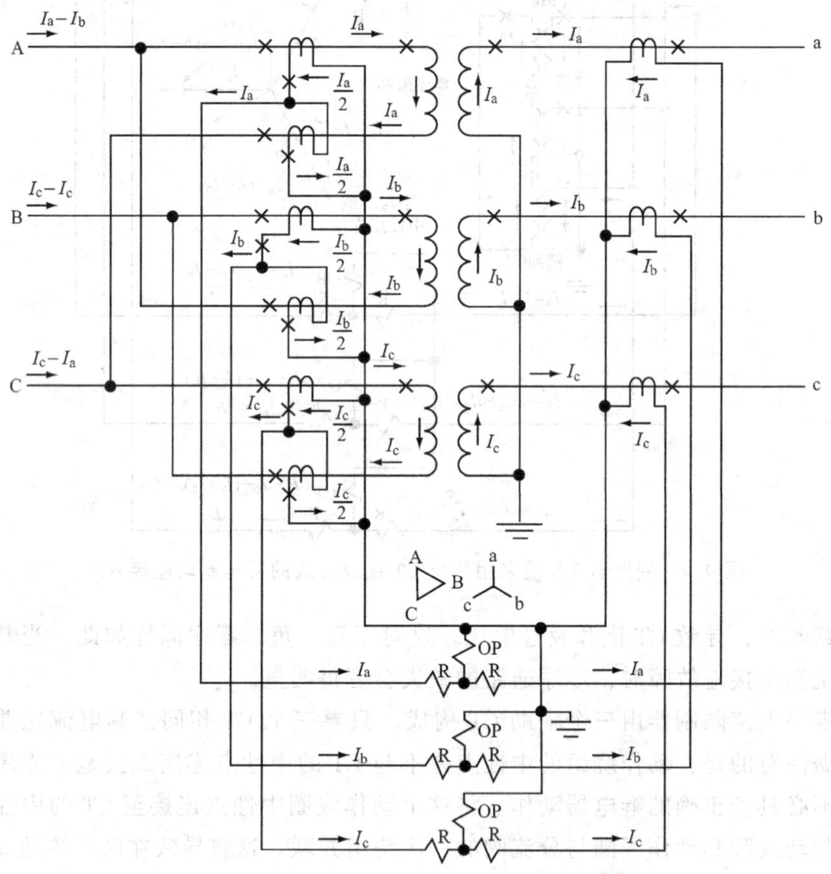

图 9.10 △-Y 联结且使用 CT 为套管 CT 的单相变压器的差动保护联结示意图

星形连接方式适用于两侧 CT。图 9.10 中的相电流体现了流过变压器组的对称电流。两侧 CT 电流比的比值为 2∶1（标幺值）。这可以通过 CT 和继电器的抽头来分别或一起调节。由于每个变压器是一个独立的单元，因此不可能对差动动作造成随动三级效应。

对于三相变压器组，三个绕组在同一个壳体内互相连接，对于图中的 CT 布置可以使用图 9.5、图 9.6、图 9.8 和图 9.9 中所示典型的差动连接方式或是使用三相变压器两侧的套管 CT。

9.13 变压器接地（零序）差动保护

接地差动方案为△-Yn 联结的变压器组提供了一个折中的方案。这种方案对于在△侧没有合适的 CT 时是非常有用的。对于配电网和工业连接点，高压侧采用△联结，同时可能的话，以熔断器实现保护是很普遍的作法。

该方案仅保护 Yn 侧绕组及相关回路，并且仅对接地故障这种最普遍和常见的故障形式有效。图 9.11 展示了传统差动保护的典型应用。差动范围包括两组 CT 之间的电路。△联结使得在本侧故障时保护不会动作。对于相位和变比校正方法如前所述，只是在这里仅使用流向外部故障点的零序电流。区外故障零序电流如图 9.11 所示。建议所有接地变压器配置图中所示连接于一个独立的 CT 的过电流继电器 51N。这是接地保护的最后一段，必须与它所覆盖范围内的差动继电器配合。这一点在后续内容中将详细讨论。它可以接连于差动回路中，但是这将增加差动回路的负载并可能影响其动作。

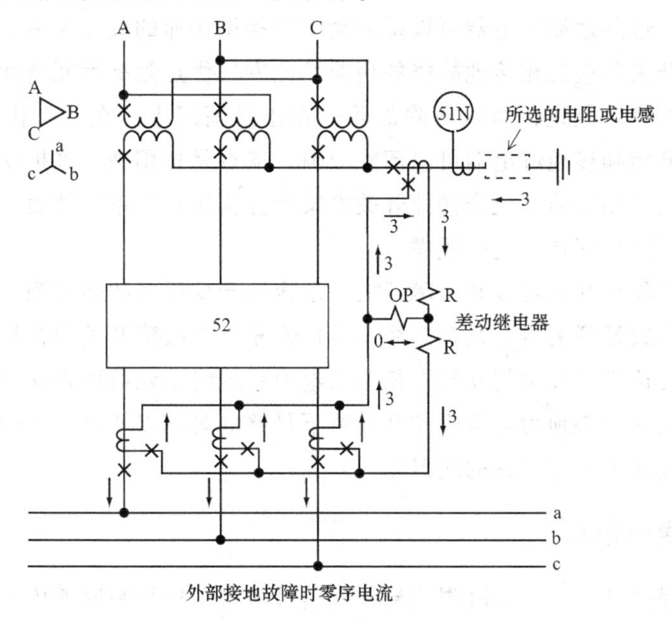

图 9.11　利用常规差动继电器实现△-Yn 联结变压器组的接地（零序）差动保护

如果△侧是由熔断器保护，差动动作区内发生接地故障时，△侧电源将无法提供足够的故障电流。如前所述，Y侧发生一个故障电流为1标幺的单相接地故障，将在△侧反映为一个0.577标幺故障电流的相间故障（见图9.20）。由于中性点阻抗或故障电阻的影响将进一步减小故障电流的幅值，这给故障检测增加了难度。因此，由高压侧的熔断器来切除接地故障常常是不可能的。因此，接地差动继电器对于这个区域内的接地故障是有用的。问题是无本地开关，或最近的开关是在远端变电站内时，如何从△侧电源切除故障。

9.14 远方跳闸系统的设备

如果在变压器一次侧没有故障隔离设备，有几种措施可以跳开远端断路器来切除故障。所有这些措施均具备实用性。

9.14.1 故障开关

弹簧支撑型故障开关连接在变压器的△电源侧。变压器保护的继电器动作后释放开关，从而使电源系统发生故障。在远端断路器上的保护继电器感应到该故障并动作将其清除，因此移除电源。

大多数情况下，通过一个能够制造单相接地故障的单相开关启动远端接地继电器。通常，这些远端继电器可以瞬时动作以提供快速的故障隔离。也有少数安装三相接地开关制造三相接地故障的情况。此方法优点是高度冗余性；一个或两个开关可能失灵，但是仍可以清除故障。在正常情况下，在一个接地开关失灵时，远端的分相和接地继电器可以清除故障。缺点是费用高、维护要求高、对系统产生高电流三相故障。这个接地开关方案十分实用且简单。然而，给系统人为制造短路故障还是存在一定的顾虑。

马达驱动隔离开关可以和故障开关一起应用于变压器的高压侧。这样的应用可以实现将由故障开关启动跳开的线路迅速恢复。在故障开关闭合且相关变压器失电时启动马达驱动开关的断开。相关的电力系统线路就可以自动或手动恢复送电。在线路恢复前必须为马达驱动开关留下足够的时间以便其完全断开。马达驱动开关必须安装于故障开关的线路侧。

9.14.2 通信通道

变压器保护继电器启动跳闸信号，此信号通过远传跳闸通道传输，操作远端断路器。这个通道可以是电力系统载波（电力线上的射频）、电话回路音频或微波通道或是直连光纤纵联通道对。为避免由于通道外来信号导致的误跳闸，通道的安全性能至关重要。这一点及高额的费用是其主要缺点。仔细和彻底的工程实施对于这些远跳系统十分重要。在断路器跳闸端使用故障检测器来增强其安全性也几乎是不可能的，因为低压侧的故障短路电流水平通常很低。正如故障开关一样，远跳方案动作后，可通过马达驱动隔离开关将变压器从系统隔离。远跳通信通道可以用于监测线路是否恢复带电，保证马达驱动隔离开关在线路重新带电前完全断开。

9.14.3　有限故障隔离装置

在变压器的△侧可以安装具备有限故障隔离能力的刀闸或断路器。变压器保护继电器直接或延时触动该装置跳闸。这个方案基于远方继电器可以快速地在刀闸或断路器断开前动作并清除任何大电流故障的假设。如果远端继电器没有感受到故障或动作慢，那么故障电流是在本地装置的阻断能力之内。也可以使用故障检测器来闭锁有限故障隔离装置的动作。故障检测器的定值应该与装置的中断能力配合。

9.15　变压器非电量保护

变压器壳体内部的气体累积和压力变化都是反映变压器内部故障及缺陷的良好指标。只要可行，宜采用这些装置作为优异的补充保护。由于这些装置通常更加灵敏，因此将会在差动或其他继电器未能探测到的轻微内部故障情况下动作。然而它们的动作也仅限制在变压器壳体内部故障，认识到这一点非常重要。在变压器衬套或与外部 CT 的连接处发生故障，其不会动作。因此，与差动保护范围不同，它们的保护范围仅限壳体内部，如图 9.5 所示。

9.15.1　气体检测

气体检测装置仅适用于储油罐型的变压器。这种变压器在欧洲非常普遍，但是在美国应用并不广泛。对于这种变压器壳体内部设有气体空间的单元，通常称为气体继电器的气体累积装置，它安装于主体与储油仓之间。它可以收集变压器冷却油内的任何气体。继电器的一部分在一定的时间段内收集气体，并能灵敏地指示低能电弧。如果气体是由可接受的运行状态所产生的，通常给出报警信号。另一部分，反应严重故障，强制使继电器迅速断开。这同时与其他变压器保护并行跳闸。

9.15.2　压力突变

压力突变装置适用油浸式变压器。一种在油面以上气体发生压力突变时动作，另一种在油本身发生压力突变时动作。两种类型对于由于负荷和温度发生改变而导致的压力微小的变化采取相同的措施。其对于变压器内部的低能和高能电弧均敏感，具有反时限特性：对严重故障快速动作，对于轻微故障慢速动作。通常，它们的用来跳闸的接点与差动保护及其他保护跳闸接点并联。但是如果需要也可以用来启动信号。有变压器外部故障时压力突变继电器误动作的先例。这也是一些用户不愿意将压力突变继电器连接到跳闸出口的主要原因。误跳闸的原因通常是由于有大电流流过变压器。这种故障可以导致变压器内部物质的移动，从而引起压力突变继电器的动作。这在老旧变压器上更容易发生，这与其内部支撑结构的完整性随时间推移逐步弱化有关。对于这个问题的解决方案是用一个故障检测继电器监测由压力突变继电器动作产生的跳闸。故障检测继电器闭锁严重故障产生压力突变导致的误动作跳闸。此类装置在故障前检测和隔离低水平电弧故障的能力可以避免严重的内部损坏，这是应用压力突变继电器的主要好处。

9.16 接地变压器保护

为了在系统变压器组△侧提供系统接地，可使用一个并联接地的 Y-△或 Z 形接地变压器组。对于 Y-△单元，△作为一个不带负载的第三绕组为零序电流提供回路。如果第三绕组提供角内 CT，可以连接定时限过电流继电器 51N。这个继电器接受系统外故障的零序电流 I_0，因此，它必须与其他接地继电器协调配合。

接地差动保护（见图 9.11）适用于接地 Y-△单元以及图 9.12 所示的 Z 形接

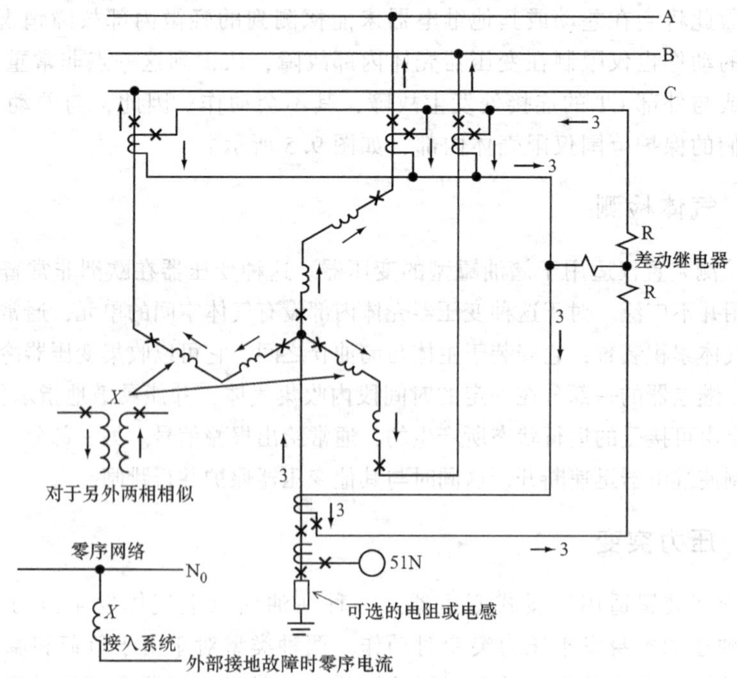

图 9.12 使用常规差动继电器的接地变压器组接地（零序）差动保护

地变压器。一种替代方案是使用三相定时限过电流继电器（51），每相连接一个线路侧 CT。因为负荷不流过这些单元，CT 电流比和继电器抽头可以基于接地电流进行选择。

Z 形变压器组实际上包括三个互相连接的变比为 1∶1 的变压器（见图 9.12）。零序电流如图所示。由于每相相位差 120°，因此正、负序电流不能流通。

在有条件的情况下，强烈建议采用液压继电器或气体继电器对内部故障提供保护。匝间短路故障通常很难被检测到。在 Z 型变压器中，内部故障和匝间故障电流将被非故障相的励磁阻抗所限制。

接地变压器常直接与母线或电力系统变压器相连接，而不配置故障阻断装置。如图 9.9 就是一个典型的例子，图中接地变压器连接于电力变压器的△侧和右边的断路器之间。由于在 Y/△的两侧均存在相差 30°的零序电源，因此在这种应用中需要如图中所示使用一个零序阻波器。

对于在变压器差动保护区内连接有接地变压器组的情况，图 9.9 接线可替代为将在右边的 CT 连接为 Y 形接线且与零序阻波器连接，左边 CT 连接为△形接线。

可以用一组 CT 代替零序阻波器以对零序提供必要的隔离及 30°的转角。由于阻波器仅仅是在接地故障期间接入，因此，接阻波器的方案更好。由于存在多种解决方案。为了确保正常工作，不应该将主要 CT 连接为 Y 形接线，将辅助 CT 连接为△形接线，因为那样将无法为一次故障电流提供零序回路。

9.17　带方向继电器的变压器接地差动保护

如果 CT 电流比或 CT 特性不适合，无法配置常规差动继电器时，可以使用以差动方式接线的方向过电流继电器代替。这在以下两种情况下尤为适用，第一种情况是由于中性点阻抗的接入使接地故障电流减小。第二种情况是在为保证配电线路远端故障灵敏度而使用了低压中性点 CT。

这两种应用如下图所示。图 9.13 和图 9.14 使用了辅助电流平衡自耦变压器。图 9.15 和图 9.16 应用了一个变比为 1∶N 的辅助变换器。每组图中有一个表示区外故障的动作情况，另一个是区内故障的动作情况。其中，$(1/n)/n=N$。

每个方案中可以用两种继电器，一种是固态或机电型，一种是方向过电流单元。机电型乘积继电器是一个感应磁盘单元，它包括一个由力矩控制或滞后电路构成的回路，一个由主线圈构成的回路。这种继电器有两个输入，在图中以两个标了（+）极性的线圈表示。动作量是两个回路中电流的乘积与它们之间夹角余弦值的积。当同相位的两个电流流入极性标注端时（$\cos 0°=1$），继电器将产生最大动作力矩来闭合触头。如果一个线圈中的电流是正极性，而另一个线圈中是反极性（$\cos 180°=-1$），继电器将产生最大的制动力矩。当两个电流相差±90°

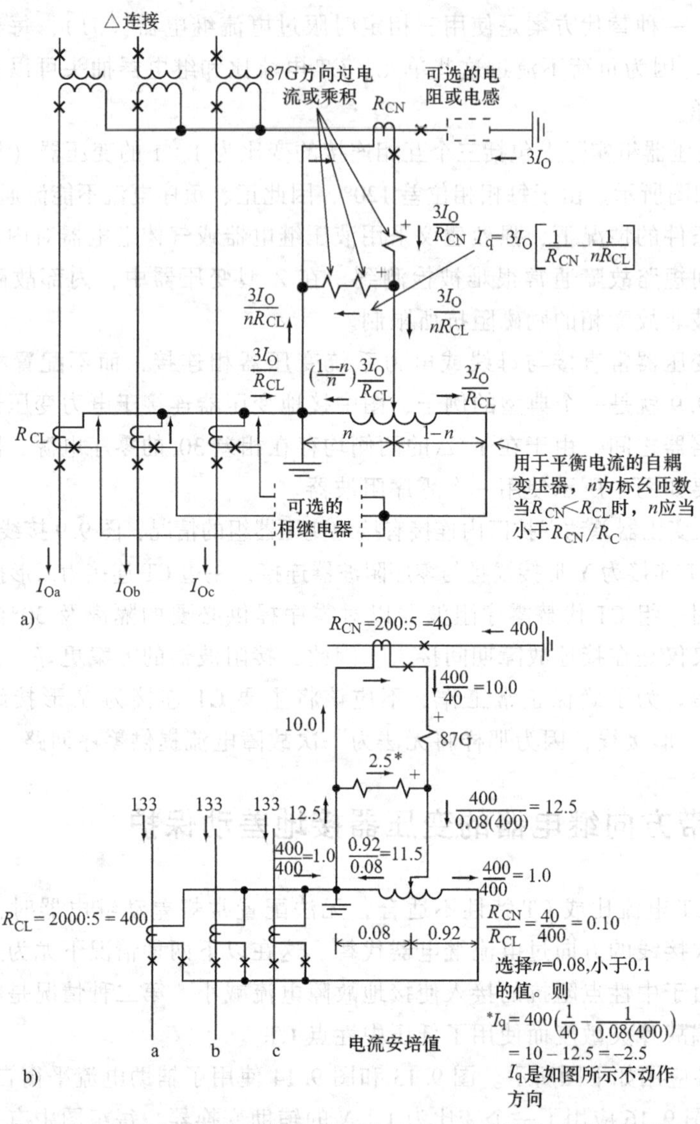

图 9.13 利用方向过电流继电器，为△-Yn变压器组提供保护接地（零序）差动保护图中所示为区外故障时的电流

a）区外接地故障的零序电流 b）区外接地故障时零序电流示例（方向继电器不动作）

时，力矩为零。只要两个电流的乘积大于最小起动电流，并且相角差在±90°范围内，继电器可以在两个电流幅值相差很大的情况下动作。它具有反时限特性，即对于内部故障时的大电流动作非常快。

方向过电流继电器有一个独立的方向元件作为乘积单元。继电器的过电流单元是无方向的，其动作与否取决于主线圈中电流的幅值。图中的线圈没有极性，

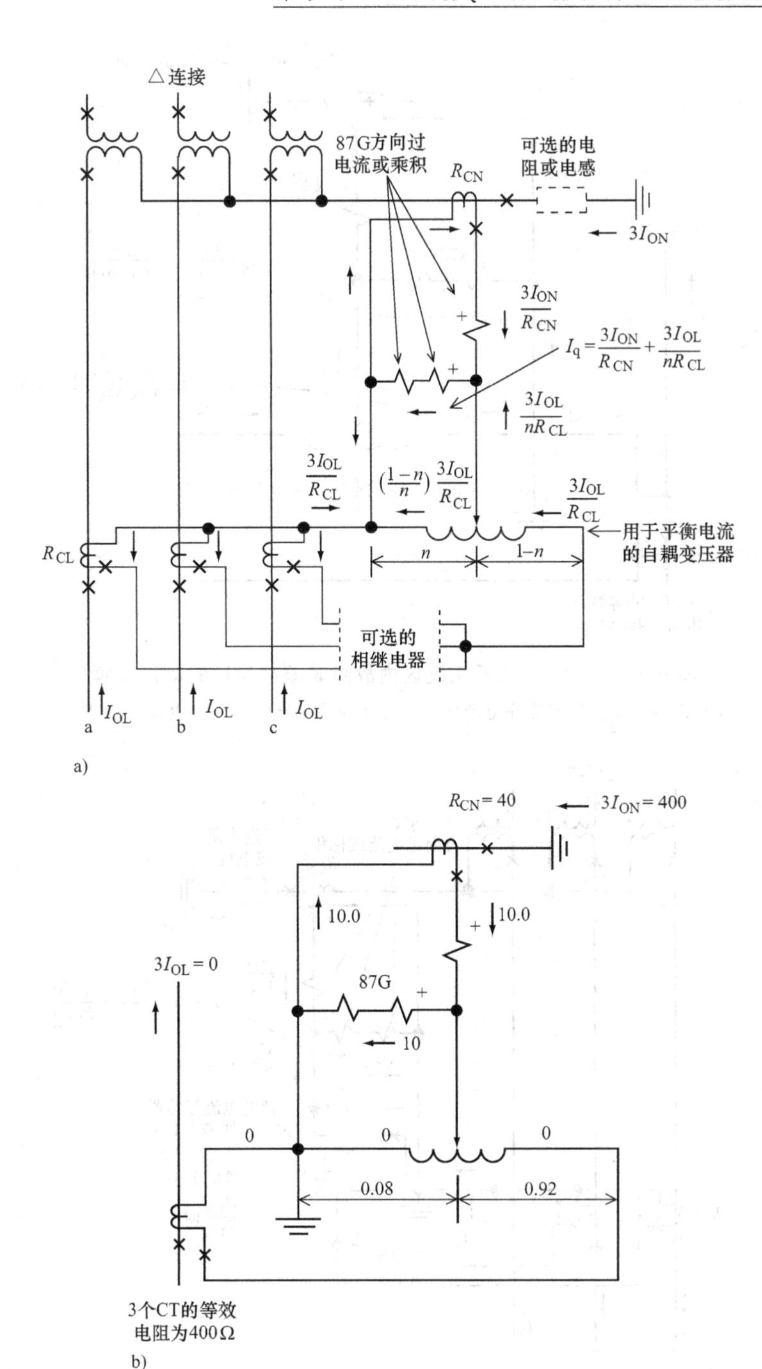

图 9.14　图 9.13 所示系统区内故障时差动保护的动作

a）区内接地故障时零序电流　b）区内接地故障时零序电流示例，没有从线路流出的电流（电流单位是 A）

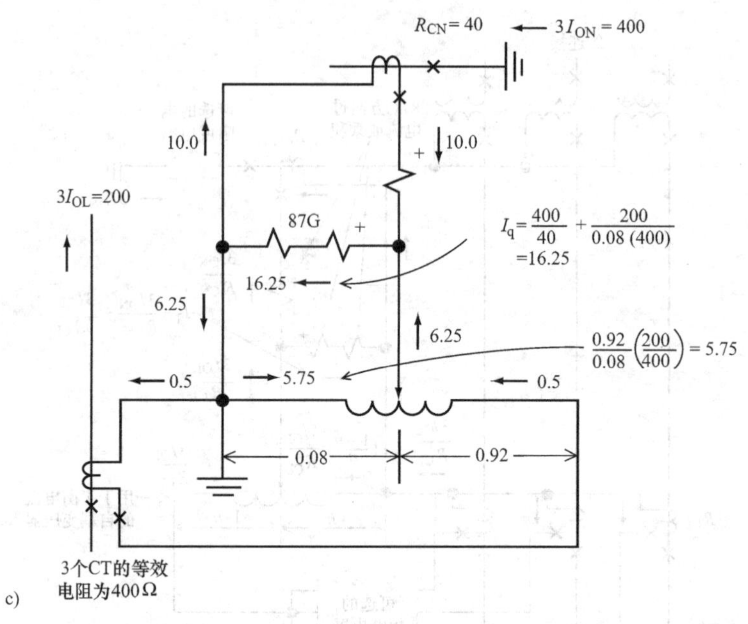

图 9.14　图 9.13 所示系统区内故障时差动保护的动作（续）

c）区内接地故障时零序电流例子，有从线路流出的电流（电流单位是 A）

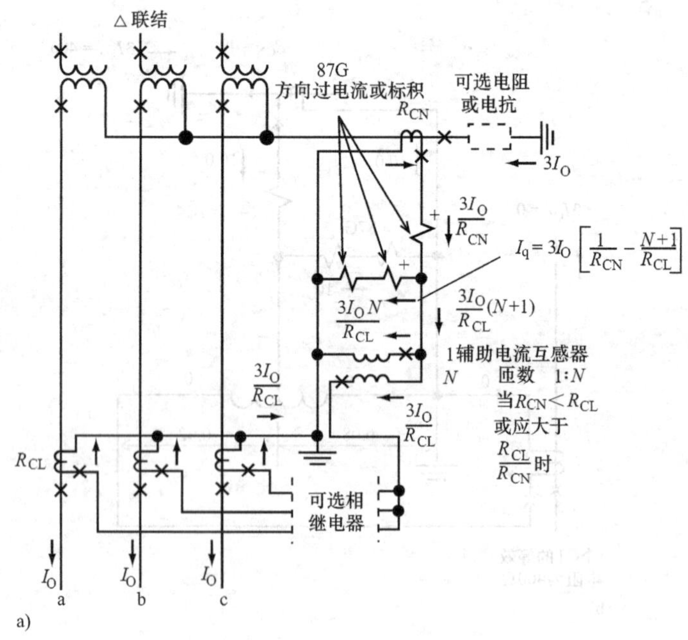

图 9.15　△/Y0 变压器组接地（零序）差动保护的方向过电流继电器带辅助 CT（图示为外部故障时电流）

a）外部接地故障时零序电流

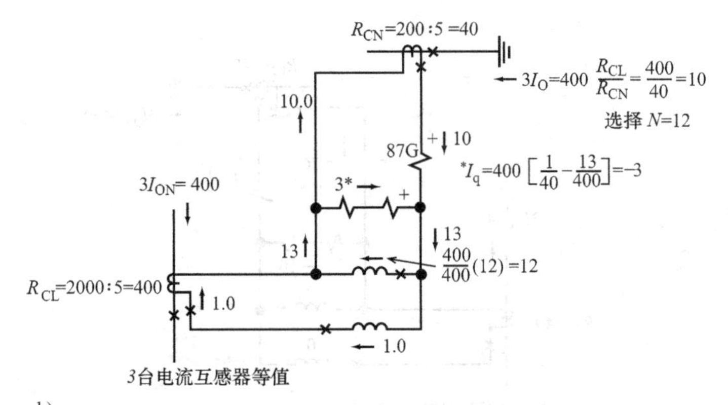

图 9.15　△/Y0 变压器组接地（零序）差动保护的方向过电流继电器带辅助 CT（图示为外部故障时电流）（续）

b）外部故障时零序电流分析算例

并且与 CT 交叉连接。此外，它具有反时限特性，大电流下动作速度快，但前提是方向元件动作。它是力矩控制型继电器。

需要辅助变压器才可提供正确的差动动作：对于差动动作区外的外部故障不动作，但对于差动区内部的接地故障动作。当系统没有向内部故障点提供接地电流时，该方案动作。这对许多配电和工业用户较为普遍。如图 9.14b 和图 9.16b 所示

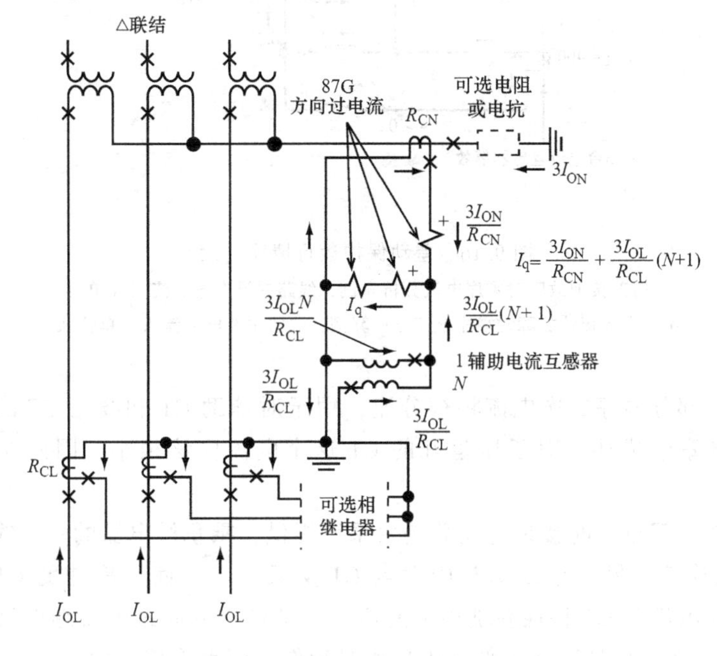

图 9.16　差动保护运行情况

a）内部接地故障时零序电流流向

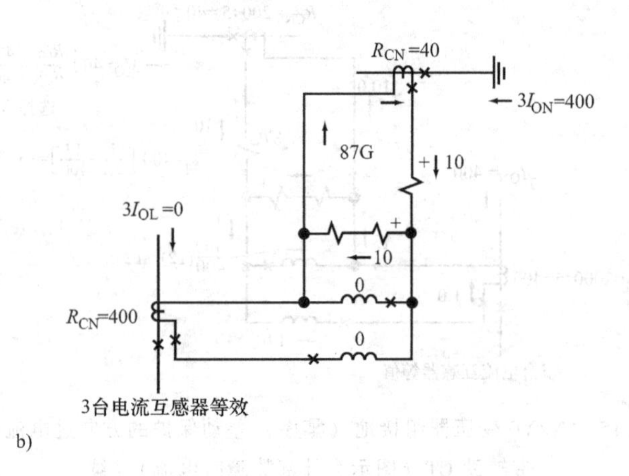

图 9.16 差动保护运行情况（续）

b）内部接地故障时零序电流分析算例，线路中没有电流流入（单位 A）

c）内部接地故障时零序电流分析算例，线路中有电流流入（单位 A）

没有电流，部分零序二次电流将被分流，用于对辅助 CT 和线路 CT 的励磁。这一点在第 5 章中描述。对于质量好的 CT 这个电流应该很小，因此在图中忽略不计。

如果在内部故障时接地电流总是由系统提供，乘积继电器的一个线圈可与线路 CT 交叉连接，另一个线圈与中性点 CT 交叉连接，而无需辅助 CT。如图所示，其可在电流及 CT 特性差别很大的情况下动作。方向过电流继电器只能连接于线路 CT，在变压器壳体内部发生故障时动作，而无需接入中性点 CT。因为远端接地电源通常较弱，所以第二种接线方式通常不够灵敏。

9.18 调压变压器保护

调压变压器是为解决两个系统间交换功率的特殊问题而设计的，两个系统同相时进行无功控制，有角度差时进行有功控制。有时既包含同相控制也包含相角差控制。它们的设计复杂，同时对特殊应用具有针对性。这种变压器通常有串联、并联和励磁绕组。

瞬时和故障压力继电器作为主保护。差动保护实现困难且灵敏度不足，特别是励磁绕组故障时，而且还需要内部 CT。通常以过电流保护作为后备保护。因此，保护应当由生产商进行设计和提供。

9.19 变压器过电流保护

相过电流或接地过电流保护对于变压器来说是最普遍的配置。它被用作为小型变压器和无差动保护变压器的主保护，或者作为有差动保护的大型变压器的后备保护，如图 9.15 和图 9.16 所示。对于 10MVA 及以下的变压器，可使用一次熔断器。否则，反时限过电流继电器和距离继电器（高电压）为变压器和相关断路器提供保护。因为这些设备在变压器保护区外可以动作正确，它们的应用和定值与变压器及相关系统保护有关。这里的研究重点是变压器保护。后续也会与其他设备的保护相关，如馈线保护和线路保护。

在理想情况下，保护设备的设置越灵敏越好，但是，熔断器和相过电流继电器在可承受条件下不得动作，例如：励磁涌流、短时过载、在系统停电后重新带电过程（冷负荷启动）、或任何紧急操作状态等。接地继电器必须整定为大于单相负荷引起的最大零序不平衡电流。

对于严重的变压器一次故障，瞬时过电流继电器必须作为差动和过电流保护的补充保护。它们的整定必须满足以下条件：在励磁涌流下不能动作（除非有二次谐波制动投入），在最大短时负载（冷负载）或最大二次三相故障情况下不能动作。典型定值为这些电流的 150%~200%。这一点将限制它们在一次故障下的动作。

另一方面，继电器或熔断器应当保护变压器使其在区外故障时不受损坏。流过变压器的大故障电流将导致其热损坏和机械损坏。高温会加剧绝缘恶化。大电流产生的机械冲击力将导致绝缘压缩、绝缘疲惫和绕组错位。ANSI/IEEE 定义了对这些故障的限制。

9.20 变压器过载-穿越故障耐受标准

ANSI/IEEE 标准中有关配电和电力变压器故障过载能力的部分在 1977 年进

行了修订（在参考书目中IEEE C57.12［2000］和由格瑞芬撰写的论文），表9.1中给出修订前后的比较。额定电流的倍数是最大可能倍数，并且是在无穷大电源（零阻抗）假设条件下推导得到。因此，流过4%阻抗变压器组的最大对称电流为1/0.04 = 25标幺或25倍额定电流。

电源阻抗不可能为零，但是相对于变压器组的阻抗可能非常小，特别是对于工厂和与大电力系统相连接的小型的配电变电站而言。因此，这个倍数为最大极限。

在修订为2s极限后不久，保护工程师发现他们对过电流变压器保护使用了热过载曲线（见图9.17a），此曲线出版在ANSI标准C37.91（1985）《电力变压器保护应用指南》中，且新的2s标准将严重限制穿越性故障下电力变压器保护的性能。这就导致1982年的进一步修订，总结见表9.2和图9.17。该修订被多个应用标准引用。冲突的原因是由于C37.91是一个温度损坏曲线，而C57.12.00与穿越性故障导致的机械损坏相关。最近的修订（见图9.17）覆盖了温度和机械极限。

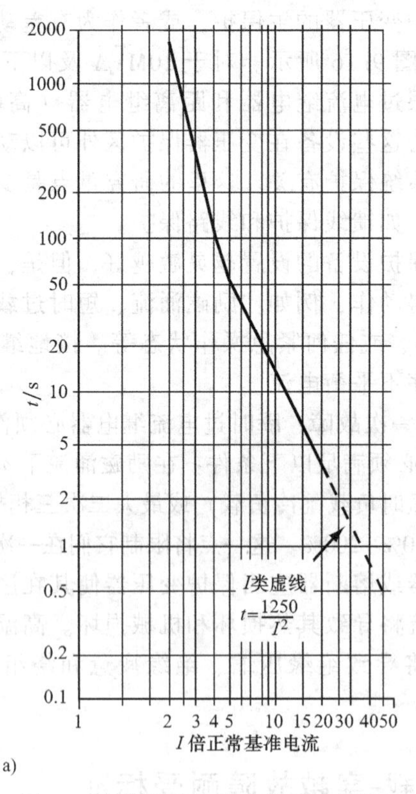

图9.17 变压器故障穿越保护曲线

a）Ⅰ类变压器频发或不频发故障，Ⅱ、Ⅲ类变压器不频发的故障

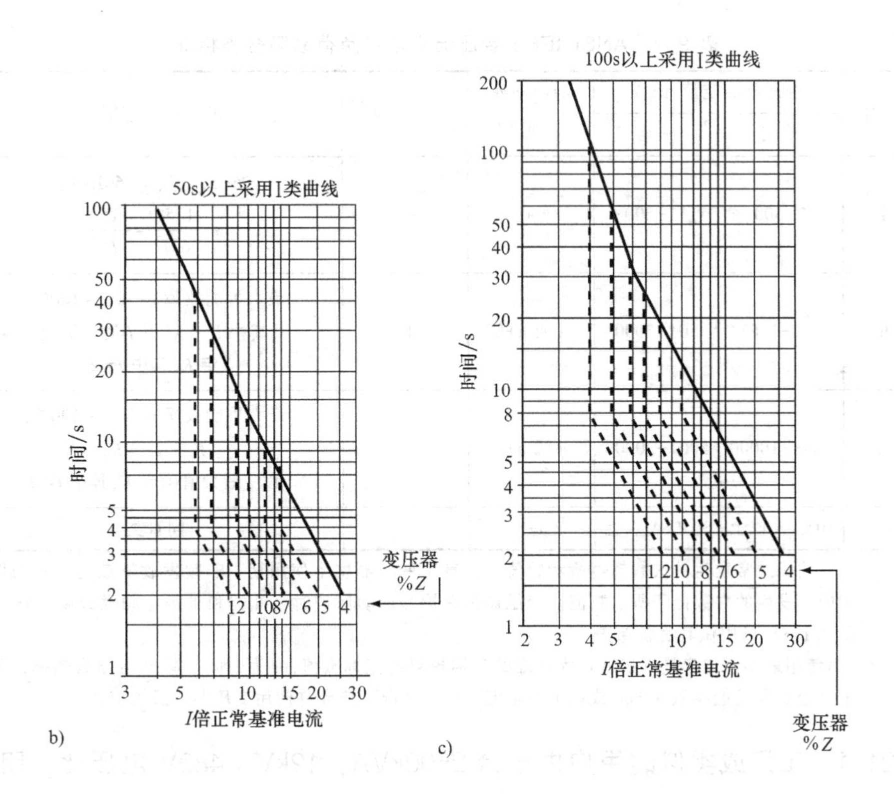

图 9.17　变压器故障穿越保护曲线（续）

b）Ⅱ类变压器的频发故障　c）Ⅲ类变压器的频发故障或Ⅳ类变压器的不频发故障

新的标准有 6 条曲线，Ⅰ类和Ⅳ类各一条，Ⅱ类和Ⅲ类各两条。图 9.17 中实线所绘是基本曲线，适用于所有 4%阻抗变压器。

表 9.1　1982 年修改前的 ANSI/IEEE 变压器过电流耐受能力表

以额定电流倍数表示的最大电流	变压器阻抗（%额定 kVA）	最大电流耐受能力/s	
		1977(1980)	(1973)
25	4	2	2
20	5	2	3
16	6	2	4
14 及以下	8 及以上	2	5

注：ANSI/IEEE C57.12.00. 旧标准标注年份为 1973，批准年份为 1977，直到 1980 年才颁布。

9.21　示例：变压器过电流保护

下面的例子来自于 IEEE C37.91（1985）《电力变压器继电保护应用指南》。这些示例均为典型应用示例。

表 9.2 ANSI/IEEE 变压器穿越过负荷故障分类标准

类别	变压器额定值/kVA		使用曲线（图 9.17）	常见故障①	虚线适用范围②
	单相	三相			
Ⅰ	5-500	15-500	a	—	25-501，其中，60Hz 时 $t=\frac{1250f}{60I^2}=\frac{1250}{I^2}$
Ⅱ	501-1667	501-5000	a 或 a+b	10	最大可能故障的 70%～100%，其中 $I^2t=K$，以 I 最大值确定 K，其中 $t=2$
Ⅲ	1668-10000	5001-30000	a 或 a+c	5	最大可能故障的 50%～100%，其中 $I^2t=K$，以 I 最大值确定 K，其中 $t=2$
Ⅳ	10MVA 以上	30MVA 以上	a+c	—	同Ⅲ类

① 频发故障通常发生的次数超过所示数值，且贯穿变压器整个使用期。非频发故障在变压器的使用期内，发生的次数低于所示数值。变压器主保护为速动保护时，Ⅱ类和Ⅲ类非频发故障曲线（见图 9.17a）可用做其后备保护。

② I 为使用最小额定容量（kVA）为基准的对称短路电流标幺值；t 为时间，单位 s；f 为频率，单位 Hz。超负荷可能导致 3.5pu 或以下的电流，这种情况下应允许使用变压器负载指南。

9.21.1 工厂或类似的用户由一台 2500kVA，12kV：480V 电压比，阻抗为 5.75%的变压器供电

保护包括一次侧和低电压侧直接动作于断路器的电力熔断器以及二次侧和相关的馈线上的串联过电流跳闸单元。从表 9.2 可见，这种变压器是Ⅱ类变压器，并且具有铠装或金属封闭二次开关设备。故障频率可视为不频发。因此，图 9.17a 适用。

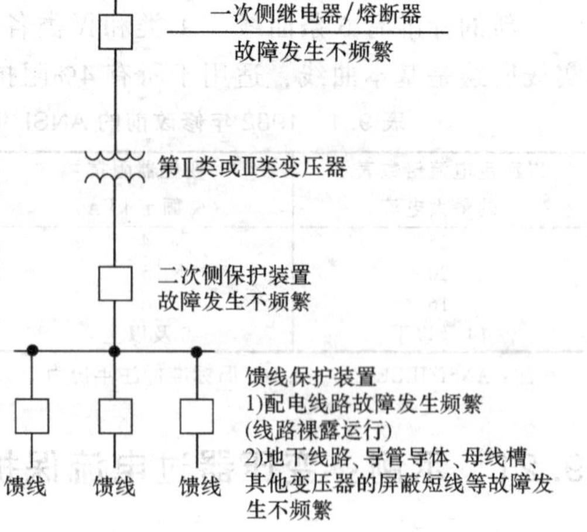

图 9.18 故障发生频繁性预测向导图

该曲线于图 9.19 中重新绘制，横坐标为二次侧电流，单位为 A。表达式如下：

$$I_{1标幺}=I_{额定}=\frac{2500}{\sqrt{3}\times 0.48}=3007\text{A}(480\text{V}) \tag{9.19}$$

对于不同时间：

图 9.17a 中时间/s	图 9.17a 中标幺值	在 480V(标幺值×3007)下等效电流/A
1000	2.3	6916
300	3.0	9021
100	4.0	12028
50	5.0	15035
12.5	10.0	30070
4.13	17.39	52292

对于 50s 或以下：

$$t=\frac{1250}{I^2}\text{s 比如}\frac{1250}{5^2}=50\text{s} \tag{9.20}$$

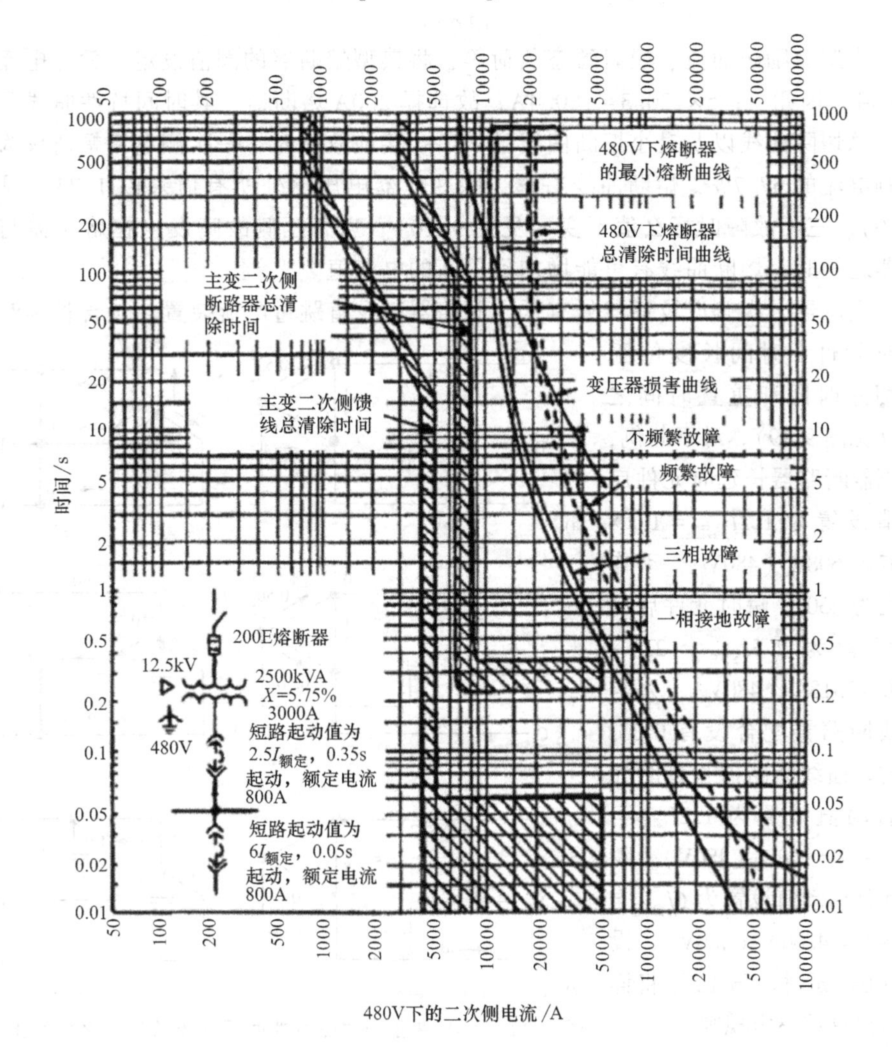

图 9.19　第Ⅱ类变压器二次侧系统故障不频发时的过电流保护

无限大电源下最大可能电流为

$$I=\frac{1}{0.0575}=17.39\text{pu} \tag{9.21}$$

其中

$$t=\frac{1250}{17.39^2}=4.13\text{s} \tag{9.22}$$

故此为变压器穿越性故障保护曲线的极值点。

一次侧额定电流为

$$I_{标幺}=I_{额定}=\frac{2500}{\sqrt{3}\times 12}=120(12\text{kV}) \tag{9.23}$$

为避免励磁涌流、短时暂态负荷等，将典型熔断器的阈值设定为额定电流的1.5倍。因此，1.5×120.3=180.4A；故选择200A熔断器，其时间特性曲线已画出。总切除曲线以及最小熔断曲线已示出。接地故障时，一次侧电流幅值仅为二次侧电流的57.7%，熔断曲线右移，除变压器电压比外所有值乘以1.73（见图9.19）。三相故障时标幺值不变（见图9.20）。当高压侧故障发生在熔断器与变压器之间时，熔断曲线有可能增加到更高的电流值。

变压器二次侧以及馈线处有低压断路器以及直跳过电流装置。包含长延时和瞬时元件。时间长度位于总切除时间和重置时间之间（见图9.19）。对于此例，变压器断路器长延时元件启动值设置为 $1.2I_{额定}=1.2\times 3007=3608\text{A}$（480V），动作时间为450s。瞬时元件启动值设置为 $2.5I_{额定}=2.5\times 3007=7518\text{A}$（480V），为与馈线断路器配合设有0.35s延时。馈线断路器长延时元件启动值设置为 $1.2I_{额定}=1.2\times 800=960\text{A}$（480V）。瞬时元件启动值设置为 $6I_{额定}=6\times 800=4800\text{A}$（480V），设有0.05s延时。第12章将详细给出这些整定规则。

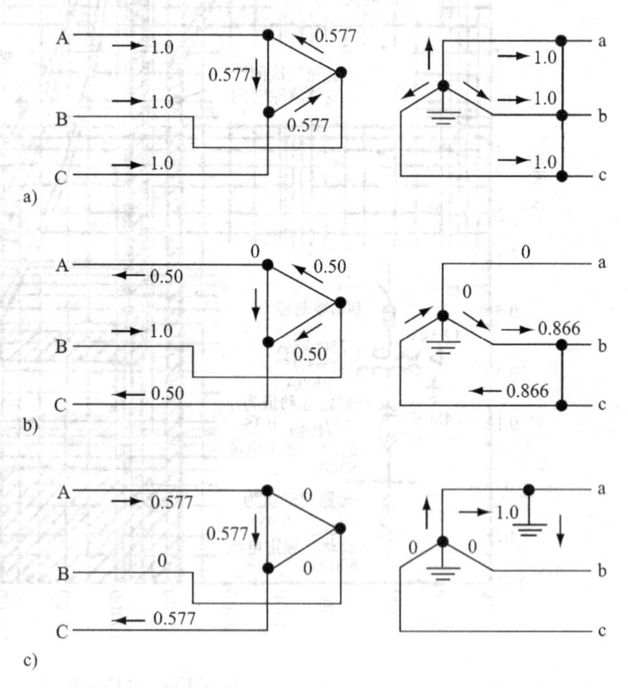

图9.20 △-Y变压器故障特性回顾（电流以标幺值给出）

a）三相故障 b）相间故障 c）接地故障，且 $X_1=X_2=X_0$

除了轻微二次侧故障

外，图 9.19 的保护曲线表明了良好的保护性与协调性。一次侧熔断曲线与变压器故障保护曲线在三相故障情况下相交于 13000A，于接地故障情况下相交于 23000A。这意味着当故障后电流幅值等于或小于上述值时，熔断器不再能保护变压器。这样的故障是有可能存在的。如果故障发生在变压器内部，在故障源被熔断器清除之前，危害会越来越大。如果故障发生在变压器与二次侧断路器之间，将引发更严重的故障，引起更长的持续时间，造成更大的危害。然而这类故障发生的可能性通常较小。

典型工业数据表明，在 480V 下，电弧单相接地故障电流幅值只有额定故障电流幅值的 19%。因此，由于二次侧故障的最大故障电流为 52296A，一次侧熔断器电流为 52296×0.19×0.577×0.48/12 = 229A kV，稍大于熔断器 200A 的整定值。到电弧燃烧增大故障电流时，熔断器才会动作切除故障。

变压器二次侧断路器可以切除位于二次侧的母线故障，也可以对馈线故障起到后备作用。而一次侧熔断器对于这些范围内的二次侧故障起到后备作用。

图 9.17b 中频发故障曲线的修改已在图 9.19 中给出。观察可知，一次侧熔断器对于穿越性故障或二次侧接地故障的保护作用很小。

9.21.2　设有 7500kVA 容量，115：12kV 电压比，7.8%阻抗变压器的配电网

电力熔断器为一次侧保护装置。变压器二次侧断路器不再应用。馈线设有重合闸装置。

此变压器为第Ⅲ类变压器，二次侧故障发生频繁。与 9.21.1 节的示例相似，图 9.17a 以及图 9.17c 中的变压器穿越故障保护曲线折算到二次侧，单位为 A，示于图 9.21：

$$I_{标幺} - I_{额定} = \frac{7500}{\sqrt{3}\times 12} = 360.84\mathrm{A}(12\mathrm{kV}) \tag{9.24}$$

假设变压器相关电源为无穷大（$X=0$），则二次故障最大电流为

$$I_{3\phi} = I_{\phi G} = \frac{1}{0.078} = 12.82\mathrm{pu} = 4626\mathrm{A}(12\mathrm{kV}) \tag{9.25}$$

变压器穿越性故障保护曲线上的几个点的具体值如下：

图 9.17a 以及图 9.17c 中的时间/s	图 9.17a 以及图 9.17c 中的标幺值	在 12kV(标幺值×360.84)下等效电流/A
1000	2.3	830
300	3.0	1082.5
100	4.0	1443.4
50	5.0①	1804.2
30.42	6.41②	2313
8	6.41②	2313
3.29	10②	3608.4
2	12.82②	4626

① 对于故障发生不频繁的情况，$K=1250$，标幺值在 5.0～12.82 之间；
对于故障发生频繁的情况，$K=1250$，标幺值在 5.0～6.41 之间。

② 对于故障发生频繁的情况，$K=328.73$，标幺值在 6.41～12.82 之间。

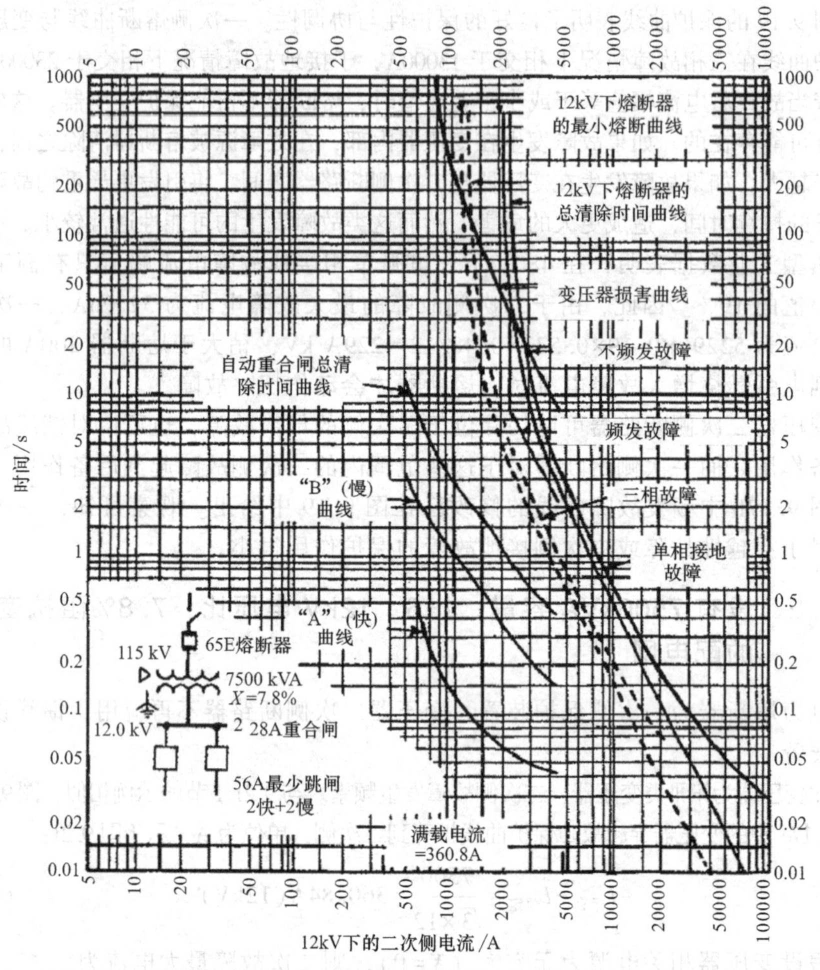

图 9.21　二次侧所连系统故障发生频繁的第Ⅲ类变压器过电流保护，变压器有一次侧熔断器

在一次侧：

$$I_{标幺}=I_{额定}=\frac{7500}{\sqrt{3}\times115}=37.65\text{A}(115\text{kV}) \tag{9.26}$$

这里使用65E A熔断器（1.73×37.65）。其运行特点可由三相故障和二次侧接地故障时二次侧故障电流表示。

两条馈电线路额定电流为280A，自动重合闸装置起动值为560A。其在快速动作与慢速动作时的特性曲线示于图9.21。

尽管一次侧熔断器和二次侧重合闸装置配合良好，变压器并未使用频发故障曲线对二次侧接地故障进行保护。另外，使用不频发曲线，接地故障保护不充分，故障电流约为3000A或更少。而且，变压器相移导致接地故障电流下降了57.7%（见图9.20）。

对于馈线故障，一次侧熔断器起到后备作用，因此熔断器很少需要动作。但是，熔断器是变压器二次侧（重合闸装置之前）故障的主保护。接地故障最好发生不频繁，且故障电流值大于 3000A，以避免损害变压器。电力系统专家必须评估这些风险。

9.21.3　设有 12/16/20MVA 容量，115∶12.5kV 电压比，10%阻抗变压器的变电站

变压器一次侧设有继电器，无二次侧变压器断路器。此变压器为第Ⅲ类变压器，因此可适用图 9.17a 以及图 9.17c 曲线。将图中的电流值折算到二次侧重新绘于图 9.22。无穷大电源（$X=0$）时最大故障电流为

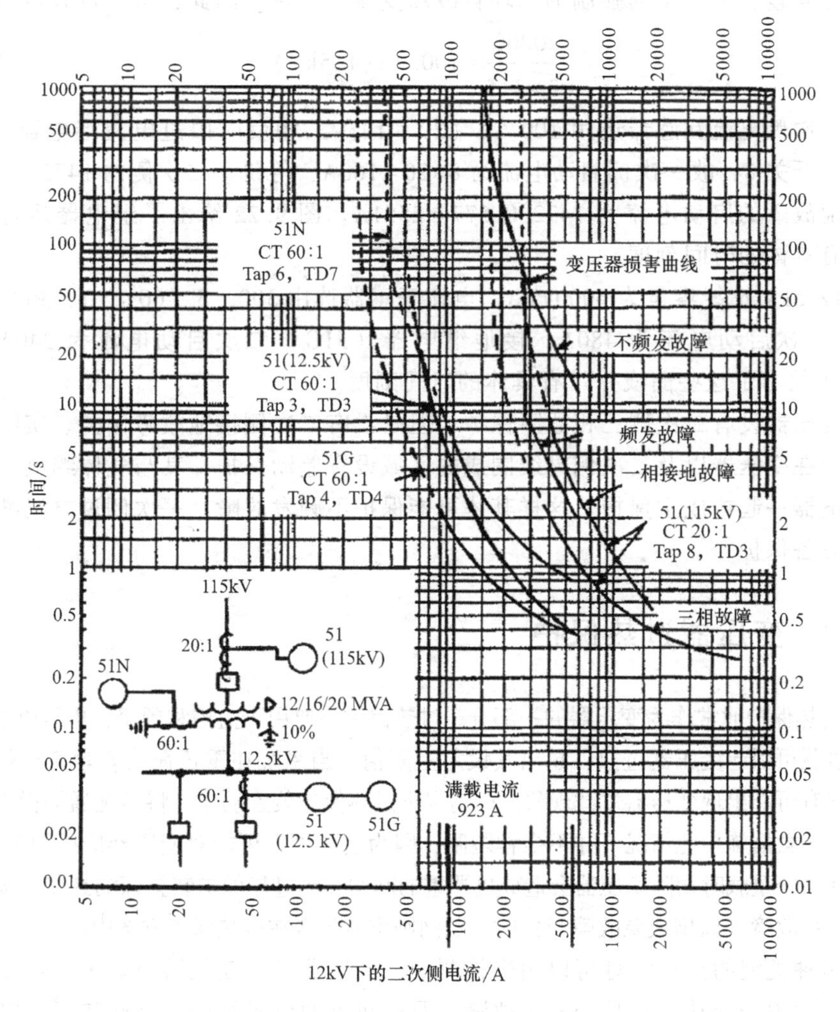

图 9.22　二次侧系统故障发生频繁的第Ⅲ类变压器过电流保护，变压器一次侧设有断路器和继电器

$$I_{3\phi}=I_{OG}=\frac{1.0}{0.1}=10\text{pu}=5542.6\text{A}(12.5\text{kV}) \tag{9.27}$$

其中

$$I_{标幺}-I_{rated}=\frac{12000}{\sqrt{3}\times 12.5}=554.26\text{A}(12.5\text{kV}) \tag{9.28}$$

不频发故障标幺值在5.0到最大值10之间时，表9.2中的K为1250；对于不频发故障，标幺值在相同区间时，K为200。

此变压器有三个容量，第一个为自冷却式变压器容量，第二个为强制油循环变压器容量，第三个为强制油循环自冷却变压器容量。因此，最大负载电流为

$$\frac{20000}{\sqrt{3}\times 115}=100.4\text{A}(115\text{kV}) \tag{9.29}$$

一次侧电流互感器选用100：5（20：1）。三相反时限过电流继电器（51）设置于开关8，故一次侧启动电流为8×20=160A，等价于二次侧的1472A。二次侧接地故障的启动电流为1472/0.577=2551A。图9.22给出了继电器运行曲线并带有具体的时间刻度。

12.5kV馈线容量为6000kVA，电流互感器选用300：5（60：1），相继电器（51）二次启动电流为480A，接地继电器（51G）二次启动电流为240A。图9.22也给出了这些曲线并带有具体的时间刻度。

变压器设有二次侧三相故障保护，但是没有二次侧接地故障保护。实际应用中，应在变压器以及二次侧母线围成的区域设置差动保护，其与气体继电器、压力继电器一起构成主保护。这样其才可能保护不频发故障，一次侧过电流继电器只作后备保护。

9.22 变压器过热保护

过热保护通常作为变压器的一部分。过热保护主要用于监控和预警，也可以触发跳闸。过载可引起变压器过热，超出其设定上限值。当系统在重负荷或者紧急运行情况下，很有可能出现变压器过载现象。此情况下过热保护装置动作，将情况通知操作员从而采取补救措施。此情况下并不推荐跳闸，因为过热不太可能对变压器造成即刻损伤，但是在系统重载时切除变压器会造成更严重的问题。当过热保护装置探测到变压器发生冷却系统故障（风扇或泵故障等）时，跳闸则可能包含在过热保护方案中。

多种类型的热指示灯可以用来检测油、变压器箱、变压器箱端子是否发生过热，使用中的冷却系统是否发生故障以及过热点的位置等等。这些装置可以触发强制冷却装置。此保护超出了本书的范围。

9.23　变压器过电压

变压器不允许长时间的过电压。为实现最大效率，变压器运行在其饱和曲线的膝点附近，当电压大于额定值的 1.1 倍时，励磁电流会很大。电压增大少许，励磁电流就会大幅度增加。如果不及时减少励磁电流，过高的励磁电流破坏性很强。若变压器连接到高压系统，电压并不总能可靠地由调节控制装置控制，需要特别注意变压器过电压的危害。对于发变组中的变压器，也同样需要注意过电压危害。过电压继电器反应变压器的励磁水平。过励磁保护在 9.3.2 节讨论。发电单元中变压器的过电压保护在第 8 章讨论。

当电力系统电压可以由电压调节装置可靠控制时，其所连变压器通常不需配置过电压保护，因为在此系统很少发生过电压情况。

9.24　变压器典型保护总结

变压器推荐和常用保护配置总结如下图。在此之前，已对各保护装置进行了讨论。需要注意的是，这些为一般性建议，具体配置需要依据现场情况和个人经验法进行调整。

9.24.1　变压器单元

图 9.23 总结了各种变压器保护，熔断器位于一次侧。对于此类更大或较重要的变压器，配置由变压器一次侧套管 CT 构成的整体差动保护，或配置 9.13 节讨论过的接地差动保护。如 9.14 节所述，两种情形均需要跳开一次侧电源。

带有一次侧断路器的变压器保护配置如图 9.24。接地继电器 51G 为变压器二次侧母线以及馈线提供后备保护，且必须与各条馈线的其他接地继电器在动作时间上相配合。类似的，相间继电器 51 也必须与馈线其他相间继电器配合。为与馈线的各接地继电器 51G 配合，变压器接地继电器 51G 应整定更长的动作时延。

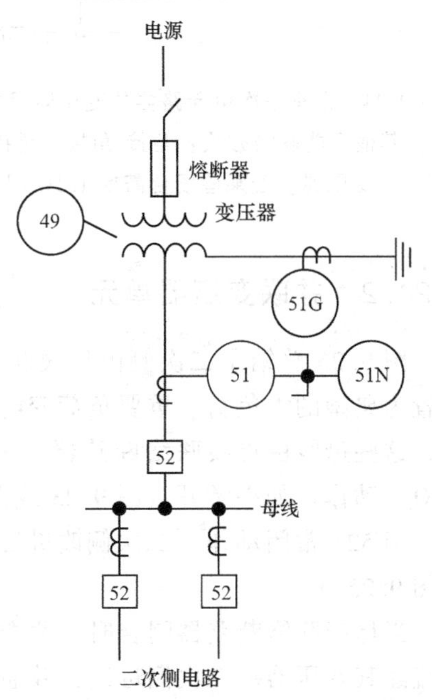

图 9.23　无一次侧断路器的变压器保护。普通连接方式为一次侧角接二次侧星接。其他可能连接方式：角接-角接，星接-星接或一次星接-二次角接。二次侧线路应有 51 和 51N 继电器；因此，除非二次侧母线连有其他电源，变压器二次侧断路器和继电器可以省略。继电器 51G 可以使用时，继电器 51N 可以省略

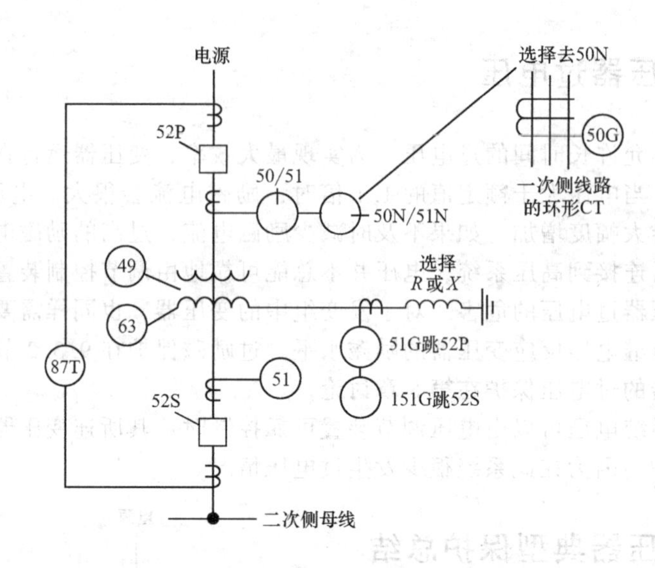

图9.24 带有一次侧断路器的变压器保护。普通联结方式为一次侧角接二次侧星接接地。其他可能联结方式：角接-角接，星接-星接或一次星接-二次角接，三绕组或自耦变压器。若某些场合需要151G配合并跳开带电的二次侧线路，52S可以省略

9.24.2 并联变压器单元

图9.25总结了二次侧由母线联络断路器连接的并联变压器组的保护。图中布置为典型的大负荷、重要负荷变电站尤其是发电厂负荷。负载由不同的母线供电，这些母线由母线联络断路器（52T）连接，52T可常闭（NC）也可以常开（NO）动作。如果常开，图9.23或图9.24的保护适用。

当52T常闭动作，二次侧改进后图9.23或图9.24的保护适用（见图9.25b或图9.25c）。

当母线联络断路器闭合时，两个电源之间可能出现能量交换。电流从一个电源流经其变压器、二次侧母线，并通过另一个变压器回流至第二个电源。这种现象通常即不可取也不允许出现。为防止这种运行情况，每个变压器均配有方向时限过电流继电器（67，67N）。单线连接图示于图9.25b或图9.25c。完整的三线连接图示于图9.26。该继电器仅在故障电流流入变压器且触发二次侧断路器（52-1或52-2）情况下动作。这对于变压器故障时切除二次侧故障源也很重要。相继电器（67）可以安装在最小分接头上。负荷电流也流经继电器，但其不在动作方向内。最小分接头持续额定值不得超过最大负荷电流。继电器67的动作时间必须与变压器主保护相配合。当使用接地继电器时，其可以整定最小动作电流以及动作时间，因为其不需要与其他保护配合。

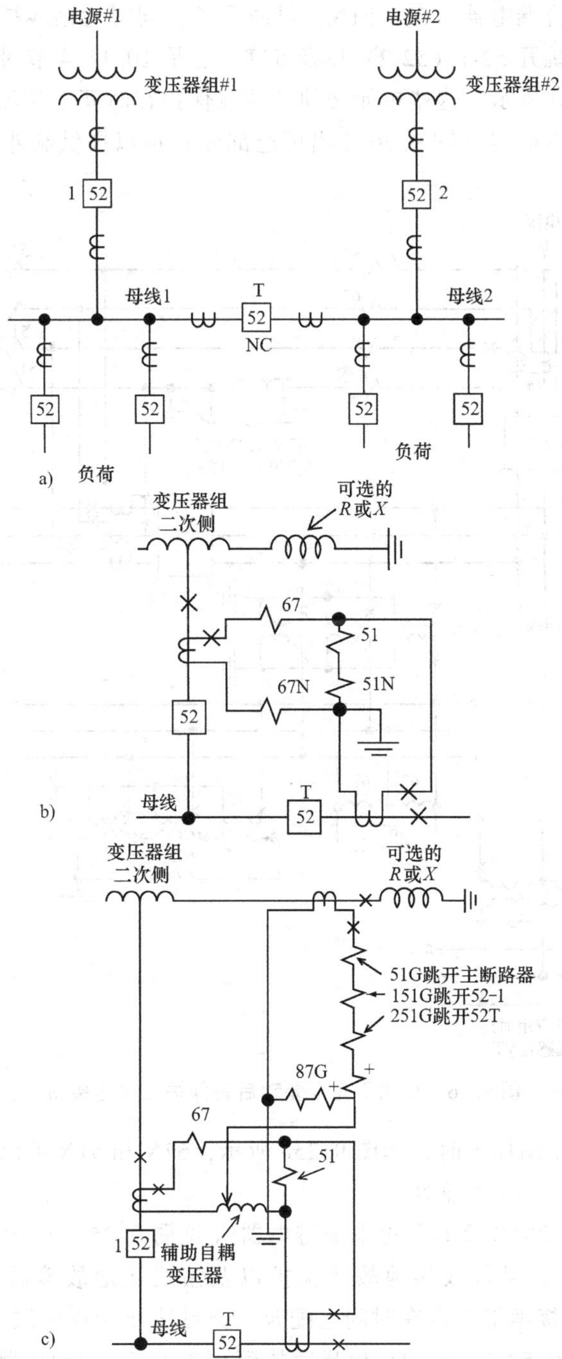

图 9.25　典型双电源供电，二次侧由断路器相连系统的变压器以及二次侧母线保护。67 和 51 的连接见图 9.26。87G 的连接见图 9.13~图 9.16

a）单线图　b）高压侧熔断器下的二次侧保护（见图 9.22）　c）高压侧断路器下的二次侧保护（见图 9.23）

反时限过电流继电器（51，51N）母线保护，同时为馈线提供后备保护。这些继电器会同时跳开 52-1（52-2）以及 52T。这是 10.11.4 节讨论的不完全差动连接，如图 10.10 所示。这些单元必须与馈线保护在时间上相配合。只需要两相继电器，第三相继电器（图 9.26 给出可选部分）可以提供额外冗余。

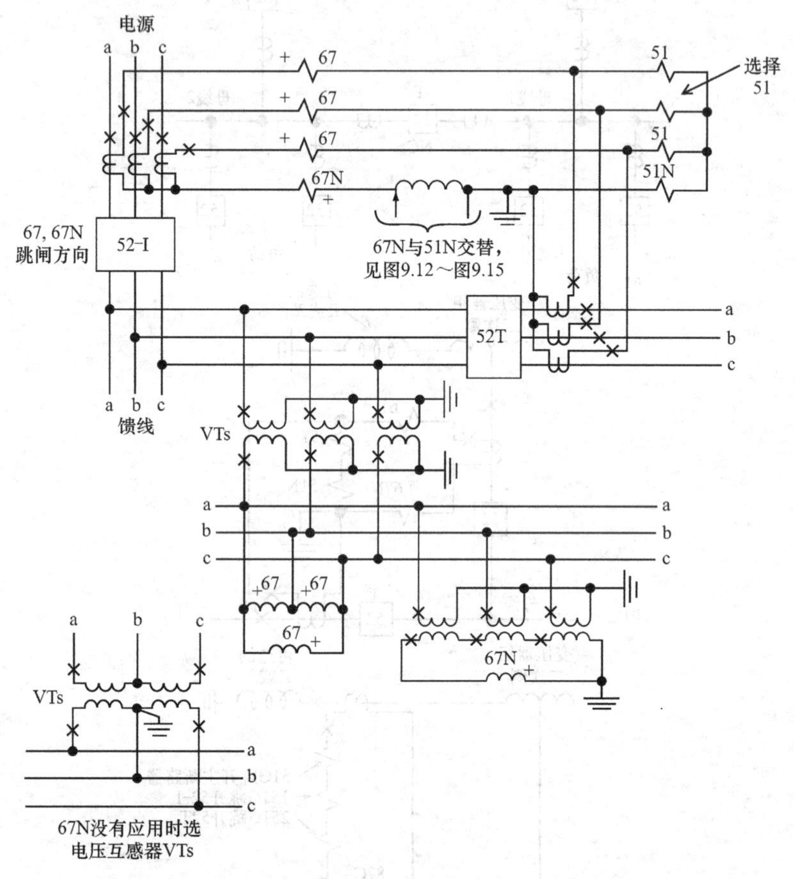

图 9.26　反相不完全差动后备保护三线连接图

当配置接地差动保护时，如图 9.25c 所示，67N 和 51N 可以省略。所示连接通过图 9.16 与图 9.13 相兼容。

51G、151G、251G 反时限过电流继电器（见图 9.25）提供接地故障后备保护。继电器 251G 提供母线接地故障保护以及馈线接地故障后备保护。继电器 251G 需要与馈线接地继电器在时间上配合。当母线或所连馈线故障时，251G 跳开母线联络断路器 52T。当 52T 断开后故障仍然存在，151G 跳开断路器 52-1（或 52-2）。因此，151G 必须与 251G 相配合。若故障持续存在，则故障发生于二次侧断路器之间，变压器绕组上或者接地阻抗上。最后继电器 51G 与 151G 配合整定。51G 跳开高压侧或一次侧断路器从而移除变压器。

9.24.3 大容量变压器的冗余配置要求

当变压器连接于大容量电力系统时，需要强调第 1 章讨论的相应保护的冗余要求。为提供所要求的保护冗余配置，可使用两套单独的差动保护装置。变压器故障保护的冗余配置还可以通过配置一套差动保护以及一套压力突变保护来实现。此时由于压力突变保护并不能保护套管和引线，压力突变保护需要变压器套管以及引线故障保护作为其辅助。通过综合运用 9.14 节讨论的多种保护方法可以构成不带有高压侧断路器时变压器的冗余保护方案。虽然成本昂贵，可以配置两套单独的远方跳闸系统。成本稍低的选择为一套远方跳闸系统和一个故障开关。故障开关的合闸时间可以延迟几个周波来实施远方跳闸方案，即在故障开关合闸前断开故障变压器。这样每当远方跳闸系统可以正常运作时，故障开关合闸时系统不会受到金属性故障影响。当有高压侧断路器且发生拒动时，需要断路器失灵保护来隔离故障变压器。断路器失灵保护方案可能需要故障开关、远方跳闸系统或二次中断装置，它在当其他本地断路器不能动作切除变压器时投入使用。

9.25 电抗器

电力系统中电抗器主要有 3 种用途：①中性点直接接地时用来限制故障电流；②串联在相回路中来减少相间故障电流幅值；③并联使用以补偿长输电线路以及管式电缆中的容抗。多个电抗器也可以作为谐波滤波器组，抑制单极继电器中的潜供电流。

第一种用途在第 7 章以及本章均有涉及。第二种用途电抗器主要用于高短路容量的母线以及其连接的馈电线路。这里我们主要介绍并联电抗器。

9.25.1 电抗器类型

并联电抗器主要有干式和油浸式两种。干式并联电抗器通常连接在变压器的第三绕组侧，其最高运行电压大约为 34.5kV。其为单相空心电感结构，不论室外还是室内安装，线圈均裸露在自然对流中。安装位置的选择应保证高磁场强度不会对于周边造成危害。

由于并联电抗器为单相装置，除非多个电抗器同时发生故障或者故障蔓延至母线的情况，一般不容易发生相间故障。故接地故障以及匝间故障危害性比较大。连接于变压器第三绕组侧的电抗器常见连接方式为星形不接地连接方式，此时系统经由开口三角形电阻接地（见图 7.10）。

油浸式并联电抗器在油箱内可以单相也可以三相，外观上与变压器箱近似。

运行电压不受限制；因此，此类电抗器主要用于线路连接。常见的连接方式为固定接地。由绝缘破损、套管故障、匝间故障、油压低以及冷却失败引起的相间或接地故障危害较大。

9.25.2 并联电抗器的一般应用

并联电抗器通常直接连接到线路上（不经断路器）。若线路终端连接变压器组第三侧绕组（不经断路器），则电抗器可连接到变压器第三侧绕组上。电抗器也可以连接到母线。当电抗器直接连接到线路上时，若电抗器组发生故障，则需要跳开本地断路器以及所有提供故障电流的远端断路器，从而切除该线路。隔离开关可以人工隔离故障，电路开关在线路已经断开时可以自动断开电抗器。这对于线路重合闸来说是必要的。但是线路不带电抗器运行易导致过电压。断开带有并联电抗器的电路会在感性与容性元件之间产生瞬时振荡，影响保护正确动作。振荡频率一般小于60Hz。另外，如果存在并行运行线路，相互耦合会产生过电压或共振，具体可参见第7章示例。

连接在变压器第三侧绕组的电抗器故障时，由于变压器高压侧与第三侧之间的阻抗相对较高，高压侧线路故障电流很小。断路器通常可以正确切除第三侧绕组上的电抗器。然而切除电抗器会导致线路以及所连系统过电压。

9.25.3 电抗器保护

当电抗器串联接入每相线路时，电抗器保护就包含在线路保护中。线路保护如12章所述，包括针对于相间以及接地故障的过电流保护。

并联电抗器保护与变压器保护在规模、重要性以及种类方法上基本相同。

差动保护（87）应用最广泛，与其配套的接地过电流保护一般作为后备保护或者有时也为主保护。差动连接见图8.7a，接地差动见图9.11。速断电流保护（50）整定要躲开励磁涌流和暂态电流，反时限过电流保护（51）要与下一级保护配合整定。这两种保护装置均投入应用。

阻抗保护整定需要考虑电抗器的影响，阻抗保护可以作为主保护也可以作为后备保护。阻抗保护整定要躲过励磁涌流时的阻抗值，故补偿线路被断开时，系统发生频率振荡，阻抗保护不会误动。负序电流继电器有时也可投入应用。

与发电机、电动机以及变压器一样，电抗器也要注意匝间短路故障。匝间短路产生的故障电流以及危害都是相当大的，但是故障检测器感受的故障信号很小，除非匝间短路发展为相间短路或接地短路。差动保护不能保护匝间短路故障。

电压-不平衡保护方案可为干式不接地并联电抗器匝间故障提供保护，其比较电抗器中性点对地电压和星形接地开口三角形电压互感器的电压。移相电路调整电抗器的不平衡量，一般调整幅度为±2%。正常运行或外部故障产生的不平衡量会等量改变两个电压。因此，电抗器内部故障时，电抗器中性点对地电压可以启动过（59）电压继电器。

以上保护方案并不适用于铁心电抗器，因为线圈阻抗在暂态过程以及励磁涌流时会发生变化。对于油浸式电抗器、压力突变继电器以及气体继电器提供匝间故障保护。负序量也可以用来构成保护但是灵敏度相对较低，轻微匝间故障时，负序测量值很小。对于电抗器变化的阻抗，阻抗继电器仍可以提供保护。油浸式电抗器装设有气体蓄积器以及压力继电器时，对于这些难以检测的故障，机械继电器可能提供最灵敏的保护（见 9.15 节）。对于连接带变压器的大容量系统的电抗器，需要注意保护的冗余配置。

9.26　电容器

串联以及并联电容器均应用在电力系统中。高压长距离输电线路上的串联电容器组减少了大容量电源之间的总阻抗，增大了潮流转移能力，提高了系统稳定性。这将在 14 章中讨论。电容器组作为传输线路的一部分，故其保护也作为线路保护的一部分。在现代电力系统中，各电压等级均应用并联电容器。并联电容器可以为系统及其所连负荷提供无功，电压以及功率因数控制。

9.27　电力系统无功需求

电力系统所连电力负荷通常在滞后功率因数下运行。旋转设备需要励磁电流来建立磁场，而励磁电流有很高的滞后功率因数。连接于电力系统特定线路的负荷总功率因数与负荷自身特性有关。工业负荷比民用负荷的滞后功率因数低，因为工业负荷中旋转设备占的比例更高。

电力系统线路上的潮流造成无功损失。这些损失是由电流流经线路阻抗的感抗部分而产生的。线路过载时，架空线路的感抗与容抗大小适中，总体来说引发无功损耗。线路轻载时，线路可能产生无功。具有大容抗的较长高电压等级线路尤为如此。无功潮流方向性指示的标准惯例是将无功潮流的正方向规定为滞后电流的流动方向。无功潮流流过线路，导致线路中沿无功潮流方向产生压降。当输电线路传输大量无功时，大幅度的压降导致线路电压水平很低。因此，尽可能就地补偿无功消耗。电力系统设计需要考虑无功需求和无功电源，尽可能提高无功电源效率。无功电源的合理配置可以将系统电压控制在合理范围内，减少损耗，提高系统运行效率。过励发电机、同步调相机以及并联电容器为电力系统主要无功电源。同步调相机应用成本较高，因此规模不大。发电机提供无功功率受远距离传输无功困难的限制。因此，并联电容器在电力系统中大量应用为无功电源。

9.28 并联电容器应用

并联电容器依据需要连接在电力系统中，已在配电网中应用很多年。近几年，大型并联电容器组已在更高电压水平下应用。

在配电电压水平下，电容器应用根据设备电压控制策略的变化而变化。电容器典型应用是安装在配电线路上保持配电变电站的单位功率因数。轻载时，固定电容器组依据线路电压分布连接到配电线路上。轻载时电容器组的大小及位置将依据维持沿线分布电压相对稳定来确定，从而保证用户良好电压水平。重载时，开关电容器组连接到线路以维持良好的电压分布。开关电容器组经常由电压覆盖的时钟来控制。充足容量的并联电容器连接到变电站供电线路，以获取预期的变电站总功率因数以及电压分布。

在中压输电水平下，并联电容器用来供应中压系统无功负荷，补偿重载情况下的中压系统无功损耗。这些电容器组可能为固定电容器以及开关电容器的混连。电容器组可以有效减少无功损耗，维持任一负载情况下中压系统的良好电压分布。大容量电容器组与中压系统中电容器组的应用方式类似。若大系统不直接供应负载，则电容器将不会作为无功电源使用。大系统中的无功损耗可以由所连发电机补偿。

9.29 电容器组设计

电容器单元为电容器组的基本构成单元。电容成组串联连接并封装在电容器箱内，从而构成电容器单元。每个电容组由许多并联电容簇构成。电容器单元的典型排列如图9.27所示。电容器单元的内部排列以及电解质材料随生产厂商的不同而不同。过去电容器单元采用纸膜介质，现在大多采用全膜介质。

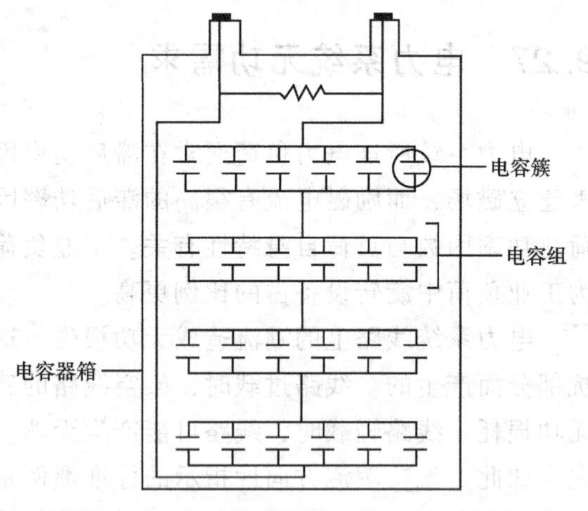

图9.27 典型电容器单元的一般示意图

柱上式配电电容器组每相由一个或多个并联电容器单元构成。电容器组为星形或角形连接。配电电容器组通常由安装在每相进线中的熔断器提供保护。

高电压等级的大容量电容器组每相由串联的成组电容器构成，每个成组电容器由许多并联电容器单元构成。大容量电容器组的电容器单元分为外部熔断、内部熔断和无熔断三种情况。对于外部熔断电容器单元，熔断器安装在每一个电容器单元上。对于内部熔断电容器单元，熔断器安装在电容器单元里面的每一个电容簇上。无熔断电容器单元没有安装熔断器。大容量电容器组的排布以及连接方式多种多样。

9.30　配电电容器保护

熔断器用来保护柱上式配电电容器组，也可以保护电容器单元壳断裂故障。壳断裂会导致易燃电介质液体泄露，可能对相邻电容器单元造成损害，成为公共或个人安全隐患。真空开关或其他的切断装置也安装于电容器组，用于接入或断开设备。

电容器单元故障一般为电容簇电介质损坏。一个电容簇发生故障导致其他与之并联的电容簇短路，从而串联的其他电容组上的分压增大，故会导致其他电容簇发生连锁故障，整个电容器单元被短路。电容器单元在这一过程中很有可能破裂。电容器单元破裂很难预测，变化较大，与电容器单元的具体设计细节有关。

用于保护配电电容器组的熔断器的电流整定值要躲过电容器组的最大载流。由于生产制造偏差以及系统运行电压的变化，该电流比电容器组额定电流大很多。考虑运行电压的变化，熔断器持续载流能力最小设定为电容器组额定电流的1.25倍。保护电容器的熔断器要躲过最大励磁涌流以及暂态放电电流，以避免熔断器误动作。运行经验表明，持续载流定值大于电容器组额定电流1.25倍的熔断器可以满足配电电容器组典型应用的耐受标准。

为获得良好的电容器组保护性能，熔断器既要快速动作于电容器故障，又要保护壳断裂故障。为评估熔断器的动作速度，应比较电容器单元里的电容簇故障时，熔断器的动作时间。动作时间最短的熔断器最好。为评估熔断器对壳断裂故障的保护性能，需从生产制造商处获取壳断裂参数，并与熔断器的总清除时间电流特性比较。当电容器组连接于故障电流水平较高的系统时，壳断裂故障保护性能较差。这种情况下，应用故障电流限制器或限流熔断器以提高电容器组保护性能。电容器组每相并联的电容器单元数量最小时，保护性能最好。配电电容器组容量大小在300~1800kvar之间，现代电容器单元容量高达300kvar甚至更多，则电容器组每相可以由一个或两个电容器单元构成。配电电容器组发生故障时，为保护电力系统，电容器组的熔断器要与位于电容器与供电站之间的配电线路上的保护相配合。

从实际角度出发，许多工程均使用同一种类型的电容器组上的熔断器。同一种熔断器也会应用在配电系统中保护变压器以及单相开关。这就避免了针对不同的应用提供不同类型的熔断器。故基于以前标准的熔断器也可以提供良好的电容器组保护性能。工程上总是设定具体的熔断器整定标准，以保护系统中一定容量的电容器组。工程上一般为特定容量的电容器组选定熔断器，熔断器定值躲过相连电容器组额定电流的1.25倍。对于角接电容器组，需要注意的是，熔断器电流为电容器相间电流的$\sqrt{3}$倍。

9.31 大电容器组的设计与限制

高电压等级系统中的电容器组比配电系统中的电容器组容量大得多。电容器组的容量变化范围很大，一般为20~40MVA。电容器组经常安装在变电站。大容量电容器组的投资比分散在配电网的小容量电容器组多，故应对其配置更完备的保护。大容量电容器组是由很多的与小容量电容器组的电容器单元类似的结构组合而成。带熔断器的电容器组由很多串联的成组电容器构成，每个成组电容器由许多并联电容器单元构成。每相可以并联额外的串联成组电容器，直到电容器组容量达到要求。不带熔断器的电容器组由串联的电容器单元构成。许多串联的电容器单元可以并联以达到要求的容量。不带熔断器的电容器组容量更小，结构更简单，损耗更少，壳断裂故障可能性更低，熔断器不误动，保护灵敏性更高。

过去应用的大容量电容器最常见的连接方式为外部熔断的星形连接。近几年，不带熔断器的电容器组由于之前提及的优点而受到更广范围的应用。电容设计中的薄膜电介质的应用与发展使不带熔断的设计成为可能。这样的电介质可以保证电容簇故障时形成一个可以流过额定电流的金属性短路焊接点，从而故障后电容器单元箱内聚积最少的气体，允许电容器组持续运行，但是损失众多串联的电容组中的一个。内部熔断的电容器单元在每个电容簇均设有熔断器。

工业标准要求电容器组可以在1.1倍的铭牌额定电压下运行。如果电容器组承受的电压大于额定电压的1.1倍，则可能造成危害。电容器组保护致力于在电压超过额定电压的1.1倍时禁止持续运行。标准仍要求电容器组可以在1.35倍的额定容量下持续运行。

通过改进大容量电容器及其保护设计，以获得满足以下标准的运行特性：

1）任一单电容器单元短路不会引起其他单元电压超过其额定电压的10%。当一个或更多电容器单元故障且其他单元电压未超出自身额定电压10%时，保护应发出告警信号。

2）当电容器单元故障且其他单元电压超出自身额定电压10%时，保护应动作跳闸。

如前所述设计标准，在一个或多个电容器单元故障且并未在其他单元产生危害电压时，保护不动作跳闸。这种情况下保护只发出告警信号，而后在合适的时间故障单元得以替换。若电容器单元故障且其他单元电压超过其额定电压的

10%，很有可能产生危害电压，则电容器组被切除。

熔断器外接的电容器组的典型排列如图 9.28 所示。S 为电容器组每相串联成组电容器的个数。P 为每个成组电容器里电容器单元的个数。

当熔断器熔断时，成组电容器里其他电容器单元的电压公式如下：

$$V_{pu}=\frac{S(P)}{S(P-n)+n} \tag{9.30}$$

其中 V_{pu}——n 个熔断器熔断后，成组电容器里电容器单元的电压标幺值。

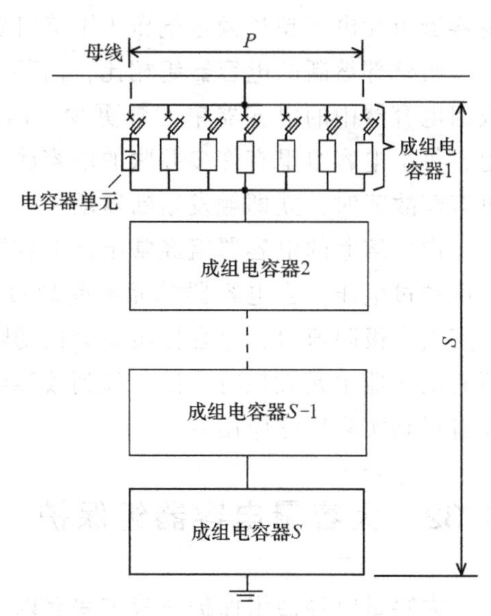

图 9.28　外部熔断，星形接地电容器组的单相排列图

算例：

电容器组每相由 5 个串联成组电容器构成，每个成组电容器由 6 个电容器单元构成。当一个成组电容器的一个熔断器熔断时，该成组电容器其他电容器单元两端电压将等于

$$V_{pu}=\frac{5(6)}{5(6-1)+1}=1.154$$

一个熔断器熔断导致该成组电容器其他单元电压升高 15.4%，超过 10%的设计限制。因此电容器组里任一熔断器熔断会导致保护跳闸，整个电容器组被切除。即任一熔断器熔断会导致电容器组立即被切除，不大可能只是发告警信号而后在电容器组不需要连接时替换故障单元。如果每个成组电容器的电容器单元个数增加为 10 个

$$V_{pu}=\frac{5(10)}{5(10-1)+1}=1.087 \text{ 或比正常值大 } 8.7\%$$

由于 8.7%低于 10%的损害门槛值，一个熔断器熔断不会引起容器组跳闸。

对于之前的电容器组（$S=5$，$P=10$），如果同一个成组电容器中又一个熔断器熔断

$$V_{pu}=\frac{5(10)}{5(10-2)+2}=1.19 \text{ 或比正常值大 } 19\%$$

由第二个熔断器熔断后电压为 19%，超过了 10%的设计阈值，电容器组需跳开。显而易见，为了满足设计标准，外部熔断的电容器组每个成组电容器最少要并联 10 个电容器单元。每个成组电容器最多并联单元数由壳断裂故障可能性决定，随电容器单元制造的不同而变化。

对于无熔断的电容器组，所有电容器单元串联，一个电容簇短路，相应电容组被短接，电压将在剩下的电容组上分配。剩余串联的电容组两端电压将增大 $n/(n-1)$，n 为每相串联电容组的个数。一个电容簇故障时仅要求发告警信号，电容器单元电压超过额定电压1.1倍时要求跳闸。

与外部熔断的电容器组相比，内部熔断的电容器组的串联成组电容器更多，成组电容器中的电容器单元数更少。内部熔断的电容器单元有较少串联的电容组，每个电容组里有许多并联的电容簇。大量电容簇并联形成较高的电流，一个电容簇故障时，立即触发熔断器动作。

内部熔断的电容器组经常出现电容器单元过电压，单元内部电容簇以及熔断器两端过电压。当电容器单元承受超过10%的过电压或电容组两端电压超过其厂家设定极限值时，电容器组立刻被切除。内部熔断的电容器组被切除时，需在所有电容器单元做耗时测试以找到故障电容簇所在单元。内部熔断的电容器组还没有得到实际广泛应用。

9.32 大容量电容器组保护

大容量电容器组保护系统主要有以下功能：

1）内部故障时保护电容器组不受严重危害。

2）电力系统不良运行状态时保护电容器组不受危害。

3）电容器组强加给系统损坏应力时，保护电力系统不受损坏应力影响。

1）所给保护为电容器组保护，2）、3）所给保护为系统保护。

对于内部熔断以及外部熔断的电容器组，熔断器提供了一定程度的电容器组保护。不平衡保护提供所需的告警以及跳闸功能。如前所述，电容器组里的电容器单元或电容簇短接会启动告警装置。过电压或熔断器故障造成的电压不平衡可能损坏电容器单元时，将启动跳闸。不平衡保护也可以检测外部电弧故障或连锁故障。不平衡保护依据电容器组设计，容量以及连接方式的不同可以有多种形式。所有形式的讨论超出了本书范围。IEEE C37.99（2000）提供了不平衡保护的各种形式。接下来是一些典型形式应用的一般讨论。

大容量电容器组的一般连接方式为星形接地方式。不平衡电流可以通过检测中性点电流获取。电容器组完全平衡且由平衡电压源供电时，中性点电流不存在。电容器组内部熔断器动作或无熔断电容器组的电容组短接时，电容器组不平衡，中性点电流增加。电压或电流继电器应连接以反映这些中性点电流。其整定应依据之前所述的标准来启动告警或跳闸装置。

电容器组不平衡保护应用的中性点电流检测技术有以下几点挑战：

1）继电器动作要求的中性点电流很低。继电器启动需要测量的电流值很低，互感器及继电器性能可能会存在问题。

2）由于生产制造公差以及系统运行时电压的不平衡，正常运行时电容器组内部也会存在不平衡电流。

保护启动所需的中性点电流值可能与中性点电流互感器的励磁电流值相近。电容器组正常不平衡电流也可能与告警及跳闸的启动值相近。由此，一些电容器组的中性点电流不平衡保护可能不适用。尤其是更大容量电容器组，其启动电流非常小。电容器组中性点电流在引发系统电压不平衡的系统故障期间一直存在。中性点电流不平衡保护需要足够的延时以躲过系统故障最大清除时间。

效率更高的不平衡保护方法是电压差动方案。电压差动不平衡保护的基本原理如下：正常运行条件下，电容器组每相电压将在串联成组电容器之间平均分配。电压可以平均分配要求每个成组电容器的电容器单元个数相同，每个成组电容器的阻抗相同。当电容器组内部熔断器动作或者无熔断电容器组的电容簇短接时，电容器组中每个串联元件两端的电压不再相等。

图 9.29 给出了电容器组一相电压差动继电器的典型连接图。在该保护方案中，继电器比较母线电压和成组电容器某一分接点电压的大小。通常，选择电容器组的中点作为分接点。继电器的输入电压在继电器内部调整或者通过电压互感器调整来反映高压侧母线与电容器组分接点的一次电压差值。比如，如果分接点为完全平衡的电容器组的中点，那么当分接点的一次电压等于高压侧母线电压的一半时，继电器的测量差动电压应为零。

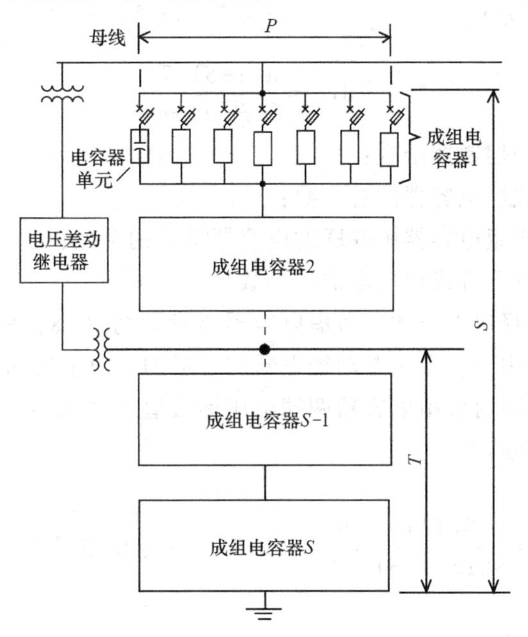

图 9.29　外部熔断，星形接地的电容器组的电压差动继电器连接图

当电容器组因为故障不再平衡时，分接点与母线电压的比值不再为0.5，继电器将测量出一个电压差值。基于电容器组设计，计算故障期间电压差值并与继电器定值比较以启动告警以及跳闸装置，满足之前所述标准。基于之前分析的特定的电容器组设计，参考C37.99（2000）来选择合适的计算公式。

电压差动保护方案一个重要特征是对于电容器组制造公差产生的不平衡电压可以采取补偿措施。调整安装在继电器上的补偿装置以保证电容器组正常运行时测量差动电压值为零。另外，系统不平衡电压不会造成保护误动，因为继电器只反映每相的母线电压与分接点电压的比值。以上中点设计存在一个问题，多重故障发生时，中点上、下部分的阻抗变化相同，母线电压与中点电压的比值不变，继电器拒动。通过设置多个分接点并比较各分接点电压可以大量减少这样的拒动情况。

对于配置电压差动保护的外熔断电容器组，可以通过以下公式计算分接点电压变化量的标幺值：

对于电力系统与电容器组分接点之间成组电容器中电容器单元的熔断器熔断的情况（分接点上方）：

$$-\mathrm{d}V_{\mathrm{pu}}=\frac{n}{S(P-n)+n} \tag{9.31}$$

对于电容器组分接点与中性点之间的成组电容器中电容器单元的熔断器熔断的情况（分接点下方）：

$$-\mathrm{d}V_{\mathrm{pu}}=\frac{n(1-S)/T}{S(P-n)+n} \tag{9.32}$$

式中 n——熔断的熔断器个数；

S——串联成组电容器的总个数；

P——每个成组电容器中并联的电容器单元的个数；

T——分接点下方成组电容器的个数。

给出算例以解释以上公式。考虑电容器组参数为$S=8$，$P=12$。电压差动保护方案中分接点为中点。电压差动继电器的合适的定值整定如下：

没有熔断器熔断时成组电容器两端电压标幺值（式9.30）：

一个熔断器熔断：

$$V_{\mathrm{pu}}=\frac{8(12)}{8(12-1)+1}=\frac{96}{89}=1.078 \qquad \text{（电压增量 7.8\%）}$$

两个熔断器熔断：

$$V_{pu}=\frac{8(12)}{8(12-2)+2}=\frac{96}{82}=1.17 \qquad （电压增量 17\%）$$

继电器应设置为一个熔断器熔断时仅触发告警装置，两个熔断器熔断时触发跳闸装置。

分接点上部以及下部熔断器熔断时差动电压（式 9.31 和式 9.32）：

分接点上部一个熔断器熔断：

$$-dV_{pu}=\frac{1}{8(12-1)+1}=\frac{1}{89}=0.01124 \qquad （选定点电压降低 0.01124pu）$$

分接点下部一个熔断器熔断：

$$-dV_{pu}=\frac{1(1-8/4)}{8(12-1)+1}=\frac{-1}{89}=-0.01124 \qquad （选定点电压升高 0.01124pu）$$

分接点上部两个熔断器熔断：

$$-dV_{pu}=\frac{2}{8(12-2)+2}=\frac{2}{82}=0.0244 \qquad （选定点电压降低 0.0244pu）$$

分接点下部两个熔断器熔断：

$$-dV_{pu}=\frac{2(1-8/4)}{8(12-2)+2}=\frac{-2}{82}=0.0244 \qquad （选定点电压升高 0.0244pu）$$

电压差动继电器应设置为一个熔断器熔断时触发告警装置。以 115V 为基值：

一个熔断器熔断时差动电压 = 115V（0.01124pu）= 1.29V

一个熔断器熔断时差动电压的 50% 作为触发告警装置的整定值：

0.5（1.29V）= 0.65V = 差动继电器告警整定值

电压差动继电器跳闸整定值应可靠地大于一个熔断器熔断时的差动电压，小于两个熔断器熔断时的差动电压：

两个熔断器熔断时差动电压 = 115V（0.0244pu）= 2.81V

跳闸整定值设置为一个熔断器与两个熔断器熔断时差动电压的中间值：

$$\frac{(2.81-1.29)}{2}+1.29=1.7328\text{V}=\text{差动继电器动作定值}$$

对无熔断电容器组与内部熔断电容器组进行类似的分析以确定相应电压差动继电器的定值。

大容量电容器组配有提供系统保护的几种继电器：

1）过电流保护：反映相电流以及中性点电流的过电流继电器连接于电容器组高压侧。这一继电器可以保护系统及电容器组免受电容器组发生严重相间以及接地故障而造成的损害。定时限相电流继电器启动值整定为电容器组额定电流的1.35倍。瞬时相电流继电器的整定值要躲过最大暂态励磁涌流和放电电流。反映中性点电流的过电流继电器整定值应在保证系统故障及暂态过程保护正确动作的前提下尽可能的低。

2）过电压保护：不正常运行条件下电容器组高压侧可能出现高电压。电容器组自身可能成为过电压工况的成因。三相过电压继电器安装在电容器组的高压侧以保护电容器组以及系统免受过电压工况。整定值应与系统及电容器组的电压设计极限值相配合。

3）低电压保护：有些情况下，高压侧母线电压降低时希望可以跳开电容器组。当电力系统自动重合闸使电容器重新带电时，会产生不期望的暂态过程。此时需要跳开电容器组以阻止该过程。检测母线电压的低电压继电器可以用来提供低电压保护。低电压保护需要设置一定的延时以躲过故障时的电压降落。延时时间必须够快以在自动重合闸动作之前切除电容器组。

4）断路器失灵保护：当电容器组的断路器失灵时，传统的断路器失灵保护可以用来隔离电容器组。

9.33 串联电容器组保护

串联电容器组与传输线路串联连接。考虑相应的成本和收益，串联电容器组仅用于高压长输电线路。串联电容补偿了传输线路的感抗，减小了线路串联阻抗，增大了长距离传输容量以及传输效率。电力系统串联电容器组应用研究分为故障电流水平研究、间谐波可能性研究以及次同步谐振或次谐波共振可能性研究。

电容器组故障时，通过闭合旁路开关从系统移除串联电容器组，保证输电线路供电。串联电容器组为输电线路的一部分且可以随时自动控制旁路，故所在输电线路的保护配置必须考虑电容器组投入与切除状态。

串联电容器组由与并联电容器组相同的基本电容器单元构成。与并联电容器组相同，电容器单元可以分为外部熔断、内部熔断以及无熔断单元。

串联电容器组保护主要用于避免电容器组在系统故障期间由故障电流流通产生的过电压带来的危害。闭合旁路开关作为过电压保护措施太慢。需要在故障情况下可以立即反应于电压升高的装置用来提供保护。气隙、变阻器以及近几年的晶闸管阀用来提供瞬时动作的过电压保护。过电压保护设备不能连续额定运行，易过热，需要闭合旁路开关来保护。电容器组以及过电压设备的电流测量值可以用来智能闭合旁路开关。电流测量值以及相应的保护计算要基于具体的被保护过电压设备的特性。

串联电容器组的电容器单元里的电容簇故障与之前讨论的并联电容器组类似。电容簇故障导致电容器组不平衡。若连锁故障的可能性增大，不平衡保护用来触发告警以及跳闸装置。不平衡保护依据电容器组的设计可以有多种形式。保护一般通过检测电容器组某一部分流通的电流来监测不平衡工况，该部分流通的电流在平衡工况下相等或为零。

串联电容器组的过载保护用来防止过载时短期或持续的过电压带来的电介质过度恶化。用动作于过载时电流累积值的时限过电流继电器提供过载保护。继电器整定在告警及跳闸水平。跳闸信号会闭合旁路开关。

串联电容器平台运行在线电压下，金属性连接于电容器组的一侧。单点连接方式下，电流互感器可以测量平台电流。平台表面闪络故障时，连接点流过线电流。平台接地故障时，连接结构中将流过对地电流。在正常运行工况下，此连接结构的电流等于很低的平台充电电流。瞬时过电流继电器监测平台到电容器组的电流，从而为平台提供故障保护。

串联电容器组的控制及保护逻辑依据不同的保护原理而变化。之前的讨论旨在为涉及到的重要保护提供一般的概述。IEEE PC37.116 给出了更多的详细信息。

9.34　电容器组保护应用问题

随着固体继电器的发展，电力系统大容量电容器组开始广泛应用。由于整定灵敏度的需要，部分早期安装的大容量电容器组遇到了大量故障。继电器的误差较大，安装位置环境状况会引起继电器运行特性的变化，故经常误操作。在一些实例中，保护系统的设计并没有充分考虑电容器组内部的不平衡量，从而导致保护误动作。比如，一天之中不同时刻的阳光会引起电容器单元加热不均衡从而产生不平衡阻抗。补偿措施不能平衡大幅度的变化，导致保护不正确动作。电压测量装置的控制电路连接必须为金属性的，要不然腐蚀或其他情况产生的接触电阻会使保护不正确动作。个别设备都遭遇过许多此类问题。在一段时间内甚至是今天，大容量电容器组的很多跳闸都不能查出具体原因。然而微机保护装置降低了保护灵敏性，扩大了故障范围。微机保护装置可以设置更严密的动作逻辑，提高运行安全性。断路器跳闸一般会对电容器组造成相当大的危害，引发大量熔断器熔断。这可能是由电容器组内部的大量储能以及故障过程中可能发生的大量暂态涌流造成的。

参考文献

更多信息参见第1章最后的目录。

ANSI/IEEE Standard C37.91, *Guide for Protective Relaying Applications to Power Transformers*, IEEE Service Center, Piscataway, NJ, 1985.

ANSI/IEEE Standard C37.99, *Guide for Protection of Shunt Capacitors*, IEEE Service Center, Piscataway, NJ, 2000.

ANSI/IEEE Standard C37.109, *Guide for the Protection of Shunt Reactors*, IEEE Service Center, Piscataway, NJ, 1988.

ANSI/IEEE Standard C57.12, *General Requirements for Liquid-Immersed Distribution, Power and Regulating Transformers*, IEEE Service Center, Piscataway, NJ, 2000.

ANSI/IEEE Standard C57.109, *Transformer through Fault Current Duration Guide*, IEEE Service Center, Piscataway, NJ, 1993.

Griffin, C.H., Development and application of fault-withstand standards for power transformers, *IEEE Trans. Power Appar. Syst.*, PAS 104, 1985, 2177–2188.

IEEE Power System Relaying Committee, Shunt reactor protection practices, *IEEE Trans. Power Appar. Syst.*, PAS 103, 1984, 1970–1976.

Sonnemann, W.K., Wagner, C.L., and Rockefeller, G.D., Magnetizing inrush phenomenon in transformer banks, *AIEE Trans.*, 77(P. III), 1958, 884–892.

附录 9.1　数字式变压器差动保护应用

忽略相关保护装置技术，应用本章所给的变压器保护的基本原理。变压器差动保护应满足以下要求：

1）调整每个进线电流测量幅值，从而保证正常运行以及外部故障时差动电流测量幅值小于动作定值。

2）计算差动电流必须考虑变压器联结组别带来的移相问题。

3）差动保护整定必须考虑变压器励磁涌流、过励磁电流以及 CT 饱和引起的畸变电流的影响。

本章讨论的满足以上要求的技术问题主要用于机电型继电器保护。微机型继电器以其高效的计算能力满足以上保护要求，且灵活性更高。

A. 9. 1-1　电流幅值补偿

在数字式变压器差动保护发展起来之前，是通过选择合适的电流互感器电流比及联结组标号调整继电器进线电流。通过选择合适的电流互感器变比及联结组别调整继电器进线电流。继电器每条进线安装自耦变压器进行电流补偿。自耦变压器的分接头可以进一步调整决定差流大小的进线电流。若变压器一侧为角形联结，零序电流仅在角形绕组回路流通，流不到绕组以外。为在变压器可以流通零序电流的另一侧补偿掉零序电流，该侧电流互感器采用角接方式。图 9.5 给出了该情况的连接示意图。变压器高压侧为角形联结，零序电流流不到绕组以外，因此高压侧电流互感器采用星接方式较为安全。变压器低压侧为星形接地连接，零序电流可以流通。故低压侧电流互感器采用角接方式。值得注意的是角接电流互感器仍需要相移补偿，本附录后面会讨论。

微机型变压器差动保护在电流互感器电流比及连接方式的选择上更灵活。数字式差动保护需要提供有关变压器额定值和连接方式的信息（变压器额定电压、额定容量，绕组联结组别以及接地方式）以及相应的电流互感器电流比和连接方式。若变压器一侧接地，则过滤掉电流测量值中的零序电流，以防止出现另一侧零序电流不能流通造成的两侧电流幅值不匹配问题。基于以上考虑，数字式继电保护需计算合适的幅值补偿系数，用来补偿进线电流幅值的差异。

A. 9. 1-2　电流相位补偿

9. 6 节的算例给出了为低压侧电流滞后高压侧 30°的角-星联结变压器提供相位补偿的电流互感器连接方式。这一连接符合此类变压器的 ANSI 标准连接方法。高压侧角接为“DAB”连接，即 A 相绕组的极名端与 B 相绕组的非极名端连接，如图 9.5 所示。由 A、B、C 三相相序可得，低压侧电流滞后于高压侧电流 30°。

三相变压器其他可能的连接方式会产生不同于 ANSI 连接的相位移动。变压器差动保护需要对不同变压器连接方式产生的相移进行合适的相位补偿，这一直是近几年继电保护工作的重点。例如，若图 9.5 中变压器的角接方式为“D_{AC}”，其连接图示于图 A9.1-1。I_A 与 I_a-I_c 成正比且低压侧电流超前高压侧电流 30°。（例如，A、B、C 三相平衡且依次滞后 120°，I_a 相位为 0°时，$I_A=\dfrac{I_a\angle 0°-I_c\angle 120°}{\text{匝数比}\ (n)}=\dfrac{I\ (\sqrt{3})}{n}\angle -30°$，因此 I_a 超前 I_A 30°。）为平衡电流相角，角接的低压侧电流互感器连接方式为“D_{AB}”。

一些设备采用 ACB 三相相序，而不是 ABC 相序。ACB 相序下，两绕组变压器采用图 9.5 所示的 ANSI 接法时，低压侧电流超前于高压侧电流 30°。（因为 A、C、B 三相依次滞后，I_a 相位为 0°时，I_b 相位为 120°，高压侧 A 相电流 I_A 与 I_a-I_b 成正比，相位为−30°）

变压器套管与三相绕组连接的不同方式也会产生相移。在北美，两绕组变压器的高压侧套管的标准命名为 H1、H2 以及 H3，低压侧套管为 X1、X2 以及 X3。H1 与 X1 处的绕组绕在同一个铁心上，极性相同。H2 与 X2 处以及 H3 与 X3 处的绕组同上。一般三相两绕组变压器的 A 相绕组在 H1 与 X1 套管，B 相绕组在 H2 与 X2 套管，C 相绕组在 H3 与 X3 套管。例如，一个三相两绕组变压器高压侧“DAB”角接，低压侧星形接地。其连接图示于图 A9.1-2。

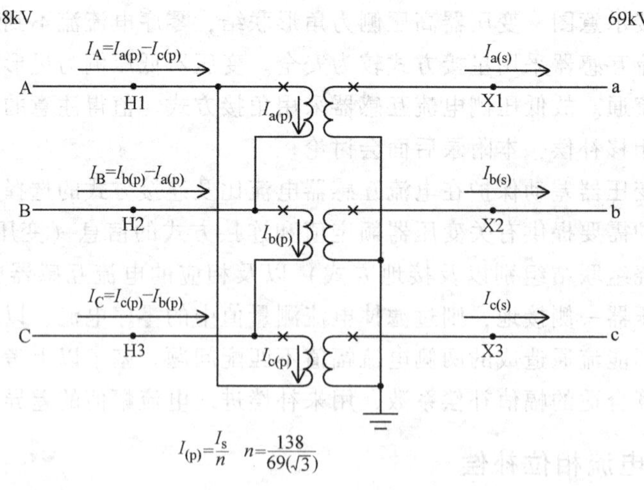

图 A9.1-1 三相两绕组△-Y 联结变压器，△连接方式为 $D_{(AC)}$

变压器低压侧采用一般连接方式，A 相位于 X1，B 相位于 X2，C 相位于 X3。而在变压器高压侧，B 相位于 H1，C 相位于 H2，A 相位于 H3。此种连接

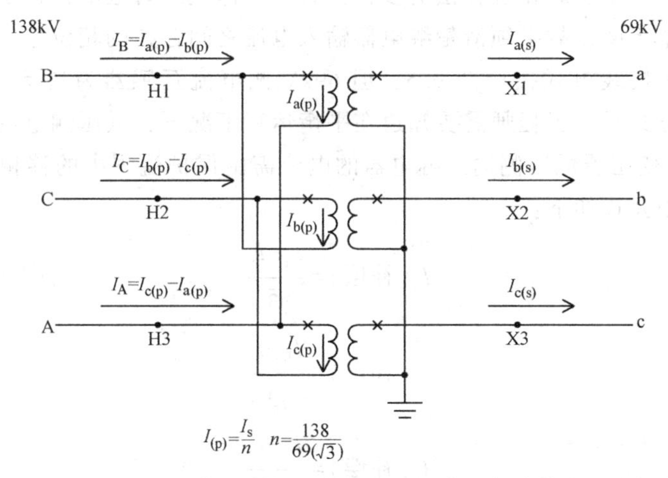

图 A9.1-2　三相两绕组角-星联结变压器，高压侧非传统连接方式

方式下，$I_A \propto I_c - I_a$，$I_B \propto I_a - I_b$，$I_C \propto I_b - I_c$。低压侧电流滞后于高压侧电流 150°：

$$I_A = \frac{I_c \angle 120° - I_a \angle 0°}{n} = \frac{I(\sqrt{3})}{n} \angle 150°$$

需要注意，北美的常用惯例为 A、B、C 表示相别，H、X 表示套管。国际上也使用其他命名方法。例如，相别可以表示为 U、V、W，套管可以表示为高压侧套管 1U、1V、1W，低压侧套管 2U、2V、2W。

对于机电型继电器，图 A9.1-2 所示连接方式下高压侧或低压侧电流互感器与继电器需要交换连接以实现变压器的电流补偿。若交换高压侧电流互感器的连接，则连接于 H3 的电流互感器的 A 相与继电器的 C 相输入端子相连，连接于 H1 的电流互感器的 B 相与继电器的 A 相输入端子相连，连接于 H2 的电流互感器的 C 相与继电器的 B 相输入端子相连。如图 9.5 所示，二次侧电流互感器仍需要角形连接以补偿变压器角-星联结带来的正常 30°相移。变压器不同的连接方式会造成 0°到 360°之间以 30°为间隔的不同相移。很多连接方式不常见的变压器运行在特殊环境中。工业实际中，常用简写符号来表示连接方式及相移角度。例如，低压侧滞后于高压侧 30°的角-星联结变压器的 ANSI 标准连接方式简写为“$D_{AB}Y$”。“D”表示高压侧角接，“AB”表示角接方式为 AB 型，“Y”表示低压侧星接。此种变压器连接方式另一种通用的简写为“Dy1”。“D”表示高压侧角接，“y”表示低压侧星接，“1”表示低压侧滞后于高压侧一个 30°间隔。类似地，图 A9.1-2 所示变压器连接方式应简写为“Dy5”（低压侧滞后于高压侧 5 个 30°间隔）。

随着数字式变压器差动保护的应用，不需要再选择合适的电流互感器连接方式以补偿变压器连接带来的相移。相位补偿可以在保护程序内部计算完成。许多厂家提供了正序相位时相位补偿的多种公式。具体应用时继电保护工程师要设置合适的保护整定值，故必须清楚继电器输入电流之间存在的相位差。例如，变压器及继电器的接线方式按照图 9.5，但 69kV 侧电流互感器为星接而不是角接。在分析连接方式时，工程师需要知道在平衡运行工况下，低压侧电流滞后于高压侧电流 30°。变压器低压侧输入继电器的电流需由保护流程中的移相公式进行相位补偿。移相公式如下：

$$I_a(\text{补偿})=\frac{I_a-I_b}{\sqrt{3}} \tag{A9.1-1}$$

$$I_b(\text{补偿})=\frac{I_b-I_c}{\sqrt{3}} \tag{A9.1-2}$$

$$I_c(\text{补偿})=\frac{I_c-I_a}{\sqrt{3}} \tag{A9.1-3}$$

式中 I_a、I_b、I_c——继电器输入端子的电流；

I_a（补偿）、I_b（补偿）、I_c（补偿）——继电器计算出的补偿电流。

以上公式可以表示为如下矩阵形式：

$$I(\text{补偿}):\begin{bmatrix}I_{a(comp)}\\ I_{b(comp)}\\ I_{c(comp)}\end{bmatrix}=\frac{1}{\sqrt{3}}\begin{bmatrix}1 & -1 & 0\\ 0 & 1 & -1\\ -1 & 0 & 1\end{bmatrix}\begin{bmatrix}I_a\\ I_b\\ I_c\end{bmatrix} \tag{A9.1-4}$$

考虑 I_a、I_b、I_c 幅值为 1，且三相相序为 ABC，

$$I_{a(comp)}=\frac{1}{\sqrt{3}}(1\angle 0-1\angle 240)$$

$$I_{a(comp)}=\frac{1}{\sqrt{3}}[(1+j0)-(-0.5-j0.866)]$$

$$I_{a(comp)}=\frac{1}{\sqrt{3}}(1.5+j0.866)=\frac{1}{\sqrt{3}}(1.732\angle 30)$$

$$I_{a(comp)}=1\angle 30$$

由以上可知，补偿矩阵将 A 相电流逆时针偏移 30°。类似的，B 相、C 相电流也逆时针偏移 30°。

式（A9.1-4）的补偿矩阵平衡的将 A、B、C 三相电流逆时针移相 30°。由于 30°由一个 30°增量构成，故此矩阵成为“1”补偿矩阵。补偿矩阵并不改变相电流幅值。

依次逆时针移相 30°的补偿矩阵列表如下：

移相 0°（“0”补偿矩阵）

$$\begin{bmatrix} 1 & 0 & 0 \\ 0 & 1 & 0 \\ 0 & 0 & 1 \end{bmatrix}$$

移相 30°（“1” 补偿矩阵）

$$\frac{1}{\sqrt{3}}\begin{bmatrix} 1 & -1 & 0 \\ 0 & 1 & -1 \\ -1 & 0 & 1 \end{bmatrix}$$

移相 60°（“2” 补偿矩阵）

$$\frac{1}{3}\begin{bmatrix} 1 & -2 & 1 \\ 1 & 1 & -2 \\ -2 & 1 & 1 \end{bmatrix}$$

移相 90°（“3” 补偿矩阵）

$$\frac{1}{\sqrt{3}}\begin{bmatrix} 0 & -1 & 1 \\ 1 & 0 & -1 \\ -1 & 1 & 0 \end{bmatrix}$$

移相 120°（“4” 补偿矩阵）

$$\frac{1}{3}\begin{bmatrix} -1 & -1 & 2 \\ 2 & -1 & -1 \\ -1 & 2 & -1 \end{bmatrix}$$

移相 150°（“5” 补偿矩阵）

$$\frac{1}{\sqrt{3}}\begin{bmatrix} -1 & 0 & 1 \\ 1 & -1 & 0 \\ 0 & 1 & -1 \end{bmatrix}$$

移相 180°（“6” 补偿矩阵）

$$\frac{1}{3}\begin{bmatrix} -2 & 1 & 1 \\ 1 & -2 & 1 \\ 1 & 1 & -2 \end{bmatrix}$$

移相 210°（“7” 补偿矩阵）

$$\frac{1}{\sqrt{3}}\begin{bmatrix} -1 & 1 & 0 \\ 0 & -1 & 1 \\ 1 & 0 & -1 \end{bmatrix}$$

移相 240°（“8” 补偿矩阵）

$$\frac{1}{3}\begin{bmatrix} -1 & 2 & -1 \\ -1 & -1 & 2 \\ 2 & -1 & -1 \end{bmatrix}$$

移相 270°（“9”补偿矩阵）

$$\frac{1}{\sqrt{3}}\begin{bmatrix} 0 & 1 & -1 \\ -1 & 0 & 1 \\ 1 & -1 & 0 \end{bmatrix}$$

移相 300°（“10”补偿矩阵）

$$\frac{1}{3}\begin{bmatrix} 1 & 1 & -2 \\ -2 & 1 & 1 \\ 1 & -2 & 1 \end{bmatrix}$$

移相 330°（“11”补偿矩阵）

$$\frac{1}{\sqrt{3}}\begin{bmatrix} 1 & 0 & -1 \\ -1 & 1 & 0 \\ 0 & -1 & 1 \end{bmatrix}$$

移相 360°（“12”补偿矩阵）

$$\frac{1}{3}\begin{bmatrix} 2 & -1 & -1 \\ -1 & 2 & -1 \\ -1 & -1 & 2 \end{bmatrix}$$

以上矩阵将未经补偿的 A、B、C 相序的三相平衡电流逆时针移动所显示的度数。相反地，对于 A、C、B 相序的电流将顺时针移相。

需要注意的是，除了“0”补偿矩阵，所有补偿矩阵均过滤掉了零序分量。“0”补偿矩阵与“12”补偿矩阵的相移均为 0°，但是“0”补偿矩阵没有过滤掉零序分量，而“12”补偿矩阵过滤掉了零序分量。例如，对于以下相电流：

$$I_a = 1\angle 0°, I_b = 0, I_c = 0$$

此组相电流的零序分量电流为

$$I_o = \frac{1}{3}[1\angle 0° + 0 + 0] = 0.333\angle 0°$$

此组相电流的“1”补偿矩阵为

$$\begin{bmatrix} I_{a(comp)} \\ I_{b(comp)} \\ I_{c(comp)} \end{bmatrix} = \begin{bmatrix} 1 & 0 & 0 \\ 0 & 1 & 0 \\ 0 & 0 & 1 \end{bmatrix}\begin{bmatrix} 1\angle 0° \\ 0 \\ 0 \end{bmatrix}$$

$$I_{a(comp)} = 1\angle 0° \quad I_{b(comp)} = 0 \quad I_{c(comp)} = 0$$

补偿后零序分量仍存在。

对这组相序施加“12”相移矩阵

$$\begin{bmatrix} I_{a(comp)} \\ I_{b(comp)} \\ I_{c(comp)} \end{bmatrix} = \frac{1}{3}\begin{bmatrix} 2 & -1 & -1 \\ -1 & 2 & -1 \\ -1 & -1 & 2 \end{bmatrix}\begin{bmatrix} 1\angle 0° \\ 0 \\ 0 \end{bmatrix}$$

$$I_{a(comp)}=\frac{1}{3}(2\angle 0°)=0.667\angle 0°$$

$$I_{b(comp)}=\frac{1}{3}(-1\angle 0°)=-0.333\angle 0°$$

$$I_{c(comp)}=\frac{1}{3}(-1\angle 0°)=-0.333\angle 0°$$

补偿后电流的零序分量为（$I_o=1/3\ (I_a+I_b+I_c)$）

$$I_{o(comp)}=\frac{1}{3}[0.667\angle 0°-0.333\angle 0°-0.333\angle 0°]=0$$

补偿后电流不存在零序分量。

数字式变压器差动保护应用时，继电保护工程师需要清楚继电器输入电流之间存在的相位差，选择一个电流为参考，通过确定合适的移相公式将其他输入电流的相位调整为同相。更经济实用的数字式变压器差动保护装置可以只设置典型应用的变压器连接方式对应的移相公式。

对于机电型变压器差动保护装置，需要限定与继电器相连的电流互感器的容量，以防止外部故障高电流引起互感器饱和。数字式保护装置可以检测互感器饱和，并在电流互感器饱和时闭锁保护。

A.9.1-3 数字式变压器差动保护的其他特征

数字式变压器差动保护其他特征如下：

1）动作曲线的比率系数以及转折点的选择具有广泛的灵活性。

2）2次谐波制动量可根据实际需要在大范围内变化。2次及4次谐波制动用来在励磁涌流时闭锁保护。

3）5次谐波制动量可根据需要在大范围内变化。5次谐波制动用来在过励磁出现错误差动电流时闭锁保护，主要用于发变单元的变压器。

4）某些场合下可以应用负序差动元件。该元件对于重载情况下的匝间故障具有较高灵敏性，而此时相电流差动元件由于负载电流引起的高制动量而灵敏度降低。

5）很多数字式继电器可以提供灵活的接地制动保护。

第10章 母线保护

10.1 引言：母线典型接线形式

母线在电力系统中非常普遍，在由两条及以上互联线路组成的系统中尤为常见。不同母线所连接的线路数量差别很大。由于母线处短路电流水平可能很高，且所有提供故障电流的支路的断路器都必须断开，以隔离故障母线，所以母线处故障可能导致严重的系统扰动。因此，当涉及超过6~8台断路器时，通常由断路器将母线分段（母联断路器），或采用以最少断路器数量隔离母线故障的母线主接线形式。母线主接线形式主要由故障隔离、经济性和系统运行灵活性等因素决定，主要类型详见图10.1~图10.8。为保证灵活性和选择性，每条母线连接4台断路器。如图所示，母线断路器两侧通常设有隔离开关，在故障后或检修时可以提供与系统的安全隔离。一般来说，这些开关应在无负载条件下动作。如下所示的通过断路器与母线连接的元件包括发电机、变压器、线路、电动机等。

母线典型图例如下所示：

单母线	图10.1
单母线分段	图10.2
单母线带旁路	图10.3
双母线-单断路器	图10.4
双母线-双断路器	图10.5
环形母线	图10.6
一个半断路器接线	图10.7
母线变压器组合接线	图10.8

其他母线接线形式可被视作以上接线形式的组合或变形。

幸运的是，母线故障不太常见；但这类故障会造成严重后果，因其必须断开流过故障电流的断路器以隔离故障，从而导致负载损失。母线故障最常见的原因是设备故障、小动物接触、绝缘破坏、风中漂浮物和污染等。

差动保护能提供灵敏的相间故障和接地故障保护，因此经常被用作母线保护。在图例中，虚线框或框轮廓为母线差动保护范围：主保护范围。后备保护通常由与母线相连接的其他元件提供。第二种差动保护方案有时用于极为重要的母线，并受大电力系统冗余要求的约束。在配电和工业用户变电站中，母线通常配置简易带延时的保护。

10.2　单断路器-单母线接线

单断路器-单母线接线（如图 10.1 所示）是最基本、简单、经济且应用最广泛的母线接线形式，在配电变电站和低电压等级电网尤为常见。对于此种类型母线接线，只要采用和配置合适的电流互感器就很容易实现差动保护，从而保障整个母线区域的安全。

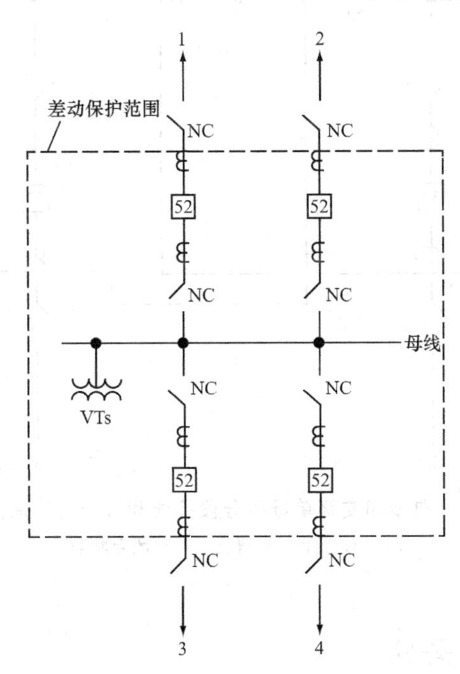

图 10.1　典型四支路单母线接线和母线差动保护范围

注：NC 表示正常情况下处于闭合状态。

此种母线布置形式缺乏操作灵活性。母线上任何故障都会导致母线各支路断开。断路器故障或检修会导致支路停运。然而，如母线所有支路和继电保护检修能够统一计划，则这个问题也容易解决。母线上所有支路可以共用一套母线电压互感器。

10.3　单母线分段

这种接线形式是单母线接线的一种扩展（如图 10.2 所示）。这一接线方式经常被用于支路较多的变电站中，特别是低电压等级的配电变电站和工业用户变电站中。当变电站由两个独立电源供电时，此种母线布置方式具有一定的灵活性。每路电源接一条母线，两路电源可通过操作母联断路器（52T）分合实现连接或断开。如失去一路电源，则可通过合上52T由另一路电源供电。此时，每条母线保护的保护范围独立。当其中一条母线发生故障时，另一条母线可以正常运行。

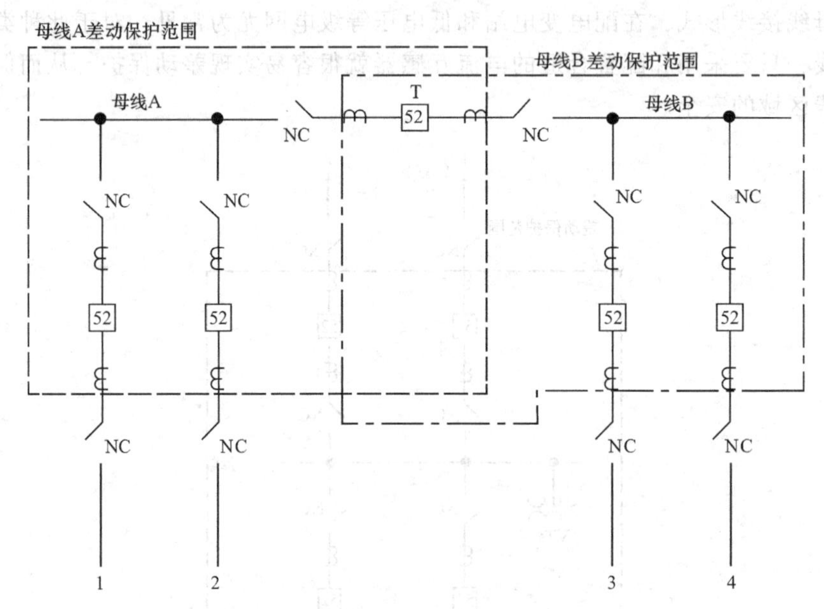

图 10.2 典型四支路单母线分段接线和母线差动保护范围

注：NC表示正常情况下处于闭合状态。

10.4 单母线带旁路

旁路母线提高了运行灵活性（如图10.3所示）。正常运行方式如图10.1所示，所有支路均运行在主母线上。这条母线由单一母线差动进行保护（虚线所示）。母线故障时所有断路器都需要跳闸，因此会切断所有连接到母线的负载。

一般情况下，旁路母线不运行。当某支路断路器故障或检修时，通过闭合其常开隔离开关（NO）和母联断路器（52T）将其接入旁路母线继续供电。每次仅允许一条支路带旁路母线运行。母联断路器保护必须与连接到该母线的任何支路相匹配。对于每条倒闸操作的线路或旁路母线运行期间需采用不同定值。对于保护来说这是一个不利因素。一般来说，切换或修改保护是不可取的，因为潜在错误可导致保护失效或误动作。基于微处理器的继电器可缓解这一问题，因为这些继电器中有多个定值区可供切换。每个定值区适用于一条支路，定值满足每一条支路的特殊需要。连接到旁路母线特殊支路的开关位置会自动启用定值。母线电压互感器能为多条支路提供电压信号。

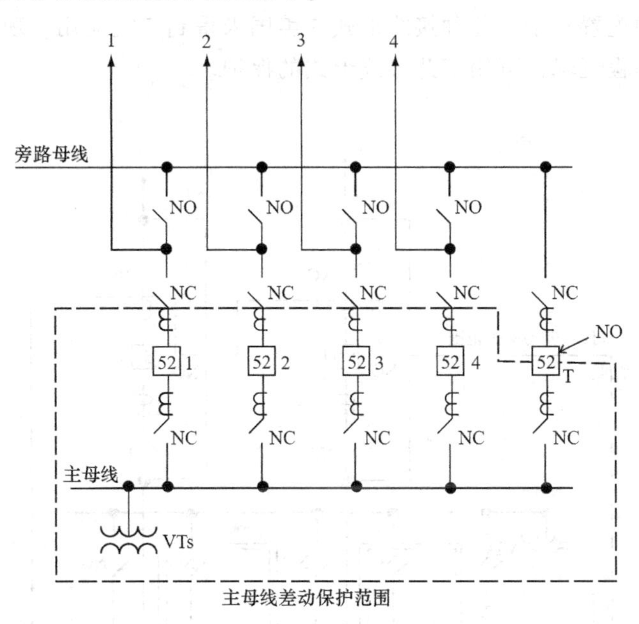

图 10.3　典型四支路单断路器主母线带旁路接线和母线差动保护范围

注：NC，正常情况下处于闭合状态；NO，正常情况下处于打开状态。

10.5　双母线-单断路器

这种接线方式（如图 10.4 所示）为系统运行提供了一定的灵活性。任何一条线路均能运行在其中一条母线上；如图所示，母线可合母运行，也可分列运行，如一条线路的断路器检修，则其中一条母线可以作为旁路母线。缺点是此种方式要求为母线差动保护和线路保护提供复杂的交叉保护。要求为母线提供两种差动保护区。在图 10.4 中，线路 1 和线路 2 连接于母线 1，线路 3 和线路 4 连接于母线 2。对于此种运行方式，差动保护范围：虚线为母线 1 保护范围，点划线为母线 2 保护范围。

对于先前采用的母线接线形式（参见图 10.3），当 52 T 替代任何线路断路器时，母联保护必须适应任何线路保护。当用其中一条母线做旁路母线，线路断路器被旁路，并且母联断路器停用时，旁路母线的差动保护也应停用。

母线或相关支路上任何故障都要求连接于母线的所有支路同时跳闸。母联断路器（52T）故障必须跳两条母线和所有支路。如图所示，每条母线必须配置保护用电压互感器。然而，如线路保护需要电压量，则接线路电压互感器比较合适可以避免切换。

由于保护配置复杂，此种接线形式在美国未得到广泛应用。现代微机保护具有灵活的可编程逻辑，可用于此接线形式的保护。

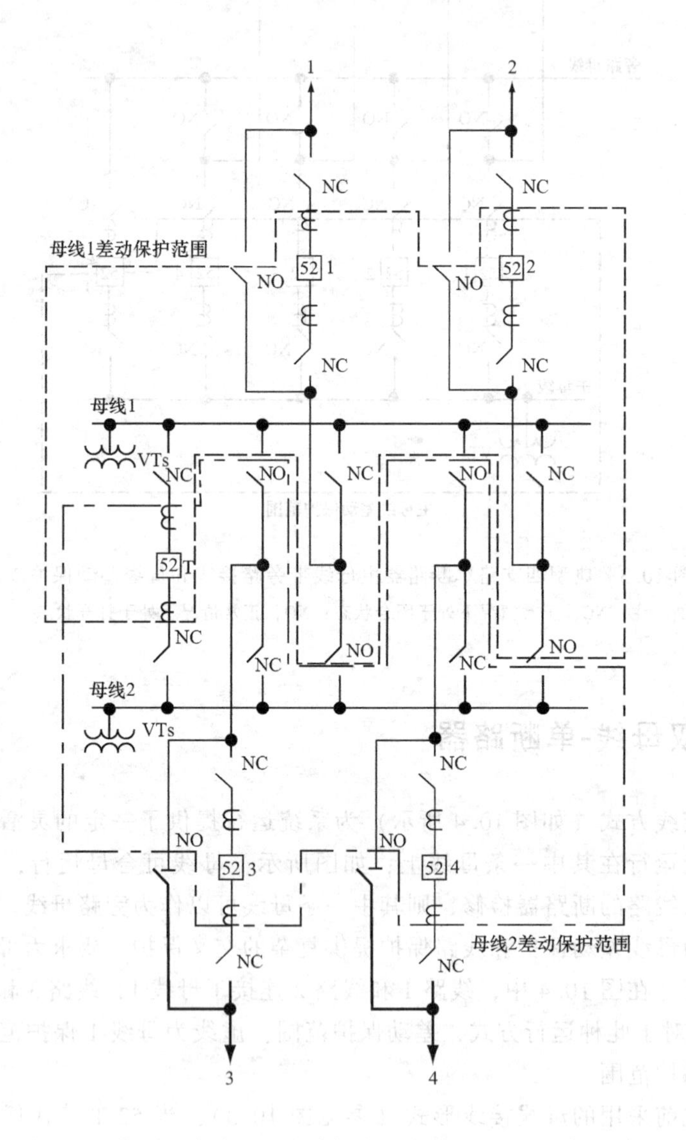

图10.4　典型四支路双母线单断路器接线和母线差动保护范围

注：NC，正常情况下处于闭合状态；NO，正常情况下处于打开状态。

10.6　双母线-双断路器

这是一种灵活的母线接线形式，每条支路配置两台断路器（如图 10.5 所示）。每条母线配置独立的差动保护，保护范围如图所示。线路保护取自同一支路上相对应的两个 CT，并且此种保护形式与母差保护范围在两个断路器之间存在保护范围重叠。线路保护动作时，两个断路器同时跳闸。

当所有隔离开关均处于闭合状态时，两条母线中任何一条发生故障都不会影响供电。检修时，操作断路器和隔离开关，可停运任一母线。如线路保护要求获取线路电压，则必须采用电磁式电压互感器或耦合电容式电压互感器（CCVT）。

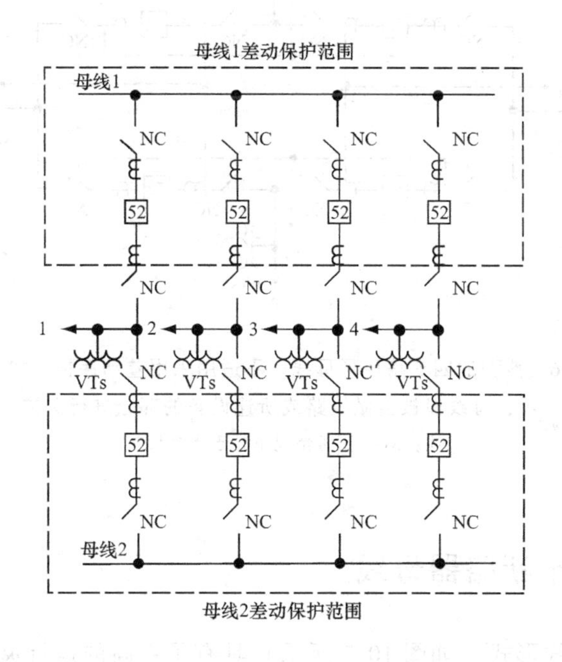

图 10.5　典型的四支路双母线双断路器接线和母差保护范围

注：NC，正常情况下处于闭合状态；NO，正常情况下处于打开状态。

10.7　环形母线

这种母线接线形式（如图 10.6 所示）越来越普遍，尤其是在高电压等级下。此种接线方式的特点就是通过采用最少的断路器实现较高的灵活性。每台断路器负责两条线路，当线路上发生故障时会跳开断路器。断路器之间的原母线保护部分现在变成了线路保护的一部分，因此无需配置母线保护。每条线路保护的CT连接如图10.6中的虚线所示，当发生线路故障时跳两台断路器。不论何种原因，如环形母线处于开环运行，此时线路上发生故障会将线路和母线隔离为两个独立部分，从而导致电力系统出现严重扰动，必须从系统操作和保护的角度进行考虑。必要时可从电压互感器获取线路保护的电压，或者更普遍的，在较高电压等级系统中，从线路的电容式电压互感器获取。

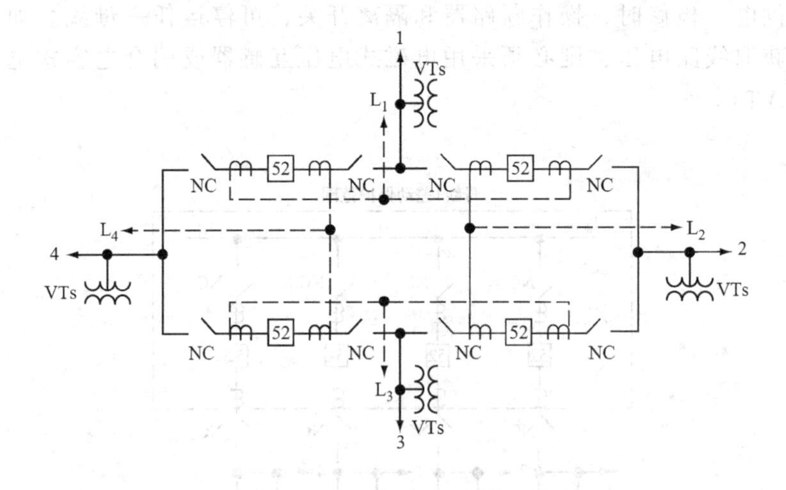

图10.6 典型的四支路环形母线。不适用采用差动保护。如虚线所示，母线段被当做线路或所连设备的部分进行保护

注：NC，正常情况下处于闭合状态。

10.8 一个半断路器母线

这种母线接线形式（如图10.7所示）具有了更高的运行灵活性，但是要求配备的断路器数量超过环形接线形式。这种接线形式也同样应用广泛，尤其是对于具有大量出线、更高电压等级系统。两条分开的母线中每条母线均拥有独立的保护范围。每条线路通过两台断路器由两条母线供电。两条线路共用中断路器，因此中断路器可以被看作是半个断路器。

每段线路的CT连接如图10.7中虚线所示。线路保护的电压必须取自线路侧耦合电容式电压互感器或电磁式电压互感器。线路故障跳两台断路器，但若所有断路器处于闭合状态，则将不会引起其他线路供电中断。

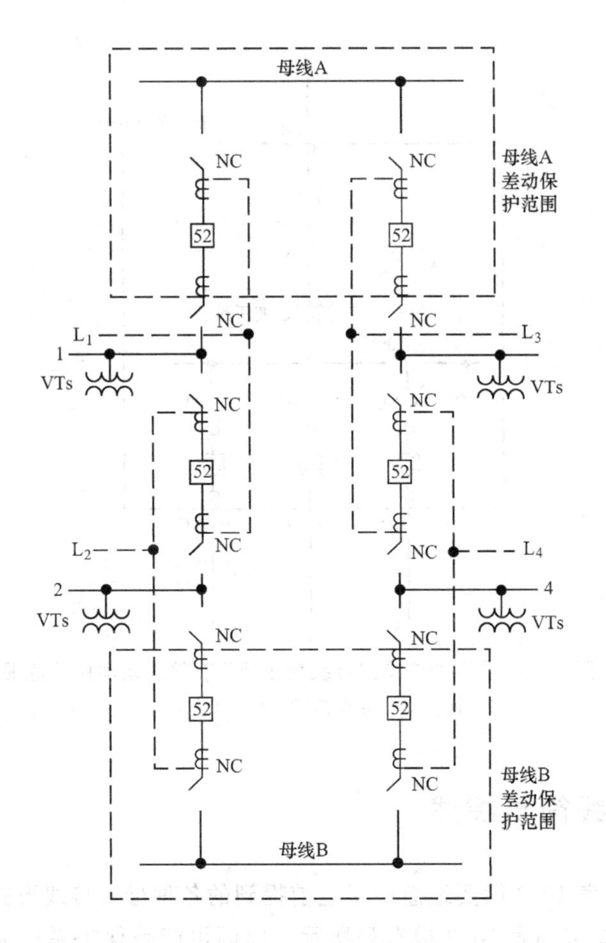

图 10.7　典型的四支路一个半接线形式和母差保护范围。如虚线所示，中母线段被当做线路或所连设备的部分进行保护

注：NC，正常情况下处于闭合状态。

10.9　母线-变压器组合接线

这种接线为单母线（如图 10.1 所示）带变压器单元接线形式，省去了变压器和母线之间的断路器，具有成本优势（如图 10-8 所示）。此种接线方式对于小型配电变电站（通过一台变压器带几条支路）非常实用。不论是否存在其他断路器，如在变压器内部或母线上发生故障都将断开所有支路。

差动保护范围包括母线和变压器（如虚线所示）。在这些应用中，必须使用变压器差动保护。上述应用和设置如第 9 章所述。

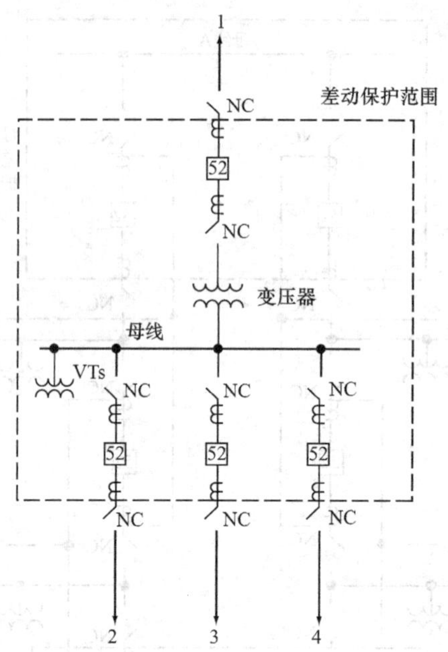

图 10.8 典型的四支路母线变压器组合接线差动保护范围

注：NC，正常情况下处于闭合状态。

10.10 母线简要综述

表 10.1 和表 10.2 简要地总结了之前提到的各种母线接线形式。一个断路器失灵时的跳闸要求如表 10.2 最右列所示，原因可能是保护系统失效或断路器无法正常断开。就地断路器需要配置失灵保护，这部分内容将在第 12 章进行论述。

表 10.1 优缺点概述

图号	接线形式	优点	缺点
10.1	单母线-单断路器	1. 基本、简单、经济 2. 所有支路共用一个母线电压	1. 缺少运行灵活性 2. 母线故障时所有断路器都会断开 3. 检修或故障时支路会被断开
10.2	双母线分段	1. 两条母线各有一个电源 2. 失去一个电源，负载可以转移 3. 失去其中一条母线，还可以继续供电	1. 检修或故障时支路会被断开 2. 母联断路器故障会跳两条母线 3. 要求取两条母线电压
10.3	单母线带旁路	1. 一个差动保护范围 2. 只有一条母联支路 3. 检修时，断路器和继电器可以不停运 4. 电压只取主母线电压	1. 母联断路器保护要适应每一条支路 2. 母线故障时会跳所有断路器 3. 故障率会较高 4. 母联保护要适应每一条支路

（续）

图号	接线形式	优点	缺点
10.4	双母线-单断路器	1. 高灵活性 2. 线路可以运行在任一条母线上 3. 任何一条空母线都可以作为备用母线	1. 断路器保护切换比较复杂（不希望出现） 2. 母联保护要适应每条支路 3. 当其中一条母线差动保护停运时，则线路断路器应连接另一条母线 4. 母联断路器故障会跳所有断路器 5. 取两条母线的电压
10.5	双母线-双断路器	1. 灵活性极高 2. 保护区重叠 3. 母线故障不会中断供电 4. 所有转换都通过断路器操作 5. 可停用任何一条母线	1. 断路器检修时仍需要保护运行 2. 每条线路配备两个断路器 3、线路保护取自两个电流互感器 4. 要求取线路侧电压 5. 线路故障跳两台断路器
10.6	环形母线	1. 高灵活性 2. 断路器数量最少 3. 母线是线路的一部分，无母线保护	1. 要求取线路侧电压 2. 断路器检修时仍然需要继电器运行 3. 线路故障跳两台断路器 4. 近后备不适用 5. 开环运行可能导致系统解列
10.7	一个半断路器接线	1. 更高的运行灵活性 2. 母线属于线路的一部分	1. 需要更多断路器 2. 中断路器为两条线路共用
10.8	母线和变压器单元接线	省去了变压器和母线之间的断路器	变压器和母线差动保护合并。需要通过检查确定故障位置

表 10.2 系统母线简要综述

母线类型	图号	母线数	每条线路要求		每条新增线路		四条线路总需求		线路继电器取三相电压	断路器失灵：需要跳闸的局部后备保护①
			断路器	断开断路器数量	断路器	断开断路器数量	断路器	断开断路器数量		
单母线-单断路器	10.1	1	1	2	1	2	4	8	一条母线电压	母线上所有断路器
单母线带分段	10.2	2	至少两条线路共用 3	6	1	2	5	10	每条母线电压	母线上所有断路器②
单母线带旁路	10.3	2	3	5	1	3	5	14	主母线电压	母线上所有断路器
双母线-单断路器	10.4	2	2	7	1	5	5	22	每条母线电压③	母线上所有断路器②
双母线-双断路器	10.5	2	2	4	2	4	8	16	每条线路的线路侧电压	母线上所有断路器
环形母线	10.6	0	至少两条线路共用 2	4	1	2	4	8	每条线路的线路侧电压	相邻断路器和线路对端
一个半断路器接线	10.7	2	至少两条线路共用 3	6	两条线共用 3	6	6	12	每条线路的线路侧电压	母线上所有断路器；中断路器，相邻断路器和线路对端

① 此外，失灵断路器的远跳接点必须通过远端继电器或联跳信号打开。

② 母联断路器失灵要求两条母线上的所有断路器跳闸。

③ 最好采用线路电压，以避免线路接于不同母线时的电压转换。

10.11 母线差动保护

因为需要比较流入母线的总电流和流出母线的总电流，完全差动保护需包含所有连接于母线上的支路。具有两个支路的母线除外，这意味着要比较多组电流互感器；这些互感器工作时能量水平不同，通常具有不同的特性。最严重的故障刚好处于差动保护区外的故障。在此种故障支路中，该支路电流互感器会流过其他支路的所有电流。因此，就要求电流互感器必须能够在可能存在大电流时具有足够的准确度并将其传变到二次侧，避免误动作。电流互感器的特性格外重要。继电器和电流互感器都是这一系统的重要环节，其在差动保护范围内部故障时具有速动性和灵敏性，同时在外部故障时可靠不动作。以下两种主要技术被用于解决电流互感器特性不一致问题：①制动电流；②高阻抗电压。第三种方法是采用空心变压器避免铁心励磁饱和。这三种方法都已得到实际应用，因设计不同而展现出不同的特性，而每种特性都有不同的应用原则。必须严格遵循上述规定，因为编制这些规定的初衷在于解决传统电流互感器在处理对称和不对称电流时存在的固有缺陷。

本章重点关注母线差动保护所面临的挑战，以及机电式保护在哪些方面遭遇挑战。许多此类保护仍然在世界各地的电力系统中运行。同样的挑战存在于数字化的母线保护系统，但针对数字化保护，可采用不同的方法以应对这些挑战。在某种程度上，现代数字继电器能够为母线差动保护带来一定的安全特性，而这在电磁继电器时代是不可能实现的。采用数字算法设计的母线差动继电器可快速检测出电流互感器饱和。快速识别逻辑可极快地检测出被保护母线存在的故障。当检测到这种情况时，继电器的动作可被闭锁或变得不灵敏。上述特性与其他特性令数字式母线差动继电器可采用基于电流的高安全性和敏感性数字设计。

因此，由于现代装置中的机电系统减少，本章后文将描述采用高阻抗原理或空心变压器原理的母线差动保护。数字式继电器同样需要补偿来自不同变比电流互感器的电流输入。消除这些需要辅助电流互感器提供正确匹配的电流。当系统运行需要重新调整母线或母线检修时，数字式差动保护具有极高灵活性，可维持合适的保护。

10.11.1 多制动电流差动保护

对于采用传统电流互感器的一般应用程序，多制动电流差动保护是最为通用的方法，但通常也较为难用。然而，每个制造商已经开发了应用程序连接和标准简化这个过程。多制动继电器采用连接于每一条主要故障电流支路上的制动绕组。

可能会对比具有低故障电流的分支和支路。因此，适用第 9.5 节论述的基本原理。所有电流互感器采用 Y 形接线并与制动绕组连接，因为除图 10.8 中的示例外母线无相移问题。

这些方案旨在通过最大补偿电流正确地抑制差动保护区外严重故障，防止电流互感器流过最大三相短路电流时饱和。电流互感器饱和问题也可通过电流互感器电流比选择和降低二次负载实现。建议不再接入其他装置差动保护回路。差动保护的制动绕组通常具有极小电阻，因此主要负载是连接电流互感器和继电保护的引入线。应用大截面导线可降低电流互感器二次负载率，同时大截面导线可以减小物理损耗。事故性损坏或差动回路开路会导致不正确动作和失去电力系统的重要部分。

多制动特性的母线差动保护无电流比抽头。大部分应用中这些不做要求，因为一个基准的电流互感器电流比通常可从数条母线的电流互感器中选取。另一方面，对于电流比不匹配的情况，可采用辅助 CT。采用辅助 CT 后，建议尽可能减小电流。通过这一方式，也会减小二次负载，详见第 5 章。

多制动特性的母线差动继电器最多可有 6 个制动电路并且拥有混合或多种不同的制动特性。内部故障典型灵敏度为 0.15A，开放时间为 50~100ms。

10.11.2 高阻抗电压差动保护

这种方案为电流互感器二次回路增加高阻抗，使不正常的差动电流经过 CT 而不是差动继电器的动作线圈。基本原理如图 10.9 所示。发生外部故障时，如故障支路（1）上的 CT 完全饱和，而其他 CT（2 和 3）不饱和，则差动继电器 Z_R 将出现最大电压 V_R。这属于最糟糕的情形，因为在实际应用中当发生轻微外部故障时，所有 CT 可能不会饱和，或具有不同的饱和度。具有一定安全系数的裕度经验值由制造商提供，可修改继电器的最大整定电压。最大的三相对称故障和单相接地故障都需要这一计算结果。故障电流各不相同，出现三相故障时，引线电阻为 R_L（不同支路的最大值）；发生单相接地故障时是 $2R_L$。母线内部故障如图 10.9 所示，母线差动继电器的高阻抗 Z_R 令大部分 CT 二次电流通过 CT 励磁阻抗。因此，电压 V_R 将会升高以至于起动继电器，它本质上是开路的 CTs 二次电压。在 Z_R 旁边并接压敏电阻或类似的保护装置可将电压限制在一个安全的水平。在额定系统频率下，优化电路提供了最大灵敏度并能够滤除直流暂态成分。与大电阻值 Z_R 相比，连接点和继电器之间的电阻 R_{LR} 可以忽略。

该方案要求电流互感器连接点（R_s+R_1）的总电阻保持最低。因此，可使用二次阻抗较小的套管或环形绕线电流互感器，同时它们最好等距互联且安装位置尽可能靠近 CT 的位置，令两者的 R_h 值基本相当并保持在低位。

所有电流互感器的电流比都应相同并全绕组运行。不推荐接在分接头处运

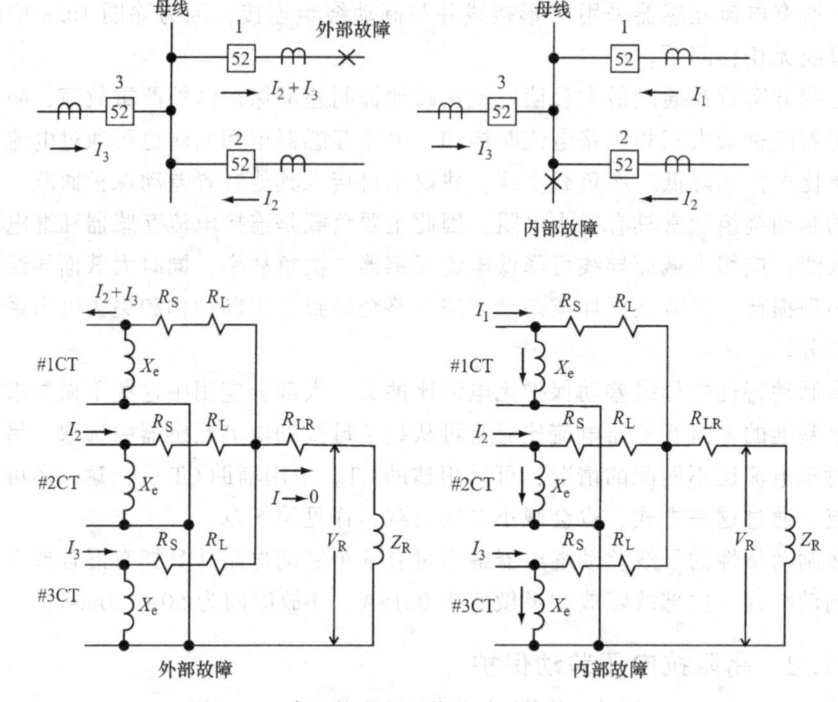

图 10.9 高阻抗电压母线差动系统的运行原理

行，但如有必要，应确保抽头之间的绕组均匀分布，且应确保隔离未使用的端子，以避免因自耦变压器效应将其击穿。同样不推荐使用辅助电流互感器，若需要，则应事先对相关线路进行详尽分析或增加特殊的继电器，因为即使多部署一种继电器都将限制线路上其他类型电流互感器的使用。

对于上述几种局限，如果采用现代 CT 并进行合理的母线设计也是可以克服的。故而在母线保护系统中，这是一种极为有效且被广泛使用的母线保护系统。动作时间一般约为 20~30ms；然而，若针对故障电流很大的内部故障，加装额外的瞬时动作单元，则动作时间可降低为 8~16ms。

10.11.3 空心互感器差动保护

差动保护的主要问题多由电流互感器的铁心造成，铁心需要励磁电流励磁并会在大故障电流下饱和。通过移除电流互感器的铁心，上述问题将不复存在，从而得到一种结构简单、动作迅速、可靠性高的母线差动保护系统，即线性耦合差动保护，目前已有部分在工程实际中使用。但这类保护方案并未被广泛使用，主要原因在于常规的铁心 CT 不能在这类保护中使用，而线性耦合电流互感器也无法在其他应用中使用。

线性耦合 CT 与传统的铁心 CT 具有相同外观，在主电路中可以直接套接在绝缘套管上或者接成绕线式电流互感器，在如下方程式中作为空心耦合电抗器使用。

$$V_{\mathrm{Sec}}=I_{\mathrm{Pri}}M\ \mathrm{V}$$

其中，M 在系统频率为 60Hz 时应设计成 0.005Ω，因而线路一次电流为 1000A 时二次侧感应出的电压为 5V。母线上所有线路的线性耦合 CT 的二次侧绕组都串联起来接到一个高灵敏度的继电器单元上。对于外部故障或负载，流入母线的所有电流产生的电压之和均相等，且与母线流出的电流所产生的电压成反比。因此，在不动作时，继电器两端的电压实际上应为 0。

发生内部故障时，电流流入母线，由线性耦合电流互感器的二次侧电压提供动作电压。于是继电器动作电流（I_{R}）为

$$I_{\mathrm{R}}=\frac{V_{\mathrm{Sec}}}{Z_{\mathrm{R}}+Z_{\mathrm{c}}}$$

式中 Z_{R}——继电器线圈的阻抗；

Z_{c}——线性耦合电流互感器二次侧阻抗。

一般 Z_{c} 的值较 Z_{R} 会高 2~20Ω。与上述两个值相比，CT 引入线的阻抗无足轻重。继电器动作电流在 2~50mA 之间，灵敏度很高，一般动作时间在 16ms 以内。

这种保护系统实际上具有极高的灵活性。因为 CT 二次侧不需要短接以防止线性耦合电流互感器二次侧线路开路带来的问题，接入或切除线路带来的问题也无足轻重。改变母线连接的线路数量将影响到所有线路 Z_{c} 的和，而由此造成的 V_{Sec} 和值变化又基本上将其影响抵消。

若主线路中含有各种高频分量，比如当线路中含有大电容或当背靠背电容器组开关分合闸时，二次侧可能需要加装过电压保护。线性耦合电流互感器能有效传递所有流过的频率分量。在线性耦合电流互感器接线方案中，接触电阻上产生过电压压降会影响到保护的性能，所以确保控制电路接触良好极为重要。

10.11.4 中高阻抗差动保护

这一保护结合了比率差动保护和高阻抗电压差动保护的技术优点，是一种能耗低、速度快的母线保护。这种保护形式可使用各种饱和特性和电流比的普通电流互感器，也可使用磁光式电流互感器。当使用 5A 电流互感器时，母线连接的每条线路都需要加装特殊辅助电流互感器。电路采用二极管将线路中电流互感器的正负半周分离，形成单向和电流，从而构成比率差动保护。

对于内部故障，和高阻抗差动保护的动作方案类似，流入故障处的电流也将形成较高的电压。而对于外部故障，当流入母线的电流值与流出母线的电流值相等时，形成的低电压将阻止继电器动作。

即使在电流互感器可能出现饱和处，这种保护也能正确动作。因为 CT 每个

半周都要经2~3ms才可能饱和，如图5.15中所示，这段时间足够正确动作。

10.12 其他母线差动保护

除上述母线差动保护形式外，还存在三种不常使用的差动保护形式，分别是时限过电流差动保护、方向比较式差动保护和不完全差动保护系统。

10.12.1 时限过电流差动保护

在这种保护形式中，所有电流互感器的二次侧均并联并连接一个反时限过电流继电器（51）。由于没有制动措施，所以发生外部故障时，继电器动作值必须大于电流互感器的最大磁化差动电流。

反时限过电流保护的动作特性表现为保护装置的动作时间与通过继电器的电流大小成反比，所以其优势在于能消除线路中不同电流互感器的饱和特性差异带来的影响，对于直流分量更是如此。因此，在实际应用时应将直流分量的时间常数设置为较小值。发生内部故障时，这种保护的典型动作时间通常为15~20个周波（系统频率60Hz条件下），此时继电器由总故障电流触发动作。总之，这是一种相对便宜但动作较慢的差动保护方式，而且操作人员需要经验格外丰富才能保证整定值满足安全需求，因此只用于小型低压母线上。

10.12.2 方向比较式差动保护

这种保护方式中，观察母线会发现，在第3章所述的方向灵敏元件被接到了每一个母线线路上，与跳闸触点串联。常规动作时，会有一个或多个触点因流经母线的负载电流而跳开。发生内部故障时，所有触点都应闭合以断开母线。对于不提供故障电流的馈线上，必须采用常闭触点。

这种保护方式的主要优点是其采用的电流互感器的性能、变比和特性几乎完全独立而不受制约，缺点是价格相对较高（因为每条线路都要加装继电器），需要电压源或参考电源，串联的触点也难以协同动作。近年来已很少使用。

10.12.3 不完全差动保护

不完全差动保护通常被用于为低压配电变电站和工厂变配电所的母线提供保护。当馈线满足如下要求时可采用不完全差动保护：①馈线提供的母线故障电流可忽略不计；②无足够或合适的电流互感器以实现完整的差动保护。只为静态负载或感应电动机供电的馈线所带负载的额定功率千差万别，就是典型示例。这种典型母线参见图10.10，故障源所在线路的电流互感器被并联到了反时限过电流（51）继电器上。如图10.10b和图10.10d所示，发生外部故障时流经继电器

(51) 的电流可以忽略不计，而总故障电流足以让母线或外部馈线上的继电器动作。这就要求继电器（51）的动作与所有不在差动保护中起作用的馈线上保护在时间上相协调。反时限继电器的使用和这种不完全差动保护方式为低压变电站母线提供了良好的折中方案。三相连接如图 9.26 所示。

如在线路中使用了限流电抗器，距离式继电器（21）就可替代继电器（51），继电器（21）被暂时设成最低电抗器阻抗。无需对馈线保护进行选择性设置，因而避免了继电器（51）必要的延时效应，以提供快速、灵敏母线保护。然而，这种保护需要为距离继电器提供母线电压。

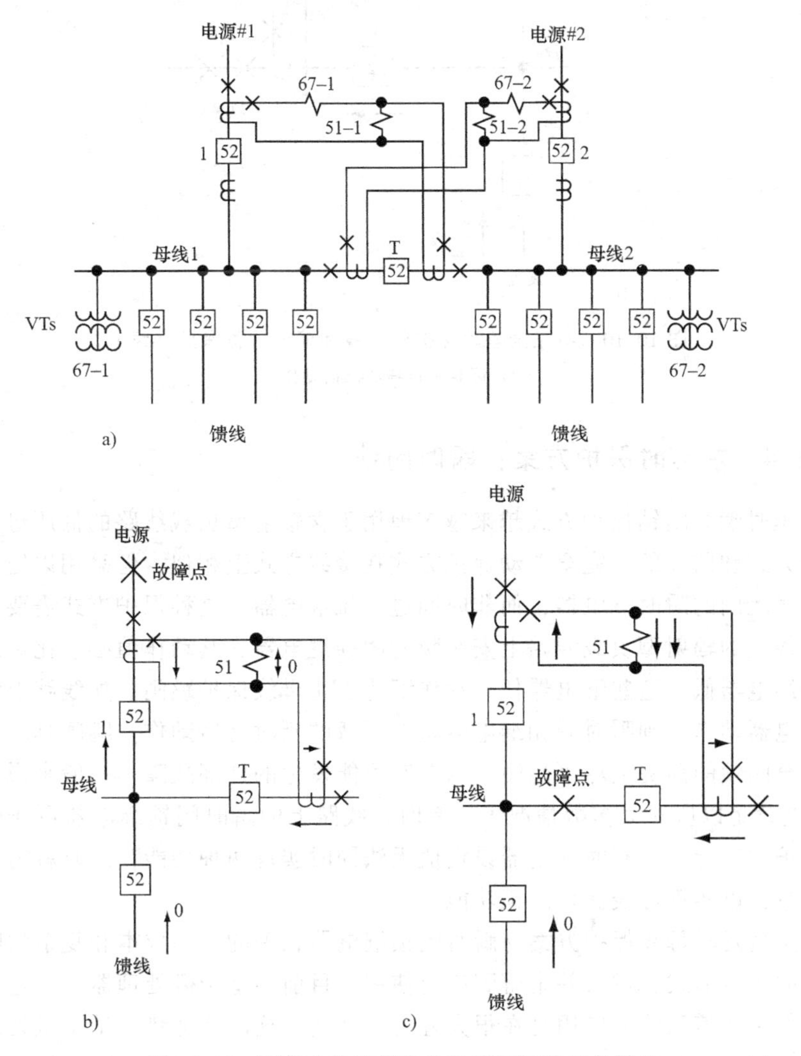

图 10.10　不完全差动保护的母线和馈线后备保护

a）典型母线布置的单线图　b）因电源侧故障而动作　c）因母线或馈线故障而动作

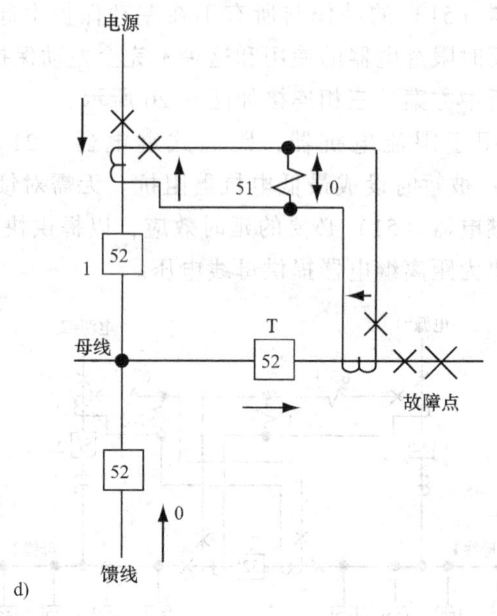

图 10.10 不完全差动保护的母线和馈线后备保护（续）

d）因相邻母线故障而动作

10.12.4 短延时保护方案：瞬时闭锁

短延时瞬时闭锁保护方式越来越多地用于含辐射型负载线路的低压母线。这种保护方式和前述的不完全差动保护方式在接线方式上相似，但采用以短延时继电器触发跳闸的瞬时继电器，而非时间过电流继电器。这种保护方式需要在所有接到母线上的辐射型负载线路上安装瞬时闭锁继电器，其动作值必须比母线的瞬时脱扣继电器低，这些继电器任一动作都将阻止母线保护跳闸。如线路上无瞬时闭锁继电器动作，则瞬时脱扣继电器将在短暂的延时之后动作。跳闸延时应在能保证安全闭锁的前提上尽可能短，以应对可能发生的外部故障。一般来说，延时6个周期就足以应对大多数情况了。有时，线路上的瞬时闭锁继电器可兼顾闭锁母线保护的功能，但有时继电器设定值无法同时实现两种功能，这时就需要加装专用继电器以实现母线保护闭锁功能。

由于短延时母线保护方案与瞬时闭锁继电器相关的附加成本和复杂的闭锁逻辑所需的布线形式，过去并未得到广泛使用。目前，基于微处理器的继电器和变电站内数字通信系统的应用已在很大程度上抵消了这两项劣势。基于微处理器的继电器可在不显著增加成本的前提下，以多种原理实现瞬时过电流监控。而站内数字通信系统则让控制逻辑的建立和变更极为灵活。

10.13　母线接地故障保护

母线支架和变电站设备对地绝缘，它们连接在一起经过电流继电器接地。当在该继电器保护范围内发生接地故障时，故障电流经过继电器，使之跳开对应的被保护区域。为提升安全性，还应使用独立的故障检测仪器监视是否正确跳闸。继电器依靠系统零序电流或电压动作。美国不采用这种保护方式，因为成本相对较高，建设也比较困难，而且难以保障人员的人身安全。

10.14　保护总结

若条件允许，差动保护应作为所有母线的主保护。虽然母线故障比较少见，但其对电力系统的扰动非常严重，因此推荐使用快速、灵敏的保护系统，比如上述各种差动保护系统。最可能导致母线故障的原因是动物触碰、风中漂浮物和绝缘故障（自然老化或人为破坏）。有时，雷电也可导致母线故障，但电厂和变电站一般都有良好的防雷电防护。母线连接的线路上使用的保护一般为母线提供后备保护，在母线差动保护难以或无法应用的情况下也可充当主保护。

10.15　母线保护：实际问题

在美国，许多电网已将高阻抗差动保护作为可选项用于高压母线上，原因可能是其定值整定简单且运行效果良好。对于低压母线，则可根据变电站的总体设计和不同地保护应用理念在多种保护方式之间做出选择。

如前所述，发生母线故障时，由于故障点附近故障量水平很高，一般会对电力系统造成相当严重的扰动且经常造成相关设备损毁。强调防止发生母线故障的工程实践收效显著且节约成本。由于造成母线故障的主要原因是污染、磨损、小动物接触或鸟巢等外来物体引起的绝缘失效，优良的设计（例如对动物触碰的防护措施）和维护措施将有助于预防母线故障发生。

长期以来的运行经验表明，母线保护方案非常可靠，这很大程度上或许是因为这些保护方案在设计时就确保了其动作可靠性，考虑了安全边际和最坏情况、近区故障或外部故障。实际发生的故障恰好是最坏情况的概率极低。而且，对于造成母线保护误动的外部故障，都可以采取措施提高保护的可靠性。

参 考 文 献

请查阅第1章结尾以获得更多信息。

ANSI/IEEE Standard C37.97, *Guide for Protective Relay Applications to Power Buses*, IEEE Service Center, Piscataway, NJ, 1979.

Udren, E.A., Cease, T.W., Johnston, P.M., and Faber, K., Bus differential protection with a combination of CTs and magneto-optic current transducers, *49th Protective Relay Engineers Conference*, Georgia Institute of Technology, Atlanta, GA, May 3–5, 1995.

第 11 章　电动机保护

11.1　引言

电动机的保护多种多样，而且与电力系统中其他设备的保护相比并没有那么标准化程度不高，这是由于电动机本身大小、种类、应用方式的多样性造成的。保护方式原则上应视电动机重要程度不同来选择，而电动机重要程度一般与电动机的大小密切相关。本章将分析电动机及其直接保护措施，而通常与连接线路相关的后备保护在第 9 章已进行探讨。本章将阐述由断路器、接触器或启动装置开断的各种电动机及其保护（独立于上述设备）。本质上，本章讨论的是电压等级在 480~600V 及以上的电动机。仅有熔断器作保护，以及保护集成到电动机或起动机内部的电动机不在此进行讨论。

11.2　电动机事故的潜在诱因

1. 故障：相间或接地故障
2. 以下原因导致的热损坏：
   a. 过载（瞬时或间歇性）
   b. 转子堵转（起动失败或是堵转）
3. 运行状况异常
   a. 三相不平衡运行
   b. 低压或过电压
   c. 反相故障
   d. 快速重合闸（电动机仍在转动时重新受电）
   e. 环境异常（冷、热或潮湿等）
   f. 启动程序没走完

上述情况是对占电动机大多数的异步电动机而言的。对于同步电动机，还有以下可能的故障诱因。

4. 失磁（转子失去励磁电流）
5. 失步运行
6. 异相同步

上述原因可重新分类为如下起因：

1. 由电动机本身诱发
   a. 绝缘失效（电动机内部或相关线路）
   b. 电动机轴承损坏
   c. 机械故障
   d. 同步电动机的失磁故障
2. 由负荷引起
   a. 过负荷（或欠负荷）
   b. 电动机堵转
   c. 惯性过大
3. 由环境因素引起
   a. 运行环境温度过高
   b. 污染程度高导致的空气流通不畅
   c. 寒冷，潮湿或其他环境因素
4. 由电源或系统引起
   a. 断相故障（一相或多相断相故障等）
   b. 过电压
   c. 低压
   d. 反相故障
   e. 因系统扰动产生的失步
5. 因操作或使用不当引起
   a. 异相同步、反相合闸或重合闸
   b. 占空比过高
   c. 频繁反复起动
   d. 换相过快或强制换相

11.3 保护中需要考虑的电动机参数和特性

保护可利用的电动机主要特性为

1）起动电流曲线；

2）热容量曲线，应包括堵转允许热限值曲线；

3）常数 K（R_{r2}/R_{r1}）。

这些特性一般可从电动机的制造商处获得，是保护应用的基础。这些典型曲线参见图 11.1。最大起动电流曲线是额定电压条件下的曲线。电压较低时的电流曲线如图中的左侧曲线，随时间增大形成类似膝盖的骤降形状。

电动机的热限值则用三条不同的曲线来表示，这三条曲线往往会趋于汇聚成一条曲线，如图中所示。热限值通常是相对不确定的区域，工程师们希望用一条特定的曲线来表征：

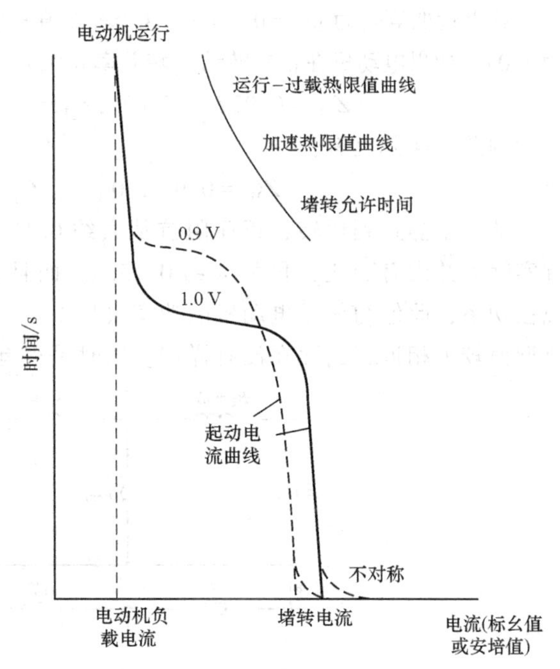

图 11.1　典型电动机特性图

1）电流较高的部分表示的是允许的最大堵转时间。这个时间指在电动机通电后，转子保持静止而转子条、转子尾部圆环或定子（视具体设计而定）不至于因高温而损毁的最大持续时间。

在超大电动机中，转子堵转热限值时间有可能比起动时间还要短，所以这类电动机必须一起动就立刻转动，以免高温造成损坏。这条曲线从全电压下的堵转电流处出发，到允许的最小起动电压下的电流处为止。

2）加速热限值曲线从堵转电流起，至电动机故障时的转矩电流为止，此时速度大约为全速的 75%。

3）运行热限值曲线表征的是电动机在紧急操作中的过载承受能力。

11.4　异步电动机的等效电路

为便于电动机保护分析，等效电动机原理图可以简化为图 11.2 的形式。如电动机参数以电动机额定视在功率或电压为基准值，R_s 和 R_r 为 0.01pu，$jX_m = j3.0$pu，$jX = jX''_d = 0.15$pu，如图 11.2b 所示，则典型堵转或起动电流为

$$I_{起动} = \frac{1}{jX''_d} = \frac{1}{0.15} = 6.67\text{pu} \tag{11.1}$$

这是对称时的值，不对称时电流会更大（见图 11.1）

因为励磁电抗 jX_m 相较于其他阻抗来说比较大，根据前述典型值，电动机的输入端等效阻抗将减为

$$Z_{M1} = Z_{M2} = 0.144\angle 82.39° \tag{11.2}$$

或者近似等效为 $jX''_d=0.15\text{pu}$，这个等效值常用于转子静止时的电动机（转差率为1.0）。如果电动机在正常转动（转差率0.01），之前提到的 Z_{M1} 和 Z_{M2} 将变成：

$$Z_{M1}=0.927\angle 25.87°, Z_{M2}=0.144\angle 84.19°\text{pu} \tag{11.3}$$

因此，实际上有：

$$Z_{M1}=0.9\sim1.0\ \text{pu}\ , Z_{M2}=0.15\text{pu} \tag{11.4}$$

从转子静止到运转，正序阻抗从大约0.15pu增大到0.9~1.0pu，而负序阻抗实际上并没有变化，仍为大约0.15pu。而且它们的基准值都是电动机的额定视在功率，此值约等于电动机的功率（hp）[⊖]。不同电动机上述值不同，但这些典型值较为相近，因而在没有详细参数时是很有用的。

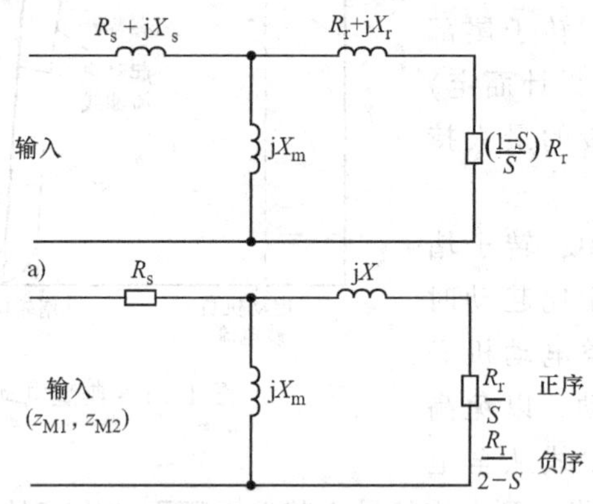

图11.2 异步电动机等效电路图

a）异步电动机等效电路图 b）简化的等效电路图

11.5 通用电动机保护

电动机的保护有许多不同的形式或独立成组，或形成保护组合。每种电动机保护方式都有其特征，在此处就不多赘述了。保护最基本的目的应该是允许电动机在过载或异常工况下，接近但不超过热限值或机械强度限制条件运行，且将对故障的敏感程度最大化。这可由下述的几种方式来实现。

⊖ 1hp=735.499W。

11.6　相间故障保护

瞬时无方向过电流继电器（50，51）可被用于保护异步电动机。除匝间故障外，其他故障一般会产生比堵转起动电流更大的电流。大量电流在匝间流动，但不幸的是，在发展成单相接地故障或两相故障前很难在电动机端子处察觉。

电动机是电力系统的终端设备，所以可以使用瞬时继电器，也不存在需要协调配合的问题。异步电动机反馈给电力系统故障的量相对较小（$1/X''_d$+偏移量）且将在几个周期内迅速衰减，所以也可以使用无方向继电器。这些继电器连接的电流互感器的变比应当谨慎按具体情况选择，以使最大电动机电流在二次侧提供 4~5A 的感应电流。

瞬时相过电流继电器动作值应设置为远超过不对称堵转电流，同时远低于最小故障电流。在对称堵转电流 I_{LR} 为如下值时与其相等：

$$I_{LR}=\frac{1}{X_{1S}+X''_d} \tag{11.5}$$

其中，X_{1S}为电力系统或是电源到电动机之间的总电抗（阻抗）。式（11.5）和式（11.1）类似，式（11.1）中，最大起动电流或堵转电流与近似无穷大电源关联，故而 X_{1S}近似为 0。电动机处的故障电流为

$$I_{3\phi}=\frac{1}{X_{1S}} \tag{11.6}$$

当两相故障时，$X_{1S}=X_{2S}$，此时有：

$$I_{\phi\phi}=0.866\ I_{3\phi}=\frac{0.866}{X_{1S}} \tag{11.7}$$

如果给定 P_R 为继电器始动值（I_{PU}）与电动机堵转电流之比，也即：

$$P_R=\frac{I_{PU}}{I_{LR}} \tag{11.8}$$

那么 P_R 的值一般应为 1.6~2.0 或者更大。

如果给定 P_F 为最小故障电流和继电器动作值之比，也即：

$$P_F=\frac{I_{\phi\phi\min}}{I_{PU}} \tag{11.9}$$

一般 P_F 应为 2~3 或者更大为宜。从式（11.9）和式（11.8）可得：

$$I_{\phi\phi}=P_F I_{PU}=P_F P_R I_{PU}$$

以及

$$\frac{I_{\phi\phi}}{I_{LR}}=P_F P_R \text{ 或 } \frac{I_{3\phi}}{I_{LR}}=1.155P_F P_R \tag{11.10}$$

或者说，当电动机发生三相金属性短路时，$\frac{I_{3\phi}}{I_{LR}}$的值应为$1.155P_FP_R$或更大，才能保证瞬时过电流保护的良好运行。当取最小推荐值$P_F=2$、$P_R=1.6$时，三相故障电流将是堵转电流的3.7倍。如果取$P_F=3$、$P_R=2$，那么三相故障电流将至少比堵转电流大6.9倍。

由式（11.7）和式（11.10）的等效关系，并将方程（11.5）代入得：

$$I_{\phi\phi}=\frac{0.866}{X_{1S}}=\frac{P_FP_R}{X_{1S}+X''_d}$$
$$X_{1S}=\frac{0.866X''_d}{P_FP_R-0.866} \tag{11.11}$$

因此，当$P_F=2$，$P_R=1.6$时

$$X_{1S}=\frac{0.866X''_d}{(2\times1.6)-0.866}=0.371X''_d$$

当$X''_d=0.15$时，$X_{1S}=0.056\text{pu}$，或者当$X''_d=0.15$，$P_F=3$且$P_R=2$时，$X_{1S}=0.025\text{pu}$。由此可得电源阻抗应取小于上述值，以提供瞬时过电流保护。上述标幺值的基准值都是电动机的视在功率或额定电压，其中：

$$\text{kVA}_{\text{rated}}=\frac{(\text{电动机马力})^{\ominus}(0.746)}{(\text{效率})(\text{功率因数})} \tag{11.12}$$

在许多应用场合当中，电源阻抗X_{1S}在实际应用中为供电变压器的电抗，且大部分集中在一次侧，故而可近似等效为无穷大电源。此外，供电变压器一般还要为其他负载供电，因此会比任何特定的电动机更大，故而其在电动机侧的电抗会相对较小。这种特性已在图9.19当中加以说明，图中2500kVA的变压器为800A的馈线供电，馈线侧的电抗仅占总电抗的5.75%。如果把馈线看成电动机：那么，800A、480V的电动机，视在功率将为665kVA，此时变压器电抗X_T为5.75(665)/2500=1.53%或0.0153pu。假设X_T与X_{1S}相等，那么这个值显然要远低于从式（11.11）中得到的0.025pu，以提供良好的瞬时动作的继电保护。

如果无法满足P_R和P_F的前述推荐设定标准，或当需要更灵敏的保护手段时，瞬时继电器在被定时器延时的情况下可以设置得更加灵敏。这样能够让非对称起动分量衰减为0。此时推荐$P_R=1.1\sim1.2$，延时0.10s（系统频率60Hz下的6个周期）。如果瞬时继电器对故障电流的偏移分量不那么灵敏，那么也可以采用类似的做法。许多基于微处理器的现代继电器都设计满足了这一需求。

当因失电导致仍在转动的电动机从当前母线被转移到备用母线上时，或是当快速重合闸系统在电动机电压尚未降到1/3或以下重新为其供能时，将会产生很

⊖ 1马力=735.499W。

高的暂态电流。除非电动机专门针对其进行了设计，否则电流将对其造成严重的冲击。如果电动机能够耐受这种电流，那么应注意将继电器的动作值整定为暂态电流值之上。当对于之前提到的设定标准来说，电动机的堵转电流和故障电流之间没有明显差别的时候，就表明需要使用差动保护了。

11.7　差动保护

差动保护（87）应作为电动机保护的优先选择，然而，对于某些电动机，可能无法获得绕组两端电流，而无法实施差动保护。如果可获得绕组的两端电流，则在灵敏度、速度和安全性方面最佳的差动保护形式是将线圈导线穿过通量和（环形）电流互感器，如图 11.3a 所示。这种电流互感器在第 5 章中有介绍，在第 8 章中也提到其亦可用于小型发电动机的保护。一般最大孔径为 8in。当变比固定为 50∶5且应用瞬时过电流继电器时，保护组合可以感应近 5A 的一次侧电流。此即磁平衡式差动保护，其与负载和起动电流量级无关，且每相仅需安装一台电流互感器，因而不用考虑多个电流互感器的配合问题。相故障和接地故障保护可在电动机与 CT 所在位置之间的线路上实现。其他保护要求与线路断路器或是电动机起动器等相连，绕组的大小和电流互感器的开口将成为限制因素。

将电流互感器安装在中线和输出引线上的传统差动保护仅应在无法使用通量和型互感器的情况下选用。一般来说，两套电流互感器应保持类型和电流比一致，所以可以使用传统的 87 双制动差动继电器，如图 11.3b 所示。当电流互感器的电流比相同时，不论何种外部故障或负载，二次侧流经继电器制动线圈（R）的电流本质上应该都是相同的，而动作电流（OP）将非常小。当电动机故障发生在这两套电流互感器中间时，故障电流流入动作线圈（OP），保护不管是对相故障还是接地故障都很灵敏。线路侧电流互感器应像图中所示那样，这时差动保护区域将覆盖线路断路器、连接线端子和电动机本身。

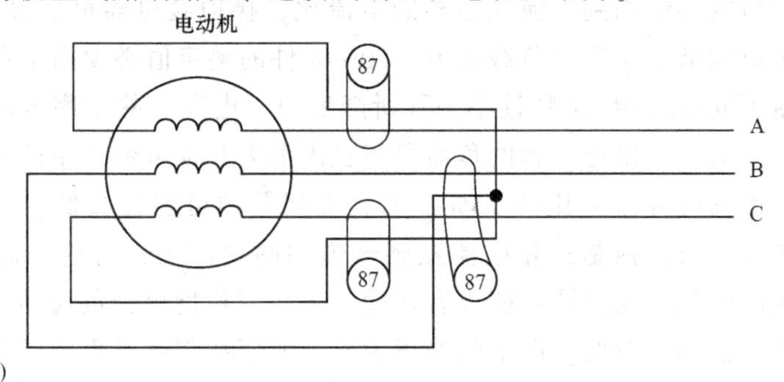

图 11.3　中性线可用时的电动机差动保护

a）采用磁动式电流互感器和瞬时过电流继电器的场合

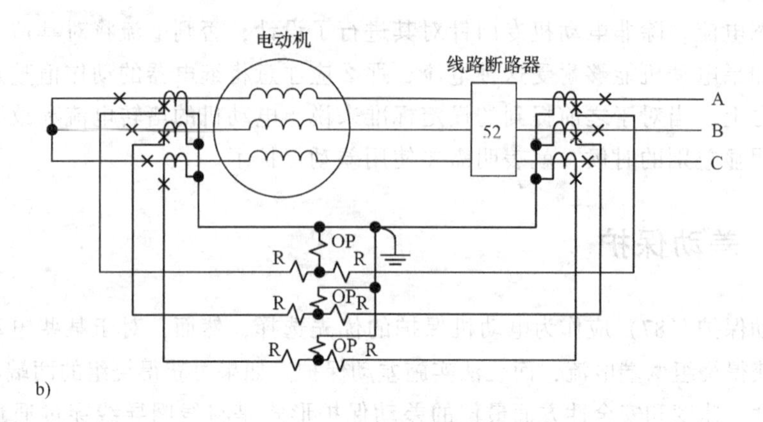

图 11.3 中性线可用时的电动机差动保护（续）

b）采用传统电流互感器和差动继电器的场合

11.8 接地故障

对于分相保护，瞬时过电流继电器也可以用于接地故障保护（50G，50N，51N）。宜采用通量求和型电流互感器，且让三相电动机绕组分别通过电流互感器的开孔。于是三相电流产生的磁通和在电流互感器中感应出二次侧电流，二次侧输出给继电器的电流即为零序电流（$3I_0$），如图 11.4a 所示。电流互感器的电流比一般取 50∶5，与电动机的大小无关，但是传统单相电流互感器的尺寸应由电动机所带的负载决定。采用这种电流互感器的优点是安全性好、灵敏度高，但受到电流互感器的孔径制约。如之前的小节所述，一般取一次侧电流 5A 为整定值。

对于较大的电动机和导体，必须要如图 11.4b 中所示在中性线上安装接地继电器。虽然负载会影响到电流互感器的电流比，接地继电器可以设定得很灵敏，其整定值可以远低于电动机负载电流。50N 元件的整定值必须高于在起动电流较大且偏置量不同时三相 CT 特性不一致所产生的“虚假”的零序电流。这个动作值难以预定，但是如果每一相的负荷平衡且因最大起动电流产生的电流互感器电压不大于其准确度等级电压的 75%，那么出问题的可能性极低。通过减小 50N 的抽头，增大负载，强制三相电流互感器饱和的更均匀，对这一问题将有所帮助。中性线的电阻对此问题可能也有帮助。然而需要指出，负荷不应太大以至于过分抑制继电器的灵敏性。以下的修正手段一般用在起动过程中已经遇到问题的情况。直到偏移量衰减完之前都可以使用延时，但这也拖延了实际故障时的跳闸动作。

如采取了接地故障电抗限制措施（在电动机的供电系统中较常见），接地故障电流比相故障电流要小。高阻接地方式（参见第 7 章），接地故障一次电流约为 1~10A。如果接地故障电流大于 5A，图 11.4a 所示的保护系统将能够提供合理的灵敏度。如果需要提高灵敏度，可以采用乘积过电流继电器（32N），这种通用继电器在 9.17 节有介绍。对于这种保护，需要使用带有电流线圈和电压线圈的继电器，在高阻接地系统中，通过感应出电流和电压，以两者的乘积作为动作条件。电动机在电流相位超前电压 45°时转矩最大。继电器的电流线圈接在图 11.4b 中电流互感器 50N 的中线位置，而电压互感器则接在接地电阻上且与图 7.9 和图 7.10 中的 59G 并联。零序电流流入电动机时继电器将动作，线圈的极性应该以此为基准。在第 7 章中提到了，高阻接地方式的接地电流较小，但是零序电压比较高。这种乘积过电流继电器的动作值一般为 7~8mA，69.5V。这远远低于接地故障时的 1~10A。

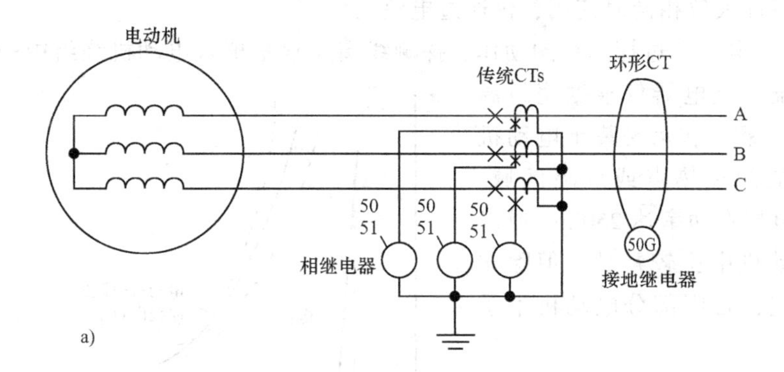

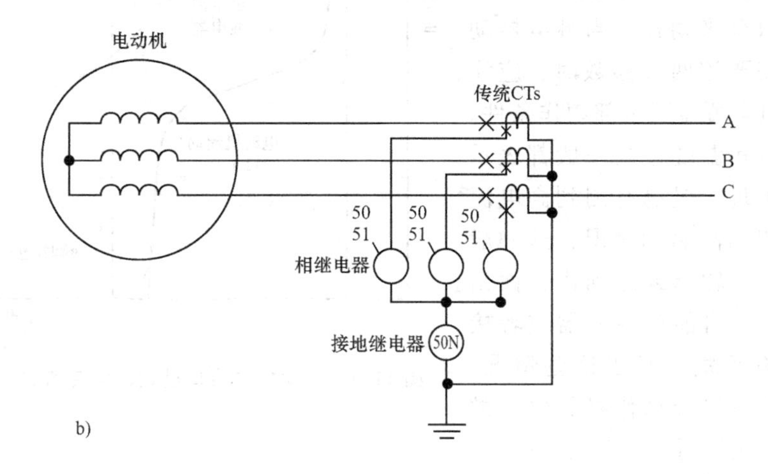

图 11.4　电动机的接地过电流保护

a）电动机的三相引出线通过磁动式电流互感器　b）采用传统电流互感器

11.9 热稳定与堵转保护

这种保护手段需要使用继电器（49~51）与图11.1中的热限值和堵转情况曲线密切匹配。然而需要指出的是，电动机热限值曲线基本表示通用或一般操作的热损伤区域，因此继电器应该在电动机达到或超过热限值之前动作。

多年以来，这种保护都是由热动继电器与热限值曲线匹配实现，并由反时限过电流继电器提供转子堵转保护的功能。其有多种设计和安装方式，能够为绝大多数电动机提供性能优异的保护方案。对于图11.1中电动机特性，典型保护特性如图11.5所示。

热动继电器有许多种实现方式：

1）复制体型，当电动机的发热特性与和电流加热单元配合的热双金属元件的发热特性大致相同时使用，仅通过电流动作。

2）继电器通过探测线圈动作，探测线圈通常是植入电动机绕组中的电阻温度探测器。继电器仅根据绕组温度动作，探测单元安装于电动机内最可能的过热点或危险区域。这种继电器在功率达250hp[⊖]或以上的电动机中比较常见，但除非明确规定，否则部分电动机不予安装。

3）继电器通过电流和温度两者的组合来动作。当继电器动作同时需要该两种参数时，应注意确保组合覆盖了全部动作条件。电流过高和温度过高一般都表示有问题出现，但也有测到高电流却没有测到高温的情况，这一般是在转子、轴承或原动机方面出了问题，也可能是控制器或者接线方面有毛病。对于这些情况，温度和电流组合动作将收效甚微甚至于毫无作用。

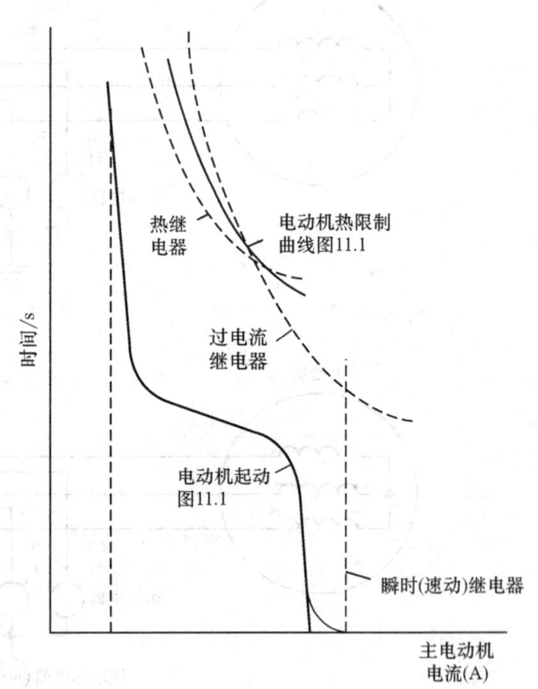

图11.5 电动机的典型过载、堵转和故障保护

⊖ 1hp=745.700W，后同。

通常人们会如图 11.5 中那样将电动机的起动特性曲线和反时限过电流继电器动作特性曲线放在同一张图当中比较，这样能够提供故障信息。起动特性曲线和反时限过电流继电器动作特性曲线之间的空间有时极窄，这在特别大的电动机是很常见的。在这些条件下，过电流继电器特性可能在电动机起动曲线之上而在堵转极限之下，此时会发现过电流继电器在电动机正常起动时也会动作。

实际上，电动机起动特性曲线和继电器动作特性曲线表征的是两种完全不同的特性。电动机起动特性曲线表示的是从电动机转子静止或起动到正常带载运行过程中，电流随时间变化的情况，而继电器动作特性曲线表示的则是不同电流值之下的继电器动作时间。过电流继电器动作值一般设置为堵转电流的一半或以下，在电动机上电时就会动作。除非在继电器超时之前，起动电流降低到继电器的动作电流以下，否则将会误跳闸。继电器对变化电流的动作时间无法从其时间特性图上直观得到，计算比较复杂，但是厂商对每个继电器都设定了标准。基于微处理器的继电器通常能提供更好的保护效果（见 11.16 节）。

11.10　大型电动机的转子堵转保护

之前提到，允许堵转电流可接近或略小于起动电流。一般来说，仅较大的新型电动机才会有这种情况。相应的保护可以是嵌入电动机内部的零速断路器。如果电动机通电后未加速，致使断路器没有按规定方式断开或动作，供电电路将会断开。采用这种保护方式主要考虑是可以让电动机起动且速度锁定在小于额定负载速度的某个值上；另外，测试和维护方面的困难也需予以考虑。

对于堵转转子的保护可以采用第 6 章描述的距离继电器，这种继电器被安装到电动机内部（见图 11.6）。系统电压和起动电流的比值是一阻抗值，在 *R*-*X* 示意图上画成矢量将便于绘图和确定其值。从对应起动时的某个特定值开始，在电动机加速过程中增加且改变相角。距离继电器（21）整定后应让姆欧动作圆将堵转阻抗矢量包围起来。如果电动机经由闭合的断路器（52）供能，那么距离继电器（21）动作，定时器 62 通电工作。低压条件下所允许的堵转时间更长，通过使用交流定时器能够获得随时间变化的电压，通过使用交流控制的定时器，可以得到随电压变化的时间，以实现与更低的电压下锁止转子所允许的更长的时间相匹配。过大的起动电流可能让电动机电压暂时下降。如果起动成功，那么阻抗向量将在定时器（62）的触点闭合之前逐步移出（21）的姆欧动作圆。如果起动不成功，阻抗矢量将保持在圆内，当定时器（62）动作时跳闸。定时器延时时间应根据曲线上电压从全压到 75%～80% 区间内的时间来决定。这种保护的保护范围不包含电动机未加速至全速和转子转动时退出运行的情况。

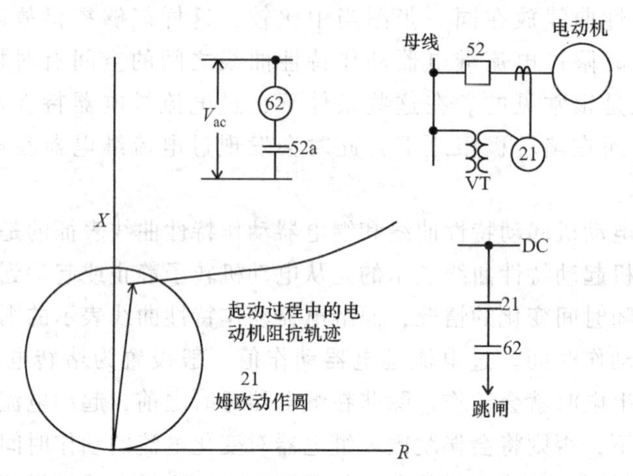

图 11.6 采用距离继电器（21）和定时器的堵转保护

11.11 系统不平衡与电动机

三相电动机发生不平衡问题的最常见原因是由熔断器、接头或导体断开引起的断相。所带负载的不平衡也可能影响到电动机。3.5%的电压不平衡性就可导致电动机的温度上升 25%，这主要是由不平衡引起的负序分量导致的。电流在电动机的气隙中产生的磁通转动方向与电动机的实际转动方向相反，这意味着转子当中将出现二倍频电流。趋肤效应将导致等效阻抗升高，且如 11.4 节所述，负序阻抗基本保持在堵转值。因此，大电流和高阻值共同导致了电动机的发热效应。

电动机总发热量与以下值成比例：

$$I_1^2t+KI_2^2t \tag{11.13}$$

其中，I_1 和 I_2 分别是电动机中的正序电流和负序电流，K 值为

$$K=\frac{R_{r2}}{R_{r1}}=\text{保守估计下的}\frac{175}{I_{LR}^2} \tag{11.14}$$

式中 R_{r1} 和 R_{r2}——电动机转子的正序和负序电阻；

I_{LR}——堵转电流的标幺值。式（11.13）表明负序分量带来的温升是很大的。

非全相时的对称分量网如图 11.7 所示，图中是简化的线路图，电源系统的短路阻抗为 $Z_{S1}=Z_{S2}$。对于任何特定的情况，这张简化图都可以扩展以包含更多有关电源或者负载的信息。例如供电变压器就可以用其电抗（阻抗）X_T 来表示。如果电动机和变压器之间出现非全相，X_T 应与电源阻抗，也即相同的正、负序短路阻

抗串联。如果断相故障发生在变压器和电源系统之间，X_T 则不应在等效在电源阻抗中，而应该和电动机的阻抗串联。实际应用中，图中电路一般用于不接地电动机。除非开路位置两侧的系统都已接地，否则一相断开不涉及零序网络。

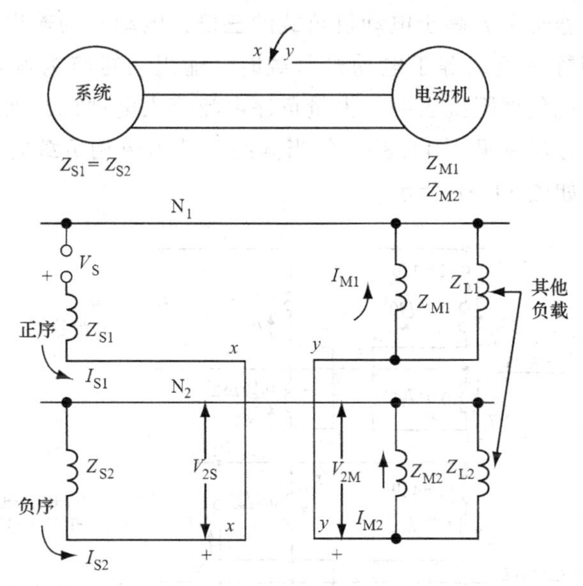

图 11.7　断相时简化的对称分量网

部分情形下，使用图 11.7 网络的断相时电流分布如图 11.8 所示，图中标幺值的基准值都是电动机的视在功率：

$$
\begin{aligned}
&Z_{S1}Z_{S2}=0.05\angle 90°\text{pu}\\
&Z_{L1}=Z_{L2}=1.0\angle 15°\text{pu},\text{对于电动机所带的静态负载}\\
&Z_{M1}=0.9\angle 25°\\
&Z_{M2}=0.15\angle 85°
\end{aligned}
\tag{11.15}
$$

算式当中的角度并不相同，但为简化而假设所有阻抗的阻抗角都相同并不会带来太大误差，也不会改变图中的走向。举个例子，如果所有角度都为 90°，那么在图 11.8a 中 $I_{S1}=0.87\text{pu}$ 而不是 0.96pu。

观察这些相序电流会发现，无论在开路位置的哪一侧，$I_a=I_1+(-I_2)$ 都成立。其他相的电流应该为

$$
\left.
\begin{aligned}
I_b=a^2I_1+aI_2=-\text{j}\sqrt{3}I_1\\
I_c=aI_1+a^2I_2=+\text{j}\sqrt{3}I_1
\end{aligned}
\right\}\text{当 } I_1=-I_2 \text{ 时}
\tag{11.16}
$$

所以在图 11.8 中，I_b 和 I_c 为 1.66pu。可见，开路相提供的相电流相比于正常电动机带载电流（大约 1pu）来说是很小的，因而过电流继电器不足以侦测断相故障。

当静态负载与电动机并联（如图 11.7 所示），且按图 11.8b 的例子计算时，电动机的持续旋转将在开路相产生电压。这将持续为与此相连接的负载供电。电能通过电动机的气隙传递且减小电动机轴功率，这将改变电动机的出力。有例子表明如果并联的静态负载高于电动机负载的三倍，电动机的输出力矩将只有额定值的 20%，而当静态负载等于电动机负载时，输出力矩将为额定值的 50%。而且，较小的电动机负序阻抗表明，大量负序电流流入电动机，加剧了电动机的发热效应，相应的分流图见图 11.8b。仅当静态负载为单相负载时，电动机的负序电流才会较小，如图 11.8c 所示。

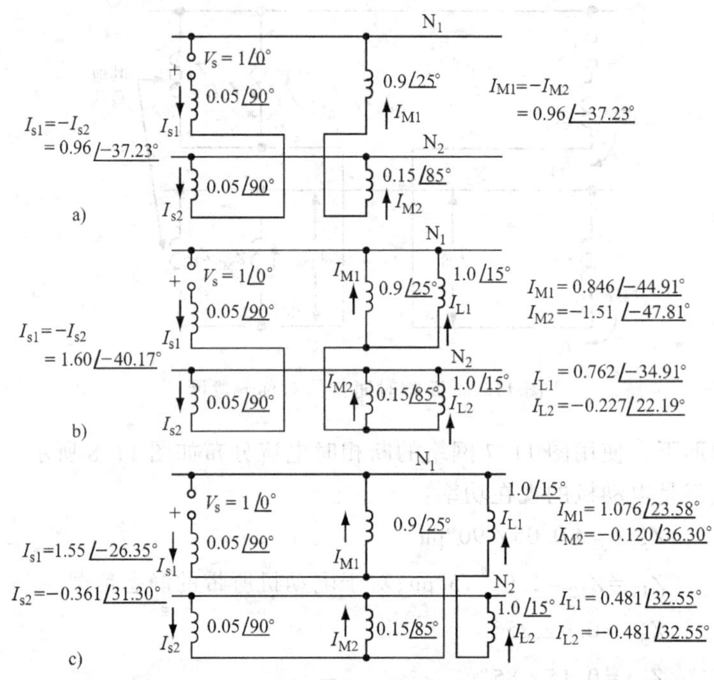

图 11.8　并联和未并联静态负载的电动机断相时正序和负序电流。图中标幺值以电动机为准

a）未带静态负载的电动机断相电流　b）断相故障出现在系统侧，且电动机并联静态负载时的断相电流　c）并联静态负载，且断相故障发生在电动机和负载之间时的断相电流

开路相的一个基本现象是，只要不包含零序电流，正序和负序电流就一定是绝对值相等且反号的，这在求取流经星-三角联结的变压器组的不平衡电流时是很有用的。这与图 11.8 中的算式都应用于相开路瞬间且电动机尚未因此发生减速、静止、内部阻抗变化或是其他现象的情况。

由星三角联结变压器供电的电动机，其开路相变压器一次侧电流如图 11.9 所示，二次侧如图 11.10 所示。第 3 章中曾推导，如果正序电流相位经变压器组朝一侧偏移 30°，那么负序电流相位将朝反方向偏移 30°。

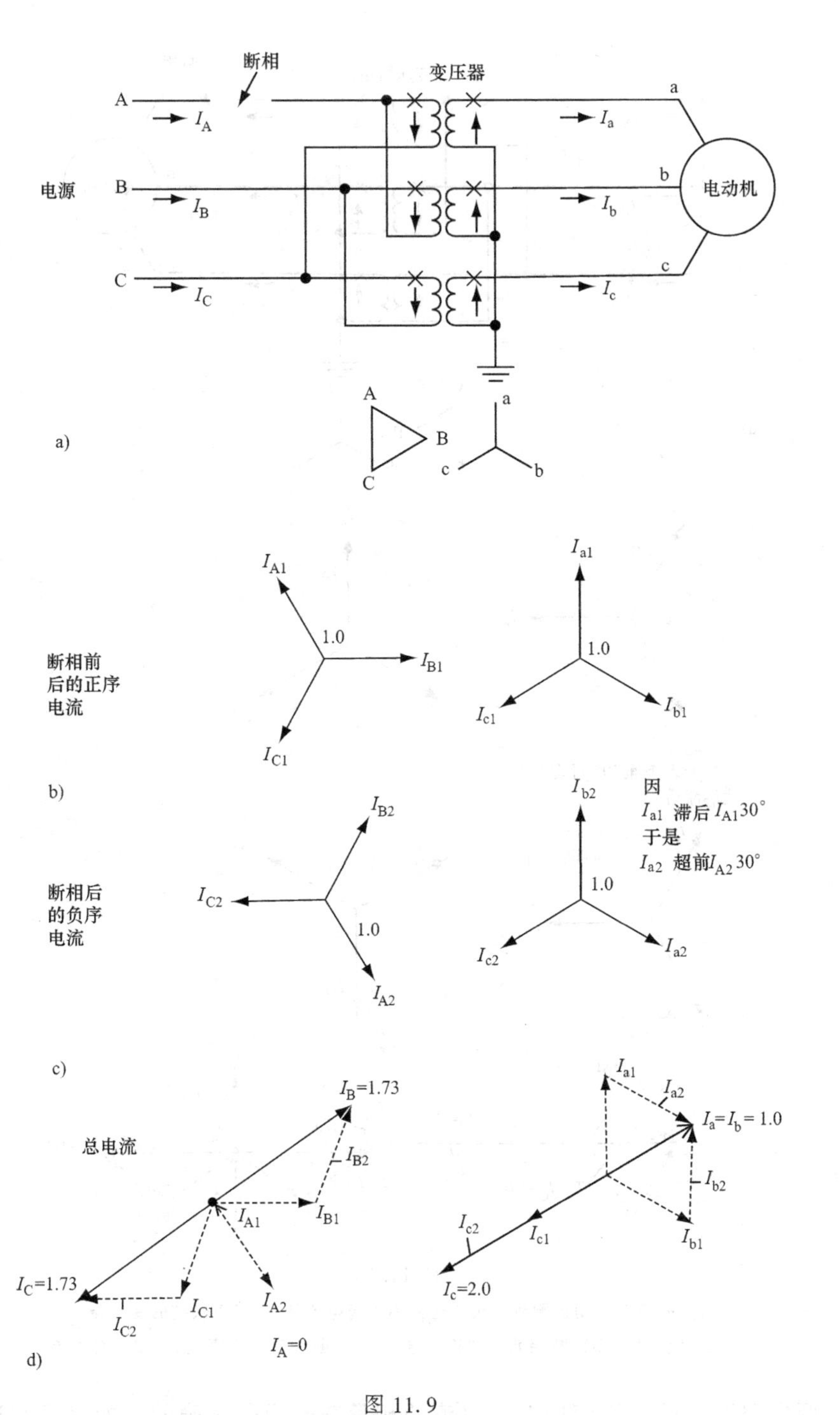

图 11.9

a）故障在电源侧时，不平衡电流从星-三角联结的变压器组流入电动机　b）断相前后的正序电流　c）断相后的负序电流　d）总电流

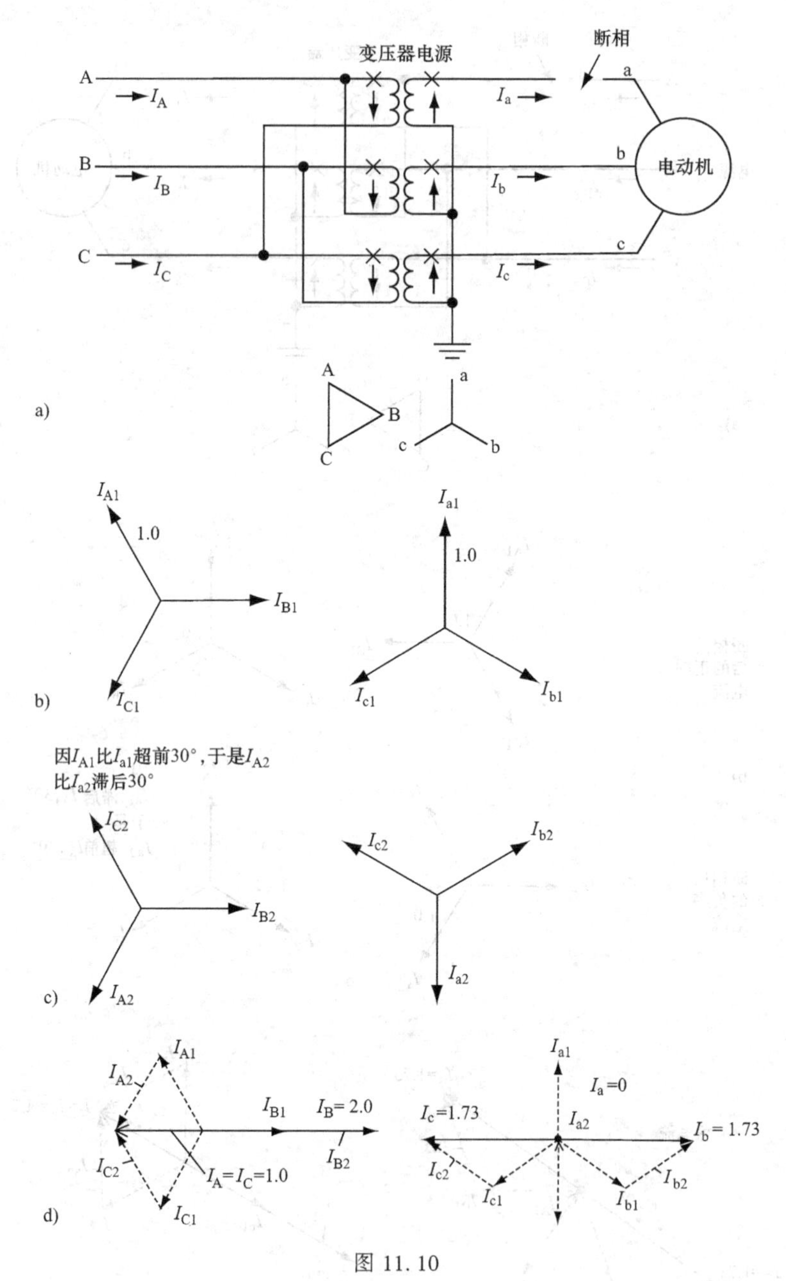

图 11.10

a）故障在电动机侧或二次侧时，不平衡电流从星-三角联结的变压器组流入电动机 b）断相前后的正序电流 c）断相后的负序电流 d）总电流

两电路图中的电流流向对于电流的相量图来说是正确的。如果没有这些相量图，图 11.9 中的电流 I_B 流向可能不变，但将增大至原来的$\sqrt{3}$倍，而 I_C 将

以$\sqrt{3}$倍的大小向电源侧流动。这实际上和图 11.9 中相量图所示流向一致，I_B 流向不变，I_C 的相角比 I_B 大 180°，两者都是$\sqrt{3}$倍。如果图中 I_B 和 I_C 流动方向相反，那么正确的相量图应该是 I_B 和 I_C 同相位。这两个电流可以通过变压器的不平衡分量探测到，以星形侧绕组电流为 1.0pu，那么三角形侧绕组电流将为 0.577pu。

负序电压可用来探测电动机线路中的不平衡问题。根据基础定义，$V_2 = -I_2Z_2$，参考图 11.8 中的示例，可遵循在 a 和 b 情形下开路相两侧的负序电压标么值。对情形 c，有 $V_{2S} = V_{2M}$，因为电源和电动机之间并没有开路。

	情形 A	情形 B
V_{2S} =	0.96×0.05 = 0.048	1.6×0.05 = 0.08
V_{2M} =	0.96×0.15 = 0.144	1.5×0.15 = 0.225

如果开路相断点在线路下游或在 V_2 测量点与电动机之间，那么负序电压继电器得到的电压值将为 V_{2S}，这个值因为低阻抗电源的关系可能很低。如果在开路相断点在线路上游或在 V_2 测量点与电源之间，继电器得到的电压值将为 V_{2M}，一般要更大。因此，负序电压在线路上游断相时很有用，而下游出故障时可用相电流比较法进行检测。

11.12　系统不平衡与相位旋转保护

在 11.11 节当中已经提到，检测不平衡方式有如下几种：①三相电流各相值差异过大；②负序电流的出现；③负序电压的出现。这三种在保护措施当中都有应用。

电流平衡型继电器（46）比较各相电流的值，在一相电流与其他两相电流差异过大时动作，对于仅带电动机的馈线是非常有效的保护，可检测不平衡故障和断相故障。如果保护所连的线路上还带有其他的负载，则应注意防止负载带来的平衡电流掩盖任何断相或不平衡故障。继电器应该在所有负载或馈线上使用。这些继电器的典型最小灵敏度为一相 1A，其他相电流为 0，或者一相电流为 1.5pu，其他两相电流为 1.0pu。

另一种继电器（46）通过瞬时增加固定延时，或如同发电动机保护，根据 $I_2^2t = K$ 特性响应负序电流。这种继电器在电动机保护中用的不多。

负序电压型继电器（47）推荐用在供电线路中以检测相位不平衡或反相问题。理想的动作灵敏度为 0.05pu 的 V_2。这种继电器应通过电压互感器（无论是 Y-Y 形或开口三角形联结）接到每个二次侧供电母线上。如 11.11 节中阐述的那样，断相故障发生在电源和变压器上游时产生的电压 V_2 足以使继电器动作，而继电器不应在下游断相或继电器和电动机之间断相的情况下使用，因为 V_2 可能会很低。

如果发生了反相故障，1pu 的 V_1 变成了 1pu 的 V_2，负序分量继电器将响应反相故障。反相继电器也可以看成是个小电动机。正常的相位旋转将产生抑制力或使触点断开的转矩；而反相时则促使触点闭合或继电器动作。

11.13 欠电压保护

电动机欠电压将产生高电流，可能发生起动失败、无法加速至额定转速、速度损失以及电动机失力等问题。人们通常将欠电压保护做成电动机起动装置的一部分，但仍推荐安装反时限欠电压继电器作为后备保护，以便欠电压时间过长时跳闸。

11.14 母线切换与重合闸

不管是异步电动机还是同步电动机，一旦在停转之前重新通电，将产生很高的暂态转矩，可能造成设备损伤或损毁。当电动机从欠电压母线切换到备用母线上时，这种情况就有可能出现。这种负载切换对于关键工业过程和大型发电厂的辅机都是非常重要的。

另一个例子是由单电站供电线供电的工业工厂。电站出现问题时，要求断开连接线，大多数实践经验表明电站的问题都是暂时性的，比如树枝接触、强风或感应雷。为迅速恢复对其用户的服务，电站常常使用快速重合闸（约 0.2~0.6s）重投电动机，此举可能造成损害。

电动机重新并网的安全限制相当复杂，超过了本章论述的范围。如果一定要快速切换负载，那么应该在设计阶段就特别考虑这一点。如若不然，最佳的方案就只能是将重合闸延迟以防异步电动机过快得到励磁，或是保证电动机迅速从系统中切除。对于异步电动机而言，在电压降到正常运行时的 1/3 或以下之前都不应再度通电。

对于同步电动机，在适当的再同步措施起作用之前是绝不能重合闸或者重新上电的，这意味着在失去电源后，需立即断开电动机电源。

在上述情况下可使用欠频继电器来控制供电线路断路器合理动作。典型欠频继电器动作值一般为额定的 98%~97%，可以无视瞬时电压跌落效应以防重投的问题出现。如果工厂还有其他本地发电机供电或者与馈线上的其他发电机有连接，则应保证失去电源时频率降低。如果发电足够带动负载，特别是轻载运行时期，频率上的变化是可以忽略不计的。

11.15 重复起动与突变起动保护

不给予充足的起动时间而反复起动电动机，或者在负载剧烈波动的情况下起动电动机（突变起动），将导致电动机温度过高。有时，短时负荷峰值以及随后的低负载电流可能让电动机的高温不超过极限。小型电动机的热敏电阻和与较大电动机整合的热过载单元（对总热量有反应，见式（11.13））可为此提供保护手段。此处使用了同时对过电流和温度起作用的继电器（49），高电流和高温同时存在时动作，二者缺一就可能不动作。上述应用需要对电动机进行详尽的分析，然而，微处理器单元可以有效监控这些问题。

11.16 多功能微处理器电动机保护单元

如前所述，微处理器电动机保护单元将多种电动机保护技术与控制、数据采集和上送（本地或远端）以及自诊断功能相结合。其基本的保护功能与应用多年的各种继电器没有本质上的区别。在热保护方面使用热动继电器或电阻温度探测器等是很不精确的，而微处理器单元在这方面则取得了长足的进步。然而，应时刻注意，虽然微处理器保护非常精确，但热限值本身是不精确的，设计者可以提供安全或危险操作区域，但要提供工程师期望或需要的热限值曲线是很困难的。

微处理器单元从输入电流、电压、提供的电动机信息、电动机内可选的电阻温度探测器等获取信息，建立电动机的电气、热能、机械模型。这些模型将应用于处理器算法中以提供随时间修正的保护功能。

部分基于微处理器的现代继电器在设计时针对了电动机保护进行功能强化，他们的特性如下：

1）设定多个定值，比如在原本的跳闸功能上再设定警报动作值等。举例来说，温度感应装置的设定值低于相应绝缘等级（所用绝缘材料的耐热等级）以在温度超过预期的满载温升等级时发出警报。至于跳闸的动作值可以与绝缘等级协调或根据工业过程的重要性设定。

2）拥有在给定时间段内，避免因过度重复起动造成的电动机过热的逻辑结构。起动次数和时间段应按照制造商推荐的定值设定。

3）智能化热能过载保护装置能追踪电动机的实时热容量，并根据影响热容量的各种因素决定要对电动机提供多强的冷却效果。

4）拥有防止电动机在电压过低时起动的逻辑，保证电动机成功起动。

5）宽裕的定值区间、可编程时间-过电流曲线、多重定值组、可编程逻辑允许用户自定义电动机保护以适应特定电动机的运行特性。

6）拥有全方位测量和录波能力以更好地监视电动机的性能。

11.17 同步电动机保护

之前讨论的异步电动机保护也可应用于同步电动机，但需要额外对励磁系统和同步系统提供保护。这些电动机通常包含对起动、励磁和电动机同步的控制与保护功能。此外，还应使用或考虑以下保护。

如图8.16所示，励磁减弱或完全消失需要系统提供无功功率；因此，滞后的电流流入电动机。对于小型同步电动机，推荐使用功率因数继电器，这些继电器在电流相位滞后大于30°时动作。通常，电流滞后120°时即达到最大电流灵敏度，因此典型失磁故障需要滞后电流30°~90°。对于较大的同步电动机，推荐选取用于发电机的距离失磁继电器（见8.11节）。除了完全失磁外还能为部分失磁提供更好的保护效果。

是否需要失步保护应视电力系统和电动机而定。某些电力系统故障导致的电动机电压暂时性下降可能引起电动机和系统的电压相角偏移过大，在故障解除之后，电动机可能无法恢复正常运行而失步。

如果电动机在同步运行，在磁场和励磁绕组中仅含直流电压。当电动机无法从失磁和系统扰动中恢复时，将出现交流电压，当电动机有电刷时可检测到这一变化。如果是无刷励磁电动机，功率因数继电器将能同时提供牵出转矩降低保护和失磁保护。

11.18 总结：典型电动机保护

图11.11中总结了推荐的常用于电动机保护的典型保护措施的结构，其中使用的各种继电器已经在前面讨论过了。这些是一般性推荐，具体应用可视本地线路、经济和各自的偏好进行调整。

11.19 电动机保护在实际应用时应注意的问题

多年以来，电动机保护一直存在的一个普遍的问题，即保护工程师无法获得电机驱动系统的完整数据。负责设定电动机保护细节的电气工程师常常缺乏与熟悉电动机所带负载性质的机械工程师的沟通。因此，电动机保护常以最佳估计、标准和铭牌数据为基础实施。如果电动机在起动时线路跳闸，定值需要一点点调高，直至不当跳闸清除，这种工程实践对过程不那么关键、投资较小的通用小电动机来说可能适用。然而，对于更大且更关键的应用场合，保护工程师应竭尽所能去理解电动机所连负载的状况与电动机的运行特性，如此才能恰当设定保护动作值，从而将电动机潜在损害降到最低，或确定是否对电动机供电的负荷停止供电。许多基于微处理器的继电器的故障录波能力可在接入新负载时和正常运作过程中有效收集相关信息。

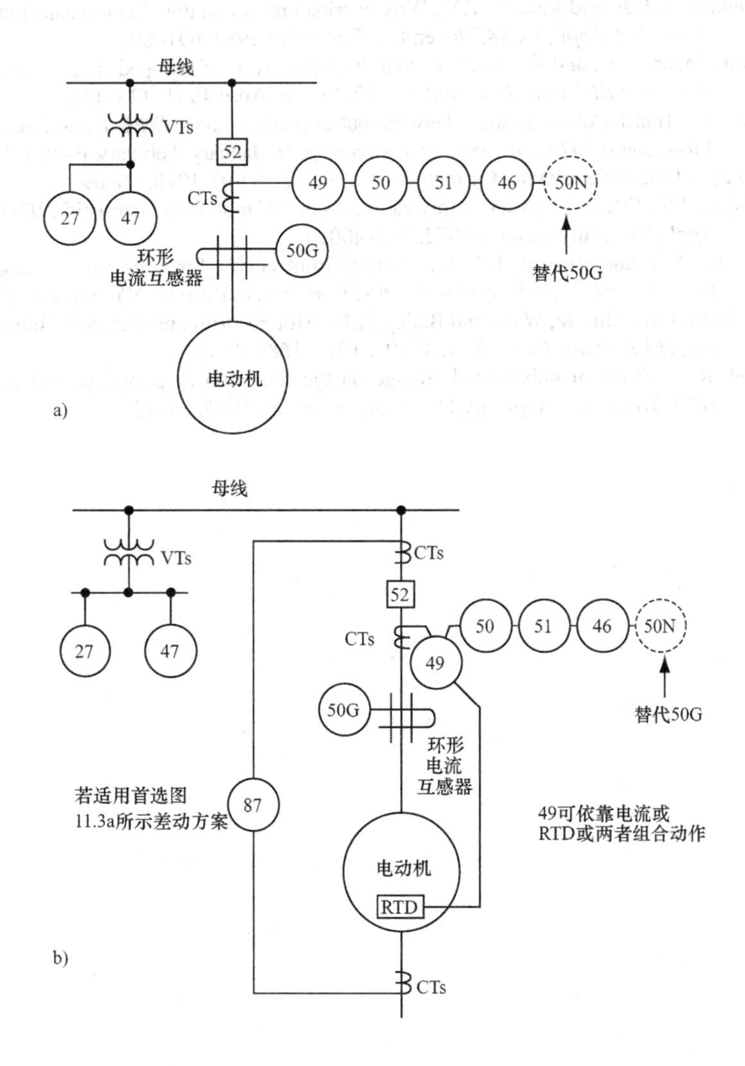

图 11.11　推荐的典型电动机保护

a）对于没有中性线和电阻温度探测器的电动机　b）有上述条件的电动机

提示：①带序号的圆圈代表可以单独安装或构成组合；②对于同步电动机需要的额外保护见 11.16 节；③对于短时扰动引起的快速重新起动的保护见 11.14 节

参考文献

更多数据，详见第1章末尾参考文献。

ANSI/IEEE Standard C37.96, *Guide for AC Motor Protection*, IEEE Service Center, Piscataway, NJ, 1988.

Brighton, R.J. Jr. and Ranade, P.N., Why overload relays do not always protect motors, *IEEE Trans. Ind. Appl.*, IA 18, November–December 1982, 691–697.

Dunki-Jacobs, J.R. and Ker, R.H., A quantitative analysis of grouped single-phased induction motors, *IEEE Trans. Ind. Appl.*, IA 17, March–April 1981, 125–132.

Gill, J.D., Transfer of motor loads between out-of-phase sources, *IEEE Trans. Ind. Appl.*, IA 15, July–August 1979, 376–381; discussion in IA 16, January–February 1980, 161–162.

Lazar, I., Protective relaying for motors, *Power Eng.*, 82(9), 1978, 66–69.

Linders, J.R., Effects of power supply variations on AC motor characteristics, *IEEE Trans. Ind. Appl.*, IA 8, July–August 1972, 383–400.

Regotti, A.A. and Russell, J.D. Jr., Thermal limit curves for large squirrel cage induction motors, *IEEE Joint Power Generation Conference*, Buffalo, NY, September 1976.

Shulman, J.M., Elmore, W.A., and Bailey, K.D., Motor starting protection by impedance sensing, *IEEE Trans. Power Syst.*, PS 97, 1978, 1689–1695.

Woll, R.E., Effect of unbalanced voltage on the operation of polyphase induction motors, *IEEE Trans. Ind. Appl.*, IA 11 January–February 1975, 38–42.

第12章　线路保护

12.1　线路和馈线的分类

线路用于连接电力系统的各个部分及相关设备。发电厂发出的低压电能由变压器升到高电压通过输电线输送至各个变电站，再由变电站降压后输送给工业、商业及居民用户。

大部分电力系统有两个及以上的电压等级。在交流系统过去一百多年的历史中，实际使用的三相电压变化巨大，并且没有国际标准。在美国，IEEE 标委会于 1975 年采用了由工业应用协会（IAS）提出的一套标准，见表 12.1。这种分类标准在电力系统相关的两大组织，即 IEEE 电力工程学会及 IAS 间并未取得一致。在电能应用领域，一般认为电压等级可分为以下几类，而这种分类或将继续沿用：

1）工业配网 34.5kV 及以下电压等级；

2）中压输电 34.5kV～138kV；

3）输电电压 115kV 及以上。

上述最后一类电压等级可以进一步划分为

高压：115～230kV；

超高压：345～765kV；

特高压：1000kV 及以上。

前已述及，由于电压等级划分并无一致标准，因此具体电力系统可能和上述划分并有一些差异。随着时间的推移，虽然在相关标准上会取得更多的一致，但许多很久以前采用的不同电压或非标准电压系统仍会存在，并将在相当长的一段时间内保持不变，其部分作为可选项或已存在项列于表 12.1 中。

文中所提到的电压值均指系统电压的典型 RMS 值（均方根或有效值）（除作特殊说明外均指线电压值）电能在系统中传输时，从发电机到用电终端，系统中每一点的电压都不一样。因此，会选用标称值、典型值或任意合适的值来表示。

线路和馈线的终端及变压器、发电机、断路器等电力设备的安装点被称为站、场或子站。但这些名称既无有效定义也未进行标准化。发电站或工厂人们都很熟悉，子站比站更小，也不如其重要。

表12.1 ANSI/IEEE三相电力系统电压分类线对线[1]电压标称有效值

		三线制		四线制		
1AS[2]	PES[3]	首选	可选或现有	首选	可选或现有	最大电压
低压(LV)	未说明电压等级(ANSI C84.1)			208Y120		220Y/127
			240V	240/120Tap		245/127
		480V	600V	480Y/277		508Y/293 635
中压(MV)			2,400V			2,540
		4,160V		41,660Y/2,400		4,400Y/2,540
			4,800V			5,080
			6,900V			7,260
					8,320Y/4,800	8,800Y/5,080
					12,000Y/6,930	12,700Y/7,330
				12,470Y/7,200		13,200Y/7,620
				13,200Y/7,620		13,970Y/8,070
		13,800V			13,800Y/7,970	14,520Y/8,380
					20,780Y/12,000	22,000Y/12,700
					22,860Y/13,200	24,200Y/13,970
			23,000V			24,340
				24,940Y/14,400		26,400Y/15,240
			34,500V	34,500Y/19,920		36,510Y/21,080
高压(HV)	高压(ANSI C84.1)		46kV			48.3kV
		69kV				72.5kV
		115kV				121kV
		138kV				145kV
			161kV			169kV
		230kV				242kV
超高压(EHV)	ANSI C92.2	345kV				362kV
		500kV				550kV
		765kV				800kV
特高压(UHV)		1,100kV				1,200kV

来源：ANSI/NEMA C84.1，《电力系统和设备的电压额定值》，美国电气制造商协会，弗吉尼亚罗斯林，1977；ANSI/IEEE标准C92.9，《230kV以上的交流电力系统及设备用优选电压额定值》，IEEE，纽约，1987；IEEE标准字典，《术语与定义词汇表》，IEEE，IEEE服务中心，新泽西州皮斯卡塔韦，1987。

① 如表所示，三相四线制第二个电压为线对中性点或电压分接头。

② IAS：IEEE工业应用学会，其电压分级由IEEE标准协会编制（LB 100A）。

③ PES：IEEE电力工程协会。标准参考如表所示。

在两个相互关联的系统中，其中一个系统中的大站在另一个系统中可能被指定为小站，反之亦然。所以更一般的称谓是：发电厂、开关站、电站、变电站、配电站等。

许多线路为双端输电线，但是也有带三个或以上端子的多端输电线。这些线路可连接各站，但也通常分接供电负载。因而，各电压等级的输电线均可能成为配电线路。当输电线路附近有负荷需求较大的工业、商业复合体时，从输电线路上进行分接通常比较经济。配电线路在沿线输送负荷时通常有很多抽头，或为三相或为单相。

三相输电线的线路阻抗角通常随着导线的类型、尺寸及导线间距而变化。不同电压等级下典型的阻抗角范围如下表所示：

kV	角度
7.2～23	25°～60°
23～69	45°～60°
69～230	60°～80°
230 及以上	75°～80°

12.2 针对继电保护的输电线路分类

从继电保护的角度来讲，本书对输电线路作如下分类：

1）辐射线或馈线：这些线路仅一端有正序电源。通常这些线路作为配电线提供电能给非同步负载。正如 4.8 节所述，异步电机通常不作为电源。线路上发生故障时，故障电流仅由单端电源提供。对于双端接地系统且线路上发生接地故障，电流可从两端流过而跳开正序电源，切除故障。但是，相邻线的零序互感可使接地故障继续存在，因此，接地电源必须要跳开。如第 8 章所述，随着系统中越来越频繁地安装分布式电源，辐射线路也可能会很快转化成网状线路。

2）环状线路或网状线路：环状线路是指有两端或多端正序电源的线路。环状线路通常包括所有类型的输电线路有时也可能包括配电线路。线路发生故障后，各个电源给故障点提供故障电流，因而在发生相间故障和接地故障后，所有的电源都必须跳开。美国的电力系统一般都是多点接地，因而线路故障点会流过正、负、零序电流。如果双端输电线一端未接地，那么发生相间故障时，输电线路构成故障电流环路，但是对接地故障而言仍是辐射线。另外值得一提的是，平行双回线间的互感能产生很大的零序电流，这种影响在本章后面将会述及。

线路长度是另一种划分线路的方式。这种分类方式在论及网状系统中的高压输电线时非常重要。线路长度对保护系统应用的相关问题有很大影响。线路通常可根据其长度分为短线路、中长线路、长线路。在继电保护中有一种很重要的线路长度衡量方式，即电源阻抗与线路阻抗之比（SIR）。SIR 较大时通常表明线路较短。SIR 大于 4 时，通常归为短线路，SIR 小于 0.5 时，归为长线路。SIR 处于 0.5 和 4 之间，则归为中等长度线路。

12.2.1 配电线

配电系统的设计通常随负荷性质及密度的不同而变化。大城市商业区及大型工业复合体的负荷通常高度集中，且就其性质而言，需要很高的可靠性。提供这类负荷的配电线路通常采用地下电缆。大城市商业区负荷供电也常常使用低压电网（LTN）。当然，大部配电线都用于为农村公路及小城市、乡镇、村庄的负荷供电。提供这类负荷的配电线路通常采用架空线且运行电压通常为4~34kV。对配电线路而言，13.2kV是通用电压，当然在用电负荷密度高的地区，23kV和34.5kV也越来越普遍。

典型的架空线长约10~20mile，主要用于三相运行。需要使用三相交流电的用户可以从主干线上直接或者通过从主干线三相分接头获得三相电，需要使用单相电的用户也可以从主干线上直接或者通过从主干线单相分接头获得单相电。

一套健全的配电线路保护理论体系应包含以下几点：

1）因永久性故障导致的停电波及的用户应越少越好。分支线路上发生故障时主干线不应永久性停电。

2）对配网保护设备进行整定或动作评价时，需要建立一定的灵敏度要求，以提高个人、公共及系统设施的安全性。这些需求必须在最大程度上确保配电线路上的所有故障均可观测到且能快速清除。

3）故障跳闸后系统应尽可能快地得到最大程度的自动恢复。这实际是要求在瞬时性故障下供电能迅速恢复。经验表明，高达80%~90%的架空配线故障本质上是瞬时性故障。

为满足以上准则，典型的配电系统通常配备大量的故障切除设备以隔离故障线路。用于从主干线分接给用户供电的配电变压器通常采用熔断器来保护。分拉线路往往采用熔断器、自动重合器及隔离装置保护。自动重合器和隔离装置也经常安装在主干线上。尽管自动重合器也偶尔用于变电站内，但线路终端往往安装中继型断路器。近年来，已开发出具有更高自动化水平的新技术用于配电系统中以提高供电可靠性。

12.2.2 输电线和分支输电线

输电线用于将电能从发电设备输送到负荷区域或相邻电力系统，通常呈网状结构运行以提高供电可靠性。输电线并不直接给用户供电，除非在少数情况下，经经济性评估后，为大负荷用户供电。输电线的所有端口配备有断路器，这些断路器采用油、气体或真空作为截断和绝缘介质。

输电线的保护目标应包含以下几点：

1）应尽可能快地切除故障以增强系统的暂态稳定性，并最大程度地降低电压扰动及对设备的损坏；

2）系统发生故障后，应仅由相关的断路器跳闸隔离故障，尽可能减小停电范围；

3）如果发生瞬时性故障，在故障清除后架空输电线应能自动重合以尽快恢复供电；

4）保护装置不应限制所保护线路加载至其短期紧急最大负载率。

所有的线路故障均应能被快速保护检测以满足上面提到的目标。当然，对于一些严格限制的故障允许经一定的时间延时后检测并清除。

电能通过分支输电线输送到局部负荷区或直接输送给大型负荷用户。分支输电线的保护一般是上面所述的输电线和配线保护的结合。具体的保护配置取决于所联系统的性质及被保护分支线路的重要性。

12.3　线路保护原理及设备

可用于线路保护的继电保护原理包括以下几项：

1）无方向快速过电流保护（IT）；

2）无方向反时限过电流保护；

3）无方向定时限过电流保护；

4）方向性快速过电流保护；

5）方向性反时限过电流保护；

6）方向性定时限过电流保护；

7）电流平衡保护；

8）距离保护——快速或分段或反时限距离保护；

9）带通道的纵联保护（见第 13 章）。

以上所有保护均可应用于线路的相间保护和接地保护，既可单独使用，也可联合使用。这些保护在第 6 章中已经进行过讨论，本章将其应用进行探讨。电流平衡保护通过比较平行多回线上电流来检测由于某条单回线上故障引起的不平衡电流。这种保护在美国并不常用，因为电流平衡保护对单回线不适用，在单回线运行时无效。另外，电流平衡保护需要两回线控制互连，这对运行和调试而言是不可取的，而且对于涉及两平行线的故障较难实施。

在输电系统中断路器普遍使用。但在配网中，较多地使用熔断器、重合器、分段器等。下面将对于这些设备进行简单的介绍。

12.3.1　熔断器

熔断器的持续、额定电流必须等于或大于通过其的最大短时负载。此外，熔断器的对称熔断定值必须等于或大于故障电流的最大值。因此必须注意系统电压、绝缘水平及系统 X/R 比值。熔断器运行在最大切除时间和最小开始熔断时间之间的时间-电流曲线带区域内。两时刻之差即为熔断器的熄弧时间。

当熔断器作为后备或将其他设备包含在范围内时，最小开始熔断时间是很重要的参数。最小开始熔断时间意味着被保护设备必须在熔断器达到其热限值之前切除故障。

常用的熔断器类型包括排除式、非排出式及限流式。排出式熔断器是用于户外杆上安装时使用最广泛的类型。在20世纪50年代上半叶，已提出了基于熔断器运行特性的斜率而对其进行分类的分类标准。熔断器被分为K型（快速）、T形（慢速）及N型。这种分类标准的好处在于允许用户从不同的生产厂家采购熔断器并能确保运行特性差异保证在规定限值范围内。

12.3.2 自动重合闸装置

这种装置通常被称重合器，是一种自带控制系统的断路器，能感应到过电流从而在故障状态下瞬时或以一定延时断开。通过设定程序，可按照不同时间间隔为线路重新送电（重合闸），如果故障一直持续则最终闭锁。

三相重合器可能既含有相单元也含有接地单元。单相重合器没有接地传感器，但其依赖于与之相连的，在线对中性点或线对地故障中涉及到的相单元。

切除单相故障的单相重合器可用于三相馈线上。其优势在于非故障相设备仍能正常运行。然而，通常推荐使用三相重合器以避免出现三相电动机的单相运行和铁磁共振，这一点和7.9节中所论述的一样。

重合器通常有液压控制和电力电子控制两种设计。液压控制式通过串接在线路中的串联跳闸线圈感应过电流。当电流超过线圈的跳闸定值，活塞被压进线圈，使得重合器触头跳开。

电子控制式比液压控制式更灵活也更精准，但也更昂贵。电子控制式可以通过调节从而很容易地改变时间-电流跳闸特性、最小跳闸定值、重合闸的闭合顺序。电子控制式也能提供大量辅助设备满足用户的特殊需求。

重合器在设计时使用油或真空作为阻断介质。在油式重合器中，油既作为熄弧介质也作为基本的绝缘介质使用。真空式重合器或者使用油或者空气作为基本的绝缘介质。

重合器得以使用在于其成本通常低于常规的断路器和继电保护装置。

12.3.3 分段隔离开关

分段隔离开关是一种不用于切除故障电流的电路隔离设备。在感应到预设的故障电流时分段隔离开关失磁跳闸，重置通过手动实现。

分段隔离开关与后备重合闸装置或断路器联合应用，并且在故障中为后备装置动作次数计数。计数值仅在流过分段隔离开关的故障电流在后备装置动作前被监测到时才被分段隔离开关记录。当记录的计数值大于给定值（分段隔离开关设置时确定)，在后备装置处于断开态且与分段隔离开关相关的线路处于失电态时，分段隔离开关跳开以隔离线路的故障部分。分段隔离开关的目标是在瞬时故障时仍维持闭合——后备装置会在瞬时故障时先于分段隔离开关动作跳开线路并在故障消失后重合线路恢复供电。对于永久性故障，分段隔离开关能识别出后备装置重合后的一次或多次跳闸，然后跳开线路的故障部分。分段隔离开关跳开后，后备装置自动重合恢复供电。使用分段隔离开关要求后备中断装置能够监测到隔离设备范围内的故障。

12.3.4　配合时间间隔

配合时间间隔（CTI）是指近站保护设备动作和远站保护设备对近站装置超范围的远端故障动作之间的时间间隔。因此，对远端故障而言，近端保护设备的动作时间应不小于远端保护设备的动作时间和配合时间间隔之和。远端线路故障应由远端保护设备切除，近端保护设备作为后备。这一点在图 12.1 中进行了说明。

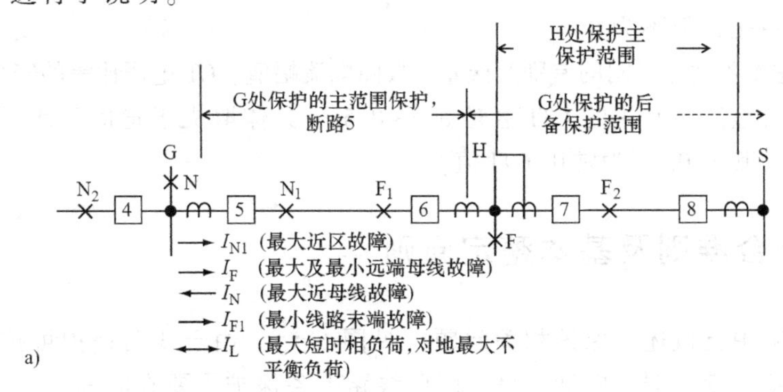

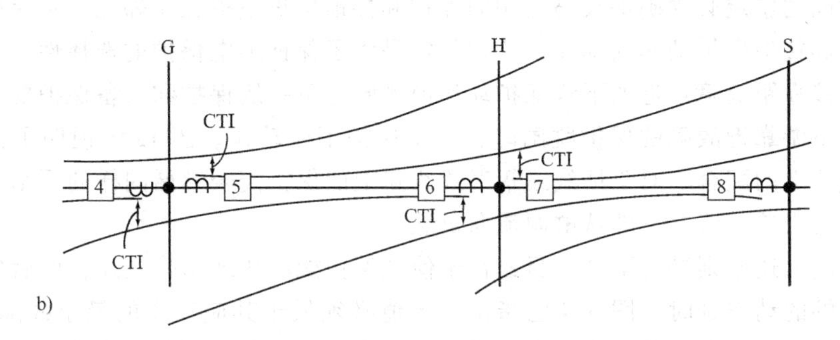

图 12.1　典型线路的保护区、故障数据要求、时间配合曲线。对配网、辐射式线路，电流流向统一，因此，保护区、故障特性和时间配合曲线仅需考虑单方向

a）对断路器 5 附近 G 处的继电保护定值设定的相关电流

b）和方向反时限过电流继电器的配合

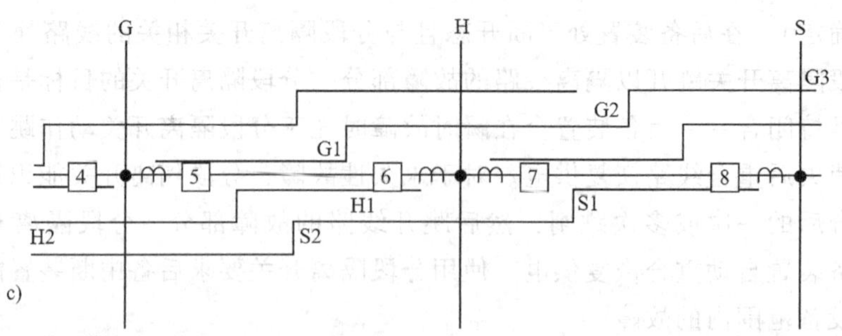

图 12.1 典型线路的保护区、故障数据要求、时间配合曲线。对配网、辐射式线路，电流流向统一，因此，保护区、故障特性和时间配合曲线仅需考虑单方向（续）

c）和方向距离保护的配合

配合时间间隔（CTI）由如下几部分组成：

1）断路器故障中断或切除故障时间，典型值为2~8周波（0.033-0.133s）

2）继电器超程时间：在初始能量消失后电磁型感应区或晶体管电路储存的能量仍能使继电器持续动作。电磁型继电器典型值不超过0.03~0.06s，对晶体管型继电器更短，但不为0。

3）考虑设备动作时间的差别及误差、故障电流幅值、CT电压比等的安全裕度。

保护配合整定中常用的CTI值是0.2~0.5s，具体取决于置信度或保护工程师的保守性，其中0.3s为常用CTI值。

12.4 配合准则及基本整定原则

在6.3节中已概述了保护相关问题（见图6.5）。由于线路保护可扩展到相邻线路、母线、变压器、电动机等，因此线路上各保护需要在时间上进行配合。动作时间的整定必须确保线路的相间保护和接地保护不得在相邻元件主保护的相间保护和接地保护动作前动作。这样整定是为了保证继电保护的选择性。后备保护不应该在距故障点近的下级保护动作前跳闸。下一级保护和后备保护要进行配合，即下游靠近故障的保护跳闸时，后备保护不应动作。图12.1说明了保护在环网线路上的配合。对于馈线或辐射式线路上的保护配合遵循同样的原则，除非故障电流为单一流向，即从电源流向负载。

采用上述原则进行配合的目的在于使主保护能尽快地切除故障，而后备保护具有足够的动作延时。图6.4已指出，定值必须低于其应动作的最小故障电流，且在系统正常状态或可允许状态时不应该动作。在有些情况下，这些要求可能使得保护范围非常小或者没有保护范围。这对于故障电流变化较大的环网尤其如此，在所有发电机和线路均投运时，系统处于重载，此时故障电流很大；在系统处于轻载时，故障电流很小。对故障的研究应该包含这些极端情况。当保护之间不可能进行配合时，或者采取一种折衷策略，或者采用纵联保护。因此，保护的配合是一个试凑的过程。

尽管目前由多种配合分析用计算机程序，但理解这种分析过程对继电保护工程师仍然很重要。

12.4.1　相间过电流保护的整定

对线路而言，热限值通常比其他因素对负荷的限制更严格。必须设定一个最小动作电流（继电保护起动电流）以保证在达到系统能容忍的最大暂态电流或短时电流时保护不误动。需要考虑的关键因素如下：

1）短时最大负载（I_{STM}）：在紧急情况下或特殊条件下能运行 1h 或更长时间的电流。在实际工程中，通常以能维持最小间隙的导体最大弧垂决定。

2）电力系统中由于开关操作引起的暂态电流。包括冷负荷启动时、可恢复的系统振荡、变压器空充、电动机起动等情况下产生的电流。

冷负荷是配网馈线在断电之后重新充电时短时增加的负载电流。正常运行时不同馈线上输送的负荷是多样化的，因为并非所有的用户都同时需要最大负荷。在停电后，由于所有的负载同时充电，这种多样性暂时消失。基于系统状态和停电时间长短，多样化负载消失的数量和持续时间变化很大，因此对这种停电进行记录是很有必要的。

相间过电流继电器的启动电流取最大短时负载的 1.25~1.5 倍或以上，这样可以避免反时限过电流保护在在短时暂态过程中误动作。由于动作时间特别长，低阶乘子可以使用极端和非常反时限类型。暂态过电流可能给继电器励磁，但是在动作时间到达的时刻会低于启动值。通常，极端反时限特性与熔断器和电动机起动特性曲线匹配良好，因此，也更适用于负荷区域的保护。回到电源的角度，较弱的反时限特性更为理想。

12.4.2　接地时限过电流继电保护的整定

最小动作电流（启动电流）定值必须大于系统中可能存在或允许的最大零序不平衡电流。这种不平衡通常是由单相分接负载不平衡引起三相负载不对称产生的。通常采用检测不平衡电流及调整分接头把不平衡电流降到最低。在这种情况下（熔断器配合产生的问题除外），接地继电器可以将定值设定远低于相间继电器，以提高灵敏度。

通常，当不平衡电流较小时（尤其在高电压等级下），使用 0.5A 和 1.0A 档。

12.4.3　相间和接地速断过电流保护的整定

无方向速断过电流（IT 元件）不带延时动作且通常以 0.015~0.05s 的时间

动作出口。这要求速断过电流保护不能超过其他保护设备的保护范围。但熔断器保护除外，这在后面将会论述。

速断过电流保护定值设定的基本准则（以图12.1中母线G附近断路器5为例）：

1）定值取为$kI_{\text{far bus max}}$（图中I_{Fmax}）。如果在对端（远端，FB，far bus）母线前有重合闸，取设备安装处最大电流。k通常取1.1~1.3，取决于IT元件对全偏置电流的响应及保护工程师的保守程度。

2）如果定值大于本侧母线最大故障电流（图12.1中I_{N}），可投入无方向的速断保护。

3）如果定值小于本侧母线最大故障电流（图12.1中I_{N}），需要投入方向元件，或者增大保护定值以避免误动。

对馈线或辐射式线路，仅原则1适用。原则2和3不适用，因为在保护设备后无故障电流。

原则1中必须考虑的最大电流不一定是对侧母线故障流过继电器的最大电流。例如，对耦合很强的双回线，对于接地元件IT继电器的最大电流很可能发生在相邻线路末端故障时。针对双回线的耦合更详细的讨论在本章后面将会提到。保护动作定值的设定也可能要考虑变压器低压侧线路故障或者系统振荡过程中的暂态电流、冷负荷起动、变压器空充、电动机起动等。其基本原则是继电器在除正常状态或区外故障外应尽可能灵敏。继电保护工程师应认识到速断保护是一种很简单但功能强大的保护，应该充分利用好它的优势。

12.5 配线、辐射式线路的保护及配合

配网中的变电站或配电站通常通过1~2条输电线或二级输电线供电，具体取决于站的尺寸和在系统中的地位（重要性）。带两个降压变的变电站示于图12.2中。这种接线方式（配置）更能高效持续地供电。如图中所示，变压器二次侧接出独立的母线，母线连接辐射式馈线，每个变压器只接一条馈线。

一种广泛使用的单电源供电变电站如图12.3所示，其中从一条母线引出多条馈线。对于这两种结构的变电站，典型馈线连接如图12.3所示。

对图12.2中所示的双电源供电变电站，断路器位置在图中示出。左侧馈线由电源1供电，右侧馈线由电源2供电，左右两侧馈线之间断路器正常情况下断开。在其中一套电源或一台主变断电时，比如电源2断电，右侧负载仍能通过断开右侧所有常闭断路器并闭合所有常开断路器由电源1供电。对电源1而言，这是额外负载，因此可根据需要通过强制空气和油结合增加额定值。

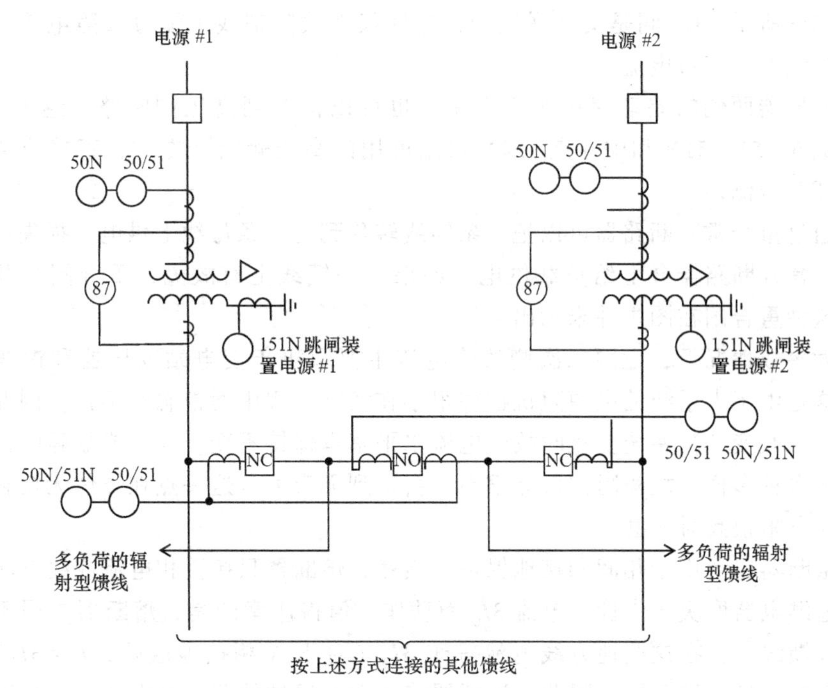

图 12.2　多电源变电站

注：NC 表示正常闭合；NO 表示正常时断开。

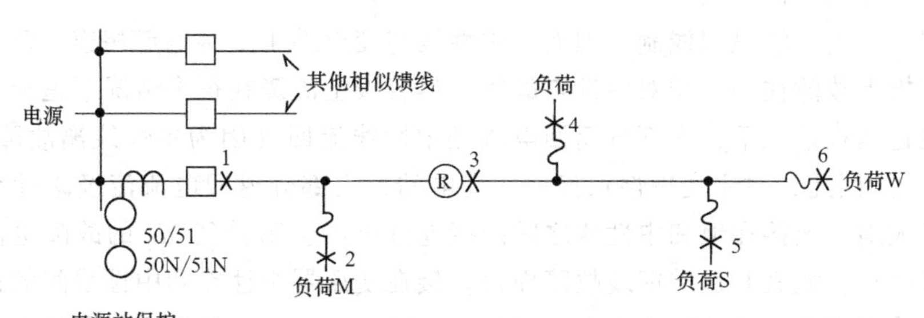

电源站保护：

主保护范围：

在断路器和连接负荷M与重合闸开关R的熔断器之间

后备保护范围：

在负荷M熔断器和负荷从母线之间(未示出)

在重合闸开关R到熔断器P、S与W之间

重合闸开关R：

主保护范围：

在重合闸开关与负荷P、S与W的熔断器之间

后备保护范围

在负荷P、S与W的熔断器及其各自负荷母线之间(未示出)

不同负荷的熔断器

主保护范围：

在负荷熔断器及其各自负荷母线之间(未示出)

在各自负荷母线和负荷之间(未示出)

图 12.3　典型变电站馈线的保护区

如图所示，CT间是交叉联接的，这样仅在故障馈线上流过故障电流，在非故障馈线上不流过电流。

变压器两侧的差动保护示于图中，也可以扩展到高压侧断路。继电器87、高压侧50/51、51N和中性点151N根据可用的高压侧断开方式，直接或通过远跳跳开高压侧。

通过重合常开断路器可以把一条馈线转移到另一条母线上供电。损失一条馈线后，常开断路器合上给负载供电。如果万一馈线上有故障，重合闸跳开并闭锁。这种重合闸在图中并未示出。

大多数情况下，配网二次侧故障电流主要取决于变电站变压器和馈线侧阻抗，这是由于大系统的电源阻抗往往很小在实际工程中通常忽略不计。因此，除故障阻抗改变外，系统变化时故障电流水平基本保持不变。而造成故障阻抗改变的工况多种多样，故障阻抗可能很高，会达到无穷大，这一点在导体无接触或导体对地电阻很高时尤甚。

熔断器广泛用于相间和接地保护。当然，熔断器只接受相电流或线电流，尽管接地继电器取决于中性点电流 $3I_0$ 而动作。值得庆幸的是，熔断器常用于辐射式网或馈线上，在这些地方线电流等于 $3I_0$（对于A相接地故障，$I_a = 3I_0$）。但要注意对于环网则不同。因此，熔断器接地继电保护的配合要求接地继电器定值等于相继电器。接地继电器的定值也可以根据相相之间或相地不平衡负载产生的不平衡零序电流而确定。

很多配电系统是四线制，因而，中性线与变电站主变接地点相连。每极均要入地。极上故障往往是相对中性点故障，尽管线上故障在很多情况下是相对地故障。在这两种情况下，大部分返回电流经中性线流回（因为中性线离故障相近，阻抗小）。因此，对主变中性点接地的变电站，大部分返回电流流经中性线而不是流经大地。连接在地和中性线之间的接地继电器会感受到 $3I_0$ 的故障电流，但此电流很小，尤其对远端馈线故障而言。接在变压器中性点和中性线间的接地继电器能检测到总的负载不平衡电流和故障电流。这就要求接地继电器具有较高的定值，除非负载能被完全监测到。

鉴于接地继电器的定值很可能和相继电器的定值一样，因此目前趋势是不采用接地继电器。这在需要接地继电器的场合可能由于保护不充分而不尽如人意。

典型配网馈线的保护范围如图12.3所示。对于故障电流和变压器连接方式相关或相同的场合，各个设备保护的配合可以通过把时间-电流特性或透明的复对数坐标纸覆盖在一起较方便地确定。这种方法可以进行微调，直至在各设备间达到合适的配合。这种方法通常用于诸如第9章中提到的变压器过载保护和图12.5中下一个例子。

12.6　示例：典型配网的保护配合

图 12.4 给出了典型的配变电站 13kV 多出线馈线，由高压侧熔断器保护的 15/20/25MVA 变压器通过 115kV 线路供电。鉴于四回馈线负载和保护虽然不同但基本相似，因此只对其中一回馈线的保护配合进行了说明。如图中所示各处故障点的故障电流均为 13.9kV 下，单位为 A。

如果以高压侧熔断器为基准分析保护的定值设定和配合，则如图中所示。25MVA 对应的最大负载电流为

$$\frac{25000}{\sqrt{3}\times115}=125.5\mathrm{A}(115\mathrm{kV})$$

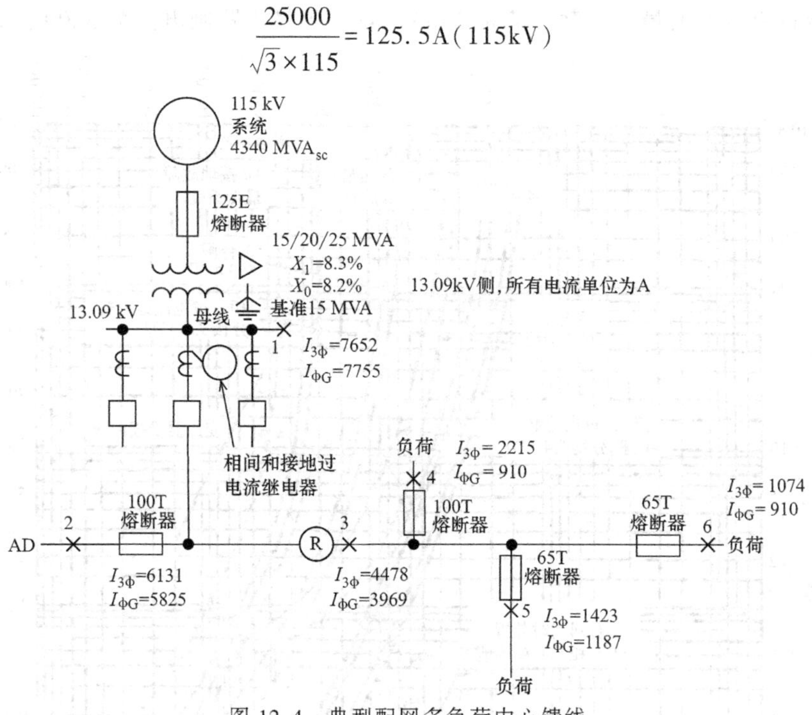

图 12.4　典型配网多负荷中心馈线

125E 熔断器用于开断主变一次侧，其在 250A 时动作时间是 600s，这可以躲过冷负荷及暂态励磁涌流。

熔断器的时间-电流特性曲线绘于复对数坐标纸上（见图 12.5）。横坐标是归算到 13kV 下的电流，因为 125E 安装于高压侧，所以其时间-电流曲线需要在厂家提供的曲线基础上按 115/13.09 = 8.79 比例进行归算。因此，600s 对应的最小熔断电流 250A 应为 250×8.79 = 2197.5A。图上左侧的虚线（最小熔断曲线）反映了负载电流对熔断器预热的影响。

在 13kV 侧发生相间故障，故障电流是三相故障电流值的 0.866 倍（见图

9.20)，一次侧相电流和三相故障电流相等。然而在13kV侧发生接地故障时，一次侧感受到电流仅为二次侧电流的0.577倍。右侧的虚线是二次侧接地故障时一次侧的最小熔断电流。对应600s的最短熔断时间，$2196\times\sqrt{3}=3804\text{A}$ 等同于2196A的接地故障。

变压器过电流电限制曲线如图中所示，第9章已对此曲线进行过讨论。正如图上所示，变压器保护能满足热限值要求。

65T和100T熔断器的时间-电流曲线基于分接头所带负载进行选取，已根据厂家提供的曲线进行归算。如图12.5所示，左边曲线是最小熔断曲线，右侧曲线是最大切除曲线。

流过重合闸的最大负载电流是230A，重合闸最小跳闸电流为560A，略大于

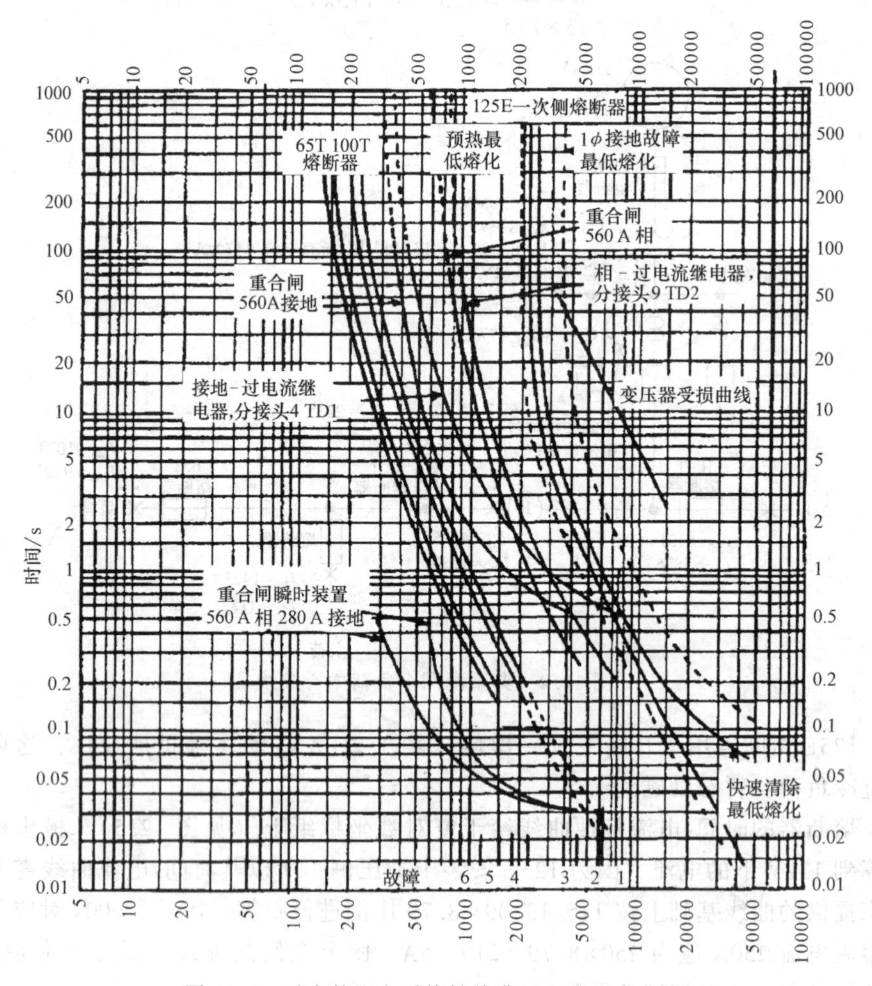

图12.5 对应的配电系统馈线典型电流配合曲线

负载电流的两倍以安全躲过冷负荷。接地元件设为280A。根据厂家提供的数据，定时和瞬时操作下重合闸和接地元件的时间特性曲线在图中进行绘制。

流过13kV侧断路器和继电保护的最大负荷电流为330A，CT电流比为400∶5，因此CT二次侧最大负荷电流为330/8=4.13A。

极限反时限过电流继电保护和熔断器及重合器能很好地配合。选择9分接可以提供9×80=720A的相间继电器启动电流，约为重载冷负荷所需最大负荷电流的2倍。接地继电器选取4分接，可以提供4×80=320A的继电器启动电流。相间继电器和接地继电器的时间定值中CTI至少超过重合闸装置0.2s。当重合器时间曲线包含故障阻断时间时，即可满足要求。

伴随重合闸的快速瞬时跳闸非常有用，因为几乎80%~95%故障为瞬时性故障。这些故障主要由于短暂的树枝碰触或雷电引起。通常可以通过快速跳开线路后重合切除这些故障。

为了实现这种快速跳闸，断路器可加装相间和接地单元，对时间元件进行补充。重合器具有快速时间-电流曲线，也有慢速时间-电流曲线，但在这两种中一次只能选一种。通常，可以进行若干次（1~3）尝试。具体次数和顺序取决于许多实际因素和经验。

参见图12.4，k取为1.2时，速断保护设置为不对故障2（或者7357A相间故障，6990A接地故障）动作。这在图12.5中没有体现但应该是一条从前述的动作定值到继电器和断路器切除时间的水平线。在这种情况下，保护动作定值并不能保护故障点1处，因此，线路仅有一小段具有速断保护。但仍然推荐使用速断保护，因为在近端（CI，close-in）严重故障发生时能快速切除。

使用熔断器保护避免熔断器在暂态故障时动作从而避免机组长时间断电。这可以增加额外的覆盖熔断器的保护范围的速断元件，从而在熔断器动作前切除暂态故障。在投入快速重合闸后供电可以得到恢复。速断保护元件被闭锁后，允许熔断器切除持续性故障。IEEE进行的一项调查表明81%的熔断器保护用于相间故障，61%用于接地故障。

因此，对于图12.4中安装在断路器上的熔断器保护，速断保护可设置为对故障2动作，但对故障3不动作，或对5374A相间故障和4763A（1.2倍故障3）接地故障不动作。当然，在熔断器损坏（最小熔断电流）前速断保护元件和断路器切除故障是很重要的。图12.4表明100T熔断器在5000A电流下持续0.03s（60Hz，1.8周波）会损坏，这样熔断器在断路器断开之前会熔断，安装上断路器上的熔断器保护就没有投入应用。

熔断器保护运行在快速或速断曲线下时能用于重合闸上。对于位于故障点4、5、6以外的故障，重合闸可以按设定程序跳开并重合一次或两次。如果故障是瞬时性的且被切除后，熔断器不需要动作就能恢复供电。此后，重合闸运行在慢速曲线下，且故障由合适的熔断器或针对馈线故障的重合闸装置切除。

对于故障2，可以采用分段隔离开关而不用熔断器隔离故障。分段隔离开关能在例如断路器速断保护元件两次故障动作不成功后，在未带电期间断开并清除其线路上的永久性故障。

在线路，例如最下端的线或近地导线，可能会和人产生物理接触的情况下，使用重合器还会有这样一个潜在优点。很久以前，曾有案例报道输电导线落在了一堆木材上，引起了一场小火灾。当电力公司人员赶到现场时，他们很惊讶地发现电线被卷起并放在木材附近，但没有引起人员伤害。看起来似乎是一位热心的过路者在重合周期的未带电期间移动了导体，这非常危险，但很幸运。

12.6.1 实际工程中配网保护配合需要考虑的因素

工程实际中的配网保护往往随功用不同而差别很大，这是由被保护系统的性质、运行经验以及每个独立的电力公司制定的准则所决定的。存在区别的地方在于IT继电器的应用。这种应用牵涉到要在因本质上是瞬时性故障而造成的永久性停电和使得整个馈线经常不必要的停电之间取得平衡。在有些工程应用中因为敏感的电力电子设备经常短暂性停电引起投诉增加因而禁止使用熔断器保护。其他一些用户仍然认为应用低定值快速跳闸比熔断器保护更有价值。

这些用户对于配网中的所有馈线均采用低定值速断继电器，并且在第一次跳闸后进行闭锁，另外有高定值速断继电器全程投入。高定值速断继电器在故障电流较大时能快速切除故障，这将有利于防止设备损坏且增强保护之间的配合，同时允许更灵敏的设置应用于线路终端断路器上游的保护装置上。但也应该注意到倘若熔断器保护定值如前例所述不能由熔断路安装点处最大故障电流获得，对于某些限制条件下分接处故障或下一级熔断器故障，熔断器仍然需要保护。这点很重要，因为架空线故障很少栓死，而且在绝大多数情况下在故障点均有一些限制。

自动重合器具有很重要的作用，能在瞬时性故障后快速给输电线路恢复供电。在某些应用中配网线路上自动重合器通常在跳闸后能最多重合三次。第一次重合通常尽可能快，考虑到熄弧，一般在15个周波内（0.25s）。第二次及第三次重合时间分别设定为15s、145s。据分析第三次重合设定的145s代表安全时间，这段较长的时间在某些场合用于充分保证距地面较近的输电线在重合之前完全断电或没有和人身有接触。因此，在某些工程应用中，第三次自动重合器不投入或者把重合时间设为15s。电力系统操作人员也应警惕在故障性质未知、可能危及到人身安全或社会公共安全时，不要起动自动重合器。

微机保护的应用可以减少配网中遇到的问题。这种应用在第15章中将进一步进行讨论。此外，发展了各种各样的技术用于监测近地导体，即使在某些特定场合下并没有故障电流流过近地导线。经验表明导线倒在诸如道路或人行道上时流过的故障电流很小。监测近地导线的装置多年前已进入试验阶段，但因为可靠性问题在很多实际应用场合没有采用这些设备跳开导线。带电近地导线对公共安全的影响仍是值得高度重视的问题，目前针对更可靠的监测技术的研发仍在继续。同时，考虑到线路上流过的最大不平衡电流以及与下级保护设备配合的延时，已采用尽可能灵敏的接地继电器监控接地故障。在此种继电器动作时，自动重合器被闭锁。数字化继电保护中可以持续追踪和记录不平衡电流并可以据此调节定值。

12.7　与配电线相连的分布式发电机及其他电源

配电系统连接有各种类型的电源，实现对用户供电。这一方面内容已在第 8 章中从发电机和联锁电力网的角度进行了论述。

由于线路上故障电流既可能由分布式电源提供，也可能由用户提供，因此辐射式网络越来越呈现环网特性，这样就可能用到方向继电器。如在图 12.4 中馈线上接有分布式电源，则在相邻线路故障时可能会产生问题，分布式电源会通过馈线给和相邻馈线上无方向过电流继电器为故障点提供电流。从而导致非故障线路和故障线路均可能跳闸。

当然，在实际工程中分布式电源容量与系统相比很小，而较大的容量需要较高动作定值。对目前通用的反时限电流特性的继电器，对于小容量的分布式电源动作时间较长，这种情况下不需要方向继电器。但随着分布式电源在配网中使用越来越多，这将会成为一个问题。分布式电源提供的接地电流也会降低接地故障时保护的灵敏度。继电保护工程人员应该对这些问题引起重视。

正如第 8 章已强调并在本章中重复过的，只要在公共事业电源和非公共事业电源间有扰动时，需迅速强行断开分布式电源和系统的连接。这可以通过装于分布式电源上低压继电器（27）、过电压继电器（59）、低频-过频继电器（81/U，81/O）实现。带电源孤岛引起的铁磁谐振会引起系统过高电压，在过电压水平超过额定水平 125%时要能快速跳闸。为防止扰动引起的跳闸也需要设定足够高的定值。

如果系统及接地电源能和不接地的分布式电源隔离开，则分布式电源和所连系统能以不接地方式运行，此时应采用 YN-开口三角形跨接的 59N 继电器进行保护。

当分布式电源成为孤岛且与部分系统相连时，仍能给负荷供电，此时需采用一些远方跳闸手段。正如在第 8 章所述的，其中一个原因是发电厂在恢复供电时必然会对分布式电源和相连接的用户造成潜在的损害。

快速自动重合器不能用于含分布式电源的系统中。重合应在未接入分布式电源或不需要同步的系统末端进行。仅在输电线路恢复供电后，分布式电源才允许和系统重连和同步。

鉴于不同的系统有不同的要求，分布式电源接入在实际应用中必须和系统配合。

12.8 示例：环网系统的保护配合

环网继电保护的配合相比辐射式线路更为复杂和困难。对每个故障，保护范围重叠的电流继电器和那些有覆盖范围的继电器不同。随着系统运行方式的变化而电流不同。采用电流覆盖的方法将很困难甚或不能使用，在本例中将使用坐标图。鉴于故障电流流向可能为任一方向，需要引入方向过电流继电器。这对IT元件可能并不必要，但考虑到一致性和将来可能需要方向继电器的系统仍需要投入。方向继电器的保护方向指向被保护的线路。

图12.6示出了典型的环网系统结构图，各断路器记录的主要故障位于环网

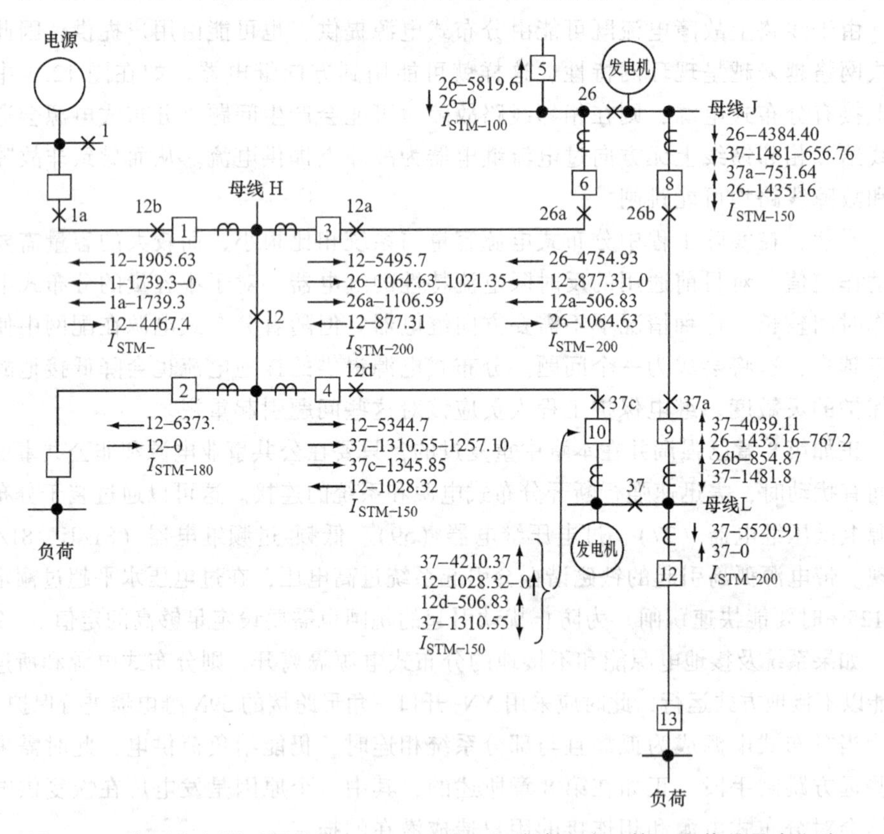

图12.6 典型多电源环网系统，34.5kV的三相故障电流，第一个值是最大电流，第二个值是最小电流。最小方式考虑母线J和L的发电机在轻载时退出运行。发-变组单元配置了快速差动保护

的三条母线，故障类型是三相短路。相间继电器的定值采用典型定值，接地继电器的定值如前所述，与相间继电器的定值选取类似，采用接地故障数据和继电器启动电流值确定。一般而言，在大多数系统，接地继电器的定值是相间继电器的一半或更小。

断路器 1、3、4、6、8、9、10 均采用了方向过电流继电器，所有方向元件均以指向线路为正，或在故障电流流入线路时动作。

以顺时针方向沿着环网分析：

1）断路器 3 处保护须与断路器 5 和 8 处保护配合；

2）断路器 8 处保护须与断路器 10 和 12 处保护配合；

3）断路器 10 处保护须与断路器 1、2、3 处保护配合。

以逆时针方向沿环网分析：

1）断路器 4 处保护须与断路器 9 和 12 处保护配合；

2）断路器 9 处保护须与断路器 5 和 6 处保护配合；

3）断路器 6 处保护须与断路器 1、2、4 处保护配合；

由此可知，环网中的保护配置并不是完全独立的，两个方向的保护定值均取决于通过母线相连的其他线路的保护定值。在本例中，其他线路的保护即指断路器 1、2、5、12 及母线 J 和 L 处发电机的保护。在沿环网配置保护时，首先要设定保护动作定值和动作延时。为了简化本例中保护的配合，假设定值确定遵循以下几点：

1）断路器 1 处相间继电保护：在本短线上配置纵联保护，其动作时间不超过 60ms；

2）断路器 5 处相间继电保护：线路上故障点 26 处最大动作时间为 240ms；

3）断路器 12 处相间继电保护：故障点 37 处最大动作时间为 180ms；

4）断路器 2 处相间继电保护：故障点 12 处最大动作时间为 210ms。

因此在配置环网保护时，对 CI 故障，把所有保护的动作时间均设为小于 200ms，对 FB 故障，保护动作时间均设为 200ms 加上 CTI 时间。在对侧母线延伸线路上故障且动作时间大于 200ms 时，保护动作延时应取为最大时间与 CTI 时间之和，在本例中，CTI 时间取为 300ms。

沿环网顺时针方向保护的配合（从任一断路器处保护开始，如断路器 3）为了方便已列于图 12.7a 中。最大短时负荷电流为 200A，采用电流比为 250/5 的 CT，则最大负荷二次值为 200/50 = 4A。继电器选在分接头 6，即最大负荷电流的 1.5 倍，归算到一次侧故障启动电流为 6×50 = 300A。

为了便于保护的配置，典型的时间-过电流继电器曲线示于图 12.8 中。在图 12.7a 中，若故障点 26 处 CI 故障，断路器 8 处保护能在 240ms 内动作，则保护 3 在故障点 26 处 FB 故障时最小动作时间为 0.24+0.3 = 0.54s。对于这种最大的故障电流（故障点26），流过保护3电流为1064.6A，为保护启动电流的3.55（1064.6/300）倍。由图12.8可知，一个时间刻度代表0.58s的动作时间。故障点26处故障电流最小时，保护动作时间为0.61s（1021.4/300=3.4），故障点12处CI故障，电流最大时，保护动作时间为0.18s（5495.7/300=18.32倍），线路末端故障时，故障电流最小，保护动作时间为0.54s（1106.6/300=3.69倍）。末端故障非配合问题，因此断路器6断开。断路器3处方向保护，未涉及故障点12。

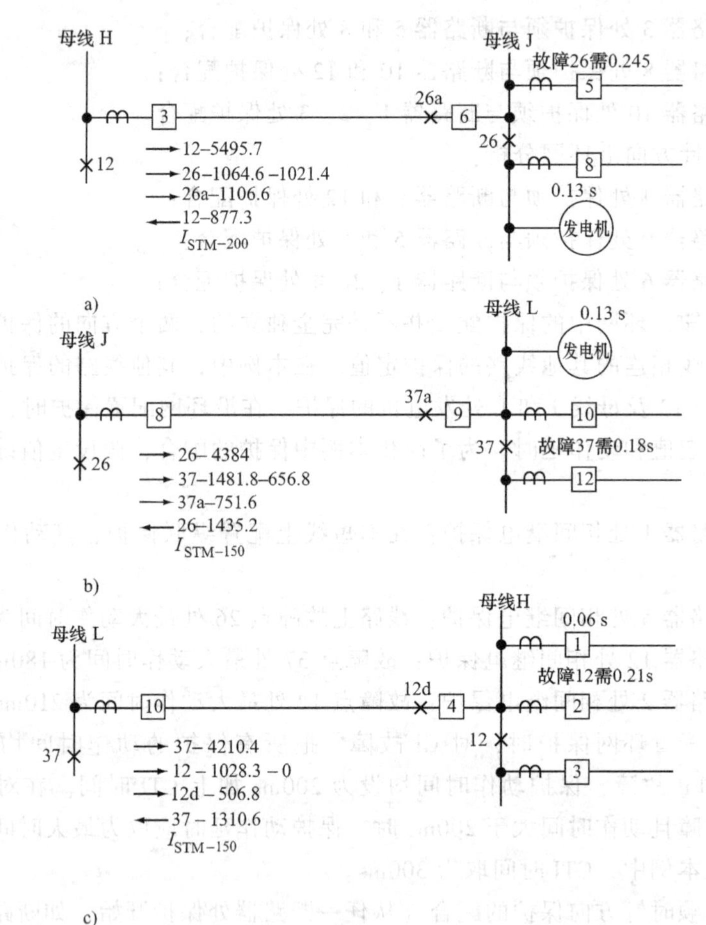

图12.7 相间故障保护定值设定信息，沿图12.6中环网顺时针方向

a）断路器3处保护设定信息 b）断路器8处相间继电器定值设定信息 c）断路器10处保护设定信息

考虑母线J处断路器8上继电保护配置。系统状态信息示于图12.7b中。负荷电流150A，CT电流比为200：5. 负荷电流二次值为150/40=3.75A。采用5A分接头，即最大负荷电流的1.33倍，则一次侧故障启动电流值为5×40=200A。

故障点 26 故障，继电保护 3 最大动作时间为 0.61s，如前所述，则保护 8 动作时间不应超过 0.61−0.3=0.31s。保护 10 的动作时间虽未知，但考察母线 L 上其余保护，故障点 37 处故障，保护 8 动作时间至少为 0.18+0.3=0.48s。故障点 26 处最大 CI 故障电流为 4384A，是起动电流的 21.9 倍（4384/200）。故障点 37 处 FB 故障，故障电流为 1481.8/200=7.41 倍。由时间曲线可知（见图 12.8），时间刻度 2 表明 CI 故障 0.35s 动作时间，FB 最大故障电流时动作时间为 0.56s。这样保护之间没有配合。回到保护 3，把保护 3 的动作时间增大为 1.5 刻度，即 CI 故障时 0.25s，FB 最大故障电流时 0.85s，这比保护 8 动作时间长 0.5s。

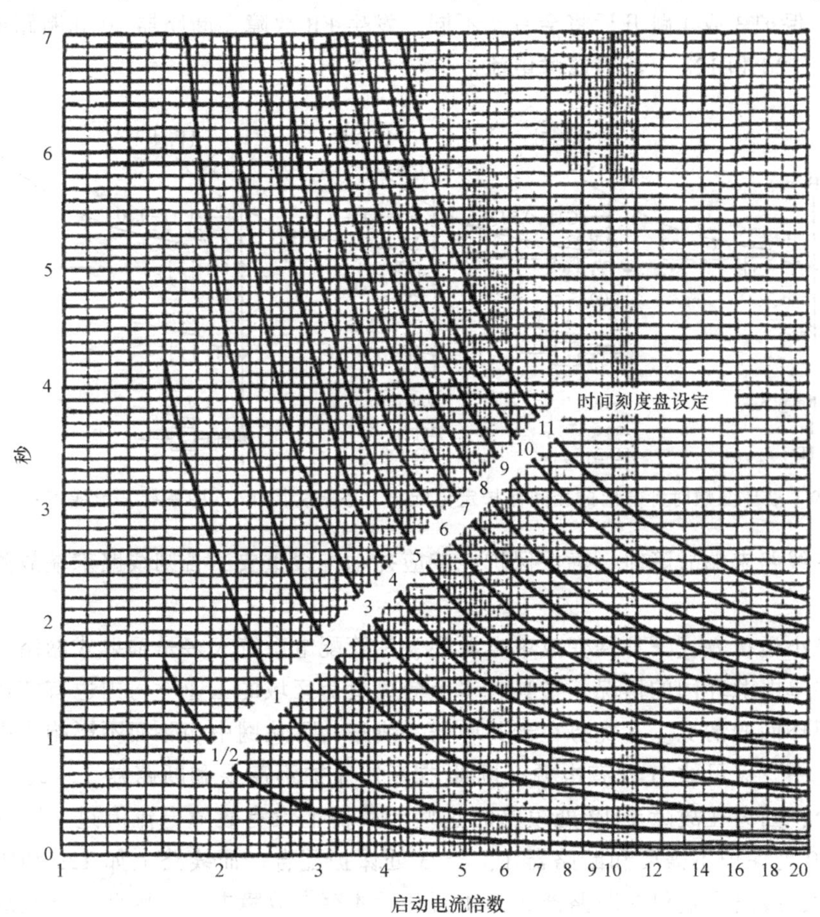

图 12.8 典型反时限-过电流保护曲线（美国西屋电气公司附赠/免费提供）

沿环网继续分析断路器 10 处保护，负荷电流为 150A，CT 电流比 200∶5，则负荷电流二次值为 150/40=3.75A。分接头 5A 提供最大负荷电流 1.33 倍的裕量，则一次侧启动电流为 5×40=200A。对于故障点 37 处 CI 故障，保护电流倍数是4210.4/200=21。故障点12处最大FB故障，倍数为1028.3/200=5.14。这样，保护10的动作时间对于CI故障要短于0.26s（0.56−0.3=0.26），对于FB故障要大于0.55s（0.25+0.3=0.55）。因此采用时间刻度1.5，可以满足保护的配合。

单纯看保护动作时间的数字是令人困扰的，因此对于环网保护的配合示于图12.9中。为了表明保护的配合关系，母线H处的保护重复标示在图上。括号中的时间是FB最小故障和线路末端故障时保护的动作时间。当最小运行方式下母线J和L处发电机断电时，发生FB故障，断路器10和断路器6上没有故障电流流过。保护3或4跳开后将会有所不同，发生FB故障，断路器10和断路器6上分别由12d和12a上流过故障电流。

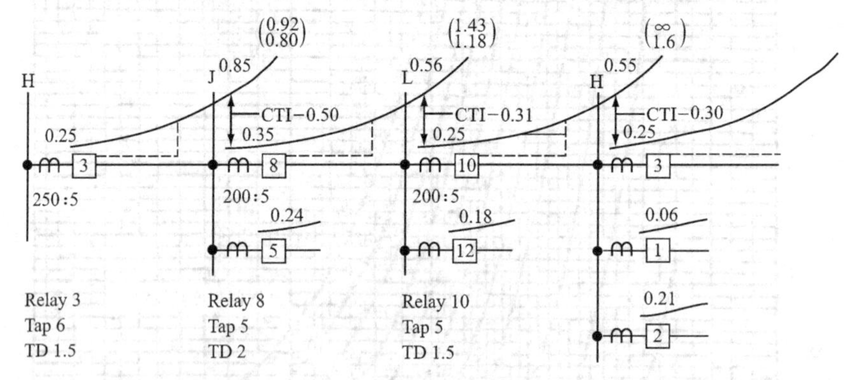

图12.9 沿环网顺时针方向的相间保护定值配合，系统为图12.6中系统。虚线表示IT保护

在线路末端故障时，确保保护能响应并动作很重要，否则线路末端故障不能切除。

最小运行方式下环网变成单电源环，尽管配电系统大多是辐射式网络，但仍有一些单电源环网的情况。在具有多个分离负荷区域的工业厂房内也有使用这种单电源环网的情况。其优势在于其中任一线路均可从网中切除而不影响供电。这种系统中，仅母线H处有电源，断路器6处保护不需要和断路器1、2、4处保护配合，因为在故障点12处短路时这些断路器上没有故障电流流过，同理，断路器10处保护不需要和断路器1、2、3处保护配合。而线路上如12a和12d处故障时，线路末端仅在断路器3和4断开后才存在故障电流。因此，这些故障将相继切除。这些线路上流过的电流为0，除非有其他线路分支。因此，断路器6和断路器10处保护可以设置方向速断保护，且保护定值可以取得很灵敏。下一阶段即是沿顺时针方向对保护4、9、6处保护进行配合。正如基本原理中所论述，此处不再赘述。

在大部分实际系统中，必须考虑可能会有多条线路断电及其他运行方式。当然最好能把所有的保护定值取得都能为相邻下级线路提供完全后备保护是令人满意的。具体在本例中，这就要求断路器 3 处保护能切除母线 L 处及负荷线 5 上任一点故障。这将有可能无法实现。线路 JL 和母线 L 处故障时，流过断路器 3 处的故障电流会因为母线 J 处的电源产生的助增电流而减小。

提供多变量和多运行方式下故障数据的计算机也为设定保护定值、配置保护提供了一种良好的工具。目前已有许多这样适应于多种系统方式及容量变化的程序，其他一些程序也有开发。这些程序不仅在节省时间和减小手动整定计算上具有很大的价值，而且能考虑更方便的运行方式和更多的替代方案。

12.9 环网中快速跳闸保护的应用

当 CI 故障和 FB 故障产生的故障电流差别很大时，可以采用速断保护以快速切除线路上故障。基本原则已在 12.4.3 中列出。对图 12.6 和图 12.7 中例子，断路器 3 处速断保护的定值应设为最大 FB 故障电流（1064.6）的 k 倍。k 取 1.2，则整定值为 1277.5A 或 1278A。与电流为 5495.7A 的 CI 故障相比，能很好地保护线路故障。不同于辐射式线路，在环网中保护范围不再是线性的。保护范围的计算式如下：

$$\text{速断的保护范围}(\%)=100\left(\frac{I_{CI}-I_{IT}}{I_{CI}-I_{FB}}\right) \tag{12.1}$$

式中　I_{CI}——CI 故障电流；

I_{FB}——FB 故障电流；

I_{IT}——速断保护定值。

因此，对环网而言，保护范围将小于

$$100\left(\frac{5495.7-1278}{5495.7-1064.6}\right)=95.2\%$$

可能在 85%~90%之间。由于保护定值 1278 大于反方向和近端母线电流 877.31，因此可采用无方向元件的速断保护。然而，对侧末端断路器 6 处仍然需要方向元件，除非 I_{IT} 大于 $1.2\times1065=1278$A。

对于母线 J 处断路器 8，速断保护的定值可取为 $1.2\times1481.8=1778$A，且不需要采用方向元件。

对断路器 9，速断保护的定值可取为 $1.2\times1435.2=1722$A。鉴于流过本侧母线电流为 1481.8A，略大于 FB 故障电流，因此不需要加装方向元件。然而，留给暂态和误差的裕度更小，因此也应该考虑方向元件（然而，考虑到暂态和误差的裕度，仍应考虑方向保护）。

对断路器 10，速断保护采用定值 $1.2\times1028.3=1234$A，对于本侧故障（故障电流1311A）而言，需加装方向元件。定值取为1.2×1310.6=1573A时，可不加装方向元件也能很好地覆盖线路故障。

这些速断保护元件附加了时间-过电流保护，在线路上部分故障时能快速动作，如图12.9中虚线所示。

通常，这些保护的范围并不像本例中那样广，而是偶尔为最大故障电流提供有限保护，对于最小故障电流时没有保护范围。从保护范围的角度来看，这些保护只是边缘保护手段，但其仍然可快速切除严重CI故障。

时间-过电流保护的动作时间可以通过对速断元件的起动电流，而不是故障母线电流，进行配合而减少。换言之，保护3在速断元件起动点采用配合时间间隔（CTI），即保护8处垂直虚线。当系统变化时，故障电流变化，而速断保护范围随故障电流变化而变化很大，这就使得保护的配置更困难。这些也可以通过计算机中编写保护整定程序来实现。

12.10 短线路上保护应用

在12.1节中已经讨论过，SIR值较高的短距离线路，在考虑CI故障和FB故障电流相对值后，可对过电流保护进行更好的电气定义。图12.10示出了这两种故障。短线是指与电源阻抗Z_s相比，Z_L较小的情况。此时，I_{CI}几乎和I_{FB}相等，这两种故障状况下电流幅值差别并不大，并不能很好地判别出故障点。对于长距离线路，Z_L比Z_s大，两种故障间差别较大且可测量。

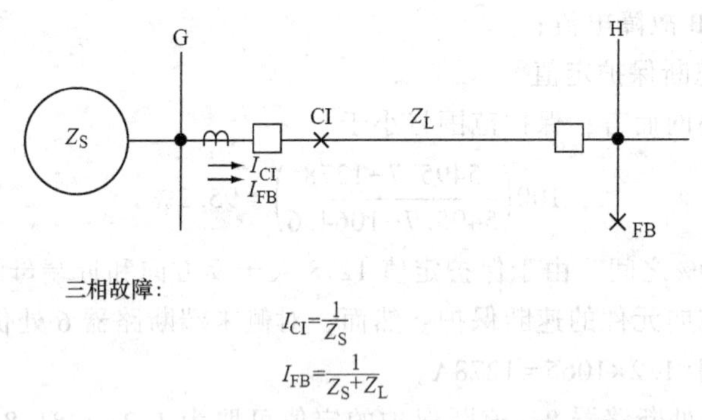

三相故障：

$$I_{CI}=\frac{1}{Z_S}$$

$$I_{FB}=\frac{1}{Z_S+Z_L}$$

图12.10 区分短线和长线的CI故障和母线故障的Z_L值

因此，对短线而言，母线G和母线H处保护必须采用固定时间差进行配合。对于辐射式馈线，这表明离电源端越近，动作时间越长，离负荷端越近，动作时间越短。

在环网系统中，仅当沿环网CI故障和FB故障故障电流相差很大时保护配合才有可能。如果这种差别并不足以使得对CI故障时快速切除，FB故障时延时切除，则环网的保护配合不可能实现。在这种情况下，需采用纵联保护（通常更多是差动保护）作为主保护，这将在 13 章中进行讨论。

鉴于限时过电流保护在环网中某处不能实现保护之间的配合，因此可作为后备保护。这种误配合点应选取为①故障少发点处；②系统中扰动最小点处；③以上两点均成立处。配备的纵联保护可靠性很高时，很少需要用到后备保护。

12.11　网络系统和点式网络系统

大城市、商业大厦、购物中心等高密度用电负荷区域通过两台相对独立的电源经由低压电网供电。为更大城市的商业区供电的低压供电网络（LTNS）经大量的变压器与复杂的配电网相连。低压供电网络可靠性很高，且在不过载情况下能承受其供电系统多处断电故障。变压器二次侧运行电压较低（即 120/208V），能直接给用户供电。二次侧系统故障将会引起很高的故障电流但故障会自动切除，因为在如此低的电压下，电弧在空气中不能维持。因此故障点电弧将自由燃烧且不需要任何阻断（隔离）设备动作。点式网络系统是带两台降压变压器的变电站，变压器一次侧分别与两个独立电源相连。在以上两种情况下，二次侧系统均通过断路器或网络保护设备和变压器二次侧相连。保护设备的保护功能可自动①在故障时将供电变压器或供电电路与二次网络隔离；②在失去供电电源电压时，断开电路；③在电源恢复，系统电压和电源电压在限定范围内时，闭合电路。这些内容是设计和保护的专业领域，已超出了本书的讨论范围。

12.12　相间故障的距离保护

第 6 章中已讨论过距离保护继电器的基本特性和原理，这种类型的保护广泛应用在 69kV 或更高电压等级的线路相间保护上。图 6.13b 中的姆欧继电器特性（方向圆特性）最为通用。主要的优点有：①范围固定，是被保护线路阻抗的函数，因此在很大范围内不随系统运行方式和故障电流水平变化；②在故障电流接近或小于最大负荷电流时能动作；③可把暂态超越的问题降至最低。距离保护比过电流保护更复杂也更昂贵，但除诸如负荷电流与故障电流接近一些特定情况外并没有广泛应用。当然随着微机保护的使用可能会有所不同。

由于不能确定 FB 故障位于线路上还是线路外，主保护至少两个动作范围很有必要。这两个动作区均快速动作，但其中一个（动作区 2）经 CTI 延时以满足保护间的配合，延时采用 T_2 固定时间。多年运行习惯采用第三个动作区作为下级线路的远后备。

美国电网中通用做法是不同的保护范围使用不同的距离保护单元。这和单个距离测量元件形成对比，这种元件初始动作定值设为Ⅰ段定值，如果故障仍存在，则定值扩展为Ⅱ段定值并经 T_2 延时动作，若仍存在则扩展为Ⅲ段定值经延时 T_3 动作。两种做法都有很好的保护性能。

分立保护元件有利于实现冗余配置，当故障发生在Ⅰ段动作区内，则三个距离保护元件均动作，于是，距离Ⅱ段和距离Ⅲ段在距离Ⅰ段动作失败后能作为后备保护动作。而采用单个保护元件切换型则没有这种后备的功能，但更经济。

图 12.11 给出了距离保护动作区和典型定值。图 12.11a 中示出了不同点的保护范围。一般地，Ⅰ段保护范围设为线路正序阻抗的 90%（85%～95%），Ⅱ段保护范围末端设为下级相邻线路的 50%，Ⅲ段保护范围末端设为下级线路外再下一级线路的 25%。只要可能，则Ⅱ段动作区和Ⅲ段动作区均可分别以 T_2 和 T_3 延时作为相邻线路的后备保护。

图 12.11b 示出了母线 G 处断路器 1 上距离保护（实线）及母线 H 处断路器

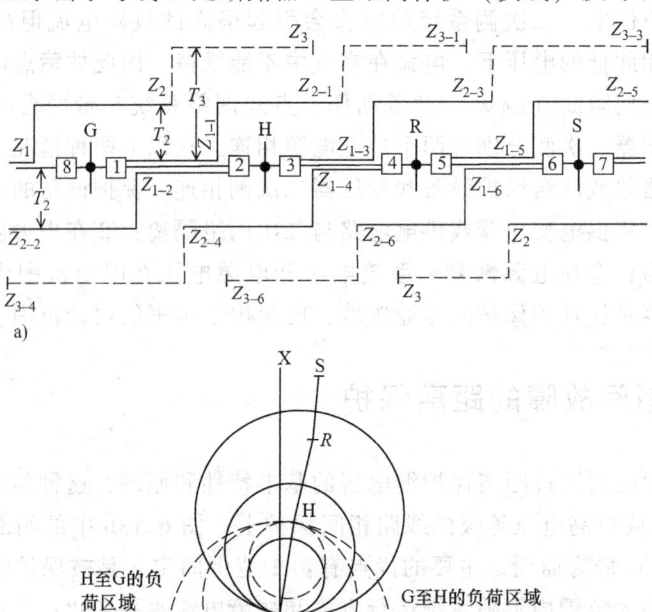

图 12.11　距离保护的保护范围

a）时间-距离图　b）*R-X* 平面

2 上距离保护（破折线）的三段动作圆。当电压和电流比值落在动作圆内时，保护动作。正常工况下负荷阻抗不会落在圆内。

对长线而言，方向阻抗继电器的动作圆可能会包含负荷区，因此要采用图 6.13c、d、e 中提到的限制性特性。这些特性对故障有较大的覆盖范围，而对负荷有很小的覆盖范围。

动作圆的设定必须使得保护在系统振荡（系统能从这些振荡中恢复）时不误动。这些振荡通常在一些系统扰动后产生，如故障、发电机或负载突然失联、切换操作等。这一点将在后面予以讨论。当然振荡同样也需要采用一些限制性操作。

线路两侧距离保护Ⅰ段具有令人满意的保护功能，即能同时快速动作且保护线路中间 80%部分。要想保护线路全长需要采用纵联保护。

图 12.11 中已经表明，后备保护的配置是理想化的且很少能获得实际可用的完备的后备保护。在实际工程中，大多数母线有多条出线，出线长度各不相同且线路对侧有电源支撑。图 12.12 中示出了一个典型的例子。母线 G 处断路器 1 上的保护需要和母线 H 引出的 HR 和 HS 线上保护相配合。HR 很短而 HS 很长，如果按照 HR 的 50%整定断路器 1 处保护的距离Ⅱ段，则此距离Ⅱ段仅能保护 HS 上很短一部分。而如果按照 HS 的 50%整定该保护的距离Ⅱ段，则Ⅱ段可能保护范围过大，除非增加Ⅱ段延时否则和 HR 上的Ⅱ段无法配合。这个问题随母线 H 上其余出线长度不同而更加复杂。然而，因为助增效应的存在，实际保护范围并不会像上面所说的那么大。由其他线路流过来的电流使得 1 处的保护范围会缩短。通过考虑故障点 F 处三相短路可以看到助增效应是存在的。由于 $V_F=0$，1 处保护感受到的电流为 I_{GH}，母线 G 处电压为 $Z_{GH}I_{GH}+nZ_{HS}(I_{GH}+I_{HS})$ 则，1 处保护求得测量阻抗为

$$\begin{aligned}Z_{\text{measured}}&=\frac{Z_{GH}I_{GH}+nZ_{HS}(I_{GH}+I_{HR})}{I_{GH}}\\&=Z_{GH}+nZ_{HS}+\frac{I_{HR}}{I_{GH}}nZ_{HS}\end{aligned}\tag{12.2}$$

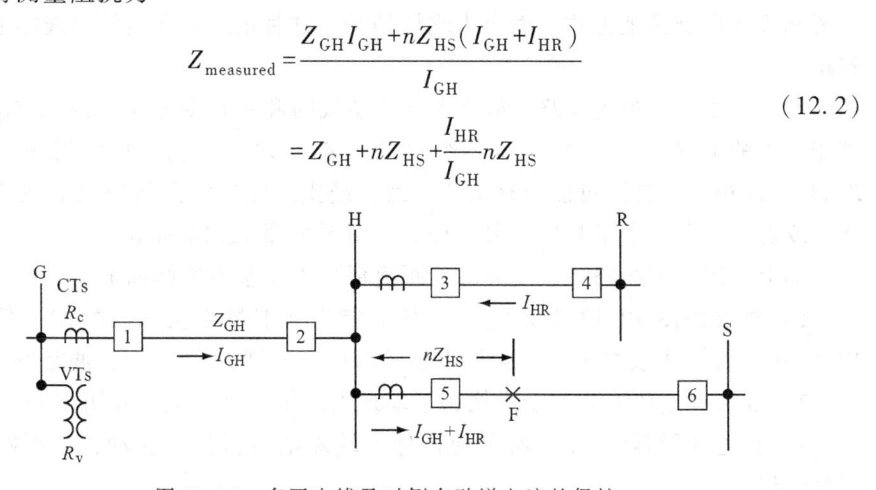

图 12.12　多回出线及对侧有助增电流的保护

由式（12.2）可知，测量阻抗值因为第三项$\frac{I_{HR}}{I_{GH}}nZ_{HS}$的存在（视在阻抗）大于实际阻抗

$$Z_{GH}+nZ_{HS} \tag{12.3}$$

因此，当1处保护定值设为如式（12.3）所示的实际阻抗时，实际上未反映出故障点。换言之，由于母线H上其他线路对本线路故障电流有贡献，保护1的实际保护范围缩短了。当助增由于系统运行而消失或改变时，对视在阻抗的保护定值存在保护范围扩大和误配合的危险。

本线路上大部分故障电流由其他线路提供时，助增项会很大且会发生变化。保护范围放大会靠近对侧母线，但并不会完全包住，所以主保护的功能并没有受到抑制。这对于没有助增分支的两端线路而言是正确的，如图12.12所示。

在系统扰动时，距离Ⅲ段作为远后备，如果误动则会扩大系统扰动范围。通常由于Ⅲ段的远后备功能，其定值取得很大。系统中发生振荡和低电压运行时，阻抗落在Ⅲ段动作范围内时间足够长则会引起Ⅲ段动作。这些运行经验和结论使得距离Ⅲ段的保护范围或使用在系统中受到了限制。

12.13 距离保护在带分支线路和多端线路中的应用

图12.13和图12.14示出了单分支线路的例子。有一些线路由多个分支(±3或4)。尽管带分支线路比较经济或在物理结构上有其必要性，但对这些线路的保护比较困难。为了保护这些线路，需要大量的信息，例如分支类型等（见图12.13或图12.14）。如果分支类型为图12.13中类型，则除需要知道双端线路正常信息外，还须知道图上的概要信息。如果分支中含有Y-△联结的变压器，则需要知道变压器接地方式，而令人吃惊的是，这种信息在变电站单线图上往往被省略。

考虑图12.13中的线路，分支包含一条线路和一台变压器，因此Z_{TR}为支路到变压器的阻抗（Z_R）与变压器组阻抗（Z_T）之和。在有些情况下，支路经Z_{TR}与母线相连。支路可能带有负载，因此经支路流向线路故障点的电流不可忽略；或者支路和发电机相连。另一种变化情况如图12.14所示。

如上所述类型线路一次侧故障后距离保护整定基本原则如下：

1）对形如图12.13中系统，Ⅰ段整定为远端最小实际阻抗的k倍，对图12.14中系统，Ⅰ段整定为远端最小显示阻抗的k倍，k小于1，通常取0.9；

2）Ⅱ段整定值取为大于本线路远端最大阻抗（实际或视在阻抗）；

3）整定Ⅱ段延时T_2时必须使得任一端断电后保护不误动，也即距离保护不会超越。

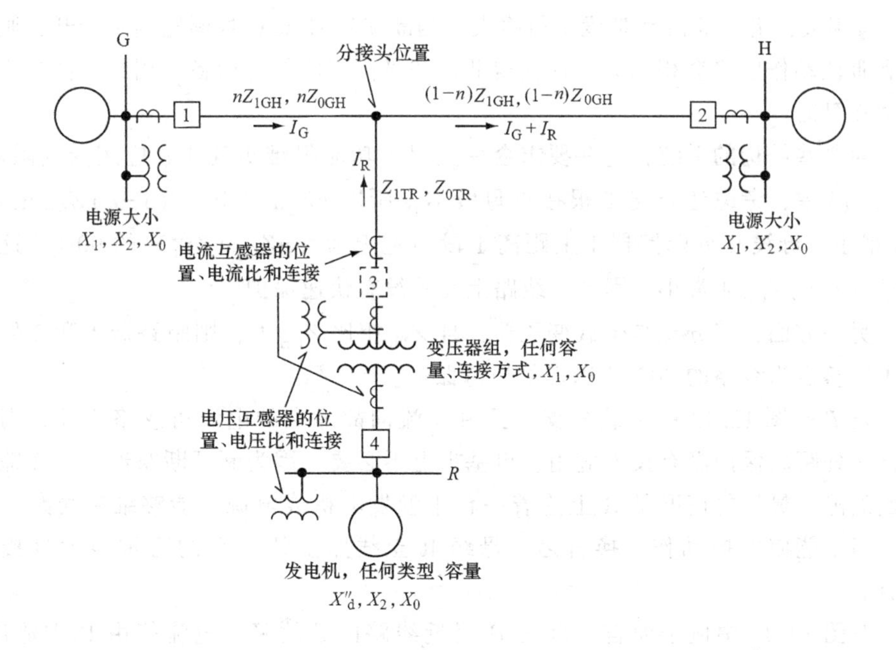

图 12.13 典型带分支线路及保护整定所需信息。图中电流均为母线 H 处发生故障后流经各处电流

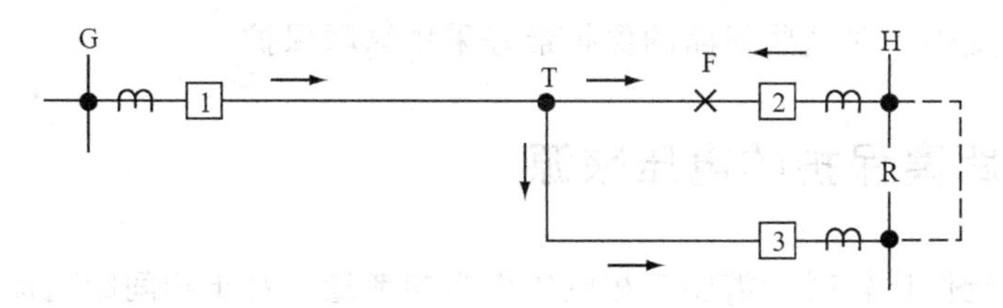

图 12.14 内部故障后故障电流可从一端流出的多端出线

例如，假设分支处高压侧有断路器 3，距离保护采用分支处高压侧 CT 和 VT 计算。母线 H 处故障，Z_{1R}等于变压器高压侧至分支处阻抗，变压器高压侧至母线 H 的实际阻抗为

$$Z_{\text{R-实际}}=Z_{1R}+(1-n)Z_{1GH} \tag{12.4}$$

然而，电流从 G 流向母线 H 处故障点，断路器 3 处保护求得阻抗：

$$Z_{\text{R-测量}}=Z_{1R}+(1-n)Z_{1GH}+\frac{I_G}{I_R}(1-n)Z_{1GH} \tag{12.5}$$

式中$\frac{I_G}{I_R}$很大，这可能是和一个分支电源接在一起，I_{1R}相对 I_{1G}很小，则

$Z_{R-测量}$很大，需要Ⅱ段和Ⅲ段定值很大。当断路器G或G处断路器1断开，则Ⅱ段和Ⅲ段动作区将会相当大。这使得Ⅱ段和Ⅲ段不能作为后备使用或者需要很长的动作延时。

对某些结构的系统，这些要求会使主保护功能很难实现或其应用受到限制。图12.13中，考虑到分支T很接近母线G，所以nZ_{GH}很小，$(1-n)Z_{GH}$很大，Z_{TR}很小。母线G处断路器1上距离Ⅰ段须整定为$(nZ_{GH}+Z_{TR})$的90%，这相对于$(1-n)Z_{GH}$非常小。因此，线路上几乎没有快速保护。

另一方面，若分支是带载变压器，且Z_{TR}相比Z_{GH}大，则断路器1和2处距离Ⅰ段整定为线路的90%，以提供快速保护。

若R是图12.13中负载分支，且由R流向故障点的电流可忽略不计，则断路器3处距离保护没有投入应用，也基本上不必要，因为断开断路器1和2即能切断故障。最坏的情况是R上连着一台小型发电机或电源，能够维持线路上故障，但不能使保护动作。换言之，母线R至线路上故障点的阻抗很大且接近无穷。

对图12.14中例子而言，母线H附近线路内部故障，电流能由R端流出。则断路器3处距离保护或方向保护把内部故障看做外部故障，不会动作，除非断路器2断开。

因此，带分支和多端出现的保护更复杂也需要线路阻抗、分支或终端的类型和位置信息以及包含系统和运行方式的电流分布的故障信息。实际上除了小型变压器负载分支外，对这些线路的保护最好采用纵联保护。

12.14 距离保护的电压来源

在和电流作比较时，需要三相电压作为参考量。对于相间距离保护，可采用开口三角形、Y-Y联结VT或耦合电容电压设备（CCVTs），这些电压设备接在被保护母线或线路上。两者都用的很多，因此除了在考虑纵联或远方跳闸的射频调制需要使用线路侧CCVTs外，选取哪一种需要通过考核经济性而定。

这些电压源带有熔断器——位于VT的一次侧和二次侧以及CCVTs的二次侧。熔断器尺寸必须通用，安装时须谨慎，且必须有良好的维护，否则会丢失一相或三相电压，从而引起不必要的保护误动。需要重点考虑时，可加装过电流故障检测装置监控距离波爰护的跳闸回路。对于非故障引起的电压消失，过电流元件不会动作。这样做的缺陷是需要加装额外设备且在故障电流小于最大负荷电流时距离保护失去了距离保护的功能。

最近，通过测量V_0、I_0来监控保护元件，这需要采用Y_0-Y_0联结的VT。

12.15　距离保护在采用反时限电流保护系统中的应用

距离Ⅰ段保护可在速断元件的保护之上提供增强快速保护。这在因系统方式变化或有系统操作而故障电流变化很大时特别有用。距离保护能快速保护线路90%的部分，且不受系统和故障等级变化的影响。

为了和已有的反时限电流保护配合，距离Ⅱ段保护可整定到或通过相邻线路整定，而把反时限过电流保护作为计时元件。距离保护扭矩控制过电流元件，也即过电流保护直到距离保护动作时才动作。这样允许过电流保护整定值小于最大负荷电流。因此，在故障电流和负荷电流很接近或最大可能负荷电流大于最小故障电流时采用距离保护很有用。

12.16　线路接地故障保护

接地保护的整定和配合过程，无论是反时限过电流保护还是 IT 元件，和前面讨论的相间保护类同。反时限保护的接地保护定值必须大于线路上可容许的零序不平衡电流，同时使用单相接地故障数据。这些保护相互连接且依赖于零序电流而动作，零序电流采自安装在三相上的 CT 或安装在中性点的 CT。

在使用熔断器的配网中，接收 $3I_0$ 的接地保护须和接收 I_a、I_b、I_c 的熔断器相配合。尽管线路电流等于辐射式配网中 $3I_0$，熔断器定值必须大于负荷电流和短时冲击电流。这要求接地继电器定值也要取得较大。12.6 节中例子已经对配网中接地继电器的使用进行过讨论。

对分支输电线和输电线而言，通常电压等级为 34.5kV 或更高，在很多变电站中通常直接接地，这样就形成了一个多接地系统，这些系统中不平衡电流往往很小，线路中不适用熔断器，因此，相比相间继电器，接地继电器定值可以整定得很灵敏，在这种情况下，或者采用接地距离保护，或者采用接地过电流保护。

12.17　接地故障距离保护和方向性过电流保护的比较

过去美国电网中，接地距离保护使用并不广泛。考虑到电网中大部分故障（80%~90%）是接地故障，而电网中普遍使用的是相间距离保护，这看起来比较反常。但是，这是因为接地距离元件要比相间距离元件复杂，但微机保护的应用简化了接地距离元件，因此，目前接地距离元件使用也越来越广泛。

方向接地过电流保护元件在多接地系统中发生接地故障时往往很灵敏而且保护性能令人满意，因此得到了广泛应用。负荷电流并不构成问题，而且对输电线，也通常使用定值为 0.5~1.0A 的 5A CT。

在 6.6 节中已简单提到如何测量线路零序阻抗，但$\frac{V_0}{I_0}$并不能确定故障点位置，因此对于单相接地故障的测量及保护动作需要采用多种手段。尽管保护元件可以根据线路正序阻抗来设定保护定值，但必须考虑 X_0、X_1 关系。不幸的是，线路零序阻抗并不像正序阻抗如此精确，因为零序阻抗涉及接地回路阻抗、塔身阻抗、塔基、过渡电阻（电弧电阻）等变量和未知数。因此，接地阻抗保护相比 IT 的固定保护范围更具优势，因为距离Ⅰ段保护范围设为 80%~85%，相间距离保护范围设为 90%。当然，距离保护范围受线路间互感影响，但对Ⅰ段而言没有太大影响。关于互感的影响在本章前面已进行过讨论。

目前一直在采取措施提高接地阻抗保护的耐过渡电阻能力，尤其对短线而言。然而，通过距离继电器可以看出，过渡电阻并不是纯电阻，除非是辐射式线路或线路不带载。随负荷电流的流动，远端贡献给线路故障点的电流会形成很大的阻抗。这在 12.18 节中将进一步讨论且在图 12.15 中说明。大的阻抗会引起相邻线的保护误动或拒动。

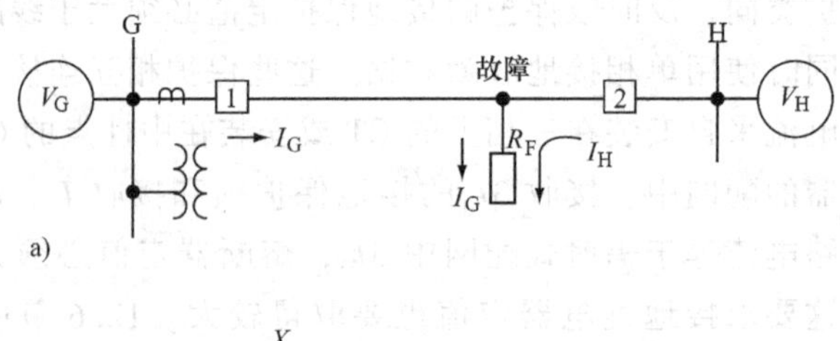

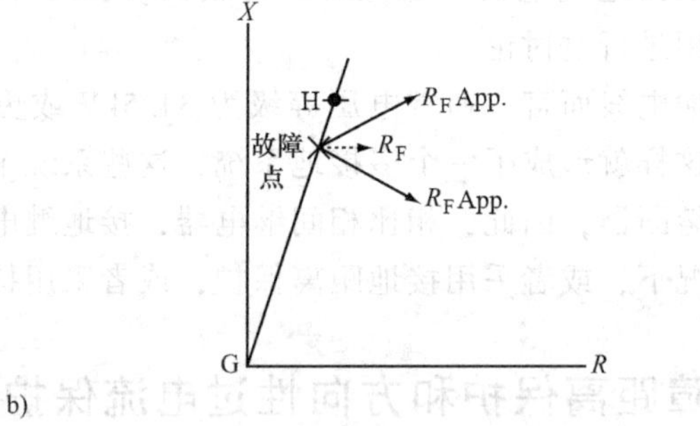

图 12.15　典型的线路和故障点过渡电阻的示意图

a）单线图　b）R-X 平面图

故障点电弧通常看起来像一个小山包（可忽略）或是一座山峰（很难保护）。对于线路上故障电弧很小（山包）时，已有很多接地距离保护正确动作的案例。当然，也有一些 HV 或 EHV 线路发生跨线故障（山峰）时，接地距离保护没正确动作。在这些情况下，通常靠相邻线的过电流保护切除故障。因此，接地距离保护应配备方向过电流保护。

过电流保护的优势有如下几点：①与负荷相对独立；②因为 X_0 接近于 X_1 的 3 倍，对 CI 故障和 FB 故障有较大的区分范围；③系统不平衡度低；④远端跳开时考虑了扩展保护范围；⑤因为接地变压器很少断开，接地故障的故障电流相比相间故障往往更趋近常数。

也许过电流保护用于保护接地故障的最重要原因在于 115kV 或更高电压等级线路使用纵联保护。前面已提及，理想的保护应能快速切除全线各处故障，纵联保护具备这种能力。接地距离保护能快速保护线路 60%~70%全长。过电流保护在广泛应用纵联保护的系统中用处很大，且动作灵敏。

12.18　过渡电阻对保护的影响

线路接地故障通常由于雷电引起的绝缘闪络或绝缘破坏而产生。接地故障的故障电阻包括电弧电阻、塔身电阻、塔基和大地间电阻（塔基电阻）。使用时，接地线和大地之间形成回路。线路相间故障多是由大风造成导线摆动过近，形成弧络所致。

过渡电阻的存在很可能影响保护的动作行为。电弧电阻为纯电阻、塔身和地线为阻抗、塔基看做纯电阻。电弧电流为 70~20000A 时，电弧电阻为

$$R_{arc}=\frac{440\times l}{I}\Omega \tag{12.6}$$

式中　l——电弧长度（单位为 ft）；

I——电弧电流。

图 4.12~图 4.15 中 R_F 即可用 R_{arc} 来代替。在实际工程中，电弧电阻总是变化的，通常由一个很小值呈指数增长为一个较大值，电弧断开后又恢复成一个很小值。典型值一般为 1Ω 或 2Ω，持续 0.5s，随后峰值可达到 25~50Ω。不同塔的塔基电阻可从 1Ω 到几百欧不等。正因为又如此多可变因素，过渡电阻的具体值很难确定。

通常假设过渡电阻为纯电阻，从而可在 R-X 平面上一条水平线表示，如图 12.15b 中所示。在这种假设下，引入电抗特性曲线来覆盖较大 R_F 值以获得比类似方向圆继电器的圆特性更大的保护范围。当电弧电阻在过渡电阻中占主要成分时，这种在 R-X 平面上的表示仅仅对馈线或不带负荷的环网才正确。当然，实际上环网一般带载，则 V_G 和 V_H 相位不同。由于存在相位差，在 G、H 间会有有功流动。因此发生故障后，G、H 两端提供的故障电流不同相。对 G 站中断路器 1 处保护，测得的电压降中含有 $I_H Z_F$，这实际上未经过正确补偿，因为流过保护的电流为 I_G。因此，对保护 1：①感受到阻抗比实际线路阻抗与 Z_F 之和大；

②即使 Z_F 是纯电阻，也能感受到电抗成分。因此，当 V_H 超前 V_G 时，R_F 往上倾斜，当 V_G 超前 V_H 时，R_F 往下倾斜。从 H 看向 G，当 V_G 超前 V_H，保护 H 感受到阻抗变大，V_H 超前 V_G，保护 H 感受到阻抗变小。

因此，如图 12.15 中所示，当 V_G 超前 V_H，R_F 的视在值向下倾斜，此时若区外故障发生在母线 H 右侧，R_F 将落入 G 处距离Ⅰ段保护动作范围内，在该处保护电抗元件不减小的情况下，保护将误动作。由此也可知，方向圆特性保护在实际情况中不会误动作，尽管方向圆特性保护范围小，但更安全。

R_F 向下倾斜会使得两种故障均不在整定点动作。最严重的情况是由倾斜引起的欠范围将使得距离Ⅰ段的动作时间延长直到母线 H 处断路器 2 切开故障。R_F 值更接近纯电阻，且值更小，距离Ⅱ段和Ⅲ段作为后备保护。对纵联保护，过渡电阻的影响似乎要小得多，这是由于过量保护元件在实际工程中的大多数阻抗下均能动作，除前文提到的超高压线路与树之间引发的故障外。

最小优先修剪的现代实操使得当树木生长至电压梯度断裂区内时，超高压线路上的电弧电阻将达到 100Ω 或以上。这种情况通常在线路弧垂最大且重载时发生，且很难监测。最可能的监测方法是采用接地过电流保护。距离保护对这类故障通常并不灵敏。当然，树的生长引发的问题可以通过适当的修剪或维护降到最低，但仍然推荐采用过电流保护。这类故障的故障电流很小，对设备或系统稳定性并不会造成很大威胁，因此不需要快速切除。

12.19 接地过电流保护的方向元件

对于多点接地环网系统，反时限过电流保护元件带方向性。速动保护元件有可能需要或不需要带方向元件，这取决于近端母线最大故障电流和最大 FB 故障电流的相对幅值。12.4.3 节中给出了判据。一般地，采用单独的方向性保护元件加强控制过电流元件。这就需要一个参考量用于比较不同线路的零序电流，从而确定电流是流向线路（保护跳闸方向）还是从线路流向母线（非保护跳闸方向）。这个参考量就是所谓的极化量。零、负序电流及电压也可用作极化量和判别方向。

最通用的极化量是使用连接在两绕组 Y-△接地变压器的 CT 得到的 $3I_0$ 形成的极化量。变压器如图 A4.2-1a 和图 A4.2-1b 中所示。电压极化量采用图 4.4 中所示 Y-△的 VT 获得的 $3V_0$。

图 A4.2-1 中的另两种双绕组变压器不能用作电流极化，因为零序电流不能由 N_0 母线经变压器流向故障点。

对图 A4.2-3 中三绕组变压器组，a、c 型对地 Y_0 支路安装的 CT 能像双绕组 Y_0-△变压器一样提供极化量。对 b 型变压器，可采用与变压器电压比成反比的

CT 并联。连接图如 12.16 所示。这对低压侧和高压侧均提供了极化量。高压侧发生接地故障时，零序电流沿左侧中性点流入系统且等于低压侧流入右侧中性点电流之和。低压侧发生接地故障，零序电流沿右侧中性点流入系统且等于高压侧流入左侧中性点电流之和。以标幺值为基准，则并联 CT 的净电流总是同一方向且等于第三绕组上的环流。除可使用两个并联 CT 外还可在第三绕组上安装一个 CT。通常，这个第三绕组上的 CT 除非特殊情况外一般无法获得。

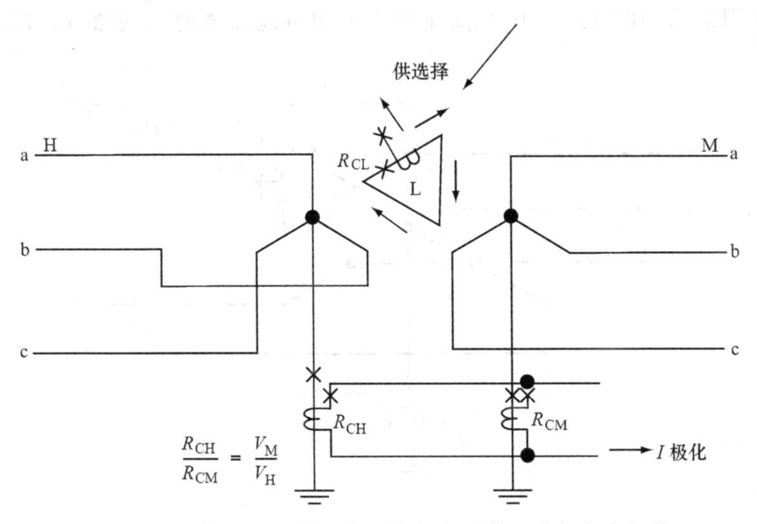

图 12.16　接地继电器，由三绕组变压器组进行方向极化

确保变电站附近严重故障时极化 CT 不饱和是很重要的。在图 12.16 中，要求逆变比会使得 CT 容量低侧变比较低且会导致潜在的饱和。

另外，不同变压器在不同处接地可能会产生并列中性点。不同的中性点之间电位差将会使 CT 饱和。

一个或多个中性点 CT 饱和已有多次引起保护误动而进一步引起相位偏移和波形畸变。即使保护继电器为电磁继电器且二次负载很小的情况下，长的引线也可能引起 CT 饱和问题。当有必要使用低电流比时，中性点 CT 的质量很重要，这样 CT 才有足够的容量。

如果负载或故障源与第三侧负载相连，在每个绕组上并联安装一个 CT 可能需要消除正序、负序而仅提供零序 $3I_0$ 作为极化量。前面提到的电流流动的有效性可以很容易从图 A4.2-3 中的零序网络得到验证。

12.20　自耦变压器的极化问题

自耦变压器中性点很少用作极化。对中性点接地且没有第三绕组的自耦变压器而言，零序电流流过自耦变压器，在变压器两侧故障时，且流过中性电的电流方向相反。因此，中性点不适合用作极化。

对于有第三绕组的不接地自耦变压器，零序电流流过外壳。两侧故障时流过第三绕组中电流方向相反。因此，中性点电流不适宜用作极化。

对于更普遍的带第三绕组的接地自耦变，图 4.12 中给出了一个例子。把这个扩展到更一般，则可提供自耦变压器用作接地保护极化的更一般的判据。变压器及零序网络示于图 12.17 中。高压侧发生相对地故障时（见图 12.17b），图上

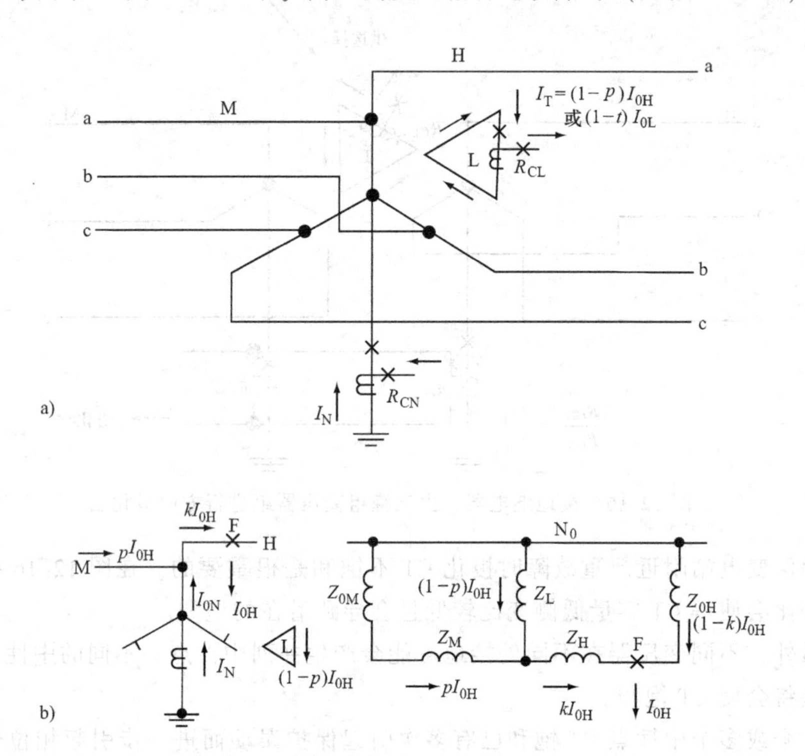

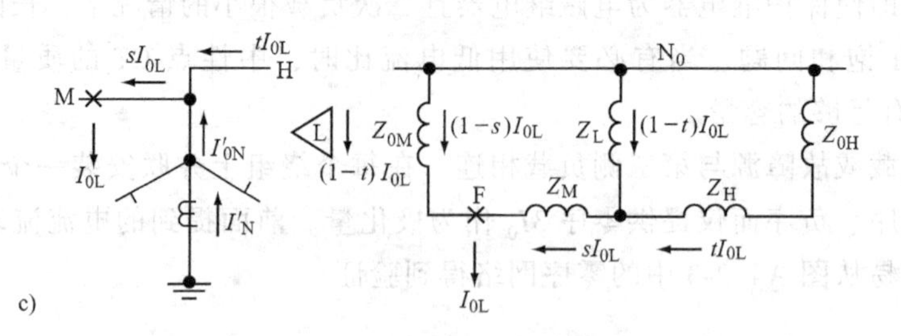

图 12.17 带第三绕组的接地自耦变继电器方向极化

a）可能极化的 CT 三相图 b）高压侧故障后零序网络及电流分布

c）中（低）压侧故障后零序网络及电流分布

电流是零序电流标幺值。I_{0H}为高压侧电流，则流过自耦变的电流为

H 侧：kI_{0H}单位 A（kV_H）

M 侧：$pI_{0H}\frac{kV_H}{kV_M}$A（kV_M）

L 侧：$(1-p)I_{0H}\frac{kV_H}{\sqrt{3}kV_M}$A（$kV_L$）

如上即是△侧绕组内电流。根据基尔霍夫电流定律，中性点电流为

$$\begin{aligned} I_N &= 3\left(kI_{0H} - pI_{0H}\frac{kV_H}{kV_M}\right) \\ &= 3I_{0H}\left(k - p\frac{kV_H}{kV_M}\right)\text{A} \end{aligned} \tag{12.7}$$

考察方程（12.7），可知分布因子 k 和 p 均小于 1，通常 k 大于 p，且电压比 $\frac{kV_H}{kV_M}$大于 1。因此对具体的自耦变和系统而言，$p\frac{kV_H}{kV_M}$可能大于 k、等于 k 或小于 k。大多数情况下，乘积大于 k，因此 I_N 为负且电流向下流向中性点。

考虑低压侧绕组发生相对地故障，如图 12.17c 所示。I_{0L}为低压侧电流，则流过自耦变的电流为

H 侧：$tI_{0L}\frac{kV_M}{kV_H}$A　（kV_H）

M 侧：sI_{0L}A（kV_M）

L 侧：$(1-t)\ I_{0L}\frac{kV_M}{\sqrt{3}kV_L}$A（$kV_L$）

以上即为△侧绕组内电流。根据基尔霍夫电流定律，沿中性点流向系统的电流为

$$\begin{aligned} I'_N &= 3\left(kI_{0L} - tI_{0L}\frac{kV_M}{kV_H}\right) \\ &= 3I_{0L}\left(s - t\frac{kV_M}{kV_H}\right)\text{A} \end{aligned} \tag{12.8}$$

在方程中，分布因子 s 和 t 均小于 1，通常 s 大于 t，且$\frac{kV_M}{kV_H}$小于 1。因此 $t\frac{kV_M}{kV_H}$总小于 s，从而 I'_N总为正切电流从中性点流向系统。

由于高压侧故障时电流很可能流向中性点而低压侧故障时电流很可能从中性点流入系统，因此中性点并不能作为可供参考的极化量。在某些给定场合下，高

压侧发生故障后电流并不从中性点流向系统，此时应注意到这在低压侧阻抗 Z_{0M} 发生变化时是成立的。在系统运行过程中切换或发生变化也可能导致中性点电流流向反向。

通常情况下，发生高压侧故障或低压侧故障，第三绕组电流为同一流向，因此可用作极化电流。如图 12.17 所示，一个 CT 测量零序电流 I_0。如果第三绕组与负载或发电机相连，则三个绕组上均需要一个 CT，且 CT 二次侧并联以消除正、负序分量仅提供零序分量 $3I_0$ 给保护。

然而，第 4 章已经提到，在某一侧发生故障时，I_0 有可能反向，因此使得第三绕组电流不适宜做极化。当一台小容量自耦变其等效电路中含负序网络且与接地系统相连时，这种反向就会发生。换言之，在图 12.17b 中，若 Z_M 为负，且模值大于 Z_{0M}，则电流 $(l-t)I_{0L}$为负，与第三绕组电流方向相反。以变压器为基准时，等效值 Z_M 或 Z_H 为负值但模值很小，而以大系统为基准折算时，等效值会很大，然而此时由于多点接地，系统内的 Z_{0M}或 Z_{0H}均很小。

零序电压可用作极化，但其值很小。至少它不存在反向的情况。系统的等值阻抗 Z_{0M}或 Z_{0H}总为正，零序电压由等值阻抗上电压降落构成。也许，较大的串补可能会在该区域内产生问题，但在实际工程中还未有这种情况发生。

12.21 电压极化的限制

在可以得到电流极化且极化可用时，宜使用电流极化。由 $3V_0$ 形成的电压极化可用于终端接地或不接地系统。在装有大容量接地变压器的变电站中，需对远方发生故障时的 $3V_0$ 进行检验以确保极化时 $3V_0$ 足够大。这种由零序电压产生的问题在图 12.18 中进行了说明。故障点 $3V_0$ 最大时，接地点值很小。由于变压器容量大，Z_T 很小；由于距离和 $\pm 3Z_1$ 的影响，线路 Z_0 很大。现有的接地保护方向元件很灵敏，因此这并不成为一个问题，除非线路很长或者定值范围包含了相邻线一部分。

12.22 接地保护的双极化

一种共识是联合使用电流和电压极化。许多接地保护都是两种极化都有的。有一些使用两个独立的方向元件，一个元件使用电压极化，另一元件使用电流极化。两元件并行运行，因此每一个均能启动过电流元件。在另外一些设计中使用了一种混杂电流，使得一个方向元件能通过电流或电压启动或两者一起启动。这些类型使得对于系统的不同部分方向元件能灵活应用。

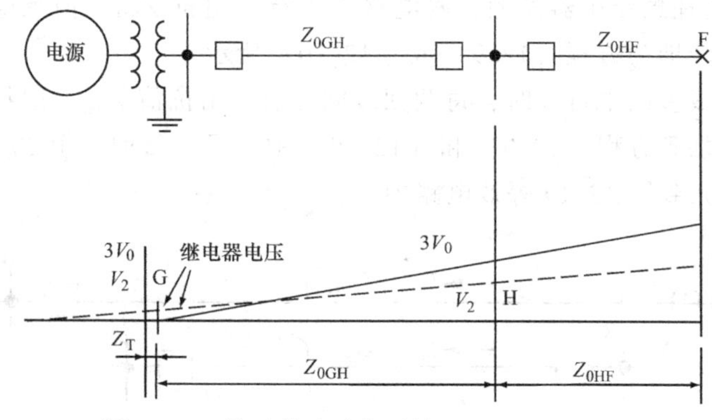

图 12.18　接地故障时典型的 V_2 和 $3V_0$ 电压图

12.23　带负序的接地方向元件

另一种方法是使用负序分量启动方向元件。零序 $3I_0$ 仍用作故障监测过电流元件，负序 V_2、I_2 用作方向元件。这在自耦变变电站里应用很广泛且很实用，涉及到互感的部分在 12.24 节中将进行讨论。

以上方法在站中 VT 为开口三角形联结或仅 Y-△型变压器对侧 VT 可获得的情况下也很有用。在这些场景下，电流极化和电压极化均不能获得。

负序元件很容易在现场进行校核以修正接线和运行——零序回路上保护所面临的问题。可以在内部把相变成负序电流，或通过电压过滤器或输入在平衡电压或负荷电流上产生正序。

接地故障时，负序电压 V_2、I_2 通常比零序 V_0、I_0 小，此时要进行核查，图 12.18 表明 V_2 可能比 $3V_0$ 小或者大。一般运行经验表明，在大多数情况下，V_2、I_2 足够启动较为灵敏的保护。编写微机故障研究程序时，应包含这些负序量，同时这种极化方法在现有电力系统中有大量优点。

12.24　互感及接地保护

平行双回线间部分或全线耦合可能会对非故障线路产生错误信息引起两回线上保护误动。互阻抗 Z_{0M} 可达自阻抗 Z_0 的 50%～70%。为考察这种影响，图 12.19 示出了平行双回线的典型结构。电压降落为

$$V_{GH}=Z_{0GH}I_{0GH}+Z_{0M}I_{0RS} \tag{12.9}$$

$$V_{RS}=Z_{0RS}I_{0RS}+Z_{0M}I_{0GH} \tag{12.10}$$

为便于网络分析，图 12.19b 中示出了与方程对应的等效网络。图中采用了

变比为1∶1的理想变压器模型，两电路中均有互阻抗 Z_{0M}，但无电气联系。等效电路上电压降即为方程（12.9）或（12.10）所示。

在有三回或多回平行线时，每两回线间均有互阻抗值 Z_{0M}。阻抗值乘以耦合线上各自电流加到方程（12.9）和（12.10）中。另外每回线上 Z_{0M} 对应的理想变压器也应加入到图12.19等效电路中。

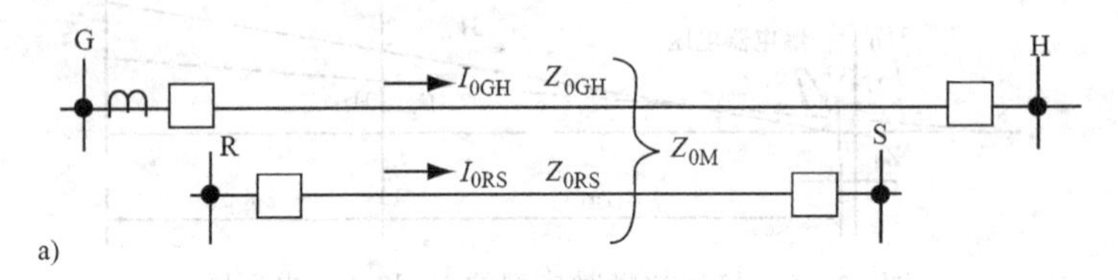

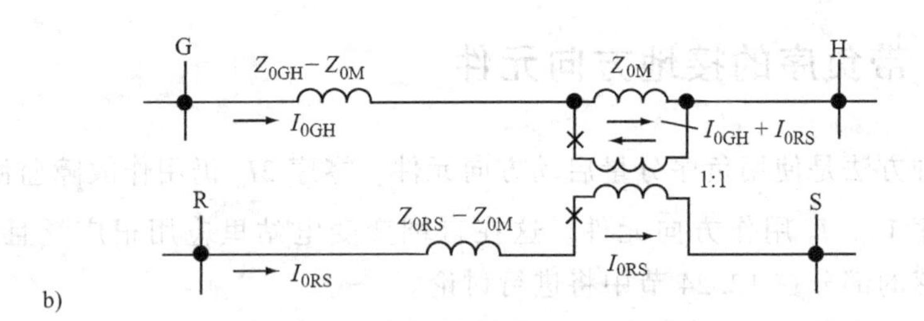

图12.19 耦合平行双回线的等效电路

a）耦合双回线 b）双回线的等效网络

线路GH和RS可以是同一电压等级或不同电压等级。Z_{0M} 可由卡尔逊公式确定，把方程（2.15）中阻抗改成零序阻抗且各量均采用标幺值：

$$Z_{0M}=\frac{\mathrm{MVA}_{\mathrm{base}}\times Z_{0M}(\Omega)}{\mathrm{kV_G kV_R}} \tag{12.11}$$

式中线路GH在 $\mathrm{kV_G}$ 处动作，线路RS在 $\mathrm{kV_R}$ 处动作。若两回线电压相同，则分母为 kV^2，如方程（2.15）所示。

大多数情况下，平行双回线一端共母线或两端共母线。这些电路和它们对应的等值网络在图12.20和图12.21中示出。

两端共母线的耦合双回线的互阻抗 Z_{0GH} 相同（见图12.21a），图12.21b中母线G、H间等效阻抗为

$$\begin{aligned}Z_{\mathrm{eqGH}}&=Z_{0M}+\frac{1}{2}(Z_{0GH}-Z_{0M})\\&=\frac{1}{2}(Z_{0GH}+Z_{0M})\end{aligned} \tag{12.12}$$

如果 $Z_{0M}=0.7Z_{0GH}$，则 $Z_{\mathrm{eqGH}}=0.85Z_{0GH}$。

因此，双回线上电流流向相同时，线间耦合增大了两母线间的阻抗，在没有互感时，阻抗值为 $0.5Z_{0GH}$。

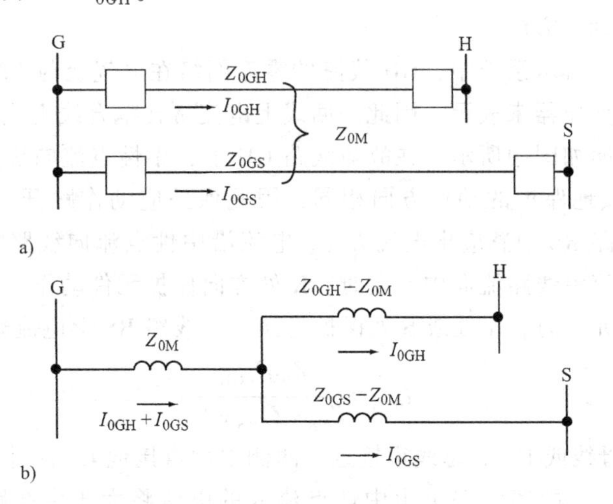

图 12.20　单端共母线的平行线

a）耦合线路　b）a）的等效网络

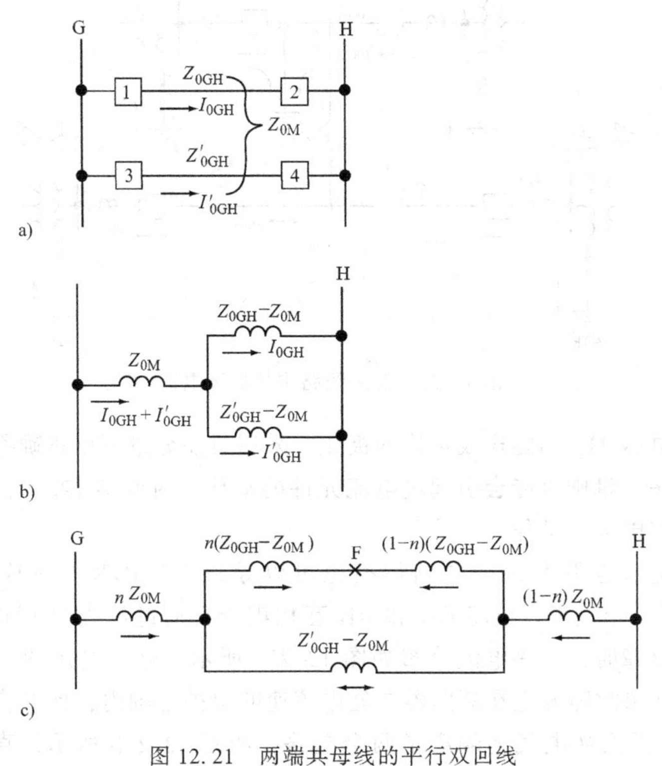

图 12.21　两端共母线的平行双回线

a）耦合线路　b）等效网络　c）故障后的等效网络

前面讨论中已强调过零序耦合，实际上也存在正序耦合和负序耦合，但这种感应的影响通常小于5%~7%，因而对保护而言可忽略不计。负序方向元件通常能用于判别正确的方向。

在图12.22所示系统中，GH线路的零序网络在电气上与RS线路相互隔离。电磁耦合可用变压器来表示，因此一回线上电流常在耦合线上流通。某一端接地故障后电流流向如图中所示。在故障线路GH上，中性点流向线路的电流方向和G、H处方向接地保护的动作方向相同，因此保护应动作跳开G、H处断路器。在这之前，线路RS中感应出电流I_{0RS}。电流沿中性点流向线路时S处方向保护元件动作。电流沿线路流向中性点时，R处方向保护元件动作。电流幅值足够大以致启动过流元件时，R处或S处保护将误动。线路RS上电流幅值为

$$I_{0RS}=\frac{Z_{0M}I_{0GH}}{Z_{TR}+Z_{0RS}+Z_{TS}} \tag{12.13}$$

若G、R母线或H、S母线很接近，两侧中性点接地CT能并列运行，则可以进行正确的极化。故障线路上由中性点流入的电流将大于由线路流向中性点的电流。

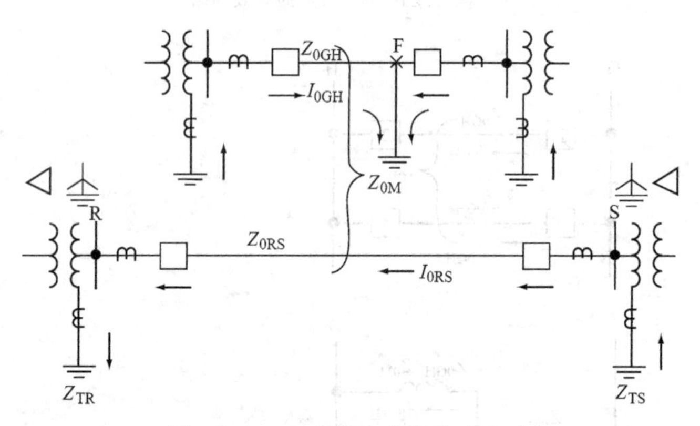

图12.22　互感线路中的故障电流

中零序电压$3V_0$不能构成正确的极化。采用负序分量可以正确判别方向，但如果加入零序分量则可能会引起过电流元件的动作。对照图12.22，这可能会引起S处接地继电器误动作。

零序上电气互联系统的电路切换也可以导致零序隔离，感应出环流。图12.23示出了一个例子。线路GH和RH互相耦合且通过母线H相连。断路器2处发生接地故障时，零序电流分布如图12.23a所示。这也可用图12.20中等效电路表示。如果故障发生在断路器2处电流速断保护范围内，保护将很快动作切除断路器2。因而从电气上隔离了两个电路，如图12.23b所示，直到断路器1断开后，线路RH上会有感应电流且电流会从线路流向站R处变压器中性点而不

是由中性点流向线路。由于是内部故障，安装在线路两端的零序方向元件，无论是采用电流极化还是电压极化，都会动作。于是，断路器 3 或 4 均可能误跳。这就需要比较断路器 1 是否能在断路器 3 或 4 之前动作切除故障。这就解释了为何在不少系统中会出现间歇性误动，在引入负序方向元件后这个问题得到了解决。

多回线耦合可能会引起无零序电气联系系统中出现电流反转。图 12.24 中示出了一个例子。从 G 到 H 的两条线均和从 R 到 S 的两条线耦合。H 站很大且安全接地。因此，G 附近发生接地故障后，由 H 处流向故障点的故障电流很大。系统之间连接断开后，如图所示，流向故障点的零序电流应沿着站 S 处的中性点向上流入线路，穿过 S 到 R 的线路，最后经线路 RG 流向故障点。然而，线路 RS 上由于耦合产生的感应电流将导致 RS 上原有电流发生反转。这种反转在图中已示出。同时，R 和 S 处的零序电流、电压反向元件动作以表明线路 RS 上存在故障，这就可能引起误动，在故障线路上保护动作之前跳开断路器。

由于环境问题和经济问题的考虑，将导致更多的线路使用现有路权，从而上面这种情况很可能会越来越多。这就使得线路耦合的问题越来越多。因此，不仅在故障计算程序中考虑耦合很重要而且在保护中也应慎重考虑这一点。

前面已经提及，使用负序方向元件往往可以正确判别出一些特征，但这并不能解决所有问题。图 12.24 中，负序电流由 S 流向 R，因此 S 处负序方向元件感受到线路 RS 上故障，且故障电流足够大时能启动零序保护，S 处保护将动作。R 处负序方向元件则闭锁过电流保护。

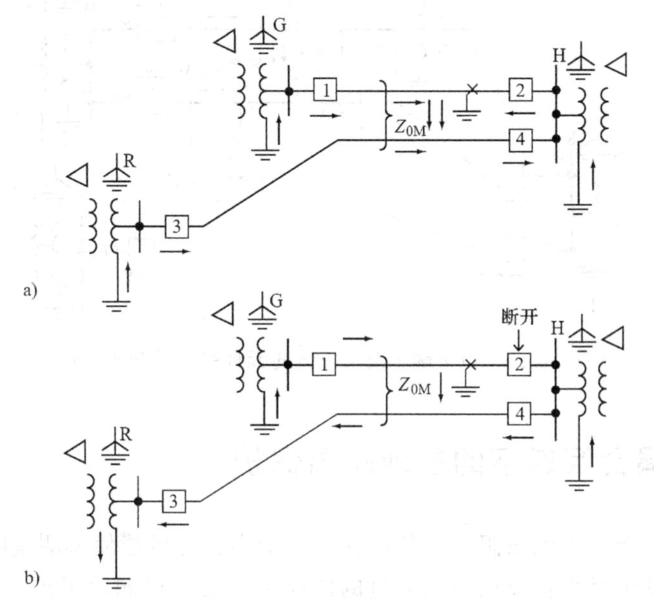

图 12.23　断路器跳开后零序电路间无联系，引起耦合线电流反转

a）断路器 2 处发生故障　b）电流速断保护动作跳开断路器 2

如图12.25中所示，断路器1处接地故障后，负序接地方向保护误动后跳开断路器3和5。线路的耦合情况如图中所示。故障发生后，在二次侧环内感应出足够大的电流，使得零序过电流保护动作。负序电流流过两回线，因此变电站中方向元件均闭合。结果使得保护误动跳开断路器3和5，甩掉了一个重要负荷。这个问题通过把断路器2、3、4、5处过电流保护定值抬高到感应电流以上得到了解决。鉴于线路1感受到故障持续时间短，较高的定值仍然能为线路2-3和4-5提供了很好的保护。

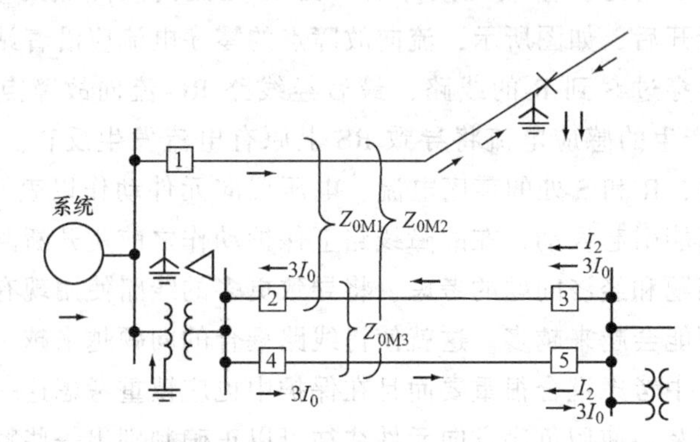

图12.24　无零序电气联系系统由于耦合产生电流反转

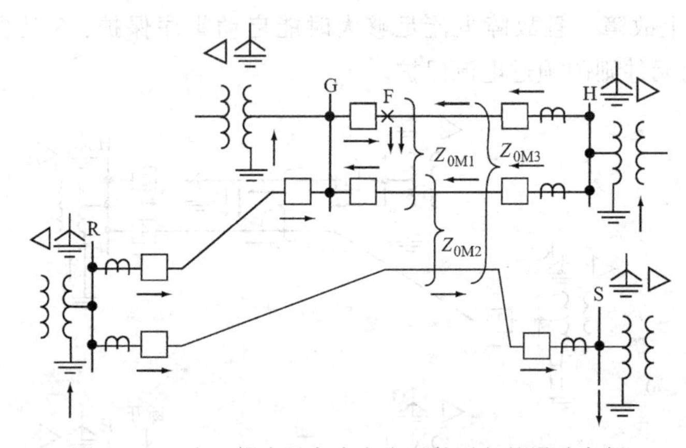

图12.25　由于耦合及负序方向元件引起的误动案例

12.25　耦合互感下的接地距离保护

耦合既可能使得测量阻抗大从而保护范围小，也可能使得测量阻抗小保护范围大。故障发生后平行双回线上流过的同向电流会使得测量阻抗（12.9）更大，保护范围更小。流过的反向电流则使得测量阻抗更小，保护范围更大。

考虑断路器 3 处接地距离保护（见图 12.21a），距离Ⅰ段定值为线路 3-4 线路阻抗的 85%，且没有根据互感进行补偿。电流在线路 1-2 上从 1 流向 2 时，距离Ⅰ段保护范围能接近 70%。若断路器 4 先断开，线路 1-2 上电流发生反转引起断路器 3 处距离Ⅰ段保护范围扩大，能近似 100%覆盖断开线路。

当平行线上电流同向时，距离Ⅱ段定值应设为约线路阻抗的 150%，以确保能作为本线路全长的主要保护。在这个定值下，断路器 3 处距离Ⅱ段应能和断路器 2 处距离Ⅱ段正确配合。

作为一般准则，并不推荐对接地距离保护进行互感补偿。如果进行了互感补偿，则在接地距离保护投入使用时需注意要确保保护能适当动作。

12.26　超高压带串补长线路保护

在输电线路较长时，通常投入串联电容器以减少线路总阻抗，提高线路功率输送能力，降低损耗，提高系统稳定性。对电容器自身的保护已在第 9 章中进行了讨论。电容器可装设在线路任一点，但考虑到经济性，通常安装在线路两端，如图 12.26 所示。在本例中，方向圆阻抗保护可能会不正确地动作，这在图 12.26 中已画出。断路器 1 处距离保护整定为保护线路 GH，但不能感受到电容器 X_{CG}处及部分线路处故障，因为此时测量阻抗落在动作圆范围外。

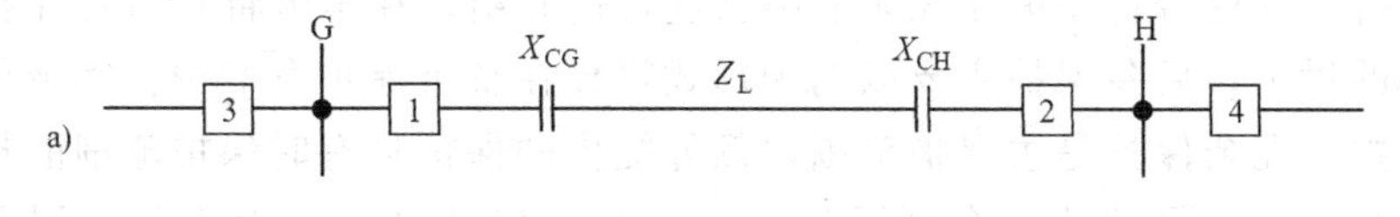

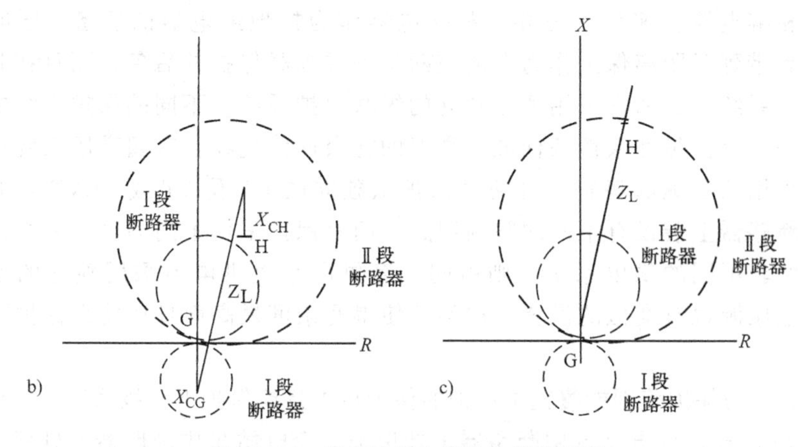

图 12.26　带串补输电线路的保护问题

a）串补装设在线路两端的输电线　b）R-X 平面上带电容后阻抗仍在保护动作圆内

c）R-X 平面上带电容后阻抗落在保护动作圆外

当然，电容器处或线路GH上某一部分故障，断路器3处距离保护未按要求动作。因此，对这类线路，不推荐使用距离保护，除非有人愿意相信电容器自身的间隙保护在故障时总能把电容器旁路掉。当然这也是一种合理的博弈，因为间隙保护往往很快且很可靠。电晶体类（solid-state）继电器距离Ⅰ段可能要有一个短延时，而机电型继电器可能没有短延时。

间隙击穿后，线路如图12.26c所示。此时为了保护电容器被旁掉的线路，距离Ⅱ段定值需整定得很大（或距离Ⅲ段，如果距离Ⅲ段投入使用）。这个定值可能对负荷或系统恢复的稳定性产生问题，因此需采用图6.12中的限制性距离特性。另外，电容器投入时，距离Ⅱ段或Ⅲ段保护和变电站H中断路器4处保护的配合可能产生问题。

对上述这类系统通常更多地采用相位比较式纵联保护。这种保护系统不存在不能区分区内外故障的问题。由于此时距离保护不需要加装方向元件，对于线路上是否投入电容器后的所有故障均能投入应用。

在带串补的系统中分相比较式保护系统应用尤为广泛，这在第13章中已经列出。

12.27 后备保护：远后备、近后备及断路器失灵保护

远后备及近后备保护在6.4节中已进行过介绍。在本节将对后备保护进行更详细的讨论。后备保护主要以两种形式贯穿在整个保护章节中：冗余保护及远端保护。冗余保护是主保护范围内额外提供的保护且有时保护范围能扩展到相邻系统。冗余保护的一个例子是采用三个分相继电器（而不是采用两个或一个分相继电器）来保护三相：相继电器作为接地继电器的后备，限时过电流保护和带延时距离保护作为电流速断保护或纵联保护的后备。而且在超高压和特高压系统中，通常采用两套独立的纵联保护系统。不同的保护系统的独立程度也是一个衡量冗余性的标准。高度的冗余性体现在：对超高压系统或特高压系统采用两套纵联保护，且两套保护从独立的CT及VT或CCVT获取电气量，在断路器上装设有不同的跳闸回路，两套保护采用不同的供电系统。如果不具备两套不同的供电系统，则由同一套供电系统供电但采用独立的熔断回路。对电压源也有类似的设置。这不仅使得冗余度最高而且也使得保护更经济实用。

远后备的保护范围能覆盖主保护的保护范围且能保护下一级系统。因此，对图12.27a而言，变电站S中断路器1处保护、变电站T中断路器5处保护、变电站R中断路器8处保护应能在线路GH上故障时为变电站G中断路器3处保护提供后备。也就是说，如果断路器3处保护未能切除故障，远端断路器1、5、8

处保护必须能切除 GH 上故障。

前面已经提到，这在存在助增或汲出效应时将很困难甚至不可能实现，尤其对发生在变电站 H 处故障而言。因为远端保护感受到的电流将减小，感受到的阻抗将增大。若远端保护能正确感受到线路 GH 上故障，由于需与其他线路配合，其动作时间可能会加长。在某些情况下，这些困难可以通过远方相继跳闸来解决。如果其中一端经后备保护动作，则可能引起线路故障电流重现分布，从而引起其他远后备保护的动作。

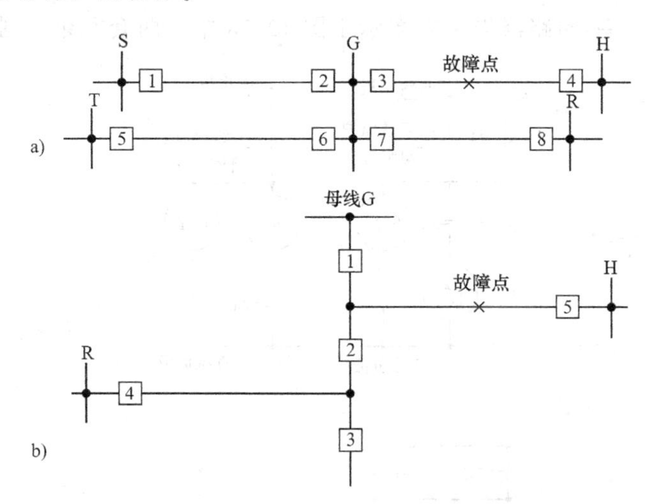

图 12.27　后备保护的系统结构图

a）单母线系统中后备保护　b）环状系统或一个半断路器系统中后备保护

随着最近超高压系统和特高压系统的应用，产生了两个问题。其中之一是高电压等级的断路器更容易出现故障。另一问题在于系统稳定需要动作速度更快的后备保护。因此，引入了断路器失灵近后备保护。

以图 12.27a 为例，断路器 3 处保护拒动或断路器 3 故障，近后备保护会跳开附近断路器 2、6、7 而不是断路器 1、5、8。这样可在最小延时内动作，理想情况下动作时间可低至 150~250ms。

主保护动作时启动断路器失灵保护，但断路器未跳开。近后备保护配置相同，除非另有一套独立的主保护系统用于对保护动作故障提供保护。如前所述，在高压系统中保护配置冗余度很高。

近后备用于低压系统时，应注意到要有足够的冗余以保护所有可能的主保护故障。远后备保护由于其独立的安装点能为其动作范围内的故障提供 100%的冗余保护。

远后备作为一种额外的保护及最后的应急保护手段仍然非常重要，而且在环状或一个半断路器系统中很有必要。这一点在图 12.27b 中进行了说明。线路 GH

上故障，母线G处断路器1和2跳开，若断路器1失灵未能跳开，近后备将跳开母线G上所有必要的断路器（在图上未示出）。若断路器2失灵，近后备将跳开断路器3，但此时故障点仍可经由变电站R处断路器4提供电流。因此，必须跳开断路器4. 这可以通过断路器4的远后备来完成。断路器1和3跳开后，断路器4处保护更容易检测到线路GH上的故障。同时，断路器4也可能通过G处近后备保护进行远方跳闸。这需要获得断路器2故障而断路器1、3无故障的信息。

典型的近后备-断路器失灵方案示于图12.28中。两套冗余（独立）保护系

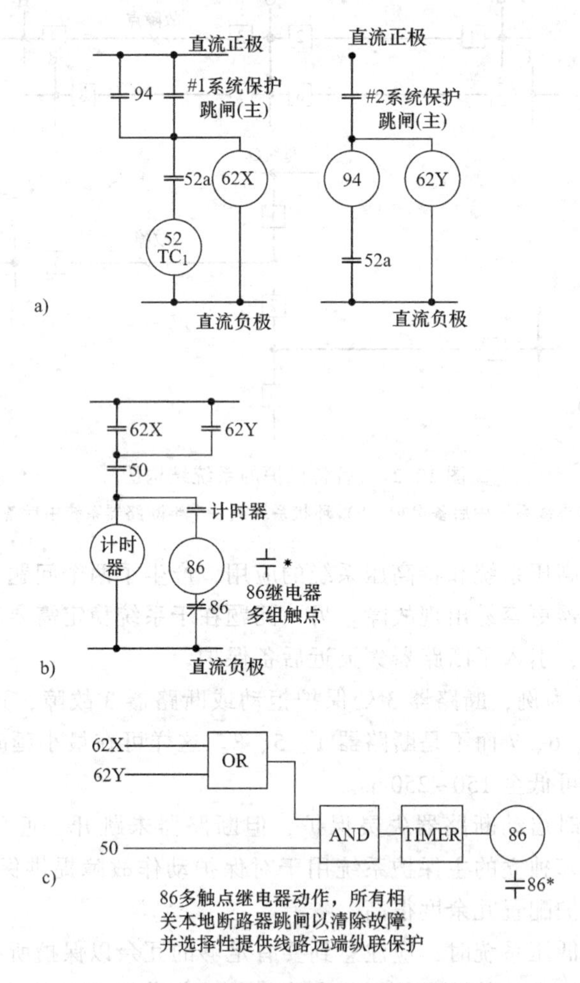

图12.28 典型的断路器失灵-近后备保护

a）典型断路器跳闸系统和断路器失灵-近后备的辅助保护（断路器有两个跳闸线圈，触点可忽略且第二个跳闸线圈$52TC_2$连接在继电器94上）

b）断路器失灵-近后备典型的触点逻辑 c）典型的断路器失灵近后备非真空管逻辑

统的跳闸回路标示为 1 和 2，即主系统和二次系统，其中二次系统为纵联保护，其动作时间等于或小于主系统。断路器上设有一个跳闸线圈，主保护通过给跳闸线圈 $52TC_1$ 充电而直接跳开断路器，二次保护由保护 94 充电，跳开 $52TC_1$。若装有两个跳闸线圈，则 94 可省略，二次保护系统直接给 $52TC_2$ 充电跳开断路器。

同时，辅助继电器 62X 和 62Y 充电后，每个继电器控制一个由继电器 50 监控的计时器。继电器 50 是一个启动电流很低，返回系数比较高的无方向 IT 继电器，通常接在两相和地之间。相位元件在低定值时应能输送最大负荷电流。继电器 50 通过断路器监控电流且对断路器电流进行核查，在断路器断开较晚时能快速跳开从而停止计时器。计时器动作后给多触点辅助继电器（继电器 86）充电，该辅助继电器是唯一需要重置的继电器。继电器 86 就地启动清除故障所需的所有断路器跳闸，且可发出远跳信号给远端，以确保所有继电器在区内故障时能正确动作。对于多母线系统，保护方案和连接有若干种变形。在实际工程中可采用基于微机的断路器失灵保护，其中包含允许用户根据自已需求和经验准则进行选择的保护逻辑程序：

1）34.5~69kV 及以下：方向限时过电流相间保护或接地保护，不配备有方向或无方向 IT 元件；

2）34.5~115kV：方向相间距离（Ⅱ或Ⅲ段），和第 1 项类似，其余接地距离；

3）69~230kV：纵联相间距离（见第 13 章）及接地距离作主保护，第 2 项作后备保护；

4）230kV 及以上：两套纵联相间保护及接地保护，第二项作为额外后备保护；

5）任何电压等级的短线：纵联线或纵联相间、接地保护，须和其他保护配合；

6）多端或多分支线路：通常需要的纵联保护，除非负荷类型阻抗或变压器连接允许外部故障有合适的差异。

12.28　总结：线路保护的典型配置

在辐射式线路上广泛使用并推荐采用的典型保护配置示于图 12.29 中，环状网络的保护配置示于图 12.30 中。值得再一次提到的是，有很多变化因素、环境、运行方式及当地运行实践等可能均需要改变这些典型配置。前面提到的纵联保护系统在第 13 章中进行讨论。

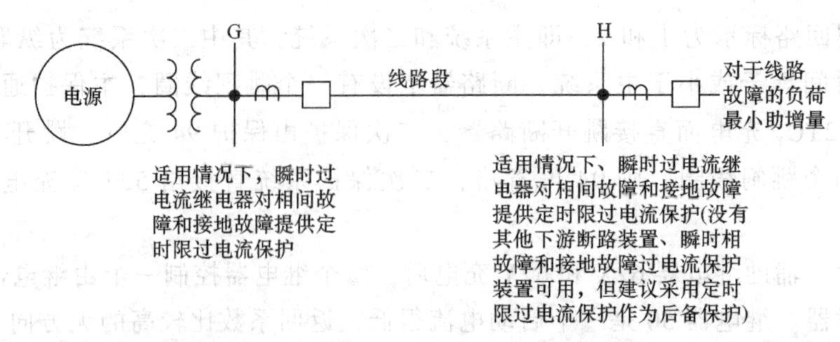

图 12.29 辐射式线路和馈线一般性保护。可沿线配置熔断器和重合器，在这种情况下需选择时间和IT继电器并进行定制整定以和其他设备配合。可能并不能在所有可能的运行方式下进行保护的完全配合。当最小故障电流小于最大可能负荷电流时，可采用距离控制过电流继电器

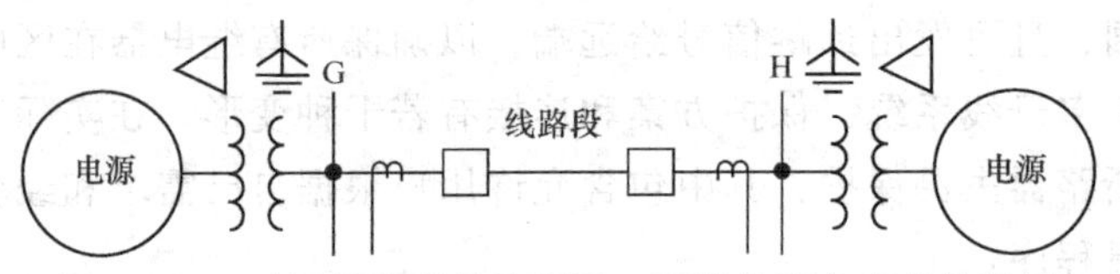

图 12.30 环网的典型保护配置，两端均配备有保护装置

12.29 线路保护在实际工程中需要考虑的问题

在过去几年中，线路保护受到了前所未有的关注及监督。这是因为大部分系统故障均发生在线路上，相关的保护经常受到考验。长距离输电线及通信通道也会对保护的运行产生影响。另外，鉴于输电线路的建设成本及建设过程中可能遇到的困难，输电线路投运时其输送负荷基本接近设计上限。故障过程中线路保护不正确动作或未按要求对负荷实施操作或从暂态过程中恢复将会对系统造成较大的电气扰动，这在国内已发生过多次。仅需要浏览 NERC 对这类大型电气扰动的报告即能理解继电保护在一系列扰动中所起到的重要作用。继电保护工程人员也不断受到寻求改善线路保护新策略的挑战。光纤在通信通道中的使用等新技术及数字系统的长足发展也为保护人员应对这些挑战提供了新工具。另外，值得引起重视的是，新技术在线路保护设计的使用应进行持续研究和分析，以不断提高保护性能。继电保护工程师也需要一些创新性思维，不仅要看到电力系统中明显和可预期的运行状态以外的故障，同时在指定和预估保护性能时还需考虑较小可能性但更严重情形。

参考文献

更多额外信息可参见第1章末尾参考文献

ANSI/IEEE Standard C37.95, *Guide for Protective Relaying of Consumer–Utility Interconnections*, IEEE Service Center, Piscataway, NJ, 1973.

ANSI/IEEE Standard C37.103, *Guide for Differential and Polarizing Relay Circuit Testing*, IEEE Service Center, Piscataway, NJ, 1990.

ANSI/IEEE Standard C37.108, *Guide for the Protection of Network Transformers*, IEEE Service Center, Piscataway, NJ, 1989.

ANSI/IEEE Standard C92.2, *Alternating-Current Electrical Systems and Equipment Operating at Voltages above 230 kV Nominal—Preferred Voltage Ratings*, IEEE, New York, 1987.

ANSI/NEMA C84.1, *Electric Power Systems and Equipment—Voltage Ratings*, NEMA, Rosslyn, VA, 1977.

Blackburn, J.L., Voltage induction in paralleled transmission circuits, *AIEE Trans*., 81, 1962, 921–929.

Bozoki, B., Benney, J.C., and Usas, W.V., Protective relaying for tapped high voltage transmission lines, *IEEE Trans. Power Appar. Syst*., PAS 104, 1985, 865–872.

Burke, J.J. and Lawrence, D.J., Characteristics of fault currents on distribution systems, *IEEE Trans. Power Appar. Syst*., PAS 103, 1984, 1–6.

Curd, E. and Curtis, L.E., *Procedure for an Overcurrent Protective Device Time–Current Coordination Study*, Vol. 1, No. 1 Section 110, Square D Power Systems Engineering Data, Square D. Co., Middletown, OH, 1979.

Dugan, R.C. and Rizy, D.T., Electric distribution protection problems associated the interconnection of mall dispersed generation systems, *IEEE Trans. Power Appar. Syst*., PAS 103, 1984, 1121–1127.

Elmore, W.A. and Blackburn, J.L., Negative sequence directional ground relaying, *AIEE Trans*., 81, 1962, 913–921.

Griffin, C.H., Principles of ground relaying for high voltage and extra high voltage transmission lines, *IEEE Trans. Power Appar. Syst*., PAS 102, 1983, 420–432.

IEEE-PES, *Protection Aspects of Multi-terminal Lines*, IEEE-PES Special Publication 79TH0056-2-PWR, IEEE PES Winter Power Meeting, New York, NY, 1979.

IEEE Standard Dictionary, *Glossary of Terms and Definitions*, IEEE, IEEE Service Center, Piscataway, NJ, 1987.

IEEE Tutorial Course, *Application and Coordination of Reclosers, Sectionalizers and Fuses*, 80EHO157-8-PWR, IEEE Service Center, Piscataway, NJ, 1980.

Lewis, W.A. and Tippett, L.S., Fundamental basis for distance relaying on a three-phase system, *AIEE Trans*., 1947, 66, 694–708.

McGraw-Edison Co., *Distribution System Protection Manual*, Bulletin No. 71022, Canonsburg, PA.

de Mello, F.P., Feltes, J.W., Hannett, L.N., and White, J.C., Application of induction generators in power systems, *IEEE Trans. Power Appar. Syst*., 1982, PAS 101, 3385–3393.

Power System Relaying Committee, Local backup relaying protection, *IEEE Trans. Power Appar. Syst*., PAS 89, 1970, 1061–1068.

Power System Relaying Committee, EHV protection problems, *IEEE Trans. Power Appar. Syst*., PAS 100, 1981, 2399–2406.

Power System Relaying Committee, Distribution line protection practices, industry survey analysis, *IEEE Trans. Power Appar. Syst*., PAS 102, 1983, 3279–287.

Rook, M.J., Goff, L.E., Potochnry, G.J., and Powell, L.J., Application of protective relays on a large industrial–utility tie with industrial co-generation, *IEEE Trans. Power Appar. Syst*., PAS 100, 1981, 2804–2812.

Wang, G.N., Moffatt, W.M., Vegh, L.J., and Veicht, F.J., High-resistance grounding and selective ground fault protection for a major industrial facility, *IEEE Trans. Ind. Appl*., IA20, July–August 1984, 978–985.

第13章 纵联保护

13.1 引言

线路纵联保护是一种理想的主保护，它可以快速、瞬时地在全线范围内从所有终端检测出相间及接地故障。它是一种通过通信通道比较多个终端电气量信息的差动保护，而不是将继电器的输入设备通过直接导线相互联接实现。后者由于多个终端之间的距离问题而不切实际。与差动保护类似，纵联保护提供一个全范围的主保护且没有后备。因此，它不需要与相邻系统的保护进行配合，除非辅助后备保护是纵联保护的一部分。

这种保护适用于各电压等级。在实际应用中，它通常应用在各电压等级的短线路，以及大多数69~115kV甚至更高电压等级的线路上。应用的关键是线路在电力系统中的重要性，以及为保证系统稳定和连续性快速切除故障的必要性。

本章概述了美国常用的几种保护系统的原理和基本操作。目前安装的许多纵联保护都是数字的，大多数现代数字纵联继电器包含了的以前纵联保护的逻辑，它们需要使用速度较慢、更加繁琐且带有机电触点的辅助继电器。此外，由于数字通信系统的使用，纵联保护的整体性能得到了提高。

13.2 纵联保护的分类

纵联保护可以分为以下两大类：

1）按通道使用分类：

a. 跳闸不需要通道，例如闭锁式保护；

b. 跳闸需要通道，例如允许式保护。

2）按照故障判别原则（不同侧电气量比较的量）进行分类：

a. 方向比较式：比较各侧的功率方向；

b. 相位比较式：比较各侧电流相位；

c. 故障处的波传输，一种新的主要应用在特高压线路上的快速保护。

一个特定的方案通常是由这些策略进行组合得到的。在具体使用中可以进行细分如下所示：

A. 方向比较式纵联保护
  1. 闭锁式方向比较保护
  2. 允许式方向比较保护
  3. 超范围的纵联保护
  4. 欠范围的纵联保护
    a. 非允许式
    b. 允许式
B. 基于电流的纵联保护
  1. 电流差动保护
    a. 交流导引线
    b. 微机电流差动
  2. 电量比较保护
  3. 相位比较保护
    a. 导引线
    b. 单相比较：闭锁式
    c. 多相比较：允许式
    d. 多相比较：远方跳闸
    e. 分相比较
C. 行波方向比较保护

13.3 保护通道分类

继电保护使用的通道包括以下几种：

1）导引线：一种用于在两端之间传输 60、50Hz 直流的双绞线，最初使用的是电话线，首选私人拥有的专用导引线。

2）音频传输：通过导引线、电力线载波或者微波进行信号传输或者频移。

3）电力线载波：主要在高压输电线路上传输或频移 30~300kHz 的高频信号。

4）微波通道：通过无线电在两端之间传输 2~12GHz 的信号，多端线路需要额外的载波器或者音频。

5）数字通道：传输媒介包括直连光纤和复用通道，复用通道包括 T1 复用、同步光纤网、数字微波以及电磁波。在电网中使用时，光纤电缆可以嵌入到接地线，裹在电缆中，或者埋在地下。数字通道也可以在电信公司进行租用。这些将会在 13.16 节进行详细的讨论。

13.4 闭锁式纵联方向保护

它是最通用、灵活的保护，从20世纪30年代第一次开始使用起，至今仍然在广泛使用，尤其适用于多端线路。通过比较线路各端的功率流向来实现。对于内部故障，功率（电流）由母线流向线路，因此允许各侧同时快速跳闸。对于外部故障，功率（电流）由线路流向母线的一侧发闭锁信号来闭锁各侧保护。

这种保护通常采用一个电力线载波通道（见第13.14.1节和图13.7）。两端的发射接收器被调谐到一个共同的射频频率。可以使用单独的频率，以及其他类型的通道。该保护的基本原理如图13.1所示。在一般情况下，用于检测相间故障的距离继电器和用于检测接地故障方向瞬时过电流继电器被用作故障检测器（FD）。该通道信号是由被称为载波启动（S）继电器的距离单元和瞬时过电流单元发出的。故障检测器必须要有方向，并且要能在所有的运行方式下保护线路全范围。因为这也是距离继电器Ⅱ段的要求，因此距离Ⅱ段的功能经常集成在纵联保护中。内部故障时纵联保护跳闸与延时跳闸 T_2 并联。

载波通道的启动元件必须具备更高的灵敏度或比远端的故障检测器在线路上的保护范围更远。换句话说，在图13.1a中，母线G断路器1处的 S_1 单元必须对其左侧的所有能够使母线H断路器2的2号故障检测器（FD_2）动作的所有相间或接地故障动作。同样的，S_2 必须对于母线H及右侧的所有可使母线G处1号故障检测器（FD_1）动作的相间和接地故障动作。如在12章讨论的那样，通常情况下距离Ⅲ段保护是作为下级线路后备保护用。传统的阻抗继电器对于反方向出口短路存在死区。因此，距离Ⅲ段保护仅具有一个小电流扭矩或偏置，为这些故障提供动作信号。

机电式的和电子式的保护都有在使用，它们基本的动作方式是相同的。一个典型的动作逻辑图如图13.1b所示。在逻辑框中，“1”是用来表示一个逻辑输入或输出信号，“0”表示没有或不充分的逻辑输入或输出信号。逻辑信号“与”表示所有的输入均为1且输出为1。小圆圈（o）在框中表示1变为0，反之亦然（见第15章）。计时器逻辑框中上面数字的单位是ms，表示从输入到输出的时间延时，下面的数字是保护复归时间。

例如，母线H或其右侧线路上的外部故障动作特性如下所示：

母线H处的继电器2：故障检测器 FD_2 不动作，S_2 动作。与门 H_1 两个输入均为1，使载波发射机停信。射频信号 f_1 在本地接收，同时发送到G站。与门 H_2 的两个输入均为0，均无输出。因此，断路器2不会跳开。

母线G处的继电器1：收到的RF信号为与门逻辑 G_2 提供一个0信号，因此经与门逻辑G后，虽然 FD_1 动作但是断路器1仍无输出。FD_1 动作给与门逻辑

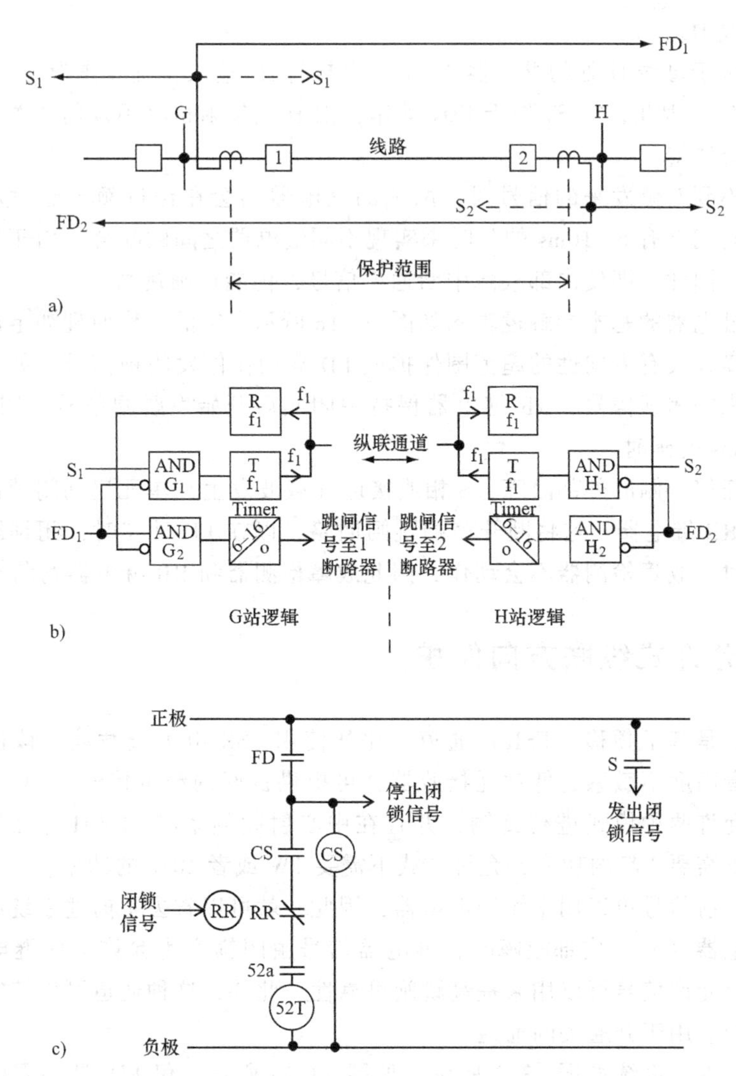

图 13.1 闭锁式方向比较纵联保护的基本动作特性

a）电力系统继电保护配置图 b）固态逻辑图 c）触点逻辑图

G_1 提供一个 0 信号，因此尽管 S_1 对区外故障动作，但是发射机不会停信。

因此，在母线 H 处的载波（通道）信号是用来闭锁 G 处过范围继电器对外部故障跳闸。同样地，母线 G 区外故障时，母线 G 处的载波信号同样会闭锁 H 继电器，从而阻止其跳闸。

对于保护范围内的故障，动作特性如下所示：

对于位于母线 G 的继电器 1：1 作为与门 G_2 输入，且 0 作为与门 G_1 输入时 FD_1 动作。因此，如 S_1 先于 FD_1 动作，则 G 站发射机将不发信或关闭。无信号发射至母线 H。

对于位于母线 H 处的继电器 2：1 作为与门 H_2 输入，且 0 作为与门 H_1 输入时 FD_2 动作。因此，如 S_2 先于 FD_2 动作，则 H 站发射机将不发信或关闭。无信号发射至母线 G。

当收不到对侧发来的信号时，两侧的继电器均会在经过额定延时后快速跳闸。通常它们会有 6~16ms 的延时来实现不同继电器之间的配合。由于跳闸不依赖于通道，因此，即使内部故障中断通道信号，仍能正确跳闸。

机电继电器的基本接触逻辑图如图 13.1c 所示，它的工作原理如上所述。对于内部故障，具有方向性的超范围保护或 FD 会动作停发闭锁信号。如果没有收到对侧发来的闭锁信号，RR 继电器保持关闭然后开始发跳闸信号，同时 CS 开始提供 16ms 的延时。

对于任何一侧的外部故障，S 相或接地（载波发生）单元启动闭锁信号，激励远端的 RR 继电器。这将断开该端跳闸回路，以在 FD 动作时，闭锁跳闸。在外部故障时，故障检测器不会动作，因此故障检测器和 RR 继电器均断开。

13.5 允许式纵联方向保护

本保护是基于频移（FSK）通道，比如使用 FSK 电力线载波。该保护设备采用对噪音高度不敏感的低功耗接收器，可提供良好的窄带传输，RF 信号采用闭锁或者允许两种模式进行传输，并且在中心射频频率的±100Hz 范围内变化。闭锁方式下需要 1W 的功率，允许方式下需要 1W 或者 10W 的功率。

连续发射信号可以用来闭锁继电器，因此，就可以省去了前述系统所需的通道启动继电器（S）。内部故障时，继电器信号由闭锁变为允许，使继电器能够瞬时跳闸，允许信号可以用来提高跳闸可靠性。此外，这种通道可以持续进行检测，它不能应用于开通关断通道。

典型允许式系统如图 13.2 所示，如图 13.2a 所示，仅 FD_S 是必需的，其类型和设置与 13.4 节的相同。无论何种工况下，相间继电器和接地继电器都必须在所有动作条件下始终过范围地保护线路远端，以提供 100% 内部线路故障保护。

典型允许式保护动作逻辑图如 13.2b 和图 13.2c 所示，动作如下所述。此为典型系统，也可以采用其他方式。

13.5.1 正常运行时（无故障）

G 站（FSK T_G）和 H 站（FSK T_H）的频移发射器均在闭锁模式下运行，所以从各自的接收机（FSK R_G）和（FSK R_H）接收到的闭锁信号为 1，允许信号

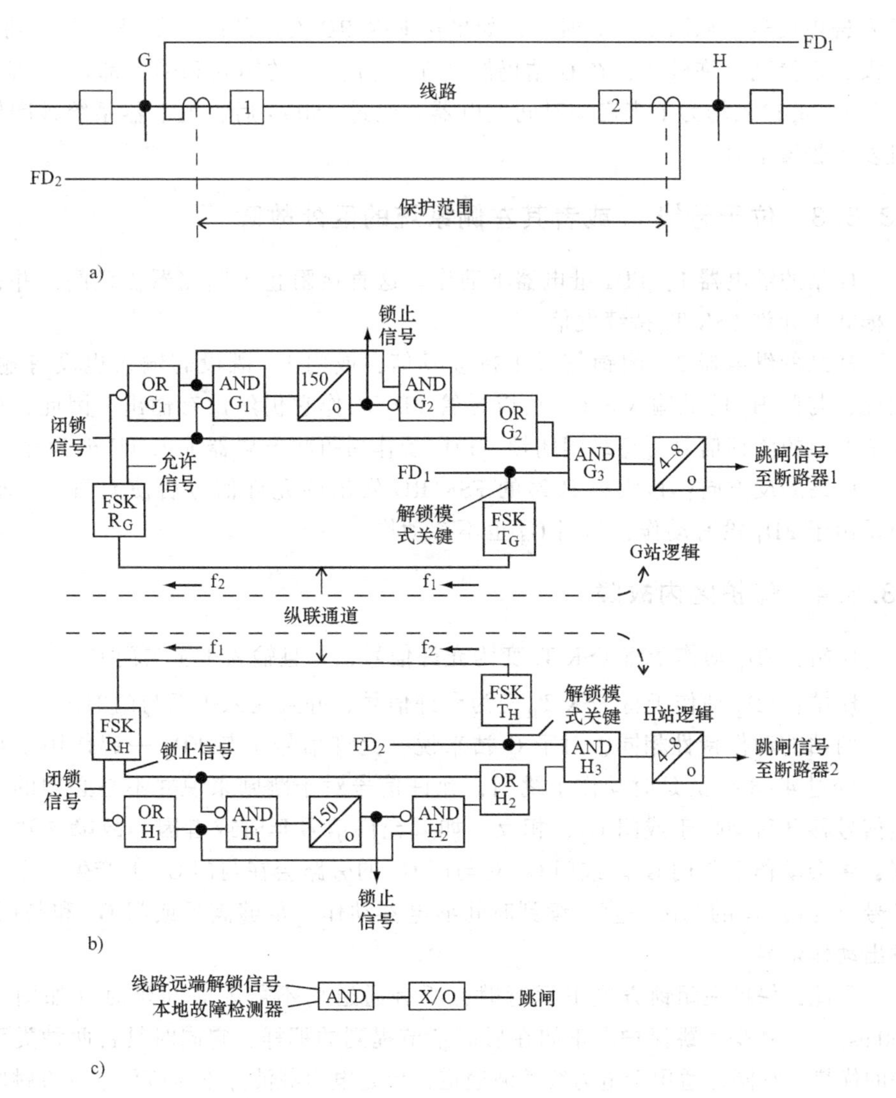

图 13.2　采用频移通道的允许式方向比较纵联保护基本动作特性

a）电力系统继电保护配置图　b）固态逻辑图　c）简化逻辑图

为 0。因此，G 站和 H 站处或门 G_1 和 G_2 的输出均为 0，G 站的 FD_1 和 H 站的 FD_2 不动作，与门 G_3 和 H_3 的输入均为 0，未标明跳闸。

如图所示，传输频率不同的两站之间需要不同的频道。对于窄带宽设备而言，典型的频率差约为 1kHz。在运行过程中，这些频率的传输是连续的。

13.5.2　通道故障

如果因任何原因引起一个通道中断，导致无闭锁信号输出，保护就会闭锁并且发告警信号。如图13.2b所示，如果从FSK RG发出的闭锁信号丢失（到0），且没有切换到允许模式，在G站仍然是0，与门G_1的输入和输出都是1。此时，与门G_1的输入均为1来启动时间继电器。经过150ms后，继电器系统被闭锁并且发出告警信号。

13.5.3 位于母线G或者其左侧系统的区外故障

G站的继电器1：FD1继电器不动作。这直接阻止了断路器1跳闸，并在闭锁模式下允许FSK T_G持续发信。

H站的继电器2：闭锁信号1持续发信，或门H_1既没有输入也没有输出。因此，与门H_3的低输入是0，所以尽管FD_2动作它仍然没有输出。因此，通过G站发出的闭锁信号可将跳闸闭锁。FD_2动作后可将发射器FSK TH变为允许。

G站的反方向：接收到H站的FSK RG发出的允许信号后使或门G_2动作，但是由于FD_1没有动作，与门G_3也不会动作。

13.5.4 保护区内故障

G站：FD_1动作于将FSK T_G变为允许信号，并且输入1至与门G_3。

H站：FD_2动作于将FSK T_H变为允许信号，并且输入1至与门H_3。

两站的动作特性相同，对于G站来说，允许信号1与FD_1一起作用于与门G_3，经过4~8ms的延时动作于跳闸，允许信号对于跳闸来说并不是必须的。闭锁信号移开后动作于或门G_1，相反，如果允许信号延时或者因为故障导致未收到，将会动作于与门G_1。或门G_1对与门G_2的旁路会在与门G_1上产生一个闭锁信号，与门G_2的输出一直持续到时间继电器动作，足够满足或门G_2和与门G_3发出动作信号。

因此，保护在闭锁方式下运行时，所有通道均不需要时间延时（如图所示150ms），也就是远跳保护。正如在后面章节提到的那样，它同时具备两种类型保护的优势。它同样适用于电力线载波通道，但是电力载波并不能应用于远方跳闸。

13.6 方向比较式超范围远跳纵联保护

电力线载波通道不使用或不推荐用于此类保护，使用电力线载波时，保护必须要收到对端发来的信号才能跳闸，短路故障下信号可能会被干扰甚至中断。因此，这种保护通常使用在电话线或微波信道调制的音频信号。该保护使用了跳闸保护，并且进行了监控。这种配置与上面所述方案类似。通道（防护）失去150ms后闭锁保护继电器，保护将不再告警和跳闸。保护信号返回后，继电器在150ms后重新恢复工作。

典型系统如图 13.3 所示。使用了与前述系统相同类型和设置的方向相位距离继电器和方向接地瞬时过电流继电器。尽管如此，应设置在所有的运行情况下过范围保护远端，这点很重要。下面的例子说明在内部和外部故障下这个系统中采用的逻辑（参见图 13.3）：

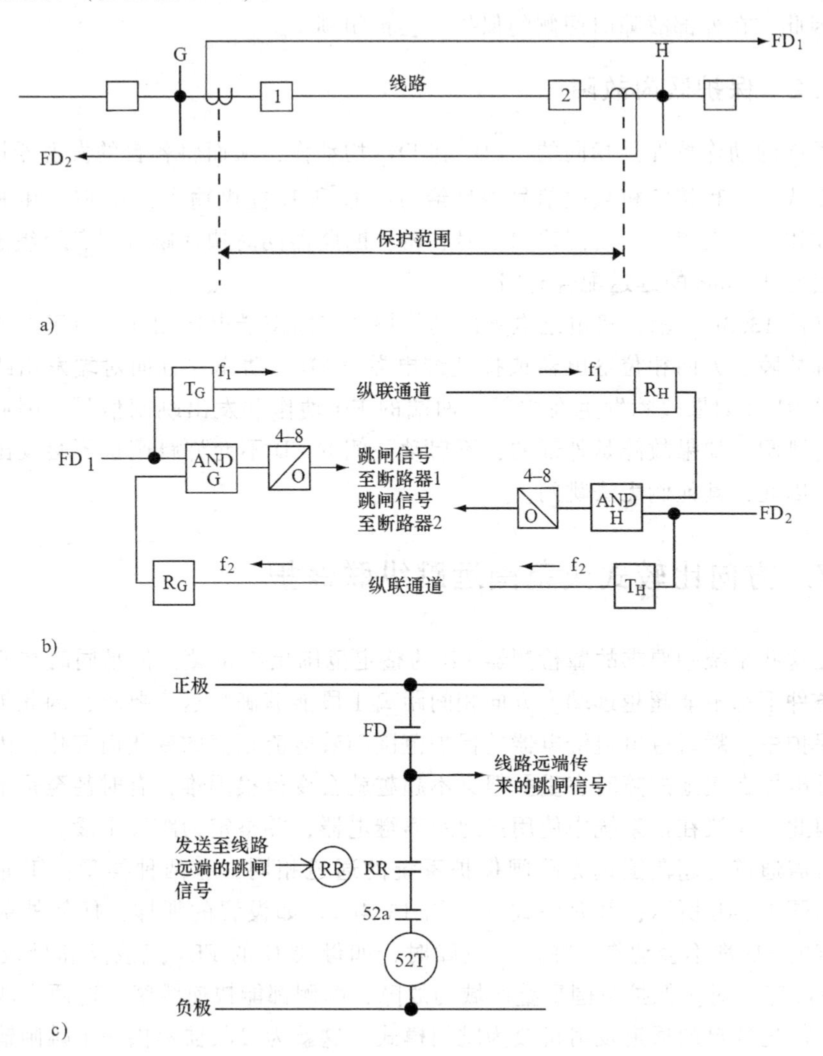

图 13.3　方向比较式超范围远跳纵联保护的基本动作特性

a）电力系统继电保护配置图　b）固态逻辑图　c）接点逻辑图

13.6.1　母线 G 上或系统左侧区域（保护范围外）的外部故障

G 站继电器 1：FD_1 继电器不动作，跳闸不会发生。发射装置持续以保护模式运行。

H站继电器2：FD_2继电器动作，但不跳闸，因为接收器R_H没有在保护模式下输入到与门H。FD_2切换发射器T_H至跳闸模式，因此在G站，该接收器驱动与门G，但如前所示，FD_1不动作。

因此，在外部故障时两侧的保护均会被闭锁。

13.6.2 保护区内故障

两端的动作特性是相同的，FD_1和FD_2均动作，从而将各自的发射器切换至跳闸模式。远程接收机接收信号并且给与门G和H提供输入，在FD_1和FD_2输入的作用下，发出一个跳闸输出信号，两个断路器同时快速跳开。各个组成部分之间会有4~8ms的延迟配合时间。

如图13.3c所示，机电继电器的动作特性与固态继电器相同。对于线路上或者外部故障，方向相位继电器或接地继电器（FD）动作并且向对端发出跳闸信号闭锁RR。如果故障发生在内部，两端的FD动作并发出跳闸信号，因而，两端同时跳闸。如果故障是外部的，不启动一侧的FD不允许跳闸也不会发出跳闸信号；因此，其他侧无法跳闸。

13.7 方向比较式欠范围远跳纵联保护

在这些系统中要求故障检测器FD的整定范围始终重叠，但是同时在所有的运行条件下都不能超越远端。方向相间距离Ⅰ段能够满足这个要求，因此被应用在该保护中。瞬时过电流继电器的保护范围随着电流幅值的变化而变化，因此让这些继电器在接地故障时有重叠但又不超越就会变得很困难，有时甚至是不可能的。因此，建议在该系统中使用接地距离继电器，并整定为距离Ⅰ段。

所需通道与超范围远方跳闸保护系统的通道相同，有两种类型：①非允许式，如图13.4b所示；②允许式（见图13.4c）。如设置的那样，任何外部故障下所有的FD都不会动作。在内部故障时，如母线G的FD_1点故障和母线H的FD_2点故障，对于保护范围重叠区域的故障，两侧都能快速跳闸。这两个故障检测器都能把各自的通道发射机改为跳闸模式。这就为接收器提供一个跳闸输出直接去跳开终端断路器，并且不需要时间延迟。

由于对通道的安全系统要求非常高，一般不会采用这种保护。接收机容易受到干扰而导致保护的不正确动作。相应地，要加入跟前面所述类型和设置一致的过范围的FD_S来监控通道的状况。如图13.4c所示，跳闸信号在通道上传输的前提是过范围的FD_S动作，从而使得与门G和H中的任一个，或两者全部都输出跳闸信号跳开断路器。

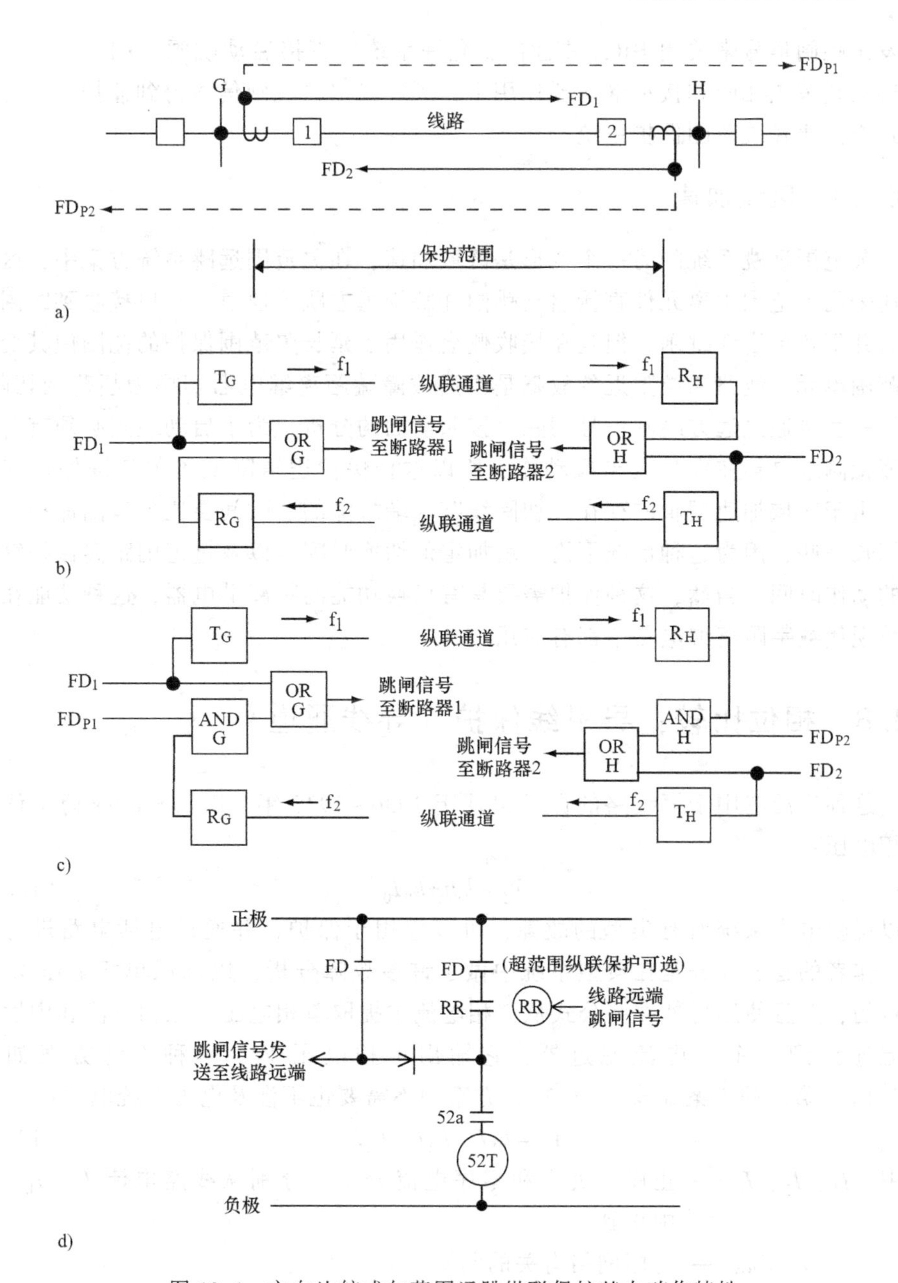

图 13.4　方向比较式欠范围远跳纵联保护基本动作特性

a）电力系统继电保护配置图　b）非允许式欠范围远跳固态逻辑图

c）允许式欠范围远跳固态逻辑图　d）非允许式的接点逻辑图，对某些可选的 FD 是允许式的

机电继电器的工作原理如图 13.4d 所示，方向相间或方向接地继电器（FD）不会超越任一远端，所以他们在任何一侧都可以直接跳闸。FD 动作后还会向远

方发出跳闸信号来关闭RR，并且在非允许系统中直接启动跳闸。如图所示，在可选的超范围相间和接地继电器作用下，远端发出的跳闸信号得到监控。此即允许式方向比较欠范围保护系统。

13.7.1 区域加速

欠范围远跳系统的另一个变形是区域加速，在欠范围远跳系统方案中，区域加速采用欠范围距离元件直接启动跳闸并解锁远方跳闸通道。端口接收到跳闸信号后并不直接启动跳闸，但是在接收侧会作用于延长欠范围保护的范围使其变为超范围单元。线路末端附近的故障是由远故障端距离继电器切换为超范围切除，而不是直接通过远方跳闸信号切除。按照前面的分析，为了启动跳闸必须有一个故障检测继电器在保护区末端动作，所以这种保护逻辑降低了欠范围保护安全性。由于区域加速逻辑的存在，切除线路末端故障的总时间要比欠范围保护动作时间长一些，因为这种情况下需要增加定值切换时间，以及过范围距离保护继电器的动作时间。当然，这种保护需要具有切换功能的距离继电器，这种功能在大多数现代数字距离继电器中都有应用。

13.8 相位比较：导引线保护（导线通道）

这种广泛应用于短线路的保护出现于1936~1938年，E. L. Harder博士认为单相电压：

$$V_F = kJi + k_0 I_0 \tag{13.1}$$

可以反映电力系统所有类型的故障，可以应用于保护，并通过电话电路进行比较。作者的首要任务是在典型系统中做了许多故障分析，以确保单相电压V_F是可行的，并且使用另外一些公式从三相电流中提取单相电压。三相电流和中性点电流连接到一个序电流滤过器，它输出单相电压V_F。一种设计方案如式(13.1)，第二种方案如式（13.2），方案中不需要也不涉及电力系统电压：

$$V_F = k_1 I_1 + k_2 I_2 + k_0 I_0 \tag{13.2}$$

式中 I_1、I_2、I_0——正序、负序和零序电流分量，分别从线路电流I_a，I_b，I_c中得到。

k_1、k_2、k_0——与序网络有关的网络参数。

各种类型的故障产生包含正、负序和零序分量的电流。因此，可以检测到继电器灵敏度以上的所有故障。为了对接地故障保持较高的灵敏度，k_0可以整定的大一些。滤过器输出如式（13.1），其中$Z_1 = Z_2$，相间故障下的启动值要比三相故障高$\sqrt{3}$（相间故障实际故障电流是三相电流的0.866倍）。对于短线路，这种低灵敏度的相间故障并不是问题。对于式（13.2），相故障启动量比三相故障启动量低一些（较高的故障灵敏度）。

序网络中的输出电压 V_F 或其他类型网络的输出电压与来自远端的近似输出电压相比较。这种使用电话线信道的系统已广泛使用多年，基本电路如图 13.5 所示，序网络电压通过饱和变压器进行传变，将输出电压基本上限制在恒定的 15V，因此，它不受故障电流多种变化的影响。

该电压通过一个制动线圈 R 与导引线连接，动作线圈 OP 并接在 R 与隔离变压器之间。通常，会使用一个 4：1 或者 6：1 电压比的变压器，提供最大约为 6 或 90 V 的导引线电压，变压器导引线侧接地或绕组之间的绝缘电压大约是 10~15kV。

流过制动线圈 R 的电流可以阻止继电器跳闸，而流过动作线圈 OP 的电流可以使继电器动作。如果在制动线圈和动作线圈中的电流相等，且高于启动值，这个继电器将动作并对断路器跳闸线圈进行励磁。

外部故障下的系统运行图见图 13.5b 所示。穿越性电流，无论是负荷还是外部故障电流，都会在导引线上产生一个环流，如图所示，只有一小部分电流通过动作线圈 OP，更大的电流流过制动线圈 R 防止两个端子的继电器动作。

对于内部故障（见图 13.5c），流过故障点的故障电流基本上在线圈 P 和 OP 之间循环，只有一小部分流过导引线。如果 G 站和 H 站提供的故障电流是相等的，导引线上将不会有电流流过。另一个极端的可能性是母线 H 没有提供故障电流；然后，通过 G 的电流会在自身的动作线圈之间进行分流，并且通过导电线与远方的动作线圈 H 进行分流，如果在这个例子中通过 G 的故障电流足够高，两个终端继电器可以同时快速跳开断路器，这在某些情况下是非常可取的。

因此，对于较宽电流幅值和分布范围内，本系统均能为相间和接地故障提供快速同步的保护。可以看出这是一个差动保护，动作于总故障电流，同时也是 50~60Hz 相位比较型保护。

这种保护可以采用三种终端应用方式，增加的终端继电器连接在导引线上，并且与其他两个控制线形成星形连接方式。在这种接线方式下各支路的阻抗应该相等。因为不同端子间的距离可能不同，为了保持系统平衡需要接入平衡电阻。

利用各侧的传感继电器，通过在导引线上循环 1mA 直流电，可以监测导引线是否存在开路、短路或者接地。这些都连接在导引线侧隔离变压器的中性点上，在中性点处绕组分裂成两个部分，一个小电容连接串接在其中以传输 50~60Hz 信号。监测用的直流电压施加于该电容器中。在其他各侧，传感继电器被串接在类似的电容器中。循环电流的中断或者增大都会提供报警指示，该设备也可用在任一方向或两个方向的远跳通道中。为了实现这个功能，监控设备的直流电流被反转并增大来动作于远跳继电器。

监控设备与导引线连接时，必须特别注意可能由感应或站接地电位上升引起

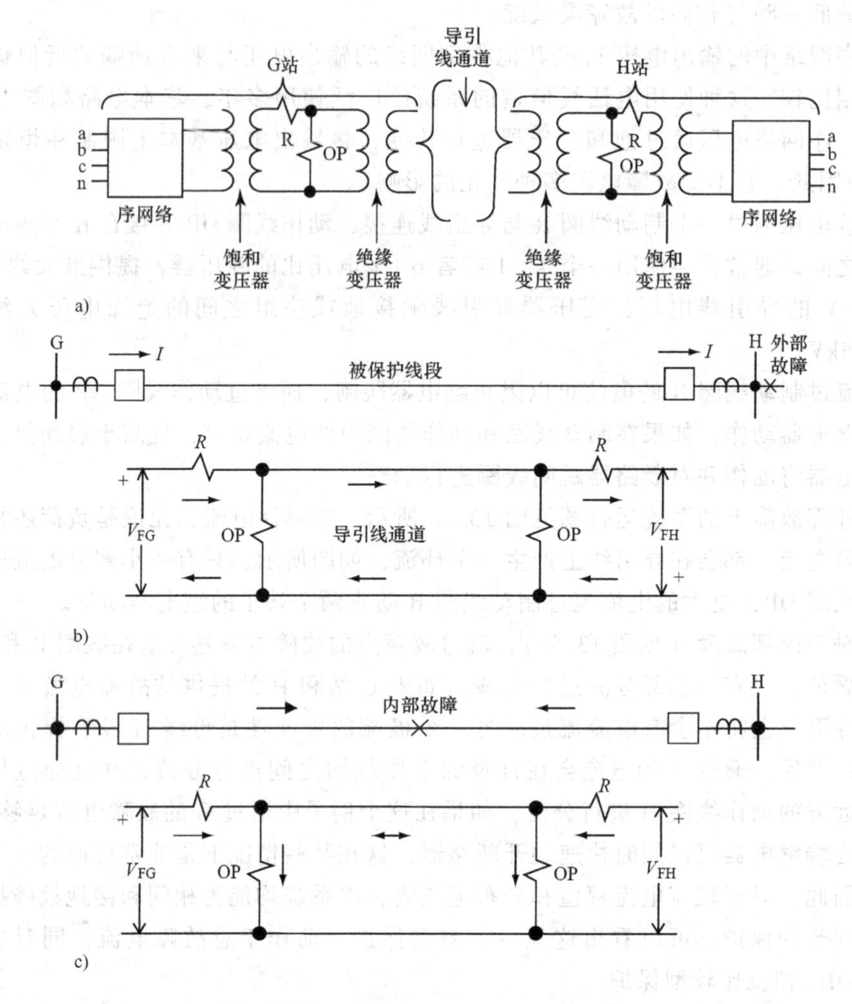

图 13.5 典型的导引线保护系统。这种原理也同样可应用于音频或光纤（见13.9节）

a）使用导引线通道的基本原理图 b）外部故障下保护动作的简化电路

c）内部故障下保护动作的简化电路

的高电压。为了保证人员的人身安全，在中性点接地系统中应尽量采用，多抽头电抗器和保护气隙。

13.9 相位比较：音频通道或光纤通道

20世纪40年代中期，只依赖于电流的保护加上单相电压来反应所有类型的相间和接地故障开始应用于远距离输电。一种典型保护方程（13.2）中的 V_F，这个电压是通过产生方波的方波放大器输送，以传输电信号并在远端进行比较。

为了保证安全，可以使用两级超范围的故障检测器 FDS，这样它们能够反映所有内部的相间和接地故障。通常情况下，这些都是靠电流动作的继电器，对于内部故障时故障电流与最大负荷电流水平相当或小于最大负荷电流的情况下，应使用距离继电器作为故障检测器 FDS，这就意味着保护现在需要电压而不仅仅是一个电流保护。在任一情况下，高级别检测器的应设定为低级别检测器的 125%~250%。

一个典型的保护及其动作逻辑如图 13.6 所示。G 站包括断路器 1，故障检测器 FD_{1S}和 FD_{1T}，H 站包括断路器 2，故障检测器 FD_{2S}和 FD_{2T}。S 继电器的灵敏度要比 T 的高（采集电流更低或测试距离更长）。如图所示，方波放大器产生的方波在其中一个半波为最大值，在另外一个半波为 0。

在两侧有相似的设备和整定值时，母线 G 动作于继电器 1 的逻辑如下所示。

13.9.1　发生在母线 H 上或右侧系统的区外故障

FD_{1S}和 FD_{1T}分别动作输入 1 至与门 G_1和 G_2。在 H 站，FD_{2S}和 FD_{2T}（均不带方向）动作输入 1 至与门 H_1和 H_2。因此，FD_{2S}和方波放大器从发射器 TH 通过纵联通道 f_2 输出启动传输方波，并且按照反极性输入至与门 G_2。由于输出的分散性它远小于动作所需要的 4ms，因此，与门 G_2 只在很短的时间内通电。如果发生外部故障（除了长线路外，线路损耗和相移通常可以忽略不计），流进线路 1 的电流应与流出线路 2 的电流的相位相同。动作信号里会加上时间延迟来补偿差异和通道延迟；因此，外部故障时不会发生跳闸。H 站断路器 2 保护以类似方式动作，且对于母线 G 和系统左侧故障，两侧保护的动作特性相似。

13.9.2　区内故障

两侧所有的故障检测器 FD_S均会动作。在 H 站，内部故障时继电器 2 的电流已经反转，因此接收的信号和输入至与门 G_2 的信号基本上与继电器 1 的局部方波相位一致。从与门 G_2 输出正向方波，4ms 后，提供跳闸输出。

所有输出的半波均假定 G 站和 H 站的电流在相位上相差 180°或者同相位。当线路中流过负荷电流时，这种假设不成立，但这些系统在两站电流相位超过 90°时仍然可以跳闸。在 60Hz 系统中，相位角差 90°对应于 4ms 的时差，发生内部故障时 H 站的继电器 2 也会有相似的动作。

该系统可用于通断式电源线载波通道。对于内部故障，如果接收器没有收到信号，与门 G_2 将 1 作为持续输入。本地的动作信号加上本地的 FDT 启动信号能够能够动作于跳开线路两侧开关。

目前所描述的系统仅仅提供在半周期内的比较，如果故障发生在零输出的半

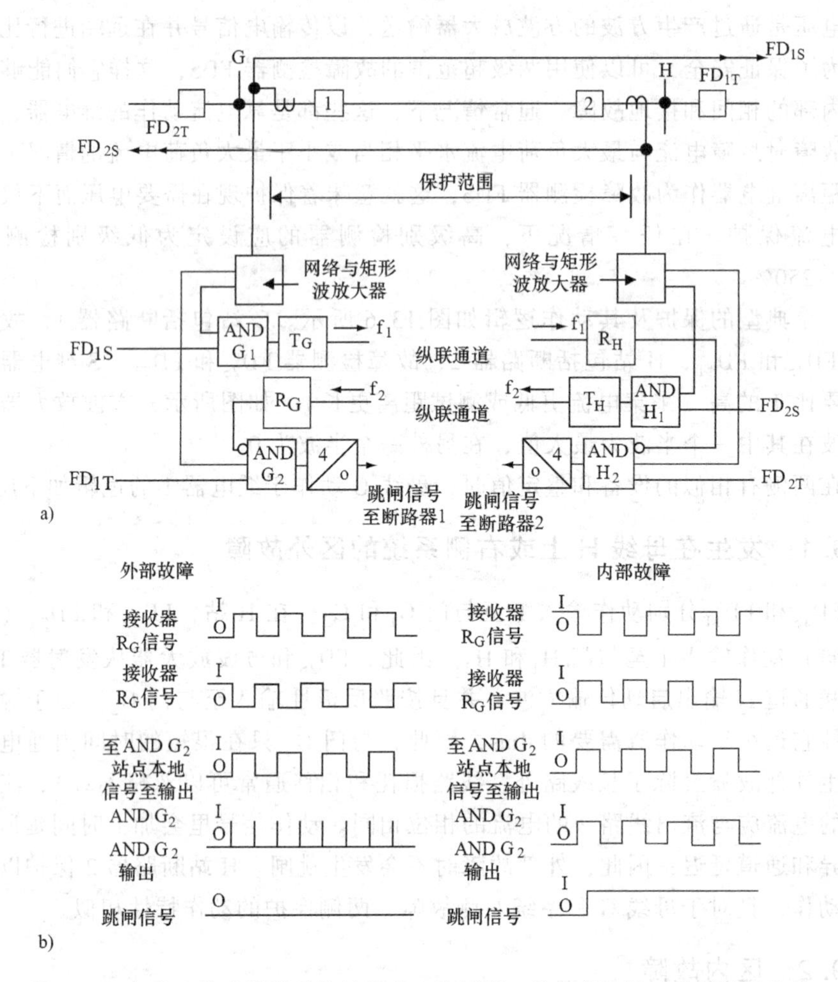

图 13.6 相位比较式纵联系统的基本工作原理；单相半波通过音频通道比较

a）系统逻辑图 b）母线 H 以及其右侧系统内的外部故障和内部故障时继电器的典型动作

周期内，那么内部故障时跳闸会被推迟到下一个半周期。

如果 FSK 电力线载波或标记音频通道可用，那么 50~60Hz 的任何半周期都可以进行比较，这种方式被称为双相位比较。同时需要用于比较任何一个半周波的类似于图 13.4 的设备。一个半周期的方波在一个频率下用 1 发送，在移位频率下用 0 发送，另一个半周期是由一个单独的通道进行类似的传输。类似于图 13.4，如果通道没有收到信号，解锁逻辑在内部故障时允许动作。音频类型通道通常使用远方跳闸模式。

另一种用于在终端的序列网络的单相电压比较技术是脉冲周期调制。在这个实例中，载波周期随调制信号的振幅线性变化。一个调制器将其调制成脉冲信号，解调器将脉冲解调为一个波形。延迟均衡器保证本地和远程信号之间的时间配合，该通道可以是音频或者光纤通道。

13.10　分相的比较式纵联保护

如 12 章所示，相位比较纵联保护适用于串联补偿输电线路中。两相比较保护具有良好的运行记录。然而，这些线路会有非常严重的谐波，由于系统需要提供从电流中导出的电压，因此，在这种潜在的高度畸变的故障电流波形下，系统可能会提供不正确的信息。这些网络基本上都调整到 50~60Hz 的电流波形。

因此，系统往往单独比较每一相电流，而非比较三相的单相电压。从单相电流幅值得到的电压与电力系统的频率和波形无关。然而，这些系统需要多个通道。有两种常见的系统：①通过一个通道比较两端的电流差 I_a-I_b 或者通过另一个通道比较 $3I_0$；②通过三个通道比较两侧各相的电流 I_a、I_b 和 I_c。目前电流方波比较基本上与描述的其他类型的相比较系统。

13.11　单相选相纵联系统

高压架空输电线路上的大部分故障都是由暂态雷电过电压造成的。这会引起相对地的闪络，大多数故障是单相接地故障。这些故障可以通过快速断开电路或故障相进行清除。此外，暂态过程结束后，失电后的电弧将会熄灭。然后，使用快速自动重合闸将使线路恢复运行。这在第 14 章中将进行讨论。

由于单相接地故障占了很大比例，因此很有必要只断开故障相，保持非断开相正常运行，这种方法称为单相重合闸。在重合闸过程中，如果故障仍然存在，则会跳开三相并且不重合。

一个更复杂的方案为单相接地故障时跳开单相，相间故障或者相间接地故障时跳开两相线路，三相故障时跳开三相线路。对于跳开单相或者两相的故障可以使用快速重合闸，对于三相故障可选择采用。

跳开单相或者两相的优点是可以提高稳定极限能力，并且对电力系统的冲击较小。在非全相运行期间，系统中存在零序电流和负序电流，因此，必须对后备接地距离继电器进行适当的整定，以避免其误动作。最合适的分闸时间是 0.5~1.0s。

当使用快速重合闸的时候，有必要采用纵联继电器跳开各侧来清除故障。单相和选相继电器的方案更为复杂，故障选相的方法有多种，这些讨论并不在本书的范围内。大多数的方案并不能动作于所有的故障，因此需要额外的继电器或辅助设备来避免不正确的动作。三个子系统单独进行相比较的方案，为单相或者多相继电器提供了很好的解决方案。这种保护类型仅断开故障相或与故障有关的相，并且三相之间独立进行比较，该方案避免了难以对故障相进行正确识别故障相，这个问题同样困扰了许多其他类型的保护。

单相重合闸保护在欧洲很常见，但在美国使用的较少。主要原因是在超高压开始使用之前，美国的断路器都是三相的并且只有一个跳闸线圈。因此，为了采用单相重合闸继电器，需要使用特殊的或更昂贵的断路器。随着单独式操作机构的广泛使用，人们对此类继电系统也越来越感兴趣。

这种保护最重要的应用是单线路连接两个大电源，并且它们之间没有其他联系或者弱联系。三相重合闸不能用于这些系统中，因为跳开线路后这两个系统将分开，系统将因为失步而不能重合从而导致系统失去稳定。

13.12 行波方向比较保护

电力系统中的扰动会产生从扰动区域向外扩散的行波，并沿着输电线路向相反的方向移动。如果扰动发生在线路上（即内部故障），那么该波的方向在两侧都是反方向。如果发生外部故障，那么波的方向在一侧是正方向，在另一侧是反方向。因此，通过微波或电力线载波信道比较线路两侧行波方向可以判断故障及其位置。忽略以后的所有信息，在第一个2~5ms可以判出故障。只有突然的变化可以识别出来，稳态或缓慢的变化则会忽略。

这种保护同时可以为350kV及以上线路提供超高速距离保护。

13.13 数字式电流差动

前面所述的导引线继电器和相位比较系统构成了电流比较纵联保护。导引线保护被归类为电流差动保护，信息来自线路两侧电流产生的电压信号，它包含相关线路两侧电流的幅度和相位信息。电压信号通过导引线进行传输并在各侧进行比较。位于线路两侧的比率制动差动继电器响应来自各侧信号源的电流。金属导线限制了这种导引线保护系统只能应用在短线上。用光缆替代金属导引线可以提高现有的导引线保护的性能，但是，这样的系统很少应用在新工程中。通信系统具有的可交换数字信息的功能使得数字线路差动保护系统得到应用。在这样的系统中，线路各侧的电流采样被转换为数字信号。数字信号通过宽频通道在各侧之间传输信号，并通过比较来确定故障是否发生在被保护的线路区内。

在13.17节中将会对使用数字设备和长距离数字通信通道的现代线路差动保护系统进行更详细的讨论。

13.14　加强纵联方案

纵联保护采取各种增强的措施来提高其保护性能。

13.14.1　暂时闭锁

非故障线路上超范围纵联继电器可对其范围内的外部故障动作。在发生该类故障时，非故障线路一侧的纵联继电器准备在收到另一侧保护发出的跳闸信号后跳闸。在清除故障的过程中，故障线路的一侧可能在故障线路另一侧断开前跳开。当故障线路上的第一断路器跳开时，非故障线路上的电流可能会反转。如果这种反转发生在过范围继电器已经动作的线路上，那么在接收到对侧跳闸信号之前已经启动的过范围继电器必须要能够返回，可以通过电流反转来启动。如果在过范围继电器返回之前接收到跳闸信号，会导致非故障线路跳闸错误。平行双回线很容易受功率倒向的影响。因此对于使用超范围继电器的纵联保护要设计特殊的逻辑来防止这种误动作。这种逻辑通常是在设定的时间范围内，如果超范围纵联继电器在没有收到跳闸信号的情况下动作，那么就会闭锁这侧的跳闸信号。瞬时闭锁功能设置的时间必须超过内部故障时收到跳闸信号后动作的最大时间，并且要小于外部故障断路器跳闸的最短时间，加上跳闸信号初始化时间，以及非故障线路过范围继电器动作后接收到跳闸信号的时间。

13.14.2　弱馈逻辑

如果传输线的一个侧存在弱电源，那么发生线路内部故障时，可能会因为弱馈侧能量不够导致继电器拒动。在这种情况下，只能等对侧开关跳开之后弱馈侧的继电器才会动作。在这种情况下允许式或者闭锁式纵联保护不会动作，因为为了保证各侧均能跳闸，保护逻辑需要各侧的故障继电器均动作。弱馈逻辑可以集成在纵联保护方案中，当一侧收到跳闸信号但正向或反向继电器没有动作，跳闸信号就会发给对侧并动作于跳闸。弱馈侧发出跳闸信号应辅以零序和低压继电器判据，来保证系统中确实存在故障。

13.14.3　断路器断开侧发信

在线路一侧断路器断开的情况下，发生内部故障时，由于故障继电器不会在断路器断开时动作，允许式或闭锁式保护将不会动作。为了保证这种情况下纵联保护能够正确动作，断路器跳开侧自动发出跳闸信号。跳闸信号的发信通常是由断路器辅助开关完成，这表明它处于断开状态。当线路一侧有两个断路器，那么两个断路器都必须跳开以便能发出跳闸信号。

13.15 远方跳闸

远方跳闸用于给远离保护的断路器或其他开关发送一个跳闸信号，这在下面两种情况下是有必要的：①本侧没有故障隔离断路器；②增加一个后备保护以确保远端在出现系统故障时断开。

远方跳闸这个术语应用在两个环境中，通常被描述为元件远跳或线路远跳。元件远跳最常见的例子是变压器组的一个绕组没有本地断路器，因此变压器内部故障时绕组中会流过故障电流。这已在第9章中进行过讨论。变压器的保护动作后可以跳开本地断路器，但是需要失灵保护跳开远方的断路器，尤其是流过远方断路器的电流太低而不能够启动当地的故障检测器FDS。作为远方跳闸的一个替代方案，由一个本地继电器去跳开本地的故障开关，以确保故障电流水平远高于远端保护的启动值。

远跳信号可以通过前面所示任何通道进行传输。由于远端需要能够快速动作，使用的通道和设备都要具有非常高的安全性，防止暂态操作带来的任何干扰信号。由于可能存在较轻的故障，远端的故障检测器FDS一般不能用于监测远方跳闸信号。

音频信号远跳系统获得广泛应用，为了增加安全性一般有两个独立的系统。这两个系统的信号必须被接收到用于跳开远端断路器。

在线路远方跳闸保护系统中，故障检测器FDS用在终端。因此，跳闸只能发生在本地FD已动作且同时收到远跳信号之后。因此，通道安全虽然很重要，但是对于元件远跳保护来说不是很关键。线路远跳保护在第13.6节和第13.7节中已经进行过描述。

13.16 保护通信通道

有许多种通道可以用于保护。其自身就是一个领域，这里只讨论保护系统所必须的部分。从历史上看，通信通道一直是保护中最薄弱的环节。从20世纪30年代开始有早期应用到目前设备较成熟且高度可靠，通道技术已经取得了巨大的进步。通道作为继电保护的一部分是一个特殊的领域，它的好坏决定了保护的安全性和可靠性，因此这方面的设备应该由熟悉保护需求的专家进行制造。

13.16.1 电力线载波：开关或频移

从20世纪30年代初，频率在50~150kHz之间无线电信号即开始应用在电力线路上。它们最初以开通关断模式使用，随着技术的进步，逐渐出现了频移模式。这种无线电信号被称为电力线载波通道，频率范围在 30 和 300Hz 之间，使用广泛。图 13.7 说明了这一类典型通道。在美国，相地之间的耦合是最常用的。其他类型使用的是相与相之间，两相与地之间耦合等。发射机产生约 1～10W 的射频（RF）功率。在过去，100W 的发射机非常常见，但现在却很少使用。

如图所示，射频信号 RF 通过线路调谐器和耦合电容器连接到高压线路上，调谐器通常安装在耦合电容器单元的底部，取消了耦合电容器单元的电容。这基本上为有效传输地传输射频信号提供了一个低阻抗的路径。

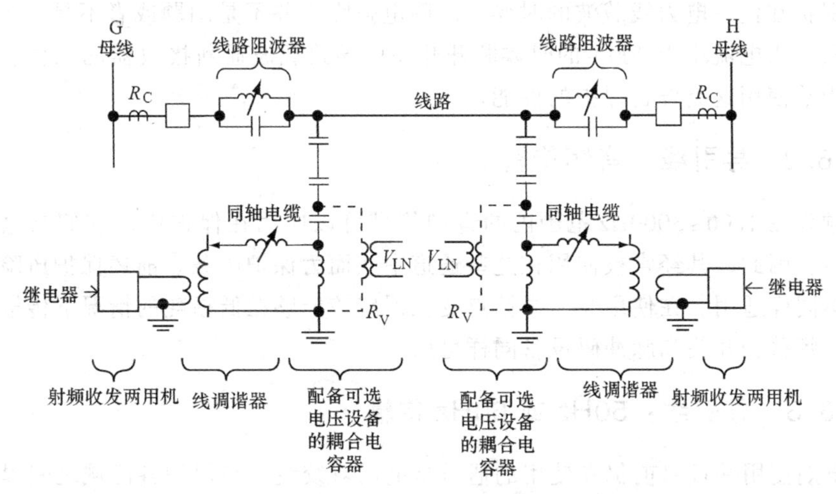

图 13.7　相与地耦合的电力线载波通道典型单线图

在远端，射频信号的能量通过类似的设备到达接收器。发射器和接收器可以被调谐到相同的频率或不同的频率，这可能需要一个双频率调谐器。

对于射频信号来说，耦合电容器和地之间的电感为高阻抗，但对于 50Hz 或 60Hz 的系统来说是低阻抗。这个单元同时还可以提供次级电压作为 CCVTs，在这种情况下，三个电容用于连接单独的相，只有一个是用于耦合，如图所示。

每一端连接高压线路的线圈正好在射频路径的外部。它只是提供了一个高的射频阻抗，减少进入母线和相关系统的信号损耗，以防止外部接地故障潜在的减弱信号的危险。线圈可调谐到一个频率，两个频率，或一个宽频信号。设计它们的目的是在低损耗的情况下持续载波 50～60Hz 的负荷电流，并且要能承受流过线路的最大故障电流。

虽然射频信号被引入到其中一相，它是由所有的三相导体传播。由于能够接收到充分的信号，多年来线路两端不同相之间出现的多次意外耦合均未引起注意。事实上，信号耦合到不同相时可能增大。模型分析为预测载体性能和最佳耦合传输方法提供了一种重要的现代工具。这点非常重要，对长线路尤为如此。参考文献在这方面提供了更多的信息。

架空电力线路相与地之间往往有200~500Ω的特性阻抗，相与相之间有400~488Ω的特性阻抗。载波设备和耦合阻抗基本上匹配这些值来实现传输最大的射频功率。线圈和不连续性，特别是如果他们为1/4波长，会导致非常高的信号损失。应该选择合适的射频信号来避免这些问题。

电力线载波很难甚至不可能应用于电力电缆中，因为其特征阻抗低，所以损耗远高于架空线。载波发射机和接收机工作于开通和关断。空间信号的频移，或者单个带宽取决于不同的设计与应用。

保护在使用电力线载波的时候，故障电弧噪声并不是问题或者不是一个重要的因素。当电流小于200A的时候断开开关可导致载波通断接收器的动作，但这并不影响使用这类设备保护的性能。

13.16.2 导引线：音频传输

频率在1000~3000Hz范围内的音频信号可以应用在保护中。它们与电话线更兼容，因此，其经常被使用在这些通道中从而为保护服务。前述保护风险和解决方案同样适用。在使用时，中性点变压器应该能够在低损耗的情况下传输音频信号。频移、开关和脉冲码设备同样可用。

13.16.3 导引线：50Hz或60Hz传输

早期使用并且目前仍在使用的通道是电话双绞线，在保护各区域之间提供低电压、低功耗电路。推荐使用AWG 19线，即可以满足所需的机械强度又能提供阻抗不超过2000Ω的两端回路或者每支路阻抗不超过500Ω的三端应用。一般强制使用双绞线，以尽量减少来自电缆内部与外部电压的差异。

导引线带来的问题来自于雷击或者平行双回线的感应，故障过程中站对地电压的上升导致的绝缘压力的增大，通过雷击或者线路引起的直接身体接触，由于架空线绝缘失效造成的人身伤害。(对于保护，见附录13.1)。

13.16.4 数字通道

近年来，数字通道越来越多地应用于纵联继电器的通信中。用于这个功能的数字通道类型包括暗光纤（专用光缆）、复用光纤系统（T1和SONET）、数字微波、无线链路和56kbit/s的电话线（数据服务）。数字微波可以是点对点或在SONET环内使用。

关于数字通信系统本身的研究超出了本书的范围。然而，由于数字通信系统在现代保护系统中不断地发挥重大的作用，让保护工程师熟悉这方面的知识是很重要的。随着微机继电保护的应用，变电站保护与控制需要的大量控制布线在许多应用中被数字通信系统所替代。几乎所有的现代微机继电器都内置数字通信能力，并且有端口用来发送和接收数字信息。

与导引线继电器相比，优化的数字信道性能可以从一个专用的光纤对中得到。专用的光纤对几乎免于电气干扰，具有非常低的误码率，并具有非常短的端到端的数据延迟时间。然而这种应用非常昂贵，并且如果光纤被切断容易造成长期通信中断。

复用的数字网络系统的优点是非常低的中断率。在这样的系统中，如果某一路径被切断，一个备用路由可以快速自动地投入使用。由于多达 24 个通道可以复用在一个单一的光纤对中，这样的系统也比暗光纤更为经济。在使用复用数字通信系统的时候，需要考虑延迟时间和切换到备用路径时所需的时间。但是正常延时以及切换延时通常不会妨碍复用通信系统应用在使用数字继电器的纵联保护中。

数字微波适用于通道延迟时间要求很短（500~600μs）的纵联保护。采用数字微波一个问题是，在恶劣的天气条件下微波信号可能会减弱，而在这些条件下，电力系统最有可能发生故障。

在纵联保护中应用数字通道需要考虑以下重要的参数：

1）端到端的延迟时间。纵联保护必须能够处理在许多数字系统中存在的延迟时间的变化。发送信号和接收信号之间的延时也会存在差异，而且传输路径改变时延迟时间也会变化。

2）通信通道的中断。系统的设计必须能够适应通信网络的同步切换操作。

3）过大的误码率。远距离传输造成的高衰减率可能会产生误码，它对纵联保护的动作特性影响很大。此外，通信网络存在的铜导线也可能产生电气干扰。

在机电导引线系统中改变导线对必然会带来很短的端到端的延迟。这些旧的导引线系统设计时并没有考虑到任何的通道延迟。在这样的应用中，小于 1ms 的通道延迟是可以接受的，如果通道延时超过 2ms 则不应该考虑。

经验表明电话公司通过通道服务单元使用的数字通道并不适合继电保护应用。由于通道服务单元在变电站中并不坚强，附近的故障可能会导致通道的丢失。周期性中断，延迟过长（大于 20ms）和非对称的延迟都是尝试在继电保护系统中使用这样系统时所遇到的问题。

13.17　数字式电流差动保护

过去的几年中，在美国使用最广泛的纵联保护采用的是方向比较逻辑。方向比较逻辑的普及基于可以满足相关的通信要求以及后备保护在这个方案中的天然有效性。然而方向比较保护有一些缺点，这种保护同时需要电压和电流来判断方向。因此，需要特别注意由于近端故障或由于电压互感器断线导致的电压丢失问题。零序电压反转会引起相关的方向元件判断错误从而造成误跳闸。方向比较保护在重负载和系统时同样会有不必要的动作。

多年来，应用在线路保护中的电流差动逻辑一直被限制在短线路上。尽管在灵敏度和固有选择性以及快速跳闸上差动保护公认要优于其他类型的保护，但是它的应用受到通信的限制。近年来，技术的进步创造了更适合长距离数字通信的通道，如数字微波和光纤通道。由于这些进展，线路电流差动保护已广泛应用于短线和长线中。

13.17.1 线路差动保护的特征

根据前面的分析，线路电流差动保护基于电流量进行差动计算，并不需要电压量。对于一个典型的电流差动保护，线路电流分别在线路的两侧进行采样。根据具体的设计，采样率在几千赫兹到小于每周期20个样本之间变化。采样值或者来自于采样值的相量值在线路各侧之间进行交换。因此，线路各侧的差动继电器既与本侧电流有关也与对侧电流有关。每一个继电器都包含了用于比较流入线路和流出线路的必要信息。如果这些电流是相等的，那么系统正常运行且无故障发生。如果这些电流不相等，则表示被保护线路上发生了故障，则需要启动跳闸。因此，一个典型的线路差动保护继电器由两个或两个以上的继电器组成，它们各自独立运行，并通过数字通信通道连接。系统中的每一个继电器都位于不同的变电站中，并依赖于从其他相关的继电器中接收到的数据，为被保护线路提供差动保护。

当由各个继电器组成的线路差动保护独立运行时，如前面所述，该保护工作在主模式。如果被设置为主从模式或者通信系统的一部分被丢失，则差动保护也可以工作在主从模式。当工作在主从模式时，只采用其中一个继电器（主）计算差流。方案中的其他继电器（从）只采样它所在位置的电流，并发送相关的数据到主继电器。当主继电器计算线路内部故障时，它直接通过通信通道将跳闸信号传至对侧并进行跳闸。

线路电流差动保护不需要输入电压，因此不会受到距离继电器或方向过电流继电器中电压输入问题的影响。当正常工作时，差动保护天然地不受流过线路的负荷电流或暂态功率振荡的影响，因为在这样的条件下，流入和流出线路的电流是相同的。

为提高在正常负载条件或外部故障条件下可能存在错误电流时的安全性，制动电流是由流过被保护线路的电流提供的。一种常见设计是利用比率制动特性，如通常使用的变压器和母线差动保护装置。例如，详细设计可以利用每个线路终端的电流幅值的总和作为制动信号。为了保证继电器能够动作，差动电流需要与制动电流成一定比例。动作电流占制动电流的百分比定义为动作特性的斜率。一些设计采用线路上的最大电流作为制动电流。重要的是，保护工程师应该了解制动信号的发展方式，以适当设定斜率。此外，比率差动继电器通常采用两条折线或者多条折线，这样在电流幅值较低的时候采用低斜率的折线，电流幅值较高的时候采用高斜率的折线。由于电流增加引起电流互感器饱和会导致误差电流增加，采用比率制动差动继电器可提高保护的安全性。

单条或者多条折线的斜率特性需要进行设置，来满足由于准确度不够、CT饱和、线路充电电流等引起的不平衡电流。这样设置的结果会导致内部故障时灵敏度不高。为了提高正常时的灵敏度，采取自适应逻辑对制动量进行动态控制，这样当检测到需要增加安全性的情况下，敏感度就会发生变化。一种方法是当检测到会引起误差电流的情况时，在不同的设置之间进行切换。通过改变不灵敏的设置可以提高正常设置下的灵敏度。另一个方法是当需要更高的安全性时，简单地增加制动电流。

为了更进一步的提高差动保护的性能，除了使用比率差动以外，对动作特性也进行了设计。基于 α 平面来描述其动作和制动区域将在本章后面的部分进行讨论。

13.17.2　线路差动保护的问题

虽然差动保护原理看起来很简单安全，但应用在线路保护中时，在动作可靠性方面依然存在重大的挑战。这些挑战中有一些问题是所有设备的差动保护共同存在的，另外一些问题则是线路差动保护所独有的。

13.17.2.1　电流采样值的同步

为了使差动继电器在线路两端准确地计算差动电流，被保护线路各侧的采样电流必须同步。换句话说，一个恰当的差流计算需要所有电流有一个共同的参考时间。在变压器和母线差动系统中，由于所有的电流测量通常都是在同一个变电站进行的，采样对时不是一个重要的问题。然而，当差动保护应用于线路保护时，由于测量是在线路不同的位置，对时成为一个重要的问题。适当的对时要求在连续基础上对通道时间进行调整。

有几种方法用于进行电流采样对时的方法正在进行测试中。对采样时间进行标记或使用全球定位系统是可以用来对时的方法。目前，在工业中用于对时的最常用的方法是采用基于乒乓原理的算法。在乒乓对时系统中，信号是由线路的一侧发送到线路的另一侧，然后再将信号返回至该侧。从信号发送到返回的总时间记录下来后，通道时间为总的往返时间的一半，此方法假定发送方和接收方的时间延迟是相同的。

电流对时不准的常见原因如下：

1）非对称的通道时间（采用乒乓同步方法）；

2）对时源错误（使用外部定时同步）；

3）内部对时算法的瞬变；

4）通信设备的不稳定运行。

由于对时错误将产生一个虚拟的差动电流，因此在继电器的设计和开发时必须要进行考虑。例如，假设线路差动保护中两侧电流的对时误差为1ms，那么这个1ms的对时误差将会在对侧和本侧电流之间产生相移。在60Hz系统中，这种相移可以按下面的公式进行计算：

1 周期 = 1/60Hz = 0.167ms

1 周期 = 360°

1/16.7ms/周期(360°) = 21.6。

采用乒乓算法时，如果一个方向的通道时间与另外一个方向通道时间相差的2ms，那么将会产生1ms的对时误差（假定通道不对称是失步的唯一原因）。例如，假定一个方向的通道时间为9ms，另一个方向的通道时间是11ms。那么往返时间将是9+11 = 20ms。乒乓算法计算出的通道时间为20/2 = 10ms，因此，在每个方向上计算出的通道时间将相差1ms。

根据上面的分析，1ms的对时误差会在本侧和对侧的电流之间产生21.6°的相移。为了评估该误差对线路差动保护性能的影响，假定一个二端的线路，其中1标幺值负荷从A侧流入B侧，流入线路A侧的实际电流是1，相角为0°；从B侧流入线路的电流是1，相角为180°。如果没有对时误差，在A侧的计算差流就等于$1.0\angle 0°+1.0\angle 180°=0$，这是预期的结果。当存在1ms的对时误差时，在A侧，接收到的B侧的电流是180°±21.6°。假如在A侧得到的B侧的电流为$1.0\angle 158.4°$（180°−21.6°），那么A侧的计算差动电流为

$$1.0\angle 0°+1.0\angle 158.4°=(1+j0)+(-0.93+j0.368)=0.07+j0.368=0.374\text{pu}$$

如果继电器的制动电流设计成等于任一电流最大值的绝对值（$I_{RESTRAINT}=MAX|I_A|, |I_B|$），那么当存在1ms对时误差时，为了防止在正常负荷电流情况下差动保护误动作，线路差动继电器的制动斜率必须高于（0.374pu/1.0pu）×100 = 37.4%。失步也会影响内部故障时计算出的差动电流，并且会导致检测这样的故障时灵敏度较低。

线路电流差动保护需要一个稳定的对称的通信通道，来减少接收到的线路各侧电流采样值的对时偏差。有些偏差是经常存在的，因此差动保护的采样和斜率设置需要满足最大的可能的对时误差。线路差动保护对时误差不允许大于4ms。

13.17.2.2 电流互感器饱和

当电流互感器饱和时，二次电流波形发生畸变，因此不能正常的传变一次系统电流波形。在第5章已经讨论了互感器饱和的起因和影响。二次电流的畸变取决于饱和程度。图5.14和图5.15给出了在不同的饱和情况下互感器输出电流的

波形。

在使用数字滤波器处理畸变的电流波形时，测量电流的幅值和角度将不同于真正的不失真的电流。产生的影响是幅值降低角度超前。最终的结果将是在线路差动系统中发生 CT 饱和时，将计算出一个虚拟的差动电流，会导致线路区外故障时误动作。此外，电流互感器饱和时由于测量得到的电流幅值比实际电流幅值要低，因此线路区内故障时保护灵敏度可能会受到影响。当线路一侧有多个断路器时，电流互感器的饱和现象尤其严重。这种应用常见于一侧是双母线一侧是二分之三接线或者环形总线中。见第 10 章第 10.7 节的图 10.5。在这种接线下方式，流过一端断路器的故障电流要远高于流过被保护线路的电流，如图 13.8 所示。

在如图所示的外部故障下，流经断路器 1 和 2 的电流可以远大于流过断路器 3 的电流。位于断路器 1 和 2 的电流互感器比位于断路器 3 的电流互感器更容易饱和。

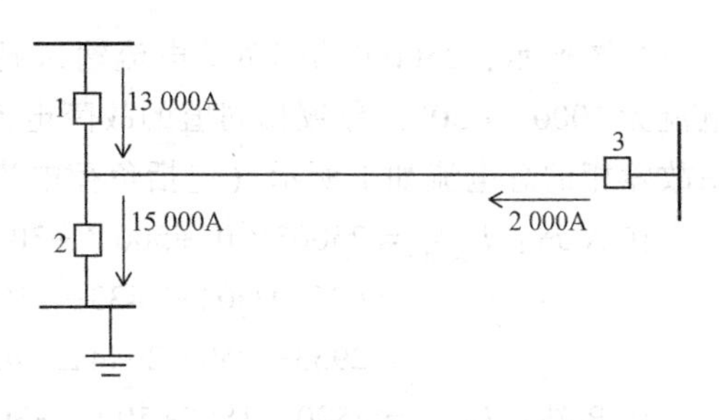

图 13.8 线路区外故障时二分之三断路器侧可能的电流方向

13.17.2.3 线路充电电流

高压线路可以很长，同时产生相当大的充电电流。由大量电缆组成的线路也会产生大量充电电流。线路差动继电器将线路充电电流作为差动电流进行测量，如果不进行补偿则可能引起差动继电器不正确动作。当线路从一侧进行充电时，线路充电电流是影响线路差动保护最重要的问题。在这个时候，总充电电流流过线路一端，没有可以提供额外制动电流的线电流。此外，当线路第一次充电时，充电电流中将会存在暂态分量。这种涌流电流通常远高于充电电流的稳态值。为了避免线路差动保护不正确的动作，其定值需要抬高，除非设计包括其他减少充电电流影响的手段。

13.17.2.4 灵敏度

对于任何线路继电器，高阻接地故障都是限制检测故障灵敏度的一个重要因素，电力系统的故障有多种类型，包括高阻接地等。例如，在重压下线路导体可能会下垂并接触树枝，绝缘子可能会对带有高阻的铁塔闪络，导线可能会断线并落到高阻表面上，这些高阻故障的类型都是相对地故障。由于过渡电阻较高，这种故障产生的故障电流一般都偏低。因此，这些故障通常不会影响系统的稳定性或引起电力设备过热。但是，如果这些类型的故障没有被及时发现和清除，它们可以对公共安全造成严重威胁，并可能会在故障点对公共设施或电力系统设施的造成相当大的损害。因此，线路保护方案的功能，包括线路差动保护，检测和清除故障是非常重要的。

由于线路负荷电流的影响，线路差动元件对高阻接地故障的检测能力受到限制，负载电流会产生制动，这就会导致在故障电流较低的情况下，差动电流低于制动电流。例如，图13.9中考虑故障和负荷电流的高压输电线路。

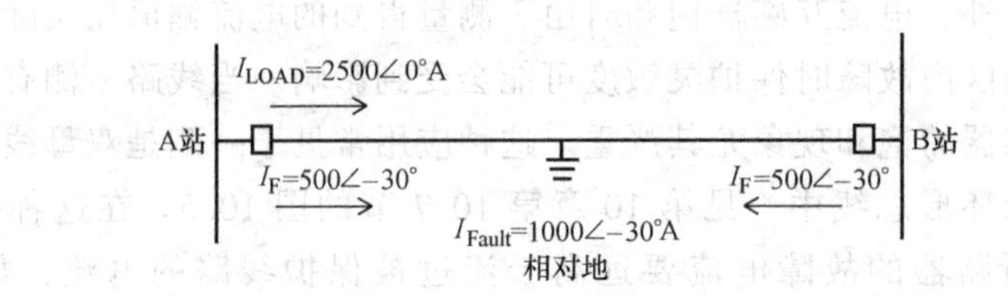

图13.9　相对地故障时线路中电流情况

如图所示，2500A功率负荷电流输送通过电路，线路中间点发生故障，故障电流为1000∠−30°，导致相同值的故障电流500∠−30°流入各变电站。两侧变电站故障相的总电流如下所示（包括负荷电流和故障电流叠加）：

在A站：$I_{总(A)}=2500°\angle 0°+500\angle -30°$

$$=(2500+j0)+(433-j250)$$

$$=2933-j250=2944\angle -4.87°$$

在B站：$I_{总(B)}=2500\angle 180°+500\angle -30°$

$$=(-2500+j0)+(433-j250)$$

$$=-2067-j250=2082\angle -173°$$

差流为$=I_{总_A}+I_{总_B}$

$$=2944\angle -4.84°+2082\angle -173°$$

$$=(2933-j250)+(-2067-j250)$$

$$=866-j500=1000\angle -30°$$

如果制动电流取I_A和I_B的最大值：

$$I_{制动}=2944A$$

$$I_{动作}=1000A$$

$$\frac{I_{动作}}{I_{制动}}=\frac{1000}{2944}=0.34$$

那么为了检测故障，比率制动系数要低于34%。

如果制动电流取两者绝对值的和：

$$I_{制动}=2944+2082=5026A$$

$$I_{动作}=1000A$$

$$\frac{I_{动作}}{I_{制动}}=\frac{1000}{5026}=0.199$$

那么为了检测故障，比率制动系数要低于 19.9%

如前面所示，比率制动系数增大时，线路差动保护检测高阻故障的可靠性较低。但是，由于前面所述的原因，区外故障时会产生不平衡电流，为了保证保护的可靠性，需要增大比率制动系数，因此在设计线路差动保护时必须要考虑这一冲突。

13.17.3 线路差动保护设计的改进

微机线路差动继电器的设计，都是针对解决以前讨论过的各种难题。通过降低差动保护的灵敏度，可以抵消由对时误差、CT 饱和、线路充电电流和其他误差源引起的不正确的差流。而通过增加启动值或斜率设置或设计其他形式的制动可以减少系统的灵敏度，然而降低灵敏度会降低检测高阻故障的能力。

13.17.3.1 提高灵敏度

提高灵敏度的方法包括（在测得的相电流的基础上）在差动计算中增加零序和负序电流。在平衡负载条件下，零、负序电流是不存的。因此，在故障电流较小时，由零序和负序电流构成的差动元件不受负荷潮流制动特性的影响。在正常潮流条件下，零序和负序差动元件也不受非同步数据所产生的影响。

由于线路差动保护中包含负序和零序差动元件，相电流差动元件只需要在三相故障时动作。由于相间故障很少受到高故障电阻的影响，因此相差动元件可以整定的相对不灵敏，来降低这些元件误动的可能性。零序和负序电可以整定的更加灵敏以检测较小的故障电流，它们本质上涉及接地故障及不平衡故障。

13.17.3.2 保持数据同步

数据对时的问题是通信信道用于传输数据时相关性比较高的特性。随着数字通信通道应用于继电保护设备中，保护工程师提升在这一领域的知识和技能是很有必要的。

数据对时在点对点的光纤连接上最具有推广价值，这样的系统在两个方向上具有相同的延迟时间。但是，长距离应用时点对点的连接往往是不可用的，需要复用光纤系统，通常利用 SONET/SDH 基础设施。这样的多路复用系统往往具有不同于继电保护要求的特征。复用系统具有各种故障模式，因此相关的继电保护系统也会遇到类似的问题。现代继电保护系统设计时考虑到这些危害，并结合功能抑制相关的负作用。继电器的动作特性应能通过合理的配置使得在一定程度上不受失步的影响。在系统正常运行时，当发生数据失步时，相元件更容易发生误动作，通常相位差动元件会设置不灵敏段，以提供一个安全度以防止在这样的条件下的误动作。

13.17.3.3 降低电流互感器饱和的影响

为了保证保护的安全性，必须考虑CT饱和对线路保护性能影响的可能性。CT饱和对零序和负序元件的影响更大，从前面的分析可知，它们通常比相元件整定更为灵敏。一种用于减小电流互感器饱和影响的方法是在差动继电器中采用一种外部故障检测的算法。外部故障检测的目的是先于CT完全饱和并导致保护误动作前检测出外部故障。由于建立磁通并达到饱和需要时间，因此正常情况下CT不会立即饱和。一些线路差动保护的设计利用高速检测器，检测到有制动电流却没有差动电流的时间。这样的动作特性表明，故障发生在保护线路外部；对于内部故障，制动电流和动作电流一起出现。外部故障检测器的动作用于抑制保护动作或者降低差动保护的灵敏性，因此，如果发生外部故障导致CT饱和时，该方案可以防止保护误动作。

一些线路电流差动保护设计采用了一种动作特性，使其不易受电流互感器饱和导致的不正确动作，这些安全性的增加通常是靠牺牲灵敏性得到的。

13.17.3.4 考虑线路充电电流

正如前面所讨论的，线路充电电流被看作是线路差动保护中的差动电流。在正常平衡运行的条件下，充电电流也进行了有效地平衡，并且在正常情况下充电电流只会影响相差元件。然而，在不平衡的条件下，如一相断开，充电电流也会对序差动元件产生影响。为了防止由于线路充电电流导致的差动元件误动作，差动元件需要按照上述最大出现的充电电流幅值来整定。但是这样进行整定，将降低保护的灵敏性。

线路差动保护采用新开发的算法，计算预期的总的充电电流，以及在线路各侧的电流中所占的比例。并开发出新的系统来估算线路充电时的暂态充电电流，这些算法通常需要线路参数的信息。为提高估算的准确度，也可能需要线路一侧的电压值。从各侧测得的电流值减去估算出的充电电流值，来确定将使用于继电器差分计算的实际电流。在正常运行、外部故障和内部故障情况下，进行线路充电电流补偿。

13.17.3.5 电流比例差动的概念

在电流比例差动保护中，线路差动继电器持续计算近端和远端电流相量比值。这个比值可以画在复平面上，便于理解相关差动保护的特征，电流比复平面也被称为α平面。

α平面的例子如图13.10所示，图中两侧传输线各流过2500A的电流。

假设A站为本站，α平面中电流比例（K）为

$$K=\frac{2500\angle 180^\circ}{2500\angle 0^\circ}=1.0\angle 180^\circ$$

它可以在α平面上画出来，如图13.11所示。

α 平面上 $1\angle180°$ 外的点表示系统正常运行，如果不考虑流过线路电流的大小，这个点将保持不变。同样，如果忽略任何测量中的误差，外部故障也同样位于 $1\angle180°$ 点。如果因为失步、CT 饱和或者其他原因导致确实存在误差，那么理论上的 $1\angle180°$ 点会在幅值和相角上产生误差。然而，对于通常可能出现的错误，依然会出现在 α 平面的左侧。

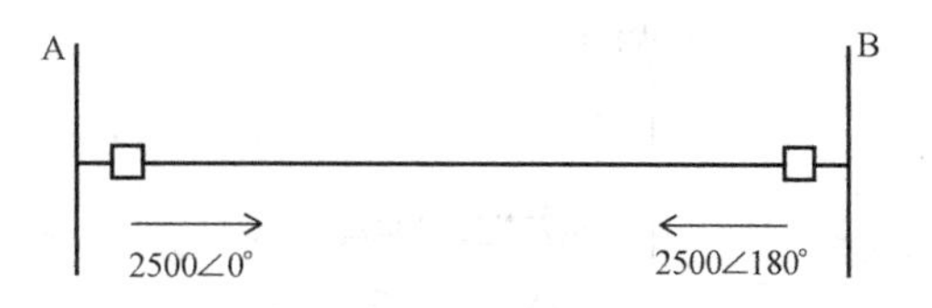

图 13.10　线路两侧流过 2500A 的负荷电流

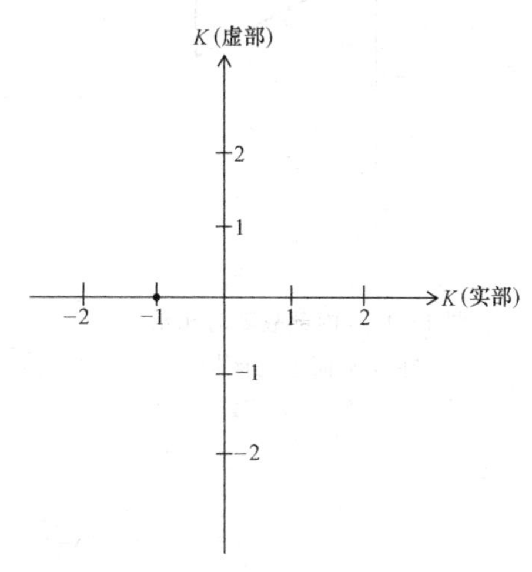

图 13.11　如图 13.10 所示的穿越性负荷在 α 平面的位置

线路内部故障时电流将位于 α 平面的右侧，假定内部故障时流过线路两侧的电流相同，例如，$5000\angle-70°$A 电流从两侧流入线路：

$$K=\frac{5000\angle-70°}{5000\angle-70°}=1.0\angle0°$$

对于所有实际的情况，流入内部故障线路两侧电流的大小和角度是不相等的。然而，电流比率曲线仍将保持在 α 平面的右侧。例如，假设内部故障时本侧故障电流为 $10000\angle-78°$A，对侧为 $4000\angle-73°$A，这种情况下电流比率为

$$K=\frac{4000\angle-73°}{10000\angle-78°}=0.40\angle5°$$

需注意的是，故障时本侧和对侧电流之间夹角的差异决定了 α 平面的角度偏离零序线的程度。内部故障负荷电流影响线路一侧相电流的角度，但是不影响序电流的角度。因此，α 平面相电流角位移的零度线要比序电流角位移的零度线要大。图 13.12 所示为 α 平面上属于内部故障的相位差分元件的典型范围，图 13.13 所示为 α 平面上属于内部故障的序分量差分元件的典型范围。

有些线路差动继电器会集成反应 α 平面电流比率曲线位置的设计，这种继电器对 α 平面左侧的电流比率曲线进行闭锁，并且动作于 α 平面右侧的电流比率曲线，这样的继电器的典型动作特性如图 13.14 所示。

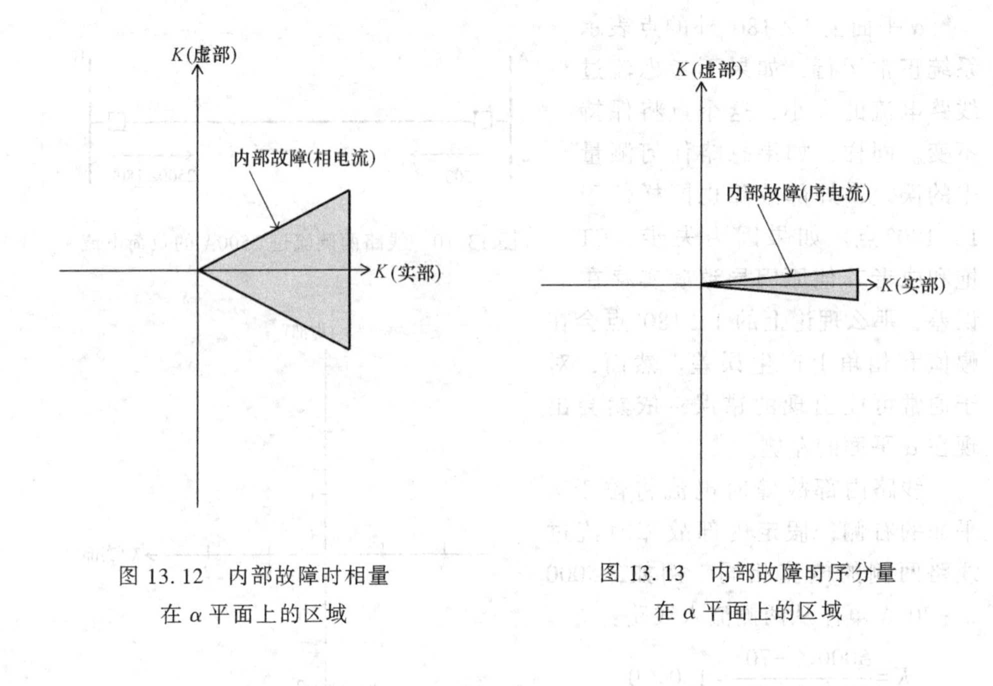

图 13.12 内部故障时相量在 α 平面上的区域

图 13.13 内部故障时序分量在 α 平面上的区域

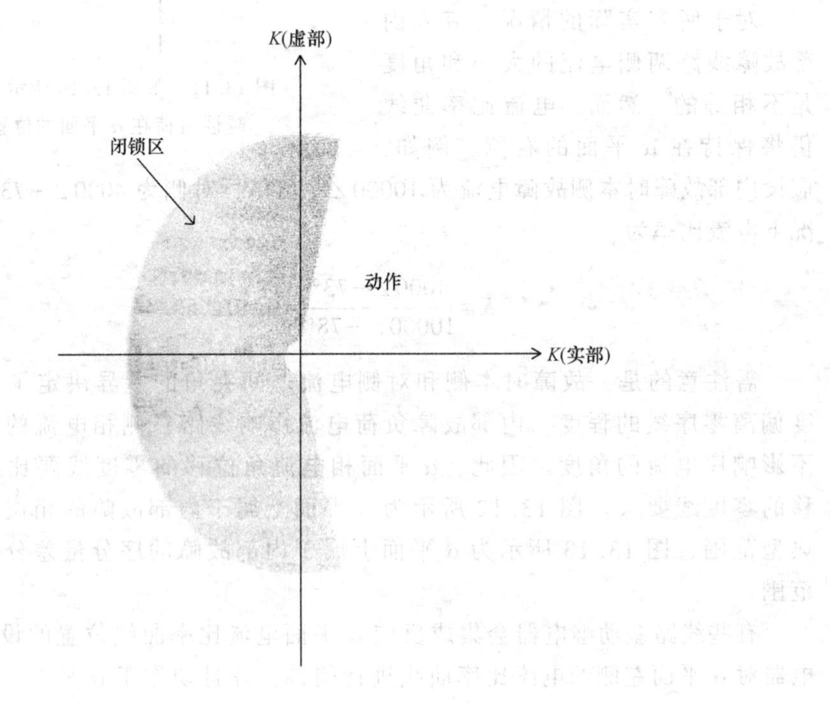

图 13.14 线路差动继电器在 α 平面上典型的动作特征

圆的半径定义为闭锁区域的边界，角度范围同样也在这个继电器中设定。典型的设计如下：

半径 $R=6$

角度范围为 195°

这些设置可以根据用户的需要进行改变。该动作区域包括原点附近的一些区域，因为内部故障时如果仅有一侧线路提供短路电流，电流的比例将等于零。圆的半径范围为该小动作区域，在某些设计中等于外半径的倒数。α 平面的一个优点是在失步时，它可以比比例差动保护提供更高程度的可靠性。然而，CT 饱和或严重失步的情况下，无论比率差动还是 α 平面都可能会误动作。在 CT 饱和时序分量更容易误动作，因此大多数设计都会包括一些算法，如外部故障检测，来保证安全性。

13.17.4　线路差动保护的应用

人们很早就认识到了差动保护的固有优势，并将其广泛用于变压器保护和母线保护。然而，由于通信系统的局限性，严重抑制了其在线路保护中的应用。近年来，数字技术的进步使得长距离的通信系统更加安全和经济。因此，线路差动保护的应用在近几年显著增加。

持续的研究和运行经验完善了线路差动保护的设计。基本的差动动作特性引进新的概念和动态算法，在识别出影响线路差动保护安全性的因素后，能够解决不利的影响。从应用的角度来看，一些通用的配置通常会为大多数应用程序提供优良的性能。由于差动保护具有固有的选择性，因此不需要对短路电流进行额外的分析。线路差动保护的性能在很大程度上取决于相关通信系统的性能，以及制造厂商提供的保护算法和逻辑，更重要的是用户的应用整定。但是，电力系统中的保护应用工程师需要获取和理解线路差动保护的动作和设计特征，才能为保护专门的应用做出判断。

13.18　纵联继电器：运行经验

如前所述，从技术角度看，纵联保护可进行高可靠性设计。然而多年来，获得令人满意的保护性能一直是保护工程师的一个重大挑战。在保护应用中，动作速度和安全性都是重要的目标。很遗憾，这些目标在本质上是相互矛盾的。提高了保护的速度就意味着增强了设备的保护，因此提高了系统的稳定裕度。但是，当采取措施提高运行速度时，同样会增加保护不正确动作的概率。

经验表明，相关的通信系统的性能会对纵联保护的整体性能起着重要的作用。多年来纵联保护误动作的分析表明，其通常是由通信系统失效引起的。在某些情况下，通信系统已经不能满足纵联保护应用的要求。保护工程师不是通信专家，通信人员往往不熟悉保护系统。然而，随着时间的推移，通信设备，相关的布线和连接的完整性将会恶化，逐渐导致通道性能的退化。通信通道的性能同时受环境和天气条件变化的影响，通道性能的减弱和变化在误动作之前往往难以察觉。

为了说明上述问题，下面提供了纵联继电器在实际应用中所遇到问题的若干示例。

在20世纪60年代，由于电力需求的不断增加，在全国各地出现了新的输电设施的扩张。美国东部的一个政策是使用租用电话线的音频通道，来应用在日渐增长线路上的纵联保护。音频通道方案通常提供一个选项，如果在相关的电话线上检测到噪声，那么相关继电器的跳闸信号就会被闭锁。这样的闭锁保护被称为静噪。在这个特别的应用中，保护并不使用静噪选项来防止可能会延缓保护的跳闸时间。很显然，偶尔的误动作要优于缓慢的清除故障所带来的风险。随着系统的扩大，音频纵联保护性能开始变差误动作也经常发生。阶段性的故障测试证实，问题是由故障时产生的严重的噪声串入电话线引起的。为了避免业务损失风险，电话公司提供了专用调谐线路，它不受噪声的干扰，并能满足相关继电器的需要。调谐电路的应用大大提高了保护性能，然而，随着时间推移，可能由于通信工业管制的放松，加之对小部分业务提供特殊服务的兴趣普遍下降，通道的性能又再次出现下降。

维护经验也同样对纵联保护的性能产生很大的影响，电力行业放松管制已经使许多电力公司变得非常有成本意识，维护保养费用成为降低成本的主要目标。通过多年来调查大型互联电网中继电器的不正确动作案例表明，当计划的维护减少或推迟时，纵联保护误动作的概率就会增加。保护的误动作率的提升并不会立即发生，但是随着时间的推移概率就会增加。所涉及的电力公司不愿意承认一个不利的政策决定，直到保护性能下降到一条线路故障时同时多条线路跳闸。很多误动作追溯到方向比较闭锁纵联保护通信系统不正确的闭锁，适当的维护和更换性能变坏的设备会大大提高纵联保护的性能。

数字继电器和通信系统的可用性为保护工程师提高纵联保护内在稳定性提供了机遇。数字系统的发展和应用经验表明，在这样的应用中确实需要对它的稳定性进行改进。然而，数字技术的应用对保护工程师提出了的新挑战。熟悉一种新的技术需要发展。数字继电器的说明书往往是很厚的，有时很难理解。该系统需要大量的编程，因此，它很复杂并且容易出错。继电保护的产品在不断变化或现有的模型在不断升级。在这样的环境下，不同的变电站使用相同的标准就变得很困难。此外，保护工程师也在不断地为他们的保护系统分析新产品和开发新的设计。对录波文件、所有的整定、逻辑程序编程、在运行设备的版本升级的需求，已成为避免可导致故障保护系统不正常运行的错误的必要条件。

13.19　本章小结

多年的现场运行经验表明，所有的纵联保护通过适当的设计，可以提供良好的可靠性。因此，如果没有应用的约束或限制，保护的选择主要取决于个人喜好以及经济性。从各种类型的纵联保护中，可以得到以下的趋势和结论。

闭锁式保护的可靠性要高于安全性，如果区外故障时对侧未能发出闭锁信号，将会导致保护误动作。

另一方面，远方跳闸保护的安全性要高于可靠性。如果未能接收到通道信号将导致内部故障时保护不能正确动作。如果对侧开关断开或者是弱馈系统，那么内部故障时对侧故障特征不明显而不能发出跳闸信号，本侧需要额外的逻辑。在闭锁式保护中不存在这个问题。

允许式保护同时具有较高的可靠性和安全性。

方向比较式闭锁保护最适合多段线路或者分支线路。对于弱馈侧由于内部故障时其故障特征不明显，不会阻止其他各侧跳闸。然而，弱馈侧跳闸可能需要一个单独的传输系统和通道。对于其他各侧继电器对于这侧不具有选择性的无源分支，当外部故障发生时，仅仅使用闭锁保护的分支可以闭锁保护。

历史上，方向比较保护与纵联主保护、距离Ⅰ段以及后备保护使用相同的距离继电器。相位比较保护在主保护与后备保护中是完全独立的，也不依赖于系统的测量电压。

在超高压和特高压线路保护中，通常会使用两个完全不同类型的纵联保护，一个是方向比较保护和一个是相位比较保护，这种情况是具有吸引力的。然而，对一些人来说，这可能是一种负担，因为需要熟悉并掌握两种不同的保护。

仅仅依赖于电流的保护，如相位比较、电荷比较以及电流差动保护等适用于复杂传输线，因为它们对内部转换性故障和跨线故障的性能较好。同时，这样的保护不受自然耦合、开关通断和串联阻抗不平衡的影响。这些保护可以为电缆、串联补偿线路、短线路以及多端线路提供保护。随着光纤电缆越来越多的应用于数字通信系统中，线路差动保护也得到了广泛的应用。线路差动保护正在被应用于各种电压等级的线路上。线路差动保护额外的优点是保护配置相对简单，经验表明如果应用恰当的话，线路差动具有高度的可靠性。

导引线保护广泛应用于短线路上，例如存在于公共配网以及工业电厂中。多年的运行经验表明，几乎所有的问题都与导引线相关，比如导引线设计、保护或维护不当等。这些问题解决后，导引线保护的性能将非常高。光纤导引线的优点是没有电气相关的问题。

各种类型的纵联通道都在使用，这一选择主要基于其可用性和经济性。电力线载波已经使用了好多年，它的优势是保护通道处于保护班组的管理下，或属于电力公司。然而，因为有好多频谱在里面，它可用的频率是一个问题。在不发生干扰的系统中，可以重复频率。由于这些射频频率没有许可证，因此它们有可能被外部的用户使用。

有条件时可采用微波通道。微波通道通常由通道所有者所拥有。

当电话线在继电保护方案中应用时，租用的或私人线路通道上的音频有良好的运行记录。重要的是，租赁公司必须了解保护通道的关键性和要求。

数字通信系统在许多新设备上都获得了巨大的成功，这种系统如果设计和应用得当，可以提供非常高的可靠性。随着可得性和经济性的提高，数字通道成为了许多设备的主要选择。

有趣的是，各种系统均在使用。如使用双套纵联保护，没有一个特定的组合占主导地位，这再次表明了，保护在很大程度上是个性化的。

参考文献

更多额外信息可参见第1章末尾参考文献

Altuve, H.J., Benmouyal, G., Fischer, N., and Kasztenny, B., Tutorial on operating characteristics of microprocessor-based multiterminal line current differential relays. Schweitzer Engineering Laboratories, Inc., Pullman, WA, 2011.

ANSI/IEEE Standard C37.93, *Guide for Protective Relay Applications of Audio Tones Over Telephone Channels*, IEEE Service Center, New York.

Bayless, R.S., Single phase switching scheme protects 500 kV line, *Trans. Distribut.*, 35 (1), 1983, 24–29, 47.

Bratton, R.E., Transfer trip relaying over a digitally multiplexed fiber optic link, *IEEE Trans. Power Appar. Syst.*, PAS 103, 1984, 403–406.

Burger, J., Fischer, N., Kasztenny, B., and Miller, H., Modern line current differential protection solutions, presented at the *2010 Texas A&M Conference for Protective Relay Engineers*, College Station, TX.

Carroll, D., Dorfner, J., Fodero, K., Huntley, C., and Lee, T., Resolving digital line current differential relay security and dependability problems: A case history, presented before the *29th annual Western Protective Relay Conference*, Spokane, WA, October 22–24, 2002.

Chamia, M. and Liberman, S., Ultra high speed relay for EHV/UHV transmission lines—Development, design and application, *IEEE Trans.*, PAS-97, 1978, 2104–2116.

Crossley, P.A. and McLaren, P.G., Distance protection based on traveling waves, *IEEE Trans.*, PAS-102, 1983, 2971–2982.

Edwards, L., Chadwick, J.W., Riesch, H.A., and Smith, L.E., Single pole switching on TVA's Paradise-Davidson 500 kV line—Design concepts and staged fault test results, *IEEE Trans. Power Appar. Syst.*, PAS 90, 1971, 2436–2450.

IEEE Standard 281, *Service Conditions for Power System Communications Apparatus*, IEEE Service Center, Piscataway, NJ.

IEEE Standard 367, *Guide for the Maximum Electric Power Station Ground Potential Rise and Induced Voltage from a Power Fault*, IEEE Service Center, Piscataway, NJ.

IEEE Standard 487, *Guide for the Protection of Wire Line Communication Facilities Serving Electric Power Stations*, IEEE Service Center, Piscataway, NJ.

Shehab-Eldin, E.H. and McLaren, P.G., Travelling wave distance protection, problem areas and solutions, *IEEE Trans. Power Deliv.*, 3, July 1988, 894–902.

Sun, S.C. and Ray, R.E., A current differential relay system using fiber optics communication, *IEEE Trans. Power Appar. Syst.*, PAS 102, 1983, 410–419.

Van Zee, W.H. and Felton, R.J., 500-kV System Relaying, Design and Operating Experience, CIGRE, 1978, Paper 34-7.

附录 13.1 导引线纵联回路保护

光纤通道能够消除电磁感应、变电站地电位上升以及绝缘方面的电气危害，这些问题在使用金属导引线时比较突出。然而，现在和未来可能仍将使用此类通道。因此，应对金属导引线保护进行回顾。

电涌放电器可视具体情况用于设备的电涌保护。通常，通过监控设备和良好的维护检查程序即可发现绝缘问题。通过合理的设计避免互感和变电站地电位上升。如有可能，最佳的导引线通道应具备充分的绝缘和屏蔽性能，可抵抗感应电压或变电站地电位上升。将导引电缆或通信导线的金属屏蔽层接地可以降低50%的感应电压。

故障电流（主要是零序电流 $3I_0$）流经与导引线平行的输电线路时，会产生互感。实例如图 A13.1-1a 所示。导引线中，线对地之间感应出与 $I_F Z_M$ 相等的电压（$3I_0 Z_{0M}$）。如果导引线未接地，该电压将存在于两根导引线之间，如图 A13.1-1b 所示。上述结论得出的条件为假设沿线均匀裸露，故障电流 I_F 为母线 H 或母线 G 处或者附近的故障。如果间隙放电或者某一端（例如母线 H）的绝缘故障，所有感应电压将会出现在另一端，如图 A13.1-1c 所示。

如果两端的保护间隙击穿，感应电压将导致电流在并行的两条导引线和大地中流过，这将把电压降至较低水平。可使用放电间隙、碳棒和气体放电管来保护导引线。使用 3mil[㊀] 间隙和气体管时，一般击穿电压为 400~500V，使用 6mil 间隙和气体管时，一般击穿电压为 850V 左右。

在继电保护应用中，强制要求使用带有间隙或者放电管的互感导流电抗器。典型连接如图 A13.1-1d 所示。电抗器迫使两个间隙同时击穿。否则，若一个间隙击穿，另一个间隙未击穿，则可能导致两根导引线之间产生瞬时电压，引起快速继电器的误动。因此，有必要采用对绞型导引线，以保证导引线之间产生电压差很小。

变电站地电位上升情况如图 A13.1-2 所示。接地故障回流路径大致情况如图 A13.1-2a 所示。如果故障出现在接地网区域内，大多数或者所有回流电流将流经接地网至变压器组中性点。如果故障出现在接地网区域外，大量或者所有回流电流将流经接地网和远端地之间的电阻 R_G。R_G 是变电站接地网和不匀均大地之间多条并行连接线路的电阻之和。变电站接地网的设计和接地是一个复杂的课题，包含诸多变量和假设。目的是尽量使整个接地网和远端地的电阻最低。实际测量 R_G 值是很难实现的。

㊀ $1\text{mil} = 25.4\times10^{-6}\text{m}$，后同。

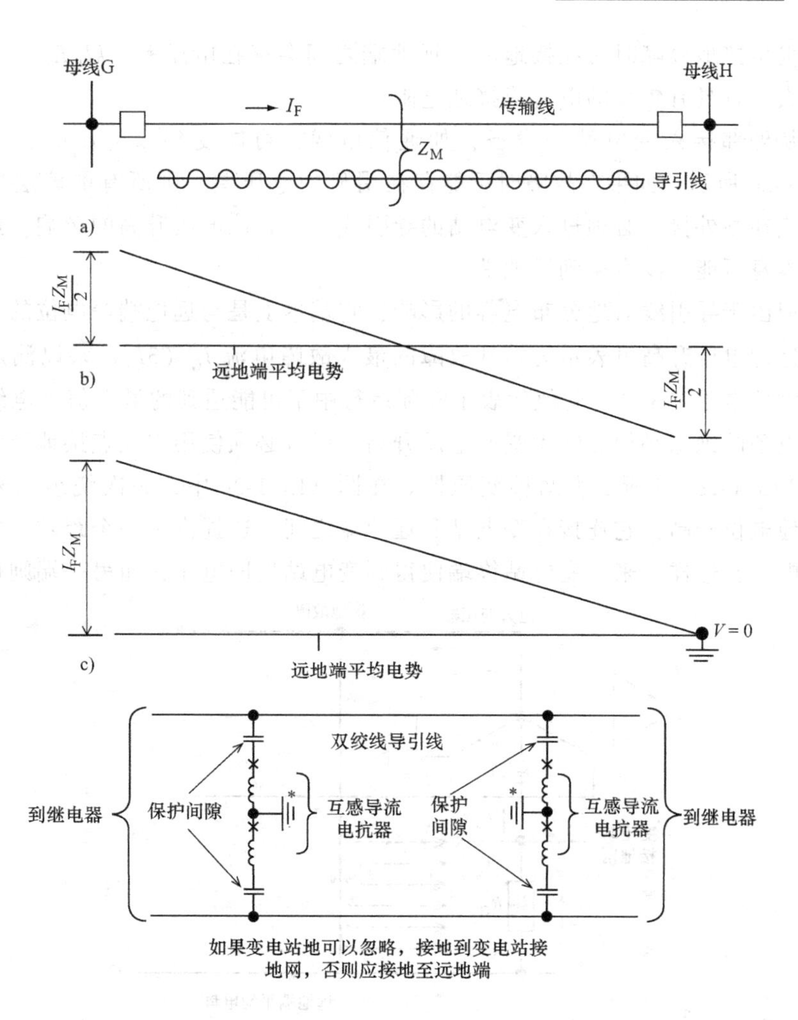

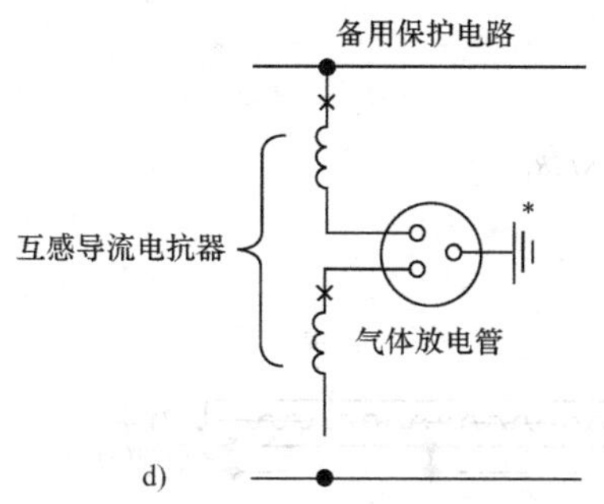

图 A13.1-1　并联导引线的典型感应电压

a）与传输线并联的导引线对　b）两端不接地的导引线的均匀感应电压分布　c）母线 H 端接地的导引线的均匀感应电压分布　d）保护间隙击穿后，通过导引线和大地换流减小的互感电压

发生接地故障时，在接地网和远地端之间会存在电压差：kI_GR_G。其值可能相当大，且具有较大的电流或接地电阻。

从外部接入变电站的设备，如通信电缆，可能受到该电压的影响，如图A13.1-2b所示。如果在故障时可能存在明显的电压差，则所有屏蔽层接地的电路均应在站外接。必须进入变电站的导引线将受到该电压升高的影响。虽然该导引线本身可能并没有接到远地端。

但由于导引线对地分布电容的影响，它基本上是与远地端等电位的。一般来说，这种电压升高可表示为站外故障的最大故障电流 I_G（$3I_0$）乘以测定的或计算的大地电阻（R_G）。此值代表了实际运行中不可能达到的最大值。电缆和相关终端设备的绝缘必须能够承受此电压升高，或者必须使用中性点接地装置。

A13.1-2c、d所示为两种变压器。在图A13.1-2c中，一次绕组用来感应变电站地电位升高，它连接在变电站和远地端之间。这提供了一个跨越二次绕组的接地电压，这样一来，变电站终端便得到变电站地网电压，而另一端则得到远端

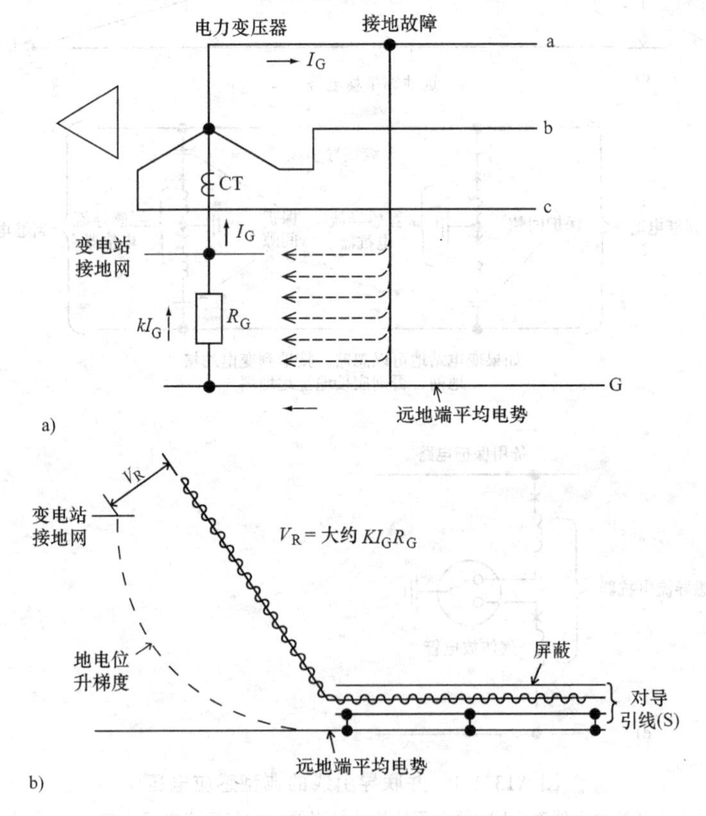

图 A13.1-2 对地故障时的变电站接地网电压升高

a）相对地故障和电流返回路径　b）接入变电站的导引线受到对地电压升高的影响

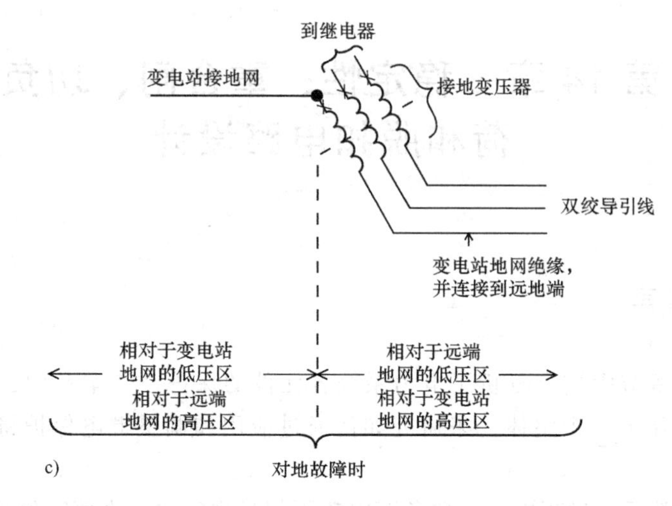

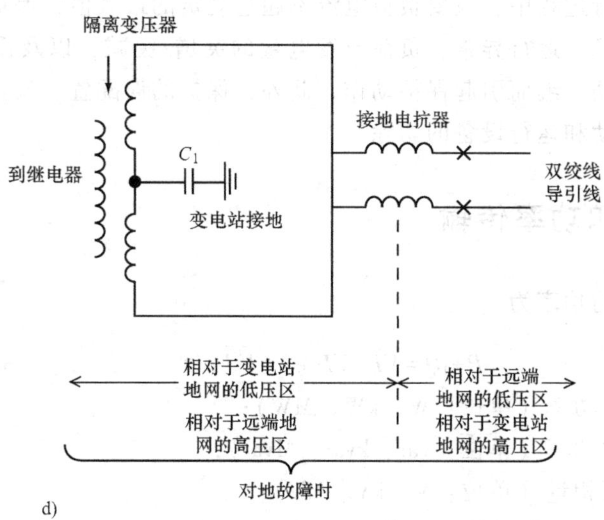

图 A13. 1-2　对地故障时的变电站接地网电压升高（续）

c）三绕组变压器应用　d）双绕组变压器应用

地电压。对于多级导引线，可采用具有多个二次绕组的变压器。

适用于单对导引线的双绕组如图 A13. 1-2d 所示。沿导引线或在远端具有等效电容的电容器 C_1 可产生励磁电流，因此，跨绕组的励磁电压相当于变电站地电位增量。

必须注意，这些设备通常安装在变电站内，一端在远地端，因此应进行绝缘处理，并与人员相隔离。在没有接地装置的高压电缆引入也应如此处理。导引线通常仅限于短距离，大约在 15~20mile 及以下。

第 14 章 稳定性、重合闸、切负荷和脱扣电路设计

14.1 引言

前面的章节中重点分析了电力系统各元件的保护。在本章中，我们将电力系统的运行作为一个整体，来研究如何通过应用和调整继电保护将系统扰动降到最低。

系统正常运行过程中，只要负荷电流不超过规定的最大值，保护系统就不会动作。而系统故障、运行异常、负荷或发电量的突增/突减，以及设备切除都会造成电力系统扰动，继而引起保护动作。此外，保护的误配置、误整定或误操作也会导致系统扰动和运行设备的切除。

14.2 电力和功率传输

电力系统中的功率为

$$P+\mathrm{j}Q=\dot{V}\hat{I}=\dot{V}\hat{I}-\mathrm{e}^{\mathrm{j}\theta}=\overline{V}\,\overline{I}\angle\theta° \tag{14.1}$$

式中 P——有功功率（单位：W、kW、MW）；

Q——无功功率（单位：var、kvar、Mvar）；

V——电压相量（单位：V、kV、MV）；

I——电流相量的共轭（单位：A、kA、MA）；

V 和 I——相量的模值，电流滞后与电压的夹角为 θ。

因此，Q 为正，表示电流滞后电压，通常称为感性无功；Q 为负，表示电流超前电压，为容性无功。电力系统中传输的功率可分为送端的功率（$P_S+\mathrm{j}Q_S$）和受端的功率（$P_R+\mathrm{j}Q_R$）。

为了简化公式，忽略输电系统中的电阻和功率损失，则有：

$$P_S=P_R=P=\frac{V_S V_R}{X}\sin\varphi \tag{14.2}$$

式中 V_S 和 V_R——送端和受端的电压；

ψ——V_S 超前 V_R 的角度；

X——V_S和 V_R之间的总电抗。

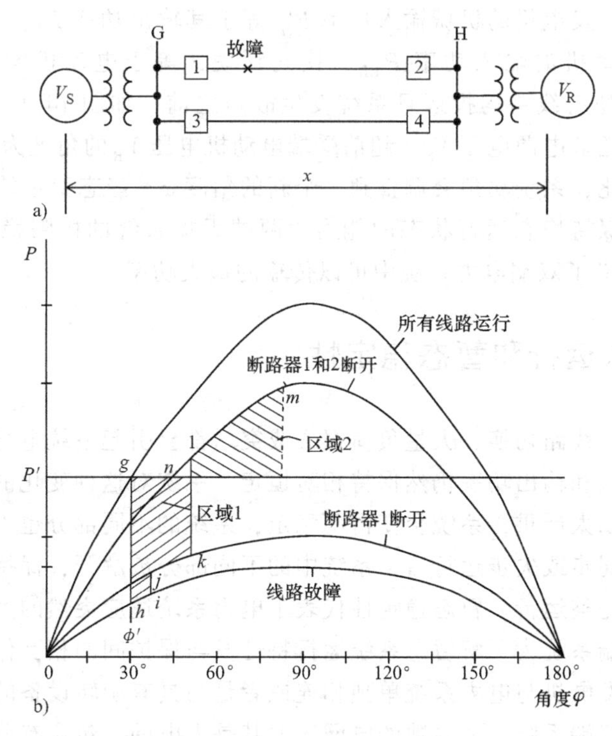

图 14.1　简化的两端电力系统的典型功角曲线

a）系统图　b）不同系统工况下的功角曲线

式（14.2）可以绘制成图 14.1b。空载时，$V_S=V_R$，$\Phi=0°$，$P=0$。传输最大功率时，$\Phi=90°$，公式为

$$P_{max}=\frac{V_S V_R}{X} \tag{14.3}$$

因此，要想传输更大的功率有两个条件，分别是①提高 V_S和 V_R；②降低 X；或者是两者结合。首先可采用更高的输电电压（高压\超高压和特高压），其次通过更多的互联输电线路输电或是对输电线路串入电容进行补偿。两者可以通过不同的组合使用。

14.3　稳态运行和静态稳定性

电力系统的正常运行涉及到发电机和负载之间的功率交换的。在图 14.1 的典型简化系统中，V_S和 V_R可代表系统中提供输送功率的发电机产生的电压，例如母线 G 和 H；或者 V_S可代表发电机的电压，V_R代表电动机负载电压。尽管两

种模型相似，但后者更容易理解。假设系统运行在功率为 P' 的平衡点。在忽略损耗的情况下，发电机的机械输入功率 P'_{MS} 等于其输出功率 P'_{ES}。在系统中传输的功率等于电动机的输入功率 P'_{ER}，换句话说，等于电动机的机械输出功率 P'_{MR}。因此，在所有线路均投运且系统发生故障之前，如图 14.1b 中所示的电气传输条件表明送端电源电压 V_S，超前受端电动机电压 V_R 的角度为 φ'。当 P' 随着负载变化而变化，系统功角会调整到一个新的角度 φ。静态稳定能力是系统能够适应小的扰动保持稳态运行状态的能力。两端无损系统的极限稳定角度为 90°。式（14.3）定义了双端电力系统中可以传输的最大功率。

14.4 暂态运行和暂态稳定性

系统故障、线路切换、大量负荷损失或突增都会引起系统电气特性的突然变化，而机械输入和输出功率仍然保持相对恒定，系统对这种变化的适应能力尤其重要。如果扰动太严重，系统会变得不稳定，系统的不同部分也不再保持同步运行。系统失去同步或失步运行后，系统中的不同部分被解开，保持各自稳定然后再同步并继续完整运行。暂态稳定性代表了电力系统适应突然的大扰动的能力。

简化的双端系统为了解暂态系统运行特性及与保护间的相互作用提供了良好的基础。单台发电机与电力系统单独相连或者是与具有旋转设备的工厂相连，都可以构成一个双端系统。大多数的电网，尤其是大电网，包含有分布在不同地方的多个不同的发电机，它们通过线路网络和中继站相连。虽然它们的暂态特性更为复杂，保护效果仍然类似于双端系统。现代计算机程序可为特定的系统和运行环境提供必要的数据。

最常见的突然扰动由短路故障产生。当故障发生时，V_S 和 V_R 之间的传输阻抗 X（见图 14.1）突然增加并立即改变系统的功率传输能力。线 1-2 发生故障时，功角曲线瞬间从正常运行曲线变为线路故障曲线。故障前系统运行于功率 P' 和功角 φ'，而故障产生的变化使系统的功率传输能力由 g 点降到了 h 点（见图 14.1b）。输入和输出的机械功率在暂态过程中保持不变，所以发电机加速、电动机减速，功角 φ 增大。区域 1 的保护感受到故障并动作跳开断路器 1，此时传输能力变为断路器 1 跳开后的功率曲线。在这段时间内，断路器 1 跳开使得此时传输功角角度 φ 从 h 点移动到 i 点。发电机继续加速，当区域 2 的保护动作跳开断路器 2，功角角度 φ 从 j 点移动到 k 点。这再次改变了功率传输能力，接近断路器 1 和 2 跳开时的功率曲线。在区域 1 中，发电机输送的功率大于机械功率，所以发电机减速，并且电动机加速。虽然功率加速从 0 以 k_1 穿过 P'，因为旋转元件速度不能突变，功角 φ 继续增大，功率持续波动。阴影区 1 代表增加到旋转元件上的动能，区域 2 代表返回到电路中的动能。因此，功率将继续波动到

m 点，此时区域 2 等于区域 1。在 m 点，功率反向波动。功率开始在机械功率线 P' 上下波动，最终的运行状态停留在 n 点。振荡最终被系统电阻、电压调节器和调速器动作所平息。

上述内容代表一个稳定系统。如果在 P' 功率线以上的区域面积小于区域 1 的面积，系统将无法保持同步，这就是一个不稳定系统。因此，区域 1 的面积越小越好。第 13 章中讨论的纵联保护方案可以实现快速保护和断路器动作，能够保持区域 1 的面积足够下，且不超过区域 2 面积，以便系统能输送更多的功率（P'）。

扰动类型和扰动位置都是重要因素。图 14.1b 系统中，更严重的故障发生在母线 G 或是母线 H 上的金属性三相短路故障。在此情况下，系统无法传输功率。通常情况下，在一个紧密互联的电网中，V_S 和母线 G、母线 H 和 V_R 之间经多个复杂路径相联，因此，在类似的三相故障中，还是可以传输一部分功率。这类似于一个三相故障发生在线 1-2 上，功角曲线通常显示为线路故障。三相故障通常来说不太常见，稳定性研究中经常选取两相对地故障作为对象。根据美国联邦监管机构和区域输电公司标准中分析得到的可靠性需要，系统必须保持稳定。该标准还确定了最大的可信的边界条件，也就是通过测量电力系统对发生概率极低的高危事件的脆弱性及不稳定性，获得电力系统的鲁棒特性。

系统振荡过程中 φ 变化的时间涉及一个二阶微分方程的解，其中包括旋转元件的惯性常数或特征。一种常见的方法是分步解决方案，短时间内，加速功率和角加速度被假定为常数。该方案提供了一个时间角度曲线或数据，如果系统是稳定的，初始扰动会导致角度增加，但角度最终会减小下来。

系统振荡期间的电压和电流，尤其是失步运行期间的电压和电流，如图 14.2 所示。如果我们把系统简化为双端系统，V_S 被认为是固定值，V_R 相对滞后于 V_S。正常带负荷运行时，V_R 滞后于 V_S，滞后的程度由系统的功角曲线和负载大小决定。

在一个稳定系统中，由于突然的大扰动，V_R 可以摆开到将近 120°。如果系统是不稳定的，V_R 会继续滞后并达到 180°，磁极开始滑步 V_S 和 V_R 之间将失去同步，系统进入异步运行状态，引起电压和电流振荡。系统振荡中心是两个系统电源间阻抗的中点。在该中心，电压在最大值和 0 之间变化，如图中轨迹圆所示。在其他点，电压在最大值和 V_S 与 V_R 夹角 180°时的对角线上变化。在简单的电抗系统中，当 V_S 和 V_R 处于 180°异步运行时，电流从正常值到两倍正常值变化。在暂态运行过程中，我们往往采用发电机的暂态电抗，而不是正常负荷运行时的同步阻抗。两种电抗的数值存在较大差异，但是对旋转元件之间总阻抗的影响可能不太明显。一般情况下，从低压系统到高电压系统，大部分的阻抗都存在于系统中，所以总的阻抗 X 没有受到明显影响。然而，在具有大型发电机组的超高压

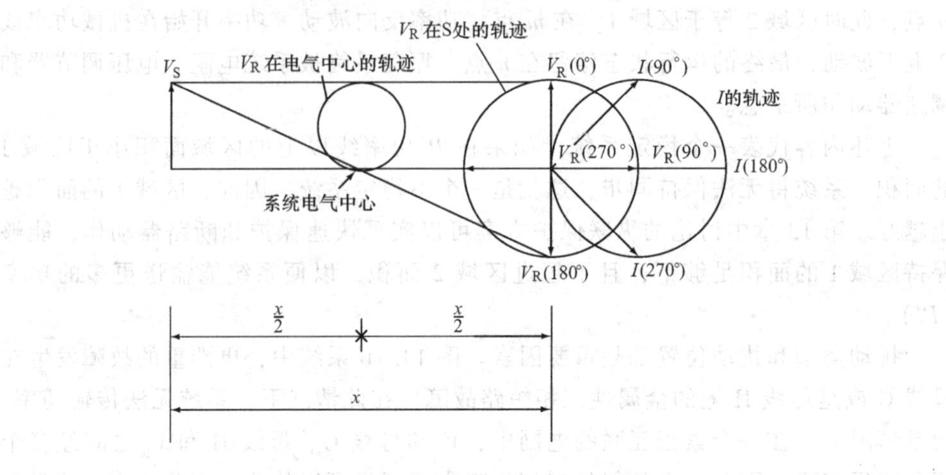

图14.2 当V_R相对V_S转动时的典型双端系统的电压和电流

和特高压系统中，该影响是非常明显的。事实上，在这些系统中，振荡中心通常是在发变组或是发电机内部。

在发生系统扰动后，两边系统摆开的速度和电压-电流振荡是非常多变的。首先，摆开角的变化速度相对较快，当接近最大角度时，该速度开始变慢。如果系统是稳定的，则摆动停止，然后两边系统摆开的角度慢慢变小，直至达到平衡状态。

如果系统不能保持稳定，则磁极滑步，摆开角突然变大时，该角度会缓慢接近180°。当磁极滑步后两侧系统摆开的速度会增加，直到系统解列，这个变化过程是重复的。

14.5 系统振荡和保护

一般来说，相过电流保护不应在系统振荡和失步时动作。因为这种类型的保护通常适用于低压系统，而低压系统不容易达到稳定极限，保护的定值也远高于负荷电流。当失步电流不太大时，保护在低电流时的动作时间可能会比较长。如果失步的情况一直持续，定时限过电流保护可能在数次电流峰值后动作。瞬时过电流保护的定值通常整定为高于最大负荷，以及防止失步时误动。

在高压系统中，系统稳定极限往往更容易达到。系统振荡过程中，电压减小，电流增大，在保护常用的距离继电器中则表现为一个变化的阻抗。这种特性可以用简化的双端系统和R-X阻抗平面图说明。如图14.3b所示，通过断开线路1-2切除故障（见图14.1a）后，系统总阻抗绘制于R-X平面图上所示的V_S和V_R之间。原点均位于保护安装处，如母线G上的保护3。

如图所示，如果$|V_S|=|V_R|$，系统振荡轨迹沿一条平分V_S和V_R连线的垂线

分布。在该振荡轨迹上，V_S和V_R之间不同角度下产生的阻抗就是V_S与V_R连线与振荡轨迹之间对应的夹角。因此，当$|V_S|=|V_R|$时，在振荡轨迹中分别描出V_R滞后于V_S60°、90°、120°、180°、240°和270°角度的阻抗点。安装于母线G处保护3和安装于母线H处的保护4测量到的阻抗，分别是从点G和H到阻抗点的相量。如前所述，这种阻抗的变化相对比较缓慢和持续的。

如果V_S滞后于V_R，正常负荷则位于第二象限而不是第一象限，振荡将从左向右运动的。实际的振荡曲线更为复杂，呈现为圆弧曲线，也就是不同数值大小的函数，与V_S和V_R幅值差异、系统阻抗和电压变化、调速器和励磁调节器动作等均有关。两个幅值不同的电压源间发生振荡的典型振荡轨迹如图 14.3b 所示。实际上，在振荡过程中，从任何给定的保护中看到的振荡阻抗可能位于四象限中的任何一个象限，并且沿任意方向移动。对于由故障引起的扰动，故障切除后，系统中转移阻抗会发生改变（如图 14.1b 所示），保护装置中的测量阻抗随之明显变化。计算机为特定的系统和工况提供了更精确的信息，这些信息应该用于确定保护运行、整定和应用方式。

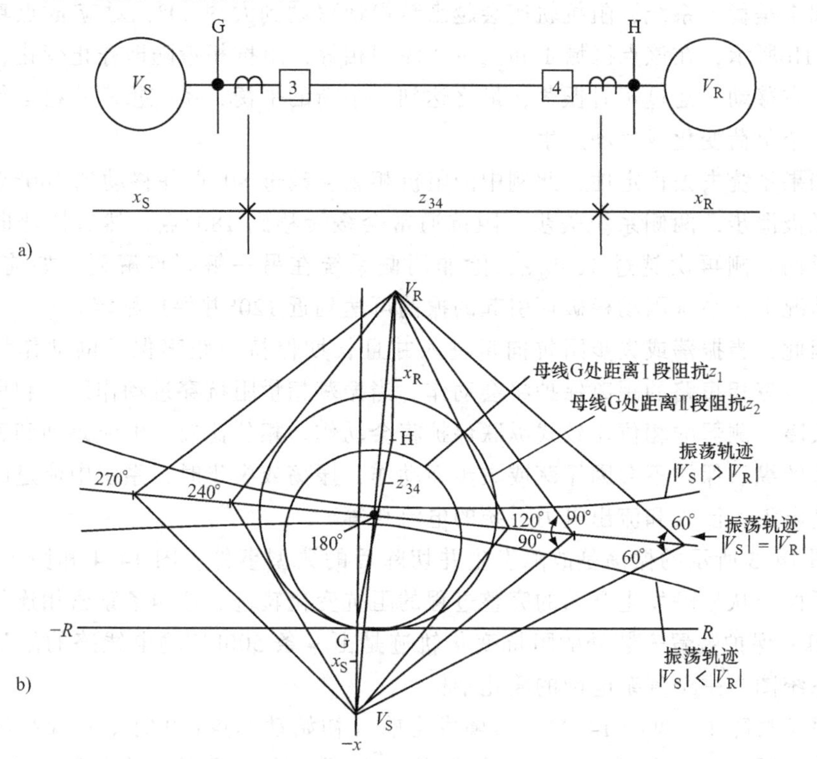

图 14.3　故障切除后简化双端系统的典型阻抗振荡轨迹

a）图 14.1a 中跳开线路 1-2 切除故障后的系统　b）安装于母线 G 处的距离保护 3 的典型定值以及故障线路 1-2 跳开后的系统振荡轨迹

不过，不同情况下的 R-X 阻抗平面图都是相似的。如果为一条特定线路的阻抗绘制 R-X 阻抗平面图（每条线路母线背后的阻抗都会随系统工况变化而不同），正常运行工况（负荷）下测量阻抗应该在保护动作区域外。一般情况下，对于位于原点的保护来说，流入线路的负荷的测量阻抗位于第一象限，流出线路的负荷的测量阻抗位于第二象限。

当发生系统扰动时，阻抗会立即发生变化。如果扰动来自于线路区内故障，距离保护的测量阻抗会进入动作区并跳开线路，如果认为扰动来自线路区外，测量阻抗会瞬间转移到四个象限中某个新的位置。在故障期间会有一个小幅振荡过程，随着线路两侧断路器跳开切除故障还会有另外两次阻抗的变化。如果两侧断路器不同时跳闸，故障期间会有小幅振荡。一侧断路器跳开后，测量阻抗会瞬间转移到一个新的位置，并且伴随另一个小幅振荡。随着另一个断路器跳开，测量阻抗又会瞬间转移到另一个位置。此时，故障切除后，如图 14.3b 所示，振荡仍然会继续。在图 14.1 的例子中，如图 14.3b 所示，假定在 $\varphi=50°$时开始发生系统振荡，相对应的 1 点功角如图 14.1b 所示。

如果是稳定系统，阻抗轨迹会越来越慢地移动到大约 80°，对应 m 点功角如图 14.1b 所示，在该点区域 1 和区域 2 面积相等，阻抗相量随即停止变化，并反过来向右移动。经过短时振荡，最终达到一个新的平衡，系统重新平稳运行，直到下一个负荷变化或扰动发生。

如果系统失去稳定性，此例中的阻抗相量会越过 80°点并移动到 180°点，在此处磁极滑步，两侧系统失步。阻抗通常会缓慢移到 180°点，然后快速向左移动有返回右侧再次越过 180°点，除非两侧系统在另一解列点解列。如前所述，一般情况下，系统因动稳破坏引起的振荡可达到近 120°并保持稳定。

因此，当振荡或失步阻抗向量进入并且长期保持在距离保护的动作特性区内，负责三相短路的距离保护将会动作。当振荡相量阻抗穿过动作区，利用相间距离故障检测器的相位比较式纵联保护将会动作。相位比较、电流差动和其他基于电流的纵联保护不会因振荡或失步而动作，振荡或失步时，系统中流过的电流为穿越电流，流入和流出电力系统的电流相等。

图 14.3 所示的振荡是故障发生并切除后的典型事件。图 14.4 和图 14.5 中提供了两个从故障发生开始的完整过程的阻抗变化轨迹。这两条紧密相连的系统中 115kV 保护装置安装处的阻抗变化轨迹是由一条 500kV 输电线路的故障引起的。系统图为一个复杂电网的简化结构。

对于故障 1（见图 14.4），故障发生前（初始动作点：0 时刻）保护测量到的阻抗在最左边。负载从 115kV 线路的 B 母线流向 A 母线。在故障发生时刻，测量阻抗瞬间变到了右边（故障发生在 0 时刻）。换句话说，零时刻是一个突变点。随着另一个突变也就是近端断路器跳开，振荡开始并持续 0.067s（4 个周波)。接下来振荡持续了 0.083s (5 个周波),直到远端断路器跳开。此时故障被切除,但是系统原有的稳定运行状态已被破坏,正如由左向右下的粗线所示,振荡还将持续。刚开始时,两侧功角迅速摆开,随着角度接近 180°,速度减慢磁极滑步。随后振荡继续加速,系统继续运行在失步状态,功角摆开的速率越来越快,直至系统解列。

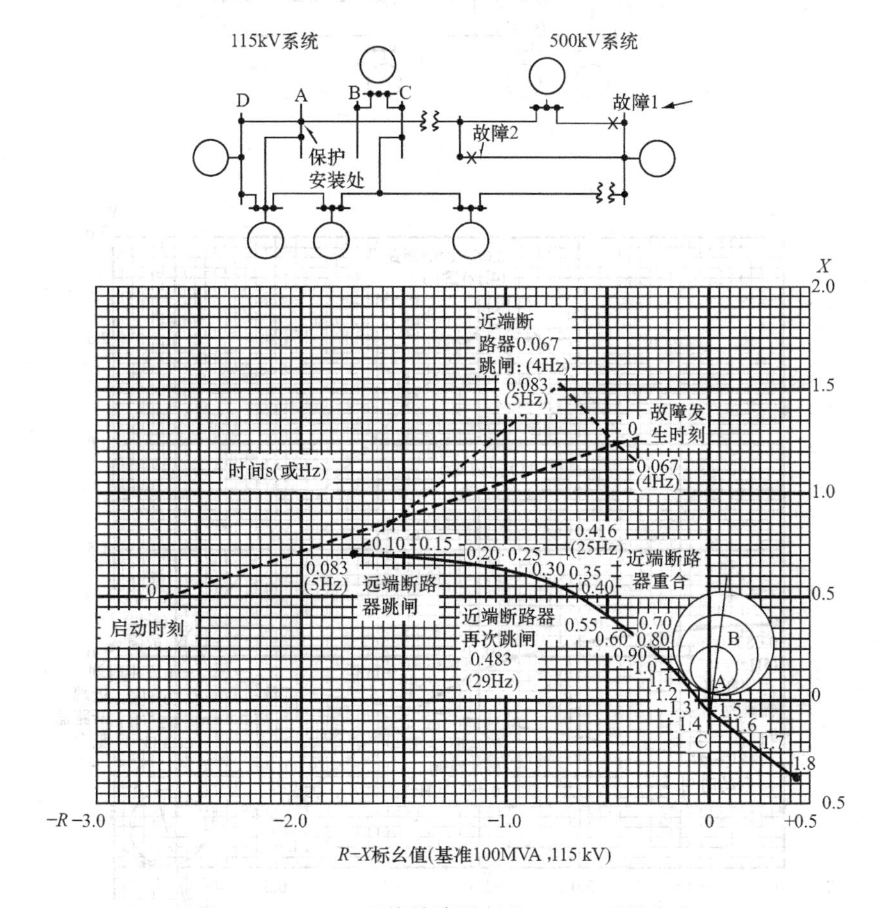

图 14.4 500kV 系统故障引起的 115kV 系统失稳

在 0.40s 时,为了恢复线路运行,近端断路器重合。这次重合闸没有成功,断路器再一次跳闸,振荡仍然持续。对于故障 2 (见图 14.5),发生了同样的事件。故障发生,近端断路器在 4 个周波内跳开,远端断路器在 5 个周波内跳开,系统继续振荡,速度减缓至停止 (如图 14.5b 所示),达到一个新的稳定运行点。因此,系统未失去同步,系统恢复并且继续运行。如下图所示,0.416s 时断路器重合 (25 个周波) 但再一次跳闸。

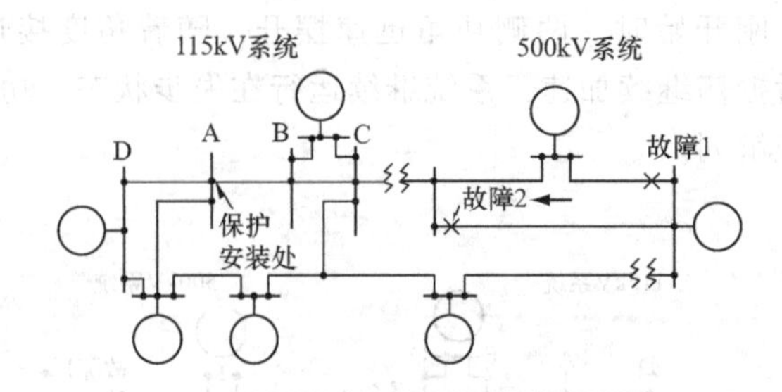

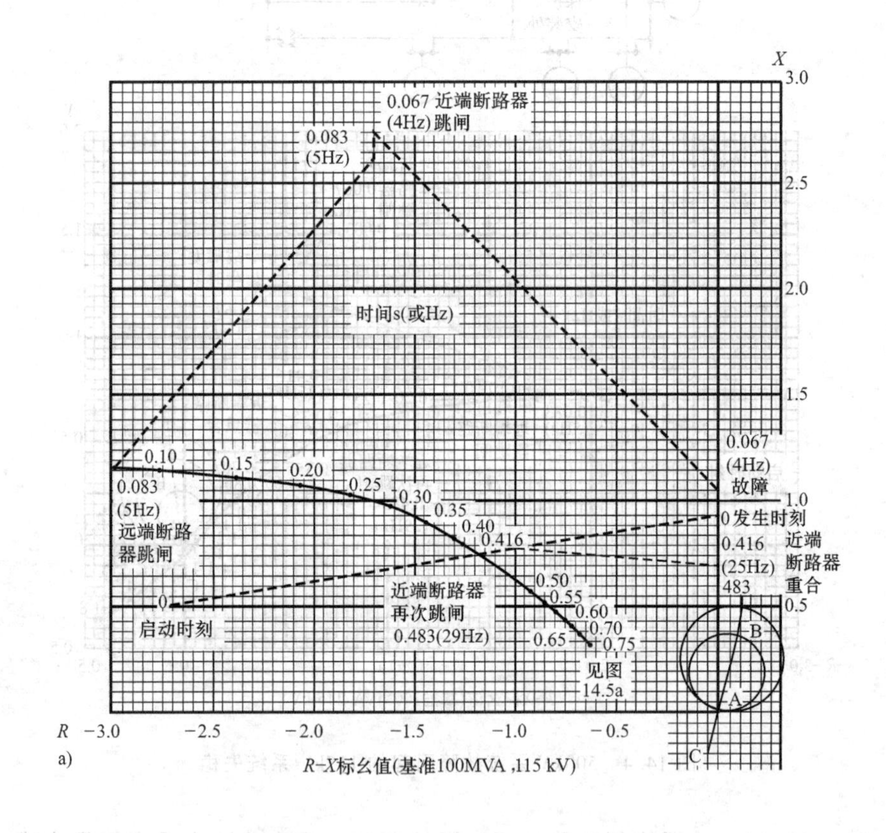

图 14.5 a）500kV 系统故障后 115kV 系统未失稳

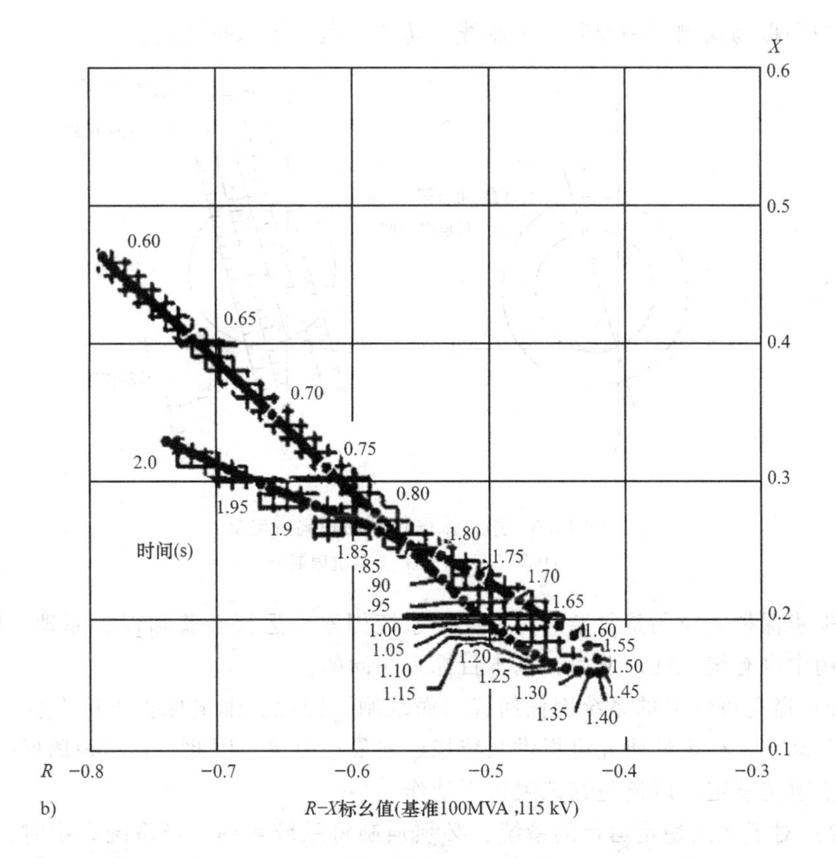

图 14.5 b) 从 500kV 故障中恢复的 115kV 系统的轨迹放大（续）

14.6 距离保护的失步检测

如前所述，保护检测失步的条件是距离保护测量到阻抗的变化率。检测可以通过两个距离元件来完成，一个整定为较长距离，另一个整定为短距离。通过这个组合，故障进入动作区后，两个元件均能同时动作。然而，发生在动作区内的振荡，将首先使外部或长距离元件动作，然后才会随着振荡进程使内部或短距离元件动作。逻辑设计为只有两个距离元件连续动作情况下跳闸出口。理想状况下，两个元件动作时间相差大约 60ms 或更长则意味着系统失步，典型的距离保护元件会多设置约 20%~30%。最常用的两种类型如图 14.6 所示。这些距离保护的阻抗特性在 6.5 节（见图 6.13）中有叙述。

同心圆特性阻抗的应用一般适用于至多 100mile 左右的较短线路，其中的外圆 21_{OS}可以按照躲最大负荷阻抗整定。在较长和重负荷的线路上，一般要求线路保护和振荡检测采用双阻抗限制线，防止重负荷下保护跳闸。

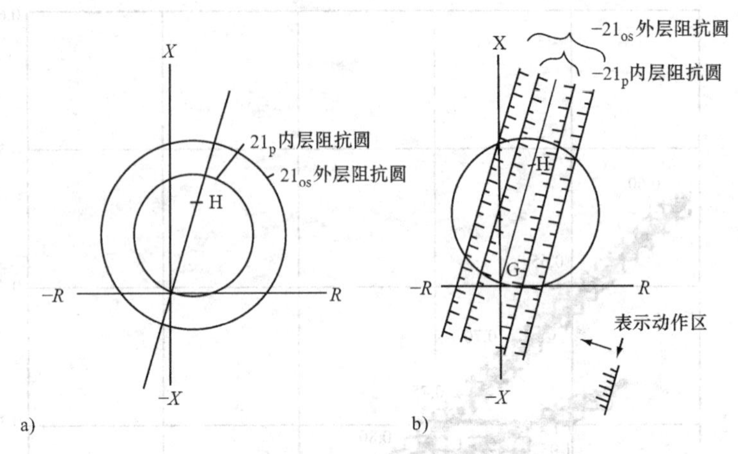

图 14.6 用于振荡识别的距离继电器

a）同心圆型 b）双阻抗限制型

失步保护的应用是复杂的，取决于系统因素、运行经验和保护原理。因此，在应用中没有统一性。然而，基本目标是相同的：

1）避免可恢复的系统因任何扰动而跳闸。因此，继电保护不应在任何稳定振荡时动作。稳定性研究可提供系统稳定的最小阻抗，因此，相间距离保护可以按最小阻抗整定，以避免在该阻抗下动作。

2）对于无法稳定运行的系统，必须强制将系统解列。当系统失步时，无法在不解列的情况下恢复稳定。这种解列最好应该在一个固定的解列点进行，在该节点：①发电-负荷平衡将允许部分设备暂时继续运行；②在合适的位置重新同步和并网。通常情况下，这些目标将存在不同程度的冲突，这取决于系统扰动发生时的运行工况，因此需要充分考虑和判断准确，而这并不容易实现。

在过去，通常的做法是在输电系统中采用振荡闭锁的方法。其目的是保持系统的完整性，避免因系统扰动而跳开的线路重新并网可能造成的长时间停电。实际运行中，可能并没有许多线路会受到系统干扰的影响并跳开。因此，倾向于保护动作后振荡闭锁自动重合闸，因为重合闸只会给已被扰动的系统带来更多冲击。

失步跳闸多年以来并没有被广泛使用，但正在受到更多的关注，特别是在与大型发电机组连接的超高压和特高压网络中。较高的发电机电抗和低惯性常数降低了严重故障切除的时间。因此，稳定极限以及快速解列更为关键和重要，否则系统将变得不稳定。

另一方面，当两侧系统功角拉开至180°时，跳开断路器可能导致断路器损坏。这是因为V_S与V_R之间功角为180°时，断路器触头间会有很高的恢复电压。ANSI 标准规定了单相断路器必须能够切断 25%额定开断电流和 3.53pu 的线对地额定电压的恢复电压。如图 14.6 所示，当测量阻抗进入动作区时，多种失步跳闸方案可以检测到失步条件，直到失步振荡阻抗相量移出外部阻抗圆 21_{OS}才可限制断路器跳闸。此时，V_S和 V_R的夹角小于 180°更有利于断路器断流。

请通过制造商得到关于应用的更多信息以及线路和发电机失步指南和保护的可行方案。

14.7　线路自动重合闸

发生在架空线路上的故障约 80%~90%都是瞬时性故障。导致故障发生的原因主要包括雷电导致的高瞬态电压引起的绝缘子闪络，由风引起的导体摇摆接触闪络，或与树的临时接触。因此，通过两侧断路器断电，线路有足够长度让故障源的电弧变成电离子，通过自动重合闸断路器能够更迅速的恢复系统运行。这样可以显著的减少停电时间，从而为客户提供连续性更高的服务。不过，自动重合闸动作前必须要先检同期，除非：①有足够强的其他联络线支撑两侧系统保持同期；②只有一种一个终端有电源，而另一个终端无源。

重合闸可以是单次的尝试（一次式）或在不同的时间间隔多次尝试（多次式）。第一次尝试可以是瞬时的，也可以是带延时。瞬时在这里表示没有固定延时，在此期间，保护动作驱动跳闸线圈后后，断路器合闸线圈很快通电闭合。该过程是由一个断路器回路的高速辅助开关（52bb）完成的，该辅助开关在断路器机构开始动作打开断路器主触头时迅速闭合。因此，跳闸线圈和合闸线圈同时通电，所以断路器触点很短时间就能打开。从跳闸线圈带电到一个瞬时重合闸周期后断路器触点重合的时间取决于断路器的设计：典型的时间是 20~30 周波。一般来说，该时间足以在回路断开后让故障电弧变为离子态。经验表明，在一个三相回路中，故障电弧变离子态且不再二次燃弧的平均开断（开断或熄弧）时间为

$$t=\frac{\text{kV}}{34.5}+10.5\ \text{周期} \tag{14.4}$$

此式适用于三相开路且无注入能量，如并联电抗器或平行线路的互感。单相跳闸并重合的操作需要更长的电离时间，因为从非断开相耦合的能量能保持电弧活跃。去离子时间可波动±50%。

许多种重合闸继电器（79）对于一次式和多次式重合存在不同程度的复杂性。断路器动作周期后，如果重合在任何时刻都成功的话，它们会在整定的时间间隔后复归。如果重合不成功，重合闸将被闭锁以免再次重合。手动解除重合闸

闭锁后，自动重合闸经过一个延时后复归。这是为了防止无意中手动合闸于线路永久性故障时，断路器自动重合闸动作。

许多电站和无人值守变电站都由远程控制系统操作，重合闸的操作被编入中央调度室的自动控制系统中，包括一些其他类似的操作。重合闸的应用方式很多，主要取决于回路类型和公司要求。下面将简单介绍几个常见的应用。

14.8 配网馈线重合闸

对于一个没有同步设备或有最小异步电动机负荷的架空放射状馈线，在电源处快速重合更可能快速恢复系统运行。对这些线路通常的做法是在闭锁重合闸之前尝试重合三次或偶尔四次，随后改由手动重合。一般来说，第一次重合闸是瞬时的，第二次发生在再跳闸后约10~20s，第三次发生在再次跳闸后20~145s，具体的时间变化幅度很大。不过，从公共安全的方面考虑，现在更多的是第三次重合时间10~20s。当采用四次重合闸时，四次尝试之间的时间间隔会更短。

重合闸一般不用于地下馈线，因为电缆故障大部分都是永久性故障。实际运行中重合闸用于架空线-地下回路的结合，架空线重合闸成功率比地下电缆要高。

对于大型电动机负载或同步电机以及热电联产联网电源，重合闸的要求是不损害变电站的旋转设备。一般情况下，单联络线断开后，两部分系统将各自独立运行。重合后将两部分重新异相并网，导致电源浪涌冲击和大型机械轴扭矩，进而引发严重损害。

对于同步电机，重合闸必须等到电机从回路中断开后才可动作；然后重合闸可以恢复电压和接入站内静态非同步负荷。该过程可以通过过频-低频（UF）继电器和低压-过电压电继电器完成。转移跳闸应该用来切除孤岛设备，这些设备可以带动孤岛中与它们相联的负荷。

对于异步电动机，重合闸在剩余电压下降到额定值的33%以下时才可动作。一般情况下，由于没有磁场提供励磁，异步电动机的电压下降非常迅速。该主题在第8章中有更详细地探讨。

对于装有多重熔断器的配电馈线，常见的方法是将瞬时跳闸元件超范围整定，保护范围包含第一主馈线的分段点。然后使用快速重合闸，如果重合闸不成功，低定值瞬时保护将会闭锁。对于发生率较高的暂态故障，如果故障发生在熔断器的另一侧，该方法可以防止熔断器熔断，从而最大限度地减少更换熔断器带来的长时间停电。如果是永久性故障，熔断器将切除区内故障。这就是12.6节讲到的熔断器保护。

14.9　中压输电线路和输电线路重合闸

输电线路用来在两个变电站之间传输电能，需要对两端重合以恢复送电。只要电网中有充足的平行联络线来实现系统两部分间的电能交换，保持两部分的同步，这一重合过程就可以快速完成这种重合闸需要线路两侧同时快速跳闸，所以仅限于被纵联保护装置保护的线路。如果没有纵联保护或纵联保护退出运行，则不应使用快速重合闸，或者应闭锁快速重合闸。

如果对平行联络线的有效性不确定，那么存在如下几个重合闸的可能性：

1）纵联保护单相跳闸并重合，已在第 13 章中有过介绍。

2）带有纵联保护的线路两侧同时跳闸，瞬时重合线路一侧，确保线路和母线电压同步且角差小于预先整定的范围后重合另一侧断路器。当断开的断路器两侧的频率差在允许范围内，两侧的电压幅值相当，而且两侧角差在预设值内，则检同期（25）装置动作。通常的角差的调整范围为 20°~60°。

3）没有纵联保护的线路，或其他需要的时候，可重合：①运行线路与停运母线；②停运线路与运行母线；或③带同期装置的运行线路与运行母线。可以通过重合闸装置来实现这些操作，以避免可能的断路器冲击。

重合闸可以有不同的组合，取决于运行和系统要求。

一方面，线路的两侧重合成功，使功角曲线在 1 点后很快从断路器 1、2 断开时的曲线上移到所有线路均在运时的曲线，增加了区域 2 的面积（见图 14.1b），提高了系统稳定性。另一方面，如果重合失败，比如合于永久性故障，由于再次故障和再次跳闸的断路器动作期间，功角曲线位于较低的线路故障曲线，区域 1 的面积增加，区域 2 面积减少。因此，由于在较低的 θ 角上，区域 1 和区域 2 的面积相等，系统稳定极限降低了。

然而，由于大多数的线路故障都是瞬时的，而且很少达到稳定极限，检同期快速重合闸广泛用于 115kV 及以上线路上。一般只重合一次，偶尔也会在先检无压或检同期之后继续尝试重合。不过，重合闸只用于架空线路，地下传输电缆不使用重合闸。对于架空电缆组合，独立保护装置有时会用于电缆及架空部分，但重合闸仅允许在架空线路故障时动作。

应用于大型电站或附近的快速重合闸的问题更多。因为重合可能会对大型现代汽轮发电机组的长涡轮轴造成损害。比如，在发电机母线上或附近发生金属性或经小过渡电阻的三相短路故障时，发电机出口三相电压降为零，故障切除前发电机功率无法传输出去。此时，即使有快速继电器和断路器，断路器两侧电压仍然存在角差，重合会带来突然冲击和转子移动，并且产生动稳振荡和机械应力。这些影响都是不断累积的，因此，当下造成的损害可能在未来几年后才逐渐显现。虽然没有造成任何重大损失的记录，但这仍然是一个可能的危害。一些地方取消了大型电站的重合闸；有的则没有取消。这是一个非常困难的问题，而且不容易解决。由于最严重的故障类型（三相和两相对地故障）极少发生，在设备的使用寿命内累积的应力不会超过临界破坏点。在此期间，重合闸会带来更多的益处。

这又引出了另一个难题：在稳定操作带来损害和问题之前，允许电压相位差多大呢？在电力系统中，重合前两侧电压角差等于或大于60°，也仍然能重合成功。因为电力系统的阻抗网络可以吸收这个大角差带来的冲击，但发电机组却无法承受这样的冲击。每个应用都要考虑所处的特定系统，无法给出统一的限制条件。

重合闸在多端线路，特别是有两侧以上含同步电压源的线路中更为复杂。可以先瞬间重合一侧或两侧，然后在检无压或检同期后重合其他终端。含负荷支路的传输线路承担着输电和配电的双重功能，只要不涉及同步设备，电源侧线路重合闸有利于向负荷供电。配电网馈线重合闸的要求在这种情况下也同样适用。

14.10 带变压器或电抗器线路的重合闸

如果线路与末端变压器组间没有断路器，或是线路上接有并联电抗器，只有确定故障位于本线路段时允许使用自动重合闸。变压器保护或电抗器差动保护可用于闭锁本站的重合闸并通过远跳信号去闭锁对侧站的重合闸。这表示重合闸需要一定的延时以确保故障不在变压器或电抗器内部。如果线路保护的保护范围不包括变压器组，那就需要启动重合闸。并联电抗器一般没有单独的断路器，因此线路保护的保护范围包括了电抗器。

变压器有时通过一个由电动机操控的断路器与线路连接。变压器发生故障时，保护跳开变压器低压侧断路器，通过接地刀闸或跳闸信号传输通道启动远方跳闸，断开断路器。远端重合闸需要延时来保证断路器已断开，可通过变压器开关分位信号来启动。

14.11 自动同期

该设备可用于有人或无人值守站的自动同期或协助手动同期。该设备不能调整两个独立的系统，但可以在频差很小、电压同相时通过程序合闸。这种情况下不建议采用检同期方式，但该方式也用在了500kVA小机组上。

14.12 切负荷-保负荷的频率保护

低频继电器主要用于监测过负荷。切负荷或保负荷是为了在扰动破坏了原有的发电量-负荷平衡后，使负荷与新的可用发电量相匹配。过负荷的系统或系统的一部分（孤岛）会发生频率下降，如果不采取措施，会导致系统彻底跳闸，正如 1965 年的东北大停电。发电厂一般在系统频率低于 56~58Hz 时（对于 60Hz 系统来说）就无法运行了。

正常的负荷变化和中度过负荷可以被电力系统中的旋转备用容量吸收，系统中的发电机不会全部满负荷运行。发电企业主要通过销售备用发电量来获得回报。因此，过负荷会给降低的速度和频率提供增量反馈，通过调速器来增加原动机的出力。如前所述，类似故障引起的暂态变化其实是系统中旋转元件的动能交换，直到系统重新调整到一个新的平衡点为止。

当负荷需求明显超过发电能力，系统频率将会降低。只有切掉足够的负载，直到发电机输出等于或大于连接负荷需要时，电力系统才可以继续运行。这种不平衡经常是由于担任一个或两个互联系统间主要电力传输的关键线路或变压器的跳闸引起的，原因可能是故障切除后没有快速重合、保护误动或其他情况下的大功率波动。电力系统设计和运行的原则是单一故障不会引起系统频率下降情况。在重负荷期间或多个关键元件退出运行时，电力系统最容易发生过负荷。多点故障经常在风暴或其他异常情况下发生。20 世纪 90 年代末发生在美国西部的大停电最初的原因就是线路接触大树后引起过负荷及故障。这些过负荷是由极其恶劣的天气条件和不寻常的负荷潮流模式引起的。线路跳闸的连锁反应使部分电力系统分离成孤岛。当电力系统中形成孤岛时，在孤岛中就很可能存在发电机和负荷不匹配的问题。如果发电机发出多余的电量，系统频率将升高，发电量会下降以达到一个新的平衡。如果负荷超过发电量，系统频率将下降，需要切负荷以达到一个新的平衡。这种情况下的频率下降速度一般较快。

频率下降的速率是随时间变化的函数，取决于过负荷程度、系统惯性常数、负荷和频率变化情况。Steinbach Dalziel 及 Berry 等人的论文中对本课题有详细说明。明显的频率下降常常发生在几秒钟内，运行人员根本来不及进行切负荷操作，因此，需要配备低频自动切负荷装置自动切负荷。在下一节将基于后面的概述对低频切负荷方案的设计细节进行讨论。

电力系统中检测并处理过负荷通常是利用低频和频率下降率一两个条件。在一个大型系统中，引起负荷和发电机之间的不平衡的原因极其多，所以很难快速准确的判断问题在哪以及采取什么处理方式。目前的做法是采用低频装置逐步切除负荷，直到频率停止下降并恢复正常。当然，除了常用的低频装置，频率变化率也有一些应用。

用低频或频率变化率测量装置对系统中的某一点进行测量，都对问题进行了近似。因此，通常情况下实际切除的负荷可能大于必要切除的负荷数，但与之相比，避免大规模停机更为重要。

通过将装置分布在系统各处可以尽可能的减少孤岛效应和重负荷潮流。装置设有不同的频率等级分别甩掉不同的负荷。虽然有时可能分成5个频率，但通常的做法还是使用59.8、58或57Hz（正常频率是60Hz）之间的3个频率。切负荷时应该尽可能的先去除不必要的负荷，有时是不同负荷中的旋转负荷。

早期的频率继电器（81）是机电式的，而目前的继电器是数字式的。后者通过计算交流系统滤波电压的过零点来实现非常准确的操作。

系统稳定后或发电机具备应对降负荷的能力后，频率继电器可用于恢复或监视系统负荷的恢复情况。如果负荷是自动恢复的，那么负荷应该缓慢增加，并为系统提供足够的时间间隔来进行调整，以避免频率降低。

低频装置的安装与整定不太规范，对于大型系统，安装和整定是按照最大、最坏的可能性，以及大量经验的积累和判断来考虑的。对于互联系统，例如美国联营电网中的互联系统，使常用联网程序在整个互联系统中发展和执行是很重要的。当存在大功率传输时，这一过程可能需要进行系统解列，这不利于保持未受干扰的系统的稳定性。

目前广泛使用切负荷装置能够防止大停电的发生，减小停电面积，缩短停电时间。然而，并非所有的可能发生的问题都是可以提前预知的，所以停电还是会发生，只能希望停电范围尽量小，停电时间尽量短。

未来，也许会将整个系统中多个位置的测量量都发送到一个中心位置，用计算机程序对问题进行分析，这样可以迅速的将解决方案发送至适当位置以快速匹配负荷和可用发电量。这种集中式系统要对大量数据进行快速分析，需要配备高速运行的通信设备。

14.13 低频切负荷方案

低频切负荷方案要考虑几个方面。一是低频的切负荷标准。切负荷标准要考虑切负荷量的选择、负荷切除的步骤、每一步的频率整定点。二是方案架构，要考虑频率测量点、断路器跳闸切负荷方式。三是低频控制方案，要考虑低频继电器控制电路的实际设计方案。

14.13.1 低频切负荷标准

低频切负荷系统的标准在美国是由可靠性委员会、独立系统运营组织和联营电网制定并颁布的。切负荷的量可在总负荷的25%到50%间变化，分为三到五个频率间隔。切负荷的频率范围在59.7Hz到58.3Hz之间。

负荷区域内的切负荷量由这个区域内受到严重扰动时附近的发电量缺额所决定。常见的扰动可能使得和负荷相连的最大发电机及其联络线退出运行，进而导致最大负荷情况下的输入功率的减少。根据以下标准选择切负荷的频率范围：

1）切负荷方案的操作不应发生在正常的暂态频率降低的情况下，在该情况下系统具备恢复的能力，因而不需要切负荷。

2）在过负荷条件下，切负荷必须先于发电机保护中低频继电器动作。切负荷必须在发电机跳闸之前动作。

考虑在过负荷情况下频率下降速度很快，低频继电器动作速度很快，因此需要增加一个防止在暂态故障期间动作的短延时。低频继电器的最佳动作时间范围是 5 到 20 个周波。为便于在过负荷区域内发电量和负荷之间的匹配，切负荷往往分几步进行。如果整个负荷一次全部甩掉，过多发电量将有可能影响系统的稳定性。

低频过负荷切除的标准往往有各种限制，低频继电器不会跳开如医院、机场和佩戴呼吸器的患者等用馈线提供重要负荷的场所。此外，正如第 8 章中描述的，当分布式电源与一部分系统分离时，低频继电器会快速动作切除发电机。位于分布式电源联络线上的低频继电器经常整定为在低频继电器切负荷之前动作。这时，额外的负荷应由切负荷低频继电器控制，以便计算在过负荷条件下可能被跳开的分布式电源。

14.13.2 低频切负荷方案的架构

切负荷通常通过跳开辐射线路在配电变电站的终端断路器实现。切负荷方案的架构可分为就地式、分布式或集中式：

1）就地切负荷是过去最常见的方案。这种方案中，一个或多个低频继电器安装在配电变电站母线上。在低频继电器动作时，根据变电站回路设计逻辑跳开馈线断路器。切负荷的决策都是在就地相关配电变电站作出的。

2）分布式切负荷方案与就地方案相似，断路器跳闸的决定都是在本地单个变电站作出的。然而，在分布式系统中，每一条馈线都配备了各自的低频继电器。随着微机保护的应用，分布式方案除了能够满足线路保护的功能，还可以以最低的额外成本实现低频的功能，因而也越来越受欢迎。

3）集中式低频切负荷方案和本地方案类似，在该方案中，一个或多个低频继电器位于配电变电站的母线上。然而，在集中式系统中，低频继电器输出的信息会发送到一个集中的位置，通过计算机程序处理后用于控制切负荷。随后，控制信息被发送回配电变电站，再由计算机控制程序选定跳闸断路器。

就地方案的优点是：不需要依赖通信系统来将信息传输到远方。通信系统成本很高，同时也会增加时延和错误概率。不过就地方案需要在变电站布大量额外的线。分布式系统需要最少的额外布线，成本低，能够在微机保护中灵活应用。不过，对于已经拥有的一个就地系统的变电站，无法完整更换为这样的分布式系统。集中式系统提供最大的灵活性用以调整低频控制逻辑，以满足扰动时的特定需求。集中式系统可以绘制整个大系统的图像，以对切负荷的位置和切负荷的量做出最好的决策。

14.13.3 低频控制方案设计

低频控制方案的设计包括低频检测的工作原理、低频继电器的类型、控制电路中的逻辑关系等。

低频继电器的原理是通过判别固定频率或频率变化率动作。大部分低频切负荷系统使用的是固定频率判据。固定频率继电器的运行原理是，当频率下降，低于固定频率整定值时，继电器动作。固定频率继电器整定的动作时间非常短（6周波或更少）。低频切负荷系统中的固定频率继电器有一个缺点，频率必须低于整定固定频率值，因此可能会出现频率下降速度过快，而负荷切除过慢的情况。

为了提高低频切负荷系统的性能，人们提出了可以跟踪频率变化率的继电器。频率突变是电力不平衡的明显特征。使用这种继电器可以实现一个更强大的切负荷系统，根据过负荷的严重程度，更及时地切除负荷。不过，频率下降率的波动特性，可能导致继电器误动作，也会提高继电器定值的整定难度。这种情况下，因为上述应用困难，采用跟踪频率变化的低频继电器也受到了一定的限制。

低频检测使用的继电器类型包括机电继电器、固态继电器和微机继电器。在20世纪60年代末，低频切负荷方案使用的是机电式低频继电器。现在，几乎所有的系统都使用了微机型低频继电器。微机型继电器已被证明是准确、可靠，且应用灵活性高的。

低频切负荷方案设计必须有高可靠性。在设计中最为重要的是安全性，一次误动会引起停电并失去大量的负荷。低频继电器的误动作可能由旋转负荷的反馈引起。当电源至配电变电站线路中断，由该变电站供电的电动机负荷的惯性会使得站内母线频率缓慢下降，而不是快速下降。这种情况下，安装于该母线的低频继电器可能误动作并跳开相关馈线断路器。即使变电站已经恢复供电，连接负荷的馈线跳开后也不会自动恢复供电。为了防止这类误动，低频继电器动作跳闸需增加低压判别，当电压低于低压继电器整定值时闭锁低频继电器。电动机反馈条件下比过负荷条件下的电压低得多，因此，可以通过测量电压来区分。为了获得更高的安全性，过电流判别也可以应用于低频跳闸回路。在系统过负荷条件下，负荷电流将持续存在于配电变电站过负荷区域内。变电站的电源被跳开后，变电站的电流也会立刻消失。因此变电站的电流是一个可以区分过负荷和电机反馈的有效条件。典型的就地低频继电器如图14.7所示。

虽然图中画出了低压元件，但这个功能往往集成在低频继电器中。已制定的切负荷标准中确定了低频继电器的频率整定原则。除非存在需要整定更长延时的安全问题，低频继电器的延时通常整定为 6 个周波或更少。低频变化率继电器有时作为固定频率低频继电器的补充，因为在严重过负荷条件下固定频率的低频继电器切负荷速度太慢不能满足运行性能要求。用于为低频跳闸把关的低压继电器（UV）一般整定为额定电压的 80%。为低频跳闸把关的过电流继电器（OC）通常按照低于电流测量点的最低负载来整定。

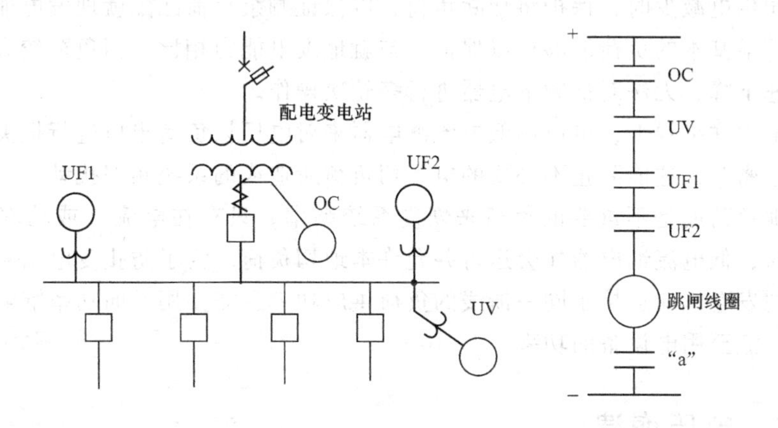

图 14.7　就地低频切负荷系统的典型继电器连接方式和控制逻辑

14.14　低频切负荷方案的性能

在最初使用这类低频切负荷方案后，运营商也发现了一些运行问题。一些早期低频继电器中的旋转负荷反馈和整定值漂移是导致不正确运行的常见原因。先前所讨论的提高安全性的措施以及更可靠继电器的开发也提到了已发现的许多问题。

应该认识到，低频切负荷系统是系统稳定的最后一道防线。因为主要扰动的性质很难预测，所以这类方案的应用并没有那么精确和科学。引起大多数系统发电量缺乏和系统解列的原因很多，因此各个切负荷系统的性能也不尽相同，与每次扰动的具体特性有关。同样，在低频控制下应加载多少负荷量合适也是一个大概估计。事实上，一般情况下扰动发生后低频继电器的动作机会也很少，所以运行经验的积累是一个缓慢的过程。尽管有这些障碍，低频切负荷系统在很多情况下还是能起到很好的防止电力系统全面崩溃作用。完善低频切负荷系统最好的方法是利用从广域通信系统获得有用信息集中地进行判断。这种系统技术目前已经实现，但是其实施成本很高，需要额外的补贴来推广。除非所得利益大于支出，运营商一般都不愿承担昂贵的项目费用。如上所述，需要实施低频切负荷的情况极少，且发生概率很难预测。预计，随着电力系统负荷更加接近于极限以及数字通信系统网络的完善，集中式智能化广域低频切负荷系统将得到更好的应用。

14.15 工业系统频率保护

在一般情况下，一个低频切负荷轮次对于有自备电厂的工厂来说已经足够。电力公司供电减少时，保护将切除负荷，以保证剩余负荷匹配就地发电能力。这样，电厂最基本的负荷能够得以保证。与就地发电能力相比，当负荷较大时，频率将迅速下降，无法对低频继电器进行多轮次操作。

在电力联络线上，可以用低电流继电器来对电厂切负荷出口进行把关。当系统联系紧密时，这能防止不必要的电厂切负荷所造成的系统频率扰动，可以通过切除其他负荷或是不重要的负荷来恢复系统频率。只有在电流（或功率）低于设定值时，低电流继电器才会运行并允许本地切负荷。为了防止变电站断路器断开时本地发电机向连接于同一馈线的负荷供应功率，需要用反向功率继电器来测量从电厂流至用电设备的功率。

14.16 电压崩溃

电力系统持续运行的另一个挑战是系统电压崩溃。如果系统电压下降，则需要更高的电流来满足功率传输要求。这种情况可能会演变成整个系统电压水平螺旋式持续下降至全面崩溃点。电力系统传输功率越来越高，传输系统越来越接近极限值运行，这导致了大量电力系统电压普遍降低的情况。电压崩溃通常会导致长时间和大范围的系统断电。防止电压崩溃的方法是要能够提前检测到电压即将崩溃的征兆，以便有足够的时间来启动适当的纠正措施。电压问题可能引起故障或负荷摆动，从而导致设备断电。如果在一段时间内电压下降且无功备用容量缺失，这表示可能发生电压崩溃。联络线满客量运行、发电机无功负荷高，以及无功功率限制器启动均表示无功储备不足。

14.17 电压崩溃缓解技术

防止电压崩溃的第一道防线是合理规划系统的无功需求。除了需要提供足够的无功储备外，还需要提供可以在一定时间内将这类设施投入运行并满足电力系统动态特性的控制系统，例如快速自动电压调节器、快速切换电容器的自动控制系统、输电线路快速重合闸等。正确整定和配合的限制器和励磁控制系统同样重要，可以在电压降低条件下保持发电机的快速反应能力、支撑系统电压。

降负荷是支撑系统电压的另一种手段。通过降低配电变电站母线的电压水平来降负荷，而不是切除负荷，这类方法可以有效支撑更高电压等级系统的电压水平，起到缓解电压崩溃的作用。系统运行人员可以降低配电系统的电压。许多电力系统都有这类降低电压的手动控制功能，当负荷接近系统运行极限时，可采用手动控制调整系统运行方式。配电变电站的电压水平也可以通过配电变电站变压器分接头自动调节器来实现。在正常运行情况下，当配电电压低于规定值时，分接头调节器将会动作，以提高电压。但是，在系统电压降低的情况下，这类增加配电电压水平的操作可能会加剧高压系统中的电压下降问题。可能发生电压崩溃时可自动或手动闭锁分接头调节器。

近来，防止电压崩溃的切负荷方案应用越来越广泛，仅在其他避免电压全面崩溃措施无效的情况下才能通过切负荷来缓解电压崩溃。手动切负荷能够有效地稳定正在逐渐崩溃的系统电压。在这种情况下，需制定预先计划的指导方针和程序，当电压崩溃恶化时，系统运行人员可以启动切负荷。手动操作系统的困难在于只能人工判断现有的问题，并确定唯一的解决方法就是减少负荷。系统运行人员往往三思而后行，即便这样，如果存在其他恢复的可能，运行人员往往不愿切负荷。

在某些情况下，电压崩溃的时间非常短。这种情况通常是由系统关键设备突然退出运行引起的。这种情况下，为了防止全面崩溃，可以采用自动切负荷方案。低压继电器用于启动切负荷。为保障这些方案的安全性，应使用多个继电器用于监控多相电压，并有足够的延时来躲过正常的暂态电压变化，并使用故障检测继电器来对出口进行把关，以防止系统故障或故障之后的误动。低压切负荷方案的设定是一个复杂的过程，需要对相关电力系统的动态特性进行深入分析。低压继电器一般整定为额定电压的85%~95%，延时一般为30个周波到几分钟。

论现场应用和运行经验，低压切负荷系统大大低于低频切负荷系统。实现低压条件的过程十分复杂，选择合适的切负荷方式需要进行大量的分析。跟频率不同的是，整个系统的电压水平下降程度不均匀，必须识别出用于低压切负荷装置电压判断的关键母线。同时，还需要精确的电压继电器，因为整定值通常接近额定电压。随着时间的推移，人们对电压崩溃现象越来越了解，更先进的控制系统也在逐步开发，这类系统的应用将变得越来越常见。

14.18 保护及控制跳闸回路

跳闸回路是变电站控制回路的一小部分，具有保护、控制、计量和监测功能。跳闸回路的可靠设计具有特殊意义，因为这些回路直接影响保护整体的可靠性。

变电站内保护和控制电路的布线十分复杂，在创建、建造和测试环节需要很多的努力和考虑。即使经过精心布局和测试，布线问题往往在实际运行中才能发现错误。回路的复杂性导致有时可能会存在寄生电路且难以检测。对整个控制系统的测试十分困难，因为大部分的区域都有布线，回路各部分相互联系，且测试时一些装置可能在运行。现在，通过使用光纤电缆数字通信以及多功能微机型保护明显减少了控制布线的需求量。

变电站控制电路中允许电流流过断路器跳闸线圈的部分被称为跳闸回路。与跳闸回路相关的设施包括：直流供电系统、继电器输出触点、目标线圈、密封装置、中间继电器、断路器跳闸线圈，相关断路器内的各类辅助开关，以及连接这些设备的所有接线。即使在使用数字通信系统的现代变电站设计中也包含了硬件设计，因为需要向断路器跳闸线圈输送直流。

14.19 变电站直流系统

变电站直流系统的功能是为变电站的保护和控制功能提供可靠的电源。直流电源由一个或多个蓄电池组、一个电池充电器和一个直流配电盘组成。故障期间，储能电源将作为电站的辅助交流电源使用。这种情况下，必须使用电源保护装置断开电源断路器。

直流系统的典型工作电压是48 V、125 V和250 V。连接到直流系统的主要负荷有：断路器的跳闸和合闸线圈、电子式继电器电源、仪表、通信设备，以及各种辅助继电器线圈。直流系统的设计必须考虑所连接负荷所需的功率、满足整体保护系统的冗余水平，并允许定期维护和测试。

终端为配电盘的直流回路是由断路器或熔断器保护的。直流电路的设计规划取决于电力公司的偏好。设计时，应为每个断路器和其相关的继电器提供专用的直流馈线。更经济的设计通常采用分接馈线布置。在这样的设计中，一根直流馈线被分接给断路器跳闸线圈供应电流。独立的分接回路通常由熔断器保护。如果断路器配有双跳闸线圈，每个线圈应连接不同的分接电路。连接断路器跳闸线圈的分接回路也可连接与断路器相关联的继电保护。通常使用单独的回路来连接主保护、后备保护以及断路器失灵保护。如果主直流回路保护可靠性下降不会超出预期水平，一些运营商不倾向于熔断分接直流馈线。图14.8说明了一个熔断分接馈线直流系统可能的布置方案。

无论直流系统采用何种布置方案，首要的设计目标都是系统可靠性水平应该与整体保护系统的可靠性水平相匹配。某些情况下，虽然保护系统是双重化的，但共用一个电池组。采用这种方式的原因是电池系统的成本较高，且经验表明，在良好的维护和监控运行条件下，电池组具有很高的可靠性。

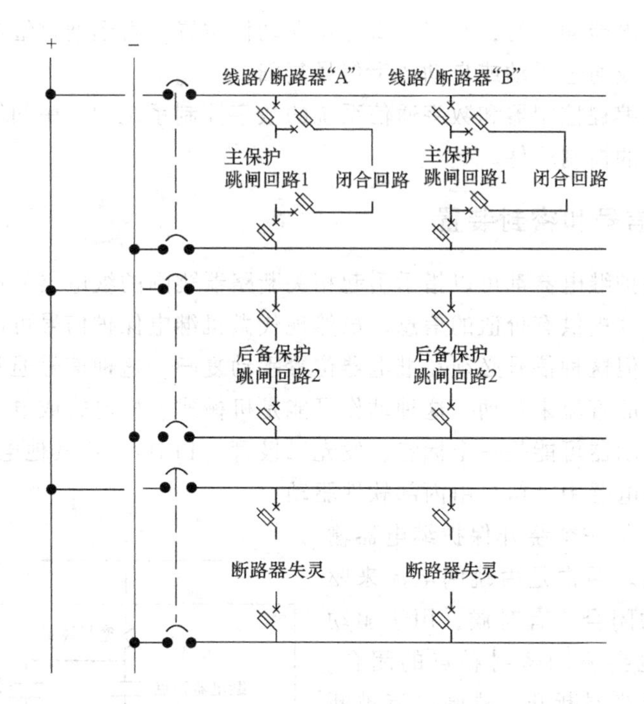

图 14.8　使用带熔断器的分接馈线的典型直流供电布置方式

14.20　跳闸回路装置

跳闸控制回路中连接了各种装置，用来保护回路中其他元件，或者满足回路所需要的逻辑和启动功能，包括中间继电器、浪涌保护器、信号和密封装置、断路器跳闸线圈和开关。

14.20.1　中间继电器

中间继电器在控制回路中用于驱动控制回路中其他路径的通断。例如，在跳闸回路中，继电保护的动作常常会驱动中间继电器，反过来提供直流电流流过跳闸线圈的路径。中间继电器可能是机电式的或静态的。机电中间继电器的驱动通常需要的时间较长，这一点在使用时必须加以考虑。机电中间继电器的延时范围为 0.25~2.0 个周波。静态中间跳闸继电器通常在跳闸回路包括一个晶闸管整流器（SCR），以及用于驱动其他所需逻辑的手工复位机械信号、信号灯和电话型中间继电器。

闭锁继电器是一种特殊类型的中间继电器，基本上是带多个触点的双位置开关。当闭锁继电器动作时，它将一直保持在动作位置，直到通过继电器正面的手柄手动复归，或通过手动或自动数字信号复归。

在使用可编程控制器和数字通信系统的数字控制系统中，中间继电器的功能可以并入相关的控制软件。

14.20.2 信号和密封装置

大多数保护继电器都可以指示引起相关断路器跳闸的继电器的位置。信号能为分析跳闸事件提供有价值的信息。虽然现代微机继电保护信号可以通过数字信号远方复归，但这种信号必须在继电器位置手动复归。这种信号通常由流经继电器和跳闸线圈的直流来驱动。这种动作可能是机械式、机电式或电子式继电器的特征。信号指示器可能是一个标签、发光二极管（LED），或其他电子指示形式。在一些数字继电器中，信号由内部软件驱动。

密封设备是一个绕开保护继电器输出触点的触点。通常是由跳闸电流来驱动密封触点的闭合。有时候，用于驱动信号的线圈也会驱动密封触点的闭合。在相关跳闸断路器断开、跳闸电流被断路器辅助触点断开前，密封触点不得分开。典型的密封回路连接如图14.9所示。

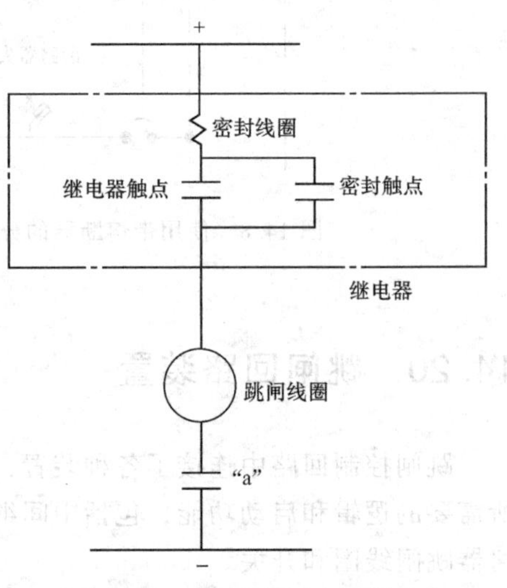

图14.9 密封线圈和相关触点连接的跳闸电路图示意图

密封触点是为了防止继电器触点在截断直流跳闸电流时受损。继电器触点十分脆弱，且并不是设计用于截断直流电流的。密封触点也用于在继电器触点发生抖动时保持跳闸电路闭合的完整性。

信号和密封线圈的额定参数应与其相连接的直流系统的特性相匹配。对机电式继电器来说，可以选择与电路预期的电流消耗相匹配的信号/密封回路驱动电流。典型的额定运行电流值为0.2A、0.6A和2.0A。如果保护继电器触点闭合时直流主动运行，则应选择最高额定值。信号/密封回路通常位于继电器的内部，是继电器的一部分。

14.20.3 开关和二极管

手动操作开关可能连接到跳闸回路中。安装这种开关是为了切断继电器、触点，或部分跳闸回路，便于测试或防止因误操作造成继电器动作。各运营商对跳闸回路开关的设计要求不尽相同。这类开关的优点是可以使测试更安全、高效，缺点是如果开关位置不正确，可能会在需要时失去保护。

跳闸回路中二极管的使用，保障了直流电流只从回路的一个方向通过。二极管可以用于为回路提供逻辑关系，否则可能会需要使用辅助继电器。二极管的使用降低了回路的成本和复杂度。使用二极管的缺点是它们有可能失效，且在误动出现时才能发现。

14.20.4　跳闸线圈

跳闸线圈的作用是驱动断路器主触头的断开操作。断开触头的实际能量是由某些储能元件所提供，例如弹簧、压缩空气和高压气体等。因此，线圈不能直接打开触头，但通过打开闩扣或阀门可以释放储能元件用于打开触头。不同制造商设计的断路器存在差异，因此保护工程师了解跳闸线圈特性和特殊断路器中使用的其他控制装置十分重要，以便设计正确的跳闸回路。

14.21　跳闸回路设计

跳闸回路可以用来驱动一个或多个断路器跳闸。仅驱动单个断路器的跳闸通常用于配网馈线、输电线路和工业回路。用于驱动多个断路器的跳闸通常与母线有关，例如一个半断路器、环形母线或双母双分等。这种设计通常与高压系统相关（见第 10 章）。

跳闸回路可能有各种各样的布置方式，这主要与生产实践和经验相关。关于这个主题的详细信息请参考由 IEEE 电力系统继电保护委员会特别出版的《Relay Trip Circuit Design（继电器跳闸回路设计）》。

忽略设计细节，在设计跳闸回路时应考虑以下的一般性要求：

1）必须向跳闸线圈输送足够的电压，以保证断路器可靠动作。在确定跳闸线圈电压可靠性时，需考虑电路中可能存在的所有电压降。

2）所有在运行的继电器需接有足够的直流电流，以驱动信号。应为信号和密封装置选择正确的整定值和线圈额定值。

3）应注意避免直流回路之间的连接。这类连接会导致主保护和后备保护不能正常工作，造成直流系统故障。

4）中间继电器的电流损耗不得造成密封装置的误动或无法复归。

5）应使用浪涌保护，防止由控制电路中各种线圈操作所引起的浪涌损坏连接在回路中的其他设备。在许多现代变电站中，这对于保护脆弱的电子设备特别重要。

6）继电器线圈应连接到直流的负电母线上。这是为了尽量减少这种线圈因为腐蚀造成的潜在故障风险。直接连接到直流正电母线的线圈存在被湿气腐蚀的现象。

14.22 跳闸回路监视和报警

对影响跳闸功能正常工作的控制回路进行监视是提高保护可靠性的重要手段。需要被监视的重要情况有以下几种：

1）直流跳闸系统中存在的问题，如电池问题、断开断路器跳闸线圈、直流电路熔断器，或直流电路接线断口。

2）主保护和后备保护可能的交流掉电。

3）用于驱动跳闸的通信通道故障。

4）自检特征可用时的继电器问题。

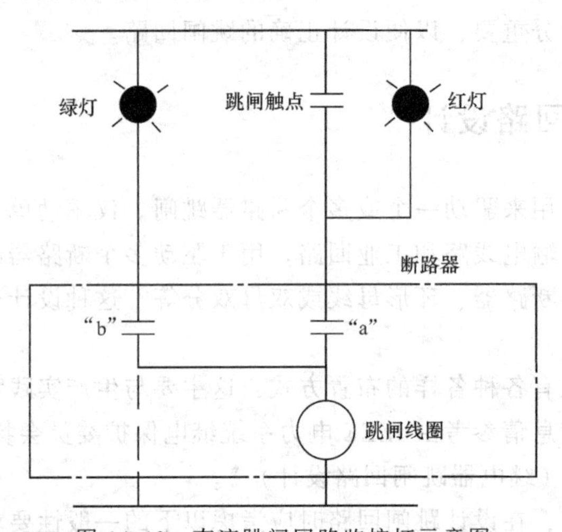

图 14.10　直流跳闸回路监控灯示意图

用于监控直流跳闸电压的一个常用方法是在直流跳闸回路中接入指示灯。在跳闸回路接入指示灯的简单布置如图 14.10 所示。

当断路器闭合时，红色指示灯表示直流电压接通跳闸线圈。当断路器断开时，绿色指示灯提供类似的指示。红色和绿色的灯同样可以指示断路器的位置——当断路器闭合时，红色指示灯将被点亮，当断路器断开时，绿色指示灯将被点亮。指示灯通常安装在变电站内清楚标识断路器的控制面板上。所使用的指示灯必须符合其所接入的直流回路的要求，并应能方便检查指示灯是否烧坏。可额外增加报警继电器或直接使用报警继电器代替指示灯。这样的做法可以实现远程报警，尤其推荐无人值守的变电站采用。直流电压低或蓄电池组能量不足比完全失去直流电压更难监控。低压继电器有时可以与监控电池充电器运行状态的装置一起使用。电池系统需要定期进行维护，应进行包括专门验证电池组中每个电池的完整性的试验。

安装了数字控制系统的现代变电站采用了各种数字方法，以提供各种功能的监控和报警。微机保护装置都有自检能力，能够提供本地指示、远程报警，并能够在一些故障情况下闭锁保护。关于本主题的详细信息，请参考第 15 章。

14.23　特殊保护方案㊀

应用特殊保护方案来检测威胁电力系统完整性的异常系统状况，并根据需要开始采取措施，以维持系统的正常运行。这种异常系统工况是指可能会导致电力系统达到运行极限或设备超过额定值运行的情况。这种情况虽然存在，但出现的概率很低。而且不满足可靠性标准中提出的运行工况，必须强制增加额外的提高系统稳定性的措施。

特殊保护方案已在电力系统中应用多年，前面讨论的低频和低压切负荷方案就是特殊保护方案的一些形式。当电力系统稳定运行的能力遇到严峻挑战时，它们就会发挥作用。最近，系统中越来越多地采用就地的特殊保护方案。这种方案的应用很大程度上加速了发输电设备所有权的分割。发输电分开常常导致发电厂附近没有很好地规划足够的传输设备。相反，土地所有权和燃料供应等因素才是新电厂选址要考虑的首要因素。因此，在分析发电厂连接关系时，系统的薄弱点通常需要增加新的电力设施或是配置特殊保护。特殊保护方案用于识别那些已知的可能危害电力系统运行的异常情况，并开始采取措施保障系统持续安全运行。有些时候，由特殊保护采取的预定措施看起来与识别到的状况似乎无关。特殊保护采取的措施包括跳开系统或发电设备、发电机辅助故障减负荷、切负荷和其他自动分合操作以重构电力网络。特殊保护采取这些措施的目的是防止系统不稳定、设备过负荷，以及电压水平下降到安全值以下。虽然特殊保护的安装规范一般在系统规划中考虑，但是由于对这类设备控制系统的要求与故障保护装置类似，因此实际的设计和调试工作通常由保护人员来完成。

这里简要介绍一个特殊保护方案的应用实例，用来解决接有大型发电机组（即 800~1600MW）的高压系统（即 500kV）在运行中存在的问题。为了满足可靠性标准的要求，通过降压变压器连接到低压网络的两条 500kV 输电线路，通常应能提供足够的功率传输能力。500kV 线路的造价很高，建设时应考虑经济性。虽然存在两条 500kV 线路同时跳开的情况，但发生概率很低，这种情况在

㊀　系指国内的安全稳定控制系统/装置。——译者注

某些地区可能超过了电力系统的承受能力。两条线路同时跳开可能导致相关发电机组失稳以及降压变压器过负荷。造成两条线路同时跳开的原因，可能是其中一条线路故障引起另一条线路跳闸。此外，如果线路为双回线，单相故障可能涉及到两条线路。特殊保护方案可以用来发现这类事故并及时采取措施。这种情况下正确的做法是，跳开500kV母线上的发电机以防止系统失稳或变压器过负荷。该方案的判别逻辑中需要用到500kV线路本侧和对侧断路器的位置，因为对侧断路器断开而本侧断路器闭合会导致线路停运。继电器跳位信号也可用于快速动作的智能方案，因为跳位信号通常先于断路器实际断开的时间。

特殊保护方案如果出现不正确动作，会产生严重后果。特殊保护的拒动可能会导致系统失稳及连锁故障，也可能造成昂贵系统设备的过热损坏，或两者都有。而其误动将导致大量发电机突然被误跳闸。因此，特殊保护必须高度可靠。为了增强可靠性和安全性，应采用类似于高压保护系统的双重化方案。特殊保护系统还有许多其他应用和类型，在所有电压等级的电力系统中均可使用，而决定采用哪种方案应考虑相关事件发生的概率、方案及替代方案的成本和复杂性、方案所带来的收益，以及出现误操作的后果。

在某些情况下，只有在相对罕见的系统运行条件下或某个特定季节才会采用特殊保护方案。这种情况下，应提供特殊保护接入和退出的方案，在有人值守的地点还应提供相应的状态指示。此外，程序控制也十分重要，以确保特殊保护在需要时才投运。特殊保护方案与保护方案一样，需要进行类似的维护和测试。

14.24 应用建议：特殊保护方案

特殊保护方案在促进电力系统的可靠性方面起着重要的作用。发电企业一般大力推广这种方案的应用，因为其成本往往远低于购买额外的电力系统设备的费用，这一费用通常由发电企业承担。电力公司往往更倾向于增加系统设备而不是采用特殊保护方案，因为增加系统设备是一个更加安全的选择，无需过多关注设备的运行且费用由发电企业支付。仲裁机构（通常为一个独立的机构）有责任在这方面做出最终决定。但是必须意识到的是，特殊保护方案的发展应用不能替代一个完善电力系统设计或运行维护。重要的是，有决定权的一方应将技术优点以及对电力公司运行需求的理解作为作出决定的基础，政策和优惠待遇不应作为决定的依据。所有参与方应准备和提供所有相关的数据并合理地考虑所有的观点。对保护工程师而言，为决策过程提供所选方案的预期可靠性也十分重要。一旦决定应用任何一项特殊保护方案，保护工程师应着重于为项目提供全面支持，并致力于开发有效、可靠的设计。

参考文献

更多信息请参考第 1 章末尾的参考书目

Berry, D.H., Brown, R.D., Redmond, J.J., and Watson, W., Underfrequency Protection of the Ontario Hydro System, CIGRE, 1970, paper 32-14.

Dalziel, C.E. and Steinbach, E.W., Underfrequency protection of power systems for system relief, load shedding system splitting, *IEEE Trans. Power Appar. Syst.*, PAS 78, 1959, 1227–1238.

IEEE Power System Relaying Committee, Automatic reclosing of transmission lines, *IEEE Trans. Power Appar. Syst.*, PAS 103, 1984, 234–245.

IEEE Power System Relaying Committee Working Group, A status report on methods used for system preservation during underfrequency conditions, *IEEE Trans. Power Appar. Syst.*, PAS 94, 1975, 360–366.

Lokay, H.E. and Burtnyk, V., Application of underfrequency relay, for automatic load shedding, *IEEE Trans. Power Appar. Syst.*, PAS 87, 1968, 776–783.

Power Systems Engineering Committee, Proposed terms and definitions for power system stability, *IEEE Trans. Power Appar. Syst.*, PAS 101, 1982, 1894–1898.

第 15 章　微机应用与变电站自动化

15.1 引言

在过去的几十年里，世界范围内技术的发展已经极大地改变了人们的生活方式。微机技术的发展与进步成为这些进步的源动力。不久前，人们获得信息的主要来源还是通过百科全书、广播及新闻报纸等。而现在，你想了解的任何信息在几分钟内就可以从网上找到。不到 10 年前，人与人之间的交流还需要通过实际的线路连接，或者依靠复杂而不太可靠的无线电信号。可如今，世界上的大部分人都可以通过使用放在上衣口袋的移动电话来进行稳定的通信。各种各样供人娱乐的小玩意也随之出现。伴随着成本的大幅降低，计算能力也实现指数级的增长。19 世纪 60 年代，电子计算器第一次面向市场时，成本高达 400 美元，可如今，一个计算能力更强、体积却更小的计算器仅仅需要 20 美元。今天，计算机被当做一次性的用品，而在刚被发明时，则能填满整整一个房间。同样地，电力系统保护也无法避免技术革新。最近，微机保护装置、可编程控制器以及数字通信系统已经主导了整个市场，并在很多最新的应用中成为常态。这些发展已经极大改变了变电站控制室的布局。大量的线缆消失了，控制板尺寸也极大的缩小，显像管技术也在变电站操作、变电站配置、告警及各类事件的显示中得到广泛应用。

然而，技术革新常常伴随着一系列问题。工程师需要熟悉因产品更新而不断变化的新技术。伴随着更多数据的产生，也需要对它们进行及时的归纳分析。与此同时，装置故障的影响及监测引起了人们的担心。但是按照以往的经验，毫无疑问地，数字保护、控制及通信系统的广泛应用所带来的收益远高于其弊端。继电保护工程师应该积极地掌握新技术的相关理论知识，利用好这次技术革新的机会，使电力系统保护及控制系统更加高效、可靠，不断提高电力系统的运行稳定性，并更好地掌握电力系统的运行方式。

15.2　微机型继电保护设计

大量文献对微机型继电保护（数字继电保护）的设计已经有了很详尽的研究。对这一主题的讨论，既不是本书的主要目的，也不在本书的讨论范围之内。从实用的角度来看，对设计细节的充分了解对于保护产品设计领域的学术界、工程师及科学家来说非常重要，但对于这些产品在电力系统保护控制中的应用来说并没那么重要。虽然保护应用工程师希望对相关产品的工作原理有基本了解，以便选择最适用于现场和运行习惯的产品，但是对于应用过程来说详细了解产品的内部工作原理并没有太大必要。在职保护应用工程师的时间往往非常有限，投入到设计上的学习时间也很有限。与机电式继电保护类似，微机型继电保护接入并动作于整个电力系统中选定位置测得的电流和电压信号。这些信号被周期性采样并过滤。采样值是瞬时值，是相关参数的波形通过模数转换装置转换而来。保护采样率受运行决策速度限制，一般为每周期 4~16 个采样点。时间对于信号输出不是关键性因素，所以计量和录波等其他功能中可以使用更高的采样率。模数转换装置的功能是将采样值转换成数字形式，通常为 8 或 16 字节，然后将数字量传送给微处理器，从而通过算法将测量值表示为相量形式。之后再通过各种相量计算得出用于继电保护决策所需的结果。

保护工程师需要确认所用具体类型和型号的数字式保护所需要的输入量，通常是三相电流和电压，其他输入量则根据继电保护已有或计划使用的具体保护和控制功能来确定。其他可能需要的输入量包括断路器位置信号、复归信号、纵联信号、纵联收发信机状态以及其他各种类似信号。

有些微机型继电保护被设计为机电式继电保护的替代品。这些设计要求继电保护能直接插入待替换机电式保护的外壳内，从而满足在不改变接线的情况下替换旧的机电式保护的需求。数字式保护更常用的设计包括各种保护和控制功能，并使用配备专门输入输出接口的机架式外壳。不同数字式继电器中的保护和控制功能的数量不同，可以是只满足简单或专门需求的数个功能，也可以是为线路或发电机提供全套保护的众多功能。简单的保护一般包括一些过电流元件，稍微复杂一点的除了过电流元件还可能增加自动重合闸功能。之前提到过，更复杂的保护可能配备保护和控制具体电力系统设备所需的所有功能和策略。

15.3　可编程序控制器

许多使用微机保护的变电站都采用可编程序控制器（PLC）作为逻辑单元，替代机电式继电器。PLC 利用带有存储程序的数字计算机来模拟多个继电器间的相互连接，从而实现特定的逻辑功能。PLC 的程序通过键入输入并显示为阶梯图。阶梯图以原理图形式按顺序显示，从而表示了逻辑关系。之所以称之为“阶梯”图的原因是其形状像阶梯，而且电脑按顺序扫描梯图中的每一行，逻辑也从一个梯级流向另一个梯级。一台 PLC 有许多输入端口，传感器、开关等各种元件的逻辑状态通过这些端口输入。逻辑状态只能有两个位置，我们通常称为“高”和“低”，“通”和“断”或者“1”和“0”。同时，PLC 也有许多输出端口，可用于操作跳闸线圈、线圈带电或点灯等。PLC程序规定了在何种输入条件下哪个输出带电。PLC程序本身像阶梯型逻辑图，相关触点及继电器线圈都是虚构的，且嵌入控制软件中。PLC程序可通过电脑连接PLC编程端口来输入或查看。

PLC具备与数字式继电器及其他电子设备通信的能力，并通过远程监控。近来，数字式继电器的处理能力不断提高，已经能够内部执行大部分从前由PLC来执行的逻辑功能。在如今的变电站中，所有保护和控制均由数字式继电器内完成，只有跳闸回路是唯一采用硬连线的控制回路。

15.4 微机继电器的应用

微机继电器最初引进市场时，应用层面的保护工程师在面对这项新技术时总有一定的困惑与担忧。采用机电式继电器时，只要需要整定的参数确定了，整定过程便直截了当。而微机继电器需要大量输入量，保护工程师还需要理解许多语意模糊的新术语，分析大量难以理解的说明书。保护工程师也非常担心新的微机继电器能否承受变电站中脆弱电子设备的恶劣环境。另外，保护人员对新技术的应用一向非常保守。新技术的优势需要一定时间才会显现，但新应用带来的问题却会造成非常大风险，因此使用原来的技术自然也更安全。尽管这些挑战依然存在，但随着运行经验的积累，人们对其可靠性、整定和试验要求的顾虑慢慢减轻了。此外，说明书的质量与清晰度也大为改善，其特性也已被纳入优化整定过程的设计中。

然而，制定数字式继电器的整定规范需要大量的输入数据，这是个冗长的过程，但相对简单。对布尔表达式及方法论的基本理解有助于开发能够实现所需逻辑的程序，同时也可以有效利用所设计的数字式继电器的全部功率。微机型继电器的设计容量和功率不断增加，除一系列保护功能外，还具备能够满足变电站大部分控制及数据采集需求的能力。许多现代的数字式继电器可用于替代变电站控制及数据采集系统所需的其他数字装置，例如：PLC、远程终端RTU、计量仪器及控制开关等。微机保护装置的功率不断增加，实际应用中最大的障碍是灵活运用功率需要编写大量复杂的程序。保护工程师不一定都精通编程，因而他们无法积极地充分利用数字继电器的全部功能。

15.5 微机继电保护程序编制

为了能高效利用现代微机型继电器的诸多特点及灵活性，需要对编程技术有一定的理解。适用于现代数字式继电器的编程工具包括布尔运算、控制方程组件、二进制组件、模拟量及数学运算。

15.5.1　布尔代数

了解布尔代数及其与电路逻辑联系，对数字式保护编程工作显得尤为重要。保护工程师最好在这方面达到一定的熟练程度。许多优质教材及课程均可用于学习掌握这方面的相关知识。下述为一些基本原则的概述。

在布尔计算中，事物只有两个状态，即 1 或 0。布尔加法的规则如下列方程所示：

$$0+0=0, \quad 0+1=1$$

$$1+0=1, \quad 1+1=1$$

不管有多少个数相加，由于之前讲过只有 1 和 0 两个状态，所以和都不能大于 1。

$$0+1+1=1, \quad 1+1+1+0=1, \quad 1+1+0+1+1+0=1$$

布尔加法对应“或”门的逻辑函数，在电路中相当于并联开关。布尔加法的基本等式及其逻辑“或”门和电路表示如图 15.1 所示。

布尔乘法规则的等式表示如下：

$$0\times0=0; \quad 0\times1=0$$

$$1\times0=0, \quad 1\times1=1$$

布尔乘法对应于“与”门的逻辑功能，在电路中相当于串联开关。图 15.2 所示为布尔乘法表达式。

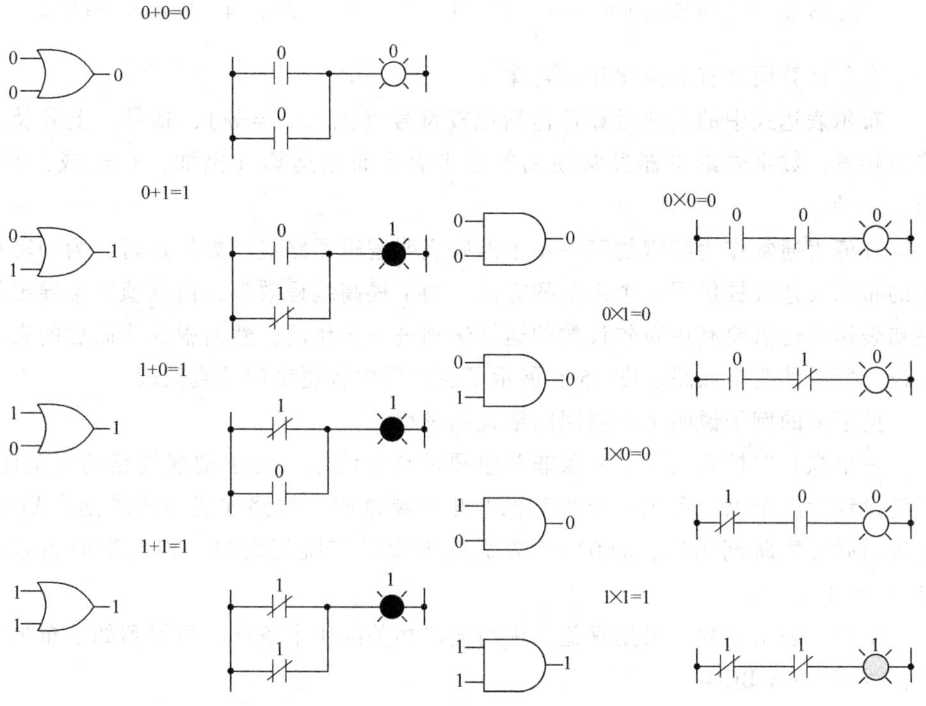

图 15.1　布尔加法表达式——“或”门　　图 15.2　布尔乘法表达式——“与”门

布尔计算的变量以大写字母表示。布尔变量只能有两个值，1或0。每个变量都有一个补数，即该变量的相反数。如果变量A的值为1，那么其补数便为0。变量补数的表示法是在变量大写字母的正上方画条横线。补数是一种逻辑反转，且对应于“非”门逻辑函数。电路上来说，逻辑反转等同于通常情况下的闭合开关。布尔补数法表达式如图15.3所示。

和数学一样，布尔计算同样也有恒等式。这些恒等式源于布尔变量独特的双变量特性。基本的布尔加法及乘法恒等式如图15.4所示。

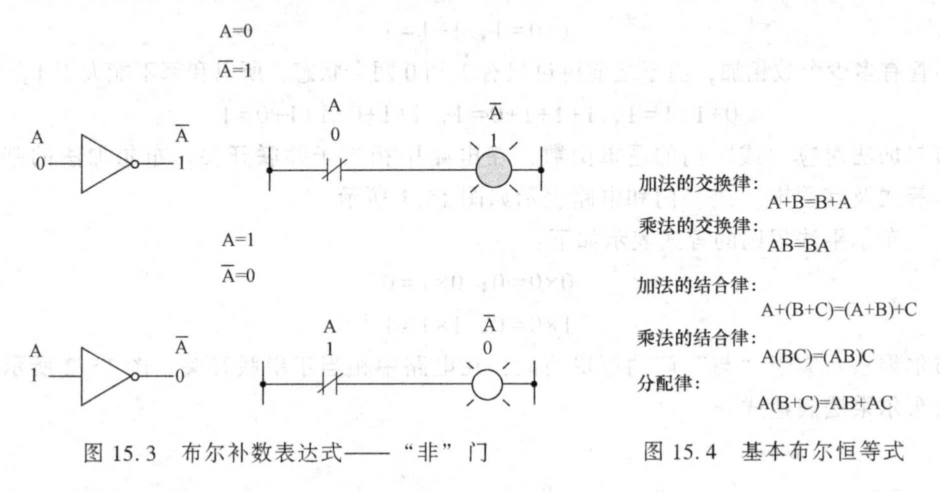

图15.3 布尔补数表达式——“非”门

图15.4 基本布尔恒等式

布尔计算同样有交换律和结合律。

布尔表达式中的其他运算符包括比较符号（<，>，=等），括号，上升及下降沿触发。数字式继电器经常使用符号来表示布尔运算（例如，+ = 或，* = 与，! =非）。

真值表通常作为编程的第一步来准确表明逻辑回路应该如何运行，为列写相关的布尔表达式提供了一个系统的方法。为了提高编程效率，由真值表推导出的最初表达式还需要利用布尔代数的运算法则进一步化简，然后根据化简后的表达式设计所需的逻辑回路。图15.5展示了逻辑图中各逻辑门的真值表。

接下来的例子说明了控制回路编程的过程。

三个纵联保护系统用于一条非常重要的传输线上。为了增强线路的安全性，系统设计为三个纵联系统中至少有两个出口跳闸时，线路才能动作跳闸。A(1)代表纵联方案跳闸出口，a(0)代表纵联方案没有跳闸出口。相关真值表如表15.1所示。

A′用于表示补数。根据真值表中与输出相关的4个条件，可得到如下布尔方程：线路4—A′BC=1

线路6—AB′C=1

线路 7—ABC′=1

线路 8—ABC=1

加法	减法
A+0=A	0A=0
A+1=1	1A=A
A+A=A	AA=A
$A+\overline{A}=1$	$A\overline{A}=0$

图 15.5　逻辑门及相关真值表

表 15.1　三取二纵联逻辑真值表

纵联 1=A	纵联 2=B	纵联 3=C	0 输出
0	0	0	0
0	0	1	0
0	1	0	0
0	1	1	1
1	0	0	0
1	0	1	1
1	1	0	1
1	1	1	1

这样即可得到表示上述各种条件下的布尔方程：

$$输出=A'BC+AB'C+ABC'+ABC$$

根据这个布尔方程也可以设计出相应的逻辑回路，但会相当复杂。通过布尔代数的运算法则，上述的等式可以化简为

$$输出=AB+BC+AC$$

由于所需的逻辑比较简单，这个例子的逻辑图直观明了。对更复杂的系统，如果采用便捷方法或利用直觉而非逐步求解的过程，则很容易会出现错误。在编写逻辑程序时，强烈建议使用真值表和系统方法来获得正确的结果。上文所述输出方程对应的相关逻辑回路如图 15.6 所示。

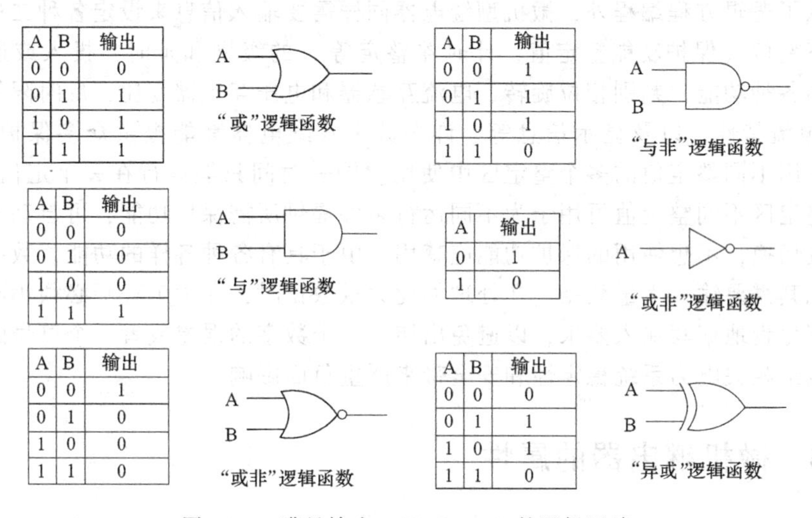

图 15.6　满足输出=AB+BC+AC 的逻辑回路

15.5.2 控制方程组件

控制方程组件是继电器中存储位置、计时器及计数器的集合，用户通过控制组件操作继电器，并为变电站自动化提供逻辑数据。这些组件包括布尔方程编程得到的控制方程变量、数学控制方程中的控制方程数学变量、锁存器、调节器及顺序计时器。同时还为用于继电器间通信并确定装置状态的远方数据提供存储位置。

15.5.3 二进制组件

二进制组件是继电器内部逻辑结果的输出。控制二进制组件的逻辑可事先编制，或由用户编制。二进制组件也可以用在布尔方程里来编写其他逻辑功能或者启动其他各种动作，例如跳闸出口、闭合出口及事件报告触发。

15.5.4 模拟量

模拟量是接收、测量及计算得到的电流和电压量。模拟量可以是相关电流或电压的瞬时值、平均值或者有效值。可以用数学运算来编写这些模拟量。

15.5.5 数学运算

利用数学运算得出利用模拟值的数学控制方程。数学运算包括常见的运算，例如：加法、减法、乘法、除法、开二次方、对数、指数和三角函数。用户编制数学方程时，通常与控制功能相关，而非保护功能。

15.5.6 整定

除了逻辑方程编程外，微机型继电器同样需要输入信息来设定各种二进制组件状态变位（保护功能整定值，计时器整定等）的级别和延时，投入或退出继电器的各种功能，判别相位旋转、电流互感器和电压互感器变比，反时限保护的时间-电流特性，以及显示信息等。许多数字式继电器都能提供众多保护功能，可在应用不同整定值的多个整定区中使用。同一时间只能运行在一个定值区下。同一整定区不同整定值可用于为不同运行条件提供所需保护功能，可自动或手动选择或切换，不想使用的保护功能应禁用。由于具有各种各样的功能，数字式继电器尤其需要输入大量数据。在处理如此大量数据时，保护工程师必须小心谨慎并尽职尽责地编写输入要求，以避免出错。一个数字的误差或者一个符号的错误都可能给相关电力系统稳定性和安全带来严重负面影响。

15.6 微机继电器的属性

美国及其他国家电力公司的实践已经证明，微机继电保护系统在行业内已经取得了广泛认可。如今生产售卖的大部分保护装置都是微机保护。数字式保护推动其自身发展的主要有利特性如下：

1）以更低的成本实现更多的保护；
2）接线简化；
3）非常灵活；
4）减少运维需求；
5）面板精简—减少所需设备；
6）事件记录功能；
7）计算并显示故障距离的功能；
8）计量功能；
9）实现控制及自动化功能；
10）自检功能；
11）通信功能—设计强化保护方案的功能；
12）远方访问及整定的功能；
13）根据系统条件自动切换定值的功能。

微机保护使用上的缺点主要包括：

1）单一故障可能导致多个保护功能失效；
2）使用手册复杂难懂；
3）整定及逻辑需要大量数据输入；
4）频繁的硬件升级，带来追踪和文件编制问题；
5）输入软件与保护匹配困难，特别是现场修改过保护后。

下列章节将讨论电力系统保护中微机保护的主要特点及问题。

15.7 保护强化

微机保护具有下列显著特点，可用于强化传统保护应用所具有的保护功能：

1）数字式保护能够以最小的额外成本应用各种保护系统。
2）更改微机继电保护系统很简单。

微机保护出现之前，保护系统中的逻辑及整定值都是固定的，需要人工操作整定调节器或者实际更改线路配置才能修改。由于这种更改需要花费时间及金钱，且大多数情况下更改过程中要求设备停运，因此灵活性受到很大限制。接入局域网的微机保护系统的应用提供了一种更简单的方式来修改逻辑和定值，并应用之前无法实现的保护方案。

图 15.7 所示为一排安装在保护屏上的微机保护装置，用于为输电线、变压器及四条馈线提供主保护和后备保护。可以注意到，如此大型的保护却只需要有

限的屏柜空间，所需接线远远低于功能类似的独立保护装置。

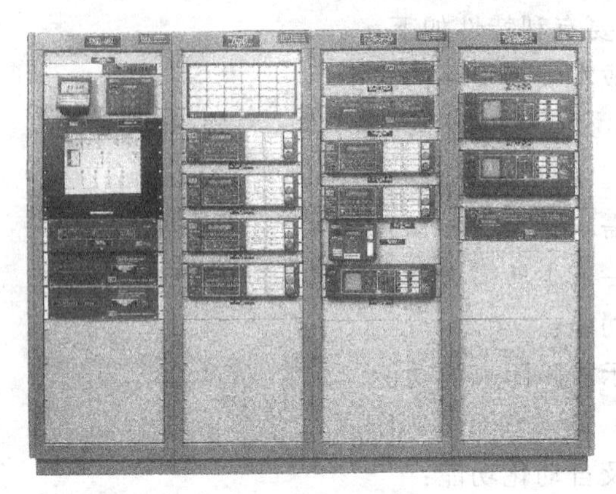

图 15.7　置于保护屏上的微机保护为整个变电站提供保护
（施维泽工程实验室提供，铂尔曼，华盛顿州）

15.7.1　配电保护系统

传统配电变电站中保护调整既复杂又昂贵，而微机继电保护的使用让保护方案的实现变得简单。断路器失灵保护的应用就是个很好的例子。大多数数字式保护在软件中配置了计时器，并可根据客户具体需求来应用。相关保护动作后，如果馈线断路器未能在规定时间内断开，可启动计时器和一些简单程序，通过保护通信端口发出信号以跳开相邻断路器。由于机电式断路器故障方案的复杂性和高成本，断路器失灵保护过去在配网中应用较少。使用微机保护后，在配电线路保护中增加后备保护功能也变得相对简单。当继电器自检发现异常时，告警触点会闭合。后备保护则可以通过对每个馈线继电器的告警触点进行编程来实现，后备过电流保护动作后允许跳开相关馈线断路器。在许多情况下，过电流保护接入流经站内变压器的电流，用于保护母线和变压器。为了尽可能的降低额外成本，该保护中的过电流元件也用于馈线后备保护的过电流监测功能。

图 15.8 所示为馈线微机保护。这种保护一般包含相电流、剩余电流及负序电流过电流元件。过电流元件可以用于启动瞬时跳闸、定时限跳闸或者一系列基于反时限特性的延时跳闸。这种保护中通常还有跟踪频率、电压及功率变化的元件，同时具有自动重合闸、检同期以及多个整定区功能。另外，这种保护还具有控制功能，允许用户通过保护前面板操作闭合或断开相关断路器。前面板同样具有对保护进行编程的功能，也可显示保护测量到的各种电气量。

使用微机保护后，由于安装简便成本较低，快速母线保护也能安装在配电变电站中。如上文所述，大部分数字式保护能提供许多过电流保护功能供用户随意使用。为了实现快速母线保护，每个馈线保护中都嵌入低值瞬时过电流保护，用

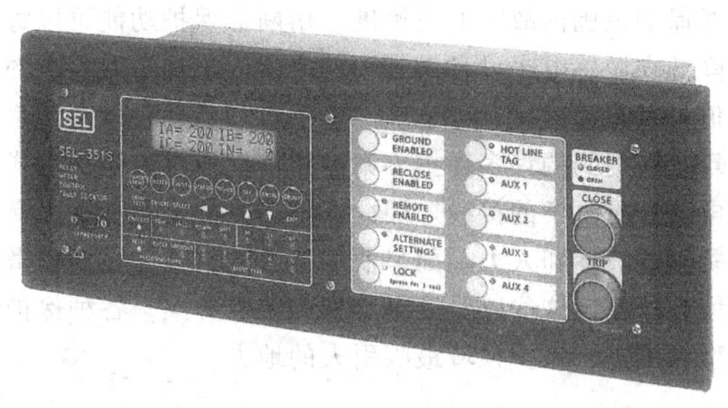

图 15.8　馈线微机保护（施维泽工程实验室提供，铂尔曼，华盛顿州）

于给主母线过电流保护发送闭锁信号。母线保护中的过电流保护经短延时跳闸，过电流定值一般略高于馈线闭锁过电流保护。如果故障发生在馈线上且故障电流足以使母线过电流保护动作，故障馈线上的闭锁过电流保护也会动作同时闭锁母线保护。如果故障发生在母线上，则馈线过电流保护均不动作，母线保护会在短延时后动作跳闸。对于母线保护来说，通常 6 个周波的延时已足够。快速母线过电流保护适用于馈线为辐射状结构的情况。

过去，配电变电站复杂条件下存在的一个问题，当变压器高压侧熔断器断开时会导致不平衡。配电变压器一般是高压侧△形联结，低压侧 Yd 形联结。在这种连接方式下，当高压侧一相熔断器断开，低压侧的两个线电压会降低到正常值的 87%，同时另一个线电压会降低到零，两相的相对地电压会降到正常值的 50%，另一相对地电压基本保持正常。由这些变电站供电的电机如果长期连接在这样不平衡低电压下，设备将会被损坏。大型三相电机可单独配置不平衡保护。但是，小型三相电机及单相电机一般无法装设这样的保护。电力公司收到的很多关于电机故障投诉及诉讼，都是因为高压侧熔断器断开后配电变电站仍允许继续运行而引起的电机故障。冰箱和空调电机在这种情况下特别容易损坏，而一座变电站可能为数以百计这种电机供电。使用微机保护后，很容易就能检测到上文提到的配电变电站熔断器断开，微机保护通常也会配备低压元件，用于监测△-Y 联结变压器高压侧熔断器断开后的电压情况，并用合适的方式断开受影响的负荷。

低压保护可按如下方式整定：当任一线电压少于额定值的 40%且同时任一线电压超过额定值的 70%时，低压保护动作。这一定值能判别到高压侧熔断器断开情况，但不会因电压互感器一相熔断器断开而动作。电压互感器一相熔断器断开时，低压侧两个线电压降到额定值的 58%，同时另一个线电压保持正常。

数字式保护可自动切换定值的特点，使配电变电站变得更加灵活。轻载时降低定值，提高对保护范围内故障的灵敏度。熔断器保护功能可以每天固定时段暂时退出运行，降低在敏感电子设备最常用的时段内出现瞬时停电的可能。长期停运时，保护定值可以适当提高，以适应冷备用负荷启动时较高的浪涌电流。

当然，本章之前提到的许多保护方案同样可以通过传统机电式保护实现，但需要更多的继电器和更复杂的接线。因此，许多电力公司不认为新型继电器的这些优点值得花费额外成本和人力。如果使用微机继电器，只要稍微动点脑筋再加上简单的编程就可以实现这些以及许多其他的特殊方案。各种保护逻辑能够轻松应用，是微机型保护进入保护领域最吸引人的地方。

15.7.2 输电线路保护系统

数字式保护的灵活性给输电系统保护带来了很大的好处。用于输电线路的微机保护具有多种可供用户选择的距离特性。这样就可以在具体应用中采用最佳特性，并在条件改变时轻松修改。比如，在短线路中最好使用四边形特性来提高对经电弧电阻故障的灵敏度；而在长线路中，许多数字式保护均设计了专门提高应对线路过负荷运行能力的距离特性。如果系统被重新规划，短线路变长或长线路变短，抑或形成新的多端线路时，相关的距离特性可轻松调整以更好地适应新的需求。

如第13章所述，如今，输电线路纵联差动保护的应用越来越广泛。图15.9为用于提供纵联保护的微机保护装置。这种保护装置同样也包含了一系列其他的保护功能，包括距离保护、过电流保护、后备保护、各类纵联保护逻辑、检同期自动重合闸以及自动化和控制系统功能。

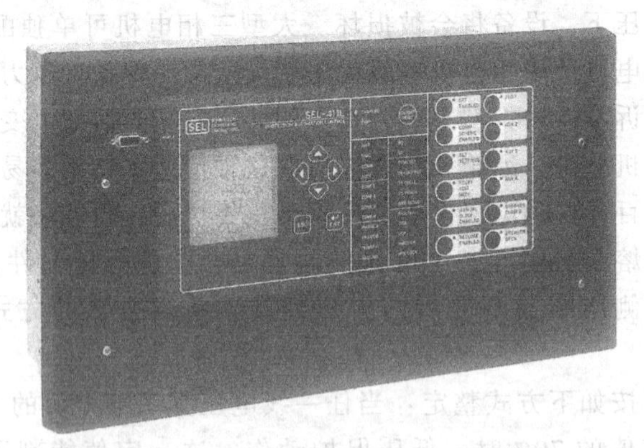

图15.9 可为网状线路提供线路差动保护的微机保护装置

（施维泽工程实验室图像，铂尔曼，华盛顿州）

高压变电站一般会在断路器因维护退出运行或者断路器故障时用母联断路器代替线路断路器。由于大多数数字式保护都有多个定值区，在这种保护用在母联断路器上时，可轻松更改定值以适应母联断路器作为一侧断路器的特殊线路的要求。除此之外，当线路规划为环网时，线路的长度会因为断路器被旁路而增加。具有多个定值区的数字式保护可轻松修改定值以适应增长的线路。有需要的话还可以通过通信通道以及监视断路器旁路开关的位置来自动完成定值切换。

15.8 多功能特性

微机保护可以把各种不同的功能集成到一个匣子里。除了多重保护功能，微机保护还具有可编程控制逻辑，因此无需使用传统保护中所需的大多数中间继电器。数字式保护的明显优势是能缩小保护屏空间和接线需求。一个匣子即可满足发电机、线路以及其他系统设备的所有保护和控制要求。

多功能数字式保护应用最主要顾虑还是集中在可靠性问题上。将全部保护及控制功能均集成在一个装置内，这很容易让人担心单一故障是否会让设备失去所有的保护功能。如果使用多个同类型的装置，共性故障也可能使设备失去所有保护。同样令人担忧的是，有些故障可能十分隐蔽，即使发现后也很难修复。检修过程中，人们也顾虑重要设备可能需要长时间停运。这些顾虑使人们无法很快地接受多功能装置。惯例及经验让保护工程师认为把所有鸡蛋放在一个篮子里是不明智的。这样的争论还会一直持续下去。支持者则认为，当各部件分开时，微处理器的工作效率会更高。不管今后发展趋势如何，近年来越来越多的人已经接受把多功能数字系统应用到保护和控制中去了。多功能保护装置成本适中，相对于其所包含的功能来看成本还会越来越低。由于成本低，如今每个被保护设备上安装两个或多个多功能保护已经成为常见配置。同样给每个类型备用一个或多个备用保护作为故障时的替换也成为了常用做法，检修时就只需要将故障设备退出并将备用设备投入即可。为了尽量避免同一类型故障，保护工程师往往使用不同厂家生产的保护装置来保护同一个设备。因为相关保护设备的性能已得到大幅提升，许多电力公司也更加接受这种做法。考虑到学习整定、编程及测试要花费的时间，保护工程师更倾向于尽量少地使用不同厂家的设备。因此，一些电力公司允许使用同一厂家的设备作为冗余保护。有时，要求使用不同的型号，以降低发生同一类型故障的可能性。运行经验足以说明微机保护的可靠性已经显著提高，多功能装置的应用也变得普遍。对于非关键性和造价较低的设备，通常也可以使用单个多功能装置来保护。随着保护装置的设计及相关可靠性的不断提高，这一趋势也势必会不断发展下去。

15.9 简化接线

微机保护的一个明显好处是保护和控制所需的接线数量大幅减少。使用机电式保护时，每个保护功能对应的继电器接口都需要接线，中间继电器、重合闸以及各种其他控制装置也需要大量接线以实现保护和控制逻辑。因此，机电式保护所需接线通常数量巨大且复杂，这也导致了高成本和潜在故障。如果使用微机保护，所有保护功能及相关逻辑均可集成在一个匣子里，这就避免了像以前那样大量的连接线。

微机保护的计算能力同样可以用来简化接线。例如，在△-Y联结的变压器上使用机电式差动继电器时，为了让差动继电器正常运行，变压器Y侧的电流互感器必须按△形联结。而电流互感器△联结的接线回路设计则需要细致的分析以确保连接的正确。而在这种变压器上使用微机型差动保护时，不再需要电流互感器按△形联结。相反，只需要知道变压器联结类型，即可在保护内部计算出与△形联结电流互感器等效的电流。另外，微机保护还能提供幅值大小及相位校核，以进一步确保接线及输入正确。

15.10 事件报告

微机保护的记录和事件报告显示功能为保护工程师提供了一个可用于分析电力系统扰动性质以及保护和断路器性能的强大工具。过去，工程师们只能依靠故障及事件顺序记录装置提供的信息来分析系统扰动。这些装置都价值不菲，所以一般只在重要的高压变电站安装。如果使用微机保护，在使用了此类装置的每个位置均可获取同样的信息。

作为标准功能，大部分微机继电器都能提供事件报告。事件报告记录并存储发生系统故障或其他类型事件期间保护装置的测量及响应情况。事件发生时，保护中固定或可整定的启动元件启动记录保护中所有元件和可编程逻辑的状态、输入输出节点的状态、电压和电流的采样值以及当前的保护定值。

15.10.1 事件报告类型

包含保护记录的所有信息的报告称为完整报告。不同的保护监测的模拟通道及保护元件的数量和类型不同。事件报告格式为ASC II文本文件并可垂直访问。数据分列显示，每列代表一个时间点。时间间隔的取决于采样率，一般为每周波4~16个采样点。保护一般会提供可供用户选择的灵活的显示速率。选择每周波4个采样点可以快速回浏览，而选择每周波16个采样点则能看到详细的波形。由于保护存储空间的限制，事件报告的数据长度也有限，一般从11个周波到60个周波不等。随着处理器设计越来越强大，最大储存量及显示能力也在不断增长。事件记录长度中有一部分用来提供故障前及故障后的信息。事件报告一般显示保护过滤后的模拟量。如有需要，许多保护也可以显示未经过滤的模拟量，方便观察谐波及直流偏移情况。事件报告可以用个人电脑和常用的终端仿真软件以文本文件格式查看。厂家也有专门用来查看事件报告数据的软件。这种软件可以让使用者根据其指示一步一步轻松查阅数据，这对用户来说大有好处。这样的软件工具还能自动读取数据、在波形中显示元件状态、显示计算出的相量的幅值、相角及对称分量值。使用这种专门的软件可以大大方便事件报告的分析过程。

除了完整的事件报告，新一代的数字式保护还可以生成各种简报，一般包括历史报告、动作简报以及事件顺序记录报告等。

历史报告提供某个位置一段时间内所发生的事件记录信息。保护每产生一个报告，历史报告便新增一条记录。历史报告按时间顺序从最新的事件和工况向前依次显示。浏览历史报告可以简要概括某个位置发生的所有事件信息。一般浏览事件时还能选择具体项目进一步查看。如果需要查看一个特定电流的信息，或大致浏览保护装置的性能，通过历史报告都可以实现。历史报告通常会显示每个事件中故障发生的日期、时间、故障相别及故障测距结果等。

动作简报一旦生成便会发送到保护的通信端口，并传送到有分析员的主站做进一步的分析。故障简报发送后则无需再查看单个保护能否产生了新的事件数据。通过监控与数据采集系统（SCADA）同样可以提取如故障定位及故障相等更多相关信息，并发送给系统运行人员。

许多现代数字式保护同样具有生成事件序列报告的功能。用户可以选择需由报告监测的元件。一旦选择查看的元件状态发生改变，保护便给其打上时标并生成变位记录报告。通过事件序列报告，可查看和分析保护动作的时间顺序。分析电力系统扰动时，保护中元件动作顺序信息十分有价值。

第 16 章会更细致探讨电力系统扰动分析中事件报告的本质及应用。

15.11　调试及定期检查

保护和控制设备投入前的传统调试工作一般包括以下几步：

1）确认保护能正常运行的试验台测试；

2）特定整定值的应用；

3）验证接线是否恰当；

4）所有保护控制系统的功能测试；

5）带电测试。

上述前 4 个步骤是系统上电前进行的。最后一步则是系统上电后确认保护和计量的所有采样值和角度均正确。

开展机电式保护的定期检查，确保保护的准确度在允许的限度内，同时验证保护系统跳闸能力完好。随着时间的推移，机电式保护的动作特性会受到各种环境因素的影响。因此，对装置定期进行检查和校核，对维护装置的正常运行非常重要。可靠性委员会通常会对高压系统保护设备制定具体的定检计划。一些地区还要求上交检测报告来证明定检已经按要求进行。

对微机式保护进行调试的要求与机电式保护是一致的。需通过试验来验证保护动作的正确性，整体保护功能与设计的一致性以及带电运行读数正确等。但鉴于数字式保护的性质及功能，相关试验的范围与技术则与机电式保护不同。

数字式保护通常需要进行功能测试以确保其按照设计的规则运行。大部分操作是由应用软件控制的。不同电力公司的数字式保护功能试验方法也不同，但都比对机电继电器的要求更灵活。由于类似的保护模型会使用相同软件，通常的做法是在同一个微机保护模型上只做一次这样的试验。试验需要验证软件是否能正确运行，以及保护的硬件是否能按设计运行。这样的试验也让保护工程师更加熟悉继电保护的运行特点。完整的保护模型试验完成后，可以认为厂家的出场试验足以证明硬件能够正常运行。如果某台保护装置中存在硬件问题，之后调试过程也可以检测出这样的缺陷。

数字式保护整定的过程与机电式保护明显不同。数字式保护无法通过调整抽头、杠杆或微调电阻来整定。当然，数字式保护定值以电子形式存入保护中。除了保护元件的定值，电子输入也会确定保护所需配置与逻辑。定值试验的方法式将定值应用到保护中，并检查保护是否按定值动作。由于多个保护元件通常共用一个出口触点，有时需要退出一些保护元件来测试特定的保护元件的启动和动作时间。由于数字式保护将大部分的保护和控制逻辑整合到软件中，确认接线是否正确的检查明显比机电式保护少。进行数字式保护逻辑试验时，需要确认所有输入、功能闭锁、控制、输出、告警及开关均按设计运行。试验人员应使用纸质逻辑图来帮助试验，这类图样应永久留存以备日后参考。对试验人员来说，将纸质逻辑图在变电站中存档有利于试验的进行，特别是在紧急情况下。数字式保护的事件序列功能可用于促进逻辑试验的开展。另外，可使用专用测试软件来测试嵌入数字式保护中的逻辑、定值以及动态和适应性特性。微机保护通常允许采用灵活方式标记和储存保护产生的对象和记录。需要设计试验来确保所有这样的记录都按照设想正常运行。验证过正确性之后，数字式保护显示的电流和电压测量值可加快试验的过程。电流和电压值的显示对带电试验非常重要，这些试验用于验证相关互感器的接线和变比设置是否恰当。

15.12 整定规程及记录

机电式保护和数字式保护的最大不同是，数字式保护定值整定时需要传输大量的数据。为了便于和确保数字式保护定值整定恰当，快速切除故障，一个性能良好的跟踪系统是非常有必要的。跟踪系统最好包含以下几个特征：

1）整定规程需要以电子和纸质方式传送。

2）需要设计逻辑图来补充输入规范。

3）需要开发使用一个规范且连续的文件命名系统，用于明确确认每个专用装置及其相关整定。

4）用来确认下装的整定值和确认相关的具体发送设置的反馈系统。

根据使用者的习惯，跟踪系统可以有很多种形式。重要的是系统需要不受死区影响并且在整个电力系统中持续使用。在格式及文件命名系统中最好尽可能使用标准的工业命名法，这种做法有助于与其他设备共享整定值。一些电力公司及设备厂家按照自身的需求开发出用于追踪的专用内部软件。但其缺点是，这些程序的研发和维护既昂贵又耗时。于是，一些厂家选择购买专为这种功能设计的软件。这样的软件通常与其他短路计算、保护整定软件等常用保护软件一起成套卖给用户。

跟踪记录数字式保护的硬件版本升级也是另一个需要注意的问题。这种升级通常由厂家提出，用来修复现行版本中存在但之前未发现的程序错误或者单纯完善保护运行性能。所有者收到这样的升级版本后，需要考虑升级带来的益处是否值得花费精力来应用这些升级，这一决定应由组织中一个集中部门来决定。如果系统中相关运行设备或可能使用的设备存在缺陷，则必须升级修复运行缺陷。如果相关设备中有一个需要硬件升级，那么系统中所有这样的设备都需要类似的升级。这些措施能促进保护装置版本的延续性及一致性，从而降低人们对未来发生类似故障的顾虑和可能性。每台装置的记录都应清楚表明所有的硬件升级信息。同样重要的是，基于现有硬件设计，软件版本所需的关键输入定值也应当被确定和存档，作为保护记录的一部分。

15.13　故障定位

确定故障位置是提高电力系统可靠性的重要过程。这在线路故障时尤为重要，因为线路一般都会在很大的地理范围内延伸。通过确定永久故障的位置，电力公司可立即派人到现场抢修。抢修人员越快到达现场，供电才能越快恢复。经验表明大部分停电时间都是用于故障定位了。另外，定位瞬时故障的位置能确认并更换受损的电力设备。绝缘子破裂、钢绞线导体烧毁之类的设备损坏经常在瞬时性故障中出现。确认故障后可以迅速安排设备更换计划，以减小对用户供电的影响，并防止未来可能出现的永久性故障及停电。

许多现代微机保护都有线路故障测距的功能。尽管故障测距的标准还需将单独的算法和数据编程到保护中，但故障测距所需的电气量因其他用途已在保护中存在了。因此，数字式保护可将提供故障测距功能的额外成本控制到最低。在数字式保护面世之前，电力公司在很大程度上是靠电话或者人工巡线来进行故障定位的。获得故障录波器数据后，通过故障数据和故障研究结果的离线比较可大致判断故障位置。由于故障记录数据有限，这种分析只能用于简单故障。即便这样的分析可行，从老式故障录波器读取信息也会花费大量时间，而且相关的分析也同样需要时间。而在计算完成前故障定位可能就已经通过其他方式实现了。

现在已经有许多不同的故障测距方法。如前所述，其中一种方法是将故障记录器数据同短路研究数据相比较。遗憾地是，这种方法通常仅适用于高压系统且比较慢。另一种方法是利用故障后的行波测距。因为需安装专门用于行波测距的特殊装置，这种方法成本较高。基于阻抗的故障测距方式是现在最常用的故障测距方法。这种方法中，利用线路一端或多端测量的电流电压值进行计算，以确定故障点到两端的阻抗值，只要与线路阻抗值一致，即可轻松计算出故障点的位置。

基于阻抗的故障测距算法需要端口的电压电流分量。这些值可以轻松得到，因为许多数字式保护的相关保护功能同样需要这些值。采用基于阻抗故障测距算法需根据相关的电压电流测量量计算其相量，还需要先确认故障类型。同样可以采用简单的电抗算法来计算保护安装处与故障间的阻抗值中的电抗分量。但这种计算方法可能出现较大误差。其中线路阻抗计算自身的误差无法避免。电流和电压互感器的误差也会存在，但相对比较小。在这种简单算法中，电抗的计算准确度还受负荷电流的方向及流向故障点的电流相位差的影响。为提高准确性，算法也进行了改进，把负荷电流方向及相位差也考虑进简单阻抗算法中。要想应用这样的算法，保护还需要一些额外信息，包括用故障前信息来确定线路负荷电流，用线路两端的等效系统阻抗来确定所需的相位数据。如果线路两端的电流电压信息可以同时用于计算，那么计算结果将更加精确。

大部分现代数字式保护都可以计算并显示故障点距离，通常表示为故障点到保护安装处的公里数。为了得到这个值，保护还需要线路阻抗值和线路长度方面的其他数据。故障测距信息通常显示在保护上，并发送到保护通信端口，然后再传输给系统运行人员和保护工程师。

故障定位信息的可用性和价值很大程度上取决于它所应用的电力系统。在配电系统中，故障定位信息的价值低于其在输电系统中的价值。例如，由于线路导体规格及线路间距的改变，配电线路的阻抗也会随着变得不均匀。同时配电线路还会分支到不同方向，并且通常包含与大部分线路相连的三相和单相分接头。由于配电线路的这些特性，故障定位算法的实际应用就受到很大的限制。利用良好的线路拓扑结构图以及线路段阻抗，已经开发除了应用于配网的故障测距系统，至少可缩小故障定位的范围。输电线路一般阻抗大小比较均匀且很少分接头。然而，显而易见的是，故障定位数据在人口稀少且很难到达的长距离线路电力网络上会更有价值。

经验证明，电力公司将故障定位信息作为必备功能之一，是减少停电时间的很好手段。但应格外注意，不能盲目接受测距的结果作为实际故障点。计算距离时肯定会存在一些源头上的误差，有可能让计算的距离值没有意义。比如故障类型判断不当、发展性故障、故障持续时间过短都有可能造成距离计算上的较大误差。得到的故障数据周波越多，计算也会越精确。出现问题时，可以由保护工程师协助用离线分析软件来验证计算结果。实际上，保护工程师需要熟悉各种算法并了解装置中使用的算法类型。尽管可能存在误差，但电力公司发现较高概率的相对准确定位带来的好处远远超过少数不精确定位带来的困扰。通过进一步完善故障定位的方法，以及将信息应用于电力系统运行的方式，微机保护附加功能的价值还会继续提高。

15.14　电力系统自动化

电力系统自动化是指通过智能设备下达指令并实施相关操作来自动控制电力系统的运行。做出操作决定的自动化过程取决于计算机、智能仪器以及控制装置等。保护设备是一系列用于自动化系统智能电子设备的一部分，因此保护工程师需要熟悉并掌握这些系统功能的运行方式。

早年间，大部分电力系统控制都需要在开关柜现场通过人工操作开关和控制设备。大部分变电站都是一直有人值守的。变电站工作人员需要报告并记录变电站计量表的读数并按要求操作开关。之后，通信系统及电子控制设备的发展促成了 SCADA 系统的应用。利用该系统，计量表的读数会通过由电话回路构成的通信系统自动发送给中央调度办公室。同样，该系统还可以让系统运行人员通过远程操作变电站设备，而线路上的设备隔离开关大多数还是人工操作。随着微机智能装置的发展和完善，系统运行人员如今已经可以自动下达指令及开关命令。这种应用称为电力系统自动化。自动化系统的优势在于处理大量的数据的同时还能够快速执行操作。这就可以减少停电次数并且让电力公司延迟或减少成本支出。本书之前已经探讨过许多电力系统自动化的应用。这类系统一般包括以下几个方面：

1）防止低频低压的集中切负荷方案；

2）不同负荷或系统配置下保护自动切换定值；

3）广域控制防止功角不稳定。

许多其他自动化系统都已经推广应用到电力系统中。对配电及中压输电线进行自动分段，用于在线路故障后快速恢复尽可能多的负荷。配电线路故障后自动分段线路的保护系统会在第16章讨论。很多电力公司已安装自动抄表系统，不需要人工抄表，同时还能给电力公司提供更精确的负荷数据，并使用户可享受各种类型的优惠税率。自动化是一个广泛的领域，远远超过本书的涵盖范围。如本文所述，电力系统自动化包括各种智能控制设备、数据读取设备、数字计算机（经编程后用于处理数据并触发控制命令）间的互联。数字式设备需要接收指令和信号以触发开关及控制设备。通信系统也很重要，它在广泛分布的智能设备和计算系统间传输指令、数据及状态信号。电力系统控制工程师需要熟悉用于相关通信系统的语言和设备。对之前未在通信领域学习或工作过的电力工程师而言，该领域可能很陌生。变电站级通信处理器作为集线器支持多个同时的通信连接。处理器同样负责读取其他变电站智能设备的数据并控制。数字式保护应与通信处理器间有连接。通过处理器实现与保护的连接，以发送和接收数据。这样就可以远程修改定值及访问保护。如果系统被从外部侵入，则会对电力系统造成很大的损坏，所以必须严格确保这样的通信系统达到最高安全等级，并确保其万无一失。

电力系统自动化通信系统有众多通信规约。通信规约采用国际化的格式，规定了格式及两通信端口间的信息交互时间等。现行通信规约包括以下几种：

1）ASC II——一种简单但相对较慢的规约，可以轻松转换成可读的字母和数字。

2）MODBUS——一个已注册商标的系统，可模拟可编程逻辑控制器间的注册数据传输。

3）MODBUS PLUS—注册商标，中等速度网络，MODBUS规约的延伸。

4）UCA/MMS—北美公司、供应商、顾问联合设计的规约，用于促进不同厂家的智能设备间通信的一致性。该协议旨在满足所有类型电力设备的大部分需求。

除了通信规约，还有很多其他通信系统协议。通信网络通过直联或多点连接构成。直连时，两个装置通过电缆、无线或光纤通信媒介直接相互连接，可以持续控制，且各装置都始终与它所连接的装置通信。一台装置与多个其他装置直接连接的系统叫做星型连接。这种连接允许同时与许多智能设备通信。星型连接中继电保护与通信处理器相连。星型网络也通常用于大多数以路由器、集线器或开关作为网络中心的以太网系统。一些智能设备可连接成环型或总线型的多点拓扑网络。多点网络中每次只能有一台装置发信，所有相关装置都必须用统一语言发信，采用相同波特率，并且共用同一个物理连接。广播式多点连接可以由一侧从主机向多个接收端发信。这就像从无线电站广播一条信息，许多装置都可以接收到信息，但都不能回应。多点网络任何时候都只能有一个装置发信。如果当前允许发信的装置失去控制，那么网络中所有的装置都通信中断。

随着技术发展及成本的降低，电力自动化系统将以更快的速度应用到实践中。因其所带来的收益明显远远超过所需投资，因此电力公司在实现更高等级自动化系统方面将不再迟疑。作为一种新技术，自动化系统的设计会经历很大变化，也会像无线通信等技术一样发展、验证，然后应用。保护设备也将被整合进去，因为它们在自动化系统中也相当重要。重要的是，不管这些自动化系统采取何种设计，保护设备实现的主要保护功能是完全独立的。这就需要为保护设备提供用于测量及输出命令的独立接口。

15.15 实践观察：微机保护的应用

只需要搜索商业杂志、供应商目录或者与电力公司保护工程师交流，就会发现微机保护装置已经成为电力系统保护技术层面的首选。这是行业内公认的事实，而且也绝不是令人惊讶的一场革命。然而，我们也注意到，人们接受数字式保护不是发生在一夜之间。作为在职的电力公司保护工程师，我也承认，在微机保护刚开始应用时，我也非常担心人们是否能接受这种装置。电力系统保护一直都比较守旧，不愿尝试新事物。处于决策位置的工程师一般年龄较大，通常不乐于承担个人风险或者去学习新技术。除此之外，当提议改变设计时，电力公司内部也会有不同的观点。这些更改通常也需要研究和发展的时间。公司负责批准费用的部门在批准项目前也需要进行成本与收益的判断。在新技术应用方面，这种判断有时就比较复杂。因此，还有许多接受上的障碍，阻碍了微机保护的应用。另外，最初应用微机保护也并不总是十分顺利，甚至有时会令人担忧。保护装置有时会停机，而且难以恢复运行。有时在短时间内并没有故障，保护却跳闸数百次。整定软件始终无法与保护连接时也很让人沮丧。多次硬件升级、频繁的模型更换，还有写得像外语一样的教学手册也无法让情况好转。但是，技术之所以被推广是因为它提供了更好的电力系统保护方法。这是对行业内具有远见并辛勤工作的所有人的致敬，正时因为他们坚定理念，才最终把电力系统保护科学提升到了一个新高度。利用新技术来造福社会的过程具有重要意义，因为这正是改善我们社会的关键。这个过程中很重要的部分就是那些受过良好教育的科学家及工程师们：他们是专业人士，对本专业的科学始终心怀热爱，他们毫不畏惧不断尝试新事物，甘愿冒着巨大风险，对新事物始终持开放态度，并且对他人的工作与理念心怀敬重。工程师都不应觉得他们的工作不重要或一成不变，或是不足以有所作为，因为事实绝非如此。

希望本书提到的系统保护准则、技术基础、实际案例以及我个人的观点，能为那些在最有挑战性也最让人激动的电力系统保护领域工作的人带来一点价值与灵感。

参考文献

更多信息请参考第1章末尾的参考书目

Costello, D., *Understanding and Analyzing Event Report Information*, Schweitzer Engineering Laboratories, Inc., Pullman, WA, 2000.

Dolezilek, D.J., *Power System Automation*, Schweitzer Engineering Laboratories, Inc., Pullman, WA.

Elmore, W.A., *Protective Relaying Theory and Applications*, 2nd ed., Revised and Expanded, Marcel Dekker, Inc., New York, 2004.

Escobedo, D.S., Ramirez, E.A., Villanueva, O.A.M., and Ferrer, H.J.A., *Multifunction Relays and Protection Logic Processors in Distribution Substation Applications*, Schweitzer Engineering Laboratories, Monterrey, Mexico, 2005.

IEEE Tutorial Course, *Advancements in Microprocessor Based Protection and Communication*, IEEE Operations Center, Piscataway, NJ, 1988.

Klaus-Peter, B., Lohmann, V., and Wimmer, W., *Substation Automation Handbook*, Utility Automation Sonsulting Lohmann, Bremgarten, Switzerland, 2003.

Kupholdt, T.R., *Lessons in Electric Circuits*, Vol. 4, Digital, January 18, 2006.

Mooney, J., *Microprocessor Based Transmission Line Relay Applications*, Schweitzer Engineering Laboratories, Inc., Pullman, WA.

Young, M. and Horak, J., *Commissioning Numerical Relays*, Basler Electric Company, Highland, IL, 2003.

Zimmerman, K. and Costello, D., *Impedance-Based Fault Location Experience*, Schweitzer Engineering Laboratories, Inc., Pullman, WA, 2004.

第 16 章　保护系统性能提升

提高电力系统的保护性能，是一个连续的过程，也是一个持续的挑战。这一过程的重要组成部分包括：

1）在实际扰动中分析保护系统的性能；

2）维持有效的性能评价体系；

3）采取措施解决发现的问题。

这个过程能够有效提高电力系统可靠性。可靠的电力供应对个人、企业及工业园区的良好发展都至关重要，也是公众的期望。电力供应长时间中断会威胁公众的日常生活和财产安全。对于电力公司而言，为了给公众和政府留下良好印象，相比停机时间长短，尽量减少停机次数才更为重要，尤其是要为社会提供持续、可靠、优质的服务。例如，在 2012 年夏天的热浪侵袭中，巴尔的摩/华盛顿地区的强风暴雨造成大量电力供应中断，主要原因就是树杈搭接。大量故障使得电力恢复工作进行得艰难而缓慢。在酷热天气下，许多用户停电多日，热浪和电力中断的双重影响造成了多人死亡。相关电力公司受到了监管机构和政府部门的严格审查，并因其对灾害缺乏准备以及对运行演练的不充分而受到了处罚。马里兰州成立了专门的委员会，制定并采取措施，以便减少未来长期停电的可能性并限制事故危害范围。这些停电事故的后果突显了在电力系统设备建设或改造时的成本/效益分析中，考虑电力中断所带来的经济损失的必要性。虽然上述事故与保护系统性能并没有直接关系，但的确体现了保护系统在限制事故危害范围中发挥的重要作用，以及保护系统不正确动作造成的潜在影响。本章接下来会讨论大范围扰动下继电保护的性能问题。

多年来，电力公司致力于维护和提高电力可靠性和电能质量。人们已经认识到查明停电原因是防止未来停电事故的有效手段。大范围停电事故引发了公众的广泛关注，并且不少机构都会对这类事故进行详细分析和调查。这些分析报告和建议对改善电力公司及电力设施的设计和应用都大有裨益。本章稍后将讨论这类大范围停电事故以及由此提出的改进措施。局部停电事故和线路跳闸通常受到的关注较少，因此，它通常是由相关电力公司自行组织事故的审查和分析工作。

不同电力公司在分析设备和用户停电时的常用手段会有所不同，但他们共同的目标都是查明停电的根本原因、分析发展趋势，并采取行动预防由常见原因引发的停电事故。北美电力可靠性委员会（NERC）也在停电事故分析中发挥了重要作用。多年来，在NERC的努力下，已主导并发布了多起发生在美国和加拿大的重大停电事故分析报告。最近，NERC颁布的标准中提出了检查大容量电力系统设备自动脱扣装置所必须遵循的流程。

16.1 性能评价技术

评价电力系统性能的方法本质上可以分为狭义或广义。广义评价系统从整体角度分析停电事故并查明造成供电中断的元件或系统，而狭义的评价系统则侧重于电力系统扰动期间特定元件或设计的性能。

通常，上述分析停电的广义方法需要将所有断路器意外动作的原因进行分类。例如，一个大型联营电网一直以来都十分注意监测其500kV系统的性能，并为此开发了能检查辖区内发生的所有500kV系统操作并判别其原因的系统。这些原因可归为如下几类：

1）树杈搭接；
2）闪电；
3）风暴；
4）绝缘破坏；
5）动物接触；
6）变压器/电抗器故障；
7）电容器故障；
8）导线故障；
9）互感器故障；
10）人为错误；
11）继电器故障；
12）继电器误动。

报告分析确定了事故随时间推移的发展趋势，并确定了某种特定原因所导致的多发事件。此类分析已用于制定反事故措施，从而提升了高压系统的性能。

专门评价保护系统性能的体系对保护从业人员更为重要。继电保护在系统扰动期间仍能保证为尽可能多的用户提供供电服务上发挥了重要作用。提高继电保护系统的性能直接影响着供电服务的质量。监测继电器性能并分析误动原因能够找到有效提高服务质量的可行办法。许多电力公司已使用该体系多年，但由于电力公司针对保护性能评价所采取的方法不同，所以性能比较往往比较困难。与此同时，由于支撑分析的数据有限，彻底查明误动的原因也很困难。

16.2　评价保护系统性能

评价保护系统性能的一种简易方法是简单比较误动次数与动作总次数，并以百分比表示。“不正确动作”的定义在一定程度上必须考虑这次动作的所有因素。例如，如果某保护系统在同一故障下因自动重合闸导致四次动作，这应该算作一次正确动作还是四次？此外，“保护系统”各个部分的保护范围也应该明确。如果断路器因为机构异常没能切除故障，是否应该算作保护原理性的误动？在测试过程中如何处理因人为错误引发的不必要的保护动作呢？重合失败算不算？一旦明确定义了这些参数（这些参数需要被明确定义），那么就能为该类系统提供一种统一的可以定量分析系统性能的手段，从而生成某一特定时间段内的性能报告。该报告可统计如下。

2012 年 6 月保护系统性能：

500kV——正确动作率 92%

230kV——正确动作率 95%

139kV——正确动作率 97%

69kV——正确动作率 94%

12kV——正确动作率 99%

统计报告可以让管理层了解保护系统性能状况及其变化的趋势，以确定其性能是逐渐提升，还是趋于恶化，或者是保持不变。这种评价体系的优点在于它很简单，并且的确可以实现定量评价。在此基础上，可建立相关的目标并评价与之相关的性能。但除了建立在相似参数定义基础上的性能外，这种方法的作用有限，无法轻易比较系统其他性能。而且最重要的是，这种方法并不能纠正已知的误动缺陷。

16.3　保护系统误动分析

保护系统应在其保护区内发生故障，或者电压、频率或电流出现异常时动作，故障通常是由短路引起的。多数保护系统误动是因为保护区外而非本保护区内的故障而动作。这类误动会导致多处同时跳闸，超出正常 N-1 运行原则，对系统稳定运行产生威胁，对电力系统的正常运行极为不利。另一类误动则是保护系统在无故障情况下动作，包括因潮流、系统振荡误动或可恢复的系统扰动导致的误动。这类误动常给系统运行带来扰动，并且可能进一步扩大为大范围的停电事故。其他误动对电力系统的影响很小或可以忽略不计，而且往往很难发现，除非使用了高性能的录波设备，并对记录下来的波形加以仔细分析。例如，一家电力公司上报了一次雷雨期间发生在 230kV 线路上的故障，线路两端均跳闸。记录显示，线路被两端的快速保护装置断开，故障切除时间小于5个周波。表面看来，保护正确动作，但进一步调查显示，故障是由两侧的后备距离Ⅰ段保护动作切除的，而作为主保护的纵联保护并没有动作。有关这次动作的细节参见第16.6.1节。识别这些误动对研究和避免未来发生可能冲击系统的问题具有一定的价值。过去，机电式继电器是保护装置唯一可用的继电器，用于识别误动是否对系统造成冲击的数据非常有限。现代电子设备能够提供大量有用信息，为分析保护系统性能提供了便利。然而，性能分析需要大量的时间和资源，也正因如此，往往没有得到足够的重视。

16.3.1 保护系统性能评价参数

开发保护系统性能评价系统的第一步是确定“保护系统”包含了哪些组成部分。当系统发生故障时，互感器将系统中的电气值转换为可供继电保护分析使用的二次值。继电器向断路器跳闸线圈输出一个正电源（通常为由电池组提供的直流电源），跳闸线圈驱动断路器机构，切断通过断路器的电流。为了更好的提升保护系统性能，变电站内或不同变电站间会使用不同类型的通信系统。如果需要监测整个保护系统的性能，那么所有曾经出现过故障的元件都要在系统内考虑到。图16.1说明了组成保护系统的典型构成。

如图16.1所示，保护“系统”由断路器、互感器、继电器、站用电池、通信设备及相关接线所构成。但我们可能只用来监测保护系统中某些特定元件的性能。例如，继电器本身故障率可能会影响到保护系统或所选用设备的冗余度。能够识别并记录继电器故障的监测系统可以增加这方面的了解。故障可分为软件故障和硬件故障。硬件故障可以进一步细分为电源、输入单元、输出单元、主处理器等方面的故障。根据性能评级系统的目标，其设计应尽可能地适应并满足目标需求。

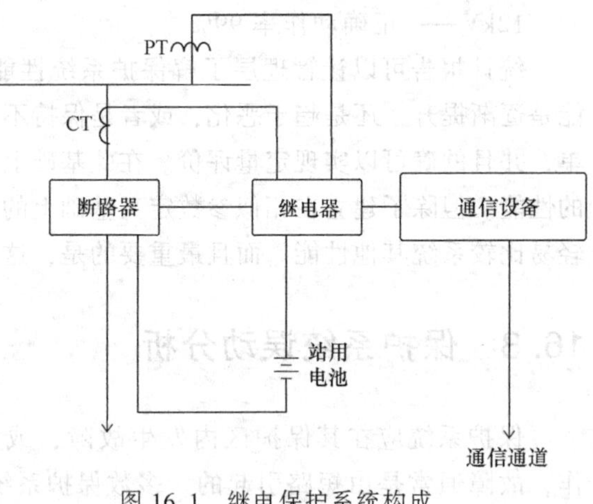

图16.1 继电保护系统构成

16.3.2 监管问题

由于保护系统任何故障都会威胁电力系统的可靠性，性能评价体系的主要目的就是发现和纠正整个保护系统的误动。如上所述，电力公司和区域联营电网过去已经认识到减少保护系统误动的重要性，并建立了相应系统以最大程度减少误动次数。在北美，放松对供电系统的管制给减少误动次数的努力带来了更多的挑战。更多独立机构参与提供能满足不同电力系统操作技术层面的需求、目标及知识的电力服务。为确保提高北美大规模电力系统继电保护的可靠性，NERC 提出了名为《发输电保护系统误动的分析及抑制（Analysis and Mitigation of Transmission and Generation Protection System Misoperations)》的 PRC-004 标准。其中与特殊保护、低压切负荷系统和低频切负荷系统相关的标准如下：

NERC 标准 PRC-016—特殊保护系统误动

NERC 标准 PRC-022—低压切负荷装置性能

NERC 标准 PRC-009—系统频率过低后低频切负荷装置性能

虽然 NERC 标准并不是强制性的国际标准，但这些标准的目标大体上和电力系统相关。美国联邦能源监管委员会（FERC）已授予 NERC 法律权力，可强制所有用户、业主及大规模电力系统运营商执行这些标准。NERC 标准在美国和加拿大的部分地区是强制执行。NERC 与系统保护有关的工作包括：

1）与电力行业合作建立可靠性标准；

2）强制执行标准，针对违反标准行为制定货币或非货币的处罚规定；

3）分析系统事件；

4）识别发展趋势和潜在的可靠性威胁。

NERC 通过与 8 个区域性机构合作来完成其工作。这些区域性机构按地域划分为

1）弗罗里达州可靠性协调委员会（FRCC)；

2）中西部可靠性组织（MRO)；

3）东北电力协调委员会（NPCC)；

4）可靠性第一公司（RFC)；

5）SERC 可靠性公司（SEWRC)；

6）西南电力联营公司（SPP)；

7）德州可靠性组织（TRE)；

8）西部电力协调委员会（WECC)。

NERC 建立了自己的标准，区域性机构也提出了相关的细则和实施策略。

保护工程师需要熟知这些标准的要求，因为他们有责任进行相关分析，保存相关记录。更为重要的是，这些标准为保护系统保证电力系统最高可靠性这一目标奠定了最低标准。

16.4 NERC 标准 PRC-004

PRC-004 标准的目的在于确保与大容量电力系统（BES）相关的保护误动

得以分析和减少。大容量电力系统是由 NERC 定义的，一般指运行在 100kV 及以上电压等级的电力系统及其相关设备。本标准适用于输电企业、拥有大容量电力保护系统的配电企业以及发电企业。该标准的基本要求是，发输电保护设备的业主有责任分析所有设备的误动作，并实施整改计划，以防再次发生类似误动，各保护系统的业主有义务分析和保存这些分析报告和实施整改的相关证据。

如上文所述，监测系统的实施必须首先确定被监测系统的范围。NERC 规定了保护系统应包含以下组成部分：

1）与电气量相关的继电保护设备；

2）保护正确动作所必需的通信系统；

3）向继电保护装置提供输入的电流电压传感器；

4）与保护功能相关的站用直流电源（包括电池组、电池充电器以及非电池直流电源）；

5）与保护功能相关的断路器跳闸线圈或其他中断装置的控制回路。

区域性机构在必要时候有权扩大保护系统的范围。报告机构也可以扩大保护系统的范围以满足提高可靠性的内部需求。例如，添加自动重合闸、变压器压力骤增保护装置。

PRC-004-2a 要求各方保留至少 12 个月的保护系统操作和整改计划的数据。如果相关整改计划 12 个月内未执行，则数据必须保留至其执行。

16.5 PRC-004 实施流程

PRC-004 标准为确保保护系统的误动得到分析和整改提供了通用准则。确保标准得到统一实施则需要更详细的流程。区域性机构通常会提供包括相关细节的流程。基本要求是确定属于误动范畴的动作类型。NERC 对保护系统误动的定义如下：

1）保护区内出现故障或异常状态时，保护系统元件未在规定时间内动作；

2）保护区外发生故障时动作（相邻区域保护未在规定时间内切除故障，由本区域后备保护动作切除故障除外）；

3）未发生与现场运维或试验有关的故障及异常状况，保护系统无故动作。

上述保护系统误动定义包含了故障未跳闸、保护区外故障引起的跳闸、故障切除过慢以及非故障情况跳闸，比如过负荷、系统振荡以及系统电压过低。由于站内工作人员错误操作或倒闸所造成的意外跳闸不认为是误动作。但人为因素导致的整定错误、逻辑错误、控制回路设计错误、控制线圈错误等问题并因此引发了后期误动时，应被计入误动。区域性机构制定的详细流程明确规定了需要报告的具体动作类型。相比 NERC 给出的最低要求，区域性机构流程可能会提出更高的要求。例如，根据 NERC 定义，重合失败未动作不属于需要上报的保护误动，但有些区域基于重合失败可能给电力系统稳定性带来威胁的考虑，要求对重合失败进行分析和上报。

为了实现 PRC-004 的预期效果，及时分析保护误动并彻底审查确定事故的主要原因非常重要。但分析误动的主要目的是防止今后再发生类似问题。为此，必须制定和实施整改计划以防将来因同样原因引起误动，或将误动的可能性降到最低。所以该过程将采取以下步骤：

1）确认误动已发生。

2）分析误动事件。

3）查明误动原因，制定整改措施。

4）实施整改措施。

5）流程必须确保每一次误动发生后都执行了上述步骤。

16.6　电力系统事件分析工具

有效分析故障及系统扰动期间所记录数据的能力为电力系统保护设备的性能提供了发展方向，同时也有助于更好地理解电力系统在出现扰动或威胁时的响应方式。电力系统中的大量电气元件相互连接，同步运行。电力系统产生的电能必须同变化的负荷持续匹配。系统出现的小范围扰动如果没有进行及时和适当隔离，就可能进一步演变成大规模的停电事故。事故分析中的发现可以帮助改进保护系统的设计和应用，以及电力系统本身的设计和操作。已经颁布的许多标准都是来自于有效的电力系统扰动事件分析。

系统事件分析并不是一个简单的过程，在许多方面，分析本身就是一种艺术。事件分析报告要求对继电保护拥有丰富经验，并对电力系统如何运行以及如何应对扰动引起的变化有所了解。

在机电式继电器还是唯一可用的继电器类型的年代，用于分析系统事件的工具是非常有限的。继电器动作指示标志，断路器跳闸计数器读数以及用户停电报告是数据的主要来源，从而使分析事件和误动原因的能力非常有限。利用光束记录波形的故障录波设备的开发提供了此前所没有的大量有价值的数据，但委派工作人员到变电站收集录波、继电器动作指示标志以及断路器数据也花费了大量的时间，导致分析过程非常缓慢。数据采集与监视控制（SCADA）系统和设备发展至今，已经能够捕捉控制回路上的波形和带时标的事件，从而为事件分析提供了大量额外数据。在如今的数字化时代，我们可以快速获取大量数据并传输至其他地方，从而使我们可以对电力系统、保护电路和独立继电器中发生的各类事件进行深入和全面的分析。如今，系统发生扰动后，保护工程师往往需要面对大量数据，而其中大部分都是无关数据。熟练的分析需要专注于相关数据、放弃无关数据的能力。因此，具有专家系统和分类管理扰动数据能力的软件对于事故分析十分有价值。

用于系统扰动分析的主要工具包括故障录波器、动态扰动记录器（DDR）和事件顺序记录器。继电器动作指示标志和故障定位装置也能提供辅助扰动分析的信息。不同的电力系统事件发生在不同的时间窗内。例如，开关浪涌发生在微秒级的时间窗内，故障切除的时间窗为数个周波，调速器响应为秒级时间框架，而振荡波动时间从几秒到几分钟不等。故障录波器为暂态和系统故障等短时事件提供信息。动态扰动记录器能够记录如功率波动和发电机控制响应等长时间扰动的数据，也用于长期监测系统的电气量，从而有助于评估电力系统的整体健康状态及鲁棒性。事件顺序记录器则用于监测和记录保护和控制系统内以及电力系统本身的元件运行情况，并带有时标。继电器动作指示标志能帮助我们快速了解继电器内元件的动作概况，从而有助于我们评估干扰性质以及可能有必要立即采取的措施。故障定位装置包括安装在线路上的故障定位装置本身，或能够计算继电器位置到故障点的距离并同继电器一同安装的故障定位程序。如果故障电流为穿越性电流，安装在线路上的故障定位装置就会提示工作人员故障位置已经超出装置保护范围。目前已经证明，故障定位系统在故障定位及节约必要的维修或返厂服务的时间方面具有重要价值。

为确保分析工具可用于充分地分析事件，NERC 颁布了 PRC-002-NPCC 标准。本标准旨在确保有足够的扰动数据用于分析大容量电力系统事件。此外，本标准还介绍了对事件顺序记录器、故障录波器和动态扰动记录器的要求。

16.6.1 故障录波器

故障录波器可以记录更快速的事件，如电力系统故障和开关浪涌。录波文件以各种电气量的幅值和相位角以及变化的电流电压和其他系统参数的波形呈现（示波法）。与此同时，录波器还提供时间戳以帮助分析事件过程。故障录波器为分析系统保护方案的性能、验证系统模型的准确性提供了具有重大价值的信息。图 16.2 为 230kV 输电线路故障的波形记录。

记录表明，故障发生在 C 相，C 相电流值比故障前显著增加，而 A 相和 B 相电流值变化却很小。故障过程中明显的零序电流意味着该故障为 C 相接地故障。

还需要注意的是，故障期间 C 相电压在线路末端略有下降，且在故障电流流经时线路末端也存在零序电压。图中电力线载波收发信号的状态也表明了这一点。录波显示，故障切除时间大约为 5½个周波，这是典型的故障快速切除。断路器的开断时间在其中占主要部分，因为快速继电保护装置通常会在 1~2 个周波内动作。

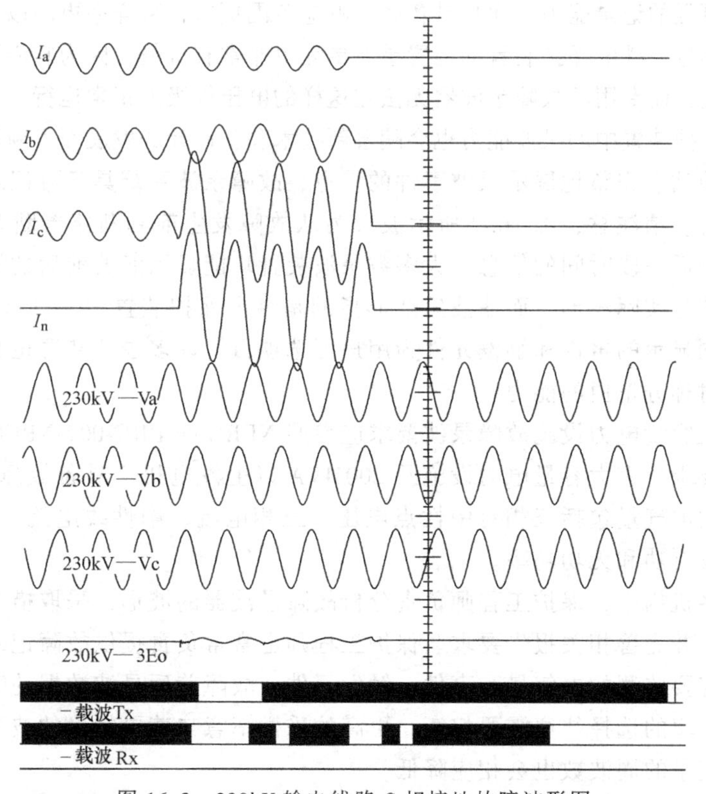

图 16.2 230kV 输电线路 C 相接地故障波形图

通过故障记录，我们经常能发现保护方案中一些难以察觉的问题。例如，正如本章前面所讨论的，针对近期发生在 230kV 输电线路的故障分析表明，线路两端故障切除用时大约 5 个周波，而且系统故障期间电力系统无其他可疑动作。线路配有允许式超范围远方跳闸（POTT）纵联保护及分段式后备距离保护。表面上看，所有保护装置均正确动作，线路故障被快速保护切除，且其他设备上的保护装置没有动作。然而，进一步分析表明，故障是由线路两端的后备距离Ⅰ段保护切除，纵联保护并未动作。故障录波中显示，故障期间并未发出允许跳闸信号。通过这次纵联保护拒动可以发现允许式超范围远方跳闸保护逻辑中相关继电器存在的误整定。幸运的是，该故障位于两侧后备距离保护Ⅰ段的重叠区域，因而能被快速切除。一旦故障发生在靠近线路一端的位置，故障无法快速切除，可能造成故障点处更大损害，而且对电力系统稳定性而言也会是一个潜在的威胁。此案例充分说明，即使从表面看来故障已被正确切除，检查故障录波依然是很有必要的。

故障录波器经常应用于重要的大型变电站。有不少多功能微机继电保护装置也同样内置故障记录功能。相较于继电保护装置的内置录波单元，专用故障录波器通常具有更强的记录能力，而且具备频率响应范围更广、采样率更高以及内存更大的特点。不过，继电保护装置的内置录波单元也非常有价值，因为它们可以提供低压故障录波，而专用的故障录波器无法在这样的电压等级上正常运行。此外，嵌入独立继电保护装置中的录波能力也会随着新技术和新设计的发展而不断提高。

为了简洁、完整地展示录波事件的特点，故障录波系统具备可记录故障前后数据的能力。请注意，图16.2所示波形为从故障发生前到断路器断开，再到故障电流消失后一段时间的信息。大多数录波装置均能显示滤波前后的波形。滤波前波形指的是实际波形，而滤波后波形指的是继电保护装置用于计算的电气量。和波形一同显示的事件和触发元件为用户可选项目。许多录波装置也具备将测量量转换成对称分量值的能力。

美国大容量电力设施故障录波要求应参照NERC的PRC-002-NPCC标准。该标准通常要求所有大容量电力设施及200MVA以上发电机应具备故障录波能力。需要监测的电气量包括三相对中性点电压、三相电流、中性线电流、极化电流、频率，以及有功和无功功率。

在许多机构中，保护工程师负责分析故障录波器的波形，采取措施解决所发现的问题，并完善相关报告要求。保护工程师也常常负责提供故障记录装置的设置，包括需要监测的电气量和事件、触发元件、故障前后录波数据的时长、采样率等。采样率的选择往往需要权衡。更高的采样率意味着更精确的波形，但每次事件能够记录的周波数也会相应降低。

16.6.2 动态扰动录波器

动态扰动录波器（DDR）可以记录相对较长时间段内电力系统的电流、电压和频率数据，并表示为相量值和有效值。DDR往往又被称为动态波动录波器或功率波动录波器。DDR应用于捕捉下列条件中的电力系统响应：

1）故障或者负荷、发电机突然发生剧变引起的功率波动。此时系统保持同步的能力被称为暂态稳定性。

2）电力系统的性能随系统负荷的正常波动而变化。随着系统负荷变化，该地区的发电机组需要对其功角进行微调。此时电力系统保持稳定的能力被称为静态稳定性。

3）小扰动后的发电机振荡。此时系统保持稳定的能力被称为动态稳定性或小信号稳定性。

扰动录波器可以提供电力系统在上述事件期间的波动特性的曲线。暂态稳定性与系统故障、负荷或发电突然发生剧变密切相关。此类事件会导致接入系统的发电机输入和输出功率不匹配，因为故障期间，故障点附近的发电机输出功率会降低，但输入功率不会立刻随之降低。功率不匹配会导致发电机加速。切除故障后，发电机会在达到一个新的稳定工作点前正常振荡若干个周期。如果前期扰动剧烈导致发电机失步，电力系统便会失去稳定。此外，切除故障后，振荡也有可能增强而不是减弱，从而再次导致系统失稳。

动态振荡通常涉及到发电机转子之间的相互振荡。近距离分布的发电机组与相似发电机组之间也可能会产生振荡，系统之间也存在振荡可能，尤其是在弱联接重负荷的情况下。

系统电压过低也会导致系统失稳。这种失稳我们称之为电压失稳。因电压下降导致的系统失稳，可能会是因系统扰动而突然失稳，也可能会在一段时间后因重负荷及无功功率不足期间电压缓慢下降而失稳。

由于电力系统失稳往往会导致部分电力系统完全瘫痪，所以维持电力系统稳定在任何时候都至关重要。波动记录和振荡记录可以表明电力系统的鲁棒性，同时也是系统规划和运营商最感兴趣的部分。而且重要的是，稳定波动不会引起继电保护装置动作，因为继电保护装置动作会导致不必要的设备停电，并且有可能使扰动演变成大范围的系统停电。保护工程师利用 DDR 的记录来分析出现这种误动的可能性。本章后续会对此内容进行详细讨论。部分低压系统采用了失步解列和振荡闭锁方案。一旦发现系统可能失稳，这些保护装置就会将系统按预定的策略分列为各自稳定的几个部分。扰动录波器的数据对失步保护的设计非常有用。

与故障录波器相比，DDR 可以记录更长时间的事件。暂态波动的频率通常会低至每秒 0.5~2 个周期。通常，在事件发生后的 5s 内会记录扰动出现后第一个暂态波动的有效信息，而记录第一个暂态波动后的振荡则需要更长时间。小信号振荡的频率通常在每秒 0.1~2 个周期之间，并且会持续相对较长的一段时间。动态扰动录波器记录的典型时间窗如下：

触发前——20~60s

触发后——60~1800s

DDR 的最小采样率为每秒 1000 点左右，其触发条件包括频率和频率变化率的变化、功率波动和频率振荡。当录波器和绝对时间同步时，动态扰动记录就能实现其全部价值。将录波器与 GPS 时钟相连有可能会实现二者同步，因为 GPS 时钟能够提供同国际标准时间（UTC）同步的输出信号。GPS 时钟的对时准确度可达 1μs。当电力系统出现大范围扰动时，触发该地区的所有扰动录波器就变得至关重要，有时也会采用交叉触发系统来实现。

如前文所述，DDR 可以计算和显示其在电力系统测量点的相量。当相量值与共同的标准时间同步时，我们将这种同步相量测量值称之为同步相量值。许多现代数字继电器同样具备计算同步相量值的能力。

了解整个电力系统各个节点的相量值对于确定系统运行时的抗扰能力十分有

用。了解该系统的状态有助于运行人员确定系统在何时可能接近运行极限。两个互联节点之间的相角差越大，节点之间的功率流越大，互联节点处的抗扰能力也就越小。随着实时测量相量值准确性的提高，我们已经开发了相量测量单元（PMU）并在电力系统中投入使用。相量测量单元与DDR有所不同，因为它们持续监测相量并将相量数据传输到中央处理器。相量数据经处理后，可实时提供状态预估、大范围应力预警、电压趋势、频率趋势、系统振荡等信息。如此看来，PMU是防止系统失去稳态稳定的有用工具。由于PMU对系统进行持续监测，所以其采样率远远低于DDR，但显著高于SCADA。PMU的采样率在每秒30次左右，而SCADA系统为每2s测量一次。相量测量系统的相关技术在全美范围内得到大量应用，发展迅速。这一话题已经超出本书讨论范围，感兴趣的读者可阅读参考文献中的相关内容。

16.6.3 事件顺序记录器

在保护继电器、控制回路和变电站中，当监测项目状态发生变化时，事件顺序记录器可以提供带时标的事件记录。例如，如果输电线路在雷雨天气下发生绝缘子闪络，与该绝缘子相连的相上会发生单相接地故障。线路各侧的继电保护装置均会动作跳开断路器。通常自动重合装置会在预定时间后动作，并将动作信号发送至线路一侧断路器上。如果该断路器重合成功，那么所有其他已经跳开的断路器也将重合。事件顺序记录器用于监测和记录此类事件以及在动作时序中发生的时间。事件顺序记录器还能带时标记录至少毫秒级别的事件。事件顺序记录器监测的常见事件类型包括：

1）断路器的跳开与重合；

2）继电保护装置动作——含各独立继电器元件；

3）跳闸线圈通电；

4）纵联保护信号的状态；

5）变电站设备告警；

6）变电站电池状态；

7）主控室告警——烟雾、温度、安全等；

8）控制回路中熔断器熔断；

9）变电站交流电源失电；

10）重合闸动作与闭锁。

事件顺序记录器是一种智能微机装置，它能监测外部输入并按顺序记录输入状态发生变化的时间。输入可以是硬节点或数字信号。为方便扰动分析，事件顺序记录器已应用于各独立变电站，但通常与外部标准时间同步。近年来，事件顺序记录器尺寸越来越小，价格越来越低，并且具备更强大的记忆功能。因此，事件顺序记录器也适用于小型变电站。事件顺序记录器通常设置于告警管理系统中，从而协助运行和分析设备问题。许多微机保护装置也设计有记录和显示事件顺序信息的能力。这些信息在分析继电保护装置自身故障和相关控制回路故障时十分有用。变电站专用的事件顺序记录器覆盖范围越广，扰动分析的规模就越大。

图 16.3 为线路保护中的部分事件顺序记录。该记录记载了输电线路跳闸后发生的大量事件。图中所示事件开始于线路因故障跳闸后自动重合时。

从图中我们可以看出，自动重合闸继电器在 32.925s 时使断路器合闸（AR CLOSE BRK1），继电器在 2ms 后（即 32.927s）收到合闸信号（Bk1 CLS OUT On）。接着，断路器触点“b”在 54ms 后（即 32.981s）改变状态，表明断路器正在合闸。然后断路器触点“a”在 31ms 后（即 33.014s）闭合，表明至少根据断路器辅助触点位置，该断路器已闭合（Bk1 52a On）。23ms 后（即 33.037s），继电保护装置中保护元件Ⅱ段动作。由于Ⅱ段跳闸保护带有延时，所以该动作没有立即引起跳闸。但这个过程表明重合之后输电线路上的故障依然存在。2ms 后（即 33.039s），保护元件Ⅰ段动作。Ⅰ段保护不带延时，所以跳闸输出，与此同时Ⅰ段保护动作再次跳开断路器。根据断路器触点“a”指示，保护装置的动作时间为 25ms 或约 1.5 个周波。不过，触点“a”闭合并不一定同实际断路器触点闭合状态完全相符。因此，Ⅰ段保护的动作时间只能视为近似值。此案例充分说明了，在分析记录时，了解启动录波动作的元件的自然特性是很重要的。查看保护装置在故障期间的电流波形图，有助于更好地估计保护的动作时间。

```
SHORT_ EVENT 85836   Jul 15 2012 18: 23: 32.925377   AD77   AR CLOSE BKR1
SHORT_ EVENT 85837   Jul 15 2012 18: 23: 32.925377   8178   ARSHOT CNT=1
SHORT_ EVENT 85838   Jul 15 2012 18: 23: 32.925377   9178   AR SHOT CNT>0
SHORT_ EVENT 85839   Jul 15 2012 18: 23: 32.925377   624    CCOUT04 On
SHORT_ EVENT 85840   Jul 15 2012 18: 23: 32.925377   638    Bk1 ACR FUNC On
SHORT_ EVENT 85841   Jul 15 2012 18: 23: 32.927448   063C   Bk1 CLS OUT On
SHORT_ EVENT 85842   Jul 15 2012 18: 23: 32.927448   803    CBx1 CLOSE On
SHORT_ EVENT 85843   Jul 15 2012 18: 23: 32.981379   302    Bk1 52b Off
SHORT_ EVENT 85844   Jul 15 2012 18: 23: 32.983695   074E   LINE OPEN Off
SHORT_ EVENT 85845   Jul 15 2012 18: 23: 33.014410   201    Bk1 52a On
SHORT_ EVENT 85846   Jul 15 2012 18: 23: 33.037880   88A1   PH DIST Z2 PKP AB
SHORT_ EVENT 85847   Jul 15 2012 18: 23: 33.037880   753    Z2_ DPO Off
SHORT_ EVENT 85848   Jul 15 2012 18: 23: 33.039963   88A0   PH DIST Z1 PKP AB
SHORT_ EVENT 85849   Jul 15 2012 18: 23: 33.039963   94A0   PH DIST Z1 OP AB
SHORT_ EVENT 85850   Jul 15 2012 18: 23: 33.039963   8568   TRIP PHASE A
SHORT_ EVENT 85851   Jul 15 2012 18: 23: 33.039963   8968   TRIP PHASE B
SHORT_ EVENT 85852   Jul 15 2012 18: 23: 33.039963   8D68   TRIP PHASE C
SHORT_ EVENT 85853   Jul 15 2012 18: 23: 33.039963   9168   TRIP 3-POLE
SHORT_ EVENT 85854   Jul 15 2012 18: 23: 33.039963   622    CCOUT02 On
SHORT_ EVENT 85855   Jul 15 2012 18: 23: 33.039963   640    BkT RLY TRIP On
SHORT_ EVENT 85856   Jul 15 2012 18: 23: 33.039963   064B   Bk1 RLY TRIP On
```

图 16.3　自动重合后线路故障的事件顺序记录

系统扰动分析的复杂性和工具类型在过去几年显著增加。随着可用的数据越来越多，数据过剩取代了数据不足而成为新问题。而更大的问题是如何将有限的工程资源用于进行最必要的分析。这需要熟练技工花费大量时间对数据进行分类，并对电力系统扰动进行有效的整体分析。对客户或设备造成巨大冲击的扰动总是会受到公众与政府的关注与质疑。因此，这些扰动往往会被仔细分析和检查。不过大多数扰动不属于这一类，因而得到的关注也较少。从电力系统设施投入使用的角度来看，扰动分析不能产生经济效益，因此它的优先级一般排在其他工程活动之后。不幸的是，如此一来，冷门事件分析的优先级和抽查频率往往很低。NERC 规范确实在强制执行大容量电力系统运行分析上迈出了一大步，但仅用有限的资源很难实现彻底监管。更多时候，积极有效地分析事件依赖于保护工程师们对提高保护系统设计和性能的坚持以及他们的奉献精神。有效的监督和成熟的软件工具，在协助分析的过程中非常重要。

16.7 重大停电事故概述

继电保护装置的动作引发并恶化了在世界各地所发生的多起重大停电事故。对此类扰动过程中继电保护装置动作的分析促使了新标准以及一些推荐性规范和指南的制定。下文总结了在美国发生的几次重大扰动事件。

16.7.1 美国东北部大停电（1965 年 11 月 9 日）

此次停电事件由安大略电厂向多伦多地区送电的一条 230kV 线路跳闸所导致，其范围覆盖了美国东北部大部分地区以及加拿大部分地区。该线路负荷超过了安装于该线路上继电保护装置的过负荷能力，作为远后备保护的保护Ⅲ段动作，引发线路跳闸。远后备保护用于保护对侧母线区域外发生故障后相邻线保护装置拒动无法正确切除故障的情况。当电能在其余 4 条方向相同输电线路上重新分配时，这些线路也会因为负荷增加导致类似继电保护元件在几秒钟内动作跳闸。随后，功率波动造成大范围停电，波及整个地区。

此次停电事故影响了约 3000 万人，造成了超过 20000MW 的负荷损失。罗德岛、纽约、康涅狄格州和马萨诸塞州全部停电。新泽西州、宾夕法尼亚州和加拿大安大略的部分地区也受到影响。

因线路跳闸而引发这次事故的保护Ⅲ段是一个阻抗特性的相间距离继电器。运行人员没有意识到该继电保护装置的整定值应对过负荷能力有限。在这次事件中多条线路的跳闸均是由于过负荷或功率波动导致的。约 2 年后的 1967 年 7 月 5 日，宾夕法尼亚-新泽西-马里兰州的输电互联电网也出现大面积停电。这些事故促使了 1968 年北美电力可靠性委员会的成立。

16.7.2 美国西海岸大停电（1996 年 7 月 2 日）

此次停电事故影响了美国西部的大部分地区。在本次事件中，天气因素影响很大。一是该地区在 1996 年上半年降水频多，植被生长速度超过预期，并且由于西北地区水力发电丰富，电力调度也不同于往年。二是夏季炎热天气导致用电负荷接近历史最高值。

此次事件始于爱达荷州的一条 345kV 输电线路下垂接触到了一棵树。线路发生故障后继电保护装置正确动作跳开线路。但与此同时，一条平行的 345kV 输电线路由于继电保护装置误动而跳闸。这两条线路的跳闸降低了电力系统输送 Jim Bridger 电厂出力的能力，电厂 4 台发电机中的两台因此跳闸。由于该地区高温带来的高用电负荷，以及这两台发电机的跳闸，西部互联电网的频率开始下降，爱达荷州地区的电压水平开始跌落。结果是加利福尼亚-俄勒冈间几乎达到了功率输送极限。尽管该系统保持了稳定，但由于电压逐渐下降，输电线路电流稳步上升。随后在爱达荷州和蒙大纳州之间的一条 230kV 输电线路因相间距离保护Ⅲ段动作而跳闸。随后系统失稳并按照稳控策略分离成 5 个电力孤岛。当尘埃落定后，负荷损失达 11850MW，约两百万人因此受到影响。事故覆盖了美国西部从蒙大拿州北部到亚利桑那州南部的大部分区域，整个西海岸也包括在内。

大约一个月后的 1996 年 8 月 8 日，西海岸再次发生停电事故，造成超过 28000MW 负荷损失，750 万人因此受到影响。这次停电事故源于几条高压线路下垂接触到树木，而从加拿大到加利福尼亚由北至南的负荷转移先于线路跳闸发生，所造成的振荡引发西部互联电网分离成 4 个电力孤岛。

16.7.3 美加大停电（2003 年 8 月 14 日）

2003 年 8 月 14 日，俄亥俄州和印第安纳州的电力系统因无功电源供应不足导致电压下降。由于计算机故障，该地区的运行人员没有立即意识到逐渐恶化的情况。由于电压持续下降，该地区部分发电机的无功输出已经接近极限。由于励磁水平较高，俄亥俄州的一台发电机于当天下午 1：31 跳闸。随着电压分布持续恶化，当天下午若干条 345kV 输电线路因接触树木而跳闸。输电电压下降时，线路电流便会增大，以维持输送电力的水平。电流增大导致导线持续发热，导线温度升高进而导致线路进一步下垂。最终在当天下午大约 4：06 时，一条关键的 345kV 输电线路因后备保护Ⅲ段动作而跳闸，引起负荷变化，进而造成其他线路因保护Ⅲ段动作而跳闸。4：10 时，由于输电线路上传输的负荷依然很重，最终该地区的电压崩溃造成整个区域停电。

2003 年 8 月 14 日的停电事故影响了美国 8 个州和加拿大部分地区近 5000 万人，造成了约 63000MW 的负荷损失。大约有 400 条输电线路和 531 台发电机组跳闸停运。

16.7.4 美国佛罗里达州大停电（2008年2月26日）

此次停电事故起因是佛罗里达州迈阿密附近变电站的一个138kV开关发生故障。如果该开关的故障由相应的继电保护装置正确切除，则不会导致问题恶化。事故发生时，该开关正处于检修状态。由于检修过程中闭锁了用于保护该开关的主保护和后备保护，导致该故障最终只能由多条输电线路上的远后备保护同时动作切除。其中，部分远后备保护无法检测到故障，从而造成系统中更多的线路跳闸。最终故障切除耗时约1.7s。众多线路跳闸造成了约1350MW的负荷损失，故障切除耗时较长也引起了整个地区系统剧烈振荡，进而导致17台发电机跳闸，包括迈阿密南部的两个核电机组。跳闸线路包括6条230kV输电线路和15条115kV输电线路，以及1条69kV输电线路。除去线路最初跳闸引起的负荷损失外，低频减载装置也切掉了约23000MW的负荷。这起事故发生在工作日下午的高峰时期，造成交通混乱，有人被困电梯，南佛罗里达州的很多居民无法使用空调。

16.7.5 西南太平洋大停电（2011年9月8日）

此次事故是因一条500kV输电线路跳闸所导致。该线路是从亚利桑那州往圣地亚哥加利福尼亚部分地区送电的主要输电走廊的一部分。在该线路断开后，电力潮流通过电网中的低压部分重新分配。电力潮流的再分配，加上线路西部电压低于正常水平，造成显著的电压差，同时炎热天气造成电力需求增加，进而引起过负荷。线路和变压器开始因过负荷跳闸，短时间内整个地区便全部停电。加利福尼亚南部的电网最终与电网的其余部分分离，致使这一地区的电力系统完全瘫痪。

在该事件中，部分变压器的过负荷跳闸比正常预计的时间更早。因此，我们可以得出结论在过负荷继电器整定时应考虑更大的时间裕度，为运行人员留出更多时间采取行动，在不影响变压器安全的前提下缓解过负荷情况。

此次停电事故导致约270万名用户停电。整个圣地亚哥地区停电长达12h。交通混乱、学校停课、自来水厂和污水处理厂停电、企业被迫关闭，数百万人在天气炎热的当天却无法使用空调。

16.7.6 小结

上文所述停电事故只是发生在美国重大停电事故的代表性事件，还有许多波及范围相对较小的停电事故也屡屡发生。最近，一个足球场在美国橄榄球超级杯大赛期间停电也受到了广泛关注。许多大规模的停电事故也在世界各地上演，其中包括：

1）印度：2012年7月30日至31日，6.70亿用户受影响。

2）爪哇岛—巴厘岛：2005 年 8 月 18 日，1 亿用户受影响。

3）巴西：1999 年 3 月 11 日，9700 万用户受影响。

4）巴西和巴拉圭：2009 年 11 月 10 日至 11 日，8700 万用户受影响。

通过对重大停电事故的反思表明，一些与继电保护装置相关的原因引发或者加剧了事故的发展。继电保护误动造成多项电力系统设备同时跳闸的情况尤其严重。大多数电力系统是按 N-1 原则规划和运行，也就是说，电力系统必须保持的运行方式使它能够承受一个重要设备的跳闸。当继电保护误动导致两台或以上设备同时停止运行时，电力系统所承受的扰动便会超出其承受能力，系统稳定性将会受到挑战。正如前文所述，1996 年 7 月 2 日的美国西海岸大停电，就是由于过负荷跳闸导致两条 345kV 输电线路同时断开而引起的。

过负荷电流引发继电保护装置动作是导致停电范围扩大的常见因素。当系统用电负荷接近输送极限时，引发大范围停电发生的可能性较大。在重负载期间，无功损耗增加，大电力系统电压往往会骤降，进而又导致输电电流增大。这就很容易引起距离保护动作，因为距离保护是由电压电流的比值启动的。由于该比值变低，保护装置测量到的阻抗也随之降低。即使保护装置正常工作，测量阻抗也可能会下降到保护动作区内，造成线路跳闸。变压器在短时间内可以承受一定程度的过负荷。依照变压器的过负荷能力来整定变压器过负荷保护非常重要。

另一个常见的继电保护装置问题是，当电力系统发生故障或当系统试图在受到扰动后恢复时，不必或不宜过早地跳开发电机。

针对上述问题及其他关于继电保护装置性能的问题，我们已经根据相关标准或指南进行了分析和解决。继电保护误动的问题已根据本章前文所述的 PRC-004 NERC 标准解决。下文将介绍其他已经用于处理部分已知继电保护问题的标准、指南和做法。

16.8　继电保护载荷能力整定

NERC 标准 PRC-023 旨在解决继电保护载荷能力的问题。输电线路的载荷能力问题往往涉及到相间距离继电器的整定。在讨论该标准和涉及继电保护载荷能力整定的其他相关问题前，我们先回顾一些相关的继电保护整定问题。

16.8.1　T 形输电线路

用于保护三端或以上输电线路的距离继电器的整定值往往偏大。距离继电器整定值越大，越容易误动在输电线路上越难以动作。本书在第 12.13 节已经讨论过多端线路的整定规范。本节我们将通过一个三端 T 形输电线路的案例来复习这些概念。

如图16.4所示，考虑一条T形输电线路在B站附近发生三相故障。

为了简化说明，假设线路阻抗角和故障电流相位角的大小相等（线路阻抗角为正，线电流角为负）。参考等式（12.5），由继电器A在B点故障时的测量阻抗大小是

$$Z_{保护A}=Z_{AD}+Z_{BD}+\frac{I_{CD}}{I_{AD}}(Z_{BD}) \tag{16.1}$$

等同于

$$18\Omega+12\Omega+1000A/1500A(12\Omega)=38\Omega$$

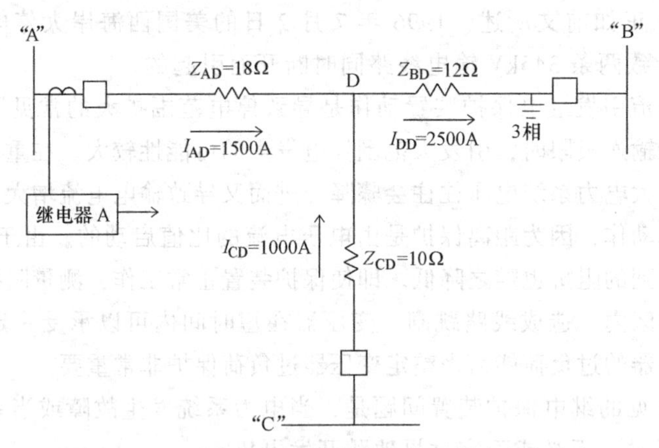

图16.4 T形线路故障的线路参数和故障电流大小

上述等式的简化等式为

$$Z_{RelayA}=Z_{AD}+\frac{I_{DB}}{I_{AD}}(Z_{BD}) \tag{16.2}$$

故障计算程序能够直接提供从保护安装处看过去的任何位置的故障的阻抗。但上述等式可以让我们了解决定该阻抗的过程。

上述等式说明，A站保护在B站发生故障后测量到的阻抗值为38Ω，大于AB之间原本30Ω的阻抗。A站继电器测量到的额外的8Ω称为助增阻抗。在式（16.1）中，助增阻抗用$I_{CD}/I_{AD}(Z_{BD})$表示。从故障点到A站电压升高造成了助增阻抗，而电压升高是因为1000A故障电流从C站经BD之间的12Ω输电线路注入。

助增阻抗值同助增电流（在此例中是1000A）与流经继电器的故障电流（1500）的比值成正比。当这个比值增加时，助增阻抗也会相应增加。例如，如果连接到A站母线上的发电机或线路断开时，该比值可能会增加。这将减少A站因B站故障流过的故障电流。结果，I_{CD}/I_{AD}比值增加，助增阻抗值也会增加。

为保护线路全长，安装于线路一端母线A侧的距离保护Ⅱ段的整定值应当

高于输电线路母线 B 或母线 C 处故障的最大总阻抗（包含助增阻抗）。计算母线 B 或母线 C 处故障的总阻抗应考虑所有可能的 N-1 系统运行方式。对于图 16.4 所述情况，为覆盖该故障位置及 25% 安全裕量，整定值应为是 38Ω×1.25 = 47.5Ω。最终结果是，对于多端线路，要实现距离保护的保护范围覆盖线路全长，往往需要较大的整定值。当负荷很重或因扰动而产生稳定振荡时，整定值偏大容易引起误动。

16.8.2　远后备保护

本书第 12.12 节介绍了远后备保护的概念。远后备保护已经被电力公司应用多年。近年来，近后备保护得到了越来越广泛的应用，并在一定程度上减少了对远后备保护的需求。近后备保护对每个需要保护的电气设备采用两个独立的继电保护设备，对每个断路器配置断路器失灵保护。近后备保护相对于远后备保护的优势在于，在许多情况下，某个断路器失灵时受到影响的电气设备会更少。但是远后备保护可以有效地减少主保护和后备保护集成装置因为设备故障而失去全部保护的可能性，因此一些电力公司仍然采用远后备保护。

远后备保护通常利用相间距离继电器，一般为Ⅲ段，来切除未能被正确清除的远端线路相间故障。类似于前文所述的多端线路，助增阻抗往往导致保护Ⅲ段的阻抗整定值偏大，例如图 16.5 所示系统和三相短路故障的故障数据。为了叙述便利，假设线路阻抗和故障电流的角度大小相等。

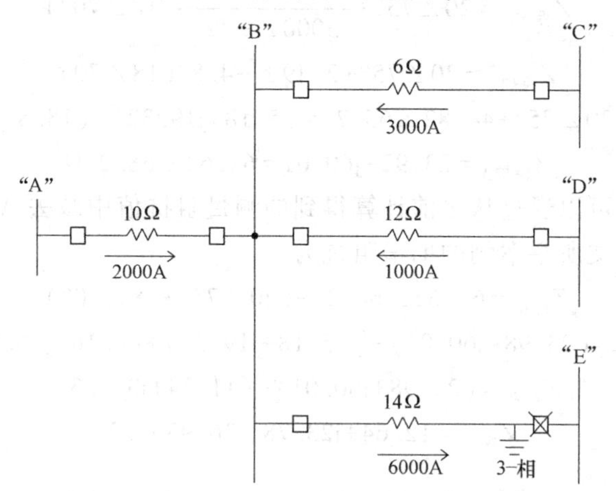

图 16.5　确定远后备保护Ⅲ段整定值的线路参数和故障电流幅值

对于上述三相故障，A 处距离保护Ⅲ段测量阻抗值为 10Ω + 14Ω + 4000A/2000A(14Ω) = 52Ω。该表达式的最后一项为助增阻抗，阻抗值为 28Ω。换句话说，A 处保护的测量阻抗可以采用式（16.1）计算：

$$Z(\text{保护 A}) = 10\Omega + 6000\text{A}/2000\text{A}(14\Omega) = 52\Omega$$

考虑125%的灵敏度，A处保护Ⅲ段的整定值应当是52Ω×1.25=65Ω。为了得到最终的A站远后备Ⅲ段整定值，需要进行N-1条件下的上述故障分析，以及对C站和D站的线路末端故障进行分析。达到最高阻抗整定值的条件是A站的保护Ⅲ段所需的整定值能够覆盖远后备相间故障。

需要注意的是，线路和故障电流的角度通常会有所不同，在实际计算中需要把这些差异考虑在内。例如图16.6所示，考虑345kV T型线路发生三相短路故障的情况。

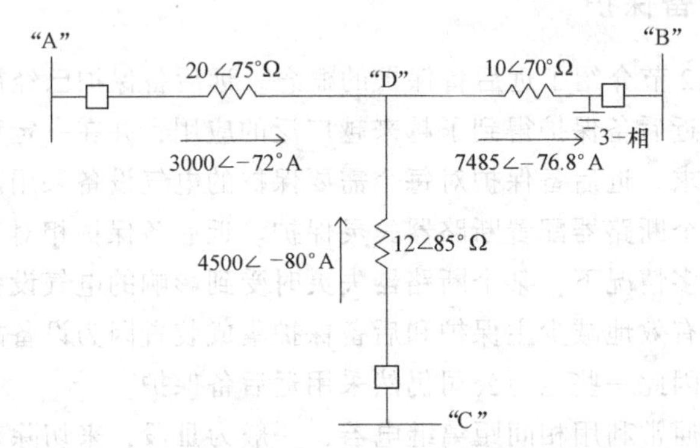

图16.6　345kV T型输电线路三相故障的线路参数和故障电流幅值

利用等式16.2，在A站线路末端距离继电器的总阻抗可以确定如下：

$$Z_{保护A}=20\angle 75°+\frac{7485\angle -76.8°}{3000\angle -72°}(18\angle 70°)$$

$$Z_{保护A}=20\angle 75°+2.49\angle -4.8°(18\angle 70)$$

$$Z_{保护A}=20\angle 75°+44.82\angle 65.2°=(5.18+j19.32)+(18.8+j40.62)$$

$$Z_{保护A}=23.92+j60.01=64.62\angle 68.2°\Omega$$

助增阻抗值可以通过从之前计算得到的测量阻抗值中减去AB两站间的实际阻抗值得到。上文所举案例的助增阻抗为

$$Z_{视在}=64.62\angle 68.2°-(20\angle 75°+18\angle 70°)$$

$$Z_{视在}=(23.98+j60.01)-[(5.18+j19.32)+(6.16+j16.91)]$$

$$Z_{视在}=(23.98+j60.01)-(11.34+j36.23)$$

$$Z_{视在}=12.64+j23.78=26.93\angle 62°$$

16.9 NERC标准PRC-023

PRC-023《线路保护应对载荷能力》（*Transmission Relay Loadability*）旨在确保继电保护的整定值与电气设备匹配：

1）不限制线路输电负荷能力；

2）不干扰系统运行人员采取补救措施保证系统可靠性；

3）整定值应能够可靠检测所有故障，并保护电网免因故障受损。

在这一部分中，我们将从实际应用的角度对这个标准的部分内容进行讨论。

PRC-023 要求相间继电器整定值必须满足上述标准概述中的至少一条，使得这些整定值不会成为输电负荷的限制因素。该标准还规定，相间继电器整定值必须为大容量电力系统区内所有可能发生的故障提供可靠保护。确定相间继电器整定值的第一步是确定运行工况，使其能够可靠检测保护区内的所有相间故障。在第一步确定的整定值必须根据 PRC-023 标准要求 1 所述规则进行测试。如果该整定值无法满足上述标准，必须采取以下两项措施：

1）使用不同动作特性的相间继电器，使其仍然能够检测所有故障，并满足要求 1 中所列规则中的至少一条。

2）按照 PRC-023 报告继电器的负荷限制，并将此限制作为相关电力设备的负载能力极限。

如果采取了第二项措施，要求 1 规定在最大 90°的转矩角或者保护可整定的最大角度（最大 90°）下，相关相间继电器取 125%的线路阻抗。

以下部分提供一些 PRC-023 应用实例。

16.9.1 距离继电器载荷能力

PRC-023 标准 1 要求 1 表明，输电线路保护应整定成使得它们在小于或等于 150%的线路 4h 过负荷水平时不动作（或者接近 4h 过负荷最大值）。150%的安全系数为了允许更高的短时过负荷和一些其他的安全因素。要求 1 中要求应对过负荷能力在 85%电压和 30°功率因数角下进行评估。

根据之前的考虑，对相间距离保护应对过负荷能力计算公式如下：

$$I_{LL}=\frac{0.85(V_{LL})}{\sqrt{3}(1.5)(Z_{relay30})} \tag{16.3}$$

式中 I_{LL}——继电器整定的负荷限制电流值；

V_{LL}——继电器所在位置的相间额定电压；

$Z_{relay\ 30}$——从原点到继电器的动作边界在 30°角处测量的阻抗。

对于这样的计算，有必要计算在 30°处的距离保护整定的范围。这可以以图形方式或计算得到。例如，距离保护常见动作特性是阻抗特性（见图 6.14）。阻抗特性在 30°角上的动作范围等于

$$Z_{30}=(Z_{MTA})\times(\cos(MTA-30°)) \tag{16.4}$$

其中 Z_{30}——继电器 30°处的动作范围；

MTA——继电器的最大阻抗角整定值；

Z_{MTA}——最大阻抗角下整定的动作范围。

考虑一条230kV输电线路的阻抗值为43.68/77°Ω。分析表明125%线路阻抗的Ⅱ段整定值适用于配置阻抗特性距离保护的输电线路。因此，54.6/77°Ω的整定值适用于保护Ⅱ段。基于PRC-023标准1要求1，此整定的载荷能力可以确定如下：

$$Z_{30}=54.6\Omega\times\cos(77°-30°)$$
$$=54.6\Omega\times\cos47°=37.24\Omega$$

$$Z_{LL}=\frac{0.85(230000)}{\sqrt{3}(1.5)(37.24)}=2021A$$

如果传输线的4h过负荷水平小于2021A，则整定值符合标准1的要求，如果4h过负荷水平大于2021A，则整定值不符合要求。如果不能满足标准1，则整定值应按照要求1中其他相关标准来进行校验。如果满足要求1中的任何一条标准，那么整定值就不会限制线路负荷的传输。如果不满足任何标准，我们应尽可能对继电器的动作特性进行修改，以使得当Z_{30}减小的时候，线路仍然能够维持足够的保护范围。例如，可以用四边形特性相间距离继电器代替阻抗圆特性（见图6.19）。如果不能满足要求1中的任何标准，那么由继电器整定带来的线路负载限制必须按照PRC-023标准中的要求记录并报告。本标准要求报告过的整定最大值应该是87%的Z_{LL}。以下是一些可以用来满足要求1的其他标准的概述：

1）如果可用的话，可以用15min过负荷水平来代替的标准1中要求的4h过负荷水平。相比于当载荷能力使用4h过负荷水平时要求的安全系数50%，如果使用15min过负荷水平，那么要求安全系数为15%。因此，使用15min过负荷水平整定继电器载荷能力时应使用下列公式：

$$I_{LL}=\frac{0.85(V_{L\text{-}L})}{\sqrt{3}(1.15)(Z_{relay30})} \tag{16.5}$$

2）线路的理论功率输送能力有可能小于其额定值。这种情况下该线路的最大功率传输能力可通过过负荷能力求得。与最大功率传输相关的电流可以确定如下：

$$I_{maxTransfer}=\frac{0.857(V)}{(X_{S1}+X_{S2}+X_L)} \tag{16.6}$$

式中 V——线路终端母线的额定线电压；

X_{S1}——送端母线的系统等效电抗（Ω）；

X_{S2}——受端母线的系统等效电抗（Ω）；

X_L——线路电抗（Ω）。

方程（16.4）假设每条母线的系统等效阻抗之后的电压为1.05个标幺值，并且在传输最大功率时，两侧电压之间的相角差是90°。应在85%电压、线路功率因数角为 30° 的情况下校验不限制最大功率传输电流的相间距离保护范围，安全系数为 15%。为了不限制最大功率传输，在 30° 角处保护范围必须小于

$$\text{Maximum}Z_{R30}=\frac{0.85(V)}{\sqrt{3}(1.15)(I_{\text{maxTransfer}})} \tag{16.7}$$

附加的应对载荷能力的标准也规定了如串补线路等一些特殊情况。

16.9.2 变压器负荷整定要求

PRC-023 要求 1 标准 10 指明了对大容量变压器区内故障保护装置最小整定值的要求。这种保护的整定必须在变压器负荷小于以下情况时不动作（以安培为单位）：

1）最大变压器铭牌额定值（包括强迫冷却等级）的 150%；

2）为运行而设置的最大变压器紧急等级的 115%。

为了保证变压器保护的范围，变压器保护必须按照变压器超过其承受能力前跳闸来整定。

如果变压器保护不能整定为满足上述标准，那么保护在上述负荷条件下必须至少延时 15min 动作。为了给运行人员采取补救措施的时间，15min 动作延时是必要的。此外，在这种情况下，如果顶油温度小于 100℃ 或绕组热点温度小于 140℃，保护必须被监测并且防止其动作。这些要求的基本目标是防止变压器因过负荷保护过早跳闸，并且只在可能造成变压器损坏时才允许跳闸。

16.9.3 纵联保护方案的载荷能力

正如在第 12 章中提到的，仅以差流为动作量的纵联保护方案不会因为线路上传输的负荷电流而误动，但基于阻抗的纵联保护方案会受线路上传输负荷的影响。两种常见的利用相间距离继电器检测故障的纵联保护方案，分别是闭锁式方向比较式纵联保护方案（DCB）和允许式超范围远方跳闸纵联保护方案（POTT）。

16.9.3.1 闭锁式纵联保护方案的载荷能力

常见的闭锁式纵联保护方案，采用正方向相间距离继电器来跳开本侧。对侧使用反方向继电器通过闭锁逻辑向本侧发送闭锁信号，阻止其跳闸。所使用的相间距离继电器能够利用多种动作特性，包括常用的阻抗特性。反方向距离闭锁继电器可以弥补采用闭锁式方案的不安全性（如果在保护的线路发生故障，闭锁继电器应该运行在偏移圆内，那么该位置上的正方向纵联跳闸继电器会阻止它发送闭锁信号）。采用阻抗特性的双端线路距离保护的典型 DCB 整定的阻抗特性如图 16.7 所示。

如图 16.7 所示，如果负荷引起闭锁式相间跳闸继电器在其 30°动作点动作，

闭锁信号将不会被启动，纵联保护将跳开线路。因此，对于闭锁式保护，在确定其载荷能力极限时，相间距离继电器必须考虑纵联保护本身的特点。

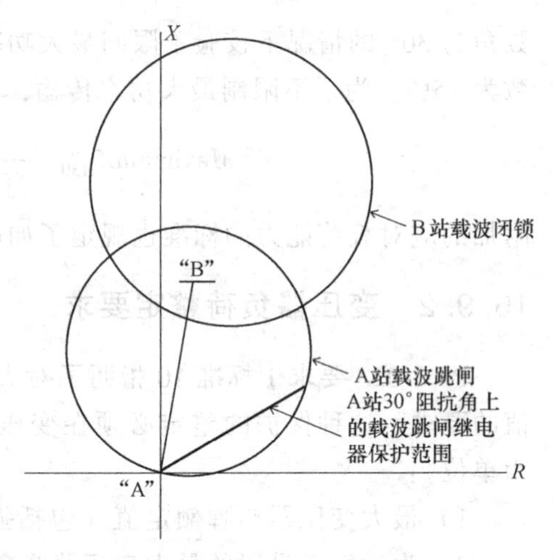

图 16.7 双端输电线路方向载波闭锁式纵联保护的典型相间距离整定

16.9.3.2 允许式纵联保护方案的载荷能力

允许式逻辑电路要求在线路两端的正方向继电器检测到故障后，线路两端都能跳闸。只有当一侧方向保护动作，同时对侧的正向及反向保护均未动作，可以采用强化逻辑允许跳闸。这种强化有时被称为弱馈逻辑（见第 13.14.2 节）。

对用弱馈逻辑强化的允许式保护，其载荷能力与闭锁式保护相同。也就是说，允许式相间距离保护整定特性本身决定了其载荷能力。对于不采用弱馈逻辑强化的允许式保护，近端和远端的相间距离允许式跳闸保护的重叠区域决定了允许式保护的载荷能力（见图 16.8）。

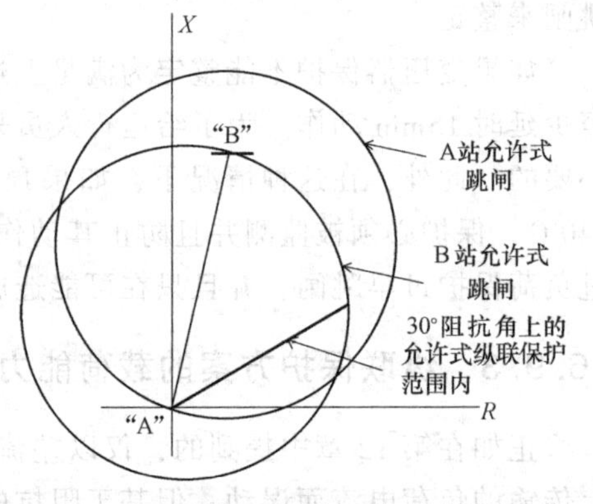

图 16.8 双端输电线路 POTT 保护方案的典型相间距离整定

不采用弱馈逻辑强化的允许式保护一般都会比强化后的保护载荷能力更强。

16.9.4 合闸于故障的载荷能力

合闸于故障（SOTF）保护可以应用在多种场合，主要用于保护当断路器重合于三相故障的同时负责切除故障的相间距离继电器因缺乏记忆功能而失效的情况。如果断路器重合于一条因检修而断开但在未移除安全地线便重新上电的线路时，这种情况就可能发生。相间距离保护若是从线路侧互感器接收二次信号，则保护将拒动。这种情况下，互感器在重合之前处于失电状态，因此，相间距离继电器的记忆功能失效。

合闸于故障保护方案一般用快速瞬时过电流继电器作为检测故障的启动继电器。合闸于故障保护方案在保护系统中的应用方式取决于其特定用途或者特殊设备的应用经验。快速瞬时继电器可以比距离继电器更快地动作。当研发人员希望启动继电器长期投入时，合闸于故障保护方案可以设计成能够快速切除所有运行条件下的故障，同时瞬时继电器必须整定为在所有可能的 N-1 情况下均不会因被保护线路外的故障而动作的情况。

合闸于故障保护的应用方式一般分为三类：

1）合闸于故障保护在只有当线路从一侧通电，其他侧断开的情况下工作；

2）合闸于故障保护在当断路器闭合到带电或者不带电线路的情况下工作；

3）合闸于故障保护长期投入。

值得注意的是，对于方式2和方式3，合闸于故障瞬时继电器必须按被保护线路之外故障不应误动来整定。因为其他方式的定值可能太高，甚至不能可靠地检测到线路近端的三相故障，所以有时候也需要按照应用方式1来进行整定。

采用方式1的合闸于故障保护不会对线路载荷能力造成影响，因为合闸于故障保护只在线路的对侧断开，并且负荷不能通过传输线流动时才工作。对于方式2和方式3应考虑载荷能力问题，因为当负荷通过线路流动时可能引起误动。在这种情况下，手合瞬时保护的载荷能力不能低于该线路4h过负荷水平的150%。

16.10　非大容量电力系统线路的负荷能力极限

确定低压输电和配电线路上保护整定的极限负荷是设备所有者的责任。这些限值可能对每个所有者来说都不一样，但通常都是基于与系统相关的经验和实际运行要求确定的。例如，辐射型配电回路常常配置反时限和瞬时过电流保护。定时限相间过电流保护定值应整定得足够低，以可靠地躲开其保护区内的所有故障。定时限相间过电流保护在过负荷情况下可能动作。典型的极限负荷或负荷预警点约为定时限过电流启动定值的80%。在实际应用中，一旦观察到负荷峰值接近80%，保护将提醒保护人员采取措施提高保护定值或将一部分负荷转移到另一条馈线上。80%将被视为告警阈值，并留有一些裕度，以防数据误差和极端温度下负荷可能突然增加。

过负荷情况下接地过电流保护误动的问题也可能存在于配电线路，尤其当馈线负荷严重不平衡时。另外，如果各相采用单独的分相保护，故障隔离可能会突然加剧线路负荷不平衡程度。配电线路上的接地保护用于切除限制性接地故障。导线下垂引起的限制性接地故障尤其棘手，如果不及时切除可能会有危害公众的安全风险。配电线路经常架设在人行道、马路和停车场上。掉落在这些地面上的导体往往接触不良，增加了高阻接地故障的可能性。此外，为了减少间距要求，绝缘导线经常用于配电线路。当这种导体落在地上时，经常发生高阻接地故障。这些高阻故障使得接地保护的启动定值应尽可能低。必须注意的是，如果保护整定的灵敏度不足，就会受到不平衡负荷电流的影响。一台用于配电线路的接地过流保护的装置，最初是针对满载功率为600A的线路，启动定值约为180 A。随着时间的推移，发生几次误动作之后，整定值被抬高到240A或更高。

一些地方可能会将配电线路过电流保护的启动定值取为高于导线的短路稳定状态。这种做法降低了保护因过负荷误动的可能性，但需要注意自动分段装置在线路的放置位置，以确保变电站过电流保护在保护区内对故障的灵敏度。

另一个配电线路保护整定的载荷能力问题是冷备用负荷启动。线路长期停运时失去了负荷多样性。在线路重新投运之前，空调、暖气、冰箱等设备可以通过相关控制获取功率。因损失的不同类型负荷的投入而增加的负荷电流，以及电动机同时启动而引起的浪涌电流，可能会导致在线路投运后长时间流过较大电流。这种浪涌电流会引起过电流保护动作，这就意味着我们不能同时恢复整个回路的正常运行。定时限过电流保护和瞬时过电流保护也都会受到影响。瞬时过电流保护通常按高于定时限过电流保护定值来整定，但瞬时过电流保护还受可能引起误动的短时励磁涌流的限制。如果冷备用负荷投入涌流限制了整个回路的投入，运行人员将不得不对线路进行分段后逐级投入。这个过程可能会导致停电时间比必要的时间更长。

为了尽量减少冷备用负荷启动问题，一些技术已被开发和应用。例如，通过在线路上安装额外的分段装置，配电线路变得能适应更高的定时限过电流启动定值。研究发现，定时限过电流启动定值整定为约最大负载的两倍时，可以在较大程度上解决冷备用负荷启动问题。另一方法是在线路投运时闭锁瞬时过电流保护。这使得保护不因启动时的浪涌电流而动作，同时不必牺牲保护装置对故障的灵敏度。此外，当线路长期停运后又重新投运时，具有多个定值区的数字保护可以自动切换到可兼容冷备用负荷启动的定值区。此外，近几年，智能电网的概念已被设计和应用在一些系统上。利用现代数字保护和通信系统，可以迅速确定故障位置，并且线路分段装置可以适当地自动开启和关闭，以快速的恢复部分线路。只有小部分线路长期停电，冷备用负荷启动的影响就会减少。本章后续我们将对智能电网的实施过程对继电保护的影响进行讨论。

16.11 扰动过程中的发电机跳闸

对大停电事故的分析表明，许多发电机在扰动过程中已经跳闸。很难确定哪些是为了保护发电机或电力设备免受设备损坏的必要跳闸，哪些是由相关保护系统配合缺陷造成的非必要或者过早的跳闸。一些发电机非必要或是过早跳闸很可能导致了停电范围的扩大。在大停电研究领域之外，发电厂和大容量输电系统的保护系统之间也存在配合问题。曾经的一起事故中，两台核电机组因为联络线上的单相接地故障切除而跳闸。故障其实已经被线路保护正确切除，但是与核电机组相连的后备接地过电流保护误动作，造成发电机跳闸。后备接地过电流保护没有设置能够与输电系统配合的足够的延时。

与发电机跳闸问题有关的一个问题是，发电设备和输电设备往往属于不同公司。在不同所有者之间沟通这些保护和控制设备的设计和整定信息显得非常重要。如果这些信息没有被交换或接收，相关的保护设备之间的配合将形同虚设。所谓配合就是，输电系统发生的故障，线路保护装置应在发电厂保护和控制系统动作之前将其切除。同样的，线路保护系统也应与发电厂内的保护设备配合。一个关于低频切负荷装置整定的例子也能够说明这种需求。当负荷超过发电机容量时，频率降低，电力系统用低频切负荷装置来减负荷。发电机利用低频切负荷装置来防止涡轮叶片损伤，利用低压切负荷装置来防止过激磁损坏设备。发电厂中的低频测量设备在整定时要考虑给电力系统低频切负荷装置足够的动作时间。如果没有这种配合关系，发电机会在低频切负荷方案动作之前被跳开，继而造成更大的发电机/负荷失调。低频切负荷装置的设计必须在发电厂设备所能承受的低频范围之内，低频切负荷策略必须满足相应的基本原理。

在电力系统扰动中可能引起发电机跳闸的另一个问题是使用了多功能发电机保护装置。这些装置通常是由多种保护元件而组成，使得它们可以满足大多数应用需求。但是在许多实际应用中并不是该装置中所有的保护功能都需要用到。保护工程师可能会想要充分利用这些保护功能，即使某些功能根本不需要。这可能导致保护装置整定地不够准确，从而失去配合。所以最好是只使用那些需要的保护功能。

NERC 标准 PRC-001 表明了发电和输电企业之间共享保护和控制信息的要求。第 8 章讨论了通常应用于发电机的许多保护系统。在输电系统的事故中，最易出现问题的保护系统包含以下几项：

1）相间距离后备保护；

2）相间及接地过电流后备保护；

3）低压保护；

4）低频保护；

5）过频保护；

6）失磁保护；

7）负序过电流保护；

8）各种励磁保护系统。

更多有关上述装置和其他装置配合问题的信息，可以参阅 NERC 技术参考文档《发电厂和输电系统的保护配合》（*Power Plant and Transmission System Protection Coordination*）。

16.12 保护系统维护

多年来，保护系统的维护一直是保持系统可靠性的一个重要方面。重要的是，维护程序覆盖整个保护系统，包括保护装置本身、相关的通信系统、变压器、电池和所有相关的控制回路。经验表明，维护不当可能会导致严重的后果。而这些后果不能立刻发现，只能随着时间的推移逐渐显现，而减少维护计划一直是快速简单的节约成本的方法。

回顾某核电厂一次启动变压器事故。变压器与输电线路相连，并配置有主后一体的差动保护。差动保护的机电跳闸继电器没有进行定期维护。发电厂工人认为输电系统工人在进行必要的维护，而输电系统工人认为发电厂工人正在执行此功能。发生变压器低压侧故障后，两个跳闸继电器由于多年闲置而无法跳闸。其结果是，故障无法切除，变压器最终被吞没在火海中，完全破坏。当故障转换到输电线路保护的保护区内时才终于被切除。

另一个是230kV的故障，为降低运营成本，该电力系统停止维修了一段时间。当故障发生在230kV输电线路，本应切除故障的主后备保护均拒动。结果共有11条230kV线路跳闸，其中一些跳闸是不必要的。部分跳闸是由配置了闭锁式方向纵联载波保护的导线通信问题造成的。幸运的是，该事件并没有连锁造成大面积停电事故，因为它发生在负荷水平较低的午夜。维护程序随后很快就启动了。

大多数现代微机保护装置都具有自检功能。此外，微机保护装置的运动部件比用机电元件的传统保护装置少很多。因此，微机保护的维护需求不同于机电保护系统。为了充分利用这一特点，微机保护装置的自检功能需要整合成一个有效的告警系统。

NERC标准PRC-005表明了大容量电力系统的维护要求。本标准中的要求分别覆盖了三种类型的保护系统设计：

1）无监测；

2）部分监测；

3）全面监测。

一般来说，未被全面监测的部分维护周期不得超过6年。无论设计如何，所有保护系统相关的电池必须按时进行维护。大规模电力设施维护工作的文件必须至少保存两个维修周期。

16.13 电网自动化：保护方面

数字技术在保护、控制系统和通信领域的发展，已经为电力系统电网自动化打开了机遇的大门。在过去的几年中，我们取得了许多支持这一过程的新的进展。例如，统一的通信规约（IEC 61850）已制定和实施，它可以让来自不同厂家的智能电子设备能够互相交流。电力系统自动化是使电网更智能更可靠的一部分。这一愿景被称为智能电网。在一般情况下，智能电网是指在电力系统中嵌入硬件和软件，目的是：

1）形成对影响电网运行事故更自主的反应；

2）提升电力网络持续输送电能的运行效率。

智能电网是一个不断发展和进步的宽泛课题。智能电网的某些方面已经实现，而其他方面尚未成功。智能电网的实现是由实验、技术进步和成本/效益分析引导的一个学习过程。智能电网的内容超出了这本书的重点和范围。然而，智能电网的某些设计已经对电力系统安全稳定运行提出了新的挑战。例如，使电网更智能的目标之一是减少停电的范围。考虑如图 16.9 所示的辐射型分布电路。

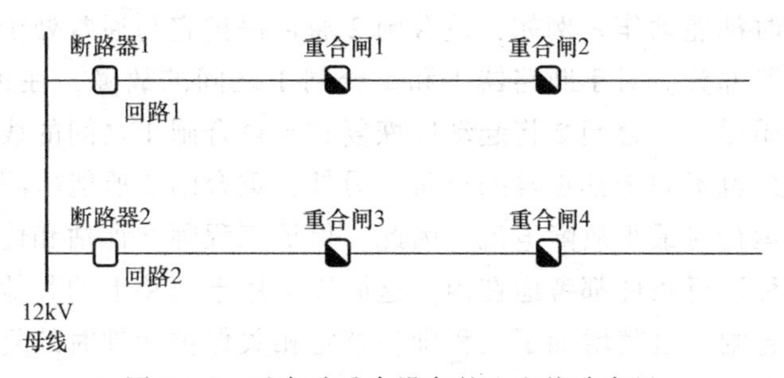

图 16.9　无自动重合设备的配电线路布局

位于变电站及线路的断路器和重合闸，是由过电流保护元件控制并具有自动重合能力的设备。当断路器 1 和重合闸 1 之间发生了永久性故障，断路器 1 将跳开并闭锁重合闸，切除所有从线路 1 供电的用户。这些用户将停电，直到把负荷通过其他线路输送过来，或者尽可能地排除了故障。依靠这个回路供电的客户将经历一个相当长的停电时间。

对于应用了电网自动化技术的线路，常开的重合闸装置采用如图 16.10 所示连接。

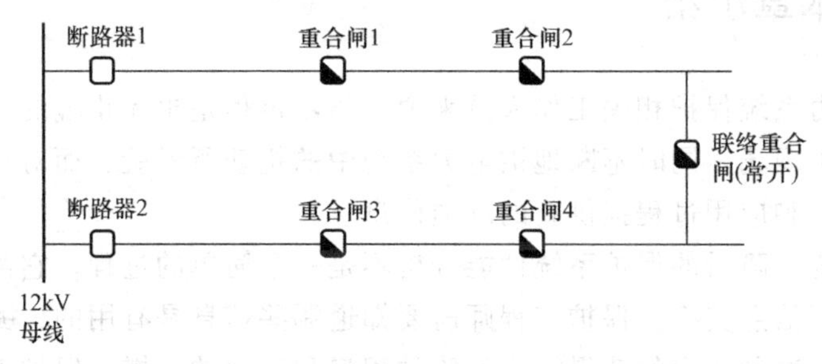

图 16.10　有自动重合设备的配电线路布局

断路器和重合闸由软件实现停电设备运行的控制，同时具备了通信能力。考虑断路器1和重合器1之间相同的永久性故障。断路器1闭锁，重合闸1在确认没有任何故障电流之后会发送一个信号去打开重合闸1并闭合联络重合闸。因此，对所有位于重合闸1和联络重合闸之间的客户的供电会及时恢复。只有那些位于断路器1和重合闸1之间的用户将长时间停电。这增加了可靠性，当然，成本也相应提高。每一条线路都采用这种设计，以提高耐受比其正常的峰值负荷更大的负荷。为了建立线路和额外的重合闸的连接，也可能需要额外线路。

自动化系统的应用显著增强了供电恢复能力，减少了停电时间。但是仍有一些相关的保护因素需要考虑。比如说，在变电站的断路器将承担比其正常负荷大得多的负荷电流。额外的负荷可能在任何时间没有任何事先通知的情况下出现。这些变电站断路器的过电流保护的整定值必须设置得足够高，以适应这种额外的负荷，同时又要对线路区内故障保持足够的灵敏度。另外，线路重合闸需要在正向和反向故障时都能动作。例如，重合闸2通常保护它与通常处于分位的联络重合闸之间的线路部分。对于断路器1和重合闸1之间的故障，在重合闸1打开、联络重合闸关闭后，重合闸2将起动以恢复它与重合闸1之间的线路的供电。重合闸2所带负荷也不同于其正常的负荷。另外，重合闸2所能检测的最小故障电流不同于正常运行时最小故障电流。因此，保护工程师在评估和优化重合闸整定时，需要把两种运行条件都考虑在内。这同样适用于线路上的其他重合闸，包括常开的联络重合闸。这就增加了工程师在整定相关保护元件时的复杂性。微机保护装置上的多个定值区在实现这项功能时就很有意义了。

电网正在实现自动化，并通过新技术和创新变得更加智能，上述例子只是许多方式之一。这些技术在提高服务的可靠性和促进系统的运行方面被证明是非常有价值的。智能电网的增强也有助于将太阳能和风能等新能源接入电网。电力系统正变得越来越能够自我调整，以应对不断变化的条件和设备停运等问题。这也对保护系统的设计和应用提出了新的挑战：适应现代智能电力系统故障特征及新要求。

16.14 本章小结

对于电力系统保护相关工作人员来说，学习过程是永无止境的。保护系统被设计并运用于现场，同时不断地被电力系统中的扰动所考验，而对现场的事故分析能够为设计和应用过程提供新的反馈信息。

电力系统故障后的保护系统性能分析不是一个简单的过程。它需要与测控装置等设备进行信息交换，保护工程师需要知道哪些信息是有用的，哪些又是无用的噪声信息。这种能力的获得需要经验的积累和毅力的支撑。保护工程师必须设计和应用保护系统，来满足电力系统能够迅速恢复正常运行状态的需要。提高保护系统的性能也需要人们为此作出奉献和承诺。

这些只是当今保护工程师需要面对的一小部分挑战。正是这些和其他各种各样的挑战，使得这门艺术和科学充满了热情和激情。有很多人在这个令人兴奋的领域已经做出或正在做出贡献，而迎接这些挑战就是在向他们致敬。

参 考 文 献

Adamiak, M. and Hunt, R., Application of Phasor Measurement Units for Disturbance Recording, GE Multilin, Presented at the *Georgia Tech Fault & Disturbance Conference*, Atlanta, GA, 2005.

Moxley, R., *Analyze Relay Fault Data to Improve Service Reliability*, Schweitzer Engineering Laboratories, Inc., Pullman, WA, 2010.

NERC Standard PRC-001-1, System Protection Coordination, NERC Reliability Standards, North American Reliability Corporation, Washington, DC, January 2007.

NERC Standard PRC-002-NPCC-01, Disturbance Monitoring, NERC Reliability Standards, North American Reliability Corporation, Washington, DC, November 2010.

NERC Standard PRC-004-1, Analysis and Mitigation of Transmission and Generator Protection System Misoperations, NERC Reliability Standards, North American Reliability Corporation, Washington, DC, September 2011.

NERC Standard PRC-023-2, Transmission Relay Loadability, NERC Reliability Standards, North American Reliability Corporation, Washington, DC, February 2008.

NERC Technical Reference Document, Power Plant and Transmission System Protection Coordination, North American Reliability Corporation, Washington, DC, September 2009.

Perez, J., A guide to digital fault recording event analysis, *2010 GA Tech Fault & Disturbance Analysis Conference*, Atlanta, GA, May 3–4, 2010.

System Protection and Control Task Force of the NERC Planning Committee, Determination and Application of Practical Relaying Loadability Ratings Version 1, June 2008.

Uluski, R., Creating smart distribution through automation, *PAC World*, Houston, TX, March 2012, pp. 18–25.

第17章　习　题

这些习题来自于多年的实际经验。这些基本技能的练习，为应用本书所述内容提供了机会。虽然笔者已经尽量避免，但是在涉及应用的问题选择方面通常比较主观。每一道习题都含有一条简单解题所需信息，即每道题都有一个良好的 *RH* 因素，其中 *R* 表示相对最小体力，*H* 代表较高的教育价值。

第2章

2.1　Y形联结发电机的铭牌额定值是200MVA，20kV，次暂态电抗（X''_d）为1.2pu。请用欧姆形式表示其电抗值。

2.2　将习题2.1中的发电机连接到基准值为100MVA，13.8kV的电力系统，那么在该系统下发电机的次暂态电抗（X''_d）的标幺值是多少？

2.3　将习题2.2中算得的标幺值结果转换为欧姆形式。该结果与习题2.1中得到的计算结果相同吗？

2.4　三台容量为5MVA的单相变压器，每台变压器的额定变比是8：1.39kV，漏抗为6%。这些变压器可以采用一系列不同的接线方式对三个完全相同的5Ω电阻负载供电。表P2.4列出了变压器和负载之间的不同接线方式，请完成表中的空白列。三相基准容量取15MVA。

表P2.4　习题2.4中所述变压器和负载连接

序号	变压器接线方式		二次侧负载接线方式	基准线间电压/kV		负载 *R* 的标幺值	换算至高压侧的整体阻抗 *Z*	
	一次侧	二次侧		HV	LV		标幺值	Ω
1	Y	Y	Y					
2	Y	Y	△					
3	Y	△	Y					
4	Y	△	Y					
5	△	Y	Y					
6	△	Y	△					
7	△	△	Y					
8	△	△	△					

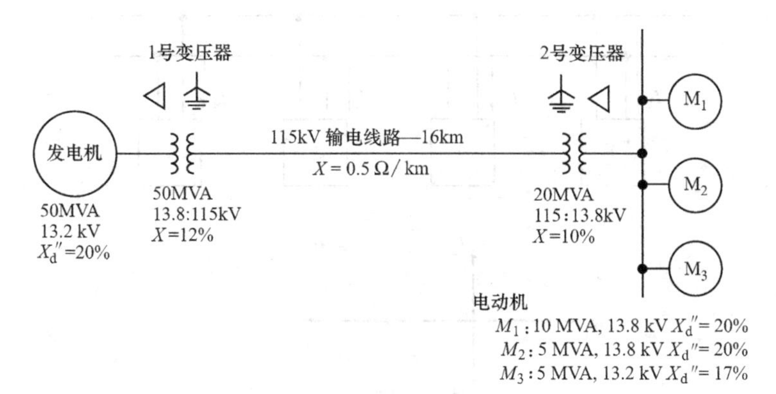

图 P2.5　习题 2.5 的单线图

2.5　一台三相发电机经一变压器组为三台大容量同步电机供电，其中输电线路长度为 16km，电压等级为 115kV（如图 p2.5 所示）。请画出该系统电抗的等效单线图，且所有电抗值的基准容量为 100MVA，基准电压为 13.8kV 或 115kV。

2.6　在习题 2.5 的系统中，要求将电动机母线电压维持在 1.0∠ 0°标幺值。三台电动机在满额定功率工作，功率因数为 0.9。

a. 假设系统中没有调压抽头或者与之类似的设备，确定发电机端的电压。

b. 次暂态电抗后面的电压是多少才能满足要求？

2.7　变压器的阻抗百分比往往由短路试验来确定。在短路试验中，短路连接变压器的二次侧并提高一次侧电压，直至流经变压器绕组的电流达到额定值。产生额定电流的电压除以变压器的额定电压就等于变压器的阻抗标幺值。

150kVA，7200-240V 变压器短路试验结果如下：

一次侧电流为 20.8A 时，一次侧电压为 208.8V。

a. 确定变压器的阻抗百分值。

b. 计算变压器一次侧和二次侧的欧姆阻抗值。

c. 如果变压器正常运行时二次侧出现短接，那么流过变压器的电流是多大？(电源阻抗视为零。)

第 3 章

3.1　4 个方框分别代表交流发电机、电抗器、电阻器和电容器，并连接到电源母线 XY（如图 P3.1 所示）。通过电路和相量图，识别每一个方框。

3.2　如图 P3.2 所示，两个变压器组连接到同一条母线。电压 V_{AN} 和 $V_{A'N'}$，V_{BN} 和 $V_{B'N'}$，V_{CN} 和 $V_{C'N'}$ 之间的相位关系是什么？

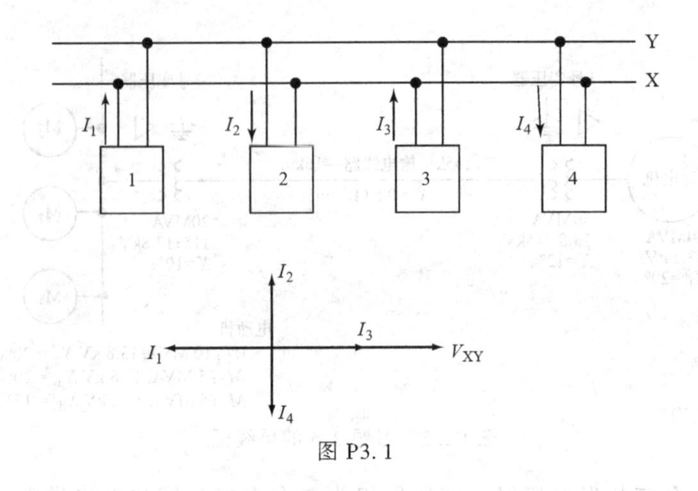

图 P3.1

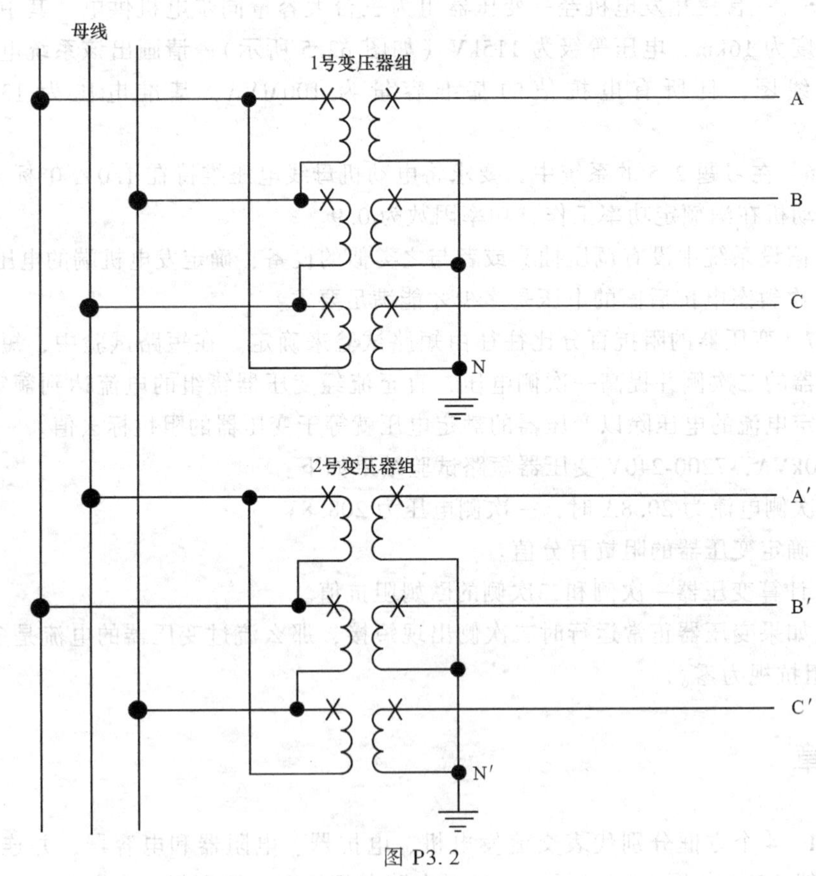

图 P3.2

3.3 重新连接图 P3.2 中的 2 号变压器组，将左侧绕组由△形联结改为 Y 形联结，右侧绕组由 Y 形联结改为△形联结，使 V_{AN} 和 $V_{A'N'}$ 同相位，V_{BN} 和 $V_{B'N'}$

同相位，V_{CN}和 $V_{C'N'}$同相位。

3.4　图 P3.3 中所示的电力变压器的接线方式是不标准的，且与现今的标准有很大差别。但是该接线方式有助于我们理解相量、极性和方向传感继电器的接线方式。

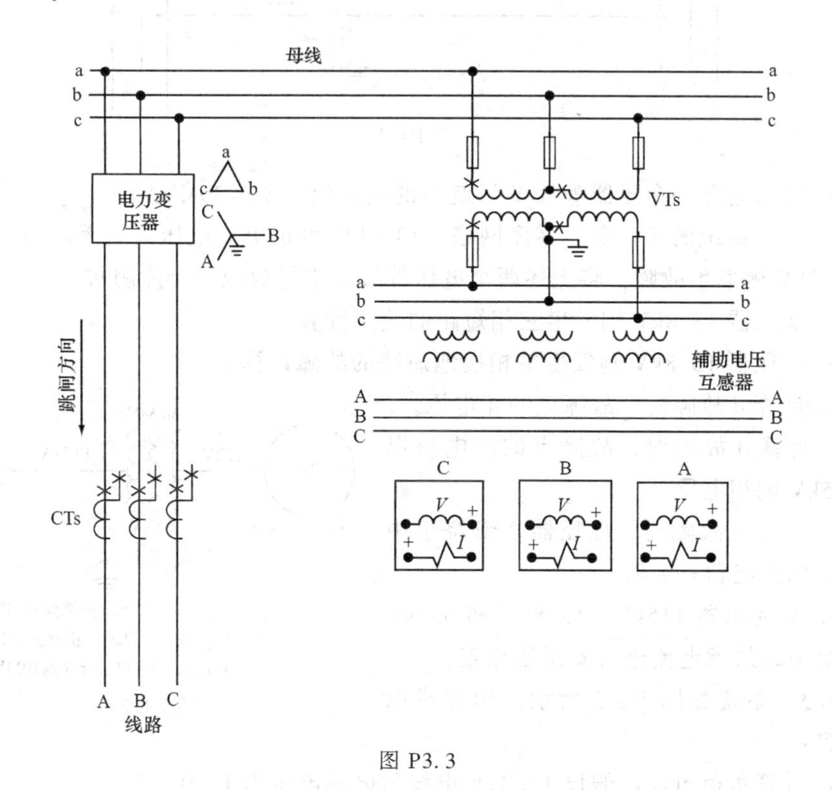

图 P3.3

请将方向相继电器 A、B、C 连接至线路侧电流互感器（CT）和母线侧电压互感器（VT），以保护区外线路相间故障。采用 90°~60°接线方式。在施加的电流超前电压 30°时，方向继电器获得最大转矩。为给继电器提供线路侧等效电压，应连接辅助 VT。

第 4 章

4.1　图 P4.1 给出了 a 相接地短路时系统各相电流的标幺值。不计电阻，假设发电机电压 j=1.0（标幺值）。

请画出系统正序、负序、零序电路图；并描述如需产生图中所示电流，该系统必须具备的条件？

4.2　系统如图 P4.2 所示，请完成以下内容：

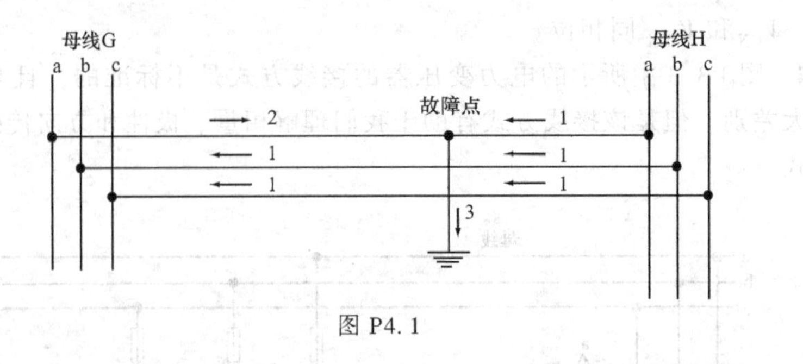

图 P4.1

a. 计算电源、变压器等效 Y 形绕组的电抗值（$S_B=30\text{MVA}$）。

b. 建立系统的正、负、零序网络。13.8kV 和 6.9kV 电压等级无故障源。假设 13.8kV 侧发生故障，将上述两个电压等级网络等效成一个序阻抗。

c. 变压器 13.8kV 侧发生三相短路的故障计算。

d. 变压器 13.8kV 侧发生单相接地短路的故障计算。

e. 计算 d 故障时，故障点的相电压。

f. 计算 d 故障时，故障点的相电流以及 115kV 侧相电压。

g. 计算 d 故障时，变压器△形绕组中电流的标幺值和有名值。

h. 对变压器 115kV、13.8kV 和 6.9kV 侧绕组中的故障电流进行安匝法检查。

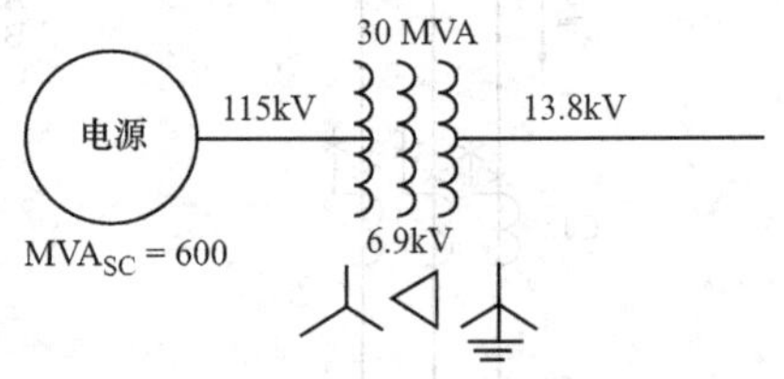

图 P4.2

4.3 系统如图 P4.3 所示，请完成以下内容：

a. 计算负荷电流。假设 13.8kV 母线后电源电压为 $1\angle 0°$。

b. 计算负荷侧母线电压。

c. 计算负荷母线处发生 a 相直接接地故障时的故障电流，不计负荷。

d. 计算负荷母线处发生 a 相断线故障时系统中的电流值。

e. 计算发生 d 中所述故障时，断线相电源侧又发生直接接地故障时的电流值。

f. 故障同 e 所述，只是在断线相的负荷侧发生直接接地故障。

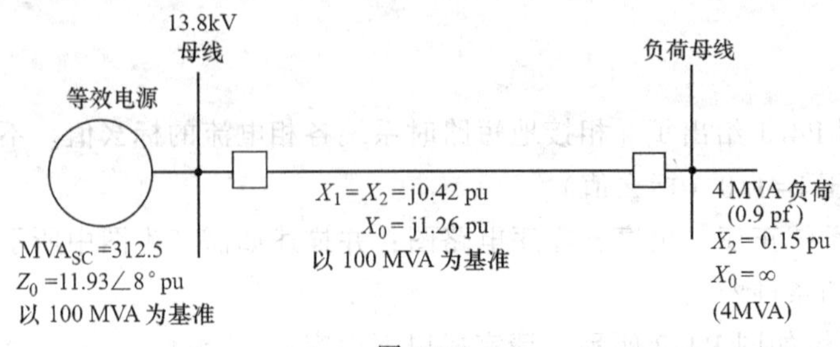

图 P4.3

4.4　假设第 4.12 节算例单相直接接地短路发生在自耦变压器 161kV 侧，重复 4.12 节的分析计算过程，并与 345kV 侧故障时 D 形绕组中及中性点处的电流方向进行比较。

4.5　已知附录 4.4 中架空线（不带地线）的三相电抗矩阵如下：

$$[X]=\begin{bmatrix} X_{aa} & X_{ab} & X_{ac} \\ X_{ba} & X_{bb} & X_{bc} \\ X_{ca} & X_{cb} & X_{cc} \end{bmatrix}=\begin{bmatrix} 0.80 & 0.14 & 0.071 \\ 0.14 & 0.80 & 0.14 \\ 0.071 & 0.14 & 0.80 \end{bmatrix}\Omega/\mathrm{mile}$$

（1）计算线路的正序电抗 X_1 和零序电抗 X_0；

（2）计算导体的几何均距 GMD；

（3）假设线路的几何平均半径 GMR = 1.0in。运用 GMR/GMD 概念计算线路的正序电抗值。

第 5 章

5.1　一条 13.8kV 的馈线回路断路器接有如图 5.11 所示特性的 600 : 5 多电流比 CT。馈线一次侧最大负载为 80A，反时限过电流继电器接到 CT 的二次侧。在所选抽头值的情况下，继电器负载为 3.2VA，而导线负载为 0.38Ω。

a. 如果 CT 电流比采用 100 : 5，那么若要令继电器的吸合电流为最大电流负荷的 125%，就需要 5A 继电器抽头。求在上述条件下令继电器刚好动作的一次侧最小电流。

b. 在 a 的条件上，令 CT 不饱和的最大对称故障电流大约为多大？（采用 ANSI/IEEE 定义的曲线拐点）

c. 如果 CT 电流比采用 200 : 5，那么继电器可用 2.5A 抽头，求令继电器刚好动作的一次侧最小电流。

d. 将 b 中条件改为 c 中条件，再次求解。

e. a 和 c 中的 CT 和继电器抽头选择，哪种更佳？

5.2　现有一台 0.5~2.5A 的接地继电器，接有一动作值为 10A 的瞬时脱扣器。试求取可用的最小 CT 电流比。其中，接地继电器总负载在 10A 时为 285VA。CT 特征见图 5.10。

5.3　线路中接有特征如图 5.7 所示的 800 : 5 绕线式 CT。相关继电器能够动作的最大对称故障电流为 15 200A。如果继电器所连接的总负载为 2.0Ω，则误差百分比为多大？总负载为 4.0Ω 时又如何？

5.4　习题 5.1 中的馈线中有一接地继电器接到 CT 线路中，选定抽头后负载为 4.0VA。可选抽头分别为 0.5、0.6、0.8、1.0、1.5、2.0 以及 2.5，它们代表此时的最小吸合电流。当发生 a 相接地故障时，对一次侧电流安培值所能获得的最大灵敏度为多大？假设故障时 $I_b = I_c = 0$，且 CT 电流比为 50：5，则该相继电器负载为 0.032Ω；CT 电流比为 100：5，则负载为 0.128Ω；CT 电流比为 150：5，则负载为 0.261Ω；CT 电流比为 200：5，则负载为 0.512Ω。

5.5 相继电器和接地继电器接到了一系列 VT 上（如图 P5.5 所示）。相继电器的二次绕组电压为 69.5V，接地继电器的则为 120V。相继电器的等效线至中性点负载为 25VA 且呈电阻性，每相电压都为 69.5V。接地继电器负载则为 15VA，电压为 120V 且相角超前 25°。

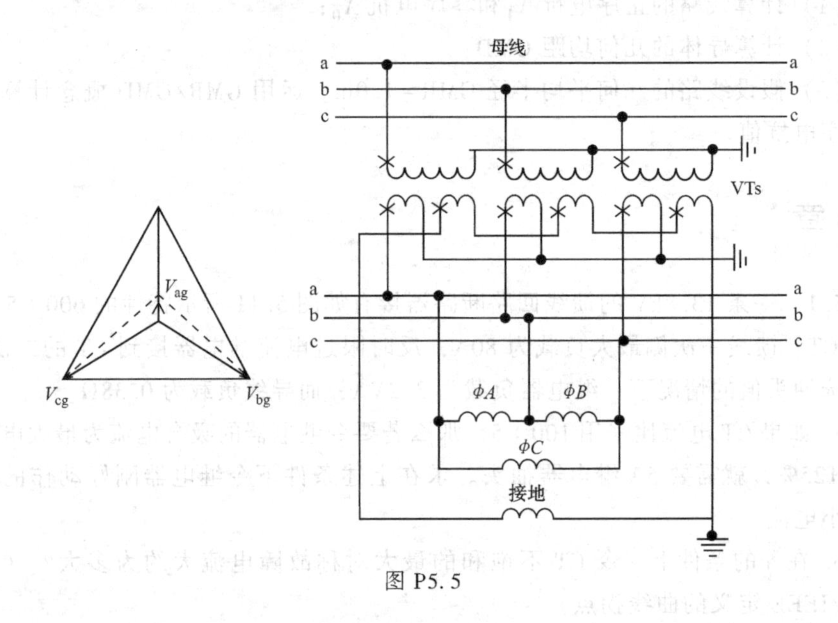

图 P5.5

a. 发生 a 相接地故障时，分别计算三个 VT 的总负载，此时 a 相电压降至 0.15pu。

b. 在此应用场合中，VT 的最小容量应至少为多少？

第7章

7.1 三相 4.16kV 不接地系统的 a 相直接接地。针对该故障，计算故障点的正序、负序和零序电压幅值，并参照三相系统中计算线对地故障所用序网对答案作出解释。

7.2 不接地 4.16 kV 系统的相对地电容为 0.4μF，请计算：

a. 计算每相正常的充电电流（单位：A）；

b. 计算发生 a 相接地短路时的故障电流；

c. 该故障电流是否能够触发定值为 0.5A，连接在 100 : 5 的 CT 上接地过电流继电器动作，或触发连接至环形 CT 且一次定值为 5A 的接地传感器动作？

d. 现在将该系统用 Z 型变压器经中性点电阻接地，4.16kV 母线上的电源 $X_1 = 10\%$，基准容量 5000kVA。如果在 Z 型变压器 $X_1 = 2.4\%$，那么 Z 型变压器绕组的容量是多少（kVA）？

e. 为了限制非故障相的过电压值在发生限制性接地故障时不超过 250%，下列条件必须满足：

$$\frac{X_0}{X_1} \leqslant 20 \quad 且 \quad \frac{R_0}{X_0} \geqslant 2.0$$

这就需要 Z 型变压器的阻抗为 6.67%，接地电阻器为 0.292 + j0.124pu（以 Z 型变压器额定值为基准）。请确定上述要求是否能够满足。

f. 计算 4.16kV 系统中 Z 型变压器发生 a 相永久接地时的故障电流。

g. 提供购买 Z 型变压器和中性点电阻器的具体技术参数。

h. 问题 c 中的继电器在发生问题 f 故障时，能否动作？

7.3 验证图 P7.3 所示 VT 的特殊连接方式能否在发生接地故障时，提供零序电压，使过电压继电器 59G 动作（大型电力系统通常使用这种连接探测非接地系统（由△侧供电）的接地情况）。

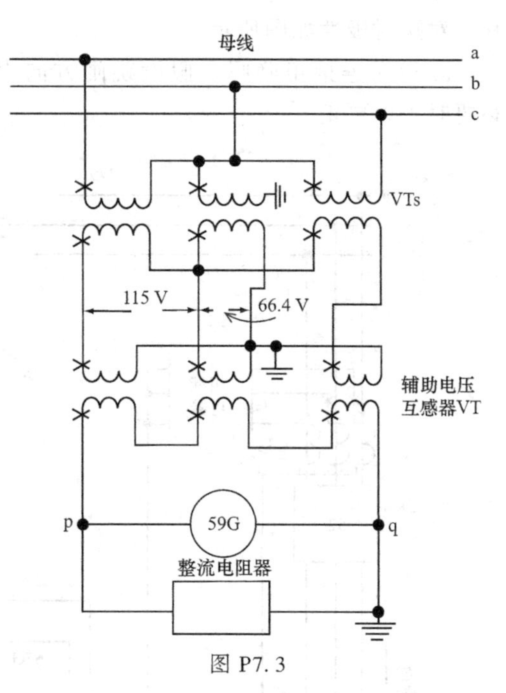

图 P7.3

开口△连接方式的 VT 用于测量三相电压。图 7.5a 所示，在开口三角侧使用三个辅助电压互感器的接线方式可能会发生铁磁谐振，原因是电压互感器的漏电抗非常大。图示的方案使用现有的两个电压互感器，另外再额外增加一相接地的电压互感器。这个增加的电压互感器可以是 60Hz、两倍的线电压额定值，或者是 25Hz、线电压额定值，以保证运行在较低的饱和曲线下。这种方案没有铁磁谐振。

7.4 a. 为了限制接地故障电流，将电抗连接至变压器 13.8kV 绕组的接地中性点（见图 p7.4）。如果要将 13.8kV 侧单相接地故障电流限制在 4000A，所需电抗（Ω）要多大？

b. 上述接地方式比Y形绕组中性点直接接地，故障电流降低的百分比是多少？

c. 使用电阻，而不使用电抗，重复问题a。请确定电阻值（Ω）。

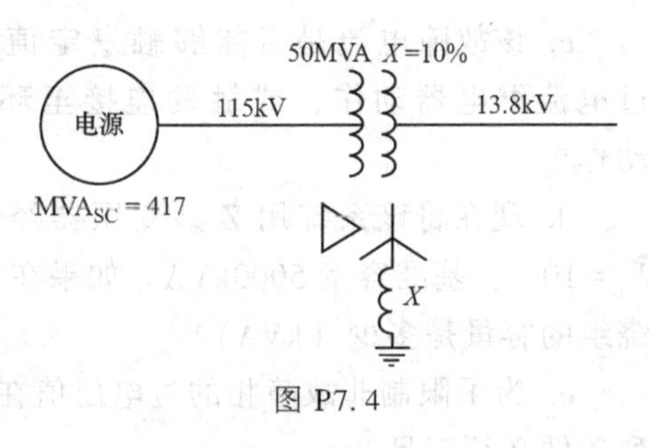

图 P7.4

7.5 针对线路接地故障动作的方向接地继电器连接如图P7.5所示。在电流滞后电压60°时，继电器具有最大力矩，其相对瞬时极性如图所示。

a. 这种连接正确吗？假设跳闸方向出现线对地故障，核实连接是否正确。必要时予以更正。

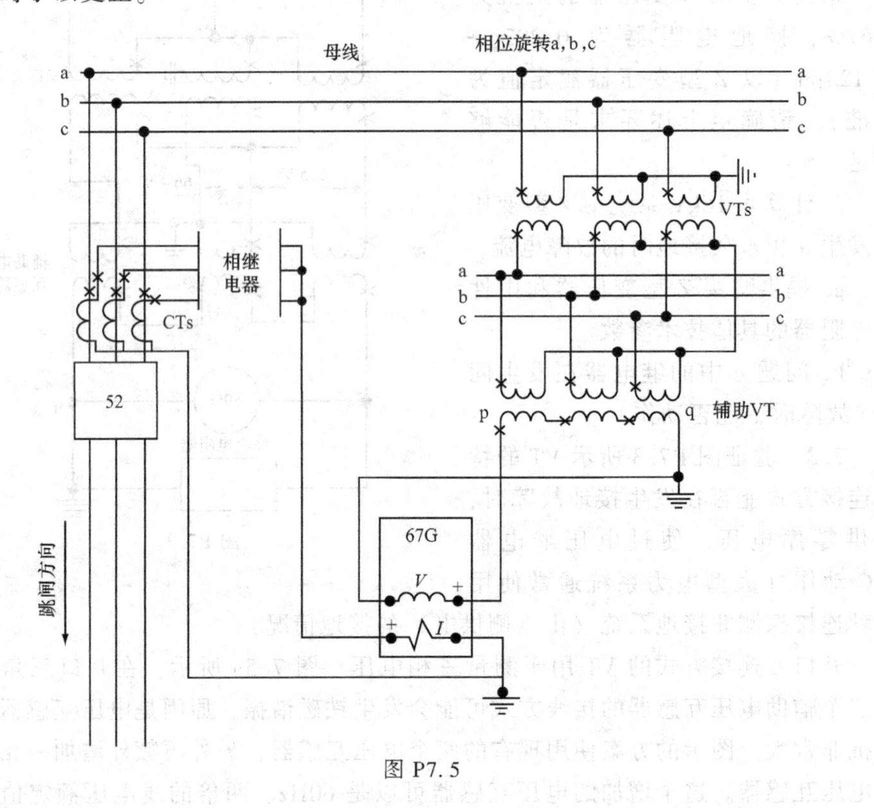

图 P7.5

b. 在a题中更正之后，进行现场核实，确定连接。假设负载为100% pf，试验确定是否会触发继电器的方向元件动作，并利用相量图来支撑你的答案：试验A——短接c相CT，断开二次侧。断开a相VT，短接该VT的二次侧。测试完成后恢复连接；试验B——短接b相CT，断开二次侧。断开c相VT，短接该VT的二次侧。测试完成后恢复连接。

第 8 章

8.1　将三台 21，875kVA，13.8kV 发电机（$X''_d = 13.9\%$）连接到独立母线，分别对各种负载供电，再将这些独立母线通过 0.25Ω 的电抗器连接到另一条母线（见图 P8.1）。所有发电机未接地。在这个系统中，进行以下故障计算：

a. 其中一台发电机终端的三相故障。

b. 为发电机差动保护选择合适的 CT 变比。如果发电机差动继电器的最小启动电流为 0.14A，请问三相故障提供的故障电流是最小启动电流的多少倍？

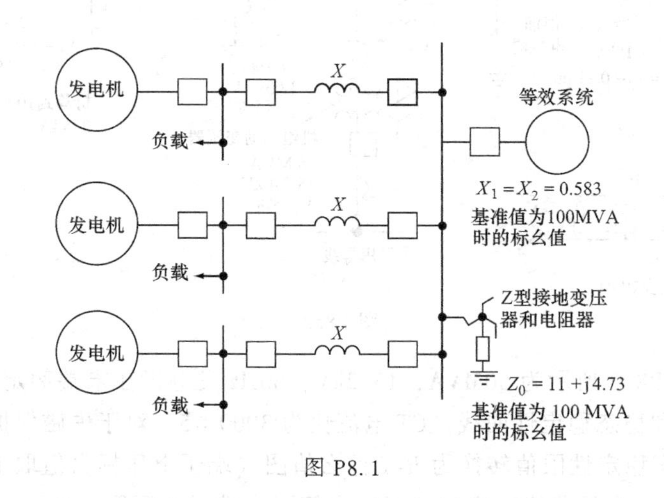

图 P8.1

c. 其中一台发电机终端的单相对地故障。

d. 请问这种接地故障是否能使发电机差动继电器动作？如果能，单相故障提供的故障电流是最小起动电流的多少倍？

8.2　图 P8.2 中所示为发电机组每相对地电容（单位：μF）

发电机绕组	0.24
发电机浪涌电容	0.25
发电机到变压器引线	0.004
电力变压器低压绕组	0.03
厂用变压器高压绕组	0.004
VT 绕组	0.0005

a. 接地电阻器 R 在 138V 下的功率为 64.14kW。计算发电机和电力变压器之间的单相对地故障的故障电流幅值。

b. 计算发电机和电力变压器之间三相故障的电流幅值。

c. 为发电机差动继电器选择 CT 电流比。当发电机动作电流为 0.15A，比较 a 和 b 的故障电流。

d. 经过接地电阻进行连接时，可起动过电压继电器（59G）的电压是多少？如果 59G 的最低动作值是 5.4V，是起动值的多少倍。

e. 流经电阻器的电流是多少？选择合适的 CT，并确定 50/51 继电器的过电流定值。

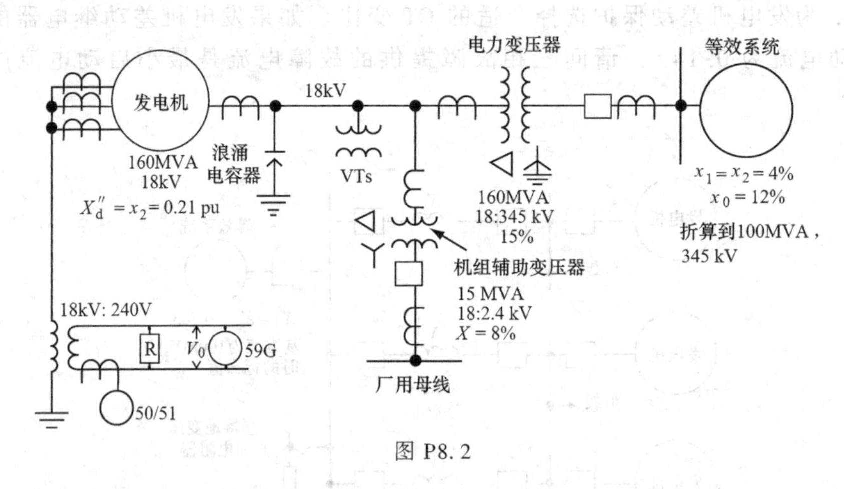

图 P8.2

8.3 图 P8.3 所示为 50MVA，13.2kV，60Hz 发电机在末端额定电压下的标幺 kVA 功率和稳态稳定性曲线。CT 电流比为 3000∶5。对于失磁保护，请作答：

a. 将静态稳定性限值转换为 *R-X* 标幺值图（端子电压标幺值取 1.0）。

b. 将 15psi 容量曲线转换为 *R-X* 标幺值图（端子电压取 1.0pu）。

c. 根据 *R-X* 图所示限制，绘制距离继电器偏移姆欧圆，以便为本发电机提供低励和失磁保护。

d. 针对 c 选择的继电器姆欧圆，确定标幺值偏移量（与 *R-X* 原点圆心的距离）和圆的标幺值半径。将这些值转换为继电器欧姆值，用于设定失磁继电器（$R_C = 3000:5$，$R_V = 120$）。

8.4 一台 100MW 的发电机连接在长 32mile 的 138kV 线路末端。线路末端的 138kV 母线保持 138kV 恒定电压。138kV 线路的阻抗为 0.25+j0.80Ω/mile。理想运行状态为 100MW 和 20Mvar 的负荷经线路输送到位于 138kV 母线站的母线（即电流流经线路至母线呈滞后功角）。线路上无其他负载。管理规定要求线路工作电压限制在标称值 6%以上。因此，连接在发电机附近的发电机机组变压器 138kV 侧的过电压继电器设定为 121.9V（115V 为基准值）。

a. 根据前述运行条件计算此处流过有功潮流和无功潮流时发电机机组变压

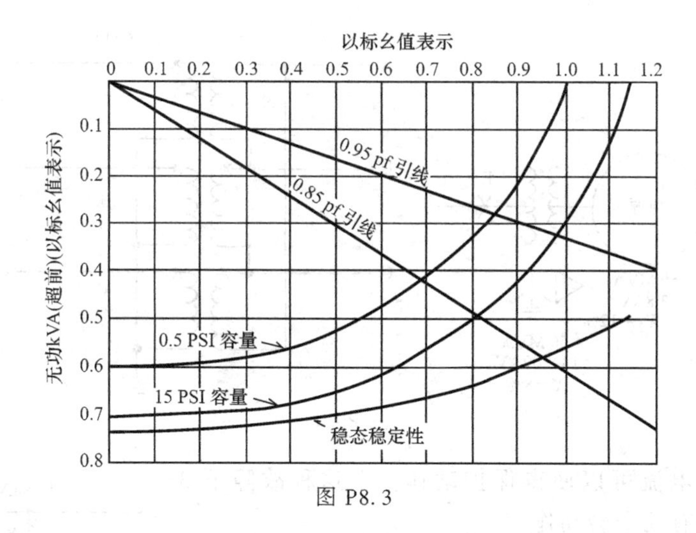

图 P8.3

器 138kV 侧的电压。线路有功损耗和无功损耗是多少？

b. 基于（a）中所取得的计算结果，如果发电机配置过电压继电器，能否动作？

c. 如果运行条件改变，138kV 母线输送 100MW，0Mvar，过电压继电器定值是否会越限？

第 9 章

9.1　本题假设 69kV 侧系统断开（见图 P9.1），请解答以下问题：

a. 计算 69kV 侧发生 a 相接地故障时，三相故障电流；

b. 计算故障的三相电压；

c. 计算 69kV 侧发生这种故障时，流经 13.8kV 侧系统的电流；

d. 13.8kV 侧三相电压为多少？

e. 比较故障后变压器组两侧的电流和电压量。

9.2　对习题 9.1 中的变压器组，假设 13.8kV 侧 A 相、B 相和 C 相的 CT 电流比均为 3000：5，且有 1500、2000、2200、2500 四种抽头，69kV 侧电路 a、b、c 的多重 CT 的电流比为 600：5，同时也具有抽头（如图 5.10 所示）

a. 画出变压器差动保护的三相连接图。

b. 为变压器差动保护选择 13.8kV 侧和 69kV 侧 CT 电流比。

c. 若差动继电器有 4、5、6、8 四种抽头，试为 b 中确定的 CT 电流比选择两种合适的抽头，使不匹配造成的差流小于 10%。

d. 在选取以上定值后，若习题 9.1a 小题中 A 相接地故障电流在差动动作区

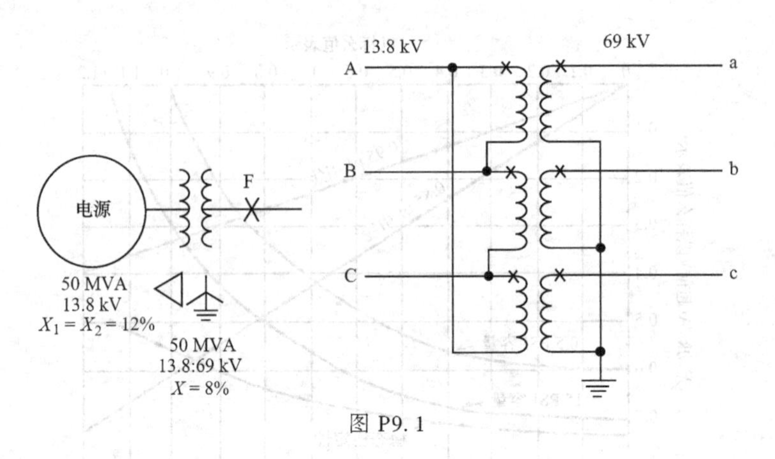

图 P9.1

内，则多大电流可以使得保护动作？在这种故障下3个继电器中有几个会动作？

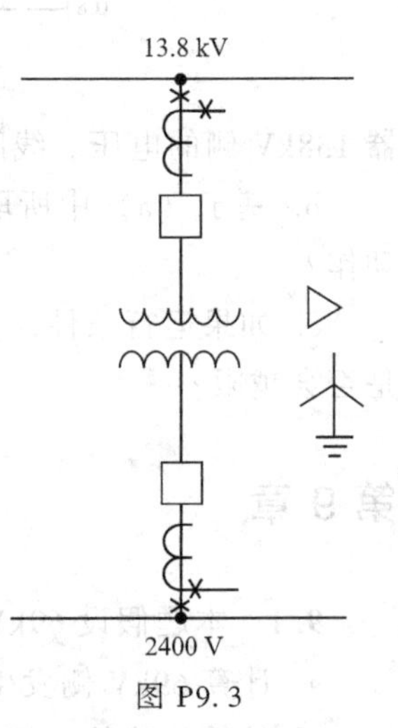

图 P9.3

9.3 图 P9.3 所示连接13.8kV母线和2.4kV母线的变压器组由3台单相变压器组成，每台的额定容量为1000kVA，电压为13.8：2.4-1.39kV。

a. 连接变压器双制动型差动保护

b. 选取合适的CT电流比和保护分接头。假设差动继电器的变比分接头可从5：5调节到5：10，即变比可设为1、1.1、1.3、1.5、1.6、1.8、2.0。13.8kV侧CT电流比为200：5且可调整为150、100、50：5，2.4kV侧CT可设为2000/1500/1000/500：5。

c. 若其中某台单相变压器损坏，则另两台单相变压器是否仍能维持系统运行？如果可以，请画出并修改相应的差动保护接线图。

d. 在差动保护任一临时接线时，能输送的最大三相负荷为多少？

9.4 一台容量为50MVA，115kV侧为Y_0接线，13.8kV侧为Y接线的变压器（见图P9.4）给13.8kV系统供电。变压器两侧CT电流比分别为300：5（115kV侧）和2200：5（13.8kV侧）。为了让13.8kV侧系统接地，在主变和13.8kV侧母线间（且在差动保护范围内）接入一台1200kVA的Z型变压器。根据上述设置解答如下问题：

a. 请利用断路器上的两台CT连接双制动式差动保护，保护50MVA变压器组。仅可利用以上条件。

b. 13.8kV母线侧系统电抗$X_1 = X_2$且为50MVA侧电抗的13%，Z型变压器漏抗为6%，基准值为变压器额定值。计算13.8kV侧系统发生单相金属性接地

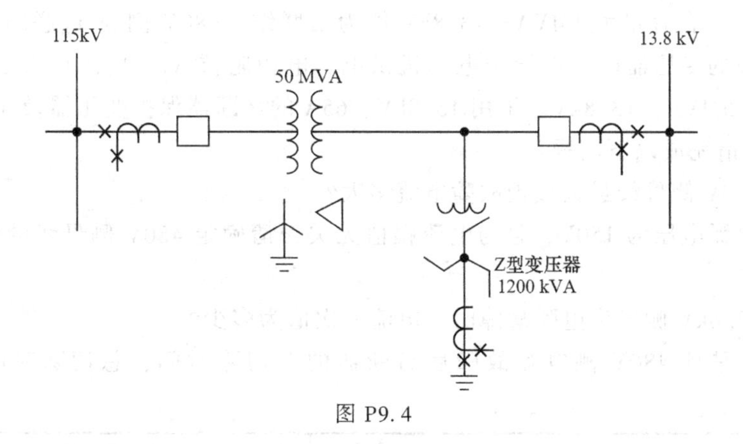

图 P9.4

故障时的故障电流。如果变压器差动保护启动值为 1.8A，那么差动保护区内发生接地故障时保护是否会动作？对于 Z 型变压器的保护，还有什么建议？

9.5 两台独立变压器组按图 P9.5 所示相连，出于经济性考虑，高压侧未安装断路器。高压侧没有 CT。两台变压器组按照 ANSI 标准连接。在这种结构下，完成以下问题：

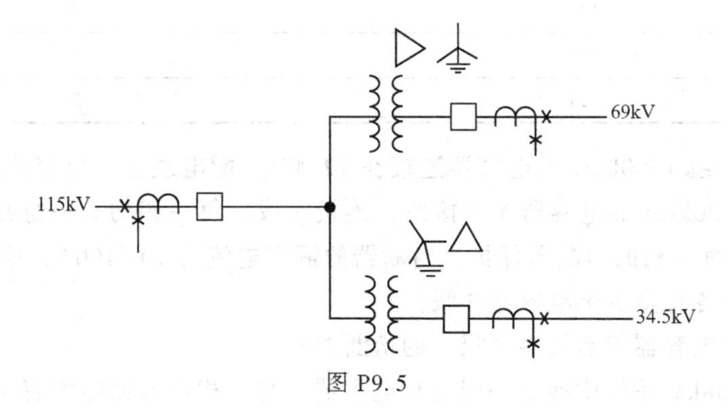

图 P9.5

a. 采用三套三绕组变压器差动保护和所示三台 CT 保护两台变压器组，画出完整的三相接线。

b. 若 115kV 侧独立变压器均有 CT，讨论 a 的保护相对于独立变压器差动保护的优缺点。

9.6 根据图 9.12 和图 9.13 所示应用，求出接地故障电流为 800A 时流经保护的电流。中性点 CT 电流比为 250 : 5，线路上 CT 电流比为 1600 : 5。在以下条件中，选取 n 值使流经 87G 保护的电流处于良好的水平：

a. 差动保护区外接地故障。

b. 差动保护区内接地故障。

假设低压侧馈线不对区内故障提供电流。

9.7 一台容量为1MVA，13.8kV侧为△联结，480V侧为Y_0联结，漏抗为$X=5.75\%$的变压器向一组异步电动机供电。电源阻抗$X_1=X_2$，且为0.0355pu，基准值为5MVA，13.8kV。采用13.8kV、65A的熔断器保护变压器及480V侧电弧故障。请完成以下问题：

a. 480V侧母线最大接地故障电流多大？

b. 电弧电压为150V，且与电流幅值无关，请确定480V侧母线的电弧电流幅值。

c. 13.8kV侧发生电弧故障时，电流一次值为多少？

d. 试估计480V侧电弧故障后熔断器的总切除时间，总切除时间如下表所示。

安培	总断开时间/s
150	500
175	175
200	115
250	40
300	20
350	9
400	6

9.8 一组1200kvar的电容器连接在12.47kV配电线上。电容器组由一系列额定容量为20kvar的电容器Y（接地）连接而成。每一相均有一组并列电容器，电容器组由每一相的熔断器保护。熔断器的额定电流为10~100A，增幅为10A。

a. 每相各有多少个电容器并联？

b. 保护电容器组需要多大尺寸的熔断器？

9.9 138kV系统中接有一组三相电容器。每一相电容器组均有12个串联组构成，每个串联组有18个电容器。电容器组采用中点可分接型电压差动继电器保护，保护供电电压为115V（在正常平衡状况下，保护测得电压为0，出现不平衡时，保护测得的电压为标幺不平衡值乘以115V）。

a. 确定电压差动继电器的告警定值。

b. 确定电压差动继电器的跳闸定值。

9.10 参考图A9.1-2。相序为A-B-C。变压器高压侧和低压侧CT均呈Y形联结且与数字式变压器差动保护相连。高压侧C相导线与变压器H1端相连，A相与H2端相连，B相与H3端相连。在低压侧，a相导线与X1相连，b相导线与X2相连，c相导线与X3相连。

a. 确定这种连接方式下的相移。

b. 如果对低压侧流入继电器的电流进行补偿，请确定合适的补偿矩阵。

c. 把下列相量与 b 中选取的补偿矩阵相乘，确定补偿电流值。

$$i_a = 1.0\angle 0°$$

$$i_b = 1.0\angle 120°$$

$$i_c = 1.0\angle 240°$$

第 10 章

10.1　使用高阻抗电流差动继电器保护三断路器母线（如图 10.9 所示）。图中电流互感器均为 600∶5 多电流比型，具有图 5.10 所示特征。确定这种应用中继电器吸合电压设定值和继电器动作需要的最小初始故障电流。最大外部故障电流为 8000A RMS。假设从任意电流互感器到连接点处的最大引线电阻$R_L = 0.510\Omega$。

对于应用的特定继电器，测得的吸合电压设定值为

$$V_R = 1.6k(R_S + pR_L)\frac{I_F}{N}V$$

式中　1.6——裕度因子。

k——电流互感器性能参数（本题假设 $k = 0.7$），发生三相故障时 $p = 2$，发生单相接地故障时 $p = 1$（见图 5.9）。

I_F——一次侧 RMS 外部故障的最大故障电流，经过 N 和电流互感器电流比等效。

R_S——电流互感器的电阻。应设 $p = 2$，以确定 V_R 的设定值。

继电器电压的最大设定值不应超过一次侧额定电流为 10A 的电流互感器最小绕组时二次侧激励电压的 0.67 倍。

发生内部故障时，能使继电器动作的最小一次侧电流是：

$$I_{min} = (nI_e + I_R + I_T)N \quad 一次侧电流安培值$$

式中　n——线路数目；

I_e——电流互感器在吸合电压时的励磁电流；

I_R——吸合设定电压下的继电器电流；

I_T——继电器线圈两端高压保护设备需要的电流（未在图 10.9 当中显示）。

本题假设 $I_T = 0.2A$。节点至继电器之间的继电器阻抗和通常可以忽略不计导线阻抗为 1700Ω。因为此处三台断路器电流互感器相同，所以这里完全可以使

用 nI_e 来计算；否则，这个值应该等于吸合电压为 V_R 时的所有电流互感器的励磁电流之和。

10.2 可在习题10.1的设置中增加一条馈线，构成四线制母线。新线路上的断路器也配一个同类型的600∶5多电流比电流互感器。由此一来，最大外部故障电流将增加至10000A RMS。所有其他线路的电流值保持不变。针对这个变化，计算继电器吸合电压设定值和能触发继电器动作的最小一次侧故障电流值。

第11章

11.1 一台2850hp、4kV异步电机通过一台2.5MVA、电压比13.8∶4kV、电抗5.6%的变压器接到供电系统。电动机的满载电流为362A，堵转电流为1970A。供电系统在变压器13.8kV侧的短路功率最大值为431MVA，最小值为113MVA，100MVA为基准值。考虑相瞬时过电流继电器在动作值设定为最小故障电流的一半，堵转电流的两倍时能否使用。

11.2 根据习题11.1，确定能否使用带延时的瞬时继电器，并将动作值为堵转电流的1.1倍。

11.3 习题11.1的电源通过2.5MVA、13.8∶2.4kV、5.88%电抗的变压器对另一条馈线供电。连接这个变压器组的最大电机的额定值为1500hp，2.3kV，满负载电流为330A，堵转电流为2213.5A。动作值设定为最小故障电流的一半，堵转电流的两倍时，能否使用相瞬时过电流继电器？

11.4 同样是上述的电源，通过一台2MVA、13.8kV∶480V、5.75%电抗的变压器为一条460V馈线供电。这条馈线上的最大电机参数为125hp、460V，满载电流90.6A，堵转电流961A。动作值设定为最小故障电流的一半，堵转电流的两倍时，能否使用相瞬时过电流继电器？

11.5 系统如图P11.5所示，请完成以下内容：

a. 计算4160V母线发生金属性三相故障时的故障电流。这个问题将500hp的异步电机视为电源之一。

b. 异步电机和其他两个同步电机各自贡献给故障电流的百分比为多少？

c. 计算4.16kV母线上发生金属性单相接地故障时流过的电流。

d. 选择电流互感器电流比和瞬时过电流继电器的整定值，保护电机免遭相故障和接地故障的损伤。

11.6 一台满负载运行的电机经过变压器连接到供电电源上，如图P11.6所示。两侧的相序并不一样。假设流入电机的正序电流在熔断器熔断之后仍不发生变化。

a. 令电源侧b相熔断器开路，画出变压器两侧电流的相序和总电流。如果

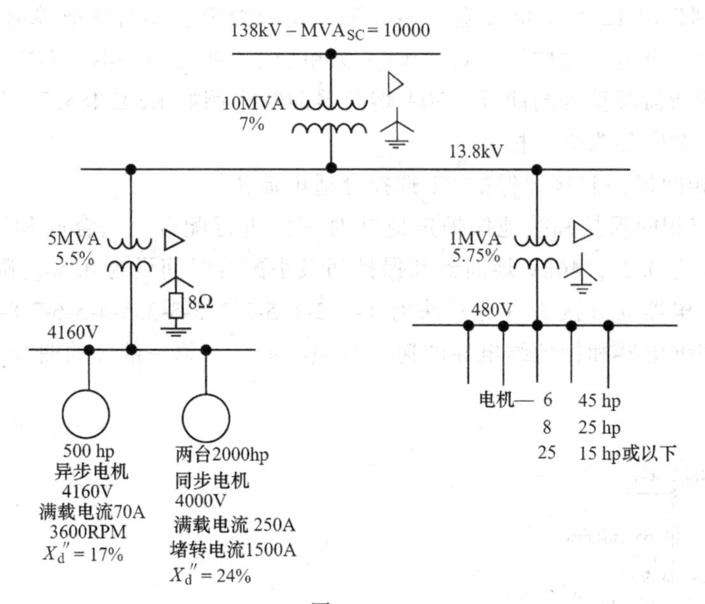

图 P11. 5

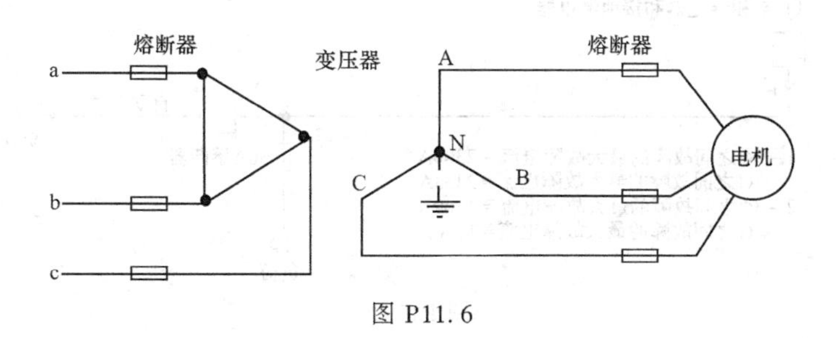

图 P11. 6

已知正序电流的标幺值，试估计两侧相电流的大小。

b. 以 a 中的问题为基础，如果是 A 相电机侧熔断器开路，情况又如何？

c. 如果变压器中性线接地，会有什么影响？

第 12 章

12. 1　12. 5kV 配网馈线有两分支（见图 P12. 1）。其中一条馈线上装有三相重合闸，定值为 70/140A（如表 P12. 1 所示）。另一分支装设单相重合闸，且装有 30A 的熔断器（如表 P12. 2 所示）。表 P12. 3 列出了 46kV 熔断器的数据。相间继电器和接地继电器均采用反时限过电流保护，时间过电流特性曲线如习题 12. 11 通用曲线所示。12. 5kV 侧故障电流以 A 为单位。

a. 分别作出12.5kV侧发生三相故障、相间故障、相对地故障时46kV侧熔断器的时间—电流特性曲线（以12kVA为单位）。在时间—电流对数坐标纸上画出高压侧熔断器及重合闸曲线、30A熔断器曲线，例如K&E 48527，以12.5kVA为横坐标，时间秒为纵坐标。

b. 为相间保护和接地保护CT选择合适电流比。

c. 整定相间保护和接地保护定值并对它们进行配合。重合闸和保护间最小配合时间设为0.2s，46kV熔断器和保护间最小配合时间设为0.5s。确定时间-过电流保护继电器的分接头（分接头有1-1.2-1.5-2-2.5-3-3.5-4-5-6-7-8-10），时间刻度及相间继电器和接地继电器的速动起动电流。在第一部分的曲线上画出这些配合关系。

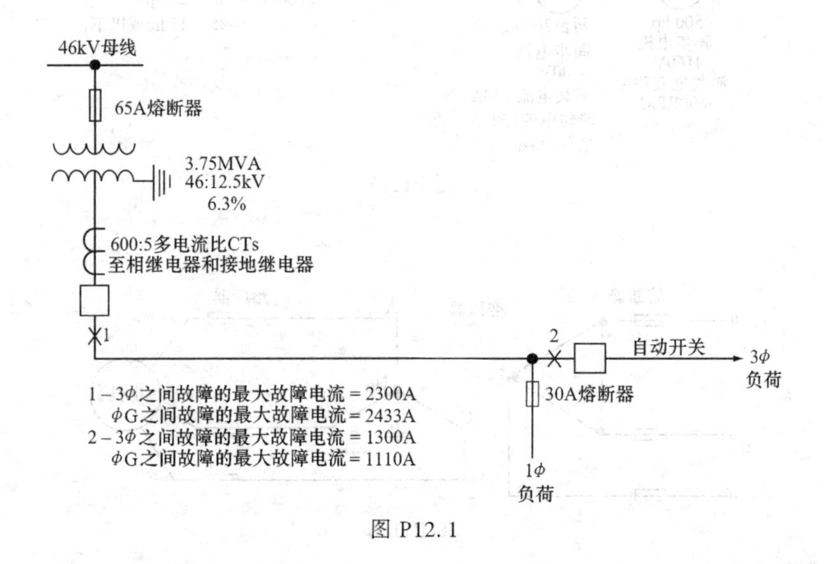

图 P12.1

12.2 在如图12.4所示环形系统中，沿逆时针方向整定并配合断路器4、6、9的相过电流型保护。并将正文中示例提供的标准和整定值用于其他相关保护。

表 P12.1

电路自动开关	
电流/A	时间/s
140	20
185	10
200	7.5
275	5
320	4

（续）

电路自动开关	
电流/A	时间/s
400	3
480	2
600	1
650	0.8
720	0.7
800	0.6
900	0.5
1200	0.4
1600	0.3
2200	0.25

表 P12.2

30A 熔断器
利用 1000A 电流在 0.06s 通过 120°线路,大致画出最小熔点曲线
利用 1000A 电流在 0.11s 通过 120°线路,大致画出最大断开曲线

表 P12.3

65A 熔断器,最小熔断值	
46kV/A	时间/s
130	300
260	10
500	1
1500	0.1

12.3　在图 12.4 所示系统中断路器 4、6、9 处采用相间速断继电器，并整定。

12.4　一台 12/16/20MVA 变压器通过高压侧 125E 熔断器与 115kV 电源相连，且通过低压侧自动重合开关向 12.5kV 侧馈线供电。变压器高压侧采用△联结，低压侧采用 Y_0 联结。

以 100MVA 为基准值，到 12.5kV 母线的总电抗值为 $X_1=X_2=0.63\text{pu}$，$X_0=0.60\text{pu}$，12.5kV 侧线路正序阻抗为 0.82Ω/mile，零序阻抗为 2.51Ω/mile，不计线路阻抗角。

由于某些问题，需要旁路低压侧自动重合开关。请确定在高压侧发生金属性接地故障后熔断器能保护的线路长度。其中熔断器最小开断电流为 300A。

12.5　a. 在图 P12.5 中 H 站及 R 站安装距离继电器保护线路 HR，请对它们进行整定。将Ⅰ段保护范围设为被保护线路的90%，Ⅱ段保护范围延伸到被保护线路下一级相邻线路的50%，Ⅲ段保护范围为下一级相邻线路的120%。

b. 以母线H为原点在R-X图上画出该系统。用方向阻抗圆特性画出Ⅰ段保护定值。穿过原点（或继电器位置）的动作圆的公式如下：

$$Z=\frac{1}{2}(Z_s-Z_s\angle\varphi)$$

式中Z_s为继电器定值，角度为75°。第一项是从原点开始的75°偏置值，第二项为动作圆半径。若φ为75°，$Z=0$，则上式代表保护安装位置；若φ为255°，$Z=Z_s$，则上式代表最远的保护范围。

c. 若使得线路HR上距离保护不动作，则线路上能承受的最大负载是多少（87%pf）？其中VT变比R_V取1000，CT变比R_C取80。

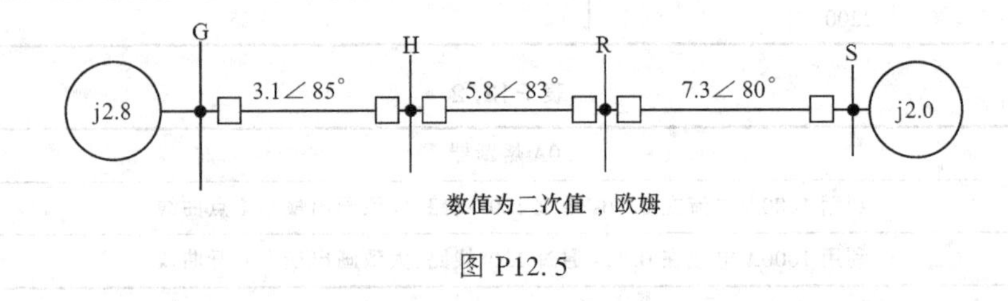

图 P12.5

12.6 a. 若按照习题12.5所述方式在线路HR上装设并整定距离继电器，其中Ⅲ段保护范围设定为保护安装处背后150%线路长度。

b. 以母线H为原点，在R-X图上画出Ⅰ段、Ⅱ段、Ⅲ段的整定值（Ⅰ段、Ⅱ段与习题12.5相同）。

c. 此应用中，使得线路HR上的距离继电器不动作，则线路上能承受的最大负载是多少（87%pf）（单位：MVA）？假设VT变比R_V取1000，CT变比R_C取80。

12.7 系统如图P12.7所示，以100MVA，161kV为基准值，线路阻抗值以百分比表示。161kV侧各母线处三相故障的故障电流（单位：MVA）如图所示。第一个值对应最大运行方式，第二个值对应最小运行方式。

a. M站处距离Ⅱ段保护定值设为线路MS全长及线路SL或SP的70%。距离Ⅲ段定值设为线路MS全长及线路SL或SP的100%。请确定M处保护分别在最大运行方式及最小运行方式下感受到的视在阻抗。

b. 在以上两种运行方式下分别能保护线路SL长度及线路SP长度是多少？

c. 按照2所示方式设置继电器，若使得线路MS上距离保护不动作，则线路能承受的最大负载是多少MVA（87%pf）？VT变比R_V取1400，CT变比R_C取100。距离保护采用欧姆圆特性，角度为75°。

12.8 线路GH长60mile，电压等级115kV（见图P12.8），两端电压相角差

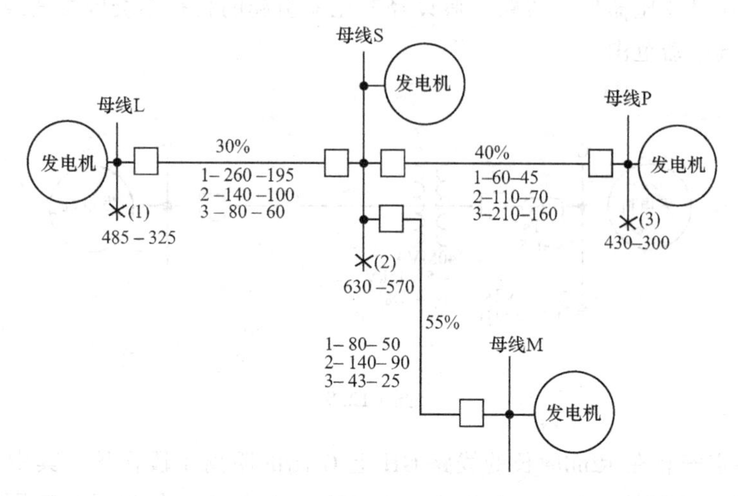

图 P12. 7

为 30°，距母线 G 线路上 80%处发生三相故障，故障电弧电阻为 12Ω。流向故障点的电流在图上以 100MVA，115kV 为基准值标出。

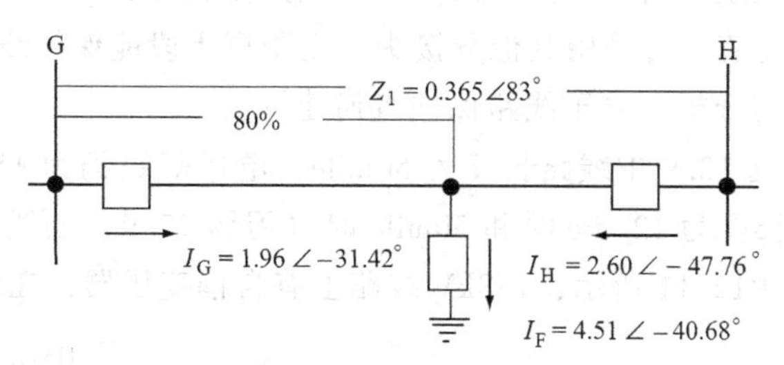

图 P12. 8

a. 请确定 G 处距离保护感受到的视在阻抗。

b. 确定安装于母线 G 处定值设为线路 GH 全长 90%的距离Ⅰ段保护（方向圆阻抗特性）在故障后是否会动作？方向圆阻抗特性的阻抗角可认为是 75°（图 6. 12b）。

c. 确定 H 处距离保护感受到的视在阻抗。

d. 确定安装于母线 H 处定值设为线路 GH 全长 90%的距离Ⅰ段保护（方向圆阻抗特性）在故障后是否会动作？方向圆阻抗特性的阻抗角可认为是 75°。

e. 叙述线路上安装的距离保护如何切除上述发生的三相故障。

12. 9　一台 40MVA 的变压器组具有带载切换抽头（TCUL），低压侧有 ±10%抽头。高、中、低压侧分接头的电抗在 38kV 时为 7. 6%，在 34. 5kV 时为 8%，在 31kV 时为 8. 5%。变压器不经过高压侧断路器直接与 115kV 线路相连。母线 G 处无 115kV 侧电压且未安装 CT。为了对线路提供距离保护必须如此设置继电器，通过变压器保护线路。假设经变压器引起的相移不会因接线或继电器设计而改变继电器范围。

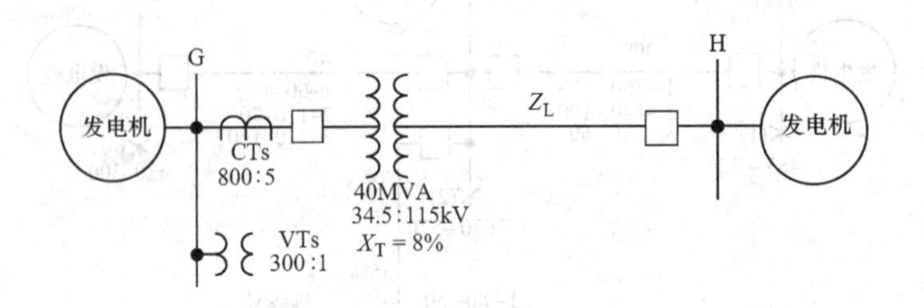

图 P12.9

a. 整定安装在12mile长的线路GH上G侧的距离Ⅰ段保护。其中 $Z_s=10\angle 80°$。值得注意的是为防止在分接头调节时母线G处距离保护保护范围超过母线H，因此必须确定采取哪个分接头时到母线H的阻抗值最小。距离Ⅰ段定值设为 $99\%X_T+90\%Z_L$。

b. 按照a中设定定值，距离Ⅰ段能保护线路多长部分？

c. 按照a中定值，若采用其他分接头，则距离Ⅰ段能保护线路多长部分？

d. 通过前面的分析，对于线路保护有何建议？

12.10 若习题12.9中线路长度为50mile，电压等级仍为150kV，$Z_L=40\angle 80°\Omega$，比较线路长度为12mile时和50mile时（习题12.9）的线路保护。

12.11 如图P12.11所示，138kV线路上有自耦变压器，在线路69kV侧和

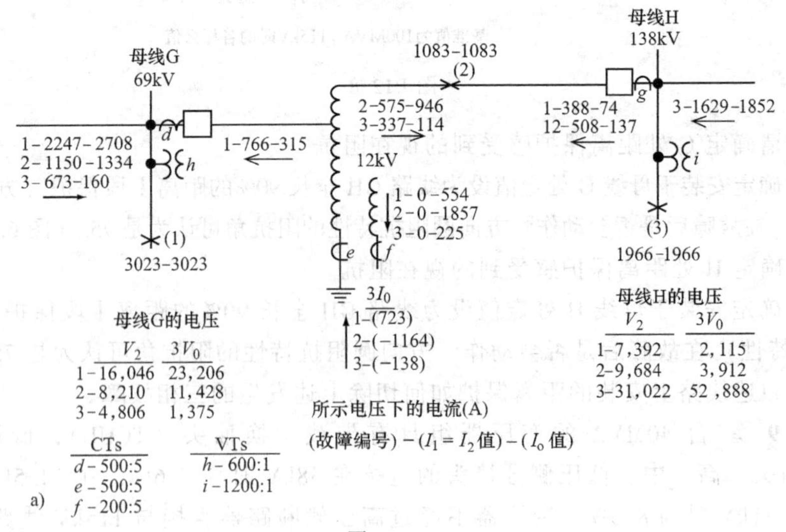

图 P12.11

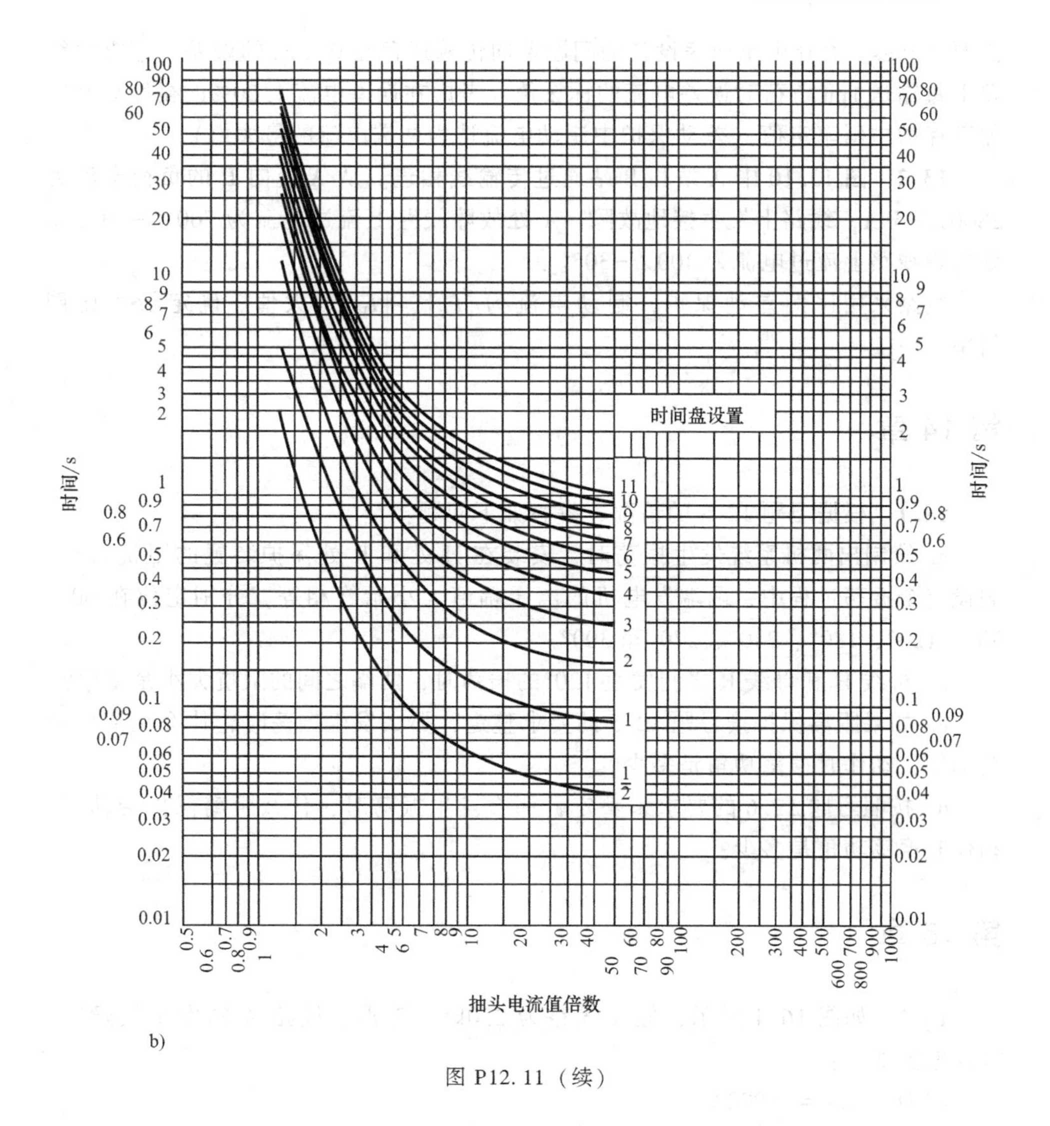

图 P12.11（续）

138kV 侧均安装方向接地过电流继电器。试确定判别方向性故障的最佳方式。其中 $I_1=I_2$，I_0，V_2，V_0 分别是三种不同接地故障下电流和电压。

a. 确定 G、H 处可用于极化并启动保护的二次量。

b. 推荐 G、H 处可用于极化并启动保护的更好的方案。

第 13 章

13.1 考虑双端线路上数字式差动保护。采用 ping-pong 算法来确定通道传输延时。通道延时并不对称，从一侧传到另一侧需要 6.8ms，从另一侧传过来则需要8.0ms。另外由于通信设备的问题单向传输还存在0.2ms的误差。请求出线路上每输送1pu负荷时误差电流的标幺值。考虑在误差电流上20%的裕度后确定差动保护中斜率定值（差动保护中制动电流选为两端电流的最大值）。

13.2 图13.10中A站和B站通过传输线相连。从A流向B的负荷电流为2800∠-5°A，线路上发生接地故障，A处故障线路上流过电流为700∠-20°，B处故障线路上流过电流为400∠-30°。

线路采用比例差动保护，制动电流为$|I_A|$、$|I_B|$最大值。确定最大比例斜率。

第14章

14.1 根据习题12.5的情况，解答如下问题：

a. 绘制出两机系统发生振荡时，安装在H处和R处保护装置的阻抗轨迹。假设整个振荡过程中，两端发电机的电压幅值大小始终相等。分别定位在60°、90°、120°、180°、240°、270°和300°。

b. 母线H和母线R之间发生120°的振荡时，两端之间的阻抗大小是多少？

c. 如果距离保护按习题12.5的要求整定，那么发生振荡时，什么距离保护会动作，动作时振荡功角是多少？

d. 按照习题12.6的要求来整定，那么发生振荡时，什么距离保护会动作，动作时振荡功角是多少？

第16章

16.1 如图16.4所示，假设线路为230kV，T形。线路A站发生故障时，故障电流如下：

I（D至A）= 3000A

I(C至D) = 1200A

I(B至D) = 1800A

线路阻抗角为80°，即故障电流滞后80°。B母线侧线路相间距离保护Ⅱ段采用阻抗圆特性，整定值为上述故障测量阻抗的1.25倍，最大阻抗角为80°。

4h线路过负荷电流为2400A。

15min线路过负荷电流为2800A。

距离Ⅱ段的整定阻抗角为最大阻抗角。距离Ⅱ段定值的载荷能力是否满足PRC-023标准的要求？

16.2 1. 参见图16.6所示345kV，T形线路。A站系统阻抗为2∠80°Ω，B

站系统阻抗为 $30\angle 80°\Omega$

a. 在 C 站线路末端发生三相短路故障（C 站线路断路器断开），计算：

总故障电流 $I_{D\text{-}C}$

A 站流入节点 D 的故障电流 $I_{A\text{-}D}$

B 站流入节点 D 的故障电流 $I_{B\text{-}D}$

b. 对于上述故障，计算 A 站和 B 站的相距离继电器测得的总阻抗和视在阻抗。

c. 按照下列标准整定 A 站和 B 站的距离保护Ⅱ段：

（1）整定阻抗为上述故障测量阻抗的 1.25 倍

（2）最大阻抗角为上述故障的测量阻抗角

d. 按照 c 的方法整定的距离Ⅱ段的过负荷能力是否满足 NERC 标准 PRC-023 中的线路 4h 过负荷水平？

图书在版编目（CIP）数据

继电保护原理与应用：原书第 4 版/(美) J. 路易斯·布莱科本（J. Lewis Blackburn)，(美）托马斯 J. 多明（Thomas J. Domin）著；中国电力科学研究院有限公司继电保护研究所译. —北京：机械工业出版社，2017. 12（2022. 1 重印)
(国际电气工程先进技术译丛)
书名原文：Protective Relaying：Principles and Applications（Fourth Edition)
中国电力科学研究院科技专著出版基金资助
ISBN 978-7-111-58364-6

Ⅰ. ①继…　Ⅱ. ①J…　②托…　③中…　Ⅲ. ①继电保护　Ⅳ. ①TM77

中国版本图书馆 CIP 数据核字（2017）第 263136 号

机械工业出版社（北京市百万庄大街 22 号　邮政编码 100037）
策划编辑：赵玲丽　责任编辑：赵玲丽　责任校对：肖　琳
封面设计：马精明　责任印制：郜　敏
北京盛通商印快线网络科技有限公司印刷
2022 年 1 月第 1 版第 4 次印刷
169mm×239mm · 36. 25 印张 · 697 千字
3001—3500 册
标准书号：ISBN 978-7-111-58364-6
定价：180. 00 元

凡购本书，如有缺页、倒页、脱页，由本社发行部调换

电话服务	网络服务
服务咨询热线：010-88361066	机 工 官 网：www.cmpbook.com
读者购书热线：010-68326294	机 工 官 博：weibo.com/cmp1952
010-88379203	金 书 网：www.golden-book.com
封面无防伪标均为盗版	教育服务网：www.cmpedu.com